NOUVEAU COURS

COMPLET

D'AGRICULTURE

DU XIXe SIÈCLE.

CHA=COM.

—

TOME QUATRIÈME.

NOMS DES AUTEURS.

OUVRAGE IMPRIMÉ PAR Mme HUZARD,

(NÉE VALLAT LA CHAPELLE).

NOUVEAU COURS

COMPLET

D'AGRICULTURE

DU XIXME SIÈCLE,

CONTENANT LA THÉORIE ET LA PRATIQUE DE LA GRANDE ET DE LA PETITE CULTURE,
L'ÉCONOMIE RURALE ET DOMESTIQUE, LA MÉDECINE VÉTÉRINAIRE, ETC,.

OU

DICTIONNAIRE RAISONNÉ ET UNIVERSEL

D'AGRICULTURE,

Ouvrage rédigé sur le plan de celui de feu l'abbé ROZIER, duquel on a conservé les
articles dont la bonté a été prouvée par l'expérience;

Par les Membres

DE LA SECTION D'AGRICULTURE DE L'INSTITUT DE FRANCE, ETC.

Avec des Figures en taille-douce.

NOUVELLE ÉDITION,

revue, corrigée et augmentée.

DU FONDS DE M. DETERVILLE.

PARIS,

A LA LIBRAIRIE ENCYCLOPÉDIQUE DE RORET,

RUE HAUTEFEUILLE, 10 BIS.

1838.

IMPRIMERIE DE A. ÉVERAT ET Cᵉ,
rue du Cadran, 16.

NOUVEAU
COURS COMPLET
D'AGRICULTURE.

C H A

CHABLE. On donne ce nom à la herse dans quelques endroits.

CHABLIS. Dénomination employée, dans le langage forestier, pour désigner les arbres de haute futaie et les baliveaux renversés par les vents, et qui doivent, d'après les ordonnances, être marqués et vendus avec des formes particulières. *Voyez* Bois et Forêt. (B.)

CHABOUSSADE. Race de moutons qu'on recherche aux environs de Saint-Flour. Elle n'a point de cornes, et est garnie de laine jusqu'aux sabots : c'est de la race berrichone qu'elle se rapproche le plus. (B.)

CHABRILLON. Petit fromage de lait de chèvre, qui se fabrique aux environs de Clermont. (B.)

CHACELAS, ou mieux Chasselas. Espèce de raisin.

CHADEC. Variété de l'Oranger. *Voyez* ce mot.

CHAFFRE. C'est le brou de noix dans le département des Deux-Sèvres. (B.)

CHAIL. Synonyme de silex, ou de pierre meulière, dans le département des Deux-Sèvres. (B.)

CHAILLATS. On donne ce nom, dans quelques lieux, aux tiges des vesces, des gesses et des lentilles, après qu'on les a battues pour en obtenir le grain.

Quoique ce soit un assez bon manger pour les vaches et même les chevaux, le peu de soin avec lequel on conserve les chaillats oblige le plus souvent à en faire de la litière. (B.)

CHAILLE. C'est la camomille romaine.

Tome IV.

CHAILLERIE. C'est la CAMOMILLE PUANTE aux environs de Senlis. (B.)

CHAINASSE. On donne ce nom, aux environs de Montargis, à une TERRE ARGILEUSE, mêlée de sable quartzeux presqu'en même quantité. (B.)

CHAINE. Suite d'anneaux de fer qui entrent les uns dans les autres, et forment un seul tout qu'on peut contourner à volonté. *Voyez* FER.

L'usage des chaînes est fréquent en agriculture. C'est avec une chaîne qu'on attache les chiens de garde pendant le jour, les animaux domestiques qui sont trop méchans ou qui ont l'habitude de mordre leur corde. Il est très-souvent économique de préférer des chaînes aux courroies et aux cordes pour l'attelage des chevaux et des bœufs aux voitures.

En général on n'apporte pas de soin à la conservation des chaînes dans les fermes. Lorsqu'on ne les emploie pas, on les laisse traîner dans un coin, où elles se rouillent, s'affaiblissent, et finissent par ne pouvoir plus être employées. (B.)

CHAINE. Dans quelques endroits, on appelle ainsi tout ce qu'on met en rangées. Ainsi, il y a des chaînes de chanvre et de lin lorsqu'on les fait sécher avant ou après le rouissage; il y a des chaînes de foin, de fumier, de feuilles sèches, etc. On met les oignons, les aulx en chaînes, lorsqu'on les attache au-dessus les uns des autres pour les conserver suspendus. (B.)

CHAINTRES. Ce sont, dans quelques cantons, des portions de terrains un peu creuses qu'on laisse aux extrémités des champs pour servir d'égoût aux eaux pluviales, et qu'on cure de temps en temps pour en reporter la terre sur le champ d'où elle a été entraînée.

Il serait à désirer que la pratique des chaintres fût plus générale, car elle conserve pour le propriétaire la terre qui eût été portée dans les champs voisins, de là dans les rivières, les fleuves, et en définitif dans la mer, où elle se perd pour une longue série de générations humaines. *Voyez* MONTAGNE, ALLUVION, LAISSE DE MER. (B.)

CHAIR. On donne vulgairement ce nom aux muscles des hommes et des animaux lorsqu'on les considère d'une manière générale.

Envisagée sous le point de vue de la nourriture, la chair des BŒUFS, des VACHES, des MOUTONS, des COCHONS, etc. lorsqu'elle est séparée du corps s'appelle VIANDE. *Voyez* ce mot.

On dit qu'un homme, un bœuf, un cheval sont bien en chair, lorsqu'ils sont gras et forts. *Voyez* EMBONPOINT.

Lorsque la chair des animaux morts est laissée à l'air libre, on l'appelle CHAROGNE. *Voyez* ce mot.

Je ferai connaître, à cet article ainsi qu'à celui ENGRAIS, combien la chair est excellente pour fertiliser les terres, et combien sont blâmables ceux qui en perdent la plus petite portion.

On dit la chair d'une pomme, d'un melon, quoique cette chair soit différente de la fibre animale : aussi les botanistes ont-ils substitué le mot pulpe à cette dénomination. Comme il faut se conformer à l'usage, on emploiera indifféremment, dans le cours de cet ouvrage, le mot chair et le mot PULPE. *Voyez* ce dernier mot. (B.)

CHAIR A DAME. Variété de POIRE.

CHALEF. *Eleagnus.* Arbre à rameaux nombreux, à feuilles alternes, pétiolées, lancéolées, cotonneuses, et blanches principalement en dessous; à fleurs petites, cotonneuses en dehors, jaunâtres en dedans, et disposées en petits bouquets dans les aisselles des feuilles, qui est originaire des parties sud-est de l'Europe, et qu'on cultive dans les jardins d'agrément, à raison de la couleur de son feuillage et de l'excellente odeur de ses fleurs.

Cet arbre ne s'élève qu'à 15 ou 20 pieds au plus, et forme un genre dans la tétrandrie monogynie, et dans la famille des éléagnoïdes. On l'appelle vulgairement *olivier de Bohême*, parce qu'il croît naturellement dans ce pays, et qu'il a, par ses feuilles et son fruit, quelque ressemblance avec l'olivier. Il fleurit au milieu de l'été, et exhale alors, sur-tout le soir, une odeur aromatique si forte, qu'elle se fait sentir à plusieurs toises de distance, et incommode les personnes nerveuses. Cette odeur a la singulière propriété de devenir fétide lorsque la fécondation est terminée.

La couleur blanche des feuilles du chalef, et leur persistance pendant une partie de l'hiver, le rendent un arbre très-précieux pour les jardins paysagers, où il produit un très-bon effet lorsqu'on sait le faire contraster avec les autres arbres. C'est au troisième rang des massifs qu'il demande à être placé. Il est encore bien à quelque distance d'une fabrique, d'un rocher, en opposition avec un groupe d'arbres verts; mais il ne doit pas être isolé au milieu d'un gazon, parce que sa couleur se perd dans celle de l'air. Tout terrain lui est bon; cependant celui qui est sablonneux, léger et chaud, est celui qui lui convient le mieux, celui où il fleurit plus abondamment, et où ses fleurs ont le plus d'odeur.

On multiplie le chalef de rejetons, de marcottes et de boutures.

Il donne assez fréquemment des rejetons, qu'on lève à la fin de leur première année pour mettre en pépinière, où ils se fortifient et acquièrent, en deux ou trois ans, la grandeur convenable pour être mis en place.

Les marcottes doivent se faire avec du bois de l'année précédente; elles prennent racine dans le courant de l'été, et peuvent être mises en pépinière dès le printemps suivant.

Les boutures se font également avec du bois de l'année, auquel on peut laisser, avec avantage, un talon de bois de deux ans. Elles doivent avoir un pied de long au moins. On les met en terre au printemps, lorsqu'il n'y a plus de gelée à craindre, dans un sol frais et ombragé, et on a soin de les arroser, si besoin y est, soit au printemps, soit en été. Elles reprennent, pour la plus grande partie, et poussent dès la même année des branches de plusieurs pieds. On les relève aussi au printemps suivant pour les mettre en pépinière.

Tous ces plants en pépinière demandent les labours et sarclages ordinaires, et d'être mis sur un brin l'année suivante, parce que rarement on laisse le chalef en touffe. Il faut aussi les garantir des fortes gelées de l'hiver, qui les affectent quelquefois au point de faire périr toutes les tiges. Dans ce cas, on doit tout couper rez terre, parce que les racines ne sont presque jamais endommagées, et qu'elles repoussent au printemps suivant des rejets qui surpassent quelquefois les anciens à la fin de l'automne. Ordinairement, lorsqu'il n'y a pas eu d'accident, ces plants sont bons à mettre en place à l'âge de trois ou quatre ans, époque où ils ont 8 à 10 pieds de haut et plus d'un pouce de diamètre. Une fois à demeure, ils n'exigent plus d'autres soins que d'être débarrassés du bois mort et de recevoir un binage à leur pied pendant l'hiver. Les gelées, si elles les attaquent, n'agissent que sur les extrémités des branches, et le mal est peu sensible.

C'est dans le midi qu'il faut aller pour juger de tous les avantages du chalef. Ceux des climats septentrionaux sont fréquemment déformés par les gelées et fleurissent rarement. Ils portent fort peu souvent des fruits dans le climat de Paris.

Olivier rapporte qu'on mange ces fruits en Turquie et en Perse. Son bois est très-cassant, et fréquemment les grands vents font éclater ses enfourchures. (B.)

CHALET. C'est, en Suisse, un bâtiment placé sur les montagnes pour y traire les vaches et y fabriquer les fromages: il s'appelle *vacherie* dans la Suisse française. On lui donne le nom de *fruiterie* dans la Franche-Comté; dans les Vosges, celui de *marcarerie*, et dans l'Auvergne, celui de *buron*. (*Voyez* le mot Bœuf, article *Vaches qui restent aux étables une partie de l'année, et vivent dans la montagne, en plein air, une autre partie.*) Le nom de *châlet* est plus connu, parce que

Jean-Jacques Rousseau, qui l'a adopté, en fait une description agréable dant sa *Nouvelle Éloïse*. N'ayant point à peindre, comme lui, des rendez-vous d'amans, je ne considérerai les châlets que comme des objets d'économie rustique, et je n'offrirai que la description d'un local nécessaire pour fabriquer des fromages.

M. de Malesherbes m'a communiqué celle d'un châlet qu'il a visité dans le pays de Gruyères, il me paraît semblable à un que j'ai vu dans les Vosges : je donnerai les dimensions de ce dernier, les ayant prises sur les lieux. Le bâtiment était composé de la vacherie ou du logement des vaches et des chambres pour recevoir le lait, fabriquer les fromages et les conserver. La vacherie avait 72 pieds de longueur sur 18 de largeur, et 7 pieds de hauteur du sol au bas du toit, sans plancher en haut. Les vaches n'y venaient que le matin et le soir seulement, pour se faire traire; sans doute on les y retirait aussi dans le moment d'orage ou de neige. On les plaçait sur deux rangs, attachées avec une chaîne de fer. Il y en avait quarante-quatre et deux taureaux. Une porte à une extrémité et une à l'autre établissaient un courant d'air, moins nécessaire que dans une étable qui aurait eu un plancher en haut, et où les animaux auraient passé une bonne partie de la journée. Le sol sur lequel posaient les pieds des vaches, était de planches de sapin. On avait pratiqué, au milieu de l'étable, un ruisseau de 20 pouces de large sur 5 de profondeur. Il se trouvait placé de manière que la plus grande partie des excrémens des vaches y tombait : on avait soin d'y faire tomber le reste, et d'y introduire deux fois par jour de l'eau courante, afin de le bien nettoyer en le balayant.

Le logement de la fromagerie, ayant toute la largeur de l'étable, était distribué en trois parties : dans l'une, se plaçait le lait du soir, qu'on gardait pour le réunir à celui du matin, afin de ne faire qu'un seul fromage et les préparations du lait nécessaire à la nourriture des vachers ; dans celle du milieu étaient la cheminée, la presse, la dissolution de présure, la chaudière et autres instrumens utiles à la fabrication du fromage. La cheminée était à une des extrémités de cette pièce; dans beaucoup de châlets, elle est au centre, même sans tuyau, parce que la fumée peut se dissiper et passer entre les planches mal jointes du toit. A l'extrémité du foyer, s'élevait une poutre mobile, traversée en haut par une petite, à laquelle on suspendait une chaudière pour faire le fromage. Comme ce bras pouvait être mu en rond, on faisait tourner facilement la chaudière quoique remplie de lait ; on l'approchait et on l'éloignait du feu à volonté ; la troisième partie était la chambre destinée à la dessiccation et conservation des fromages. Les vachers passaient la nuit dans de petites chambres pratiquées au-dessus.

On voyait aux environs de petites cabanes qui logeaient dix-huit cochons. Le résidu des fromages nourrissait en partie ces animaux, qui vont aussi dans la montagne chercher des racines. Un canal ou ruisseau conduisait le petit-lait de la fromagerie dans leur auge. Le châlet et toute la pâture des vaches étaient loués, par le propriétaire, 900 francs par année, pour la saison de la montagne. C'était en 1780.

Les châlets de Suisse sont construits plus ou moins commodément selon les cantons. Dans l'Emmenthal, on les fait avec plus de soin que dans l'Oberland. On y pratique de bons caveaux et des lieux frais pour conserver le lait; souvent il s'y trouve un poêle que l'on peut chauffer s'il survient du froid, ce qui fait que des familles entières y passent leur été. Dans l'Oberland, au contraire, les parois des châlets sont formés de pièces de bois mal jointes, entre lesquelles le vent passe librement : on y fait les toits, comme ceux des maisons des villages du pays, avec de larges et épais copeaux assujettis à la sablière par des chevilles de bois, et par-dessus tout on met de gros quartiers de pierre pour les faire résister à la violence des vents.

Suivant le nombre des propriétaires d'une alpe, on construit plus ou moins de châlets. *Voyez* ce que c'est qu'une ALPE au mot BOEUF, article *Vaches qui passent les mois de l'année dans la montagne, Bêtes à cornes,* page 402 et suivantes du second volume.

Si l'aple est commune, mais cependant partagée en deux portions, l'on a toujours l'attention de construire ces bâtimens de la manière la plus commode pour ceux qui font eux-même leurs fromages, de manière que sur chacune de ces portions il y ait un nombre convenable de ces bâtimens, ou séparés les uns des autres, ou rapprochés comme les maisons des villages.

Sur l'alpe qui appartient au village de Griou, dans le gouvernement d'Aigle, ces bâtimens sont rangés au cordeau. Un large chemin passe au milieu. C'est la même chose sur le Ruschberg dans la paroisse de Gesteig, bailliage de Gessenay. Si l'alpe n'appartient qu'à un seul maître, son étendue et sa situation règlent le nombre des châlets. En général, il convient, pour plusieurs raisons, qu'il y en ait deux sur une alpe.

Dans le Gessenay, ces bâtimens sont partie de bois, partie de pierre, suivant leur destination. L'étable généralement est faite de manière que les vaches puissent entrer par une porte et sortir par une autre après être traites. Le surplus de la distribution du logement ressemble à celle de la marcarerie des Vosges que j'ai décrite. La seule différence, c'est que le *strelli*, où sont les petites chambres, ou plutôt les lits des hommes, se trouve au-dessus de l'étable, au lieu d'être au-dessus de la laiterie.

Dans tous les châlets, on construit avec plus de soin la chambre au fromage que le reste des logemens. Elle est faite de pièces qui s'enchâssent exactement les unes dans les autres, tant pour en défendre l'entrée aux souris, aux mouches et autres insectes, que pour empêcher que le vent chaud, nommé *fou*, ne s'y fasse sentir : car c'est l'opinion générale dans le Gessenay, que si ce vent souffle dans la chambre aux fromages, il fait enfler les fromages et les gâte. Ce n'est pas au vent, sans doute, qu'il faut s'en prendre, mais à la chaleur qui a lieu lorsqu'il souffle. Quand les châlets sont sur des montagnes élevées et froides, il faut d'abord chauffer ces chambres ou cages, en y portant du petit-lait bouillant ou des pierres chaudes. Il n'y a dans ces chambres que des tablettes, sur lesquelles on pose les fromages à plat, et dont on peut s'approcher commodément pour les saler, les frotter et les sécher.

On est quelquefois forcé, sur les Hautes-Alpes, de construire des châlets dans des lieux où ils ne peuvent être protégés contre les avalanches de neige par des forêts : pour les garantir de cet accident, on élève un mur triangulaire, dont les deux côtés sont aussi larges que le châlet et aussi élévés. Le mur est placé derrière la laiterie, et son angle saillant est tourné contre l'avalanche, pour la rompre et l'écarter du châlet à droite et à gauche.

Lorsque sur les Alpes, si hautes et si dangereuses, il faut plusieurs châlets, à cause du grand nombre de propriétaires, on en construit deux ou trois l'un sous l'autre sur la même ligne et à peu de distance, afin que les inférieurs soient abrités par les supérieurs. Le plus élevé l'est même par le mur en flèche : ce moyen ne garantit que des avalanches de terre et d'eau, mais rien ne met à l'abri des tourbillons de poussière.

Plus le châlet est élevé, plus il est exposé à être chargé de neige: pour qu'il ne soit pas enfoncé, on a soin, avant de partir, d'étançonner, c'est-à-dire d'étayer la sablière. Ces derniers détails sont pris d'un Mémoire sur l'économie des Alpes, inséré dans ceux de la Société économique de Berne, année 1771, tome premier.

Les burons d'Auvergne sont encore plus simples que les châlets de Suisse, de Franche-Comté et des Vosges. Quelques propriétaires opulens seulement font construire de véritables bâtimens, qu'on place au milieu de la fumade à portée des bestiaux, et qui sont composés de la laiterie et du logement des domestiques.

Ces burons ont la forme d'un carré long ; ils sont couverts de paille et quelquefois d'ardoises grossières. Une porte étroite et basse en est l'entrée : on n'y pratique aucune fenêtre, afin d'y entretenir une température à-peu-près égale, et de les mettre à l'abri des vents du midi, capables de décomposer le lait en un instant. On les entoure d'un fossé pour les garantir des pluies et de l'humidité.

Il y a dans l'intérieur une seule cheminée, qui sert pour la laiterie et pour la cuisine des domestiques. Quoique le toit soit très-bas, on y ménage quelquefois une espèce d'entresol, dans lequel on place le lit, car les ustensiles occupent le rez-de-chaussée. Cette pièce, qu'on peut regarder comme la première et la principale, communique à une autre, où l'on conserve les fromages jusqu'à ce qu'on descende de la montagne. Elle est aussi sans fenêtres et revêtue de terre en dehors, et par conséquent toujours fraîche ; ce qui est nécessaire pour modérer la fermentation des fromages, souvent trop rapide dans le commencement. On voit des burons composés de trois pièces : dans l'une est la cheminée, dans la seconde sont les ustensiles et le sel, et dans la troisième les fromages et les lits des hommes. La loge aux cochons est adossée à ce petit bâtiment.

La plupart des burons sont construits avec plus de simplicité encore : il suffit de creuser en terre une cabane qu'on divise en trois parties, de faire des murs en mottes de gazon, d'enlacer pour former le toit des branches d'arbres et de les couvrir aussi de gazon, de planter à l'entrée deux poteaux pour y suspendre une porte. Cette construction a lieu dans les montagnes dont le sol a besoin d'être fumé et où il faut placer le parc à différens endroits. On abandonne ces burons si faciles à reconstruire, à-peu-près comme les charbonniers, les sabotiers et les gardes-ventes des bois quittent de temps en temps et renouvellent leurs cabanes dans nos forêts. Les burons abandonnés, dont on enlève seulement les portes, sont bientôt détruits par les pluies. Dans des momens d'orage, les vaches qui sont au pacage se mettent à l'abri derrière ces restes de burons. On trouvera des détails sur l'aménagement des vaches d'Auvergne qui passent l'été dans les montagnes, au mot Bœuf, article *Vaches qui restent aux étables une partie de l'année, et vivent dans la montagne, en plein air, une autre partie.* (TES.)

CHALEUR. Effet que produit le Calorique sur tous les corps de la nature. *Voyez* ce mot et le mot Lumière.

Point de vie animale ou végétale sans chaleur ; les phénomènes qu'elle présente doivent donc être l'objet de l'étude des cultivateurs.

Voici les principales de ses propriétés physiques :

Elle est perpétuellement agissante , mais plus dans certains cas que dans d'autres.

Toujours elle tend à se mettre en équilibre , quoique quelques corps la retiennent plus puissamment que d'autres.

C'est en rayonnant, c'est-à-dire en partant d'un centre , qu'elle se propage , et sa propagation se fait plus ou moins rapidement , suivant la nature des corps.

Tous les corps sont successivement dilatés , liquéfiés et gazifiés par elle ; mais il en est beaucoup sur lesquels nous ne pouvons juger ces effets que par l'analogie.

Lorsqu'elle est accumulée ou mise en mouvement, elle devient appréciable à nos sens.

La lumière et le feu la développent éminemment ; mais elle peut exister sans l'un et sans l'autre (au moins en apparence).

On distingue deux sortes de chaleur relativement à son influence sur les animaux et sur les plantes : la chaleur naturelle et la chaleur artificielle.

La première se divise en chaleur centrale, c'est-à-dire qui vient du centre de la terre, et en chaleur solaire, c'est-à-dire qui nous vient directement des rayons du soleil.

Des expériences rigoureuses nouvellement faites dans les mines les plus profondes de l'Europe, ainsi que l'observation du refroidissement graduel et successif de la terre, et le phénomène des volcans, ne permettent plus de rejeter l'hypothèse de Buffon sur l'existence d'un foyer brûlant au centre de la terre.

Que les rayons du soleil soient chauds par eux-mêmes ou par le frottement qu'ils éprouvent en traversant l'espace, c'est ce qui intéresse peu les cultivateurs ; mais il faut qu'ils sachent qu'ils sont chauds, et que ce sont eux qui font pousser et mûrir leurs moissons. Tous les corps exposés au soleil deviennent plus chauds qu'auparavant ; mais ce qu'il y a de plus singulier, ce sont les divers degrés de chaleur que chacun prend dans ce cas.

La seconde, celle qui se produit au gré de l'homme par le frottement et la propagation, ainsi que celle qui est le résultat de la vie.

Un corps noir s'échauffe plus rapidement et davantage au soleil qu'un corps bleu, celui-ci plus qu'un corps rouge, celui-ci plus qu'un corps jaune, celui-ci enfin plus qu'un corps blanc.

Cette connaissance peut avoir une grande utilité en agriculture. Par exemple, on noirci le mur d'un espalier pour avancer la maturité des fruits de ce dernier : par exemple, sur les montagnes de la Suisse, on accélère la fonte des neiges en les saupoudrant avec une terre noire. Il est donc bon de porter des habits noirs en hiver, et des habits blancs en été ; les chapeaux sur-tout devraient être blancs en cette saison. Ces remarques sont principalement applicables aux cultivateurs, toujours exposés à l'ardeur du soleil. Par opposition, les murs blancs réfléchissent les rayons solaires, et comme, à raison de l'obliquité de ces rayons, l'angle d'incidence est dirigé vers le sol, la partie de ce sol qui est à quelques pieds de ces murs est plus échauffée que le reste. De là l'excellence des plates-bandes costières pour la culture des légumes de primeur.

Les métaux sont de meilleurs conducteurs de la chaleur que les pierres, celles-ci que le bois, celui-ci que le verre. Par conséquent il ne faut pas faire les châssis destinés à conserver cette chaleur avec du fer ou avec des pierres, mais avec du bois, ou avec des briques vernissées, c'est-à-dire couvertes de verre ; la laine conserve mieux la chaleur que le chanvre ou le coton, il faut donc s'habiller de drap en hiver et de toile en été.

Ces dernières circonstances ne dépendent ni de la masse ni de la densité des corps. Elles sont inhérentes à leur nature, à leur capacité de calorique, comme disent les physiciens.

Un fait à citer ici, c'est que le charbon, qui absorbe beaucoup de chaleur au soleil à raison de sa couleur, est un des corps qui la laisse le plus difficilement perdre. De là l'utilité de faire entrer beaucoup de charbon dans les murs construits en plâtre, de charbonner l'intérieur de la caisse des châssis en bois, ou de l'entourer de poussier de charbon, etc.

La chaleur directe des rayons du soleil, comparée à celle de l'air, à l'ombre, n'est pas aussi considérable qu'elle le paraît à nos sens, d'après les expériences faites avec tout le soin possible ; cependant il est difficile d'adopter le résultat de ces expériences sans quelques restrictions.

Les animaux et même les végétaux ont une chaleur propre produite par l'acte même de leur vitalité. On sait que dans les animaux elle est le résultat de la respiration, c'est-à-dire de la combustion de l'oxygène, corps éminemment chargé de calorique ; mais on ne voit pas si évidemment l'origine de celle des végétaux, qui, au reste, est extrêmement faible, d'après les observations de Hunter. Il est des circonstances où cette chaleur des végétaux, ou mieux de quelques parties des végétux, augmente cependant à un point remarquable. Lamarck, le premier, remarqua que le chaton du GOUET MACULÉ était chad au toucher au moment de sa fécondation, et Bory Saint-Vincent a trouvé que celui du gouet à feuilles en cœur, qui croît à l'Ile-de-France, ne pouvait pas être tenu dans la main à la même époque. *Voyez* Gouet.

La chaleur des rayons solaires s'accumule dans la terre pendant l'été et gagne de proche en proche, d'après des expériences faites par Saussure, à Genève, jusqu'à une profondeur de 30 pieds; elle arrive au *maximum* au solstice d'hiver, et est à son *minimum* au solstice d'été. C'est cette chaleur, mise ainsi en réserve, qui conserve les plantes pendant l'hiver et les fait végéter au printemps; c'est encore elle qui, lorsqu'en automne les nuits commencent à devenir longues, cause ces émanations qui font mûrir les fruits placés près de terre plus tôt que ceux placés plus haut, comme on le voit principalement dans la vigne.

Les terres noires absorbent, par les causes citées plus haut, plus de chaleur que les autres; celles qui sont de cette couleur et en même temps sèches et dans une bonne exposition, sont les plus précoces de toutes. (*Voyez* Schiste.) Les pays à craie pure sont très-tardifs, mais les argiles blanches, quand elles sont humides, le sont encore plus. Les sables blancs quartzeux ne sont si chauds que parce que (le quartz a les mêmes propriétés que le verre) ils ne perdent que très-lentement la chaleur qui s'y est accumulée. La grande sécheresse y concourt aussi, car ces sables laissent le plus souvent passer l'eau comme dans un crible; ils ne font jamais éponge comme les terres dans la composition desquelles entre l'argile.

Lorsqu'en été, à un temps pluvieux et froid, il succède sans transition un temps sec et chaud, il arrive que les arbres et les plantes qui se trouvent dans un sol aride perdent subitement leurs feuilles, périssent même en totalité ou en partie. Il y en a eu un exemple mémorable à la fin d'août 1810, époque où les peupliers d'Italie des pépinières de Versailles perdirent leurs feuilles, et où beaucoup d'arbres fruitiers, principalement de poiriers greffés sur coignassier périrent dans la pépinière du Luxembourg. Des arrosemens sont le seul moyen d'empêcher ces effets, mais comment deviner qu'ils doivent avoir lieu?

La chaleur qui fait partie constituante des corps s'y trouve dans un tel état, qu'elle n'est pas sensible aux sens, quoique considérable; deux morceaux de fer, quoique froids en apparence, rapidement frottés dans l'eau, ont fait bouillir cette eau. Il n'est pas possible de croire que le calorique ait été dans ce cas fourni par autre chose que par le métal, qui cependant n'a rien perdu.

Tout corps qui de solide passe à l'état de liquide, tout liquide qui passe à l'état de vapeur, absorbe une grande quantité de calorique qu'il prend dans le feu, dans l'air, ou dans les corps environnans. Tout le monde connaît la manière de faire rafraîchir l'eau au soleil, manière usitée sur les côtes d'Afrique et en Espagne, en la mettant dans des vases poreux, à travers lesquels il passe une petite portion de cette eau, qui, en s'évaporant, rafraîchit la masse.

Des expériences faites par divers physiciens constatent que les rayons du spectre solaire ne sont pas chauds au même degré, que les rouges sont les plus chauds et les jaunes les plus froids. Une serre ou une bache qu'on garnirait de vitres rouges par-dessus les vitres blanches pendant deux heures du plus fort soleil, en serait, à ce qu'il y a lieu de croire, plus échauffée que par le meilleur fourneau allumé pendant le double de ce temps. J'ai souvent désiré être à portée d'établir des baches ou des châssis d'après ces principes, mais je n'en ai pas trouvé l'occasion. Au reste, il faut le dire, les verres rouges étant colorés avec de l'oxide d'or sont trop chers pour être employés à des usages communs.

On a établi plusieurs théories pour expliquer pourquoi les rayons du soleil ne fondent pas les neiges du sommet des hautes montagnes. Je crois que c'est uniquement au manque d'abri que cet effet est dû; car il est certain que ces sommets, placés presque tous au-dessus des nuages, sont perpétuellement balayés par les vents, qui emportent le calorique à mesure qu'il se fixe sur la surface de la neige, corps qui, à raison de sa couleur, est très-peu disposé à l'absorber. Une expérience de Saussure semble venir, d'une manière démonstrative, à l'appui de cette idée, que je ne crois pas avoir encore été émise. Au milieu de juillet, ce célèbre physicien plaça sur le Cramont, à une élévation de 1402 toises, depuis deux heures jusqu'à trois, une boîte doublée de liége noirci, et dont l'ouverture était fermée par trois glaces, placées à quelque distance l'une de l'autre. Le thermomètre contenu dans cette boîte monta jusqu'à 70 degrés, ce qui est presque la chaleur de l'eau bouillante. En plein air, dans le même temps, la chaleur était seulement de 5 degrés.

Cette importante expérience rappelle celle qui fut faite à Paris, sous mes yeux, vers la même époque, par Ducarla. Il superposa douze récipiens de verre blanc les uns aux autres, de manière qu'il y eût une distance de 3 à 4 lignes entre chaque récipient, et il luta le pourtour de la base du premier et du dernier sur la planche qui servait d'appui. Lorsque cet appareil était exposé pendant une heure au soleil, la chaleur s'accumulait dans le bocal du centre, de manière à y faire cuire de la viande, des pommes et autres objets.

Ce qui fait que dans ces deux expériences la chaleur des rayons solaires a été si considérablement accumulée, c'est qu'il y avait des couches d'air entre chaque verre, et que l'air étant l'un des plus mauvais conducteurs de la chaleur, ainsi que le verre, il n'y avait pas de déperdition. Cela est prouvé.

Les données ci-dessus doivent guider dans la construction des serres, des baches et des châssis, et pourront peut-être un jour mettre les cultivateurs dans le cas de se passer de fourneaux et de couches pour les échauffer.

Pour bien entendre, dit Rozier, comment la présence du soleil produit tous les degrés de chaleur qui forment la variété de nos saisons, il faut faire attention que le soleil échauffe la terre non-seulement en raison de sa plus grande proximité, mais encore en raison de son séjour plus ou moins long sur l'horizon, et de la direction plus ou moins perpendiculaire de ses rayons. En été, quoique le soleil soit plus loin de nous qu'en hiver, il est plus chaud par ces deux dernières causes.

En effet, toutes choses égales d'ailleurs, la chaleur est toujours proportionnelle à la quantité des rayons qui la produisent. Or, 1°. lorsque les rayons sont perpendiculaires, il s'en perd moins ; c'est-à-dire qu'il en tombe davantage sur un espace donné. Il a été calculé que cette seule cause devait rendre les étés du climat de Paris neuf fois plus chauds que les hivers ; 2°. le soleil reste pendant l'été une fois davantage sur l'horizon que pendant l'hiver, ce qui, d'après les calculs, donne une chaleur dix-sept fois plus grande pour cette saison : en tout vingt-six fois au moins, car un mathématicien anglais a prétendu que cette chaleur de l'été était cinquante fois plus grande.

Mais, dira-t-on, jamais le thermomètre n'annonce une telle chaleur dans le climat de Paris ? C'est parce que, comme l'a fort bien remarqué mon savant et respectable maître, Romé de Lisle, dans sa brochure intitulée *Le feu central démontré nul*, que cette chaleur est continuellement amortie par l'évaporation, qui, ainsi que je l'ai déjà observé, emporte la chaleur dans les régions supérieures de l'atmosphère, d'où elle se disperse avec les nuages et les vents par tout l'univers ; et comme cette évaporation est toujours proportionnelle à la chaleur, il en résulte que jamais, à moins de circonstances produites par des abris naturels ou artificiels, la chaleur de l'air ne peut arriver à 5o degrés. Au Sénégal, pays qu'on regarde comme le plus chaud de la terre, à raison de la sécheresse de ses sables, elle n'est que de 4o degrés.

D'après ce que nous venons de dire, on sent facilement que

les climats et les lieux les plus chauds doivent être ceux où la chaleur s'accumule le plus et s'évapore le moins. Les vastes déserts de l'Asie et de l'Afrique sont toujours brûlans, parce que la rareté de l'eau et des rivières est cause qu'il n'y a presque aucune évaporation ; au contraire, l'Amérique, par-tout couverte d'eau et de forêts, est beaucoup moins chaude sous l'équateur. Dans nos contrées mêmes, cette différence devient sensible à chaque pas. Les plaines fort étendues, qui ne sont coupées ni par des étangs ni par des rivières, qui ne sont ombragées par aucun arbre, comme celles de la Beauce, les pays crayeux de la Champagne, les landes de la Gascogne, etc., sont brûlées par les ardeurs de l'été, tandis que les plaines voisines, arrosées par des eaux abondantes ou des marécages, tempèrent l'air par une évaporation continuelle.

La terre ne dégèle jamais vers le cercle polaire et en Sibérie, pays plus méridional; le soleil ne peut fondre la glace au-delà de 2 ou 3 pieds, ainsi que l'ont remarqué différens voyageurs, et en dernier lieu le savant et estimable Patrin. Cette chaleur intérieure de la croûte de la terre est donc, comme je l'ai déjà observé, le résultat de l'accumulation du calorique produit ou développé par les rayons solaires.

Il paraîtrait naturel que ce fût au solstice d'été, temps où le soleil est plus long-temps sur notre horizon, pour nos climats, que les plus grandes chaleurs devraient se faire sentir; mais si l'on fait attention qu'il faut joindre à la chaleur actuelle une partie de la chaleur passée, on concevra que la chaleur des mois de juillet et d'août doit être composée de celle que la terre a acquise par l'approche du soleil vers le solstice en mai et en juin, et par son retour de ce point d'élévation en juillet et août. De plus, la terre, desséchée en mai et juin par l'évaporation continuelle dans ces deux mois, ne contient plus assez d'humidité pour fournir à l'évaporation nécessaire qui doit contre-balancer les chaleurs de juillet et d'août, jusqu'à ce que, par des pluies ou des rosées abondantes, elle ait acquis de quoi faire au moins équilibre; il en est de la terre en général comme de tout autre corps en particulier, que l'on échauffe dans le feu et que l'on en retire ensuite; il conserve long-temps la chaleur qu'il y avait acquise, quoiqu'il n'y soit plus exposé. Les corps ne commencent à se refroidir que lorsque la chaleur qu'ils ont commence à s'évaporer. Mais si un corps est toujours plus échauffé qu'il ne perd de sa chaleur, ou s'il en perd bien moins qu'il n'en acquiert, alors il doit recevoir continuellement une nouvelle augmentation de chaleur; et c'est précisément le cas de la terre en été. Un exemple va rendre ceci plus intelligible. Supposons que dans les grands jours de l'été, pen-

dant tout l'intervalle de temps que le soleil est au-dessus
de notre horizon, la terre et l'air qui l'environne reçoivent
100 degrés de chaleur, mais que pendant la nuit, qui est
environ de moitié plus courte que le jour, il s'en évapore 50, il restera encore 5o degrés de chaleur. Le jour
suivant, le soleil agissant presque avec la même force en
communiquera à-peu-près 100 autres, dont il s'en perdra
encore environ 5o pendant la nuit. Ainsi, au commencement
du troisième jour, la terre aura 100 ou presque 100 degrés
de chaleur : d'où il s'ensuit que, puisqu'elle acquiert alors
beaucoup plus de chaleur pendant le jour qu'elle n'en perd
pendant la nuit, il doit se faire en ce cas une augmentation
très-considérable ; mais après l'équinoxe, les jours venant à
diminuer et les nuits devenant beaucoup plus longues, il doit
se faire une compensation, de sorte que pendant l'hiver il
s'évapore la nuit une plus grande quantité de chaleur de dessus
la terre qu'elle n'en reçoit durant le jour : ainsi le froid doit
à son tour se faire sentir. Cette vicissitude est perpétuelle
d'année en année. Les étés, en général, sont à-peu-près les
mêmes, la durée d'un vent du nord peut les rendre plus froids,
plus piquans dans une année ; la privation des pluies peut faire
quelquefois accumuler des chaleurs étouffantes ; mais ces excès
ne sont qu'accidentels, et sur-tout dans nos climats tempérés,
où les saisons sont assez semblables.

Plusieurs auteurs ont observé que la température de la France
a changé depuis une suite de siècles, et qu'elle est plus chaude
à présent qu'autrefois. Si nous consultons les écrivains du
commencement de l'ère chrétienne ; nous y trouverons un
tableau du froid bien plus rigoureux que celui de nos jours.
Au rapport de Diodore de Sicile et de César, les rivières
des Gaules gelaient tous les hivers, et la glace était si ferme,
que non-seulement les gens à pied et à cheval y passaient,
mais même des armées entières avec tous les chariots et les
équipages. Quelques faits semblent aussi prouver que dans certains cantons la chaleur a diminué de nos jours, puisqu'on fait
la récolte et les vendanges beaucoup plus tard. Ces faits contradictoires s'expliquent, d'un côté en reconnaissant que depuis dix-huit cents ans la température du climat de la France
a beaucoup gagné du côté de la chaleur, par l'effet de la
culture, des défrichemens, de l'abattis des forêts, du desséchement des étangs et des marais. Veut-on une preuve démonstrative de cette vérité ? que l'on jette un coup d'œil sur
l'Amérique. Par-tout où la culture n'a pas gagné, des forêts
épaisses que la lumière ne pénètre jamais, des marais que la
chaleur du soleil ne peut dessécher, couvrent toute la terre,
et rafraîchissent tellement l'atmosphère, que lorsqu'on est

obligé d'y passer la nuit, l'on est contraint d'y allumer du feu. Dans les terrains au contraire que l'industrie humaine a défrichés, une température chaude, souvent un air brûlant est le seul qu'on y respire, et le plus souvent la différence de ces deux climats n'est que la distance d'une ou deux lieues. Sans sortir de la France, qui croirait que dans les plaines de la Bresse on n'éprouve jamais autant de chaleur que dans celles du Dauphiné, qui n'en sont distantes que de quelques lieues? Les récoltes y sont plus tardives, la maturité y est lente, et la végétation paraît être le produit de deux climats très-éloignés. *Voyez* le mot Géographie agricole.

Les positions locales, les abris, influent beaucoup sur la température de l'atmosphère. Les gorges des montagnes abritées du nord éprouvent des chaleurs plus considérables en été que les plaines qu'elles avoisinent, quoique les premières soient beaucoup plus élevées. Cette augmentation est due à la concentration de la chaleur et à la répercussion des rayons lumineux par les côtes des montagnes. Ces grandes chaleurs, à la vérité, ne sont pas de longue durée; mais elles sont assez considérables pour être en état de faire mûrir des fruits et des légumes qui ne croissent que dans nos provinces méridionales.

D'un autre côté, il est constant que le climat des orangers, des oliviers, de la vigne, se rétrécit tous les ans non-seulement en France, mais en Espagne, mais en Italie, ce qu'on peut attribuer à la diminution de la chaleur centrale, dont j'ai parlé plus haut; mais il est prudent de suspendre le développement de toute théorie fondée sur ce fait jusqu'à plus ample information.

Un grand nombre d'expériences tendent à faire croire, comme je l'ai déjà indiqué, que les végétaux ont une chaleur propre résultant de leur action vitale même; mais elle est si peu considérable qu'on peut se dispenser de la prendre en considération dans la pratique de l'agriculture. On n'a de plus aucune donnée sur la manière dont elle se produit et sur les variations qu'elle éprouve.

Il n'en est pas de même de la chaleur animale : on la voit se produire d'abord par communication (le couvage des œufs, et sans doute à plus forte raison celui du *point vital* dans la matrice des vivipares); ensuite s'entretenir par la respiration, qui, absorbant l'oxygène (gaz, comme je l'ai déjà observé, très-chargé de calorique), s'assimiler au sang, puis s'augmenter par le mouvement. Quel est le cultivateur qui ignore ce dernier fait? Quel est celui qui ne se soit pas échauffé, qui n'ait pas sué par suite d'un travail forcé? Je pourrais beaucoup m'étendre sur ce sujet; mais mon intention n'est pas de faire un traité de physiologie animale.

M. Rosenthal a publié, en allemand, un ouvrage contenant des expériences pour déterminer la chaleur nécessaire à la croissance des plantes. Si j'en juge par l'extrait qui en a été donné dans la Feuille du Cultivateur du 3 août 1793, cet ouvrage ne remplit pas l'espoir que son titre pouvait donner. Le seul résultat qu'il offre, c'est que les plantes, placées dans des circonstances aussi semblables que possible, végètent les unes plus tôt, les autres plus tard, qu'elles n'ont pas toutes besoin du même degré de chaleur; ce que la pratique du jardinage prouve tous les jours.

Actuellement je passe aux moyens qui sont donnés à l'homme pour se procurer une chaleur artificielle propre à accélérer la croissance des végétaux. Ces moyens sont le feu et la fermentation. On pourrait aussi y joindre l'accumulation de la chaleur solaire dans les lieux fermés et vitrés, comme orangerie et châssis simples; mais il en a déjà été suffisamment question.

D'après la manière de voir la plus simple et la plus conforme aux phénomènes, la chaleur produite par les corps actuellement brûlans, par la combustion du bois, par exemple, est celle qui existait dans l'oxygène décomposé par l'acte de la combustion. Cette chaleur doit donc être et est en effet d'autant plus forte, que la masse du combustible est plus grande (les fours des verreries et ceux à porcelaine), ou que la combustion est plus rapide (les forges et autres usines où on fait usage des soufflets); mais elle est cependant bornée, même dans les volcans, car la masse de l'oxygène l'est elle-même, et d'ailleurs les fourneaux ne peuvent résister à la fusion au-delà d'un certain terme. Les effets de la chaleur, dans l'ordre naturel, sont de dilater, d'évaporer, puis de fondre et de volatiliser les substances minérales, ou de cuire, puis de détruire les substances animales et végétales.

Les effets de la chaleur sur l'eau exposée à l'air libre ne peuvent jamais aller au-delà du degré de l'évaporation. Il est donc superflu de faire sous une chaudière remplie un feu plus considérable que celui qui est nécessaire pour la faire bouillir (avis aux ménagères); mais l'eau renfermée dans la marmite à Papin, peut, dit-on, être poussée au rouge. C'est en supposant que l'opposition des vapeurs exhalées de la terre, lorsqu'elle était incandescente, mettait dans le même cas l'eau de sa surface, qu'on peut expliquer la dissolution des métaux et des pierres siliceuses, principalement celles qui entrent comme élémens dans le GRANIT, et leur précipitation en cristaux ou en couches lorsque cette incandescence a cessé. J'ai expliqué autre part mes idées à cet égard.

Tome IV. 2

C'est au moyen des poêles construits dessous ou à côté des SERRES et des BACHES qu'on communique aux plantes qui y sont contenues le degré de chaleur artificielle qui leur est nécessaire pour se conserver pendant l'hiver. On a calculé que la chaleur moyenne d'une serre ne devait pas être, dans le climat de Paris, beaucoup élevée au-dessus de 15 degrés; mais cependant lorsqu'on veut activer la végétation, faire arriver les plantes à fructification, on pourrait, moyennant des précautions qui sont indiquées aux mots SERRE et BACHE, élever leur température jusqu'à 25 et 30 degrés. La prudence et l'économie ne permettent pas le plus souvent de donner une aussi haute température : c'est pour cela que je désire que les cultivateurs aisés, outre leur grande serre et leur bache de dépôt, en aient une petite, consacrée à une végétation plus active; car les amis des plantes se plaignent que tel arbre qui existe depuis cinquante ans dans les serres de Paris n'y a pas encore fleuri. Au reste, j'ai inséré dans les *Annales d'Agriculture*, tome XII de la nouvelle série, un mémoire très-curieux de Knigth sur les nuisibles effets d'une trop haute température des serres. J'y renvoie le lecteur.

Une chaleur très-sèche, comme une chaleur très-humide sont également dangereuses, lorsqu'elles sont élevées à un certain degré, pour les plantes renfermées dans les serres. L'impression faite sur les sens, le thermomètre, l'hygromètre, les gouttelettes attachées aux vitreaux, et d'autres indications moins importantes, servent de guides dans ce cas.

Toute fermentation est accompagnée de production de chaleur, parce que toutes se font par l'absorption de l'oxygène; mais si dans l'économie rurale il est nécessaire de connaître la chaleur qui résulte de la fermentation du vin, du pain, etc., en agriculture il suffit d'étudier celle qui se développe lorsqu'on accumule du fumier, de la paille, du foin, des feuilles sèches, du tan, de la sciure de bois, et qu'on les mouille légèrement. C'est avec ces matières qu'on compose ce qu'on appelle des couches ou de la tannée, sur lesquelles, après y avoir mis de la terre, on sème ou on plante les objets dont on veut avancer ou activer la végétation, ou dans lesquelles on enterre les pots qui contiennent ces objets.

La chaleur des végétaux amoncelés peut être portée jusqu'à l'inflammation, témoin le foin entassé trop vert ou trop humide, qui s'enflamme spontanément en meules ou dans les greniers, et elle est toujours proportionnelle à sa masse et à la nature des choses avec lesquelles elle est composée. Un peu d'eau est absolument nécessaire aux COUCHES (*voyez* ce mot), mais trop d'eau leur est toujours nuisible.

Chaque substance dont on compose les couches donne une

chaleur différente. Ainsi, le fumier de cheval vaut mieux que celui de vache lorsqu'on désire une haute température; la tannée agit moins fortement, mais d'une manière plus égale et plus durable. *Voyez* Fumier, Tan et Tannée.

On peut préjuger par ce qui a été dit précédemment, que la chaleur des couches diminue petit à petit, et finit par s'anéantir complétement, mais qu'en les encaissant sous des châssis, des bâches; en les établissant dans des serres, cette chaleur doit se dissiper plus lentement. Elle sera encore plus durable, si les matières qui servent à leur encaissement sont de mauvais conducteurs de la chaleur, comme le verre, le charbon, etc.

Rarement on peut placer des plantes sur une couche ou une tannée les premiers jours de sa fabrication. Il est toujours prudent d'attendre qu'elle ait *jeté son premier feu*, comme disent les jardiniers, car sans cela on risquerait de les faire périr par trop de chaleur. Un thermomètre, un simple bâton, ou le doigt enfoncé dans une couche, servent à apprécier sa chaleur. C'est au cultivateur à juger, d'après ces indications, le point le plus propre aux usages auxquels il la destine.

Que de développemens je pourrais encore donner à cet article! mais il faut m'arrêter. Un grand nombre d'autres articles serviront de complément à celui-ci. *Voyez* aux mots Calorique, Oxygène, Air, Soleil, Feu, Combustion, Électricité, Fumier, Couche, Fermentation, Volcan, etc. (B.)

CHALEUR. Ce mot est souvent synoyme de rut dans les animaux domestiques, et aussi quelquefois de maladie du sang dans les bêtes à laine. (B.)

CHALIN. Les vignerons de Bar nomment ainsi la roche qui sert de support à la terre de leurs vignes. C'est une pierre calcaire de transition contenant des ammonites d'un gros volume, ainsi que je m'en suis assuré sur les lieux. (B.)

CHALOSSE. Nom d'un canton du département des Landes où la terre est fertile. Les cultivateurs de ce canton ont presque tous ou des propriétés ou des associations dans les landes, et y envoient leurs bestiaux pendant l'hiver. *Voyez* Gazaille. (B.)

CHALOSSE. Ce nom s'applique, dans quelques lieux, aux tiges des plantes légumineuses, telles que celles du pois des champs, de la vesce, de la gesse, et qu'on fait sécher pour la nourriture des bestiaux pendant l'hiver. (B.)

CHALUMEAU. Dans beaucoup de lieux, on donne ce nom à la tige du blé et autres graminées. *Voyez* au mot Chaume. (B.)

CHAMAEDRIS. *Voyez* Germandrée.

CHAMAELEON. On a donné ce nom à la carline. (B.)

CHAMAEPITIS. Nom latin de la Bugle ivette. *Voyez* ce mot.

CHAMBONAGE. Nom qu'on donne, sur les bords de l'Allier, à des terres sablonneuses, grasses, fraîches, profondes, qui sont des alluvions, encore susceptibles d'être inondées tous les ans. (B.)

CHAMELINE. *Voyez* Cameline.

CHAMP. Ce mot a diverses acceptions, dont la plus commune est celle où il est synonyme de terre cultivée. Ainsi on dit : *il a labouré, il a ensemencé ses champs.* Souvent il signifie toute la campagne, comme dans cette phrase : *il a mené les vaches aux champs.* Dans quelques cas il n'indique qu'un lieu d'action : *un champ de bataille.* On dit *semer* ou *fumer à plein champ* lorsqu'on répand la semence ou le fumier uniformément sur le sol, de manière que sa superficie en soit couverte.

On appelle *champs froids*, aux environs de Limoges, les terres qui ne se cultivent que tous les dix, vingt, trente, cinquante ans, et même plus, à raison de leur mauvaise nature. Dans d'autres lieux, les *champs froids* sont ceux qui sont argileux, et où le blé arrive difficilement à maturité dans les années pluvieuses. (B.)

CHAMPAGE. Synonyme de Paturage. *Voyez* ce mot. (B.)

CHAMPAY. On indique quelquefois le pacage des bestiaux par ce mot. (B.)

CHAMPEAGE. Nom du droit qu'ont quelques communes de faire paître leurs bestiaux dans des bois ou sur des terres vagues. *Voyez* Communaux, Paturage, Parcours. (B.)

CHAMPECIÈRE. On donne ce nom, dans le département de la Manche, aux bords des champs qui sont entourés d'une haie (presque tous le sont) ; bords qu'on laisse en herbe pour la nourriture des bestiaux, ou qu'on cultive à la houe pour y planter des pommes de terre, des haricots, etc. (B.)

CHAMPELURE. On appelle ainsi, dans quelques vignobles, principalement dans celui d'Orléans, les taches noires qui se montrent sur les sarmens, et qui sont dues tantôt à la grêle, tantôt à la brulure produite par la gelée ou par des gouttes d'eau frappées par le soleil, tantôt au défaut de force dans la végétation. (B.)

CHAMPIGNONS. Famille de plantes dont la singulière organisation a de tout temps frappé les observateurs, et dont les diverses espèces doivent être étudiées par les habitans des campagnes, à raison de ce que certaines d'elles sont recherchées comme un aliment, et que beaucoup d'autres, peu différentes au premier aspect, sont des poisons très-violens. D'ailleurs, une de ces espèces qui se cultive fréquemment dans les jardins, une autre qui est employée dans la médecine, dans l'économie domestique et dans les arts, et plusieurs qui vivent aux dépens des plantes cultivées et nuisent plus au moins aux récoltes, intéressent directement les agriculteurs.

Il est des champignons qui sont spongieux et d'une durée de quelques jours, d'autres qui sont subéreux et subsistent un grand nombre d'années; les uns vivent sur la terre, les autres sur les arbres morts ou vivans : leur couleur n'est jamais verte. Ils donnent à l'analyse des produits peu différens de ceux des substances animales. Beaucoup d'opinions diverses ont été émises sur leur nature. Aujourd'hui on les regarde généralement comme des plantes, mais d'une nature particulière. Les rapports qui les unissent aux animaux sont presque aussi nombreux que ceux qui les lient aux végétaux : aussi tous les botanistes qui suivent la méthode naturelle les placent-ils au commencement de la série de ces derniers, comme les zoologistes placent les polypes à la fin de la série des premiers.

L'accroissement des champignons terrestres se fait par développement de substance, comme dans les animaux. Celui des champignons subéreux diffère peu de celui des arbres sur lesquels ils croissent. Les uns et les autres ont cependant pour moyen de multiplication des bourgeons séminiformes, excessivement petits. Pour les voir, il suffit de placer un champignon nouvellement développé sur une glace; cette glace sera couverte au bout d'un ou deux jours d'une poussière dont on ne pourra distinguer les globules qu'avec la loupe. Je dis bourgeons séminiformes (ou *gemmes*), parce que ces semences n'ont aucun des caractères de celles des autres végétaux; qu'elles sont des champignons tout formés, qui n'ont besoin que de circonstances particulières pour grossir. Ils ont les plus grands rapports apparens et réels avec les germes séminiformes des polypes. Ces bourgeons sont transportés par les vents, ou entraînés par les pluies, et multiplient ainsi l'espèce à laquelle ils appartiennent.

Les champignons qui croissent sur la terre en sortent tantôt nus, tantôt renfermés dans une coiffe, qui ne tarde pas à se déchirer et qu'on appelle leur *volva*. La plupart sont surmontés d'un chapeau convexe, tantôt orbiculaire, tantôt semi-orbiculaire. Il en est qui sont rameux. Les uns sont solitaires, les autres aggrégés. Quelques-uns laissent fluer une liqueur laiteuse lorsqu'on les entame, d'autres se colorent en

bleu. Leur saveur varie : tantôt elle est agréable, tantôt nauséabonde, tantôt piquante, tantôt sucrée. Il en est de même
de leur odeur, qui, dans le plus grand nombre, est d'une nature particulière et générale; mais qui, dans quelques espèces,
est suave, et dans d'autres désagréable. Presque tous deviennent
fétides lorsqu'ils commencent à se décomposer naturellement :
aussi les insectes carnivores déposent-ils souvent alors leurs
œufs dans leur substance.

Il n'y a pas de règle générale pour distinguer les bons des
mauvais champignons : tous les préceptes à cet égard qu'on
trouve dans les auteurs sont sujets à des exceptions sans
nombre. La connaissance des espèces, résultant de l'habitude,
est la seule voie certaine qu'on puisse employer. Les botanistes même les plus instruits, armés de tous leurs caractères
spécifiques, lorsqu'ils arrivent dans une contrée, doivent ins-
pirer moins de confiance que le berger le plus ignorant. Il est
tel champignon qui est sain dans sa jeunesse, sain dans telle
localité, et qui devient dangereux dans sa vieillesse ou dans
telle autre localité. Quelques faits portent même à croire que
certaines larves d'insectes, et ils en renferment souvent, déterminent quelquefois des accidens.

Quoique ne fournissant aucun principe au chyle, c'est-à-
dire n'étant pas véritablement alimentaires, les champignons
sont extrêmement recherchés pour la nourriture. Il est des
cantons en France et ailleurs, où les habitans des campagnes
en consomment annuellement des quantités prodigieuses. Le
luxe en fait habituellenent entrer certaines espèces dans les
assaisonnemens. Qui ne connaît les TRUFFES, le CHAMPIGON
DES COUCHES ou *agaric esculent*, la MORILLE, le MOUSSERON,
le CEPS, l'ORONGE, la CHANTERELLE, etc.? Je ne chercherai
donc pas à empêcher ceux qui les aiment d'en manger; mais
j'insisterai pour qu'on fasse toujours entrer du vinaigre dans
leur assaisonnement, car cet acide est leur certain contre-poison.
Au dire de quelques personnes, on peut manger sans crainte
toutes espèces de champignons, même celles qui passent pour
les plus dangereuses, pourvu qu'elles n'aient ni mauvais goût
ni mauvaise odeur lorsqu'on les a fait macérer vingt-quatre
heures avant dans le vinaigre.

En Italie, on conserve en grand des champignons dans des
tonneaux après les avoir salés, comme on conserve les choux;
dans d'autres lieux, on les conserve dans le vinaigre ou dans
l'huile salée.

Il est une foule de champignons qui sont recherchés par
les bêtes à laine, les bêtes à cornes, et sur-tout par les cochons. Les plus communs d'entre eux sont les AGARICS CHAM-
PÊTRE, CHANTERELLE, BOUCLIER, DÉLICIEUX, FAITEUX, MOU-

CHETÉ, MAMELONNÉ ; les BOLETS JAUNE, GLUANT ; la CLA-
VAIRE CORRALLOÏDE , l'HYDRE GOUDRONNÉE , la MORILLE CO-
MESTIBLE.

La plus grande partie des champignons vénéneux paraissent
agir comme violens émétiques, quelques-uns comme éponge
indigestible , etc. Les symptômes qu'ils font naître dans ceux
qui en ont mangé sont le vomissement, qu'il faut au reste
toujours provoquer par tous les moyens possibles, l'oppression , la tension de l'estomac et du bas-ventre, l'anxiété, les
tranchées, la soif violente, la cardialgie, la dyssenterie, l'é-
vanouissement, le hoquet, le tremblement général , la gangrène et la mort. Peu d'heures suffisent souvent pour faire successivement passer un malheureux par tous ou par une partie
de ces accidens. Des vomissemens, et du vinaigre étendu d'eau,
je le répète, sont les seuls remèdes à employer. Les huiles ne
produisent pas des effets aussi certains ni aussi prompts que
l'ipécacuanha ou l'émétique : le lait ne doit venir qu'après
pour remettre l'estomac affaibli. M. Parmentier, à qui on doit
un très-bon travail sur les champignons vénéneux, conseille
de s'abstenir de toutes les espèces, car le plus sain est au moins
sujet à donner des indigestions, qui peuvent être suivies de
la paralysie et autres accidens.

Le MÉRULE DESTRUCTEUR concourt le plus à l'altération des
bois en grume ou ouvragés.

Celui des bois parasites qui cause le plus de dommages aux
cultivateurs, appartient au genre ISAIRE, car il agit sur les
racines des plantes positivement comme la MORT DU SAFRAN.
Voyez ces mots et celui RHIZOCTONE.

Les graines des champignons, ou mieux, je le répète, leurs
bourgeons séminiformes, sont placés, tantôt dans l'intérieur,
comme dans les GYMNOSPORANGES , les PUCCINIES, les BUL-
LAIRES, les URÉDO, les ÉCIDIES, les MOISISSURES, les LICÉES,
les TUBULINES, les TRICHIES, les STENOMITIS, les DIDERMES,
les RÉTICULAIRES, les LYCOGALES, les VESSELOUPS, les GÉASTRES,
les TULOSTOMES, les NIDULAIRES, les STICTIS, les PILOBOLES,
les TÉLÉBOLES, les ÉRYSIPHÉES, les TUBERCULAIRES, les SCLÉ-
ROTES et les TRUFFES; tantôt à leur surface, comme dans les
BISSES, les MONILIES, les BOTRYTES, les ÉGÉRYTES, les ÉRINÉES,
les CONOPLÉES, les HELOTIUM, les PEZIZES, les TRÉMELLES,
les HELVELLES, les SPATULAIRES, les CLAVAIRES, les AURICU-
LAIRES, les HYDNES, les BOLETS, les MÉRULES, les AGARICS,
les MORILLES, les SATYRES et les CLATHRES. Ceux de ces genres
où il y a des espèces utiles ou nuisibles ont un article particulier dans cet ouvrage. Tous se trouvent dans la Flore française de Décandolle, excellent ouvrage qui devrait faire partie
de la bibliothèque des cultivateurs.

J'ai plusieurs fois fait naître l'AGARIC MOUSSERON, et une fois la TRUFFE, en mettant en terre des épluchures de ces champignons; mais on dit que dans le département des Landes on fait bouillir les AGARICS PALOMET et le BOLET COMESTIBLE dans de l'eau, et on en arrose les lieux où on veut que croissent de ces champignons. Il est difficile d'expliquer comment l'ébullition ne désorganise pas les bourgeons séminiformes de ces deux espèces.

Comme je l'ai déjà dit, de toutes les espèces de champignons une seule est cultivée, c'est l'AGARIC ESCULENT (*voyez* ce mot). On le fait naître à volonté sur des couches, auxquelles on donne aussi le nom de *meules*. Je laisse ici parler mon confrere Thouin.

« Au mois de décembre, dans un lieu sec, on fait une tranchée de longueur quelconque, sur 2 pieds de large et 6 pouces de profondeur. Dans cette tranchée, on établit une couche de fumier de cheval non consommé, et mêlé de beaucoup de crottin. Elle doit être en dos de bahut, dressée également, foulée ou trépignée, et avoir 2 pieds de hauteur dans son milieu. Cette couche est couverte de 2 pouces de terre, mêlée de terreau et de sable si cette terre est forte. On la laisse sans y toucher jusqu'au mois d'avril, époque où on met dessus trois doigts d'épaisseur de grande litière. Au mois de mai, la récolte commence. Alors tous les deux jours on ôte la litière pour enlever les champignons, et on la remet aussitôt. Si, pendant cette récolte, il ne pleut pas, il conviendra de bassiner de temps en temps la couche.

» Lorsque la couche est épuisée, on la détruit; mais on réserve les parties blanches appelées BLANC DE CHAMPIGNON, qui sont du terreau imprégné de racines et de semences de champignon (bourgeons séminiformes). Étant mises en lieu sec, elles se conservent pendant deux ans propres à reproduire des champignons à toutes les époques de l'année. Ce blanc de champignon s'emploie pour féconder les meules.

» Ces meules sont des couches établies sur un terrain sec, ou rendu sec par une couche de plâtras ou de pierrailles, recouverte de sable. Elles ont 3 pieds de large et un de hauteur; leur longueur est indéterminée. C'est du fumier de cheval, sorti de l'écurie depuis un mois, et amoncelé séparément, qu'on y emploie. On en ôte la plus longue paille; on arrose abondamment. Lorsque ces meules s'échauffent trop, on les remanie, c'est-à-dire qu'on les démolit et qu'on y ajoute du fumier neuf. Quelques jours après, la chaleur s'étant modérée, on larde la meule, sur les côtés, de morceaux de *blanc* de la largeur de la main, sur deux rangs, et écartés de 6 à 8 pouces, morceaux que l'on recouvre de 2 ou 3 pouces d'épaisseur de

fumier. Cette dernière opération s'appelle *remonter la meule.*
Un peu plus tard, on bat les côtés de la meule avec le dos d'une
pelle pour en affermir toutes les parties, puis on enlève avec
un petit râteau, ou avec la main, toutes les pailles qui débordent; ce qui se nomme *peigner la meule.*

» Cela fait, on recouvre la meule d'un pouce de terre légère,
ou rendue légère par une addition de sable et de terreau, et
ensuite de 3 pouces de long fumier. Huit jours après, on ôte ce
fumier, on balaye la meule et on la recouvre de nouveau fumier, en ayant attention de moins charger le haut que les côtés, et de disposer ce fumier de manière que les eaux pluviales
glissent dessus.

» Quinze jours après, on détruit cette couverture pour voir
s'il y a des champignons de produits. Ordinairement ils naissent d'abord par places, qu'on marque avec des baguettes, et
on remet la couverture. Tous les trois jours, on vient faire la
récolte autour des baguettes en soulevant la couverture, et de
proche en proche on s'étend dans toute la longueur de la
meule. Dans tous ces cas, on dérange le moins possible et le
moins long-temps possible les couvertures. Une meule ainsi
disposée et conduite dure ordinairement trois mois.

» Lorsqu'en récoltant les champignons, on fait un trop grand
trou dans la terre qui recouvre la meule, il faut sur-le-champ
remplir ce trou avec de la nouvelle terre.

» Dans le temps des chaleurs, on donne tous les jours, ou
tous les deux jours, une légère mouillure aux meules; dans les
temps froids, on ne récolte que tous les quatre, cinq, six et
même huit jours, et on a soin d'augmenter l'épaisseur des
couvertures à proportion de ce froid.

» Toute la vigilance d'un jardinier est nécessaire contre les
variations fréquentes et subites de l'atmosphère. Aura-t-il dif-
féré de quelques heures d'augmenter la couverture des meules,
le froid pénètre, et le principe de reproduction est détruit.
L'air devient tout-à-coup tempéré, ne décharge-t-il pas assez
promptement ses couvertures, la meule s'échauffe trop, et
tout périt.

» Le tonnerre cause quelquefois beaucoup de dommage aux
couches, les fait même complétement cesser de fournir des
champignons. Dans ce dernier cas, il n'y a d'autre ressource
que de les démolir, et de les reconstruire avec une partie des
mêmes matériaux.

» Pour éviter ces accidens, et sur-tout pour avoir des champignons pendant les plus fortes gelées, beaucoup de jardiniers
établissent leurs meules dans des caves ou des cavernes. Elles
s'y préparent comme en plein air; mais elles n'ont pas besoin
de couverture, pourvu que cette cave ait peu de communica-

tion avec l'air extérieur. Un mois après, elles commencent à donner des champignons. On les mouille légèrement après chaque récolte, c'est-à-dire tous les deux ou trois jours.

» Il est à observer que l'air des couches à champignons se détériore quelquefois au point de ne pouvoir plus servir à la respiration, de faire tomber en Asphyxie (*voyez* ce mot) ceux qui vont cueillir les champignons dans les caves ou les cavernes. La flamme de la chandelle, qu'on porte devant soi, indique toujours cet état de l'air, par la diminution de son éclat et même par son subit éteignement. Ouvrir les soupiraux et la porte est le moyen le plus sûr de rétablir la salubrité de cet air.

» Lorsque les meules de champignons cessent de produire, en on emploie le fumier à l'engrais des terres, quoiqu'il ait perdu une partie de ses qualités fertilisantes.

» On a remarqué que le fumier des chevaux qui sont constamment au sec et mangent beaucoup d'avoine, est meilleur pour faire des couches à champignons que celui de ceux qui mangent de l'herbe fraîche. »

Voyez pour le surplus les mots Agaric et Mousseron. (B.)

CHAMPIGNON DE COUCHE. C'est l'Agaric esculent. *Voyez* ce mot.

CHAMPIGNON D'EAU. Sorte de jet d'eau fort gros et très-court ; c'est la même chose, ou à-peu-près, que le bouillon. (B.)

CHAMPLURE. *Voyez* Champelure. Nom des gelées tardives dans quelques cantons, ou mieux de l'effet qu'elles produisent sur les vignes ou autres végétaux. Les tiges ou les branches noircissent et périssent promptement dans ce cas, et il n'y a d'autre remède que l'amputation. *Voyez* Gelée. (B.)

CHAMP-RICHE. Variété de poire.

CHANCELIÈRE. Espèce de pêche.

CHANCI, CHANCIR, CHANCISSURE. Filamens blancs qui naissent sur les végétaux vivans ou morts lorsqu'ils sont dans un air stagnant et humide, et qui paraissent être le commencement d'une moisissure, ou d'une autre sorte de champignon. (*Voyez* ce mot.) J'ai souvent cherché à étudier cette production, sans pouvoir acquérir des notions positives sur son compte.

Le fumier chanci est beaucoup inférieur à celui qui ne l'est pas.

Les feuilles chancissent fréquemment dans les orangeries mal conditionnées. Il faut les enlever et donner de l'air autant que la saison le permet.

Les racines qui commencent à chancir entraînent souvent la mort de l'arbre, il faut les retrancher lorsqu'on transplante ;

mais il faut distinguer la véritable chancissure de la peste apportée sur les racines par l'ISAIRE, qui agit bien plus rapidement et bien plus certainement. *Voyez* pour le surplus aux mots BLANC DE FUMIER et MOISISSURE. (B.)

CHANCIÈRE. On donne ce nom, dans le département de la Manche, à la partie intérieure des champs qui longe les haies, et qui sont peu susceptibles de cultures utiles. *Voyez* CHAMPECIÈRE. (B.)

CHANCISSURE DE VIN. C'est la même chose que FLEUR DE VIN. (B.)

CHANCRE. MÉDECINE VÉTÉRINAIRE. La bouche du bœuf, du cheval et de l'âne, et sur-tout leur langue, sont le siége de ce mal. Il s'annonce par une tumeur remplie d'une humeur rousse et fluide, qui se fait jour d'elle-même, et produit une cavité dont la grandeur augmente en très-peu de temps, souvent jusqu'à détruire les parties circonvoisines. Les aphthes remplis de sérosités et quelquefois terminés par une pointe noire sont de vrais chancres. Etant ouverts, ils rongent promptement la langue ou les parties voisines, si l'on n'arrête pas leurs progrès. *Voyez* APHTHES.

On guérit les chancres en les ratissant avec un instrument quelconque, pour en faire sortir le sang, et en lavant souvent la plaie avec du vinaigre, dans lequel on a fait infuser de la rue et de l'ail, en ajoutant à la colature un peu d'eau-de-vie camphrée. Les animaux qui en sont atteints guérissent aisément par cette méthode. En 1773, il y eut beaucoup de chevaux et de mulets attaqués de ce mal. Plusieurs perdirent leur langue entre les mains des maréchaux, parce qu'ils ne connurent point le remède.

Cette maladie est ordinairement épizootique : alors on l'appelle *chancre volant, pustule maligne*, charbon à la langue, *Voyez* CHARBON A LA LANGUE.

Le mouton est exposé à de petites vésicules d'une humeur rousse, qui attaque les tégumens du cou ; elles excitent au commencement une vive démangeaison. Lorsqu'elles sont ouvertes, elles s'étendent au loin, et détruisent les tégumens et les muscles voisins. Cette espèce de chancre s'appelle *feu Saint-Antoine, feu céleste. Voyez* FEU SAINT-ANTOINE.

Quant au chancre qui survient dans le nez des chevaux attaqués de la morve, et qui est un signe univoque de cette maladie, on parvient à le déterger avec une once d'une injection faite d'une drachme de sublimé corrosif dissoute dans environ dix onces d'esprit de vin camphré, le tout étendu dans une livre de décoction de graine de lin. *Voyez* MORVE.

CHANCRE DES OREILLES, *médecine vétérinaire*. De tous les animaux il n'y a que le chien dont les oreilles soient attaquées de cette espèce de chancre, et cela arrive sur-tout lorsqu'il a eu ou qu'il a encore la gale, ou lorsqu'en chassant il s'est écorché les oreilles dans les broussailles.

Dans le premier cas, pour remédier à ce mal, il convient plutôt de guérir la gale, avant d'entreprendre la cure du chancre. *Voyez* GALE DES CHIENS.

Dans le second, c'est-à-dire quand le vice n'est que local, il suffit de toucher le chancre avec la pierre infernale ou avec l'esprit de vitriol. Si, loin de céder à ces topiques, l'ulcère s'agrandit et fait des progrès, le plus court parti est d'amputer l'oreille, avec des ciseaux, à l'endroit qu'occupe le chancre, et d'appliquer tout de suite le feu pour arrêter l'hémorrhagie. (B.)

CHANCRE DES PIEDS. Synonyme de PIÉTAIN dans quelques lieux. (B.)

CHANCRE. JARDINAGE. Les plantes sont exposées comme les animaux à avoir des chancres.

Une sève corrosive détruit souvent l'organisation des branches, du tronc, des feuilles et du fruit des arbres, sans qu'on puisse en deviner la cause, sur-tout lorsqu'elle est interne. Les arbres fruitiers plantés dans un sol humide y sont plus sujets que les autres. J'ai lieu de croire que plusieurs maladies fort distinctes ont été confondues sous le même nom. *Voyez* aux mots CARIE, GANGRÈNE, GOUTTIÈRE DES ARBRES, POURRITURE.

Les chancres sont souvent produits par une cause externe telle qu'un coup de soleil, une contusion, l'attouchement d'une masse de fumier, de chaux. Le remède est le cernement de l'écorce jusqu'au vif; et si ce sont de petites branches ou de petites racines, leur amputation complète. Quelquefois cette maladie parcourt ses périodes avec une rapidité telle qu'une saison suffit pour faire périr un arbre; mais le plus souvent ses progrès sont lents, quelquefois même ils s'arrêtent naturellement. *Voyez* ARBRE.

La Bretonnerie décrit ainsi le chancre de l'oranger : « Il ne paraît d'abord à la tige et aux branches des orangers que comme des taches brunes noirâtres ; comme la peau n'est pas enlevée, quoiqu'elle soit morte jusqu'à la partie ligneuse, la plupart des jardiniers prennent ces taches livides pour des nuances de la peau, et ne sont détrompés que, lorsque dégénérant en ulcères corrosifs, elles l'ont carié et fait lever. » (B.)

CHANDELLE. On ne peut faire de bonnes chandelles qu'avec du suif, c'est-à-dire avec la graisse qui recouvre les intestins et les reins des animaux ruminans. Cette graisse, après l'opération qu'on lui fait subir pour la dépouiller de ses membranes, ainsi que d'une matière lymphatique et d'une humidité surabondante, éprouve d'abord du déchet; mais en revanche elle acquiert de la solidité et la propriété de se conserver dans toutes les saisons. On a seulement remarqué que le suif d'hiver est préférable à celui d'été; que plus il est vieux, meilleur il est pour l'objet qu'on se propose de remplir; que le suif de mouton et celui de bœuf doivent être fondus à part; savoir, deux parties de l'un contre une de l'autre, et qu'il convient de n'en faire le mélange qu'au moment de l'employer. Les chandelles dans la fabrication desquelles il entre du suif de chèvre sont moins grasses et moins coulantes.

Lorsque la graisse est retirée de l'animal, on la fait sécher sur une perche, afin de la conserver et qu'elle soit moins exposée à se corrompre; desséchée ainsi, elle porte le nom de *suif en branche.* Pour en extraire le suif, on la coupe par petits morceaux qu'on met dans une chaudière sur le feu avec de l'eau; on remue continuellement jusqu'à ce qu'elle soit bien fondue: alors on la passe à travers un panier d'osier ou mieux une passoire de cuivre; on exprime fortement et on laisse reposer. Le suif se fige à la surface de l'eau, on l'enlève et on en sépare les impuretés; on le fait fondre de nouveau, ayant soin d'ajouter une petite quantité d'eau dans laquelle on a dissous environ trois décagrammes (une once) de sulfate d'alumine (alun), par vingt kilogrammes (quarante livres) de suif; on coule dans des moules, et on conserve pour l'usage. Les membranes qui restent après la séparation de la graisse portent le nom de *cretons;* ils sont employés à faire de la soupe pour les chiens, ou à engraisser les oiseaux de basse-cour.

Il y a deux manières de faire les chandelles: l'une en plongeant la mèche dans le suif, l'autre en les jetant en moule. Il serait superflu d'indiquer ici la manière de faire les premières; elles ne peuvent être préparées avec soin que par les ouvriers habitués à ce travail, et elles seraient très-mal faites par les habitans de la campagne. Quant aux chandelles moulées, chaque ménage peut en préparer pour sa consommation. On commence par se procurer des moules: ce sont des tuyaux de métal composés de trois parties; savoir, le collet, la tige et le culot. Cette dernière partie contient un petit crochet pour tenir la mèche; le collet et la tige sont réunis. Les moules peuvent être de fer-blanc, de plomb ou d'étain allié. Ce dernier métal est préférable, et quoique plus dispendieux, il y a plus d'économie à l'employer, parce qu'il dure plus long-temps. On établit les moules sur une table ou planche de bois percée de trous; on place dans chacun une mèche de coton que l'on a préparée et roulée entre les doigts, en réunissant plusieurs fils de coton, suivant la grosseur de la chandelle; une mèche trop petite ne répand pas assez de lumière, une trop grosse fait que la chandelle fume beaucoup et ne dure pas : l'habitude sait déterminer la grosseur des mèches ; ce qui importe le plus est d'employer de beau coton, exempt de corps étrangers. Les mèches une fois disposées sont introduites dans les moules à l'aide d'une petite tige de fer appelée *aiguille à mèches* : on fixe une des extrémités de la mèche au crochet du culot, l'autre extrémité déborde le collet. Quand tous les moules sont garnis de mèches, il ne reste plus qu'à les remplir de suif, ou, comme disent les chandeliers, *à jeter les chandelles* : pour cela on prend parties égales de suif de mouton et de vache, qu'on fait fondre dans une petite bassine avec un peu d'eau ; quand le suif est fondu, on le verse dans un autre vase garni d'un robinet placé à 9 ou 12 centimètres (3 ou 4 pouces) du fond ; on le laisse reposer un instant et on en remplit des espèces de burettes à bec. Lorsque le suif commence à se figer, on le verse promptement dans les moules, qui, par ce moyen, se remplissent aisément, et le suif ne peut s'écouler par le trou du collet, qui se trouve exactement fermé par la mèche. Il faut avoir soin avant d'en verser de nouveau dans le moule de tirer le bout de la mèche qui sort par le collet, et cela parce que quelques mèches pouvant être dérangées par le suif, il est à propos de remédier à cette inflexion avant qu'il soit figé. Il faut que le suif soit figé et même durci dans le moule avant d'en retirer la chandelle.

La meilleure saison pour préparer les chandelles est le printemps. Dans le cas où la provision ne serait pas faite à cette époque, il faut attendre l'automne. On conserve les chandelles dans un endroit sec, à l'abri des chats et des animaux rongeurs, tels que les rats, les souris. Quelquefois on les expose à l'air avant de les renfermer, pour leur faire acquérir plus de blancheur et de fermeté. (PAR.)

CHANÉE. On donne ce nom dans le ci-devant Forez à la chaussée des ÉTANGS. *Voyez* ce mot. (B.)

CHANTEAU. Terme de tonnelier pour désigner la pièce du fond d'un TONNEAU, qui est seule de son espèce, et qui est terminée par deux segmens de cercle égaux. (R.)

CHANTEPLEURE. Grand entonnoir qui sert à remplir les tonneaux, et dont l'orifice supérieur de la douille est recouvert d'une plaque de fer-blanc, percée de plusieurs petits trous, par lesquels le vin descend dans les tonneaux sans y entraîner les pepins et autres corps étrangers qui s'y trouvent.

Dans certaines provinces, on désigne encore par le mot de *chantepleure* un vaisseau dans lequel on foule, piétine, écrase le raisin avant de le jeter dans la cuve. Dans d'autres, la chantepleure est criblée de trous, et on la place sur la cuve même. On dit encore *chantepleurer* une cuve, lorsque, remplie au quart ou à moitié, ou entièrement, on y piétine le raisin, afin de faire sortir le jus des grains. *Voyez* Vendange, Cuve et Fermentation. (R.)

CHANTERELLE, *Cantharellus*. Champignon de deux pouces de haut, d'un jaune roussâtre pâle, dont le chapeau d'abord convexe se relève et finit par former l'entonnoir, qu'on trouve dans les prés secs, sur les pelouses, au bord des bois, et qu'on mange dans plusieurs cantons.

Ce champignon a d'abord fait partie des agarics de Linnæus, a été ensuite placé parmi les mérules, et ensuite est devenu le type d'un genre particulier, dont le caractère consiste à avoir le chapeau garni en dessous de plis rameux, et décurrens sur le pétiole. Il répand une odeur agréable, pique d'abord un peu la langue, et laisse ensuite dans la bouche un goût exquis. On le fait le plus communément frire avec du beurre, du sel, du poivre et du vinaigre, pour le manger. On le met aussi à la sauce blanche. Rarement on le mélange avec les autres mets, comme l'agaric esculent et l'agaric odorant. (B.)

CHANTERELLE. On appelle ainsi un oiseau privé qu'on emploie pour attirer par son chant les individus de son espèce dans les piéges qu'on leur a tendus, ou à la portée du fusil du chasseur. *Voyez* Alouette et Pipée. (B.)

CHANVRE, *Cannabis*. Plante annuelle de la dioécie pentandrie et de la famille des urticées, originaire de la haute Asie, qui se cultive de temps immémorial en Europe pour sa filasse, dont on fabrique les trois quarts des toiles employées dans l'économie domestique et dans les arts, ainsi que pour sa graine, qui fournit une huile propre à beaucoup d'usages.

La racine du chanvre est fusiforme, peu garnie de fibres ; sa tige s'élève ordinairement à 6 pieds ; elle est obtusément tétragone, creuse, velue, même rude au toucher, souvent rameuse ; ses feuilles inférieures sont opposées, les autres alternes, toutes pétiolées, digitées, à folioles lancéolées, largement dentées au nombre de cinq ou de sept, d'un vert foncé et velues ; ses fleurs sont disposées en petites grappes à l'aisselle des feuilles supérieures ; leur couleur est verdâtre.

Lorsque les pieds du chanvre sont isolés, ils se ramifient beaucoup ; mais ils restent simples lorsqu'on a semé la graine fort épais. Il est toujours avantageux pour la qualité de la filasse qu'ils soient simples.

Toutes les parties du chanvre exhalent, dans la chaleur ou quand on les écrase, une odeur forte, qui porte à la tête et qui devient à la longue narcotique. Il n'est point prudent de s'asseoir, et encore moins de s'endormir, pendant l'été, auprès d'un champ qui en est planté. Elles sont très-âcres au goût.

Cependant, au rapport de Villars, elles sont employées à la nourriture des cochons dans les Basses-Alpes.

On appelle généralement, dans nos campagnes, *chanvre mâle* les pieds qui portent la graine, et *chanvre femelle* ceux qui n'offrent que des fleurs mâles. Cette erreur est sans conséquence dès qu'elle est connue; mais il n'en serait pas moins bon de la faire disparaître pour l'honneur de la nation.

Une terre riche en principes extractifs, légère et fraîche, est la seule qui convienne au chanvre; c'est pourquoi sa culture est réservée à un petit nombre de cantons favorisés de la nature. Il ne donne que des productions grêles dans les sols sablonneux ou argileux, dans ceux qui ne sont pas profonds, dans ceux qui sont trop exposés au soleil, ou trop privés des influences de l'air. C'est sur le bord des rivières, dans les vallons qu'il se plaît particulièrement. Les défrichés, au milieu des bois, lui sont très-favorables, ainsi que les jardins et autres lieux depuis long-temps cultivés à la bêche.

Nulle part le chanvre n'est ni peut être l'objet d'une véritablement grande culture, à raison de la multitude d'opérations qu'il exige, et qui doivent être faites dans le même moment. Deux arpens sont le maximum de chanvre qu'il est possible à une famille de cultiver et de manipuler convenablement. C'est dans les pays très-populeux et où les propriétés sont très-divisées, qu'on s'y livre avec le plus de succès. Les grands propriétaires, ou les riches fermiers, ne doivent jamais en semer que proportionnellement au nombre de bras dont ils peuvent disposer avec certitude non-seulement à l'époque de la récolte, mais encore pendant l'automne et l'hiver qui la suivent, époques où il faut s'occuper du rouissage, du séchage, du teillage, du serançage, et autres opérations qu'il nécessite. Il est prouvé, par l'expérience, que lorsqu'on donne tous ces ouvrages à faire à la journée ou à l'entreprise, la culture du chanvre en définitif devient onéreuse à celui qui l'entreprend.

Généralement en France, chaque chef de famille réserve, dans le voisinage de sa maison, ou dans telle partie du territoire de sa commune, un champ propre à la culture du chanvre, et où il en sème tous les ans. Ce champ est ordinairement entouré d'une haie ou d'un fossé pour le défendre des bestiaux et même des voleurs. Je ne blâme dans cette habitude que le défaut de l'alternat, alternat auquel on est obligé de suppléer par une surabondance d'engrais. *Voyez* Assolement.

Les défrichés de luzerne en bons fonds sont principalement favorables à la culture du chanvre après une récolte d'avoine qui les a bien ameublis. Il en est de même de presque tous ceux des anciennes prairies naturelles.

En effet, quelque riche que soit par sa nature une terre ou

on a semé du chanvre, il faut lui rendre les principes qu'il lui a enlevés, car peu de plantes sont plus effritantes. C'est du fumier très-consommé qu'il demande, parce qu'il parcourt rapidement les phases de sa végétation. Dans les environs de Crémone, pays dont la culture du chanvre fait la richesse, on met sur la terre des chiffons d'étoffes de laine, des poils, des plumes, du cuir, des rognures de cornes. Dans d'autres endroits, on fait usage de colombine, de poudrette, etc. Les curures des mares, des étangs, et des rivières boueuses, les immondices des villes et des villages sont encore excellentes. La marne ou la chaux, employées de loin en loin, produisent des effets qui tiennent du prodige. Il est aussi très-avantageux de défoncer le sol tous les six, huit ou dix ans, à 15 à 20 pouces de profondeur, pour ramener de la nouvelle terre à la surface. Toutes ces opérations coûtent, je le sais; mais ce n'est que quand on a un beau chanvre qu'on peut espérer d'en tirer profit; et ne pas les exécuter, c'est vouloir ne pas arriver à son but.

Il est reconnu que les engrais ou les amendemens produisent plus d'effet sur le chanvre lorsqu'ils sont répandus avant le labour d'hiver que quand on attend le labour du printemps, c'est-à-dire celui qui précède immédiatement les semailles.

De profonds labours sont indispensables à la réussite de la culture du chanvre : on en donne ordinairement trois, un en automne et deux au printemps. Il faut, en les faisant, prendre très-peu de terre à-la-fois, car c'est de l'ameublissement du sol que dépendra la beauté du semis, et le semis influe puissamment sur la plante adulte. Dans beaucoup de cantons, on préfère, et avec raison, les labours à la bêche et à la pioche à ceux à la charrue; mais la dépense à laquelle ils entraînent ne permet pas toujours le choix.

De toutes les plantes cultivées en grand, c'est le chanvre qui nettoie le mieux la terre des mauvaises herbes, ce qui est produit par l'âcreté de ses émanations.

L'époque du semis du chanvre varie en France suivant les climats, et même, dans chaque climat, selon les localités, c'est-à-dire du mois de mars au mois de juin. Comme cette plante est extrèmement sensible à la gelée, il ne faut jamais l'exécuter que lorsqu'il n'y a plus rien à craindre à cet égard. Cependant le chanvre semé le premier étant toujours le meilleur, il est quelquefois bon de hasarder un semis précoce, sauf à garder de la graine pour recommencer en cas d'accident. Les cultivateurs prudens, qui ont plusieurs chenevières, les sèment ordinairement à huit jours de distance l'une de l'autre, mais jamais par un temps sec et froid.

Il est quelques endroits où on le sème après la récolte de la navette, des pois, etc.; mais cette pratique est sujette à de graves inconvéniens, à raison des longues sécheresses qui règnent si souvent pendant l'été.

Pour être bonne, la graine de chanvre doit être grosse, lourde, d'un gris foncé réticulé de blanc ; celle qui est légère et blanche doit être rejetée. C'est toujours celle qui tombe la première qu'il faut préférer.

La question de savoir s'il faut semer le chanvre clair ou épais se résout par le but qu'on se propose en le cultivant, et par la nature du sol. En effet, dans un terrain médiocre il doit être semé plus clair que dans un terrain gras. Lorsqu'on est dans l'intention d'avoir une filasse très-longue et très-fine, il faut le semer très-épais, parce qu'alors les tiges s'élèvent et s'étiolent jusqu'à un certain point, ce qui fait que l'écorce est moins épaisse. Le chanvre qui se ramifie donne beaucoup de graines et une filasse très-forte, mais qui n'est propre qu'à faire des cordes ou de grosses toiles.

Il est reconnu par beaucoup d'expériences faites et en Amérique et en Angleterre, que le sel, semé avec la graine du chanvre, avançait sa végétation.

La graine du chanvre demande à être très-peu enterrée, même pas du tout ; du moins j'ai toujours remarqué que les grains qui étaient restés à la surface poussaient plus vigoureusement que les autres. Six lignes d'épaisseur de terre suffisent pour l'empêcher de lever. Il faut donc ne la répandre qu'après que la herse et le rouleau auront passé sur le champ, et se contenter ensuite de la recouvrir avec une herse légère armée d'épines.

Comme tous les oiseaux granivores aiment la graine de chanvre avec passion, il est indispensable de garantir le semis de leurs ravages par des fantômes ou autres épouvantails, ou mieux en les faisant garder par des enfans. Des coups de fusil lâchés deux ou trois fois par jour sur les maraudeurs évitent souvent cet embarras. Il est bon aussi de veiller sur les campagnols, les mulots et autres quadrupèdes rongeurs.

Lorsqu'on a semé le chanvre sur une terre humide, ou qu'il a plu quelques jours après, il ne tarde pas à lever ; mais si la terre est sèche il reste quelquefois un mois sans se montrer. Ce cas est toujours un malheur pour le cultivateur ; car lors même qu'il pousserait ensuite, chose qui arrive rarement, le plant n'aurait pas la vigueur désirable. D'ailleurs, plus il reste en terre et plus il s'en mange. C'est pourquoi il est souvent si regrettable de n'avoir pas semé le jour même du labour, parce qu'alors la terre a ordinairement assez de fraîcheur à sa surface pour que la germination puisse s'effectuer. C'est pourquoi, lorsque la chenevière est à la proximité de l'eau, il est souvent d'une bonne économie de la faire arroser à l'écope, à la pompe ou autrement. Le plant levé doit être sarclé une ou deux fois, et éclairci dans les endroits trop serrés. On arbitre que, pour les usages domestiques, il doit être espacé de 2 à 3 pouces, et que pour la marine il lui faut plus du double d'écartement. Lorsqu'il a atteint 6 pouces de haut il n'y a plus rien à y faire.

Les pieds mâles sont toujours aux pieds femelles comme un est à trois. Dans leur jeunesse, ils sont les plus beaux ; mais lorsqu'ils sont arrivés à une certaine hauteur ils s'arrêtent, les femelles les atteignent et bientôt les dépassent.

La beauté du chanvre dépend, après la nature de la terre, des pluies qui tombent pendant les premiers mois de sa végétation. S'il y en a peu, il reste petit ; s'il y en a beaucoup, il s'élance et devient grêle ; souvent même, lors sur-tout qu'il est épais, il en pourrit une partie. Dans les cantons où les irrigations sont connues, on pare facilement au premier de ces inconvéniens ; mais malheureusement elles ne le sont pas par-tout où on cultive le chanvre.

Les vents violens, les pluies d'orage causent assez souvent de grands dommages aux chanvres sur pied, sur-tout lorsqu'ils sont hauts et serrés. Des perches transversales attachées à des piquets de 4 pieds de haut sont le seul moyen de les prévenir. M. Barberis, Piémontais, eut une chenevière grêlée, il en fit couper la moitié rez terre, et laissa l'autre pour point de comparaison : la partie coupée fournit une récolte plus abondante non-seulement que l'autre, mais que la même étendue de terre dans les années sans grêle. Cette belle expérience, qui a été depuis répétée plusieurs fois avec le même succès, mérite l'attention des cultivateurs.

Il est quelquefois avantageux de cultiver le chanvre plutôt pour sa graine que pour sa filasse : alors on doit le semer par rangées écartées d'un pied et demi à 2 pieds, pour donner plus d'air et pouvoir biner une ou deux fois.

Dans le Jura, il est d'usage de semer du chanvre le long des haies. Il les garantit de la dent des bestiaux et fournit une abondante récolte d'excellente graine.

Dans d'autres lieux, on le disperse au milieu des fèves de marais, des haricots nains, du maïs, du tabac, des pommes de terre.

La récolte du chanvre se fait en deux temps. D'abord on arrache les pieds mâles (femelles des cultivateurs) aussitôt qu'ils commencent à jaunir, parce qu'ils seraient desséchés et même pourris à l'époque de la maturité des pieds femelles (mâles des cultivateurs). Cette opération, qui force d'entrer dans le champ, fait perdre beaucoup de pieds femelles, quelque attention qu'on apporte à n'en pas casser. Cette circonstance doit engager d'imiter certains cultivateurs, qui laissent des sentiers assez rapprochés pour que la main puisse entrer jusqu'au milieu des planches.

Brale, auquel on doit de très-importantes recherches sur le chanvre et son rouissage, pense que pour avoir une filasse blanche, douce et facile à rouir, il faut arracher les pieds mâles avant qu'ils jaunissent, c'est-à-dire à l'époque où ils commencent à incliner leur tête. C'est, pour le climat de Paris, vers le mois de juillet que cette opération se fait ordinairement. *Voyez* au mot Lin, où la pratique de cueillir avant maturité sera discutée.

Les pieds mâles, arrachés, sont mis en petites bottes, exposés au soleil pour sécher, et transportés à la grange ou au grenier.

L'existence des pieds femelles se prolonge au-delà d'un mois, quelquefois dans les années pluvieuses jusqu'à cinq ou six semaines au-delà de celle des mâles. Ce n'est que lorsque la graine est arrivée au point de maturité convenable, que les feuilles se dessèchent et que la tige jaunit, qu'il convient enfin de l'arracher à son tour.

Dans quelques pays, où l'agriculture est dirigée sur les vrais principes, on sème de la graine de raves dans le chanvre avant la récolte du chanvre mâle. Cette graine germe, son plant pousse d'abord faiblement ; mais lorsque la récolte du chanvre femelle est effectuée, il prend de la force, par suite de l'espèce de labour, résultat de l'arrachage, et donne un second produit. Dans d'autres lieux, au lieu de semer ainsi des raves, on les sème sur un seul labour après la dernière récolte. On peut leur substituer des choux à faucher, du trèfle, de la spergule, etc.

Il est des endroits où on recueille les pieds mâles et les pieds femelles en même temps ; mais c'est un véritable délit contre l'intérêt du propriétaire et de la société en général. En effet, 1°. les tiges des femelles n'acquérant leur perfection qu'au moment de la maturité des graines, la filasse qui en provient n'a ni autant de force ni autant de finesse, ne fournit que de la toile qui s'use et se pourrit très-rapidement ; 2°. on perd la récolte de la graine, qui doit être considérée comme un article important en tous temps et en tous lieux.

Lorsque la graine du chanvre commence à entrer en maturité, et il y a quelquefois un mois entre celle de la première et celle de la dernière du même champ, des nuées d'oiseaux viennent en faire leur pâture. Il faut donc recommencer à s'occuper des moyens de surveillance ou de destruction cités plus haut, et les suivre avec persévérance jusqu'à la fin. On a de plus encore également à craindre les souris, les mulots, les campagnols et autres quadrupèdes de la famille des rongeurs.

La récolte des pieds femelles ne souffre aucune difficulté. On les arrache en allant devant soi et on les met en bottes de 6 à 8 pouces de diamètre.

L'arrachage du chanvre, avec quelque précaution qu'il se fasse, donne toujours lieu à des ruptures de tige, à des éparpillemens de graines. Brale prétend qu'il est plus avantageux de le faucher; il veut aussi qu'on le trie par numéros de grosseur. Je n'ai vu mettre nulle part ces conseils en usage.

L'opération finie, on place dans le champ même toutes les bottes en faisceaux, tête contre tête, et on couvre le sommet de ces faisceaux avec de la paille pour garantir la graine de la pluie et des atteintes des oiseaux. Là cette graine achève de mûrir. Il est bon, si le temps devient humide, de défaire les faisceaux par le premier soleil, pour faire sécher les bottes; car la moisissure, et encore plus la pourriture des feuilles, altèrent la qualité de la graine.

Dans quelques cantons, on creuse un large trou circulaire d'un pied de profondeur, dans lequel se placent les bottes de chanvre, dont on recouvre le pied avec la terre. Cette pratique est préférable à celle qui vient d'être indiquée, parce que l'humidité se conservant mieux autour des pieds, la maturité des graines se termine plus lentement, et par suite plus complétement.

Ce fait est trop incontestable pour pouvoir approuver les conseils et de ceux qui veulent qu'on fasse dessécher de suite au soleil les tiges du chanvre, et de ceux qui veulent qu'on leur coupe de suite la tête.

Il y a plusieurs manières de retirer la graine des têtes de chanvre. Dans quelques endroits, on porte de grands draps dans les champs, et avec des bâtons on frappe sur les têtes appuyées sur un banc placé sur ces draps. Dans d'autres, on frappe la tête de ces bottes dans un tonneau défoncé d'un côté. Nulle part on ne fait usage du fléau, qui écraserait les graines. Lorsque les bottes sont restées assez long-temps amoncelées, cette opération se fait très-aisément. *Voyez* BATTAGE.

Dans les pays qui constituent la ci-devant Flandre, après qu'on a frappé sur les têtes de chanvre pour faire tomber la graine la plus mûre, qu'on réserve pour les semences, on les fait passer à travers une espèce de peigne de fer fixé sur un banc, pour les détacher de leur tige; cette méthode est bonne, mais exige une main-d'œuvre qu'on peut éviter en les laissant quelques jours de plus en meule.

On vanne la graine de chanvre comme celle du blé, pour la débarrasser des détritus des feuilles, des calices ainsi que des graines non fécondées qui s'y trouvent mêlées. Ces dernières sont souvent en grand nombre; on les reconnaît à leur couleur blanche et à leur légèreté. Il ne faut jamais, comme quelques cultivateurs peu éclairés le font, les laisser avec la bonne graine, parce qu'elles n'y servent à rien, et que lorsqu'on destine cette dernière à faire de l'huile, elles absorbent une partie de celle qu'elle fournit, ce qui est une perte réelle. La totalité des vannées se jette dans la cour, et s'il y a encore quelques bonnes graines les poules et les pigeons savent bien les trouver.

La graine vannée se porte dans le grenier, où on la met en petits tas, qu'on change de place au moins une fois par semaine dans les commencemens, pour qu'elle se sèche complétement; car si la fermentation s'y développait, elle deviendrait noire et ne serait plus bonne à rien. Il faut veiller sur les souris. Au bout d'un mois, on peut la mettre dans des sacs, ou dans des tonneaux défoncés par un bout.

Il a été calculé que, dans la culture commune, il fallait deux setiers de graine pour un arpent et qu'on n'en récoltait que deux setiers et demi; mais j'ai lieu de croire que les bases de ce calcul ont été prises sur du chanvre récolté avant le temps, c'est-à-dire dont la plupart des graines étaient mauvaises, car il m'a paru qu'elles étaient de quinze à trente sur chaque pied. Dans les pieds écartés, et même dans ceux qui sont plus isolés, la proportion est d'un, deux et trois cents pour un.

Je dois dire ici que le différent degré de maturité des graines qui se trouvent sur le même pied de chanvre, et par conséquent sur tous les pieds d'un même champ, rend plus difficile la détermination exacte du moment où il est plus convenable d'extraire son huile, qu'à l'égard des graines de lin, de pavot, de colza, etc. Si on la porte trop tôt au moulin, on a moins de profit, parce que le mucilage n'a pas eu le temps de se changer en huile; si on la porte trop tard, il y en a déjà beaucoup de rancie et l'huile est de mauvaise qualité. (*Voyez au mot* HUILE.) Cependant on peut dire généralement que deux à trois mois sont un terme convenable.

Cette graine, comme la plupart des huileuses, ne conserve qu'un an sa faculté germinative. Il est donc inutile d'en conserver au-delà du besoin des semences.

On donne la graine de chanvre, qu'on appelle *chenevis*, à tous les oiseaux de basse-cour, qu'elle engraisse et échauffe en même temps et qui tous l'aiment avec passion. Elle détermine les poules à pondre de bonne heure et plus abondamment. La consommation qu'on en fait dans les villes pour nourrir les petits oiseaux de volière est fort étendue. L'huile qu'on en tire est excellente pour brûler, bonne pour la peinture, pour la fabrication du savon noir. Elle est l'objet d'un commerce assez important pour quelques parties de la France. Le marc qui reste après son expression forme des tourteaux que tous les animaux domestiques mangent avec avidité, et qui peuvent être employés à l'engrais des terres. *Voyez* Tourteau.

Lorsque la graine du chanvre est ôtée, on coupe les racines et même les têtes aux tiges, et il ne s'agit plus que de les faire rouir.

Le rouissage est une opération par laquelle, au moyen d'un commencement de fermentation dans l'eau, on décompose le gluten qui unissait les fibres de l'écorce les unes avec les autres et à la tige, et on obtient ce qu'on appelle la filasse. Je ferai connaître, à l'article qui le concerne, les principes d'après lesquels il faut se diriger; ainsi je puis me dispenser d'en parler plus longuement ici. *Voyez* Rouissage.

On croit, dans beaucoup de lieux, qu'il est nécessaire de débarrasser le chanvre mâle ou femelle de ses feuilles avant de le porter au rouissage; mais des expériences comparatives ont prouvé que ces feuilles activaient cette opération, et que la petite coloration qu'elles donnaient à la filasse disparaissait facilement au blanchissage. C'est donc mal à propos qu'on se donne cette peine.

Le chanvre qui a été semé en plein champ se rouit plus difficilement que celui qui a été semé dans un enclos, où il s'est étiolé faute de lumière et par surabondance d'humidité : il convient donc de le laisser plus long-temps dans l'eau.

Après que le chanvre est roui et séché, il ne s'agit plus que de séparer la filasse de la tige. Trois moyens sont usités pour cela : l'un, dans lequel on ne fait usage que des doigts, s'appelle TEILLER; l'autre, pour lequel on se sert d'un instrument particulier, s'appelle SERANCER; le troisième est un moulin à meule conique, tournant autour d'un pivot et qui écrase les tiges. Ce moulin, peu différent de celui employé à la fabrication des huiles, s'appelle RIBE. Ces trois méthodes ont chacune des avantages et des inconvéniens, que je développerai à leur article. J'y renvoie le lecteur.

A différentes époques, on a proposé de substituer au rouissage, qui est malsain, qui est embarrassant, qui donne lieu souvent à de grandes pertes, qui affaiblit toujours plus ou moins la filasse, des moyens mécaniques, dont le principal avantage serait de conserver à cette filasse toute sa force naturelle; mais on a continué de rouir. Dans ces dernières années, M. Lée d'abord et MM. Hill et Bondy ensuite, en Angleterre, et M. Christian en France, ont renouvelé cette proposition et l'ont appuyée de toute l'influence que devait lui donner le perfectionnement des arts mécaniques.

J'ai d'abord été enthousiasmé des résultats de la machine de M. Christian, qui était un gros cylindre tournant, cannelé, en bois ou en fonte de fer, autour duquel tournaient six, huit, dix autres cylindres de même matière, plus petits, également cannelés. Mais ayant été nommé d'une commission pour examiner ces résultats, je me suis convaincu d'abord que la machine coûtait beaucoup trop cher, qu'elle n'expédiait pas assez vite, qu'elle donnait lieu à de nombreux accidens, ensuite que la filasse qui sortait des cylindres ne pouvait pas être employée à fabriquer du fil sans avoir été décreusée et que les frais de ce décreusage étaient décuples de ceux du rouissage. Il est fâcheux que ces circonstances ne permettent pas d'espérer qu'il soit jamais possible de se passer du ROUISSAGE. Je reviendrai sur cet objet à ce mot et au mot LIN.

Les tiges du chanvre, après qu'on en a ôté la filasse par le teillage, s'appellent CHENEVOTTES. On s'en sert pour faire des allumettes, pour chauffer le four, etc. Il a été reconnu qu'elles étaient préférables à toute autre matière pour faire de la poudre à canon.

La filasse du chanvre mâle est toujours plus fine et plus douce que celle du chanvre femelle ; ainsi il ne faut jamais mêler les deux récoltes ensemble.

On a cultivé pendant quelques années à Paris un chanvre venu de la Chine, dont les feuilles sont toutes alternes et qui s'élève à plus de 20 pieds. Il formait un arbre très-rameux dont le tronc était gros comme le bras. C'est probablement le même que celui de l'Inde, regardé comme espèce par quelques botanistes, et dont on emploie les feuilles, sous le nom de bangue, ou en nature ou en infusion ou en fumigations, pour se procurer une espèce d'ivresse accompagnée de délire, analogue à celle que produit l'usage de l'opium.

Il a été remarqué depuis long-temps que les feuilles de chanvre étaient un puissant engrais, on en a conclu dernièrement qu'il serait très-avantageux de semer du chanvre pour l'enterrer lorsqu'il a acquis un pied d'élevation. Je ne puis qu'approuver cet avis dans tous les lieux ou toutes les années où la graine n'est pas très-chère.

Aucun insecte n'attaque les feuilles du chanvre; mais une chenille, que Roberjot a fait connaître le premier, vit dans l'intérieur de sa tige et la fait souvent périr.

Deux plantes parasites causent beaucoup de dommages aux chenevières : ce sont la CUSCUTE et l'OROBANCHE. (*Voyez ces mots.*) On ne peut les détruire qu'en les arrachant avant leur floraison, et pour le faire il ne faut pas craindre de gâter un peu de chanvre, car cette perte est un gain pour l'année suivante.

Il paraît qu'autrefois la culture du chanvre était plus étendue en France qu'aujourd'hui, ou que la consommation de toiles qu'on y faisait était moins considérable, car il résulte de documens historiques que nous suffisions à nos besoins, et aujourd'hui nous tirons de l'étranger près du tiers de celui que nous employons. La marine sur-tout, à qui il faut des filasses d'une nature particulière pour la fabrication des toiles à voiles et des cordages, se plaint beaucoup de leur pénurie. Les moyens à employer pour monter notre culture à proportion de nos besoins ne sont pas faciles à trouver. Il est probable que c'est à des causes politiques qu'est due la diminution des produits de notre industrie agricole à cet égard; mais je ne puis avoir sur cela que des idées incomplètes, et aucun moyen pour faire changer cet ordre de choses ne se présente à mon esprit. Je suis persuadé, d'ailleurs, que toutes les fois que l'intérêt particulier ne pousse pas les spéculations vers tel ou tel objet, les efforts du gouvernement ne servent qu'à alimenter l'intrigue et à récompenser l'impudence des charlatans. J'ai vécu dans des pays où on cultive le chanvre, et j'ai toujours entendu dire que les frais de sa culture et de ses préparations étaient rarement remboursés, avec un bénéfice suffisant, par la vente de ses produits. Cela tient sans doute à ce que les filasses et les toiles étrangères sont fournies par le commerce à un taux inférieur à celui auquel il faut donner les nôtres. J'observe, en effet, que les Irlandais et les habitans du nord de l'Allemagne (de la Silésie) sont des peuples pauvres, chez qui la main-d'œuvre est peu élevée, et qui doivent, par conséquent, donner à très-bas prix le produit de leur industrie. C'est par une culture du chanvre rigoureusement conforme aux véritables principes, en diminuant les non valeurs, si fréquentes pour ceux qui s'y livrent selon la méthode commune, qu'on peut espérer de relever le commerce de nos filasses, de nos fils et de nos toiles, et le porter au point de prospérité auquel notre position physique et géographique l'appelle. (B.)

CHANVRE AQUATIQUE. C'est le BIDENT A CALICE FEUILLÉ.

CHANVRE DE CANADA. Espèce d'APOCIN de la tige de laquelle on retire de la filasse propre à faire des toiles. (B.)

CHANVRIÈRE ou CHENEVIÈRE. Terrain où on cultive le chanvre. Ordinairement il est situé auprès de l'habitation, tant pour la facilité du transport des fumiers et autres engrais qui lui sont indispensables, que pour pouvoir surveiller les voleurs de graines (les oiseaux) et les voleurs de tiges (les hommes). Dans certains cantons, tous les fumiers sont consacrés à l'amélioration de la chanvrière, et c'est un mal en agriculture. Il faut que les diverses natures de produits soient également soignées. L'établissement d'un bon système d'assolement évite cet inconvénient, parce que ne mettant du chanvre que tous les six ou huit ans dans la même place, il lui faut une moindre quantité d'engrais. *Voyez* Asso-lement.

Dans le département des Vosges, on étend cette acception à toutes les terres soignées des environs des villages, quoiqu'on n'y cultive pas annuellement du chanvre. (B.)

CHAPEAU. C'est la matière qui s'élève sur la vendange lors de sa fermentation. *Voyez* au mot Vin.

CHAPEAU. Il est des végétaux qui ne peuvent croître qu'à l'ombre, et qu'on ne pourrait par conséquent pas cultiver dans les écoles de botanique, si on ne les garantissait du soleil. Ce dont on se sert pour remplir ce but, porte le nom de chapeau.

Il est plusieurs sortes de chapeaux. Les plus petits, qui ont environ un pied de haut, sont des pots de terre dont on a coupé la moitié du diamètre jusqu'à un quart de leur partie supérieure et qu'on renverse sur la plante.

Les autres sont en osier ou en planches. Ceux en osier, qui ont ordinairement 2 pieds de haut sur 18 pouces de diamètre, forment un demi-cercle fixé sur quatre montans et trois cerceaux. Ces montans se prolongent par le bas et finissent en pointe de manière à pouvoir entrer en terre. Ceux en planches sont établis avec des planches clouées sur trois côtés de quatre montans d'environ 4 pieds de haut, dont la partie inférieure est effilée pour pouvoir entrer en terre.

On fait aussi des chapeaux en tôle ou en fer-blanc; mais ils sont très-coûteux et moins convenables à leur objet, parce que les métaux sont meilleurs conducteurs de la chaleur que la terre cuite et le bois. *Voyez* Chaleur.

Outre l'usage indiqué plus haut, les chapeaux servent encore à abriter certaines plantes des vents du nord : il ne s'agit que de les orienter différemment. On peut de plus en faire usage comme des toiles pour prolonger la durée des fleurs qui sont très-sensibles aux variations de l'atmosphère, comme des jacinthes, des tulipes, etc.

On se sert des chapeaux depuis avril jusqu'en septembre. Ils s'ôtent lorsque le soleil ne paraît pas, sur-tout s'il y a apparence de pluie, afin que la plante qu'ils abritent jouisse de tous les bénéfices de cette pluie. (B.)

CHAPEAU D'ÉVÊQUE. Le fusain porte vulgairement ce nom. (B.)

CHAPELET. Sorte de mécanique qu'on place sur les puits pour effectuer l'élévation de l'eau. *Voyez* Pompe. (B.)

CHAPERON. Fragment d'épi qui a échappé au fléau et qui se retrouve lors du vannage. (B.)

CHAPITEAU. Partie supérieure d'un ALAMBIC. *Voyez* ce mot. (B.)

CHAPLE. Nom d'une terre provenant de la décomposition des roches. (B.)

CHAPON, CHAPONNEAU. Coq châtré. *Voyez* POULE. (B.)

CHAPON. On appelle ainsi, dans quelques lieux, les BOU- TURES DE VIGNE. (B.)

CHAR. Mesure pour les grains usitée à Genève. *Voyez* MESURE. (B.)

CHAR. Voiture. *Voyez* CHARRETTE (B.)

CHARAGNE, *Chara.* Genre de plantes de la famille des fougères, qu'il est bon de citer ici, parce que les espèces qui le composent, au nombre de quatre, sont quelquefois très-abon- dantes dans les eaux stagnantes, au fond desquelles elles vé- gètent, et que leurs exhalaisons peuvent compromettre la santé de tout un pays.

Ces plantes se reconnaissent à leurs rameaux blanchâtres, articulés, verticillés, cassans, d'une odeur fétide, et formant des touffes très-denses plus ou moins élevées. Les parties de leur fructification ne sont pas encore bien connues, excepté leur graine, qui est très-visible.

Lorsque les sommités des tiges des charagnes sont exposées à l'air, soit par les progrès de leur croissance, soit par la dimi- nution de l'eau, elles exhalent une odeur nauséabonde et une grande quantité d'air impur. Ainsi un propriétaire jaloux de sa santé, de celle de sa famille et de celle de ses voisins, se hâtera de les détruire, soit en faisant curer la pièce d'eau où elles se trouvent, soit en les faisant arracher avec de grands râteaux à dents de fer. Il les fera ensuite promptement enterrer dans le voisinage, ou au moins recouvrir de 6 à 8 pouces de terre, et au bout d'un an il trouvera le remboursement de ses avances dans l'engrais qu'elles auront produit. On ne doit pas les laisser exposées à l'air, car alors le mal deviendrait plus grave, au moins jusqu'à ce qu'elles soient desséchées, ce qui est fort lent.

J'ai lieu de croire que beaucoup de pays réputés malsains le sont plutôt à cause des charagnes qui se trouvent en abon- dance dans les marais qui les avoisinent, qu'à cause des ma- rais mêmes.

Les carpes aiment beaucoup les graines des charagnes, et on a remarqué que, toutes proportions gardées, elles profitaient mieux dans les étangs où il y en avait. (B.)

CHARANÇON, *Curculio.* Genre d'insectes de l'ordre des coléoptères, qui est célèbre depuis long-temps, à raison d'une de ses espèces qui vit (ou du moins sa larve) aux dépens des grains de blé, et qui occasionne souvent de grands dommages aux cultivateurs.

Mais ce n'est pas seulement de cette espèce qu'ils ont à se plaindre ; il en est encore d'autres qui leur nuisent également, quoique leur occasionnant moins de pertes, et dont il est bon par conséquent qu'ils étudient aussi les mœurs.

On reconnaît facilement les charançons parmi tous les autres insectes, excepté les ATTELABES et deux ou trois autres genres peu connus, à leur tête allongée, ou mieux, prolongée en forme de trompe ou de bec, et à leurs antennes coudées, dont le premier article est très-long, et les derniers plus gros. Ils ont des élytres ordinairement très-durs, qui le plus souvent ne recouvrent point d'ailes, et même sont soudés. La forme de leur corps varie considérablement. Il en est de très-longs, il en est de complétement globuleux ; quelques-uns sont pourvus de cuisses postérieures très-grosses, au moyen des muscles desquelles ils font de grands sauts ; mais en général ce sont des insectes fort lents dans leurs mouvemens, et dont l'unique défense est de rapprocher de leur corps leurs pattes, leurs antennes et même leur tête, et de se laisser tomber en contrefaisant les morts, jusqu'à ce que le danger leur paraisse passé.

Le genre des charançons vient d'être divisé en douze ou quinze autres par Fabricius, Latreille et Clairville. Cette division était nécessitée par le grand nombre d'espèces qu'il contient (plus de six cents) ; mais elle n'est pas encore assez connue pour être employée ici. Il suffira de dire que le charançon du blé fait aujourd'hui partie du genre appelé *calendre*, nom qui est, dans quelques départemens, celui de sa larve.

Dans l'état d'insectes parfaits, les charançons sont très-peu dangereux, parce que ceux même qui mangent, et le nombre n'en est pas considérable, consomment extrêmement peu de nourriture. Comme presque tous les autres insectes, ils ne s'occupent, immédiatement après leur transformation, que des moyens de propager leur espèce, et ils meurent peu de temps après avoir rempli ce grand but de la nature, le seul pour lequel existent tous les êtres.

C'est donc dans l'état de larve, comme je l'ai indiqué plus haut, que les charançons sont réellement nuisibles aux plantes et à leurs graines, que certaines espèces deviennent un véritable fléau pour l'homme. Ces larves sont toutes des vers sans pattes, ayant neuf anneaux et une tête écailleuse pourvue de mâchoires, mais leurs formes et leurs couleurs varient, quoique en général elles soient globuleuses et blanches.

Environ une ligne et demie de long sur une demi-ligne de largeur est la grandeur ordinaire du charançon du blé. Sa couleur est communément d'un brun noir ; mais elle varie dans

sa nuance, qui est généralement plus claire, et même fauve
lorsqu'il sort de sa coque. Son corcelet est parsemé de petites
cavités; ses élytres, de la longueur de ce corcelet, sont striés.
Il n'a pas d'ailes.

Dès que les premières chaleurs du printemps commencent
à se faire sentir, c'est-à-dire vers le mois d'avril, les charançons du blé, qui s'étaient réfugiés dans les trous des murs,
sous les planches des greniers, etc., sortent de leur retraite
et viennent sur les tas de blé, où ils s'accouplent et où les femelles déposent leurs œufs. Ces œufs sont toujours placés à
2 ou 3 pouces de profondeur dans ces tas, jamais plus d'un
sur chaque grain, et toujours dans la rainure, dessous ou très-
près du germe : ils y sont attachés par le moyen d'une gomme
qui les recouvre. C'est par erreur qu'on a dit que la femelle
faisait un trou dans le grain pour y introduire l'œuf. La larve
sort de cet œuf au bout de deux, trois ou huit jours, selon la
chaleur de la saison, et s'introduit de suite dans le grain. La
peau du lieu où est placé l'œuf, étant extrêmement fine et recouvrant la partie du blé la plus tendre et la plus sucrée,
cette larve n'a pas à vaincre un obstacle au-dessus de ses forces,
et trouve d'abord une nourriture analogue à sa faiblesse;
aussi croît-elle rapidement, et au bout d'une vingtaine de
jours, elle a dévoré la totalité de la farine que contenait le
grain. Alors elle se transforme en nymphe, et après dix,
douze ou quinze jours, toujours selon la chaleur de la saison,
elle sort du grain par une ouverture non apparente, que la
larve avait réservée (sans la percer) vers un des bouts.
Comme les grains de blé ne sont pas égaux, il y en a dont
la farine ne suffit pas à la nourriture d'une larve; mais elle ne
va pas chercher un autre grain, comme quelques agronomes
l'ont cru; elle se contente de celui qu'elle a; et seulement
l'insecte parfait qu'elle produit est plus petit que ceux qui
proviennent de larves qui ont eu toute la subsistance qui leur
était nécessaire.

Ces femelles, deux ou trois jours après être sorties de leur
enveloppe, au plus tard, si la saison est chaude, pondent une
nouvelle génération, qui en pondra encore au moins une autre
avant les froids, de sorte que, dans le climat de Paris, les
cultivateurs doivent craindre que chacune de celles qui ont
d'abord pondu leur occasionne, dans le courant de l'été, une
perte de 6045 grains de blé. Ce résultat est tiré des calculs de
M. Joyeuse, qui a remporté le prix de la Société d'agriculture
de Limoges en 1768.

Mais, dans les parties méridionales de l'Europe, cette
multiplication est encore plus considérable, parce que les
charançons y parcourent bien plus rapidement le cercle de leur

vie. J'ai lieu de croire qu'à Marseille, par exemple, il faut moins de trente jours pour qu'une larve qui vient de naître soit devenue insecte parfait. Ainsi on peut compter sur sept à huit générations par an, nombre qui s'opposerait à toute conservation des grains, si la sage nature n'avait mis des obstacles à leur multiplication, et si l'homme ne pouvait pas aussi s'y opposer un peu.

Comme ces charançons sortent à quelques jours d'intervalle et qu'ils vivent plus ou moins long-temps, on en trouve continuellement dans et autour des tas de blé pendant tout le cours de l'été.

On a souvent attribué aux charançons les ravages de leurs larves. Il est probable qu'ils mangent aussi de la farine, mais le tort qu'ils font n'est presque pas sensible. D'ailleurs, excepté ceux de la dernière génération, qui passent l'hiver sans manger, les autres ne vivent que très-peu de jours, huit ou dix au plus. Les mâles périssent au plus tard le lendemain qu'ils ont fécondé les femelles, et ces dernières le lendemain qu'elles ont fini de pondre leurs œufs. Jamais un charançon sorti d'un grain de blé ne vient dans un autre pour en manger la farine ; car tous ceux qui en renferment, ainsi que je l'ai vérifié, ne laissent pas voir le trou par lequel il est entré. Les agronomes qui ont dit le contraire avaient été séduits par les apparences, et n'avaient pas fait attention à cette considération.

En regardant un tas de blé, un homme qui n'est pas exercé ne sait pas distinguer s'il est ou non infesté de charançons, mais les marchands de cette denrée, les meuniers, etc., le jugent d'abord par l'odeur, la chaleur, la poussière et le poids. Cette odeur, qui ne peut se connaître que par l'habitude, est très-prononcée. Je l'ai sentie plusieurs fois ; mais est-elle bien due à l'animal, comme on le croit ? J'ai lieu de penser qu'elle n'est que le développement de la chaleur. C'est une espèce *d'échauffement* ou *d'échauffure* du grain. On ne se douterait pas du degré auquel la présence de ces larves porte la chaleur du blé qui en renferme beaucoup. Cette chaleur est très-sensible, à la main même, dans les jours les plus chauds de l'été. La poussière ne peut servir d'indication bien sensible qu'après la première génération, lorsque beaucoup de grains ont été ouverts par les insectes parfaits, et que les excrémens et les restes de la farine que la larve y avait laissés se sont répandus au dehors. Quant au poids, on ne le juge bien qu'à la même époque ; car les larves remplissent presque complétement la cavité qu'elles forment. Le grain ne surnage véritablement l'eau sur laquelle on le jette que lorsque cette larve est transformée en nymphe.

Les tas de blé ou les portions de tas de blé qui sont contre les murs sont ceux où il y a le plus de charançons. Si dans ce mur il passe une cheminée, c'est là qu'ils surabondent. Par la même raison, ceux placés du côté du midi en ont plus que ceux placés du côté du nord; mais cependant, dans ce dernier cas, le fait est subordonné au degré de lumière auquel est exposé le tas, et au courant d'air qui le rafraîchit. Le charançon (insecte parfait) fuit le grand jour et le froid. Il quitte toujours les lieux où il ne trouve pas obscurité et chaleur. Il supporte pendant quelque temps une très-grande chaleur, presque 70 degrés du thermomètre de Réaumur. Il en est de même de sa larve, ce n'est presque qu'en la desséchant qu'on peut la faire périr.

On a dit que les femelles des charançons recherchaient toujours les plus petits grains de blé pour y déposer leurs œufs, parce que la larve, qui mange toujours devant elle, serait exposée à se transformer avant d'être arrivée au bout, et que l'insecte parfait périrait faute de pouvoir sortir; mais c'est une erreur. Lorsque la larve ne peut consommer la totalité de la farine d'un grain, elle sait bien malgré cela disposer une ouverture pour sa sortie en état d'insecte parfait. Il suffit d'ouvrir quelques grains des plus gros pour s'en assurer; car il est rare que les larves des mâles qui, comme je l'ai déjà dit, sont plus petits, ne soient pas dans ce cas.

Une larve renfermée dans son grain est à l'abri de presque toutes les influences extérieures. On peut remuer mille et mille fois le tas de blé sans qu'elle s'en inquiète. On peut remplir le grenier d'odeurs fortes ou de gaz délétères sans lui occasionner de mal. Il n'y a réellement que la chaleur, prolongée pendant un certain temps, ainsi que je viens de l'observer, qui puisse la faire périr sans écraser le grain. Ainsi, des nombreuses recettes préconisées à différentes époques, il n'y a réellement que l'étuve ou l'eau chaude qui soient utiles, comme je le dirai plus bas.

Lorsque, dans un grenier, il y a du blé de différentes années, c'est toujours sur le plus nouveau que les charançons femelles déposent de préférence leurs œufs; mais cela n'est cependant pas tellement rigoureux, que le plus vieux ne soit également attaqué par elles. Il est probable que si l'odeur les attire vers les premiers, la facilité d'arriver plus promptement aux seconds les détermine aussi. Ceci ne s'applique qu'à la ponte du printemps; car en général s'ils ne sont pas tourmentés, les autres s'effectuent dans le tas même où les mères sont nées.

Non-seulement le charançon attaque le blé dans les greniers, mais encore dans la grange, avant qu'il soit séparé de la balle qui l'enveloppe. Tessier, à qui l'on doit tant d'observations utiles à l'agriculture, assure même qu'il s'y multiplie plus abondamment, et qu'il y est plus difficile à détruire. Les motifs qu'il en donne sont en effet irrécusables. 1°. Il est rare que toutes les gerbes soient rentrées parfaitement sèches, ce qui occasionne un développement de chaleur extrèmement favorable à la multiplication des charançons. 2°. Le froid pénètre plus difficilement un amoncellement considérable de gerbes qu'un petit tas de blé. 3°. Le grain se conserve plus frais, et par conséquent plus tendre dans l'épi qu'au grenier. 4°. Les insectes parfaits trouvent plus facilement à se cacher dans les murs, dans les pailles, lorsque les froids les forcent de suspendre leur ponte, et il est impossible de les détruire.

Il est quelques endroits où pour garantir le blé battu des attaques des charançons, on le stratifie dans la grange avec les gerbes de la nouvelle récolte. Ce moyen doit produire l'effet désiré, mais il entraîne des inconvéniens très-graves, qui sont assez sensibles pour n'avoir pas besoin d'être développés.

Cependant on se plaint rarement des ravages des charançons dans les granges, probablement parce qu'il faut un certain degré d'attention pour les remarquer, que les grains attaqués, ou se brisent sous le fléau, ou sont confondus, par le vannage, avec les menues pailles.

Il n'en est pas de même du blé conservé en meules. Il est toujours exempt de charançons, ainsi que s'en est assuré le même agriculteur par des observations positives. Cela vient de ce que ces insectes ne vivent jamais aux dépens du blé sur pied, et que les meules sont toujours assez éloignées des fermes pour que les femelles qui ont été fécondées après l'hiver ne puissent y aller déposer leurs œufs. D'ailleurs les meules changent le plus souvent de place tous les ans. La conservation du blé en meules est donc avantageuse sous ce rapport.

Beaucoup d'auteurs ont indiqué le résultat des pertes que font éprouver les charançons à l'agriculture. Elles sont sans doute immenses ; mais il est impossible de les apprécier d'une manière générale et de les appliquer à plusieurs années. Il n'y a jamais deux greniers qui en soient également infestés dans le même canton, et jamais deux années de suite on n'en voit la même quantité. Ce serait donc chose superflue que d'établir ici des calculs de ce genre. Il suffit que les cultivateurs soient bien persuadés des pertes qu'ils éprouvent, pour être déterminés à employer tous les moyens possibles pour diminuer le nombre de leurs ennemis. Or, c'est ce que l'expérience a appris au moins intéressé d'entre eux.

J'ai déjà dit que le seul moyen de détruire les larves était la chaleur du four, de l'étuve ou de l'eau ; mais comme il faut que cette chaleur soit au moins de 70 degrés, et prolongée pendant quelques heures, elle détruit nécessairement la faculté germinative du blé. On ne peut donc l'employer que pour des blés destinés à être conservés pour la nourriture de l'homme. Ce moyen d'ailleurs occasionne des frais et altère un peu le blé, puisque le pain qu'on en fabrique est moins bon que celui fait avec des grains non chauffés.

C'est donc sur les insectes parfaits, générateurs de ces larves, que les efforts des cultivateurs doivent se porter. Les moyens de les detruire, ou mieux de les empêcher de nuire, sont très-nombreux, mais ont tous des inconvéniens.

Les odeurs fortes, les vapeurs suffocantes pourront bien inquiéter les charançons, les forcer d'abandonner momentanément un tas de blé, en faire périr quelques-uns; mais leurs effets ne seront pas étendus et cesseront bientôt. Toutes les recettes qu'on trouve dans les livres ne sont, à mes yeux, que des amusettes d'enfans; aussi si on les emploie, n'est-ce qu'une fois. Il est donc inutile de les indiquer ici.

J'ai remarqué plus haut que les charançons recherchaient l'obscurité, le repos et de la chaleur. On peut partir de ces faits pour les obliger d'abandonner les greniers ou les empêcher de s'y multiplier au-delà d'un certain terme. Un grenier bien éclairé, percé de fenêtres qui établissent un courant d'air constant sur les tas de blés, des criblages, vannages ou remuemens fréquens avec la pelle, produisent cet effet de manière à satisfaire ceux qui les emploient.

Ces moyens, certainement les plus simples et les plus à la portée des cultivateurs de toutes les classes, ne remplissent leur objet qu'autant que les greniers seront exactement pavés et plafonnés, qu'il n'y aura nulle part de fentes ni de trous qui puissent servir de retraite aux charançons, soit à la suite des opérations ci-dessus, soit pendant les froids de l'hiver, qu'autant qu'il sera possible de les nettoyer avec la même exactitude que l'appartement le mieux soigné, lorsque les blés auront été évacués. Or, combien en est-il d'ainsi disposés? Presque par-tout ce sont des taudis hideux à voir, et d'une malpropreté dégoûtante. La dépense, la dépense! crient les propriétaires lorsqu'on leur en fait la remarque. Oui, la dépense serait pour vous un objet de 100 francs une seule fois déboursés, et les charançons vous mangent chaque année pour 2 et 300 francs de blé! *Voyez* au mot GRENIER.

L'action d'un ventilateur qu'on fait agir deux ou trois fois par semaine, avec lequel on soulève tous les grains de blé, qui les entretient dans un état continuel de fraîcheur, remplit encore mieux cet objet; aussi celui qu'avait inventé Duhamel a-t-il été beaucoup employé dans le temps; mais l'est-il encore? J'en doute. On a dû y renoncer, à raison du haut prix de l'acquisition, de la grande dépense de son entretien, de la place qu'il occupait, de l'emploi de temps qu'il nécessitait. *Voyez* au mot Ventilateur.

Quelques personnes ont indiqué, comme un excellent moyen de conservation, de former aux tas de blés, avec de la chaux ou de l'argile, une croûte d'un ou 2 pouces d'épaisseur ; mais la perte qui résulte de ce procédé est plus assurée que celle qu'on peut craindre de la part des charançons.

Parmentier voulait qu'on mît tout le blé dans des sacs isolés, ce qui obligeait à une dépense considérable pour l'achat des sacs et exigeait un énorme emplacement pour les déposer ; aussi, quelque bon que puisse être ce moyen, il n'a été mis en usage que dans de petites exploitations.

MM. Dartigues et de Barbançois ont successivement proposé de placer le blé dans des caisses superposées, à l'effet de le faire descendre à volonté et par la simple ouverture d'une coulisse des caisses supérieures dans les inférieures, mais leurs projets ont paru trop coûteux et d'un résultat trop restreint.

Enfouir le blé dans des matamores, dans des caves et autres lieux analogues, où le température est basse et l'humidité constante, est préférable à tous les moyens que je viens d'énumérer, parce que non-seulement on remplit certainement le but, mais on conserve la qualité de ce blé. *Voyez* Conservation des blés et Matamore.

Je ne finirais pas si je voulais mentionner tous les procédés mis au jour pour empêcher les charançons de multiplier leurs ravages, et il faut cependant que je m'arrête.

Mais que faire du blé infesté de charançons? Le porter au moulin après l'avoir purgé de ces insectes par le vannage et le criblage avec le plus d'exactitude possible. Le charançon et sa larve ne font aucun mal ni à l'homme ni aux animaux qui en mangent, quoiqu'on l'ait dit. Les poules et les moineaux les aiment beaucoup, et les recherchent même sur les tas de blé.

Dans quelques cantons, on donne le nom de *calandre*, de *chatte-peleuse*, de *cosson* ou *cossan*, de *gond*, au charançon du blé.

Le froment coupé avant sa maturité est moins dans le cas d'être dévoré par les charançons, parce que son écorce est plus épaisse et son intérieur plus dur. Mais ce motif ne doit pas engager à faire trop tôt sa moisson ; car, dans ce cas, le grain est petit, fournit peu de farine et ne vaut rien pour la semence.

Cet insecte attaque aussi le maïs, mais il ne touche pas à l'orge et à l'avoine qui restent entourées de leurs balles florales, que la larve ne peut percer. Il fait peu de dégâts dans les tas de seigle, parce que le grain est rarement assez gros pour fournir à la nourriture d'une larve, et qu'elle périt de faim avant de se transformer, ou donne naissance à des insectes parfaits si petits, qu'ils sont peu aptes à la propagation de leur espèce; peut-être aussi ce grain est-il trop dur pour eux.

M. Fayssoles de Lyon a observé qu'une espece de Cerceris (*voyez* ce mot) nourrissait ses petits aux dépens des charançons du blé, ce qui concourt à leur destruction.

Le Charançon du riz ne diffère de celui du blé que par un point rouge sur chacun de ses élytres. Il a la même couleur, presque la même grandeur et la même manière de vivre. Un grand degré de chaleur lui est nécessaire pour se propager. En Caroline, où je l'ai observé, il attaque le maïs plutôt que le riz, parce que l'on n'enlève la balle florale de ce dernier, balle que les jeunes larves ne peuvent percer, qu'au moment de la consommation, ou pour l'exportation; et aussitôt que, dans ce dernier cas, il est mondé de sa balle, on le met dans de grands tonneaux, où les femelles ne peuvent pénétrer. J'ai lieu de croire que cet insecte devrait plutôt être appelé le charançon du *mil*, car il n'est pas naturel, d'après l'observation précédente, qu'il vive aux dépens du riz; et j'ai vu des sacs de gros mil du Sénégal réduits par lui en poussière après un mois ou deux de trajet de mer.

Le Charançon a pates fauves est noir avec le rostre très-long et les pattes ferrugineuses. Il vit dans les semences du trèfle et cause quelquefois de grands dommages aux cultivateurs qui spéculent sur elles. Marhem l'a signalé aux cultivateurs. On ne peut indiquer d'autre moyen de destruction que la coupe des trèfles dans les cantons qui en sont trop infestés.

Le Charançon pyriforme est presque globuleux, noir, avec les élytres soudés et striés. Sa longueur est à peine de 2 lignes. Linnæus dit qu'il vit aux dépens des plantes tétradynames; et en effet c'est sur elles qu'on le trouve le plus communément aux environs de Paris; mais Dorthes a observé que dans les parties méridionales de la France il nuisait beaucoup à la luzerne. Le seul moyen d'empêcher ses ravages, c'est de couper cette plante avant sa floraison.

Le Charançon chlore a le dessus du corps d'un vert obscur ou d'un bleu noirâtre, et le dessous noir. Il est un peu plus gros que les précédens. Sa larve vit dans le tronc des choux, qu'elle perfore dans tous les sens.

Cet insecte n'avait encore été observé que par les naturalistes, et passait même pour rare parmi eux, jusqu'à l'année 1804, qu'il a infesté les jardins de Versailles et environs, au point de réduire à moitié la récolte des choux. L'insecte parfait les couvrait en mai, et sa larve les minait déjà en juin. J'ai donné son histoire dans le n°. 20 du journal intitulé, Bibliothèque des propriétaires ruraux. Les choux qui en étaient médiocrement attaqués étaient petits, difformes, jaunâtres, sans saveur. Ceux qui l'étaient beaucoup sont morts sur pied ou ont été cassés par les accidens ou l'effort des vents; leur tige, ordinairement si solide, cédait au moindre effort. Cette larve n'attaque point les feuilles.

Il n'y a que deux moyens de s'opposer aux ravages de ces insectes. C'est, au moment où ils s'accouplent, et où, comme je l'ai dit, ils couvrent les feuilles de choux, de les faire tomber sur des serviettes qu'on étend dessous chaque chou, et de les brûler. Le second, c'est d'arracher les choux dont leurs larves dévorent les tiges, avant que ces mêmes larves soient transformées, c'est-à-dire avant le mois d'août, et de les donner à manger aux animaux. Ce dernier moyen diminue, il est vrai, la valeur du chou; mais l'intérêt de l'avenir oblige d'y avoir recours.

Le CHARANÇON OBLONG, long d'environ 2 lignes, est noir, avec les élytres et les pattes ferrugineuses; ses cuisses postérieures sont dentées. Il se trouve sur les arbres, principalement sur les poiriers. Il coupe à moitié, en dessous, le pétiole des feuilles de ces arbres à son sommet, ce qui fait faner, noircir et tomber les feuilles. Certaines années, il cause dans les jardins de grands dommages, qu'on attribue mal à propos aux VENTS ROUX. (*Voyez* ce mot.) Il semble qu'il préfère les poiriers de martin-sec; car ils sont, à ce qu'il m'a paru, plus maltraités que les autres par son fait. Etendre des serviettes sous les arbres et les secouer fortement ou frapper légèrement sur leurs principales branches, paraît être le seul moyen d'en diminuer le nombre, d'après l'habitude qu'il a de se laisser tomber au moindre danger.

Le CHARANÇON DU PRUNIER est noir avec les antennes couleur de rouille, deux tubercules au corcelet, et les élytres striés. Il a un peu plus d'une ligne de long. Il dépose ses œufs sur les feuilles du prunier, et sa larve fait naître sur ces mêmes feuilles un tubercule rougeâtre de la grosseur d'un petit haricot, dans lequel elle vit et où elle se transforme en insecte parfait.

Cet insecte n'est pas très-commun aux environs de Paris; mais il paraît que dans le nord de l'Europe, en Suède par exemple, il nuit souvent aux pruniers par son abondance.

Le CHARANÇON DU CERISIER est noir et a deux dents à son corcelet; ses jambes ont une épine. Il est un peu plus gros que le précédent, auquel il ressemble du reste beaucoup. Il produit sur les feuilles du cerisier le même effet que celui dont il vient d'être parlé. Je ne me suis pas aperçu qu'il ait jamais été, par son abondance, la cause de la diminution des récoltes de cet arbre.

Le Charançon de la noisette a les jambes dentées, et la trompe mince, aussi longue que le corps, qui est ovale et d'un gris roux varié de diverses nuances. Sa longueur, sans la trompe, est de 3 lignes. Il dépose ses œufs sur les noisettes encore tendres. La larve pénètre dans leur intérieur, et vit aux dépens de l'amande. C'est elle que, sous le nom de *ver*, on rencontre si souvent dans les noisettes, et qui certaines années ne permet presque pas d'en manger. Cette larve sort de sa prison lorsqu'elle a pris toute sa croissance, et va s'enfoncer en terre pour s'y transformer en nymphe, dont l'insecte parfait ne sortira qu'au mois de juillet de l'année suivante. Je ne connais pas de moyen d'empêcher les ravages de cet insecte, qu'en mettant sur les noisetiers des jardins des toiles qui empêchent les femelles d'en approcher au moment de leur ponte, moment qui est indiqué par la présence du premier insecte parfait sur ses feuilles.

Ce charançon vole fort bien.

Le Charançon des cerises est brun, avec l'écusson gris et des lignes de même couleur sur les élytres. Ses jambes ont une épine. Sa longueur est d'une ligne et demie. Il dépose ses œufs sur les guignes et autres espèces de cerises à chair ferme, et c'est sa larve qui, sous le nom de *ver de la cerise*, empêche tant de personnes de manger cet excellent fruit. On n'en trouve jamais plus d'une dans chaque cerise. Il est des années où une si grande quantité de cerises sont attaquées par elles, qu'il est réellement désagréable de les manger; mais, malgré cela, jamais ces cerises n'ont fait de mal. J'observerai, à cette occasion, que dans l'Inde on recherche la larve du charançon du palmier, larve qui est plus grosse que le pouce, et qu'elle y passe pour un des mets les plus délicats qui existent, mets auquel les plus riches peuvent seuls prétendre à raison de son haut prix.

Il n'y a pas d'autre moyen d'empêcher ce charançon, qui vole fort bien, de déposer ses œufs sur les cerises, que celui indiqué plus haut.

Le Charançon des drupes a le corps roux, avec des bandes brunes transversales. Il a les jambes épineuses. Sa grandeur est la même que celle du précédent. Sa larve vit aux dépens des fruits du merisier à grappes (*prunus padus*, Lin.), dont elle détruit entièrement l'organisation; c'est-à-dire qu'elle fait disparaître le noyau, fait prendre au fruit une forme allongée, et l'empêche de devenir noir. J'ai vu souvent, et sur-tout en 1805, presque toute la récolte des fruits de cet arbre anéantie par son fait dans les pépinières de Versailles. Les grappes

avaient au plus cinq ou six grains de bons, et souvent point
du tout. Au reste, ces grappes ont un aspect qui n'est pas
désagréable, et elles contrastent avec celles qui sont intactes.

Le Charançon du pommier a le corps d'un gris nébuleux, et
les jambes antérieures armées d'une épine. Il est de la grandeur
des précédens. Il dépose ses œufs sur les boutons à fleurs du
pommier, et sans doute de plusieurs autres arbres. Les larves
qui en naissent entrent dans le bourgeon et l'empêchent de se
développer complétement. On peut presque assurer, lorsqu'on
voit un bouquet de fleurs de pommier difforme, c'est-à-dire
avec des pétales irréguliers, épais, verdâtres, des étamines
monstrueuses, etc., que cela est dû à cette larve. On appelle
clous de girofle aux environs de Paris les boutons qui ont été
attaqués par la larve de ce charançon, et ce nom leur convient
assez. Il y a cependant d'autres insectes qui produisent à peu
près le même effet. Cet insecte paraît assez commun, cependant on le trouve rarement dans la campagne.

Le Charançon du peuplier, *Curculio tortrix*, Fab., a le
corps fauve et la poitrine noire. Toutes ses jambes sont dentées. Il est de 2 lignes de long, et dépose ses œufs sur une
des nervures de la feuille des peupliers. La larve pénètre dans
cette nervure, la fait devenir monstrueuse, et occasionne le
recoquillement de la feuille. Il est des années où toutes les
feuilles des peupliers, n'importe quelle espèce, portent ainsi
plusieurs de ces tubercules, qui nécessairement doivent nuire
à la végétation de l'arbre.

Le Charançon sauteur fauve. Il est à peine long d'une
ligne. Il dépose ses œufs sur les feuilles de l'orme, du chêne,
des diverses espèces de saules, etc. Les larves qui en naissent
pénètrent entre les deux épidermes, et se nourrissent de la
substance même de la feuille. Ce sont elles qui font ces galeries
transparentes qu'on remarque sur les feuilles des arbres ci-
dessus; mais d'autres insectes de genre très-différent, sur-tout
des pyrales, en font également. Quelque multiplié que soit ce
charançon, il ne paraît pas faire beaucoup de mal aux arbres.
Il saute et vole fort bien.

Le Charançon de la liveche. *C. ligustici*, a la trompe
courte, les élytres réunis, rouges, d'un gris obscur, les
cuisses postérieures armées d'une dent; sa longueur est de 5 à
6 lignes : il est extrèmement commun dans les champs sablonneux des environs de Paris à la fin du printemps. On m'a assuré qu'il commettait quelquefois de grands ravages dans
quelques jardins en en mangeant les légumes, sur-tout les asperges, les jeunes choux, etc. L'écraser un à un est le seul
moyen de s'en débarrasser.

Le Charançon du phellandre, *Curculio paraplecticus*,

Fab., est cendré, et ses élytres se terminent en pointe; sa longueur est de 8 lignes, et sa largeur d'une et demie : c'est dans
la tige du PHELLANDRE AQUATIQUE que vit sa larve. Linnæus
a rendu cette larve célèbre en lui attribuant la maladie des
chevaux appelée *paraplégie ;* mais tout porte à croire que c'est
une erreur : les cultivateurs d'ailleurs n'ont pas beaucoup à
craindre que leurs chevaux aillent la chercher sous l'eau, dans
une tige d'un à 2 pouces de diamètre.

Le CHARANÇON PERCE-BOIS, *Curculio lymeylon,* Fab., est
allongé, avec le corcelet hérissé et les élytres striés; sa
couleur et grise, et sa longueur de 2 lignes : sa larve vit dans
le bois du chêne qui commence à mourir. Je ne cite cette espèce qu'à cause de cette circonstance, car elle est rare et ne
présente rien de remarquable.

Il est encore un grand nombre d'espèces qui peuvent intéresser le cultivateur; mais elles sont trop peu communes pour
mériter d'être mentionnées ici.

Beaucoup de personnes confondent les charançons avec les
ATTELABES, qui n'en diffèrent que par les mœurs, mais que
les naturalistes ont cru devoir en séparer, à raison de leurs
antennes, qui sont droites comme dans la majorité des autres
insectes. *Voyez* au mot ATTELABE. (B.)

CHABBEILLE. CHENEVOTTES du chanvre broyées.

CHARBON ou ANTHRAX. MÉDECINE VÉTÉRINAIRE. L'inflammation la plus vive et la plus prompte à dégénérer en abcès
de mauvaise qualité ou gangrène, constitue le caractère essentiel des tumeurs inflammatoires, auxquelles nous donnons le
nom de *charbon,* sans doute à cause de la vive chaleur dont
elles sont accompagnées.

Le bœuf y est beaucoup plus exposé que le cheval.

Nous en distinguons de deux espèces : le charbon simple,
et le charbon malin ou pestilentiel.

Une élévation sensible et prompte sur la peau de l'animal,
accompagnée d'une grande chaleur, caractérise le commencement du charbon simple ; peu de temps après, le milieu de
la tumeur s'affaise, devient moins sensible et douloureux,
et se remplit d'une humeur purulente, ensuite la gangrène se
manifeste si l'on n'y remédie, et les bords de la partie gan-
grénée restent durs et enflammés pendant quelque temps.
Pendant tout le cours de la maladie, les fonctions vitales languissent un peu, sans que les fonctions de l'estomac souffrent
une altération bien marquée, car le bœuf rumine et mange;
mais nous avons observé que le cheval paraît un peu plus
affecté, puisqu'il est dégoûté, et qu'il refuse même toute espèce
d'alimens.

Le charbon simple ne se communique pas communément

d'un bœuf qui en est attaqué, à un bœuf sain, et encore moins d'un bœuf affecté, à un cheval, à un âne ou un mouton qui jouissent d'une bonne santé.

Le trop long séjour dans des étables ou des écuries malpropres et mal construites, les mauvaises qualités des eaux et des alimens; la trop grande chaleur de l'atmosphère, et la disposition particulière de l'animal, sont les principes ordinaires du charbon simple.

Douze heures après l'apparition de la tumeur, il faut faire le poil et appliquer sur la partie un onguent fait avec demi-once de mouches cantharides et autant d'euphorbe, incorporées dans trois onces d'onguent de laurier : ce remède est-il sans effet, on doit alors pratiquer dans différens endroits de la tumeur de profondes scarifications, et appliquer de nouveau les vésicatoires, en ayant soin de les faire entrer dans les incisions, et d'augmenter l'action de l'onguent, en présentant à la partie une pelle chauffée au point de rougir. L'escarre étant tombée, on panse l'ulcère avec le digestif animé avec de l'eau-de-vie camphrée, jusqu'à parfaite guérison (1).

Le charbon de la seconde espèce, c'est-à-dire le charbon pestilentiel, s'annonce par le dégoût, la perte d'appétit, le tremblement, l'abattement des forces musculaires, la fièvre, et par une chaleur assez manifeste aux oreilles, aux cornes, au front, aux extrémités, qui précède l'éruption, et qui persiste quelquefois après l'éruption D'autres fois, cette chaleur ne se manifeste que dans l'endroit où la tumeur doit se montrer, par l'inflammation de la membrane pituitaire, si la tumeur doit se former sur la mâchoire antérieure; par la chaleur interne de la bouche, si, au contraire, elle établit son siége sous la ganache ; en un mot la seule partie du corps qui se montre la plus chaude est en général toujours le siége de la tumeur. Elle est dans peu de temps si fortement engorgée, tendue et tuméfiée par l'abord et l'affluence de l'humeur, que tout passage est interdit au sang et aux esprits, de manière que la mortification s'empare promptement de la partie ; ce qui arrive quelquefois au bout de vingt-quatre heures. Quoi qu'il en soit, toutes ces varitions, tous ces changemens, tous ces efforts, doivent être regardés comme des mouvemens et des

------

(1) On trouve, dans les *Annales d'Agriculture*, vol. 7, un spécifique contre le charbon, qui est simple, et que son auteur, M. de Buchepot, dit être assuré. Ce sont quelques feuilles de menthe des jardins pilées avec de l'huile et appliquées trois à quatre fois par jour sur le bubon. Si, faute d'avoir été prise à temps, la maladie continue à faire des progrès, on fait prendre à l'animal des potions faites avec des feuilles de la même plante et de la thériaque bouillies dans du vin blanc.

(*Note de M. Bosc.*)

ressources que la nature emploie pour se débarrasser de l'ennemi qui l'opprime; mais souvent trop faible, elle ne peut triompher de la surcharge, et cette faiblesse indique alors au vétérinaire la marche qu'il a à tenir pour seconder son action et ses vues.

Dès l'apparition de la tumeur, il faut procéder sur-le-champ à l'amputation : c'est le vrai moyen d'enlever la matière morbifique, et de ne se point mettre dans le cas de voir disparaître le charbon, comme nous l'avons vu arriver assez souvent, pour se montrer sur d'autres parties du corps tant internes qu'externes : la suppuration qui se forme alors est louable, et produit très-rarement la destruction des parties voisines. L'amputation faite, on doit toucher les taches, qui sont des taches de gangrène, au moyen du cautère actuel, autrement dit le feu; laisser séjourner le fer chaud sur la partie, jusqu'à ce que les particules ignées aient atteint les parties vives; panser ensuite l'ulcère avec un onguent antiputride de 2 onces de styrax, de 2 drachmes d'essence de térébenthine, et d'une drachme de quinquina en poudre. Ce traitement extérieur étant fait, on passe au traitement interne. Celui-ci est dicté par l'état des parties extérieures. Ainsi, la tumeur tend-elle à suppurer, ou l'ulcère suppure-t-il, les breuvages d'une once de thériaque, de demi-livre de décoction d'oseille, et de demi-once de camphre dissous dans l'eau-de-vie ou de l'esprit de vin, suffisent pour entretenir la détermination de la matière du centre à la circonférence. La suppuration est-elle imparfaite, le pus est-il sanguinolent; est-il dissous, et fétide, il convient alors d'avoir recours aux breuvages d'assa fœtida, de gomme ammoniaque, à la dose de demi-once de chaque, bouillie dans une livre de bon vinaigre. La mortification fait-elle des progrès malgré tous ces remèdes, les antigangréneux, tels que le quinquina, l'ipécacuanha, le camphre dans une décoction de baies de genièvre macérées dans le vinaigre, doivent être administrés. Séparée des parties saines et vives, la plaie demande d'être pansée avec le digestif plus ou moins animé, suivant les cas et les circonstances, et cela jusqu'à parfaite cicatrisation : les dessiccatifs sont proscrits. L'ulcère cicatrisé, on achève la cure par la médecine suivante : une once de feuilles de séné, sur laquelle on jette une livre d'eau bouillante, et à laquelle on ajoute une once d'aloès et 2 drachmes de camphre, afin d'entraîner au dehors un reste d'humeur, qui peut avoir été apporté dans le sang par les vaisseaux absorbans de l'ulcère.

Ce qui caractérise essentiellement cette espèce de charbon, c'est qu'il est épizootique, et qu'il se transmet facilement à un animal sain. Si un bœuf qui en est atteint communique avec un troupeau de bœufs ou de vaches, aussitôt la contagion gagne, et la plupart de ces animaux en sont infectés, quoiqu'ils habitent un ciel pur, qu'ils mangent d'excellens fourrages, qu'ils boivent de la bonne eau, et qu'ils habitent des étables propres. L'homme contracte également le charbon, pour avoir touché seulement un animal semblable. En 1776, un paysan, après avoir tué un bœuf atteint de ce mal, et dont le foie et les poumons se trouvaient viciés, fut attaqué d'un charbon au bras droit, accompagné d'une fièvre aiguë, avec vomissement et diarrhée putride, qui lui donna la mort en trois jours; un autre et deux chiens moururent le second jour, pour avoir mangé de sa chair. Tous ces exemples ne devraient-ils pas bien rendre les habitans de la campagne un peu plus attentifs aux dangers de la contagion? *Voyez* MALADIE CHARBONNEUSE. (R.)

CHARBON A LA LANGUE. Cette maladie se manifeste par une vessie à la langue, qui en occupe tantôt le dessous, tantôt le dessus, et quelquefois les côtés. Elle est d'abord blanche, ensuite rouge, et en très-peu de temps elle devient livide et noire. Elle augmente considérablement en grosseur, et dégénère en ulcère chancreux, qui ronge toute l'épaisseur de la langue, ce qui conduit l'animal à la mort; le mal est si prompt, qu'en moins de vingt-quatre heures on voit quelquefois le commencement, les progrès et la fin de la maladie. Aucun signe extérieur ne l'annonce, et il n'y a que l'inspection de la langue qui la fasse connaître; ce qu'il y a de surprenant, c'est que l'animal mange, boit, fait toutes ses fonctions comme à l'ordinaire, jusqu'à ce que la langue soit tombée par pièces et par lambeaux.

Ce mal attaque les ânes, les mulets, les chevaux et les bœufs. Il se communique non-seulement par le contact immédiat de l'humeur qui sort de la plaie, mais encore par les instrumens dont on se sert pour la panser. Comme il est épizootique et très-contagieux, le premier soin est de s'occuper d'abord d'administrer aux animaux sains les remèdes préservatifs. Dans cette intention, la saignée à la veine jugulaire est indiquée. Cette opération doit être suivie de lotions fréquentes à la langue, des boissons acidules nitrées et de parfums. Ces lotions consistent dans du vinaigre, du poivre, du sel, de l'assa fœtida concassé, dont on frotte la langue et toutes les parties de la bouche. Quelquefois il est bon d'ajouter à chaque lotion une demi-once de sel ammoniac, suivant les circonstances. Les boissons doivent être de l'eau blanche, suivant la méthode que nous avons prescrite, à laquelle on ajoute une once de cristal minéral et du fort vinaigre, jusqu'à une certaine acidité. Les parfums ne sont autre chose que l'évaporation du vinaigre sur des charbons ardens dans les écuries, ou bien de trois poignées de baies de genièvre macérées dans le vinaigre, et exposées sur un réchaud.

Dans les lieux où la contagion est extrême, les breuvages composés de deux poignées de rue, infusées dans demi-pinte de bon vin, auquel il faut ajouter quelques gousses d'ail, des baies de genièvre, et trois drachmes de camphre pour chaque breuvage, ne doivent point être oubliés.

Quant aux animaux malades, le traitement est différent; la saignée est proscrite; les mêmes parfums sont indiqués, et en ce qui concerne le charbon, nous croyons qu'il est préférable et plus sûr de l'emporter avec le bistouri ou des ciseaux que de le ratisser simplement, ainsi qu'on le pratique ordinairement. La tumeur emportée, on étuve cinq à six fois par jour la partie et la langue entière avec de la teinture de myrrhe ou d'aloës, ou avec de l'eau-de-vie chargée de sel ammoniac et de camphre, à la dose de demi-once de l'un et de l'autre, sur demi-livre de cette même eau. Le camphre s'y dissout insensiblement, en triturant peu-à-peu dans un mortier, et en augmentant la dose d'eau-de-vie à mesure que la dissolution se fait. Du reste, des lotions faites avec le vinaigre, dans lequel on a délayé de la thériaque et ajouté un peu d'eau-de-vie camphrée, sont aussi très-bien indiquées. Il est même nécessaire d'en faire avaler à l'animal un demi-verre chaque fois qu'on le panse, car nous ne saurions nous persuader que, dans la circonstance d'une maladie dont les effets sont si rapides et si cruels, puisque la langue des animaux peut être rongée et tombée en moins de vingt-quatre heures, il suffise de la traiter par des remèdes extérieurs ; aussi trouvons-nous à propos de prescrire des breuvages à donner à l'animal dans le cours de la maladie, lesquels consistent à prendre 2 onces de racine d'angélique, de la faire bouillir dans 2 livres de bon vinaigre, jusqu'à diminution d'un tiers, d'ajouter à la colature 2 onces de thériaque, de partager ce breuvage en deux doses, dont une est donnée le matin à jeun, et l'autre le soir, ayant soin de bien couvrir les malades pendant l'effet du remède : par ce moyen, on n'a point à redouter que le mal ait des retours quelquefois d'autant plus funestes, qu'il se présente ensuite sur d'autres parties et sous une forme différente, ainsi que nous en avons été convaincus par l'expérience. Il importe au surplus de bien panser et de bien étriller les animaux, tant sains que malades, d'en visiter plusieurs fois le jour la bouche, pour juger de son état; car cette espèce de charbon, nous le répétons, ne s'annonce par d'autres signes extérieurs que par la seule inspection de la langue. (R.)

Charbon musaraigne. Cette espèce de charbon est particulière au cheval et au mulet. Il commence par une petite tumeur non circonscrite, qui a son siége à la place du bubon, c'est-à-dire aux glandes inguinales, à la partie supérieure et interne de la cuisse, lequel dégénère en gangrène si l'on n'y remédie promptement. Il diffère du vrai bubon et des autres abcès, en ce qu'il ne suppure point. Les vaisseaux lymphatiques de la partie sont très-gonflés, et le tissu cellulaire est plein d'une humeur lymphatique épaisse, grumeleuse et noirâtre ; la jambe et la cuisse sont souvent enflées ; cet état est accompagné de dégoût, de tristesse, d'abattement et de frissons.

Le plus sûr moyen de remédier à ce mal est de scarifier promptement et profondément, de répandre d'abord dans les scarifications de l'essence de térébenthine, et de panser ensuite la plaie avec le digestif animé. Si, en scarifiant, il arrive que l'on coupe une artère ou une veine considérable, il faut appliquer sur l'ouverture du vaisseau de l'amadou, ou bien une pointe de feu, pour se rendre maître du sang ; fomenter la jambe, si elle est enflée, avec une décoction de feuilles de sauge et de sureau ; donner pour toute nourriture et pour boisson de l'eau blanche nitreuse ; ensuite administrer par dégrés insensibles du son, de la paille et du foin ; faire prendre, les quatre premiers jours de la maladie, deux breuvages, l'un le matin, l'autre le soir, composé de deux onces de nitre, demi-once de camphre, de deux onces de miel, dans environ une livre de décoction d'oseille, et tenir le malade dans une écurie sèche, ni trop chaude ni trop fraîche.

Les accidens du charbon musaraigne sont si rapides, que les maréchaux l'attribuent à la morsure d'une bête venimeuse, qu'ils soupçonnent être la musaraigne. Cet animal ressemble plus à la taupe qu'à la souris ; son nez est plus allongé que ses mâchoires ; ses yeux sont cachés, et plus petits que ceux de la souris ; ses pieds sont munis de cinq doigts ; sa queue, ses jambes, et sur-tout les jambes de derrière, sont plus courtes que celles de la souris ; d'ailleurs il a les oreilles et les dents de la taupe ; la grandeur de sa bouche, la situation, la figure de ses dents, le mettent dans l'impossibilité de mordre le cheval et le mulet ; il est donc faux que la musaraigne soit dangereuse. M. Lafosse en a eu la preuve dans la dernière guerre de Westphalie : la quantité de ces animaux était si prodigieuse, que le soldat sous la tente ne pouvait dormir ; on les voyait passer et repasser à tout moment sous les chevaux sans qu'il arrivât le moindre mal, et sans même que l'on fît attention à ce prétendu danger. Les principes les plus communs de cette maladie doivent au contraire être rapportés à la dépravation des humeurs, aux mauvaises qualités de l'air, des alimens et de la boisson, aux exercices outrés, au trop grand repos et au long séjour dans les écuries malsaines et mal construites. (R.)

CHARBON DES MOUTONS. Médecine vétérinaire. Cette maladie est enzootique, et paraît particulière aux moutons et aux brebis de certaines provinces, telles que la Provence, le Languedoc et le Roussillon. Elle est quelquefois compliquée avec la Clavelée (*voyez* ce mot), ce qui la rend presque toujours mortelle. Elle se manifeste d'abord sur ces animaux aux parties dénuées de laine, telles que le ventre, l'intérieur des cuisses, des épaules, au cou et sur les mamelles, par un gros bouton dur et âpre, dont le centre est noir, qui fait bientôt des progrès sensibles, et parvient à la grandeur d'un écu de six livres, et même plus. Vers le milieu, et tout autour de cette tumeur enflammée, il s'élève des vessies remplies d'une sérosité âcre, caustique, qui, en coulant, fait l'effet d'un corrosif sur les tégumens, et communique le mal aux parties voisines. Quelquefois les environs de cette tumeur sont de couleur livide, et donnent des marques visibles de la gangrène. Ce mal est toujours contagieux parmi les moutons, et rarement il est sans fièvre, le plus souvent il en est accompagné, et lorsque cela arrive, l'animal est abattu, dégoûté, ne rumine plus, et meurt quelquefois le second jour; la mort arrive sur-tout lorsque le charbon s'affaisse tout à coup, ou qu'il fait des ravages dans l'intérieur de l'animal.

Le danger de ce mal est relatif à l'intensité des symptômes, sur-tout de la fièvre, et à la partie qui en est attaquée. Plus le charbon est éloigné du centre ou des parties essentielles à la vie, moins il est dangereux.

Le peuple des environs de Perpignan attribue la cause de cette maladie à l'usage des eaux dans lesquelles les perdrix ont bu, et s'imagine que lorsque les moutons vont boire après elles dans quelques fosses où l'eau a séjourné quelque temps, c'est alors qu'on l'observe dans les troupeaux. Cette opinion est un préjugé populaire sans fondement; mais il y a apparence que la vraie cause de ce mal existe ou dans les eaux corrompues, ou dans les herbes chargées de quelque principe vénéneux.

Lorsque le charbon se manifeste, il faut le scarifier avec un bistouri ou un canif, pour le faire dégorger et empêcher les progrès de la gangrène; le cerner ensuite avec l'esprit de vitriol, ou le beurre d'antimoine, et étuver la partie avec de l'eau-de-vie camphrée, ou bien avec une décoctiou de rue ou de quinquina, ou une infusion de sabine, et de sauge saturée de sel ammoniac, dans du bon vin; toucher toutes les parties livides avec l'esprit de vitriol; faciliter la chute de l'escarre avec du beurre, et, l'escarre tombée, panser la plaie avec le digestif ordinaire; laver toujours la plaie à chaque pansement avec du vin chaud ; donner dans le cours de la maladie, si la fièvre n'est pas forte, des breuvages de deux drachmes d'extrait de genièvre, dans un verre de vin, et terminer la cure par un purgatif de deux drachmes de feuilles de séné, de pulpe de tamarin, et de sel de nitre, sur lesquels on verse environ une demi-livre d'eau bouillante. On peut encore substituer aux scarifications la méthode que nous avons indiquée pour le charbon pestilentiel des bœufs, c'est-à-dire l'amputation de la tumeur : elle nous paraît même préférable, parce qu'elle n'est point sujette aux inconvéniens des remèdes escarrotiques, et que d'ailleurs le délabrement et la douleur qui résultent de l'amputation ne sont rien en comparaison du danger et des progrès qu'entraîne ordinairement avec lui un charbon qui rentre dans l'intérieur. (R.)

CHARBON. Maladie des grains. Les semences des plantes graminées qui servent à la nourriture de l'homme et des animaux domestiques sont sujettes à deux sortes d'altérations, sur lesquelles il n'y a encore que peu d'années que les agriculteurs ont porté leurs regards. Ces deux altérations, qui chaque année en font perdre de grandes quantités, sont produites par des plantes parasites internes de la famille des champignons, par des réticulaires de Bulliard, qui ne diffèrent pas des Urédo de Persoon. *Voyez* le dernier de ces mots.

Long-temps les botanistes ont confondu le charbon avec la carie, quoique bien distincte; mais M. Tillet et sur-tout M. Tessier ont établi leur différence de manière à ne pouvoir plus la méconnaître. J'ai traité l'article de la carie avec l'étendue que comportait son importance, car elle est bien plus dangereuse que le charbon, et je pourrai par conséquent resserrer celui-ci, beaucoup des développemens que j'aurais pu lui donner appartenant aux deux.

Les agriculteurs connaissent assez généralement le charbon sous le nom de nielle ; mais comme ce dernier nom s'applique aussi à une plante qui nuit aux récoltes, M. Tillet a jugé devoir le rejeter. On ne peut qu'applaudir à ces motifs, tout en lui reprochant de n'en avoir pas adopté un qui n'eût encore aucune acception dans notre langue.

Presque toutes les graminées sont attaquées par le charbon ; mais il exerce principalement ses ravages sur l'orge, l'avoine et le maïs. Le froment est bien moins attaqué par lui que par la carie. Les graminées fourrageuses, sur-tout celles qui croissent dans les marais ou sur leurs bords, en éprouvent aussi les nuisibles effets, soit en Europe, soit dans les autres parties du monde. Il m'a été impossible de cueillir en Caroline des graines de certaines espèces de cette famille, parce qu'aucun de leurs épis n'en offrait de saines.

Bulliard, le premier, a fait connaître la véritable nature du charbon dans l'ouvrage intitulé *Champignons de la France;* il en a de plus donné la figure, l'orge et l'avoine servant d'exemple. Ce n'est point une véritable maladie, comme le pensaient les agriculteurs; ce n'est par le résultat de la piqûre d'un insecte, ni l'habitation du genre VIBRION, comme l'ont supposé quelques autres, mais, ainsi que je l'ai dit plus haut, un véritable champignon du genre URÉDO, que cet auteur a rangé parmi les réticulaires, parce qu'il a vu la poussière d'un brun verdâtre de son intérieur, poussière qui paraît noire au premier aspect, fixée sur un réseau; mais ce réseau a été reconnu depuis n'être autre que les restes de la substance même du grain, substance aux dépens de laquelle a vécu le champignon. Cette poussière noire, qui, vue au microscope, offre des globules agglomérés un peu gluans, n'est autre que les bourgeons séminiformes qui doivent reproduire l'espèce, lesquels se dispersent au moment de sa maturité, par la rupture de son enveloppe, qui est la peau du grain. Elle s'applique sur les grains sains, et l'année suivante chaque globule peut occasionner la perte d'un grain en donnant naissance à un nouveau champignon, qui s'accroîtra également à ses dépens.

Les opinions sur le mode dont le charbon se propage d'une année à l'autre sont variées. Comme on n'avait pas d'idées exactes sur sa nature, on ne pouvait en prendre de saines sur ce point. On voyait que la poussière noire du charbon s'attachait aux grains sains, était mise en terre avec eux, et que ces grains sains donnaient des pieds, dont une partie plus ou moins considérable des épis était charbonnée, et que lorsqu'on enlevait cette poussière par le moyen de l'eau, du sable, etc., lorsqu'on les détruisait par le moyen de la chaux, des acides minéraux, etc., il n'y avait plus de carie. On devait donc conclure, et avec raison, que les bourgeons séminiformes montaient avec la sève jusqu'au germe naissant du nouveau grain, et se développaient dans ce germe, parce que là seulement ils trouvaient l'aliment nécessaire à leur développement. Les observations faites sur les bourgeons séminiformes de la carie par M. Bénédict Prévôt paraissent devoir complétement s'appliquer ici, à raison des nombreux rapports qui existent entre ces deux espèces de champignons. *Voyez* au mot CARIE.

La poudre du charbon est extrêmement légère; elle reste sur l'eau jusqu'à qu'elle ait pu être imbibée par ce fluide. Sèche, elle est facilement emportée par les vents. Récente, elle s'attache aux jambes des hommes et des animaux qui passent dans les champs, et se fixe, comme je l'ai déja dit, sur les grains sains. Elle n'a point d'odeur, ce qui la distingue de la carie, qui en a une propre très-sensible; mais elle prend facilement celle de moisi. Elle brûle rapidement et laisse un charbon difficile à incinérer. Son analyse a donné presque les mêmes produits que celle des grains sains, mais avec des proportions différentes.

Il résulte des observations de M. Tessier que tous les épis du même pied sont charbonnés, à plus forte raison tous les grains du même épi ; cependant on voit quelquefois des grains sains sur des épis en majeure partie charbonnés, seulement ces grains sont petits et ridés, même des grains en partie sains en partie charbonnés. C'est le contraire dans la carie, où les grains malades sont rarement les plus nombreux sur un même épi.

En général, il sort fort peu de tiges d'un pied frappé de charbon, et même la plupart d'entre elles n'arrivent-elles pas à leur complet développement ; c'est-à-dire qu'elles s'élèvent peu, et que les épis restent dans le fourreau. Ces épis n'en sont pas moins charbonnés, et ce sont principalement ceux qui propagent la maladie, parce que la poussière qu'ils contiennent ne peut se disperser que par le battage.

Dans le froment il est facile de reconnaître les épis charbonnés, dès la sortie de leurs fourreaux, à leur couleur noirâtre. Plus tard ces épis ne présentent plus qu'un squelette noirci par la destruction des grains et la dispersion des balles qui leur servent d'enveloppes. M. Tessier a même indiqué un moyen de reconnaître, avant la sortie de son épi, une tige qui doit fournir du charbon, c'est lorsque la feuille supérieure est tachée de jaune et sèche à son extrémité.

Au reste, je le répète, il est rare que le charbon cause de grands dégâts dans le froment ; et comme sa poussière est dispersée avant la moisson, il est encore plus rare qu'il fasse du mal aux hommes et aux animaux qui vivent de pain.

Comme la balle de l'orge est bien plus dure et bien plus adhérente que celle du froment, on ne distingue pas aussi facilement ses épis charbonnés, et on est certain d'en emporter un grand nombre dans la grange lors de la récolte. C'est peut-être là la cause pour laquelle ce grain y est bien plus sujet que le froment. Toutes ses variétés en sont également attaquées, quels que soient le sol et l'exposition où elles se trouvent placées. M. Tessier a constaté par l'observation que plus le grain était profondément enterré et plus il fournissait de pieds charbonnés.

De tous les grains cultivés, c'est sur l'avoine que le charbon exerce le plus ses ravages ; j'ai vu des localités où la récolte ne payait pas les frais de la culture, à raison de la petite quantité de pieds qui en étaient exempts. C'est un des plus grands inconvéniens de cette plante. Les tiges qui en sont attaquées sont plus grêles et moins hautes que les autres.

Le mil, le panis et le sorgho sont également soumis au fléau du charbon. Les circonstances qui en résultent ne diffèrent pas essentiellement de celles précitées. Il paraît, par mes propres observations faites en Caroline, que dans les pays chauds et humides les ravages exercés par lui sur ces trois plantes sont bien plus graves qu'en France, où d'ailleurs elles ne se cultivent pas très-fréquemment. M. Tessier a vérifié qu'il était contagieux pour elles comme pour le froment, l'orge et l'avoine.

Le maïs, d'après les observations de M. Tillet, est encore dans le même cas; mais cet observateur a cru devoir conclure de quelques expériences que le charbon n'est pas contagieux pour lui, ce qui est contraire à l'analogie, et ce dont je suis fondé à douter par plusieurs raisons.

J'ai observé quatre espèces de charbon sur le maïs, tant en France, qu'en Espagne, qu'en Amérique, et sur-tout qu'en Italie. Ce qui suit est extrait de mes notes de voyage.

La première, et sans doute la plus dangereuse, naît au collet d'une feuille quelconque, devient une excroissance irrégulièrement globuleuse ou mamelonnée, de la grosseur du poing, terme moyen. Elle est d'abord blanche, ensuite rougeâtre à sa surface. Sa consistance est alors fongueuse. Souvent elle est traversée par une ou plusieurs feuilles avortées. Elle commence à devenir noire et pulvérulente au milieu d'août.

Cette espèce, en absorbant la sève, s'oppose au complet développement de toutes les parties de la tige, et finit par la faire mourir avant la maturité du grain. Je n'ai jamais vu qu'on s'occupât de la détruire; quoique cela fût facile, puisqu'il ne s'agit que de couper les pieds du maïs, dès qu'elle commence à se montrer, pour en nourrir les bestiaux.

La seconde se développe dans la fleur mâle, et anéantit souvent la fécondité de tout un épi. Elle se rapproche beaucoup, en apparence, du charbon du froment. A l'époque de sa maturité les deux balles de la fleur se sont grossies quinze à vingt fois plus que dans l'état naturel, et ressemblent à une corne. Elle est blanche dans sa jeunesse et noire dans sa vieillesse.

Cette espèce prouve que la poussière noire n'est pas la farine altérée, comme on l'a écrit, puisque dans ces fleurs mâles il n'y avait pas de grains à espérer.

La troisième attaque également les épis mâles, mais elle est fort différente de la précédente. C'est une excroissance ordinairement annulaire, vingt à trente fois plus grosse que le rachis, sessile à la base des fleurs, blanchâtre dans l'état voisin de la maturité, et présentant une assez grande quantité de filamens noirs assez longs, semblables à certaines espèces de clavaires. Elle paraît moins commune que les autres.

Ces deux dernières peuvent être détruites en coupant les épis mâles, sur lesquels elles se développent avant qu'elles aient répandu leur poussière, les épis femelles n'en seront pas moins fécondés par les épis mâles des pieds voisins.

Enfin la quatrième exerce ses ravages directement sur le grain ; elle se conduit comme dans le froment, c'est-à-dire que l'épi n'arrive pas à la moitié de sa grosseur ordinaire, que ses enveloppes sont décolorées de bonne heure. L'enveloppe du grain, ordinairement si dure, cède dans ce cas au plus petit effort de l'ongle, et laisse échapper la poudre noire qu'elle contient. Le plus souvent la plupart des grains sont avortés, il n'y en a que quelques-uns qui aient une apparence saine. Quelquefois il y a des grains véritablement exempts de charbon sur des épis altérés ; mais ces grains sont plus petits, plus pâles et sans saveur.

M. Hinhoff a publié, à Strasbourg, une fort bonne thèse sur le charbon du maïs.

La poudre du charbon noircit souvent le visage des personnes qui battent de l'orge ou de l'avoine, mais elle les fait bien moins tousser que celle de la carie. Mêlée avec de la farine, et réduite en pain, elle a d'abord un peu incommodé des poules qu'on a nourries de ce pain ; mais ensuite elles en ont mangé sans inconvénient pendant vingt jours sur le pied d'une once de charbon par jour.

On a dû conclure de l'observation précitée sur le charbon du froment, dont la poudre se disperse toujours avant la moisson, qu'il en entrait rarement dans le pain. Il n'est donc nuisible, ainsi que je l'ai déjà annoncé, que sous le rapport des pertes de grains qu'il fait éprouver aux cultivateurs.

Mais j'ai fait voir que dans l'orge, et sur-tout dans l'avoine, cette perte était quelquefois d'une grande importance ; il était donc bon de chercher les moyens d'en arrêter ou au moins d'en diminuer les résultats : or, c'est ce qu'a fait M. Tessier. Ce savant a reconnu que les moyens qu'on opposait à la carie empêchaient la reproduction du charbon. On doit donc chauler le froment non-seulement pour la première, mais encore pour le second ; on doit donc sur-tout chauler l'orge et l'avoine, qu'on se refuse généralement de soumettre à cette opération. Je renvoie à l'article CARIE et à l'article CHAULAGE ceux qui seront jaloux de perfectionner leur manutention agricole, et d'éviter des soustractions à leur revenu. J'observerai seulement que comme la poudre de charbon peut plus facilement rester hors des atteintes de la chaux sur l'orge, sur l'avoine, que sur le froment, le millet, le sorgho et le maïs, il est bon que la lessive soit plus forte et que les grains restent plus long-temps dedans; ce qui est sans inconvénient, à raison de la dureté des balles qui enveloppent ces deux sortes de grains. (B.)

CHARBON DE BOIS. Tout le monde connaît ce produit de la demi-combustion des substances végétales; mais peu de personnes savent qu'il a des propriétés économiques importantes fort différentes de celles pour lesquelles on le fabrique : c'est de ces propriétés que je vais m'occuper ici d'abord, ensuite je parlerai de ses usages.

Les chimistes regardent le charbon comme un corps simple, comme le carbone presque pur. Lorsqu'on le brûle, il absorbe l'oxigène de l'atmosphère, et forme du gaz acide carbonique, qui, dans les endroits fermés, s'accumule au point de rendre l'air impropre à la respiration des animaux, occasionne leur mort par ASPHYXIE (*voyez* ce mot). On doit donc éviter d'allumer du charbon dans un appartement fermé. Celui qu'on appelle spécialement *charbon*, c'est-à-dire qui a été fabriqué dans les forêts, est principalement dangereux sous ce rapport; mais celui qu'on appelle BRAISE, et qui se forme journellement dans nos foyers et dans nos fours, n'est pas sans dangers, comme on le suppose généralement. Beaucoup de personnes sont chaque année victimes de l'ignorance de ce fait, que les pères et mères ne sauraient trop souvent indiquer à leurs enfans dès le premier âge.

Il paraît que le charbon ne diffère de la braise que parce qu'il conserve plus d'hydrogène. Cette dernière est beaucoup plus légère, et s'enflamme plus facilement.

La décomposition du charbon à l'air est si lente, qu'on a prétendu qu'il était indestructible par les agens naturels; et, en effet, celui qu'on trouve dans Herculanum et sous les décombres des anciennes villes, paraît aussi entier que le jour où il a été formé. C'est de l'observation de ce fait que résulte la pratique en usage dans plusieurs endroits, d'enterrer un certain nombre de morceaux de charbon autour des bornes, afin d'augmenter les difficultés de leur frauduleuse translation. Quant à la précaution de carboniser, comme on le fait généralement lorsque rien ne s'y oppose, l'extrémité des pieux, l'extérieur des conduits d'eau et en général tous les bois destinés à séjourner dans la terre, Duhamel a prouvé qu'elle était d'une très-faible ressource contre la pourriture. *Voyez* au mot BOIS.

Quand le charbon est bien sec, et principalement la braise des boulangers, il absorbe avec rapidité l'humidité de l'atmosphère; aussi est-il le procédé le plus économique qu'on puisse

employer pour dessécher les appartemens humides , d'autant
plus que lorsqu'il s'est saturé d'eau , il suffit de le faire chauffer pour le rendre aussi propre que la première fois au même
objet. Cette propriété du charbon s'applique au reste depuis
long-temps à la conservation de la poudre de guerre , c'est-à-
dire qu'on renferme le baril qui la contient dans un baril plus
grand, et qu'on remplit l'intervalle avec de la poussière de
charbon. Par ce moyen , cette poudre peut se garder plusieurs
années exempte d'humidité dans les navires, et plusieurs mois
dans l'eau même.

Comme corps noir, le charbon absorbe les rayons du soleil,
et s'échauffe, et, comme mauvais conducteur de la chaleur,
il la conserve long-temps. Cette faculté a engagé à l'introduire, réduit en petits fragmens, dans le plâtre ou la chaux
destinés à recrépir les murs des espaliers, et ce dans l'intention d'accélérer la maturité des fruits. *Voyez* Mur et Espalier.

Cette même propriété du charbon, d'être un très-mauvais
conducteur de la chaleur, peut être utilisée dans quelques cas
en agriculture. Ainsi, si on voulait que la chaleur d'une couche
à châssis, d'une bache, d'une serre chaude ne se perdît pas,
il faudrait entourer ces bâtisses d'une couche de charbon réduit en poudre de 6 à 8 pouces d'épaisseur, ce qui est facile
au moyen d'une double enceinte. Ainsi , si on voulait transporter pendant l'été de la glace à une grande distance, il faudrait l'entourer d'une masse de poussière de charbon proportionnée à cette distance.

On a découvert dans ces derniers temps, ou peut-être on a
découvert de nouveau, car il est difficile de croire qu'une observation aussi importante ait échappé à l'antiquité , que la
poussière de charbon avait la propriété d'absorber toutes les
matières animales et végétales, décomposées et tenues en dissolution dans l'eau. Aujourd'hui donc les eaux des cloaques
les plus infects, des mares les plus boueuses, peuvent être
rendues aussi claires et aussi agréables au goût que celles des
meilleures fontaines, par une filtration lente à travers quelques pouces d'épaisseur de cette poussière. Les amis de l'humanité ne sauraient trop publier ce fait ; car combien de cultivateurs périssent annuellement pour avoir bu, pendant les
chaleurs, de ces eaux altérées par la putréfaction , qu'on trouve
dans certains cantons de plaine ou de marais. Il est très-peu de
personnes assez pauvres pour n'être pas en état d'acheter un
demi-tonneau, y adapter une cannelle ou robinet de bois
percé, du côté intérieur, de plusieurs petits trous, et pour
mettre dedans, sous un faux fond mobile, 5 à 6 livres de poussière de charbon. Les navigateurs même, qui sont généralement peu délicats sur la nature de l'eau qu'ils consomment,

commencent à se pourvoir de tonneaux ainsi préparés, au moyen desquels ils peuvent conserver de la bonne eau pendant le cours du voyage le plus long. La seule précaution à prendre, c'est de renouveler le charbon tous les deux ou trois mois. Le charbon ainsi employé, quoiqu'ayant souvent acquis une mauvaise odeur, n'en est pas moins propre à la combustion. On peut même l'employer plusieurs fois comme filtre, en le faisant rougir de nouveau chaque fois pendant quelques minutes.

Les Anglais se contentent de carboniser l'intérieur des tonneaux dans lesquels ils mettent leur eau ; mais ce moyen n'a pas des effets durables, et celui ci-dessus lui est préférable.

On tire encore parti de la faculté qu'a le charbon de décomposer les gaz, pour empêcher les viandes de s'altérer par la putréfaction, et pour les rétablir lorsqu'elles n'ont encore qu'un commencement d'altération. En effet, l'expérience a prouvé, 1º. que lorsqu'on enterrait un morceau de viande, un poisson dans une masse de charbon, ils s'y conservaient intacts, pendant les plus grandes chaleurs, un nombre de jours peut-être décuple de celui où ils se seraient conservés dans toute autre situation, quelque favorable qu'on la suppose ; 2º. que lorsqu'on faisait bouillir de la viande ou du poisson légèrement altéré dans de l'eau où on a mis de la poussière de charbon, cette viande ou ce poisson perdait sa mauvaise odeur et devenait propre à être mangé sans répugnance. Le seul inconvénient qu'aient ces deux procédés, c'est que la viande ou le poisson prennent, lorsqu'on n'a pas soin dans le premier cas de leur donner de l'air toutes les nuits, et lorsqu'on ne change pas l'eau deux ou trois fois dans le second, un goût qui n'est pas agréable. Malgré cela on ne peut qu'en conseiller la pratique à tous les cultivateurs qui sont jaloux de la santé de leur famille, santé si souvent dérangée par les viandes de mauvaise nature, qu'ils sont plus fréquemment exposés à manger que les habitans des villes, à raison de leur éloignement des boucheries et de leur peu de consommation.

Le meilleur objet qu'on puisse employer pour se nettoyer les dents est certainement le charbon, en ce que non-seulement il agit comme corps dur, mais qu'il décompose le tartre et la matière de la carie. On a vu des douleurs de dents disparaître à la suite de cette opération, comme par enchantement, et les haleines fétides n'y résistent jamais, sur-tout lorsqu'on avale un peu de poudre de charbon. Des expériences ont prouvé que sa seule application pourrait être très-utile dans les abcès et même dans la gangrène.

Lorsqu'on fait bouillir le plus mauvais miel sur du charbon, il perd jusqu'à son goût de miel, et s'assimile presque entièrement au meilleur sirop de sucre. On se sert fréquemment aujourd'hui de ce procédé pour suppléer le sucre par du miel, dans la composition des confitures, des sirops médicamentaux et autres articles dans lesquels il entre.

On dit même, mais je ne l'ai pas expérimenté, qu'on peut retirer le sucre des confitures gâtées par la même opération.

On a trouvé, en Angleterre, que faire bouillir du fil ou de la toile, au préalable lessivé, avec du charbon, accélérait prodigieusement leur blanchîment, et le rendait plus parfait.

Le principal avantage du charbon est de donner un combustible sans flamme et sans fumée. La consommation qu'on en fait dans nos cuisines pour la préparation des alimens est très-considérable.

C'est exclusivement avec lui qu'on réduit les métaux de leur oxide, et qu'on transforme le fer en acier. Ces étonnantes opérations ne sont point du domaine de l'agriculture; en conséquence je n'en parlerai pas ici.

Lorsqu'il est incandescent, le charbon décompose l'eau; c'est pourquoi, lorsqu'on jette une petite quantité d'eau sur un grand feu, son intensité en est augmentée. Si une plus grande quantité d'eau éteint le feu, c'est qu'elle le prive du contact de l'air, sans lequel il ne peut y avoir de combustion, puisque cette opération n'est que la décomposition de l'oxigène qu'il contient.

En général, on conserve le charbon dans des caves et autres lieux humides; mais par cela seulement on altère sa qualité. Tout charbon vieux ainsi conservé est fétide, et brûle lentement. Il vaut beaucoup mieux le conserver dans un grenier.

On fabrique le charbon dans les forêts, en faisant avec des bûches de 3 pieds de long et de 2 pouces de diamètre moyen, placées parallèlement les unes aux autres, et un peu inclinées vers le même point, des cônes ou mieux des demi-sphères, au centre desquels on met le feu, après avoir couvert de terre leur surface dans une épaisseur d'environ un pied. Le feu consume lentement le bois au moyen des ouvertures qu'on a réservées dans la couverture, et dont on augmente ou diminue le nombre ou la largeur au besoin.

L'art du charbonnier, quelque facile qu'il paraisse, a besoin d'un long apprentissage pour être bien exécuté.

Ce mode de fabrication du charbon, dans les cas les plus favorables, en fait perdre un cinquième au moins, qui se consume par l'effet de la trop grande action de l'air. La carbonisation dans des fosses, qui se pratique dans quelques cas, principalement pour le charbon destiné à entrer dans la poudre à canon, offre cet inconvénient à un moindre degré; mais elle l'offre toujours, et ne peut avoir lieu très en grand. A différentes époques, on a proposé de distiller le bois dans des fourneaux fermés, et nouvellement M. Mollerat a obtenu un brevet d'invention pour cet objet. Cette dernière manière est coûteuse ; mais elle donne un charbon meilleur, plus abondant de près du double, et permet de conserver de plus l'acide acétique (pyroligneux), si utile dans quelques arts, et le goudron, d'un emploi si indispensable dans la marine.

Comme la fabrication du charbon n'est pas du domaine de l'agriculture, je me dispenserai d'entrer dans de plus grands détails sur ce qui la concerne. *Voyez* au mot Bois.

Les places où on a fait du charbon dans les forêts et où il reste toujours beaucoup de poussière, sont infertiles pendant un plus ou moins grand nombre d'années. Je crois que cette infertilité est principalement due à la calcination de la surface de la terre. Cela est si vrai que j'ai remarqué que les places à charbon, dans les sols sablonneux, donnaient souvent des productions dès la seconde année, tandis que dans les sols argileux on n'en voit qu'au bout de huit à dix ans. Ces places, labourées, sont au contraire, dans ce dernier cas, des lieux d'une fertilité bien supérieure au sol environnant. Dans les grandes forêts, les charbonniers y sèment des légumes, du tabac, de la gaude. Je puis appuyer mon observation, quoique souvent répétée par moi en différens lieux, du témoignage de M. Dussieux, qui fit labourer la place de trente fourneaux de charbon, et qui en obtint en orge un produit quadruple de ce que la même quantité de terrain produisit, dans le voisinage, la même année.

Il y a long-temps qu'on sait que la propriété d'absorber une grande quantité d'eau et de la retenir avec force pendant long-temps rend le charbon un excellent amendement pour les terres légères et brûlées par le soleil. Les amateurs de fruits en mettent souvent quelques poignées, recouvertes de terre, au pied de leurs espaliers exposés au midi, pour y entretenir la fraîcheur. On doit à M. Tatin un très-bon mémoire sur cet usage du charbon : mémoire dont il a publié les résultats dans ses Principes raisonnés et pratiques de la culture. Mais je ne sache pas qu'on en fasse usage en France dans la grande culture. Arthur Young nous a donné sur ses effets, dans le premier volume de ses Annales, des renseignemens qui ne permettent plus de douter de l'utilité de son emploi. Il paraît que son usage s'étend beaucoup aujourd'hui en Angleterre et s'étendrait davantage si le bois y était plus commun. Je ne puis donc trop exhorter les cultivateurs français, qui sont plus favorablement placés, à ne pas négliger ce nouveau moyen d'augmenter leurs revenus. Combien de poussière de charbon qu'on laisse consumer dans les manufactures et qu'on pourrait conserver facilement si on trouvait à la vendre! Combien il s'en perd, même dans nos foyers, qui pourrait être utilisée!

Quoique, ainsi que je l'ai annoncé, le charbon paraisse être indestructible, puisqu'il se conserve des siècles dans la terre, cependant le vrai est qu'il s'altère petit à petit, sur-tout quand il est à une profondeur peu considérable, ainsi que le prouvent les anciennes places à charbon, les incendies des forêts qui ont eu lieu il y a long-temps et qui n'ont pas laissé de traces. Fourcroy a fait voir, par des expériences directes, qu'il décomposait l'eau comme ayant plus d'affinité avec l'oxigène qu'avec l'hydrogène. D'autres chimistes, et en dernier lieu Davy, ont prouvé qu'il était dissoluble dans la potasse et la soude, ce qui le rapproche de l'Humus ou Terreau. *Voyez* ces mots.

De là il faut conclure que le charbon n'est pas seulement un porteur d'humidité, comme je l'ai dit plus haut, mais un véritable amendement; c'est-à-dire qu'il fournit du carbone et qu'il en fournit pendant long-temps. Je puis même dire que d'après la théorie il doit être le meilleur de tous les amendemens, et que si la pratique n'appuie pas ce résultat, cela tient sans doute à quelques circonstances encore à découvrir.

Peut-être les bons effets de l'écobuage dans les terrains secs, écobuage qui semble contraire à la raison, sont-ils dus au charbon qui en est la suite. *Voyez* Ecobuage.

Le sujet que je traite est d'une importance telle, qu'il est, j'ose le dire, du devoir de nos chimistes de le prendre en considération spéciale. Je ne doute pas de l'influence du résultat de leurs travaux sur la prospérité de l'agriculture et par conséquent sur l'augmentation de la richesse nationale. (B.)

CHARBON DE TERRE ou HOUILLE. Substance noire, qui se divise facilement en petits fragmens, qui brûle plus ou moins facilement avec flamme, se trouve en couches plus ou moins épaisses dans les schistes primitifs ou dans leur voisinage, et que, dans beaucoup de lieux, on substitue au bois dans les usages économiques et dans tous les arts où le feu est nécessaire.

On a beaucoup varié d'opinion sur l'origine du charbon de terre. Quelques personnes le regardent comme le résultat de la précipitation de l'huile que contenait l'eau-mère dans laquelle ont cristallisé les granits; d'autres ont cru qu'il était produit par des émanations volcaniques, enfin le plus grand nombre des naturalistes, au nombre desquels je me place, pensent qu'il doit son origine aux végétaux de l'ancien monde portés par les rivières dans la mer, et repoussés par la mer dans les anses, rades, etc., où ils se sont accumulés. Etablir les motifs de toutes ces opinions serait trop long et fort peu utile à l'objet de cet article, qui n'a pour but que de présenter les avantages économiques du charbon de terre.

En brûlant, le charbon de terre laisse un résidu terreux plus ou moins considérable, et qui varie depuis un jusqu'à vingt-cinq pour cent. Moins il en contient et meilleur il est. Le plus recherché est celui qu'on appelle *charbon de terre gras*, qui quand on le brûle se gonfle, se ramollit, semble se fondre.

La mauvaise odeur que répand en brûlant le charbon de terre et les pyrites qui l'accompagnent souvent, se décomposant par l'effet de la combustion, en exhalant des vapeurs sulfureuses, nuisibles dans beaucoup de cas, a fait imaginer de réduire en charbon le charbon de terre par un procédé analogue à celui qu'on emploie pour fabriquer le charbon de bois. Il en résulte une substance beaucoup plus légère que la matière employée, et qui brûle presque sans flamme, en donnant cependant une chaleur aussi intense qu'elle. On l'appelle *coak* de son nom anglais. Lorsque cette carbonisation se fait dans des fourneaux disposés à cet effet, on rassemble, par une véritable distillation, une grande quantité de bitume fluide uni à plus ou moins d'ammoniac, bitume qui remplace les diverses espèces de goudrons, c'est-à-dire qui est d'un emploi très-avantageux dans la marine et dans plusieurs arts.

C'est en couches plus ou moins épaisses, plus ou moins étendues, plus ou moins nombreuses, toujours accompagnées en dessus et en dessous de couches de grès ou de schistes, qu'on trouve le charbon de terre. On le tire de la terre par le moyen de galeries parfaitement analogues à celles en usage dans les mines métalliques. Son exploitation est très-curieuse, mais il serait trop long et inutile de l'exposer ici.

L'Angleterre, et après, la France, sont les pays de l'Europe où on trouve le plus grand nombre de mines de cette substance. Dans le premier de ces pays, on en tire tout le parti possible; on peut même dire que c'est au charbon de terre que les Anglais doivent en grande partie la prospérité de leurs manufactures et par conséquent leur opulence. Pourquoi donc ne les imitons-nous pas? Chez nous on ne l'emploie presque que pour la forge. A peine y a-t-il une demi-douzaine de verreries, et je ne connais qu'une seule fonderie de fer, qui en fassent usage. Rarement les fours à chaux, à plâtre, à briques, à tuiles et autres du même genre sont-ils alimentés par lui. Pendant un moment on l'a vu dans quelques cheminées de Paris, mais aujourd'hui il en a disparu. Sur ses mines mêmes on brûle du bois, tant l'habitude est difficile à changer. Cependant nos forêts diminuent de jour en jour, et le bois est arrivé à un taux auquel semble ne pouvoir pas atteindre la classe la plus pauvre du peuple. Combien les amis de leur pays doivent-ils désirer que l'usage du charbon de terre dans les arts et dans l'économie domestique devienne général en France ! Que les campagnes même l'emploient pour leur chauffage dans tous les cantons où les frais de son transport ne le rendent pas trop cher. Il n'est pas vrai, comme on l'a prétendu, que sa fumée soit nuisible à la santé, l'expérience de l'immense ville de Londres, où on ne brûle que du charbon de terre, le prouve bien évidemment. Au plus, peut-elle nuire aux métaux imparfaits, par l'acide sulfureux qu'elle contient quelquefois, et à quelques meubles, par l'huile noire qui fait la plus grande partie de sa fumée. D'ailleurs le coak n'a aucun de ces inconvéniens.

Les cantons où se trouvent les mines de charbon sont en général peu fertiles; mais cela provient non de leurs émanations qui sont nulles, mais de la nature du sol qui est presque toujours primitif, c'est-à-dire plus ancien que celui composé de pierres calcaires coquillières. (*Voyez* aux mots GRANIT, GNEISS, SCHISTE et ROCHE.) J'ai observé souvent qu'ils offraient une végétation plus hâtive que celle des cantons voisins et des plantes d'un climat plus méridional. Cela tient-il aux abris ou à la couleur noirâtre de la terre ? Je n'ai pas pu m'en assurer positivement; mais j'ai lieu de croire que ces deux causes agissent en même temps. Quoi qu'il en soit, on pourrait profiter de cette circonstance pour quelques cultures, si les mines de charbon n'étaient pas en général éloignées des grandes villes et dans des pays pauvres et peu éclairés.

Je ne sache pas que l'on ait fait d'expériences en grand pour savoir si le charbon de terre en nature agit comme engrais ou comme amendement sur les terres dans lesquelles on l'introduit en plus ou moins grande quantité; mais il est de fait qu'il les rend plus fertiles. Peut-être doit-on lui appliquer la théorie de la TOURBE. (*Voyez ce mot.*) En effet il est aussi impropre à la végétation que le sable le plus dur; cependant il contient une immense provision de la substance qui forme les végétaux, c'est-à-dire de CARBONE. *Voyez* ce mot.

Mais ce n'est pas le charbon même qu'il est le plus avantageux d'employer dans ce cas, ce sont ses résidus, sa suie et sa cendre. On en fait dans un grand nombre de lieux un usage très-étendu, principalement sur les prairies naturelles et artificielles. Ces substances non-seulement augmentent les récoltes, mais font périr les insectes et les mousses. Le printemps est la saison la plus favorable pour les répandre sur le sol. La quantité varie selon la nature du terrain et l'espèce de culture; mais elle ne doit pas être exagérée, parce qu'il en résulterait un effet contraire, les plantes seraient ce qu'on appelle vulgairement brûlées. Trente boisseaux par arpent sur les terres les plus froides (argileuses et humides), et 10 à 12 sur celles q i sont sèches et légères, paraissent être le terme moyen d'une sage pratique. En général, c'est sur les terres de marais qu'elles produisent le plus de bien. Les arbres fruitiers , les plantes vivaces, telles que le houblon , reprennent de la vigueur lorsqu'on en met quelques poignées autour de leur pied.

. Les schistes, les grès et autres pierres imprégnées de bitume, qui accompagnent les couches de charbon de terre, leur servent de plancher et de toit, pour me servir de l'expression des mineurs , sont aussi un excellent amendement pour les terres lorsqu'ils sont susceptibles de se décomposer rapidement par leur exposition à l'air. On en fait un grand usage dans quelques endroits. *Voyez* AMPELITE.

Les cendres de charbon de terre peuvent également être employées dans la fabrication du mortier , et la suie servir comme le noir de fumée. (B.)

CHARBON BLANC. Nom qui est donné , dans le midi de la France, aux épis de maïs, dépouillés de leurs grains et qui servent généralement à faire du feu. Ce nom est donc synonyme de PAPETON. (B.)

CHARDON , *Carduus.* Genre de plantes de la syngénésie égale , et de la famille des cinarocéphales , qui renferme une quarantaine d'espèces, dont plusieurs sont extrèmement communes et intéressent les cultivateurs sous plusieurs rapports. La plupart de leurs espèces sont bisannuelles , et toutes ont les feuilles alternes, épineuses, plus ou moins découpées et décurrentes; leurs fleurs sont rougeàtres, varient en blanc et sont quelquefois fort grosses.

Les botanistes ont beaucoup varié dans leur opinion sur le nombre des espèces qui devaient constituer ce genre; c'est-à-dire que les uns en ont fait entrer , d'autres en ont ôté quelques-unes pour les mettre dans les genres QUENOUILLE, CIRSE , SARRETTE et CARTHAME. *Voyez* ces mots.

Le CHARDON MARIE a la racine annuelle, fusiforme, pivotante , très-garnie de fibrilles ; la tige épaisse, cannelée, rameuse, haute de 3 à 4 pieds; les feuilles sinuées, épineuses, glabres, luisantes, parsemées de taches blanches ; les radicales longues de plus d'un pied sur 5 à 6 pouces de large; les fleurs terminales , droites, souvent larges de 2 pouces, avec les écailles calicinales grandes, ovales, bordées et terminées par des épines.

Cette plante, dont on a fait un genre, et qu'on a placée parmi les carthames, croit autour des villages, dans les plus excellentes terres, et fleurit pendant une partie de l'été et toute l'automne. Sa grandeur, la beauté de ses feuilles et de ses fleurs l'ont fait de tout temps remarquer. On l'appelle vulgairement le *chardon argenté*, le *chardon Notre-Dame*, le *chardon taché*. Elle est extrèmement commune dans certains cantons, et nuit beaucoup aux hommes et aux bestiaux, à cause des blessures que font ses robustes épines. On peut très-avantageusement la placer dans certaines parties des jardins paysagers, sur-tout dans les fentes des rochers, sur la pente des coteaux où elle puisse montrer en face ses rosettes de feuilles radicales. Si les bestiaux ne la mangent pas, c'est uniquement à cause de ses épines; en conséquence, on peut la leur donner après l'avoir pilée ou long-temps battue. Ses graines, qui sont fort grosses et nombreuses, peuvent être employées à faire de l'huile et à nourrir la volaille. On a même proposé de cultiver cette plante pour ces deux usages; mais la nature et l'étendue de terrain qu'elle exige ne permettent pas de le faire avec profit. La seule utilité que l'agriculteur puisse en retirer est de la couper lorsqu'elle est à moitié fleurie et de la brûler, soit pour chauffer le four, soit pour en retirer de la potasse.

Le CHARDON A FEUILLES D'ACANTHE, *Carduus acanthoïdes*, Lin., a les feuilles décurrentes, sinuées, épineuses, couvertes de poils blancs, les fleurs à peine pédonculées et les écailles du calice linéaires et recourbées. Il est annuel et croît sur-tout en très-grande abondance dans les lieux incultes, le long des vieilles murailles, sur le revers des fossés voisins des villages. Sa hauteur est quelquefois de 4 pieds. Les bestiaux ne le mangent pas à raison de ses épines; on n'en peut tirer d'autre parti que de le couper au moment de sa floraison pour faire du fumier, du feu ou de la potasse. Quand un canton en est infesté il est souvent difficile de l'en débarrasser.

Les Espagnols substituent à l'amadou les poils qu'ils enlèvent de dessus ses feuilles.

Le CHARDON PENCHÉ, *Carduus nutans*, a les feuilles à demi décurrentes, épineuses, velues, les fleurs grosses, penchées, et les écailles du calice écartées. Il est bisannuel, s'élève d'un à 2 pieds et se trouve très-communément dans les champs incultes, sur le bord des chemins, dans les pâturages, les bois taillis, etc. Son aspect n'est pas sans élégance, et il contribue souvent à embellir les pelouses. Quoique très-épineux, il ne l'est pas assez pour n'être pas mangé, sur-tout quand il est jeune, par les bestiaux. Les chevaux et les ânes l'aiment beaucoup : on l'a même appelé le *chardon aux ânes*. Dans quelques endroits, les vaches sont presque exclusivement nourries dans l'étable, au printemps, avec ses jeunes pieds que les femmes vont couper entre deux terres, et qu'elles leur apportent soir et matin. Cette nourriture, ainsi que je l'ai remarqué, donne au lait de ces vaches un petit degré d'amertume qui n'est pas désagréable. Les moutons n'en veulent pas. Une fois fleurie, elle est repoussée par tous les animaux domestiques, et alors elle n'est plus bonne qu'à brûler pour chauffer le four ou faire de la potasse, ou pour augmenter la masse des fumiers.

Le CHARDON LANCÉOLÉ a les tiges velues, hautes de 2 pieds; les feuilles décurrentes, hispides, pinnatifides, à divisions bilobées, écartées et épineuses; son calice a les écailles épineuses, lancéolées, écartées et couvertes de longs poils blancs. Il est bisannuel et se trouve dans les mêmes endroits que le précédent, dont il partage les inconvéniens et les avantages, si ce n'est qu'il est moins agréable à la vue et plus piquant. On a tenté de faire des étoffes avec les aigrettes de ses semences; mais le résultat n'a pas été satisfaisant.

Le CHARDON FRISÉ a les feuilles décurrentes, oblongues, sinuées, très-épineuses en leurs bords, lanugineuses en dessous; les fleurs pédonculées et ramassées en tête. Il est annuel, se rencontre dans les champs voisins des villages, dans les rues de ces villages. Les meilleurs terrains lui sont les plus convenables. Il s'élève à 2 ou 3 pieds. Cette espèce est beaucoup plus élancée que les précédentes, et la finesse des découpures de ses feuilles lui donne un autre genre d'élégance.

Le CHARDON DES MARAIS diffère très-peu de ce dernier, mais s'élève au double le plus souvent sur une seule tige. Ce que je viens d'en dire lui convient parfaitement. On le rencontre très-fréquemment dans les marais et les prairies humides, qu'il infeste.

Le CHARDON LANUGINEUX, *Carduus eriophorus*, Lin., qu'on appelle encore le *chardon aux ânes*, a les feuilles sessiles, pinnatifides, hispides, à divisions alternativement écartées en bas et en haut; le calice globuleux, couvert de poils en forme de toile d'araignée, et formé d'écailles linéaires recourbées. Il est bisannuel et haut de 4 à 5 pieds. On le trouve dans les terrains incultes et argileux, où il fleurit à la fin de l'été. C'est une très-belle plante, tant à raison de sa grandeur qu'à raison de la manière singulière dont ses feuilles sont découpées; aussi l'emploie-t-on fréquemment comme objet de décoration dans les jardins paysagers. Les chevaux, les ânes et les vaches l'aiment beaucoup. Ses feuilles radicales ont ordinairement plus d'un pied de long, et forment sur la terre, avant l'apparition de la tige, des rosettes très-élégantes.

Le CHARDON POLYCANTHE, *Carduus casabonæ*, Lin., a les feuilles lancéolées, entières, velues en dessous; les épines ternées et les fleurs en épis. Il est originaire des parties méridionales de l'Europe, et s'élève de 5 à 6 pieds.

Le CHARDON DIACANTHE a les feuilles lancéolées, velues en dessous; les épines géminées et les fleurs en corymbes. Il est originaire de Syrie et s'élève à 2 ou 3 pieds.

Je cite ces deux espèces, qui sont très-voisines l'une de l'autre, parce qu'elles peuvent être employées à l'ornement des jardins. Elles sont en effet très-élégantes.

Le CHARDON NAIN, *Carduus acaulis*, Lin., qui est presque sans tige et dont le calice est à peine épineux. Il est vivace et se trouve souvent en grande quantité dans les pâturages argileux, sur les collines les plus arides. Il fleurit presque tout l'été. Ses feuilles sont très-découpées, épineuses et étalées sur la terre. Ses fleurs ne s'élèvent ordinairement que d'un à 2 pouces au plus. Les chèvres et les moutons mangent cette plante, les vaches et les chevaux n'en veulent point. En général, elle nuit beaucoup aux pâturages. J'ai vu de ces pâturages qui en étaient si couverts, que les pieds se touchaient, et que les bestiaux étaient obligés, sous peine d'être piqués, de laisser les trois quarts de l'herbe qui croissait entre leurs feuilles. Il est donc bon de la détruire, mais cela ne devient pas facile; car quand on coupe un pied entre deux terres, les racines qui restent fournissent chacune un nouveau pied. Ce n'est guère que par une culture de plusieurs années consécutives qu'on peut y parvenir.

Le CHARDON HÉMORRHOIDAL OU CHARDON DES CHAMPS, *Serratula arvensis*, Lin., a les feuilles lancéolées, irrégulièrement dentées, épineuses, les fleurs ramassées en tête et les calices non épineux. Sa racine est vivace, grêle, rameuse et très-longue; sa tige haute de 2 à 3 pieds. Il se trouve dans les champs, principalement dans ceux qui sont gras et humides. Les bestiaux le mangent quand il est jeune. C'est principalement lui que les cultivateurs, auxquels il cause beaucoup de dommages, appellent proprement le *chardon*, celui qui fait l'objet de l'*échardonnage*. On l'a appelé hémorrhoïdal, non parce qu'il est spécifique dans cette maladie, quoiqu'on l'ait dit, mais parce que la piqûre d'un insecte, *cynips serratulæ*, Fab., fait naître sur ses tiges des renflemens rouges qui ont l'air d'une veine gonflée. Ces renflemens se mangent dans quelques pays et ne sont réellement pas désagréables quand on a fait disparaître une partie de leur amertume par leur ébullition dans une première eau. Les cochons en sont très-avides.

Ce chardon nuit aux cultivateurs de trois manières, 1°. en étouffant les céréales ou autres plantes; 2°. en piquant les moissonneurs lors de la récolte; 3°. en introduisant son grain dans le blé. On en débarrasse un champ, soit en l'arrachant à la main, ou avec une tenaille de bois faite exprès, soit en le coupant entre deux terres avec un couteau ou une espèce de houlette tranchante qu'on appelle *échardonnet*. On fait ordinairement cette opération à l'époque où les blés montent en tiges; mais dans quelques endroits, où on laisse des sentiers entre les planches, on la pratique plus tard. Le point important est d'empêcher cette plante de grener, afin qu'elle se multiplie moins; mais comme on ne coupe pas les pieds qui se trouvent dans les champs voisins, sur les berges des fossés, etc., les vents apportent chaque année de nouvelles graines, au grand désespoir des propriétaires qui ont fait des dépenses pour débarrasser leurs terres de ce chardon. En l'arrachant on obtient une plus grande longueur de racine, et, par conséquent, on remplit mieux le but qu'en le coupant; cependant le résultat est toujours sa multiplication, chaque racine isolée donnant naissance à un nouveau pied, qui la même année pousse faiblement, il est vrai, mais qui la suivante jouit de toute sa force végétative. De quelque manière qu'on s'y prenne il faut enlever de suite les chardons, et ne pas, comme dans certains cantons, les laisser en tas, où ils nuisent presque autant que sur pied, car ils pourrissent lentement et piquent davantage secs que verts. A cette époque, ils sont encore assez tendres pour être mangeables par les bestiaux, et si ces bestiaux les repoussaient, il ne s'agirait que de les faire battre pendant quelques instans pour briser leurs épines. Par ce moyen, qu'on emploie dans quelques lieux, on les rend utiles et on couvre une partie des frais de leur sarclage.

Je dois observer que les racines de ce chardon subsistent plusieurs années en terre sans pousser de tiges, de sorte qu'il faut ne pas croire que ces sarclages l'ont entièrement fait disparaître.

Mais n'est-il donc pas de moyen de débarrasser complètement un champ des chardons qui s'y trouvent? Oui, il y en a: par exemple, la culture à longs ASSOLEMENS (*voyez* ce mot), c'est-à-dire celle dans laquelle entrent des prairies artificielles. Il ne s'agit que de savoir observer la marche de la nature pour trouver les moyens de la diriger conformément aux intérêts de l'homme. J'ai dit que, pour débarrasser un pâturage des *chardons nains* qui l'infestent, il fallait le mettre en culture de céréales pendant quelques années. Ici c'est positivement tout le contraire. Pour détruire radicalement le chardon dont il est question, il faut le mettre en prairie au moins pendant trois ans, en ayant soin de le sarcler la première année avec le plus d'exactitude possible. J'en appelle aux cultivateurs qui sèment des luzernes et des sainfoins, pour la vérification de ce fait. J'invite ceux qui ont visité les belles cultures par assolement de la Flandre et de l'Angleterre de dire si les champs de blé de ces pays montrent des chardons aussi fréquemment que les nôtres. Ceci concourt à mettre en évidence les nombreux avantages de la culture alterne, la plus conforme à la nature et la plus productive de toutes.

Il est d'usage, dans quelques parties de l'Angleterre, de charger les bergers de couper les chardons avant leur floraison dans tous les lieux où ils conduisent leur troupeau. On doit désirer que les nôtres soient assujettis à faire la même opération, qui est d'une utilité majeure. (B.)

CHARDON BÉNIT. C'est la Chausse-trape bénite et le Carthame laineux. *Voyez* ces mots.

CHARDON BLEU. *Voyez* Panicaut améthyste.

CHARDON BONNETIER. *Voyez* Cardère.

CHARDON DORÉ. On donne ce nom à la Chausse-trape solsticiale.

CHARDON ÉTOILÉ. Espèce de Chausse-trape. *Voyez* ce mot.

CHARDON A FOULON. *Voyez* Cardère.

CHARDON PRISONNIER. C'est le Carthame grillé, *Atractylis cancellata*, Lin.

CHARDON ROLAND. *Voyez* au mot Panicaut.

CHARDONNERETTE. Ancien nom des carlines, dont les graines servent de nourriture aux chardonnerets.

CHARDONNETTE. C'est l'artichaut sauvage.

CHARDOUSSE. Espèce de carline.

CHARGE. Nom de différentes mesures de grains. *Voyez* au mot Mesure.

CHARGÉ. Cet adjectif s'applique aux arbres sous deux acceptions différentes. On dit qu'un arbre est *chargé de branches*, lorsqu'il pousse beaucoup de très-petites branches; qu'il est *chargé de fruits*, lorsqu'il en porte plus qu'il ne convient. Dans le premier cas, l'arbre est faible et ne donne point de fruits; dans le second, il s'affaiblit et ses fruits ne deviennent ni gros ni savoureux. Il faut donc le débarrasser par la taille d'une partie de ses branches, et l'en débarrasser avant la maturité d'une partie de ses fruits. On a développé, au mot Arbre, les principes de ces deux opérations. (B.)

CHARGEOIR. Ustensile de jardinage. C'est une espèce de selle d'environ 34 pouces de haut, portée sur trois pieds de même hauteur disposés en triangle; chacun de ces pieds est fixé, par le haut, dans une sellette de bois triangulaire, d'environ un pied de large sur chacune de ces trois faces. Cette banquette porte, sur le bord de chacun de ses angles, une cheville de bois d'environ un pied de haut, disposée en sens contraire des pieds.

Le chargeoir est fort utile dans les jardins pour tous les transports qui se font à la hotte. Il économise du temps, puisque le même homme peut charger lui-même sa hotte et la transporter sans avoir besoin d'un aide qui le charge et qui reste à rien faire jusqu'à son retour.

Pour charger commodément, on place le chargeoir près du lieu où sont déposées les matières qu'on doit transporter. On place la hotte de manière que son ouverture soit en face du tas et assujettie entre les trois chevilles ; lorsqu'elle est chargée, le porteur l'endosse, va la vider, et revient la mettre en charge. (Th.)

CHARGEON. On donne ce nom aux sarmens de la vigne qui ont été taillés à un, deux ou trois yeux, et qui sont destinés à fournir les bourgeons d'où doivent sortir les grappes.

L'arrière-chargeon est un autre sarment qui fournira, l'année suivante, le bourgeon sur lequel sera taillé le chargeon deux ans après. *Voyez* Vigne. (B.)

CHARGER A LA TAILLE. Se dit des arbres fruitiers, et sur-tout de la vigne, auxquels on laisse beaucoup de rameaux lors de la taille, dans le but de leur faire produire plus de fruit, ou par tout autre motif. *Voyez* Décharger a la taille. (B.)

CHARGER UNE COUCHE. C'est la couvrir de terreau, de tannée ou de terre. Avant de charger une couche, il est bon de la laisser découverte pendant deux ou trois jours, afin que la fermentation s'établissant, on puisse mieux voir les endroits qui seraient trop faibles, et les garnir. On la marche ensuite dans toute son étendue, et on la règle avec du fumier court, en observant de la bomber de quelques pouces dans le milieu, parce que cette partie baisse toujours plus que les bords. La couche ainsi réglée, on y répand le terreau, la terre ou la tannée, d'égale épaisseur dans toute sa surface. Si la couche est destinée à recevoir des pots, il suffira de la charger de 5 pouces de terreau ; si elle est destinée au repiquage de plantes un peu voraces, on donne à la charge environ 6 pouces, et on la fait avec du terreau consommé, mêlé par égales parties avec de la terre de jardin. Si enfin la couche est pratiquée dans une bache ou dans une serre chaude, et qu'elle soit destinée à fournir de la chaleur pendant cinq ou six mois, on donne à la charge 18 pouces et même 2 pieds de hauteur, et on la fait en tannée neuve sortant de la fosse du tanneur. *Voyez* Couche.

On dit encore *charger une plate-bande*, et alors c'est l'exhausser avec de la terre lorsqu'elle est trop basse. (Th.)

CHARIOT. *Voyez* Voiture.

CHARLATAN. Espèce d'hommes fort dangereux à la société : il y en a de plusieurs sortes, qui influent d'une manière nuisible sur l'agriculture.

Les plus dangereux sont ces écrivains qui, sans avoir acquis de notions sur les élémens des sciences qui servent de base, sans avoir jamais vu labourer, semer, récolter, etc., donnent des préceptes absurdes, exagèrent à outrance les avantages de telle plante, de telle pratique, de tel instrument, de telle race d'animaux, dans l'intention de faire parler d'eux, d'obtenir les faveurs du gouvernement, ou seulement de faire acheter leur livre par l'appât de leurs promesses mensongères. Ils sont principalement coupables en ce qu'employant le langage des véritables savans et occasionnant des pertes, à ceux qui suivent leurs conseils, les conduisant même souvent à leur ruine, ils empêchent d'écouter ensuite ces derniers lorsqu'ils veulent se rendre utiles à leurs concitoyens.

Combien j'en pourrais signaler !

Des charlatans moins dangereux, parce que les maux qu'ils causent sont plus circonscrits, sont 1°. ceux qui s'offrent pour faire un DESSÉCHEMENT, pour diriger une EXPLOITATION, pour établir un HARAS sans avoir la capacité nécessaire, et seulement pour gagner quelque argent ; 2°. ceux qui ont toujours des conseils à donner à ceux avec qui ils se trouvent, sur quelque partie de l'agriculture que ce soit sans avoir de connaissances suffisantes dans la théorie ou dans la pratique de cette science. Le plus souvent ils sont entraînés par un amour-propre exagéré, qui leur fait croire que rien n'est bien que ce qu'ils pensent.

Il y a autant de charlatans dans la médecine vétérinaire que dans la médecine humaine, et ils sont plus dangereux, en ce que la police ne les surveille pas, et qu'ils peuvent par conséquent dépeupler de bestiaux, sans en être punis, des cantons entiers. (B.)

CHARME, *Carpinus*. Genre de plantes de la monoécie polyandrie et de la famille des amentacées, qui renferme quatre espèces d'arbres, dont l'une est connue de tout le monde, soit sous le nom de *charme* qu'elle porte dans nos forêts, soit sous le nom de *charmille* qu'elle prend dans nos jardins.

Le CHARME COMMUN, *Carpinus betulus*. Lin., est, par sa hauteur de 40 à 50 pieds, au second rang des arbres indigènes. Son tronc est rarement droit et rarement cylindrique. Il est recouvert d'une écorce lisse, mais toujours chargée de lichens blancs ou bruns. Sa tête, ordinairement très-grosse et très-touffue, est peu souvent d'une forme agréable. Ses fleurs paraissent avant le développement des feuilles et n'ont aucun éclat. Ses feuilles ont ovales, aiguës, plissées, dentées, d'un vert foncé en dessus , et légèrement cotonneuses en dessous. Leur longueur est d'environ 2 pouces , et leur largueur d'un pouce. Ses fruits sont disposés en grappes courtes, foliacées et lâches.

Si cet arbre le cède à presque tous les autres par son port; s'il ne produit aucun de ces effets naturels qu'on aime à rencontrer dans la campagne , il se prête mieux que pas un aux caprices de l'homme. En effet, il prend des branches dans toute sa hautenr, et les conserve jusqu'à sa mort. Toutes les formes qu'on veut lui donner, au moyen de la taille, lui deviennent propres, ainsi qu'on peut le voir dans les jardins de l'ancien style, dont il fait le plus bel ornement. Là, il imite des portiques, des colonnades, des pyramides, des candelabres, etc.; ici, on en fait des palissades d'une régularité parfaite, des berceaux impénétrables aux rayons du soleil, des labyrinthes qu'on ne peut franchir, etc. Il souffre la tonte indifféremment à toutes les époques de l'année, s'accommode de tous les terrains, de toutes les expositions, et est presque insensible aux différentes variations de l'atmosphère. Il conserve ses feuilles vertes fort tard en automne, et même après leur dessiccation elles restent sur l'arbre presque jusqu'au printemps.

Mais si le charme plaît dans les jardins réguliers, dits jardins français, il est repoussé de ceux qui imitent la nature, quoique la précocité de son feuillage milite en sa faveur. Jadis il y en avait trop, aujourd'hui il n'y en a pas assez. Point de doute cependant à qui a vu le charme dans sa nature, que, s'il n'est pas toujours agréable quand il est devenu grand, il offre constamment, après la coupe de ses vieux pieds, des buissons d'une belle venue, d'une forme élégante, d'une verdure amie de l'œil, et d'une épaisseur remarquable; touffes au milieu desquelles on peut faire sans frais de petites retraites, et autour desquelles on trouve l'ombre à toutes les heures du jour. Dans ce cas, il demande à être isolé, soit au milieu des gazons, soit à quelque distance des massifs.

Le bois du charme est extrêmement tenace et passablement dur quand il est sec. On en fait un grand usage dans le charronnage. Il sert à faire des masses, des manches d'outils, des vis de pressoir, des dents de roues pour les moulins, etc. , etc. Sa couleur est d'un blanc terne , son grain est fin et offre un poli mat. Ses couches annuelles ne suivent pas une ligne uniformément circulaire, mais sont ondulées, ou mieux ont un diamètre inégal ; ses fibres transverses laissent entre elles un grand intervalle : aussi est-il difficile à travailler, est-il rebours, comme disent les ouvriers. Il perd plus d'un quart de son volume par la dessiccation. Vert, il pèse 61 liv. 3 onces par pied cube; et sec , 51 liv. 9 onces. Cette grande retraite et cette grande déperdition d'eau devraient engager à ne l'employer que très-sec ; mais comme il devient alors extrêmement dur, les ouvriers le travaillent lorsqu'il l'est seulement à moitié. Malgré sa force, on ne peut l'employer aux grandes charpentes, mais on en fait un fréquent usage dans les constructions rustiques.

Comme bois de chauffage, le charme est un des meilleurs parmi les bois indigènes. Il donne beaucoup de chaleur et dure long-temps au feu. Son charbon est excellent pour les forges, la cuisine et la fabrication de la poudre. Les claies qu'on fabrique avec ses jeunes pousses sont les meilleures relativement à la durée. Aussi est-ce sous ces rapports que le charme est le plus employé. En conséquence, c'est en taillis de vingt à vingt-cinq ans que les bois où le charme domine doivent être aménagés, parce qu'à cette époque sa croissance commence à se ralentir, et qu'il n'augmente pas proportionnellement de valeur les années suivantes.

Dans beaucoup de cantons, on réduit ce terme à dix-huit ou même quatorze ans ; mais alors on n'a que de la *charbonnette*, c'est-à-dire des perches de 12 à 15 lignes de diamètre, avec lesquelles on fait du charbon pour les forges. Ces coupes anticipées peuvent être conseillées ou blâmées selon la qualité du sol, d'après le principe que les bois doivent être d'autant plus fréquemment abattus qu'ils sont dans un plus mauvais terrain ; mais en général la grande retraite du charme, retraite d'autant plus considérable qu'il est moins vieux, les rend peu avantageuses.

C'est dans les sols calcaires que les charmes paraissent le mieux se plaire, du moins c'est là que j'en ai vu de plus belles forêts. Ils sont plus rares et moins beaux dans les pays granitiques et sur les terrains argileux.

Les taillis de charme ont l'avantage de s'épaissir d'autant plus qu'on les coupe plus souvent, parce que ces coupes, qu'on doit toujours faire entre deux terres, font pousser aux racines de nombreux rejets, qui deviennent autant de nouveaux pieds.

Tous les bestiaux mangent les feuilles de charme, soit vertes, soit sèches ; aussi dans beaucoup d'endroits où les fourrages sont rares, leur en donne-t-on pour nourriture été et hiver ; dans les endroits privés de pâturages on pourrait en former des taillis uniquement pour cet objet. Lorsqu'on veut les garder pour l'hiver, on coupe les rameaux au milieu de l'été, entre les deux sèves ; on les fait sécher à l'ombre, et on les entasse dans des greniers ou sous des hangars complétement à l'abri de la pluie, car les feuilles se moisissent très-facilement. Cette opération, qui nuit tant à la plupart des autres arbres, ne produit, comme je l'ai déjà dit, aucun autre effet sur le charme que de ralentir sa croissance.

La tonte des charmilles dans les jardins dits français, où elles sont si multipliées, se fait une ou deux fois dans l'année. Quand on ne la fait qu'une fois, il est bon que ce soit au milieu de l'été, entre les deux sèves, parce qu'à l'automne les branches coupées pousseront de nouvelles brindilles latérales, qui épaissiront d'autant la palissade. Lorsqu'on la tond deux fois, il faut au contraire le faire dans le fort des deux sèves ; mais alors la végétation souffre, et par la déperdition de sève qui a lieu par les plaies, et par la diminution des feuilles, qui, comme on le sait aujourd'hui, nourrissent autant l'arbre que les racines. En général, on perd plus qu'on ne gagne à couper deux fois la charmille dans une année ; en effet, les tronçons des rameaux, des feuilles coupées par la moitié, un dégarni qui approche de la nudité de l'hiver, ne sont pas compensés par une régularité plus sévère. Une brindille qui dépasse l'autre d'un demi-pied est-elle donc un si grand mal ? Faut-il pour la faire disparaître se donner des privations réelles, et augmenter de moitié la dépense ? Quoi qu'il en soit, la tonte de la charmille doit être aussi rapprochée que possible du tronc ; il faut que toutes les brindilles saillantes disparaissent sous le croissant ou le ciseau ; c'est-à-dire qu'on voie à nu l'espèce de têtard qui a été formé par les tontes précédentes, à l'extrémité des rameaux qui sortent immédiatement du tronc de l'arbre ; il faut de plus qu'il y ait une telle uniformité dans ce travail, qu'il n'offre ni saillies ni enfoncemens dans toute la longueur de la palissade, que le tout soit d'un niveau parfait. Ce n'est que par une grande habitude qu'on peut parvenir à assurer le coup-d'œil et à manier l'instrument dans la tonte des charmilles : aussi est-il peu de personnes, même parmi les jardiniers, qui réussissent bien complétement dans cette opération, aujourd'hui que le goût des charmilles passe, et qu'on n'en voit plus que dans un petit nombre de jardins.

A quelle distance du tronc doit être coupée une charmille ? Cette question n'est pas facile à résoudre d'une manière générale, parce que beaucoup de circonstances peuvent faire varier ses bases. En général plus une palissade est haute et plus elle doit être épaisse ; c'est la loi de la nature, c'est celle qui plaît le plus à l'œil ; mais cependant on la viole le plus souvent. En général on donne 8 à 10 pouces d'épaisseur à celles qui n'ont que 8 à 10 pieds de haut, et ce sont les plus communes ; mais il est des cas où on donne jusqu'à 2 pieds d'épaisseur à celles qui n'ont que cette hauteur, ce sont celles à hauteur d'appui. Quelquefois on fait, en les tenant à cette hauteur, des tapis de verdure de plusieurs toises carrées de superficie.

Lorsqu'une charmille est devenue trop vieille, ou qu'elle a

été négligée pendant plusieurs années consécutives, il devient nécessaire de la rajeunir, et pour cela il y a deux moyens à tenter : le premier, de couper toutes ses branches et sa tête, de lui faire pousser de nouveaux rameaux, qu'on tondra lorsqu'ils auront acquis la grandeur et la grosseur convenables; le second, moins à approuver, de la couper rez terre, et de conduire ses rejets comme du nouveau plant. Ces moyens ne réussissent pas toujours; c'est-à-dire qu'il y a fréquemment des pieds qui ne repoussent pas, ou qui repoussent mal : aussi beaucoup de jardiniers pensent que le mieux est de replanter à neuf; cependant en le faisant on court encore un risque, car les jeunes plants, trouvant la terre épuisée, se refusent à y végéter convenablement, et souvent après plusieurs années de remplacemens successifs on est obligé d'y renoncer. Il faudrait donc dans ce cas former de grandes tranchées, de 3 à 4 pieds par exemple, et y apporter de la nouvelle terre. Au reste, ce cas ne se présente plus guère, car on détruit par-tout les vieilles charmilles pour leur substituer des promenades d'un autre genre, qui, si elles n'ont pas la totalité de leurs avantages, en présentent d'autres qu'elles n'ont pas. Dans mon opinion, nous gagnons beaucoup à ce changement de goût. Aujourd'hui, au lieu d'être emprisonné dans ces éternelles allées de charmilles d'une uniformité accablante, on erre autour de buissons, sous des arbustes de disposition, de forme, de couleur, de floraison différentes; de manière que les sens, le cœur et l'esprit sont continuellement en action : or, nous ne sommes réellement heureux que par la variété ou l'intensité de nos sensations.

Il y a deux manières de faire une nouvelle plantation de charmille, c'est-à-dire ou avec du plant de trois à quatre ans, qui a 2 ou 3 pieds de haut et la grosseur du petit doigt au plus, ou avec du plant de cinq à six ans, qui a 6 à 8 pieds et plus et la grosseur du pouce au moins, les uns et les autres taillés en crochets. Ces deux manières peuvent réussir également lorsqu'elles sont convenablement exécutées. La première est plus sûre et moins coûteuse, la seconde donne des jouissances plus promptes.

Dans l'un et l'autre cas, il convient de faire les tranchées un ou deux mois à l'avance, et d'autant plus profondes et plus larges que le plant est plus fort; savoir, 7 à 8 pouces au moins pour le petit, et un pied pour le gros. Ces dimensions, au reste, doivent être fondées sur le principe que plus il y aura de terre remuée autour du plant et mieux il profitera. *Voyez* PLANTATION.

Le plant mis en terre dans un alignement rigoureux et à une distance de 6 à 8 pouces, même un pied si la charmille

doit être tenue haute, sera abandonné à lui-même la première
année. Seulement on redressera avec des perches attachées à
des piquets celui qui tenterait de s'écarter de la perpendiculaire. Il faut même ajouter que ce soin doit être celui de tous
les instans, jusqu'à ce que les tiges aient pris une consistance
suffisante pour n'être plus dérangées de cette ligne, soit par
le seul effet de leur force végétative, soit par des causes étrangères. La seconde année on donnera par-ci par-là quelques
coups de croissant ou de ciseau pour arrêter les tiges qui s'élè-
veraient, ou les branches qui s'allongeraient trop, et on rem-
placera les pieds qui auraient pu manquer. La troisième année,
on pourra déjà donner une tonte générale aux grands plants,
et la cinquième, aux petits ; après quoi on les conduira ainsi
qu'il a été dit ci-dessus, c'est-à-dire comme charmille faite.

J'ai supposé ici qu'on voulait arrêter les charmilles à 8 ou
10 pieds, qui, je le répète, est la hauteur la plus ordinaire.
Si on était dans l'intention de la faire monter plus haut, il
faudrait attendre encore une année ou deux ; comme si on dé-
sirait qu'elles n'eussent que 2 à 3 pieds, on devrait les tailler
dès la seconde pousse.

Lorsque le charme est placé dans un sol aride, sur-tout s'il
est argileux, il languit d'abord pendant quelques années, mais
il finit ordinairement par prendre le dessus et par pousser
vigoureusement. On hâte ce moment en le rabattant, parce
que cette opération donne aux racines le moyen de se fortifier de toute la sève qu'elles auraient portée au tronc dans les
premiers jours du printemps, et ensuite de pousser des jets
garnis de larges feuilles, qui fournissent aussi pendant l'été
une augmentation de nourriture aux mêmes racines.

Une des causes qui, dans les jardins, dégradent le plus les
charmilles, c'est l'ombre. Quoique moins délicates à cet égard
que la plupart des autres arbres, leur végétation s'affaiblit
lorsqu'elles ne reçoivent pas les rayons directs du soleil,
qu'elles sont étouffées par les arbres de ligne qui presque toujours les accompagnent ou les avoisinent; elles ne poussent
que de petits rameaux, se dégarnissent sur-tout du pied,
n'offrent plus que des bâtons presque sans feuilles, et enfin
périssent. Il n'y a pas d'autre remède à employer que d'éla-
guer ou même de couper les arbres qui causent ces effets. Souvent la charmille se rétablit toute seule, souvent aussi il faut
la réceper, même la replanter.

Il est en général fort difficile de boucher un vide dans une
charmille, tous les jeunes pieds avec lesquels on remplace
ceux qui sont morts périssant eux-mêmes la première ou la
seconde année, soit parce que les pieds voisins absorbent toute
la nourriture qui s'y trouve, soit parce que la terre en est

épuisée. On doit alors y planter l'orme ou tout autre arbre dont le feuillage ait quelque analogie avec celui du charme.

Quelques propriétaires préfèrent envoyer arracher du plant de charme dans leurs bois pour planter leurs jardins, mais c'est un très-mauvais calcul ; il leur coûte en définitif plus cher, par la nécessité des remplacemens pendant plusieurs années ; car souvent plus de la moitié de ce plant périt, et ils n'ont jamais d'aussi belles charmilles que lorsqu'ils tirent le plant de leurs pépinières, ou qu'ils l'achètent dans les pépinières marchandes.

Ceci me conduit à parler de la multiplication des charmilles, soit pour le repeuplement des bois, soit pour les plantations dont il vient d'être question.

La voie des semis est la seule avec laquelle on puisse se procurer du plant de charme ; car les marcottes, quand elles réussissent, et les éclats des vieilles souches ne donnent rien de bon, et il ne reprend pas de boutures : on fait ces semis en automne, aussitôt la récolte de la graine, dans une terre très-meuble, un peu fraîche et ombragée. Quelques plants lèvent au printemps suivant ; mais la grande masse reste en terre une année entière, pendant laquelle il faudra sarcler deux ou trois fois, et arroser au besoin. Le plant ne demande aucun soin, parce qu'il acquiert la première année assez de force pour étouffer toutes les herbes qui germeraient autour de lui, quelque clair qu'il soit, et il faut semer de manière à l'avoir toujours ainsi. Dès la seconde année, on peut le lever pour le mettre en pépinière, en jauge, à 3 ou 4 pouces de distance ; mais en général on attend la troisième année, époque où il a acquis un à 2 pieds de hauteur, et où on peut le placer de suite à un pied ou 18 pouces dans la pépinière.

C'est à la même époque que ce plant commence à devenir propre à être immédiatement mis en place, soit dans les forêts, soit dans les jardins ; cependant il peut encore rester un an dans la planche du semis, pour ces objets, sans de grands inconvéniens.

Lorsqu'on veut planter ou repeupler une forêt en charmes, on fait avec la houe, à 6 pieds de distance les uns des autres, des trous de 6 à 8 pouces de largeur et de profondeur, et on y place, à la fin de l'automne, 2 pieds, un fort et un faible, rabattus si on veut à 2 à 3 pouces, mais dont les racines soient aussi entières que possible. L'année suivante, on donne quelques coups de pioche autour de ces plants, et on les remplace lorsqu'ils ont manqué tous deux ; l'année d'après, on les rabat, puis il n'y a plus rien à leur faire. La première coupe ne doit avoir lieu qu'à huit à dix ans, et ensuite conformément à l'aménagement général du pays. Il n'est pas nécessaire de recommander d'empêcher les bestiaux d'approcher de la plantation.

Les semis de charme en place pour une nouvelle plantation réussissent rarement, parce qu'il leur faut de la fraîcheur : c'est pourquoi j'ai parlé d'abord de la transplantation d'un plant crû dans les pépinières ; mais ils sont très-avantageux lorsqu'il s'agit de repeupler un bois épuisé qui demande une autre essence d'arbres. Il ne s'agit alors que de faire la part des mulots et autres quadrupèdes de la famille des rongeurs, qui sont tous très-avides des graines de cet arbre. Cette graine se met par poignées de six à huit dans de petites fosses qu'on fait par un simple coup de pioche, et dont on laboure le fond par deux ou trois autres petits coups de la même pioche : ces trous doivent être au moins à 6 pieds des arbres qui restent sur le sol. Pour être plus assuré de la réussite de ces semis, il convient de les faire trois ans avant la coupe du bois, parce que le plant, arrivé à cette époque, a plus besoin d'air que de fraîcheur pour acquérir de la force, et que par ce moyen il en a autant que s'il était isolé : ces semis ne demandent d'autres soins que d'être garantis de la dent des bestiaux.

Quant au plant qu'on a repiqué dans la pépinière, il faut lui donner les façons ordinaires à ces sortes d'établissemens jusqu'à leur enlèvement pour être mis en place, comme je l'ai dit plus haut. Presque jamais on n'en fait usage pour le repeuplement des bois, à raison du haut prix auquel il revient ; il est tout entier réservé pour les jardins.

On peut faire de fort bonnes haies avec la charmille, et on l'emploie à cet usage dans certains cantons ; cependant elles ont l'inconvénient d'être facilement franchies par les maraudeurs. Elles se plantent positivement comme les charmilles des jardins, excepté qu'on met deux rangs de plants, à un pied de distance l'un de l'autre, et disposés de manière que ceux d'un de ces rangs soient en regard avec le milieu de l'intervalle de ceux de l'autre.

Quelquefois on plante des charmilles uniquement pour former des abris à des jardins potagers, à des parterres, à des couches, etc. Elles sont également très-propres à cet usage, parce qu'elles conservent leurs feuilles pendant une partie de l'hiver, et les reprennent de fort bonne heure au printemps.

Le charme commun présente deux variétés : une dont les feuilles sont panachées, et l'autre dont les feuilles, ou mieux quelques-unes des feuilles sont fortement et inégalement dentées ; on appelle vulgairement ce dernier *charme à feuilles de chêne* : on le multiplie par la greffe.

Le CHARME DU LEVANT, qui a les feuilles petites, ovales, en cœur et dentées ; l'écaille qui accompagne le fruit, dilatée, anguleuse et dentée : il est originaire de la Turquie d'Asie. Les cinq à six pieds portant graines, qui existaient au petit Trianon, ont été arrachés, en ont disparu par suite de la dévastation de ce jardin, et j'ignore ce que sont devenus les jeunes pieds que j'ai élevés dans les pépinières confiées à ma surveillance. Il ne s'élève qu'à 18 à 20 pieds et ne présente rien de saillant. On le multiplie par la greffe sur l'espèce commune : il est un peu sensible à la gelée dans sa jeunesse.

Le Charme d'Amérique a les feuilles lancéolées, acuminées, peu coriaces, et le fruit comme le charme commun. Il vient de l'Amérique septentrionale, où il forme un arbre plus grand et plus beau que ce dernier ; c'est une espèce, quoi qu'en disent quelques botanistes, mais une espèce fort voisine de la nôtre. On le multiplie de graines envoyées d'Amérique, ou de celles qu'il produit dans nos jardins, ou par greffe ; du reste, il ne présente rien d'ailleurs qui puisse intéresser les cultivateurs européens. On l'appelle *bois d'or* au Canada, à cause du grand nombre d'usages auxquels il est propre.

Le Charme a fruits de houblon, *Carpinus ostria*, Lin., a les feuilles ovales, pointues, bordées de dents pointues et inégales ; les fruits surmontés de follicules ovales et disposées autour d'un axe commun : il croît naturellement en Italie. Son aspect ne l'éloigne pas beaucoup du charme commun ; mais son fruit est si différent, qu'on croit qu'il doit déterminer la formation d'un genre nouveau. Il donne quelquefois de bonnes graines dans le climat de Paris ; cependant on le multiplie le plus souvent par le moyen de la greffe.

Le Charme a fruits de houblon de Virginie se rapproche infiniment du précédent ; mais ses feuilles sont plus allongées, plus velues, et ses fruits plus gros. Il croît en Virginie et en Caroline, où j'en ai vu d'immenses quantités. On le cultive dans quelques jardins des environs de Paris ; les graines qu'il y donne ne sont pas encore fertiles. (B.)

CHARMÉ (arbre), lorsqu'il a reçu quelque dommage dont la cause n'est pas apparente, et qu'il menace de périr ou de tomber. (De Per.)

CHARMILLE. Nom que prend le charme lorsqu'il est planté en palissade dans les jardins. *Voyez* Charme. (B.)

CHARMOIS. On donne ce nom, dans quelques endroits, aux bois où le charme domine. (B.)

CHARNIER. On appelle ainsi, dans quelques vignobles, les échalas refendus. Là on encharnie une vigne, comme ailleurs on la garnit d'échalas. (B.)

CHARNISSON. Petit charnier, c'est-à-dire, dans le langage des vignerons de l'Orléanais, échalas dont la longueur a été diminuée de plus de moitié par des affilages successifs. (B.)

CHARNU. Une tige, une FEUILLE, un FRUIT qui sont épais et succulens, sont appelés charnus.

CHAROGNE. On donne ce nom aux cadavres des animaux morts de maladie.

Les charognes non-seulement sont désagréables à la vue et à l'odorat, mais elles sont le foyer de maladies putrides du plus mauvais genre pour les hommes et les animaux domestiques. Beaucoup d'épidémies et d'épizooties leur sont uniquement dues, ainsi que l'ont prouvé les observations modernes. Comment se fait-il donc qu'on les abandonne autour des habitations, le long des chemins, le plus souvent enfin dans des lieux où leurs émanations peuvent être nuisibles? L'intérêt particulier qui, ici, se trouve en concordance avec l'intérêt général, ne pourra-t-il agir pour engager les cultivateurs à les enterrer? Il y a, je le sais, des lois de police qui y obligent; mais ces lois ne sont pas exécutées. C'est à l'ignorance des dangers qui sont la suite du voisinage des charognes qu'on doit attribuer l'indifférence avec laquelle on les considère. L'instruction, l'instruction, crierai-je toujours; et l'homme des champs, comme l'homme des villes, se perfectionnera.

Les cultivateurs sont d'autant plus coupables de laisser leurs charognes se décomposer à l'air, que c'est un des plus puissans engrais qu'ils puissent employer. Le cadavre d'un cheval pourri dans la terre fertilise ses alentours pour un grand nombre d'années, ou lorsqu'on enlève la terre imprégnée de ses émanations à la fin de la première, elle peut fertiliser un quart d'arpent mieux que plusieurs voitures du meilleur fumier. *Voyez* au mot ENGRAIS.

En Angleterre, on a, dit-on, pris le parti de transformer les charognes en adipocire, et de les employer dans ce nouvel état comme combustible. Je ne fais qu'applaudir à cette opération; mais il n'est pas prouvé pour moi que ces résultats soient plus avantageux que la fabrication d'un COMPOST, dans lequel entreraient ces charognes. *Voyez* ce mot.

La quantité de carbone que fournit une charogne est si considérable, qu'elle tue, qu'elle brûle, comme on dit, non-seulement toutes les plantes sur lesquelles elle se trouve placée, mais encore celles qui en sont à une certaine distance; cependant au bout de quelques mois, les principes nutritifs surabondans qu'elle avait déposés dans la terre s'évaporent ou se dénaturent, l'équilibre se rétablit, et de nouvelles plantes germent et poussent avec une étonnante vigueur. Les anserines vulgaire et patte d'oie, la morgeline, sont celles qui commencent à regarnir le terrain encore trop surchargé d'engrais pour la plupart des autres.

Un grand nombre d'insectes des genres SYLPHES, NYCROPHORE, BOUSIER, SPHÉRIDIE, NITIDULE, STAPHYLAIN, MOUCHE, etc., déposent leurs œufs dans les cadavres, et leurs larves les dévorent, ce qui les rend plutôt propres à servir d'engrais à la terre, ainsi que je l'ai bien des milliers de fois observé; mais elles diminuent la quotité de cet engrais.

Les loups, les renards, les blaireaux, les vautours, les corbeaux, et autres quadrupèdes ou oiseaux font disparaître les charognes qui sont éloignées des habitations, et rendent par là service à l'homme. En Amérique, il est défendu de tuer les vautours par cette raison.

Aujourd'hui que le charbon animal est devenu le moyen le plus employé pour raffiner le sucre, les os des charognes sont très-recherchés par ceux qui spéculent sur la fabrication de ce charbon. On dit qu'aux environs de Paris ils valent en ce moment (1821) autant que la viande de boucherie dans quelques cantons reculés, c'est-à-dire 4 sous la livre. (B.)

CHARPENTE. ARCHITECTURE RURALE. On appelle charpente un assemblage de pièces de bois équarries et mises en œuvre par un ouvrier, que l'on nomme charpentier, et destinées à former un plancher, ou une cloison, ou un comble de maison, etc. L'art du charpentier a fait en France de grands progrès, et son perfectionnement est dû en grande partie aux recherches et aux belles expériences de MM. Duhamel et de Buffon sur la force des bois.

On ne voit plus dans nos édifices modernes cet amas énorme de bois, ces pièces de dimensions extraordinaires que l'on ne pourrait plus remplacer aujourd'hui. Mais les procédés de cet art perfectionné sont malheureusement encore concentrés dans les chantiers des grandes villes, et lorsqu'on s'en éloigne, on retrouve les charpentes des combles aussi mal exécutées qu'il y a un siècle.

Il est donc à désirer que les propriétaires prennent connaissance des nouveaux *traits* de charpente, afin qu'ils puissent les propager de proche en proche, et parvenir jusque dans les lieux les plus reculés du royaume. En les adoptant par-tout, on se procurerait des charpentes aussi solides, dans lesquelles il entrerait beaucoup moins de bois.

Les bois de charpente doivent être sains, sans aubier, sans mauvais nœuds, et, autant qu'il est possible, anciennement coupés.

Il faut toujours poser les pièces de charpente sur le côté où elles seront susceptibles de la plus grande résistance. L'on trouvera sur ce sujet, dans les ouvrages de MM. Duhamel et de Buffon, un grand nombre de faits et d'expériences singulièrement utiles pour la pratique.

Les charpentes des combles sont aujourd'hui construites en décharge, en sorte qu'au lieu de peser sur les murs et d'en provoquer l'écartement comme autrefois ; elles servent à conserver leur aplomb, et même à les soulager en partie du poids des planchers inférieurs.

D'ailleurs, les grosseurs des bois que l'on y emploie doivent être relatives à leur portée, et à l'espèce de couverture qu'ils doivent supporter.

La grande économie des charpentes de comble que M. Menjot d'Elbenne vient de pratiquer, et dont on a donné les détails dans une petite brochure intitulée *Moyens de perfectionner les toits*, ou *Supplément à l'Art du Charpentier, etc.*, *Paris*, *Colas*, 1808, nous engage à les indiquer aux propriétaires ; à l'avantage de l'économie de bois elles réunissent encore ceux, 1°. de n'exiger que des bûches de longueur ordinaire ; 2°. d'être extrêmement légères ; 3°. de procurer les greniers les plus beaux et les plus commodes.

Les charpentes de combles sont cintrées en ogives ou en plein cintre, comme celles inventées par Philibert de Lorme, célèbre architecte français du seizième siècle, et construites avec des bois de très-petites dimensions, comme on l'a dit. MM. Legrand et Molinos avaient déjà fait une application très-ingénieuse de cette forme dans la construction de la coupole de la Halle aux farines, brûlée depuis peu ; et M. Menjot d'Elbenne l'a adaptée aux constructions rurales avec beaucoup de succès. Il est à désirer, pour l'intérêt général et particulier, que ces charpentes trouvent un grand nombre de partisans.

Nous allons en faire l'essai nous-mêmes, pour l'avantage de la science ; car les avantages économiques que nous en retirerons ne seront pas aussi grands que ceux obtenus par M. d'Elbenne, parce que les prix du bois et de la main d'œuvre ne sont pas les mêmes dans nos localités respectives, et particulièrement à cause des additions que nous avons cru devoir y faire de concert avec notre charpentier, pour en assurer la solidité, et ces additions ont été motivées par les observations suivantes :

1°. Dans la construction de M. d'Elbenne, les coyaux posent sur les saillies de l'entablement, et ne tiennent au cintre que par leur extrémité supérieure, qui est clouée sur la ferme correspondante, et amincie en cette partie, afin de procurer au toit une pente uniforme. Cette seule attache ne nous a pas paru assez solide, parce que les clous peuvent faire fendre les coyaux dans leurs parties amincies ; et alors le moindre coup de vent peut les déplacer, et soulever et briser le bas de la couverture.

Pour prévenir cet inconvénient, nous avons décidé d'embréver le bout inférieur des coyaux, ou de le fixer sur un petit blochet assemblé dans la sablière.

2°. Les fermes, ou les cintres qui en tiennent lieu, ne nous ont pas paru suffisamment consolidés entre eux par les contre-lattes, pour pouvoir résister aux grands coups de vent, ou, suivant l'expression des charpentiers, pour maintenir leur *roulement*. Et afin de n'avoir aucune inquiétude à ce sujet, nous avons été d'avis d'unir tous les cintres aux pignons extrêmes par de petites entre-toises, ou par des sous-faîtages, assemblés dans les esseliers, qui lient, dans leur partie supérieure, les deux portions de cercle formant l'ogive de chaque cintre.

Ces deux additions ne peuvent augmenter de beaucoup la dépense de construction de ce comble, car elles n'exigent que des bois de 3 à 4 pouces de grosseur, et de 3 pieds au plus de longueur, c'est-à-dire que du chevron : et ce supplément sera racheté avec un grand avantage par l'assurance de la solidité de la charpente. Quoi qu'il en soit, il nous paraît démontré, d'après le devis estimatif que nous en avons fait avec notre charpentier, qu'en adoptant la charpente des combles de M. d'Elbenne, et même en y faisant les additions que nous venons d'indiquer, son adoption dans les constructions rurales procurerait encore en économie à-peu-près toute la valeur des gros bois que cette charpente exigerait, si on l'exécutait à la manière ordinaire.

On est aussi parvenu à faire des planchers sans poutres dans des appartemens des plus grandes dimensions. Ces planchers sont plus légers et cependant plus solides que les anciens, quoiqu'ils soient construits avec des bois de grosseur et de longueur beaucoup moindres. Il est fâcheux que la main d'œuvre de ces planchers soit aussi considérable; cependant, dans la disette actuelle de bois de grandes dimensions, il est très-utile de pouvoir s'en passer dans les constructions.

On emploie le fer avec succès pour consolider les charpentes et en empêcher l'écartement; son usage est même indispensable dans les charpentes en décharge. (DE PER.)

CHARPRE. C'est un des synonymes de CHARMILLE.

CHARRÉES. Cendres qui ont été lessivées, et qui ne contiennent par conséquent plus d'alcali. Dans cet état elles servent encore à favoriser la formation du salpêtre dans les nitrières artificielles, à former l'aire des granges destinées à battre le blé, et à répandre sur les terres argileuses, auxquelles elles servent d'amendement en les divisant, et en rendant soluble leur HUMUS, c'est-à-dire en agissant comme la CHAUX. *Voyez* ce mot et CENDRE. (B.)

CHARRETIER, et non pas CHARTIER. La signification

propre du mot désigne le conducteur d'une charrette, d'un charriot, etc.; mais, en agriculture, son acception est beaucoup plus étendue. Le charretier est le valet de la ferme qui a soin des chevaux, des mulets, etc., et qui conduit la charrue, le chariot, le tombereau, etc.; c'est, à mon avis, l'homme le plus important de la ferme, et pour se le procurer on ne doit pas mettre de la parcimonie dans les gages : mais combien de qualités et de talens ne doit pas avoir un bon charretier ! Il est rare d'en trouver un de cette espèce.

Pour se procurer un charretier, il faut faire les mêmes perquisitions que lorsqu'il s'agit de prendre un fermier. C'est de cet homme précieux que dépend la santé de vos bêtes de charge, l'économie des fourrages, des avoines, la multiplication des engrais, l'emploi utile du temps, etc., etc.

Un charretier doit être doux, actif, vigilant, sobre, patient et fort. S'il est brusque, s'il bat les animaux, renvoyez-le aussitôt; ils doivent obéir à sa voix, et non à son fouet. Bientôt ils deviendront entre ses mains rétifs, mutins et méchans : tout animal se soumet par la douceur, et toute contrainte l'irrite. Un bon charretier ne pense qu'à ses chevaux, et n'est content que lorsqu'il sait qu'il ne leur manque rien.

Le même charretier doit savoir labourer, semer, herser, charger et décharger une voiture, le tout avec promptitude et dextérité. *Voyez* le mot Bouvier, pour les occupations qui leur sont relatives. (R.)

CHARRETTE. *Voyez* au mot Voiture.

CHARRIAGE. C'est l'action de transporter quelque chose sur une voiture; c'est aussi, dans quelques endroits, la distance qui est entre les roues d'une voiture, ce que dans d'autres endroits on appelle la Voie. *Voyez* ce mot. (B.)

CHARROI. Tantôt c'est encore l'action de charrier, tantôt c'est la quantité de ce qu'on transporte dans une voiture. *Il a fait deux charrois aujourd'hui, voilà un bien fort charroi*, sont des expressions communes. (B.)

CHARRUE. Quelques écrivains se sont donné la peine de rechercher quel était l'inventeur de la charrue, comme si elle pouvait être supposée le produit d'une seule conception. Le premier instrument d'agriculture fut sans doute un pieu, et le second une branche à crochet, qui, selon la manière de l'employer, devint une Houe ou une charrue. Qu'est-ce que l'araire de nos départemens méridionaux, si ce n'est un crochet? Ce n'est que successivement qu'on a compliqué la composition de la charrue, et une preuve qu'elle n'était dans l'origine qu'une houe traînée, c'est que dans beaucoup de lieux, ainsi que d'autres l'ont prouvé et ainsi que je l'ai vérifié, la forme du soc a conservé celle de la houe, en Biscaye, par exemple.

Mongès, volume second des Mémoires de la classe d'histoire et de littérature ancienne de l'Institut, nous offre une excellente dissertation sur les charrues des Égyptiens, des Grecs, des Romains et autres peuples anciens, d'après les médailles et les monumens. Il en a figuré une trentaine de sortes. Toutes ne sont que des crochets différemment modifiés. Une seule a une roue, et elle est si petite qu'on juge qu'elle ne peut être utile. Je ne puis que recommander aux cultivateurs la lecture de cette curieuse dissertation.

On dit que la charrue primitive est employée encore en ce moment en Crimée sous le nom de *sabon*.

De tout temps la charrue a été vantée comme le plus précieux des instrumens agricoles, comme étant le soutien des empires ; et en effet sans elle on ne pourrait produire, avec économie, cette surabondance de blé et d'autres produits de la terre qui permet à un grand nombre d'hommes de se livrer à des fonctions étrangères à la culture, sans craindre de manquer de subsistances, de vêtemens, etc. ; mais elle n'est pas l'instrument le mieux approprié au but qu'on se propose en labourant, puisque ce n'est pas elle qui divise le mieux la terre. Son unique avantage sur la houe et la bêche, c'est de faire beaucoup plus d'ouvrage en moins de temps et avec moins de dépense. Le plus grand perfectionnement qu'on doive désirer lui donner, c'est, en la rendant encore plus expéditive, de rapprocher les résultats de son travail de ceux de celui de ces deux derniers instrumens. *Voyez* LABOUR.

C'est donc à couper, diviser, renverser et ameublir la terre, que la charrue est destinée, et elle produit plus ou moins ces effets selon sa forme, selon la nature de la terre, selon le plus ou moins de sécheresse ou d'humidité, la quantité et la grosseur des racines ou des pierres que contient cette terre. Or, toutes les charrues jusqu'à présent inventées, et le nombre en est très-considérable, ne sont point également propres à être employées dans les mêmes circonstances. Le choix qu'il y a à en faire dépend absolument de la qualité du sol. Une légère charrue dans un terrain argileux et rempli de racines ferait un mauvais labour, il serait inutile d'employer les forces qu'exige une forte charrue pour labourer un terrain sablonneux.

Pour qu'une charrue soit d'un usage avantageux il faut, dit un Rapport fait à la Société de la Seine, à l'occasion du prix qu'elle a proposé pour le perfectionnement de la charrue,

1°. Que le laboureur n'ait pas besoin d'aide, c'est-à-dire qu'il conduise en même temps le soc et l'attelage ;

2°. Que la charrue soit simple et composée des seules pièces nécessaires ;

3°. Que l'attelage qui le tire ne soit pas de plus de deux bêtes;

4°. Que le soc soit plat et tranchant, toute autre figure recevant des résistances vicieuses;

5°. Que la charrue n'ait qu'une seule oreille, et que cette oreille soit disposée de manière qu'elle nettoye parfaitement le fond de la raie, et range les terres sur le côté;

6°. Que le labour soit en même temps d'une profondeur convenable et le plus étroit qu'il se peut;

7°. Que la charrue obéisse avec précision dans tous ses mouvemens à celui qui la conduit;

8°. Qu'elle ne fasse que ce qui est nécessaire, car ce qui ne l'est pas est nuisible.

Il y a tout lieu de croire, par ce que dit Caton, que l'agriculture romaine, à l'époque où elle était arrivée à une grande perfection, employait deux espèces de charrues : l'une, que nous pouvons comparer, d'après ce que nous en dit Virgile dans le premier livre de ses Géorgiques, à l'araire de nos départemens méridionaux, que connaissent presque tous les cultivateurs. Cette charrue, trop légère pour des terrains forts, exigeait un attelage considérable, encore ne pouvait-elle que donner une culture imparfaite à un sol qui ne demande qu'à être médiocrement cultivé pour produire les moissons les plus abondantes. Pline ne s'explique pas mieux que Virgile au snjet de la charrue : le détail qu'il fait des pièces dont elle est composée se rapproche de ce qu'en dit Virgile. L'autre servait pour les terrains forts; mais il n'est pas indiqué en quoi elle différait de la première.

Aujourd'hui, si on parcourt la France, si on parcourt l'Europe, si on parcourt le monde entier, on trouve par-tout des charrues de formes différentes, et chaque cultivateur prétend que celle dont il fait usage est la plus appropriée à la nature de son terrain. Tous ou presque tous, sans avoir lu Caton, s'accordent à confirmer le prétendu adage de cet ancien cultivateur : *ne change point ton soc.* Sont-ils fondés? Il est probable que non ; car les divisions sous lesquelles on peut ranger les terres, divisions qui, certainement les mêmes dans tout l'univers, sont loin d'être aussi nombreuses que les formes de charrues connues. Laquelle ou lesquelles faut-il donc regarder comme les meilleures? Sera-ce une de celles usitées à la Chine, usitées dans l'Inde ; une de celles usitées en Espagne, en Italie, en Allemagne, en Angleterre ; une de celles usitées dans les parties orientales, méridionales, occidentales, septentrionales ou centrales de la France? Dans l'embarras du choix, il faut poser des principes et ensuite chercher à en faire l'application, non à toutes les charrues, ce qui serait inutile au but de cet ouvrage, peut-être même impossible, mais à quelques-unes de celles qui sont le plus employées ou qui ont été le plus préconisées en France.

Les principales parties des charrues sont toujours le sep, le soc, l'age ou la flèche, le manche, et souvent l'oreille, ou le versoir, le coutre et l'avant-train.

La marche d'une charrue, son entrure dans le sillon, l'égalité du labour qu'elle fait, la facilité de la conduire, de la gouverner, toutes ses propriétés enfin dépendent presque uniquement de sa forme et de la perfection de sa construction. L'ouvrier doit par conséquent être très-exact à lui donner toutes les proportions qu'elle doit avoir et observer soigneusement toutes les dimensions qui conviennent à l'espèce de charrue qu'il construit.

La principale et la plus essentielle propriété de la charrue consiste à piquer à la volonté du conducteur, c'est-à-dire à tracer un sillon plus ou moins profond : c'est ce qu'on appelle *donner l'entrure*. Cette profondeur plus ou moins grande du sillon, ou l'entrure du soc dans le terrain, dépend principalement de l'ouverture de l'angle que forme l'age ou la flèche avec le sep par leur assemblage. L'évaluation commune de cet angle est depuis 18 jusqu'à 24 degrés au plus. Voilà la mesure sur laquelle l'ouvrier doit se régler dans l'assemblage des pièces qui composent sa charrue. Dans la pratique, c'est-à-dire quand la charrue ouvre les sillons, son entrure dans le terrain est toujours relative à l'ouverture de cet angle. Quand on veut avoir un sillon profond, on en diminue l'ouverture, et on l'augmente si on veut qu'il soit plus superficiel : pour lors on détermine son ouverture par la ligne horizontale du terrain et par celle de l'age ou de la flèche, ce qui est absolument la même chose, parce que le sep est toujours parallèle à la ligne horizontale du terrain. Si la charrue est mal faite, si l'angle que forment l'age et le sep est hors des proportions indiquées, le laboureur ne peut point la gouverner de façon à lui donner l'entrure convenable à l'espèce de culture qu'exige le terrain qu'il laboure ; il aura beau appuyer sur les manches, en dirigeant son effort en avant ou en arrière, selon les circonstances, l'entrure du soc n'en sera guère ni plus ni moins considérable.

De quelque espèce que soit la charrue qu'on fait construire, le charron doit toujours ménager au laboureur une très-grande facilité de donner l'ouverture qu'il désire à l'angle que fait l'age avec le sep, afin qu'il puisse aisément l'augmenter ou la diminuer, selon qu'il convient de donner plus ou moins d'entrure à sa charrue. Avec celles qui sont à avant-train, l'age étant posé sur la sellette qui repose sur la traverse qui couvre l'essieu des roues, il est très-facile de donner plus ou moins d'ouverture à cet angle, en avançant ou en reculant l'extrémité de la flèche sur la sellette. On n'a pas la même facilité avec celles qui n'ont point d'avant-train, et dont l'age repose sur le joug des bœufs. C'est par l'assemblage du sep et de l'age qu'on augmente ou diminue l'ouverture de l'angle qu'ils forment. Pour cet effet, il est nécessaire que le charron ait l'attention de tenir la mortaise qu'il fait au manche ou au sep assez large, afin qu'en dessus et en dessous on puisse aisément y glisser des coins, qu'on enfonce à volonté pour rendre l'ouverture de l'angle telle qu'elle doit être, selon l'espèce de culture qu'il faut donner au terrain.

Quand on ne s'est point ménagé, dans la construction d'une charrue, la facilité de donner plus ou moins d'ouverture à l'angle que forme le sep avec l'age, il est impossible que sa marche soit uniforme, quelque adroit et intelligent que soit le laboureur à la conduire et à la gouverner. L'effort qu'il est obligé de faire en appuyant sur les manches pour faire prendre beaucoup d'enture au soc, ou pour qu'il en prenne moins, le fatigue considérablement, encore est-il rare qu'il y réussisse; cet effort ne pouvant pas être continuel, parce qu'il est pénible, le labour est très-imparfait, le même sillon n'a point une profondeur égale dans toute sa longueur. Une pièce de terre labourée avec une telle charrue est fort mal cultivée.

On ne peut suppléer au défaut de construction qu'en donnant plus de longueur aux manches. Dans quelques charrues légères qui ne sont point faites selon les dimensions indiquées, on a brisé les manches au milieu, afin de les allonger ou raccourcir quand les circonstances l'exigent; ce lévier étant plus long, le conducteur de la charrue fatigue moins par l'effort qu'il fait en appuyant sur les manches; il est vrai que l'ouvrage n'est pas fait aussi promptement, parce que la marche de la charrue est nécessairement retardée par l'effort continuel du charretier sur les manches.

Une autre circonstance extrêmement importante à considérer, c'est le point d'attache du tirage. Il est beaucoup de sortes de charrues où les efforts que font les bœufs ou les chevaux sont en partie perdus, par suite de la mauvaise direction qu'elles prennent à raison du vice de cette attache. Je reviendrai sur ce sujet lorsqu'il sera question de la charrue perfectionnée qui a obtenu l'approbation de la Société d'agriculture du département de la Seine.

Dans la construction de l'age, cette partie si essentielle de la charrue, l'ouvrier doit faire attention que le centre de la résistance, à surmonter par la charrue, est moins au bout du soc, qui, étant aigu et tranchant, coupe aisement la terre,

7 *

qu'aux faces latérales et inférieures du sep. La résistance de la terre ne provient pas tant de sa propre pesanteur que de la cohésion de ses parties, qui forment une masse assez solide, et opposent leur résistance au devant de la charrue selon la ligne du tirage. Le centre de résistance ou de percussion n'étant par conséquent pas tout-à-fait à la pointe du soc, mais au contraire sur le plan des faces latérales et inférieures du sep, l'ouvrier doit donc tenir cette pièce extrêmement polie, afin qu'en diminuant les frottemens, les obstacles soient moins considérables. Il faut donc la fabriquer avec un bois dur et compacte. On y emploie, lorsqu'on le peut, le poirier, le prunier ou le sorbier, et plus ordinairement le hêtre ou le chêne.

La surface verticale gauche et l'inférieure horizontale du sep ou coin, dont le corps de chaque charrue est composé, ne doivent pas être tout-à-fait plates, mais un peu concaves, afin de donner plus d'assiette à la charrue dans le labour; si elles étaient absolument plates les extrémités deviendraient convexes par les frottemens, parce que ce sont les parties qui en éprouvent de plus considérables; le sep tendrait alors à sortir de la direction qu'on lui aurait fait prendre. Dans cette circonstance, le conducteur serait obligé de faire des efforts extraordinaires et d'appuyer fortement sur les manches, en dirigeant son action tantôt à droite, tantôt à gauche, pour diriger et gouverner sa charrue comme elle doit l'être, s'il veut faire un labour uniforme. Ce sont ces difficultés qui empêchent de donner une forme triangulaire ou ronde à la semelle du sep, formes qui certainement devraient alléger beaucoup le tirage et favoriser par conséquent la rapidité toujours si désirable des labours; cependant cette forme se voit dans l'araire des environs de Montpellier, dont je donnerai plus bas la description, et comme cette partie s'use très-rapidement dans les terrains caillouteux, on la rendra distincte du sep. *Voyez Pl. VII.*

Pour diminuer encore plus les obstacles qui proviennent du frottement que le sep éprouve dans le sillon, pour rendre en même temps la marche de la charrue plus aisée, on est dans l'usage, dans certains cantons de l'Angleterre, d'adapter au talon du sep deux roulettes très-basses, sur l'essieu desquelles il est porté, ou une seule, qu'on place au milieu du sep dans une mortaise pratiquée à cet effet, mortaise où elle est fixée par un axe qui traverse l'épaisseur latérale du sep. Le mouvement progressif de rotation de ces roulettes, quand la charrue est tirée, rend la marche du sep dans le sillon très-aisée, parce qu'il n'a plus que les mouvemens latéraux à éprouver, qui sont bien moins considérables qu'ils ne le seraient sans le secours des roulettes. C'est de la marche facile de la charrue que dépend l'égalité du labour qui constitue une bonne culture. Quand une charrue va avec aisance, l'attelage fatigue fort peu, il n'est point nécessaire qu'il soit aussi nombreux que quand il va difficilement et que sa marche est pénible. Le conducteur alors est absolument le maître de sa charrue; il la gouverne à sa volonté sans presque se fatiguer ni se gêner. Je suis persuadé que, dans les terres extrêmement fortes et tenaces, on tirerait un avantage des deux roulettes adaptées au talon du sep; outre qu'elles faciliteraient sa marche, elles le conserveraient en lui épargnant les frottemens continuels qui l'usent peu à peu. Ces roulettes contribuent encore à donner plus d'entrure au soc, parce que le talon du sep étant élevé, la pointe du soc pique plus avant.

Pour les versoirs ou oreilles des charrues, on choisit un bois dur, à raison des résistances qu'elles éprouvent. On doit, autant qu'il est possible, chercher à diminuer les frottemens, et on y parvient par l'extrême poli qu'on donne à ces pièces, qui sont ordinairement fabriquées du même bois que le sep. Lorsqu'elles sont bien faites, la terre, quoique humide, ne s'y attache pas aisément.

Je ne sache pas qu'en France on fasse nulle part un usage habituel de versoirs en fer fondu; mais cela est très-vulgaire en Angleterre et même dans l'Amérique septentrionale. Les avantages de ces sortes de versoirs sont plus nombreux que leurs inconvéniens, comme je le ferai voir plus bas.

La forme du versoir contribue beaucoup à accélérer ou retarder la marche de la charrue, et a l'effet qu'elle doit produire, qui est de bien renverser la terre sur le côté. La plupart des ouvriers imaginent qu'une planche quelconque, pourvu qu'elle soit un peu contournée, est un versoir qu'ils peuvent adapter à une charrue, sans faire attention à prévenir les frottemens qu'il est dans le cas d'éprouver quand il avance dans la terre. Cependant l'expérience démontre que le versoir éprouve presque autant de frottement que le sep, puisque le laboureur est continuellement obligé d'appuyer sur le manche du côté du versoir, autrement sa charrue serait bientôt renversée sur le côté opposé, à cause des obstacles que rencontre le versoir de la part de la cohésion des molécules de la terre dans la marche de la charrue. Un ouvrier intelligent doit donc chercher à lui donner la forme la plus convenable pour diminuer les frottemens, afin que les obstacles à surmonter étant moindres, la marche de la charrue ne soit point retardée. Le laboureur ayant alors moins de peine à la tenir dans l'assiette qu'elle doit avoir au fond du sillon, et la gouvernant avec aisance, le labour sera très-uniforme.

Plusieurs ouvriers donnent au versoir la forme d'un coin prismatique dont le tranchant est vertical; d'autres font son plan extérieur convexe dans le haut et concave dans le bas; et d'autres enfin, et c'est assez l'ordinaire pour les charrues légères, lui donnent une forme absolument plate : de sorte que ce n'est exactement qu'une planche très-unie, avec une bande de fer appliquée au côté inférieur, qui entre dans la terre pour empêcher qu'elle ne s'use trop vite par les frottemens.

Il est des charrues dont l'oreille ne descend pas jusqu'à la partie inférieure du sep et dont le soc est en outre fort étroit. Ces sortes de charrues semblent faire un bon labour; mais de fait, la moitié du terrain n'est pas remuée, la moitié des racines des plantes vivaces n'est pas coupée, aussi ses résultats sont de faibles récoltes surchargées de mauvaises herbes. Dans toute charrue sans avant-train, l'exactitude des proportions est beaucoup plus rigoureuse que dans celle à avant-train, qui corrige les irrégularités par son mode d'action.

M. Arbuthnot, Journal de physique, octobre 1774, a reconnu que la semi-cycloïde était la forme qui opposait le moins de résistance pour ouvrir la terre. En effet, cette courbe descend si doucement, tandis que la pointe du cercle générateur est au-dessus de son axe, qu'en la renversant pour former la pente depuis le sommet du versoir jusqu'à la pointe du soc, on obtient de bien plus grands effets dans les terres fortes et dans les labours profonds. Mais dans les terres légères et dans les labours très-superficiels, elle ne décharge pas assez vite la terre; et une demi-ellipse, d'après le même écrivain, est bien préférable dans ce cas.

La courbure dont il vient d'être question ne regarde précisément que la forme du devant du versoir, la surface totale du versoir devant être concavo-convexe. M. Arbuthnot avoue qu'il n'est point parvenu à la configurer de la sorte par théorie; mais en observant la manière avec laquelle la terre rencontre le versoir, comment elle s'y attache ou s'en détache en différentes circonstances, comment elle tombe et est plus ou moins renversée, ayant égard aux endroits qui s'usent les premiers dans les différentes charrues; ce qui montre où est le plus grand frottement ou la plus grande résistance à surmonter.

Par-tout c'est au hasard que les ouvriers taillent les oreilles des charrues qu'ils construisent; aussi n'y en a-t-il pas deux de parfaitement semblables qui sortent de la main du même, et à plus forte raison de celles de ceux qui travaillent dans des localités éloignées; aussi arrive-t-il souvent qu'une nouvelle charrue n'expédie pas l'ouvrage aussi facilement ou aussi bien que celle qu'elle remplace. Il n'est peut-être point de laboureur, dans les pays où on se sert des charrues qui ont cette partie d'une grande dimension, qui ne puisse se rappeler bien des cas de ce genre. Cette circonstance a fixé l'attention d'un homme qui, quoique placé à la tête d'une grande nation, n'a pas dédaigné de s'occuper du perfectionnement de la charrue, de M. Jefferson, ancien président des Etats-Unis de l'Amérique.

Comme je ne pourrais qu'embrouiller la matière en voulant extraire son mémoire, qui est rédigé avec une concision remarquable, je vais le transcrire ici tout entier des Annales du Muséum d'histoire naturelle de Paris.

« L'oreille d'une charrue ne doit pas être seulement la continuation de l'aile du soc, en commençant à son arrière-bord, mais encore il faut qu'elle soit sur le même plan. Sa première fonction est de recevoir horizontalement du soc la motte de terre, de l'élever à la hauteur convenable pour être renversée, d'opposer dans sa marche la *moindre résistance possible*, et par conséquent de n'exiger que le minimum de la puissance motrice. Si c'était là que se bornent ses fonctions, le coin offrirait sans doute la forme la plus convenable pour la pratique; mais il s'agit aussi de renverser la motte de terre : l'un des bords de l'oreille doit donc être sans aucune élévation, pour éviter une dépense inutile de force; l'autre bord doit au contraire aller en montant jusqu'à ce qu'il dépasse la perpendiculaire, afin que la motte de terre se renverse par son propre poids; et pour obtenir cet effet avec le moins de résistance possible, il faut que l'inclinaison de l'oreille augmente graduellement du moment qu'elle a reçu la motte de terre.

» Dans cette seconde fonction, l'oreille opère donc comme un coin situé en travers ou en montant, dont la pointe recule horizontalement sur la terre, tandis que l'autre bout continue de s'élever jusqu'à ce qu'il dépasse la perpendiculaire : ou pour l'envisager sous un autre point de vue, plaçons à terre un coin dont la largeur égale celle du soc de la charrue, et dont la longueur soit égale à celle du soc, depuis l'aile jusqu'à l'arrière-bout, et la hauteur du talon égale à l'épaisseur du soc. Menez une diagonale sur la surface supérieure, depuis l'angle gauche de la pointe jusqu'à l'angle droit de la partie supérieure du talon; adoucissez la face en biaisant, depuis la diagonale jusqu'au bord droit qui touche la terre : cette moitié se trouve évidemment de la forme la plus convenable pour remplir ces deux fonctions requises; savoir, pour enlever et renverser la motte graduellement et avec le moins de force possible. Si on adoucit de même la gauche de la diagonale, c'est-à-dire si on suppose une ligne droite dont la longueur soit au moins égale à la longueur du coin, appliquée sur la face déjà adoucie, et se mouvant en arrière sur cette face parallèlement à elle-même et aux deux bouts du coin, en même temps que son bout inférieur se tiendra toujours le long de la ligne inférieure de la face droite, il en résultera une surface courbe dont le caractère essentiel sera d'être une combinaison du principe du coin, considéré suivant deux directions qui se croisent, et donnera ce que nous demandons, une oreille de charrue offrant le moins de résistance possible.

» Cette oreille présente de plus le précieux avantage de pouvoir être exécutée par l'ouvrier le moins intelligent, au moyen d'un procédé si exact, que sa forme ne variera jamais de l'épaisseur d'un cheveu. Un des grands défauts de cette partie essentielle des charrues est le peu de précision qui s'y trouve, parce que l'ouvrier, n'ayant d'autre guide que l'œil, à peine en trouve-t-on deux qui soient semblables.

» A la vérité, il est plus facile d'exécuter avec précision l'oreille de charrue dont il s'agit, quand on a vu une fois pratiquer la méthode qui en fournit le moyen, que de décrire cette méthode à l'aide du langage, ou de la représenter par des figures. Je vais cependant essayer d'en donner la description.

» Soient données la largeur et la profondeur du sillon proposé, ainsi que la longueur de l'arbre de la charrue depuis sa jonction avec l'aile jusqu'à son arrière-bout, car ces données déterminent les dimensions du bloc dans lequel on doit tailler l'oreille de la charrue. Supposons la largeur du sillon de 9 pouces, la profondeur de 6 et la longueur de l'arbre de 2 pieds : alors le bloc (*fig.* 1, *Pl. I*) doit avoir 9 pouces de largeur à sa base BC, et 13 et demi à son sommet AD; car s'il n'avait en haut que la largeur AE égale à celle de la base, la motte de terre élevée perpendiculairement retomberait dans le sillon par sa propre élasticité. L'expérience que j'ai acquise, sur mes terres, m'a démontré que, dans une hauteur de 12 pouces, l'élévation de l'oreille doit dépasser la perpendiculaire de 4 pouces et demi (ce qui donne un angle d'environ 20 degrés et demi), pour que le poids de la motte l'emporte, dans tous les cas, sur son élasticité. Le bloc doit avoir 12 pouces de haut, parce que, si l'oreille n'avait pas en hauteur deux fois la profondeur du sillon lorsque vous labourez des terres friables et sablonneuses, elles dépasseraient l'oreille, en s'élevant comme par vagues. Il doit avoir 3 pieds de long, dont un servira à former la queue qui fixe l'oreille au manche de la charrue.

» La première opération consiste à former cette queue en sciant le bloc (*fig.* 2) en travers de A ou B sur son côté gauche, et à 12 pouces du bout FG; on continue l'entaille perpendiculairement le long de BC jusqu'à un pouce et demi de son côté droit : alors prenant DI et EH égales chacune à un pouce et demi, on fait un trait de scie le long de la ligne DE parallèle au côté droit. Le morceau ABCDEFG tombe de lui-même et laisse la queue CDEHIK d'un pouce et demi d'épaisseur. C'est de la partie antérieure ABCKLMN du bloc que doit se former l'oreille.

» Au moyen d'une équerre, tracez sur toutes les faces du bloc des lignes distantes entre elles d'un pouce, il y en aura nécessairement vingt-trois : alors tirez la diagonale KM (*fig.* 3) sur la face supérieure et KO sur celle qui est située à droite ; faites entrer la scie au point M, en la dirigeant vers K, et en la descendant le long de la ligne ML, jusqu'à ce qu'elle marque une ligne droite entre K et L (*fig.* 5) ; ensuite faites entrer la scie au point O, et conservant la direction OK, descendez-la le long de la ligne OL jusqu'à la rencontre de la diagonale centrale KL qui avait été formée par la première coupe. La pyramide KMNOL (*fig.* 4) tombera d'elle-même et laissera le bloc dans la forme *fig.* 5.

» Observons que si dans la dernière opération, au lieu d'arrêter la scie à la diagonale centrale KL, on avait continué d'entailler le bloc, en restant sur le même plan, le coin LMNOKB (*fig.* 3) aurait été enlevé, et il serait resté un autre coin LOKBAR, lequel, comme je l'observais ci-dessus en parlant du principe relatif à la construction de l'oreille, offrirait la forme la plus parfaite, s'il ne s'agissait que d'élever la motte de terre; mais comme elle doit aussi être retournée, la moitié gauche du coin supérieur a été conservée, afin d'y continuer du même côté le biais à exécuter sur la moitié droite du coin inférieur.

» Procédons aux moyens de prendre ce biais, objet pour lequel on a eu la précaution de tracer des lignes à l'entour du bloc, avant d'enlever la pyramide (*fig.* 4). Il faut avoir l'attention de ne pas confondre ces lignes, maintenant qu'elles sont séparées par le vide qu'a laissé la suppression de cette pyramide (*fig.* 5). Faites entrer la scie sur les deux points de la première ligne, situés aux endroits où celle-ci se trouve interrompue, et qui sont ses deux points d'intersection avec les diagonales extérieures OK, MK, en continuant le trait sur cette première ligne jusqu'à ce qu'il atteigne, d'une part, la diagonale centrale, et de l'autre l'arrête inférieure OK du bloc (*fig.* 5) : le bout postérieur de la scie sortira par quelque point situé sur la trace supérieure, en ligne droite avec les points correspondans de l'arrête et de la diagonale centrale. Continuez de même sur tous les points formés par les intersections des diagonales extérieures et des lignes tracées autour du bloc, en prenant toujours la diagonale centrale et l'arrête OH pour terme, et les traces pour directrices; il arrivera que, quand vous aurez fait plusieurs de ces traits de scie, le bout de cet instrument, qui était sorti jusque-là par la face supérieure du bloc, sortira par la face située à gauche de celle-ci; et tous ces différens traits de scie auront marqué autant de lignes droites, qui, en partant de l'arrète inférieure OH du bloc, iront couper la diagonale centrale. Maintenant, à l'aide d'un outil convenable, enlevez les parties sciées, observant seulement de laisser visibles les traits de scie, et cette face de l'oreille sera terminée. Les traits serviront à démontrer comment le coin qui est à l'angle droit s'élève graduellement sur la face du coin direct ou inférieur, dont la pente est conservée dans la diagonale centrale. On peut se représenter facilement et se rendre sensible la manière dont la motte de terre est élevée sur l'oreille que nous venons de décrire, en traçant sur la terre un parallélogramme de 2 pieds de long sur 9 pouces de large ABCD (*fig.* 6); puis posant au point B le bout d'un bâton de 27 pouces et demi et élevant l'autre bout à 12 pouces au-dessus du point E, la ligne DE, égale à 4 pouces et demi, représente la quantité dont la hauteur de l'oreille dépasse la perpendiculaire. Cela fait, on prendra un autre bâton de 12 pouces, et le posant sur AB, on le fera mouvoir en arrière et parallèlement à lui-même de AB vers CD, en ayant soin de tenir un de ses bouts toujours sur la ligne AD, tandis que l'autre se meut le long du bâton BE, qui représente ici la diagonale centrale. Le mouvement de ce bâton de 12 pouces sera celui de notre coin montant, et fera voir comment chaque ligne transversale de la motte de terre est conduite depuis sa première position horizontale, jusqu'à ce qu'elle soit élevée à une hauteur qui dépasse tellement la perpendiculaire qu'elle tombe renversée par son propre poids.

» Mais pour revenir à notre opération, il nous reste à exécuter le dessous de l'oreille : renversez le bloc et faites entrer la scie par les points où la ligne AL rencontre les traces, et continuez votre trait le long de ces traces, jusqu'à ce que les deux bouts de la scie approchent d'un pouce (ou de toute autre épaisseur convenable) de la face opposée de l'oreille. Quand les traits seront finis, enlevez, comme précédemment, les morceaux sciés, et l'oreille sera terminée.

» On fixe l'oreille à la charrue en emboîtant le devant OL (*fig.* 5 et 10) dans l'arrière-bord du soc, qui doit être fait double comme l'étui d'un peigne, afin de recevoir et de garantir le devant de l'oreille. On fait passer alors une vis au travers de l'oreille et du manche droit de la charrue. La partie de la queue qui dépassera le manche sera coupée diagonalement et l'ouvrage sera fini.

» En décrivant cette opération, j'ai suivi la marche la plus simple pour la rendre plus facile à concevoir; mais la pratique m'a fait apercevoir qu'il y aurait quelques modifications avantageuses à y faire : ainsi, au lieu de commencer par former le bloc, comme le représente ABCD (*fig.* 7), où AB est de 12 pouces , et l'angle en B est droit, je retranche vers le bas , et sur toute la longueur BC du bloc, un coin BCE, la ligne BE étant égale à l'épaisseur de la barre du soc (que je suppose d'un pouce et demi); car la face de l'aile s'inclinant depuis la barre jusqu'au sol , si on venait à poser ce bloc sur le soc sans tenir compte de cette inclinaison, le côté AB perdrait sa perpendicularité , et le côté AD cesserait d'être horizontal. De plus , au lieu de laisser au haut du bloc 13 pouces et demi de largeur depuis M jusqu'en N (*fig.* 8) , j'enlève du côté droit une espèce de coin NKICPN , d'un pouce et demi d'épaisseur, parce que l'expérience m'a prouvé que la queue , devenue par ce moyen plus oblique comme CI au lieu de KI , s'adapte plus avantageusement à côté du manche. La diagonale de la face supérieure se trouve conséquemment reculée de K en C, et nous avons MC au lieu de MK comme ci-dessus. Ces modifications seront faciles à saisir pour quiconque conçoit le principe général.

» L'*age* ou la *flèche* est exactement le régulateur de la charrue: sa marche uniforme , l'entrure du soc dans le sillon, dépendent de sa position sur la sellette de l'avant-train. Si cette pièce était toujours beaucoup en arrière, que le bout seul portât sur la sellette, quoiqu'elle fût fort longue , son poids ne serait pas un fardeau considérable pour l'attelage; mais souvent on est obligé de l'avancer sur la sellette quand on veut que la charrue pique moins. Alors son poids devient une charge pour les chevaux de trait. Si elle était faite d'un bois dur et pesant, comme elle a souvent 8 à 10 pieds de longueur sur 5 à 6 pouces d'équarrissage, les chevaux auraient beaucoup de peine à tirer la charrue. Il faut par conséquent choisir un bois léger, afin de ne point fatiguer inutilement les animaux qui labourent. On y emploie le hêtre, le frêne, l'orme et le tilleul.

La forme de la flèche n'est pas absolument indifférente : dans la plupart des charrues, elle est droite d'un bout à l'autre; alors, s'il y a plusieurs coutres, les derniers doivent être plus longs que les premiers, afin qu'ils puissent arriver sur la terre pour la fendre. Cette longueur des derniers coutres n'est point du tout favorable à leur action ; ils ne sont point aussi solidement fixés dans la mortaise où on les place , et l'effort qu'ils font pour ouvrir la terre leur fait souvent perdre la position qu'ils doivent avoir; d'ailleurs le point d'appui se trouvant trop éloigné de la résistance , leur action est moindre. La meilleure forme qu'on puisse donner à la flèche est la droite et la

courbe tout-à-la-fois, c'est-à-dire droite depuis le tenon par
lequel elle l'assemble au sep, jusqu'à la mortaise du dernier
coutre, où elle est continuée en ligne courbe, pour aller reposer sur la sellette. Au moyen de cette disposition, la pointe
du dernier coutre se trouve aussi près du terrain que celle du
premier, leurs longueurs étant égales. Cependant, comme on
est souvent obligé d'avancer la flèche sur la sellette, et que
cet avancement élève plus au-dessus du terrain la partie où est
placé le dernier coutre, que celle où se trouve le premier, il
est bon que le dernier soit toujours d'un à 2 pouces plus long
que les autres.

Les manches des charrues ne doivent pas être faits avec du
bois trop léger, afin que sa pesanteur puisse contre-balancer
celle du sep, de l'oreille, du soc et des coutres, lorsqu'il y en
a : il faut donc choisir un bois pesant, tel que le chêne, qui,
de plus, est en état de résister aux efforts réitérés que le charretier est souvent obligé de faire sur eux, sur-tout quand la
charrue est d'une construction défectueuse.

La plupart des charrues qu'on emploie pour la culture des
terres sablonneuses n'ont qu'un manche simple, un peu recourbé en arrière. Comme le conducteur a peu d'efforts à faire
pour gouverner sa charrue dans un terrain qui n'oppose aucune résistance, ce manche simple suffit; mais dans les terres
fortes, où le conducteur est sans cesse occupé à bien tenir le
sep dans son assiette au fond du sillon, à cause des obstacles
qu'il rencontre à chaque instant, et qui tendent à faire tourner la charrue, il lui serait difficile de la tenir dans un parfait équilibre sans le secours du double manche, qui, divisant
sa puissance, en porte une partie à droite, et l'autre à gauche;
de sorte que si le sep tend à tourner à gauche, sa main appuyant aussitôt vers la droite, il est remis en place sur-le-
champ.

Ce double manche est quelquefois d'une seule pièce, plus
souvent formé par un assemblage; son extrémité postérieure,
ou la poignée, est toujours un peu recourbée en dessous, afin
que le conducteur ait plus d'aisance pour appuyer dessus quand
il est nécessaire. Sa hauteur dépend de la taille de ce conducteur; mais en général c'est l'usage du pays qui la fixe. Il
vaut mieux cependant qu'il soit plutôt court qu'élevé.

Mais il faut en venir à la partie la plus essentielle de la
charrue, à celle pour laquelle toutes les autres sont faites,
qui lui sont toutes subordonnées, au soc enfin.

Il est des terres extrêmement légères et extrêmement douces,
qu'on peut labourer avec un sep pointu, sans soc; mais ces
terres sont rares, et même dans ces terres, le bois de ce sep,
quelque dur qu'il fût, serait bientôt épointé et usé. On n'a

donc pas tardé à l'armer d'un morceau de métal. Dans l'origine des sociétés agricoles, c'était du cuivre mêlé d'arsenic, mélange plus dur que le cuivre pur, et que quelques documens font croire avoir été l'airain des premiers peuples agricoles ; aujourd'hui, c'est toujours du fer, armé d'acier ou de fonte de fer.

La forme du soc de la charrue varie sans fin, comme celle de toutes ses autres parties ; mais cependant on peut la ranger sous trois divisions.

Les uns ont la forme d'un triangle isocèle, dont l'angle qui fait la pointe du soc est très-aigu ; les deux autres sont repliés en dessous, pour former une espèce de douille, ou entre le sep.

Les autres, qui ressemblent au fer d'une lance, ont entre les deux ailes un manche rond en forme de douille, pour recevoir la pointe du sep.

Les troisièmes enfin sont terminés du côté gauche, en ligne droite, depuis la pointe jusqu'à l'extrémité de la douille ; du côté droit, ils ont une aile tranchante, qui commence à la pointe du soc, et qui vient se terminer, après avoir fait un angle, vis-à-vis la naissance de la douille, à la jonction de la douille même avec le soc.

Les charrues qui n'ont qu'un demi-soc, si je puis employer cette expression, coupent net le terrain, font un labour régulier et de belle apparence, mais peu ameublissant. Au contraire, celles faites en forme de coin, agissant sur les deux côtés de la ligne labourée, disposent la terre qu'elles ne renversent pas, à s'émietter davantage au tour suivant ; elles sont donc préférables dans le plus grand nombre des cas.

Celles à soc étroit divisent beaucoup mieux les terres, dans l'opération du labour, que celles à soc large ; mais il faut qu'elles soient conduites par un laboureur expérimenté, parce qu'elles exigent qu'on prenne moins de terre, et que, par suite de la résistance de celle qui n'est pas labourée, elles sont sujettes à retomber dans le sillon.

Les charrues dont le soc coupe valent mieux que celles qui n'agissent qu'en écartant comme un coin ; on est cependant obligé de se servir de ces dernières dans les terres fort pierreuses.

J'ai vu en Biscaye le soc être terminé par un croissant ; dans quelques parties de la ci-devant Picardie et en Pologne, il est bifurqué. Ces deux sortes de socs sont trop évidemment impropres au but que doit remplir cette partie de la charrue, pour être adoptés. Ils ne peuvent agir que dans des terres très-légères, et où il n'y a ni pierres ni racines dans le cas de mettre obstacle à leur marche.

Toutes ces différentes figures de socs sont relatives à l'espèce de charrue à laquelle ils sont adaptés. Ceux de la première forme sont propres aux charrues les plus légères, comme l'araire. Ceux de la seconde sont employés aux charrues appelées communément *tourne-oreille*, parce que le versoir est amovible, et qu'on le change à chaque sillon. Ceux de la troisième ne conviennent qu'aux charrues dont le versoir est fixé au côté droit : c'est pour cette raison qu'il n'a qu'une aile assez large de ce côté. S'il en avait une pareille à l'opposé, la terre qu'il souleverait retomberait dans le sillon. Les ailes du soc qu'on adapte aux charrues dont le versoir est amovible, sont peu larges ; autrement celles qui ne seraient point surmontées du versoir remueraient une trop grande quantité de terre, qui ne serait point retournée sur le côté, mais qui retomberait dans le sillon.

Quelle que soit la figure des socs, leur pointe ainsi que le tranchant de leurs ailes doivent être proportionnés à la qualité du terrain dans lequel ils entrent. Dans un sol pierreux, un soc dont la pointe serait très-aiguë et les ailes bien tranchantes serait d'abord usé : il est donc nécessaire, dans ces circonstances, que ces parties aient peu de pointe et de tranchant. Dans les terres grasses et compactes, un soc bien aigu, à ailes bien tranchantes, entre avec beaucoup de facilité, parce qu'il coupe aisément ; il s'use peu, parce qu'il ne trouve presque pas de pierres. Si sa pointe, au contraire, n'était pas aiguë, ni ses ailes affilées, il éprouverait de grandes résistances pour ouvrir une terre qui, s'opposant continuellement à son action, serait battue au lieu d'être ameublie.

En principe général, le soc doit être un peu plus large que le sep : car on sent que, dans le cas contraire, ce dernier serait obligé d'achever d'ouvrir la terre, qu'il augmenterait le frottement, et s'userait très-vite.

Le fer des socs doit être d'une bonne qualité, afin qu'il résiste aux efforts qu'il fait pour ouvrir la terre, et sa pointe sera d'un très-bon acier ainsi que ses ailes.

Pour faire durer l'acier du soc dans les lieux pierreux, il faut l'étamer, si je puis employer cette expression, avec de la fonte de fer, c'est-à-dire placer quelques taissons de pots de fonte sur ce soc à la forge, et lorsqu'ils sont fondus, étendre tout autour, leur métal, avec un bâton.

On appelle *coutre* une espèce de couteau qu'on adapte, en avant du soc, à la flèche de la charrue, pour fendre la terre, couper les racines et le gazon. Sa figure varie comme toutes les autres parties des charrues, mais cependant dans des limites peu étendues. Il faut qu'il soit assez épais et assez long pour les services qu'on lui demande. On le monte ou on le descend à volonté. Il est tout en fer trempé très-dur, plus

tranchant dans les terres argileuses , et moins dans celles qui
sont pierreuses. Au reste, on ne l'emploie dans ces dernières
qu'autant qu'il s'y trouverait une grande quantité de racines
assez fortes pour embarrasser la marche de la charrue. Quelquefois on met deux et même trois coutres à la suite les uns
des autres, et à une hauteur inégale , de manière que le premier ne fait qu'égratigner la surface de la terre. Au lieu d'un
coutre, les Anglais mettent quelquefois un TRANCHE-GAZON
à leurs charrues (*voyez* ce mot) ; ce qui produit à-peu-près le
même effet.

Un tranche-gazon fixe , mais susceptible d'être changé de
place à volonté, serait plus avantageux qu'un tournant, parce
qu'il couperait en glissant, et que cette manière de couper
est celle qui exige le moins d'efforts ; mais il s'userait rapidement , et coûterait par conséquent beaucoup d'entretien :
aussi je ne sache pas qu'on en emploie nulle part.

Une charrue pourvue de toutes les parties dont il vient
d'être question est complète ; mais dans les pays du Nord, on
y joint, dans le but d'en faciliter la marche, ce qu'on appelle
un avant-train, partie que Pline, *Hist. nat.*, l. 18, c. 48 ,
nous apprend être de l'invention des Gaulois, et avoir été introduite par eux dans la haute Italie lorsqu'ils y pénétrèrent.

L'avant-train est essentiellement composé de deux roues
dont l'essieu porte deux montans, surmontés de deux traverses, dont ordinairement l'inférieure est fixe , et supporte
la flèche, et la supérieure est mobile, et sert à empêcher cette
flèche de vaciller ; plus , du tétard , du paturon et du limonier. Je reviendrai sur ces objets.

Pour que la destination de l'avant-train ait pleinement son
effet , il doit être peu pesant et construit cependant d'une manière solide. S'il était trop pesant, il fatiguerait considérablement l'attelage , parce que son propre poids l'enfoncerait dans
le sillon. On doit faire en sorte, autant qu'on le peut, que la
puissance des chevaux qui sont à l'attelage n'agisse que pour
vaincre la résistance qu'oppose la terre. Tous les bois qui
entrent dans la construction de l'avant-train doivent être
légers.

En quelques endroits, on est dans l'habitude de faire en fer
les deux roues ; mais cela a quelques inconvéniens. Dans certains terrains argileux ou sablonneux, après la pluie, ces roues
enfoncent plus qu'il ne faut, l'attelage a beaucoup de peine
à tirer la charrue, le conducteur ne peut plus la gouverner,
le soc prend trop d'entrure, etc. Cependant je ne chercherai
pas à en éloigner les cultivateurs, parce que ces roues durent
infiniment plus long-temps, et se chargent de beaucoup moins
de terre.

Il est des pays où on fait les roues très-basses, d'autres où on les fait inégales, d'autres où une d'elles peut être plus ou moins éloignée de la flèche, etc.

Les proportions qu'il faut suivre dans la construction des charrues dépendent de tant de circonstances, qu'il est impossible de donner une règle fixe et des principes invariables à ce sujet. Premièrement il faut avoir égard à la qualité du terrain : selon sa légèreté ou sa ténacité, il exige, comme je l'ai déjà observé, une charrue plus ou moins forte ; secondement, à l'espèce de culture : on conçoit que pour les premiers labours d'une terre en jachère, ou pour des défrichemens, il faut une charrue d'une espèce différente de celle qu'on emploie pour les seconds labours ; troisièmement, à la force du conducteur, qui souvent n'est pas en état de gouverner toutes sortes de charrues ; à la puissance de l'attelage, qu'il faut bien connaître, afin d'en tirer tout le parti possible sans cependant le ruiner faute de ménagemens ; quatrièmement enfin à l'espèce de charrue qu'on veut faire construire.

Un des articles les plus essentiels à la perfection de la charrue consiste à bien déterminer l'angle que fait le sep avec l'age par leur assemblage. Il a été dit plus haut que l'ouverture de cet angle pouvait être depuis 18 jusqu'à 24 degrés. L'ouvrier doit ménager au laboureur la facilité de l'augmenter ou de la diminuer, selon qu'il le juge convenable à l'espèce de culture qu'il veut donner à une pièce de terre. Pour cet effet, il tient, aux charrues légères, la mortaise qu'il pratique au manche ou au sep pour recevoir le tenon de l'age, assez large pour qu'on puisse glisser un coin en dessous et en dessus, coin qu'on enfonce à volonté pour élever ou abaisser l'age.

Le point de tirage est aussi de première importance : quand il est trop loin de l'age, il se perd une quantité considérable de force sans utilité réelle ; quand il est trop près, les secousses que donne l'attelage relèvent le soc et occasionnent un labour inégal. La plupart des charrues pèchent par un de ces deux défauts. Le lieu précis où on doit placer le point de tirage dépend aussi de la forme de la charrue, de la nature de la terre qu'on laboure, et de la force des chevaux ou des bœufs qu'on emploie.

Le soc, ainsi que je l'ai dit plus haut, doit toujours être un peu plus large que l'age. Sa longueur est communément de 12 à 14 pouces.

La longueur du manche varie selon la force de la charrue et la grandeur de son conducteur. Elle est ordinairement de 3 pieds 9 pouces. L'écartement de ses branches, dans les charrues où il est fourchu, est de 15 à 18 pouces à son extrémité.

Comme la longueur de la flèche ou de l'age rend la marche de la charrue plus aisée, et que l'attelage a moins de peine à tirer quand elle est grande que quand elle est petite, elle doit être plus longue dans un terrain fort et pour un attelage faible, pour une charrue lourde que pour une charrue légère; cependant on peut la fixer généralement, pour les cas ordinaires, au moyen du principe suivant.

Pour déterminer la longueur de la flèche, on prend une ligne horizontale indéfinie, sur laquelle on élève une perpendiculaire de 12 pouces; à la distance de 8 pieds de cette première perpendiculaire on en élève une seconde de 44 à 45 pouces : la diagonale qui rasera ces deux perpendiculaires jusqu'à couper l'horizon, marquera par son intersection l'endroit où doit être la pointe du soc; celle de la première perpendiculaire, l'endroit du bout de la flèche. Par ce principe on a la longueur de la flèche depuis la pointe du soc jusqu'à son extrémité; le reste de sa longueur, c'est-à-dire depuis la pointe du soc jusqu'à son assemblage avec le sep ou les manches, ne dépend plus que de la distance qu'il y a entre le talon du sep et la pointe du soc, et de la proportion de la force moyenne du laboureur, pour la tendance du plan incliné de la charrue vers l'horizon, ce qui doit déterminer les deux parties de la flèche.

Dans la longueur de la flèche, il faut encore avoir égard à la hauteur des roues, parce que leur diamètre étant hors des proportions ordinaires, elle serait trop élevée sur la sellette si elle n'avait que la longueur commune. Le soc alors, dans bien des circonstances, ne pourrait pas prendre assez d'entrure.

La flèche des charrues légères, ou des araires, n'a communément que 6 pieds de longueur, qui est à-peu-près le double de celle que doivent avoir le sep et le soc réunis.

Le diamètre qu'on donne aux roues de l'avant-train, pris en dessous des jantes, est communément de 22 à 24 pouces. Pour rendre ces roues plus légères, on réduit la longueur de la partie du moyeu qui est en dedans à 2 pouces. Par ce moyen on donne plus de longueur à la traverse percée qui reçoit leur essieu et qui supporte la sellette. Dans plusieurs des charrues à avant-train, les deux roues ne sont pas d'un diamètre égal, comme je l'ai déjà fait remarquer; celle qui est à droite est plus grande que celle qui est à gauche, parce qu'elle va dans le sillon, ce qui la met à-peu-près au niveau de l'autre. Cette inégalité des roues empêche la charrue de verser : lorsqu'elles sont égales, l'une tournant dans le sillon, l'autre sur la surface de la terre, la charrue penche nécessairement du côté de la roue qui est dans le sillon, et souvent tout l'effort du conducteur ne peut empêcher la charrue de se renverser. La différence de leur diamètre est le plus communément de 6 à 7 pouces.

Cette inégalité des roues ne doit jamais avoir lieu quand le versoir est amovible, parce que la charrue culbuterait nécessairement lorsque le versoir se trouverait du côté de la plus petite. Dans les terrains absolument plats, elle n'est pas aussi nécessaire, l'une des roues n'étant jamais assez élevée pour craindre que la charrue soit renversée. Lorsque le versoir est fixé au côté droit de la charrue, et que la terre qu'on laboure doit être divisée par sillons, la roue à droite, ou du côté du versoir, doit être nécessairement d'un diamètre plus grand que celle qui est à gauche, parce que la manière de labourer ces pièces de terre est de commencer à gauche et d'aller ensuite à droite, de sorte qu'on entame un billon des deux côtés, et on le termine par le milieu. La roue à gauche, outre qu'elle se trouve plus basse que celle qui est à droite, à cause de la position du terrain, a encore son mouvement de rotation dans le sillon, tandis que l'autre l'a sur la surface du sol. Si le diamètre des roues était égal, celle qui est à gauche ne résisterait point à l'action du versoir, qui fait effort pour renverser la terre sur le côté ; la charrue par conséquent serait culbutée à gauche, parce que le conducteur n'aurait pas la force de maintenir l'équilibre.

Le patron ou la traverse percée, dans laquelle passe l'essieu des roues, est de 10 ou 11 pouces de longueur sur 4 pouces et demi ou 5 d'équarrissage, ce qui détermine la longueur de l'essieu des roues, parce que le patron arrive exactement jusqu'aux moyeux des deux roues. Il n'est guère possible de réduire cette longueur, les roues seraient alors trop rapprochées, la charrue par conséquent ne serait pas dans une position solide quand elle marcherait. La distance d'une roue à l'autre doit toujours être au moins de 18 à 20 pouces. Ce n'est pas trop de 2 pieds pour les charrues de la première force.

La sellette, placée sur le patron pour recevoir et supporter l'extrémité de l'age ou de la flèche, a communément 12 ou 13 pouces de hauteur, et 2 pouces et demi d'épaisseur. Sa largeur est de même proportion que la longueur du patron, à peu de chose près. Il n'y aurait aucun inconvénient quand elle ne serait point aussi large que le patron est long.

Le tétard ou limonier doit avoir au moins 25 pouces depuis le patron jusqu'à son extrémité. Quand la charrue est extrêmement forte, on peut lui donner 3 à 4 pouces de longueur de plus, afin de donner plus d'aisance à l'attelage pour tirer. Son équarrissage est de 3 pouces.

L'épart ou la traverse qu'on passe dans la mortaise pratiquée à l'extrémité du tétard pour attacher à chaque bout les palonniers qui reçoivent les traits des chevaux, a 3o pouces de longueur, 3 pouces de largueur et un pouce et demi d'épaisseur. Ces proportions sont constantes pour toutes sortes de charrues.

Les deux palonniers ont chacun 21 pouces de longueur, et cette longueur suffit pour tenir les traits à la distance qui est nécessaire, afin qu'ils ne frottent point trop contre les cuisses des chevaux. Quand on veut labourer avec un seul cheval, ou qu'on veut en mettre plusieurs à la suite les uns des autres, on supprime l'épart pour mettre un seul palonnier au bout du tétard. Si on veut constamment mettre les animaux de tirage à la file les uns des autres, on peut absolument supprimer le tétard, et le remplacer par deux limons qu'on cloue sur le patron. Leur longueur ne doit pas excéder les épaules du cheval limonier. Il est bon qu'ils soient courbés en dehors, afin que dans la marche de la charrue ils ne battent point contre les flancs du limonier.

Actuellement je reviens aux charrues simples, à celles dont il a été d'abord parlé au commencement de cet article.

Tout le mécanisme de la charrue simple, appelée araire dans le midi de la France, et qu'on y emploie presque exclusivement, consiste dans deux léviers, l'un de la première, l'autre de la seconde espèce, qui ont un point d'appui commun, et agissent en même temps pour vaincre la résistance que le soc oppose à leur action ; de sorte que sa direction dépend de tous deux. Le premier lévier est le manche assemblé avec le sep. La puissance qui le fait agir, ce sont les mains du laboureur appliquées à l'extrémité du manche pour conduire la charrue ; son point d'appui est au talon du sep, et sa résistance première à la pointe du soc. Celle qui provient des frottemens du sep dans le sillon n'est que secondaire, parce qu'elle est une suite du premier obstacle qu'éprouve le soc en fendant la terre.

L'araire de la ci-devant Provence doit être la charrue apportée par les Phocéens, ainsi son antiquité la rend recommandable. Elle est composée du sep **AB**, *Pl. I*, *fig.* 9, lequel a ordinairement 3 à 4 pieds de longueur. La partie qui est en avant, ou le bout antérieur, est terminée en pointe. Le dessous du sep, ou la surface inférieure qui pose sur le terrain quand la charrue est en mouvement, n'est point plat ; il forme une courbe peu sensible dans toute sa longueur.

Le talon, ou l'extrémité postérieure du sep, est terminé par un fort tenon, qui est reçu dans la mortaise pratiquée à l'extrémité de l'age DE, avec lequel il s'assemble. Pour contribuer à la solidité de son assemblage, il est encore uni à l'age par deux montans de fer FG, qui sont clavelés sur l'age, comme on le voit en F. Entre l'age et le sep, c'est-à-dire de F à G, il y a environ 15 pouces de distance. Outre que ces montans solidifient l'ensemble, ils arrêtent les mauvaises herbes et les racines, qui sans lui embarrasseraient la marche de la charrue en s'amoncelant contre les oreilles ou le sep.

Le soc de cette charrue, fait en forme de fer de lance, *fig.* 10, est fort long. Il est placé sur le sep de manière que son manche ID entre dans la même mortaise, qui est pratiquée dans l'extrémité de l'age où le tenon du sep est entré. Les ailes KL du soc sont appuyées contre les montans FG, *fig.* 9. Ce soc, sans être uni au sep, est cependant placé assez solidement pour que son action ne tende pas à lui faire quitter sa position, l'effort qu'il fait contribuant à l'y maintenir.

Le manche M, *fig.* 9, est terminé au bout comme une crosse dont l'extrémité a un tenon qui entre, de même que celui du sep et le manche du soc, dans la grande mortaise qui est pratiquée à l'extrémité de l'age, et qui leur est commune. Le manche, ainsi que les deux autres pièces, est assujetti dans cette mortaise par des coins qu'on enfonce à coups de maillet pour rendre cet assemblage très-solide. On a attention qu'il y ait toujours un coin en haut et l'autre en bas, afin de pouvoir donner plus ou moins d'entrure à la charrue quand il est n cessaire. Si la mortaise était trop large vers les côtés, on serait obligé d'y glisser de petits coins, afin que les pièces qui y sont assemblées ne varient point quand la charrue est tirée. Le manche est quelquefois brisé, dans son milieu, comme on le voit en N, afin qu'il soit aisé de l'allonger ou de le raccourcir selon que l'exige la hauteur de la taille du laboureur.

Les coins qui assujettissent le sep, le soc et le manche dans la mortaise qui est à l'extrémité de l'age, ont encore une autre destination, qui est de faire piquer plus ou moins la charrue, c'est-à-dire de la faire entrer plus ou moins profondément dans la terre, à mesure qu'on les lâche ou qu'on les enfonce ; c'est pourquoi il a été dit qu'il fallait avoir attention que la mortaise fût assez large pour qu'on pût mettre un coin en dessus et l'autre en dessous. La profondeur du sillon, comme il a été démontré plus haut, dépend de l'ouverture de l'angle que forment l'age et le sep assemblés. Si cet angle est bien ouvert, la charrue pique peu ou prend peu d'entrure, parce que l'attelage tire en haut. Dans cette circonstance le conducteur, dont les mains appuient continuellement sur les manches, fatigue beaucoup pour diriger la charrue, afin que le soc prenne une entrure convenable. Au contraire, quand l'angle est peu ouvert, l'attelage, il est vrai, a plus de peine, parce que l'age étant plus bas le soc prend plus d'entrure et fouille la terre à une plus grande profondeur; mais aussi le laboureur est dispensé d'appuyer sur le manche; il lui suffit de gouverner simplement sa charrue, afin que le soc trace un sillon droit. Pour que cet angle soit peu ouvert, on enfonce fortement le coin supérieur, tandis qu'on enfonce peu celui qui est en dessous. Quand au contraire on veut lui donner plus d'ouverture afin que le soc pique moins, c'est le coin de dessous qu'il faut enfoncer fortement. Ce dernier doit toujours être entre le sep et l'age; s'il était au-dessous de l'age, soit qu'on enfonçât celui d'en haut ou d'en bas, l'effet serait toujours le même, qui est de rapprocher ces deux pièces, c'est-à-dire l'age ou le sep, parce que c'est de leur plus grande ou moindre distance que dépend l'ouverture de l'angle.

A la partie postérieure du sep il y a deux petits versoirs PP, qu'on appelle aussi *oreilles* ou *oreillons,* qui renversent à droite et à gauche la terre coupée et soulevée par le soc; ces deux versoirs sont fixés contre le sep par une forte cheville de bois qui passe à travers des deux et du sep. Ils sont aussi assujettis contre l'age par une autre cheville. Pour que le transport de la terre soit fait du côté où elle a été déjà travaillée, il est à propos que le laboureur, en appuyant sur le manche de sa charrue, la fasse un peu incliner du côté des sillons déjà formés, afin que la plus grande partie de la terre y soit versée.

L'age DFE, formé d'une seule pièce de bois courbée du côté du sep, a 8 et quelquefois 10 pieds de longueur; elle a, à son extrémité, un étrier de fer qui entre aisément dans la mortaise pratiquée au bout de la pièce de bois QR, qui a 4 à 5 pieds de longueur; elle passe entre les bœufs et va se reposer sur le joug, où elle est attachée par une cheville qui passe dans un trou qui y est pratiqué, et dans celui qui est au milieu du joug. Quand on veut n'employer qu'un seul cheval au tirage, ou qu'on veut en mettre plusieurs à la queue les uns des autres, on enlève la pièce de bois QR pour lui substituer un brancard, qu'on attache au bout de l'age par l'étrier, ou la boucle de fer, qui est toujours passée dans le trou qu'il a à son extrémité.

L'araire est tiré communément par deux bœufs qu'on met sous le joug. La *fig.* 3 représente le joug, sur lequel on fixe la pièce de bois QR de la charrue par le moyen d'une forte cheville qui passe par un trou pratiqué à l'extrémité de cette pièce, et par un autre formé au milieu du joug. Quand on se sert de chevaux ou de mulets, on passe à leur cou le châssis représenté *fig.* 4, *Pl. I.* Pour cet effet, on tire en haut les chevilles AA, et quand le cou du cheval, déjà garni d'un collier,

est passé, afin que le châssis n'appuie point contre ses épaules
quand il tire, on abaisse les chevilles; on place la pièce de
bois QR, qui tient par un étrier au bout de l'age entre les
deux montans CC, qui sont assemblés avec les deux traverses
BB; on lève la cheville D, et on la laisse retomber dans le
trou qui est au bout de la pièce de bois QR, d'où elle passe
dans celui qui est à la traverse d'en bas.

L'araire est très-commode pour labourer avec un seul cheval
entre les sillons des vignes, entre les rangées des plantes ainsi
disposées, entre les allées d'arbres, parce qu'il permet d'en
approcher sans craindre de les endommager. *Voyez* au mot
Cultivateur.

Je dois à l'amitié de M. le premier président Séguier, pair
de France, propriétaire en Languedoc, et membre de la Société royale et centrale d'agriculture, une notice sur l'araire
usité dans le département de l'Hérault, qui paraît être celui
des Romains dans toute sa pureté. C'est lui qui parle :

« L'araire en usage sur les bords de l'Hérault (en Languedoc) est certainement l'un des instrumens aratoires les
plus simples et probablement l'un des plus anciens. On y retrouve la forme, les pièces et le nom des parties de l'araire
décrit par Hésiode et Virgile. On ne prétend pas qu'il soit
exactement le premier outil aratoire des humains parvenus à
l'état social. En effet, quoique l'araire que nous représentons
ne soit composé que des cinq pièces principales nommées par
le poëte latin, et de deux pièces d'assemblage ; cependant
nous ne doutons pas que, dans l'origine, au milieu des forêts,
on ne choisît pour façonner un araire l'arbre qui offrait dans
sa conformation naturelle (1) ce que depuis l'art a composé.

» Mais successivement la rareté d'un tel arbre, et encore
mieux l'avantage de former l'araire de pièces qui pussent se
remplacer, de manière que la détérioration d'une partie n'en-
traînât pas la destruction du tout (2) : ces motifs, disons-
nous, ont produit l'instrument aratoire qui a subsisté depuis
sur les bords de l'Hérault.

» Faisons d'abord observer qu'à l'embouchure de cette rivière, est la ville d'Agde, dont le nom Αγαθη, bonne, indique
l'origine grecque.

» Une plaine, qu'un petit Nil fertilise par ses débordemens
annuels, a dû voir les premiers essais de l'araire apporté de la

---

(1) Ce qu'Hésiode appelait αυτογυον.

(2) C'est ainsi que l'arbre creusé a formé la pirogue, avant que des
planches réunies ne concourussent au même usage.

Grèce dans la Gaule, à la suite de l'industrie ou plutôt de la fortune tentée par des aventuriers.

» Cet instrument, adopté par la nation indigène, aura pu recevoir de proche en proche quelques modifications, selon la nature du terrain (1); mais l'habitude et l'amour-propre des nouveau-venus auront sans doute maintenu chez eux l'araire dans sa première forme et simplicité. Il est à propos d'avoir sous les yeux les vers 427 et suivans des Travaux et Jours d'Hésiode, et ceux 169 et suivans du premier livre des Géorgiques de Virgile.

» En même temps, examinons en détail l'araire Agathois. On y reconnaît :

» 1°. Une pièce de bois courbée naturellement ou au feu A (*voyez* la planche), appelée *basse* (2) dans l'idiome du pays, et qui correspond à la bura ou buris de Virgile, à l'ἐλύμα d'Hésiode. Elle est de bois dur, ordinairement d'orme, et a 4 pieds de long.

» 2°. Une pièce droite B *temo*, ἱστοβοευς, en patois *candelle*, de bois de hêtre, et longue de 8 pieds. Elle est ajoutée à la basse par des chevilles et des liens. Hésiode rapporte que les charrons d'Athènes excellaient dans cet ajustement.

» 3°. Un manche coudé C, dit *estève*, du latin *stiva*, en grec εχετλη, de frêne, de laurier dans Hésiode, tel que la main du laboureur repose sur son extrémité, et puisse appuyer dessus, ou le soulever au besoin : *quia in arando penè rectus innititur.* (Columelle, liv. I, chap. 9.)

» 4°. Un soc de bois D, un *dental*, du latin *dentale*, en grec γυης, espèce de semelle triangulaire, tronquée d'un bout, aiguë de l'autre, ayant en dessous une arrête, un dos, *dorsum* (3), et doublé par-dessus d'un autre *dental* de fer qui semble ainsi réaliser le *duplex dorsum* du poëte latin. Le dental est toujours du bois le plus dur, d'yeuse.

» 5°. Deux oreilles E, *binæ aures* dans Virgile, omises dans Hésiode, nommées à Agde *espandidoures*, parce qu'elles épanchent la terre soulevée par le dental.

» Voilà les cinq principales pièces de l'araire antique.

» Restent des pièces d'assemblage, telles que deux tirans de fer F, appelés *tendilles*, passant de la basse au dental pour les réunir, et *tendues* au moyen d'un coin de bois G, qui est comme la clef de l'instrument. Ce coin, introduit de force

---

(1) Le même araire, qui est d'un seul morceau dans la plaine, est ployant au timon dans la montagne.

(2) Venant peut-être de βασσα, concavité, ou plutôt du latin *bassa*, partie basse.

(3) Pline le désigne : *resupinus vomer.*

dans une mortaise et rainure pratiquées au talon de la basse, au-dessous de l'estève, au-dessus du double dental, c'est-à-dire entre l'une et l'autre, tient l'araire assemblé, *monté,* comme on dit : en le retirant tout est disloqué.

» Cet instrument primitif de labour, formé des mêmes bois et dans les mêmes proportions que celui des Géorgiques, tellement simple que le laboureur ou son valet le met en état de service journalier, a subi plus tard une variation. On a substitué aux deux oreilles un versoir nommé *mousse.* A cet effet, le dental a été entr'ouvert, et a reçu, sur une de ses branches, une espèce d'aile de bois de hêtre qui, au lieu d'écarter des deux côtés la terre, comme font les oreilles, la renverse d'un seul côté sens dessus dessous. En même temps, un coutre de fer (*coutel*) a été suspendu au milieu de la basse, en avant du *dental.*

» L'araire au dental (1), évidemment l'aîné de l'araire à la mousse, est employé dans toute espèce de sol, de préférence dans les terres superficielles ou pierreuses, et toujours pour couvrir les semences. Son second est appliqué avec succès aux sols profonds, et seulement pour les premiers labours. Il paraîtrait d'ailleurs que, du temps d'Hésiode, l'araire n'avait pas encore les oreilles ajoutées plus tard ; et cette addition si utile n'avait pas fait abandonner, du temps de Palladius, l'araire d'origine, puisqu'il distingue *l'aratrum simplex* et *l'auritum,* ce dernier étant propre aux pays plats et humides. Ainsi marchent les choses : l'araire *à la mousse* ne semble-t-il pas être à l'égard de celui au dental, ce qu'a été l'*aratrum auritum,* après le *simplex ?*

» En pensant avoir ainsi reconnu chez les descendans d'une colonie grecque l'araire des premiers temps, il faut convenir qu'il reste une difficulté. Le poëte latin indique une partie sur laquelle ses commentateurs eux-mêmes ne sont pas d'accord, et dont l'araire Agathois ne donnera pas l'explication. Virgile dit donc que le manche l'*estève, stiva,* C, fait retourner *currus imos.* Des interprètes, et à leur tête Servius, aperçoivent là de petites roues; ils sont conduits à cette idée par la vue du train de roues qui soutient la bure, la basse, l'age de la charrue moderne, dans le nord de la France. Ils supposent que la charrue de Mantoue, patrie de Virgile, aurait, de son temps, reçu cette perfection, ou pour mieux dire cette complication. D'autres, auxquels cette addition de roues répugne, ont hardiment proposé de lire, au lieu de *currus imos, cursus imos,* supposant apparamment que l'on pourrait dire *cursus aratri,* comme on dit : *cursus lunæ, sagittæ, fluminis.* Alors

____

(1) Dérivé du mot *dent,* parce qu'il mord la terre.

l'expression *torqueat* représenterait l'emploi que le laboureur fait du manche de l'araire pour retourner l'instrument au bout du sillon, et en recommencer un nouveau. Peut-être aussi, sans se permettre témérairement une variante, pourrait-on entendre par *currus* le train d'une machine mise en marche, et l'épithète *imos* serait la réunion des pièces inférieures de l'araire que le manche dirige, soulève, et qu'il fait retourner quand le sillon est achevé. Nous préférerions cette interprétation, dans la pensée que Virgile, qui se sert toujours du terme propre, sur-tout dans un ouvrage didactique, aurait trouvé le moyen de placer dans son vers le mot technique *rotas*. Nous ajouterons que la charrue, plus anciennement décrite par Hésiode, et que Virgile reproduit avec une supériorité de pinceau qui ne dédaigne pas la ressemblance, n'offre aucune trace de roues. Enfin nous dirons, et ceci nous paraît décisif, que, si la charrue Virgilienne avait été montée sur un avant-train, le poëte n'aurait pu représenter l'araire revenant des champs suspendu au joug des bœufs : *aratra referunt suspensa juvenci*. Or, notre canton d'Agde voit encore chaque soir le tableau rustique des premiers âges de l'agriculture. Le laboureur renverse son araire de haut en bas, il accroche le soc au joug de ses bœufs ou de ses mules ; le timon ou la candelle traîne à terre, et il rapporte ainsi à la ménagerie le plus simple et le plus nécessaire des outils de la vie sociale.

» Notre notice serait incomplète, si nous omettions de parler d'une modification moderne de l'araire dans le pays même où il a été originairement importé. Au lieu du timon, de la *candelle*, qui repose sur le joug des bêtes de labour, on adapte quelquefois à la *basse* une espèce de fourche, de brancard formé de deux pièces courbes de bois léger, entre lesquelles on attèle une mule. Ce moyen est réservé pour le cas où une des deux bêtes d'attelage est malade, et afin que l'autre ne reste pas oisive. Cependant, on ne pratique ce labourage au *fourcat* que pour les dernières façons, notamment la façon qui recouvre les semences, et aussi pour un travail expéditif dans les vignes.

» Enfin un araire de cette conformation, et de dimension telle qu'un homme même puisse s'y atteler et le tirer, existe ordinairement dans les ménageries aisées. Il sert à tracer de légers sillons à quelques pas les uns des autres, dans de grands champs labourés à plat, et à l'aide de ces traces le laboureur jette et divise également sa semence. Serait-ce là le *sarculum* de ceux dont Pline dit : *sine hoc animali (bove) montanæ gentes sarculis arant* (Hist. natur., lib. XVIII, cap. 19) ; celui qu'Horace réserve à son heureux modèle de la vie champêtre ?

Gaudentem patrios scindere sarculo
Agros.....   (Lib. I , od. 1.)

» Il convient maintenant de dire quelques mots sur le nombre de façons données aux terres avec l'araire Agathois, et le temps que ces façons demandent en raison de l'espace labouré.

» L'usage, en bonne ménagerie, est de donner avec l'araire au dental ou à la mousse, selon le sol, quatre façons, en croisant les raies, depuis le mois d'août jusqu'au 15 septembre. On sème en octobre, et on recouvre la semence par une cinquième façon; ce qui fait cinq labours. On herse ensuite, et on brise les mottes avec un maillet de bois. Ordinairement on porte et on répand le fumier en août, avant la quatrième façon. Les laboureurs plus diligens fument entre la première et la seconde façon. L'araire ouvre et creuse la terre de 7 ou 8 pouces. La profondeur et la régularité du labour dépendent de la bonne volonté du laboureur et de la force des bestiaux. A la première façon, une paire de bœufs n'ouvre qu'une demi-septérée de terre environ (325 toises carrées); les mules ouvrent un quart de plus. Les façons subséquentes se donnent plus facilement. Une paire de bœufs laboure, en été, une septérée par jour; les mules une septérée et un quart, et un laboureur diligent avec de bonnes mules fait jusqu'à la septérée et demie, aux troisième, quatrième et cinquième façons. La largeur des planches est arbitraire. Elle est de 7 à 8 pieds, et comporte onze à douze raies ou traits de charrue. Le sillon qui termine la planche est plus marqué. A cet effet, on incline l'araire. D'ailleurs, la planche est à-peu-près nivelée.

» Le prix du labour varie selon celui du blé. On ne peut faire bien cultiver à cinq façons une septérée qui est de 625 toises carrées, à moins de 15 francs, ce qui est le prix ordinaire d'un setier de blé, mesure d'Agde, faisant 120 livres poids de Table, équivalant à 2 tiers d'hectolitre, ou 50 kilogrammes environ. »

La forme des araires varie non-seulement de pays à pays, mais même de commune à commune; quelques-uns sont très-défectueux. Je n'entreprendrai pas de les décrire tous, mais je dois donner la figure de celui usité dans le département du Gers , comme plus parfait que beaucoup d'autres ; il n'a qu'un versoir, mais fort grand, comparativement à ceux des précédens. *Voyez*, *Pl. II*, *fig.* 1 , l'araire (*aray*) vu du côté du versoir ; *fig.* 2, le même vu du côté opposé ; *fig.* 3 , le sep (*la mousso*); *fig.* 4 et 5, l'age (*la courbo* ou *plec d'aray*); *fig.* 6 , le versoir (*l'aoureillon*); *fig.* 7 , le manche (*l'estéouo* ou *la manego*); *fig.* 8, le soc (*l'areillo*); *fig.* 9, le coutre (*lou couté*). Les proportions sont telles qu'elles sont indiquées dans les figures, le coutre supposé être d'un pied et demi de long.

L'araire de Montelimar figuré dans le Compte rendu de la Société d'agriculture de Lyon, année 1819, paraît être fort bon. Ainsi, je dois en recommander l'emploi aux cultivateurs des départemens voisins.

L'aran des environs d'Angoulême se rapproche beaucoup de cet araire; mais son manche est double, son soc est moins large, et son oreille est amovible.

Je voudrais encore parler de l'araire dont on fait usage sur les montagnes de la Galice, et dont j'ai donné la figure, il y a vingt ans, dans la Relation de mon voyage en Espagne, imprimée dans le Journal encyclopédique. Voici ce que j'en dis :

« Il fallait au sol schisteux de ce bassin une culture appropriée à sa grande élévation et à l'humidité continuelle dont il est abreuvé. Des hommes très-ignorans, de temps immémorial, lui en ont donné une tellement perfectionnée, qu'il n'est pas possible de la voir sans en être enthousiasmé. Là, les sillons sont des trapèzes, dont le côté incliné regarde le midi, et qui n'ont qu'environ 3 décimètres de large sur à-peu-près autant de hauteur. Mais comment leur donne-t-on cette forme ? Par le moyen d'un petit fagot flexible de genêt, qu'on place et qu'on fixe, en travers du soc, au bas du manche de la charrue. Cette charrue est un simple araire à oreille mobile (*voy. Pl. II, fig.* 13 et 14). Lorsqu'on trace une raie, l'extrémité du fagot qui est du côté de l'oreille se relève et ratisse obliquement la terre que le soc vient d'élever. L'habitude fait que les sillons sont égaux et droits comme s'ils avaient été tirés au cordeau, que les billons sont unis et propres comme les planches du jardin le mieux tenu. La semence qu'on a répandue avant le labourage se trouve presque tout entière sur la partie inclinée du billon, et y germe à l'abri d'une humidité surabondante et sous l'influence directe des rayons du soleil. »

Cette méthode, que je ne crois décrite nulle part, m'a paru très-simple, très appropriée à la localité, et dans le cas d'être imitée dans les sols analogues. Il est une infinité de cas où son application serait très-économique, c'est-à-dire dispenserait de travailler la terre à la bêche et au râteau. Les cultures de primeur, dans les sables des environs de Paris par exemple, en seraient très-susceptibles.

M. Arbuthnot, dont il a déjà été parlé dans cet article, a inventé une charrue simple dont je ne crois pas qu'on fasse usage nulle part. J'en donne cependant la figure *Pl. II, fig.* 10, 11, 12, principalement à cause du moyen employé pour changer l'angle du tirage, moyen qui n'est appliqué à aucun autre : AB, la flèche ; AC, les manches ; D, le versoir ; E, le soc ; F, le sep ; G, la tête, dont les dentelures servent à placer plus ou moins haut l'anneau de tirage, selon qu'on veut que le soc entre plus ou moins profondément dans la terre. Des expériences comparatives ont prouvé qu'elle labourait à 10 pouces de profondeur avec une force égale à 500, c'est-à-dire plus faible qu'aucune autre charrue.

On doit au même **M. Arbuthnot** un mémoire très-lumineux sur les principes qui doivent guider dans la construction des diverses parties d'une charrue. Il est inséré dans le recueil des ouvrages agronomiques d'Arthur Young. Je regrette de ne pouvoir, à raison de sa longueur et de la similitude de ses bases avec les principes de théorie développés plus haut, l'insérer ici ; mais j'invite ceux des lecteurs qui voudraient approfondir la matière à en prendre connaissance.

La charrue à avant-train est préférable dans un grand nombre de cas, parce que la flèche, qui repose sur l'avant-train et qu'on allonge et raccourcit à volonté, comme je le dirai plus bas, est un régulateur fixe absolument indépendant de l'attelage, qui ne permet au soc de s'enfoncer qu'à la profondeur donnée, laquelle ne peut plus varier tant que la flèche demeure à la même hauteur. Par cette raison, le labour à cette charrue est plus uniforme. Une autre considération, c'est que la flèche étant posée sur l'avant-train, elle fait un seul lévier avec les manches, et sert à enfoncer le soc quand on les presse ; au contraire, en les soulevant, on le fait sortir du sillon. Il n'en est pas ainsi de la charrue simple ; elle entre plus dans la terre en soulevant les manches, et quand on les presse elle s'enfonce moins ; ce qui provient du point d'appui qui, dans la charrue simple, est dans le talon, et dans l'autre sur l'avant-train.

La charrue à avant-train est beaucoup plus ferme que la charrue simple, parce que la profondeur du sillon est toujours réglée par l'avant-train, sur lequel pose la flèche. D'ailleurs, l'axe des roues étant le point d'appui de la flèche, qui y est fixée solidement, l'arrière-train est bien moins sujet à verser à droite ou à gauche que quand la flèche n'est pas fixée sur un point d'appui solide, tel que celui des charrues simples. Cette construction épargne les efforts extraordinaires qui sont quelquefois requis de la part de l'attelage, ainsi que du conducteur, en bien des circonstances, lorsqu'on laboure avec la charrue simple, particulièrement si le laboureur ne sait point garder l'équilibre entre les deux léviers dont la charrue simple est composée, ou quand la variété du sol, la résistance des racines, les trop grandes pressions latérales qu'éprouve le sep, s'y opposent. La résistance perpendiculaire des obstacles enfonce la pointe du soc tout d'un coup, et exige un effort proportionnel pour le soulever. La charrue à avant-train, au contraire, est constamment soutenue dans le même angle de tirage avec le sillon. Par conséquent, c'est alors la seule partie du mouvement progressif, parallèle à la ligne horizontale, qui exige la force de l'attelage.

Cependant cette charrue, donnant lieu à de grandes décompositions de forces, à des frottemens multipliés, fatigue beaucoup plus les chevaux et les hommes. Il est d'ailleurs des circonstances où son action est désavantageuse. Par exemple, lorsqu'on laboure en billons, comme les roues changent fréquemment de position, la charrue est jetée hors du plan vertical, de sorte que le soc coupe de côté avec des irrégularités fort considérables. Un laboureur intelligent peut remédier à cet inconvénient par la manière de diriger sa charrue ; mais les moyens les plus sûrs d'y parvenir sont, ou de faire les billons de 3o à 4o pieds de largeur, en leur donnant une convexité régulière, de manière que le milieu des planches ait de 18 à 24 pouces de hauteur, comme on le pratique en Angleterre et en Flandre, ou de faire les roues d'un diamètre inégal, pour que la plus haute se trouve toujours dans l'endroit le plus bas du billon. Il est sur les bords du Rhin, dans les environs de Mayence, un canton où une des roues de la charrue est de moitié plus petite que l'autre, aussi y fait-on des billons très-étroits et très-bombés. Dans cette circonstance, on est obligé d'entamer un billon des deux côtés, c'està-dire par la droite, et ensuite par la gauche pour revenir à la droite, afin que la roue la plus haute se trouve toujours du côté le plus bas. C'est principalement dans ces sortes de charrues qu'il est utile de pouvoir à volonté éloigner une des roues de l'autre, en prolongeant l'essieu d'un côté.

L'avant-train des charrues composées n'est cependant pas toujours accompagné de deux roues. On en voit fréquemment en Angleterre qui n'en ont qu'une, et plusieurs agriculteurs français ont proposé d'en construire d'après les mêmes principes. On a donné à ces charrues le nom de CULTIVATEUR, et c'est à ce mot que j'en parlerai.

La charrue la plus commune aux environs de Paris doit être connue. Quoique inférieure à d'autres, c'est par elle que je vais commencer.

L'arrière-train de cette charrue, représenté *Pl. III, fig.* 1, est composé du sep **A A**. Il est plat en dessous, afin qu'il puisse aisément couler sur le terrain. Il a 27 à 28 pouces de longueur ; sa largeur à sa partie postérieure, où l'age est assemblé, est de 6 pouces, et son épaisseur de 3. Il diminue insensiblement et jusqu'à sa pointe, qui entre dans le soc. Le côté opposé au versoir est garni d'une bande de fer, afin qu'il ne s'use pas trop vite par les frottemens. Son bout antérieur est garni d'un soc plat B, qui est acéré et tranchant. Il a 4 pouces un quart de largeur à l'endroit où il embrasse le sep, et 8 dans sa plus grande largeur; sa longueur est de 15 pouces et demi. Il se termine en pointe pour entrer plus aisément dans la terre. On le voit représenté de face, *fig.* 2.

Le double manche C C entre dans une mortaise pratiquée au bout postérieur du sep, où il est enfoncé très-solidement. Depuis le sep jusqu'à son extrémité, il a 3 pieds 9 pouces de longueur; sa plus grande largeur est de 3 pouces sur un pouce et un quart d'épaisseur. La plus grande ouverture de ces deux manches, qui est à leur extrémité, est de 15 pouces. Ils sont soutenus dans le haut par une traverse, qui rend leur assemblage plus solide, quand même ils ne seraient faits que d'une seule pièce de bois.

L'age D D passe, de toute son épaisseur, dans un trou pratiqué au bas des manches, qui est rond ou carré, selon la forme de l'age, forme qui est assez indifférente. Pour rendre l'arrière-train plus solide, l'age est soutenu par la *scie* E et l'*atelier* F. Ce sont deux pièces de bois qui ont à chaque extrémité un tenon qui entre dans les mortaises pratiquées au sep et à l'age. De cette manière ces trois pièces essentielles, qui forment l'arrière-train de la charrue, c'est-à-dire le sep, l'age et le double manche, sont assemblées très-solidement. La longueur de l'age est de 6 pieds ou environ. Son diamètre, au bout qui est assemblé avec les manches, est de 3 pouces et demi ou 4 pouces; le bout qui repose sur la sellette est beaucoup plus mince, à peine son diamètre est-il de 2 pouces.

A quelque distance de la scie, on pratique à l'age une mortaise pour recevoir le coutre, qu'on assujettit avec des coins, en lui donnant une direction inclinée, de manière que sa pointe soit toujours devant le soc, auquel il doit ouvrir la terre. Pour qu'il ait l'inclinaison nécessaire à sa marche, la mortaise qui le reçoit doit être pratiquée obliquement, de sorte que les coins contribuent plutôt à la tenir en place qu'à lui donner l'inclinaison qu'il doit avoir.

Le coutre G, qui est une espèce de couteau à long manche, doit être bien fixé dans sa mortaise par les coins qu'on met de côté et d'autre, afin qu'il ouvre la terre dans la direction du soc, et que la résistance qu'il éprouve ne change point sa marche.

L'arrière-train de la charrue est terminé par le versoir H H H, qui doit toujours être proportionné à la grandeur du soc. Sa forme n'est point indifférente, comme quelques agriculteurs le croient, ainsi que je l'ai déjà observé avec MM. Arbuthnot et Jefferson, au commencement de cet article; aussi beaucoup de charrues vont-elles mal, parce que les charrons ne les taillent pas sur un modèle uniforme, sur-tout parce que le hasard préside à la courbure de la face antérieure de ce versoir. Il en est de même de sa grandeur, qui doit toujours être proportionnée à la largeur du soc, parce que s'il était plus étroit, une partie de la terre soulevée par le soc passerait par-dessus ses bords supérieurs et retomberait dans le sillon.

L'avant-train de cette charrue, représentée *Pl. III, fig.* 3, est composé,

1°. Des deux roues **AA**, d'une égale grandeur, qui ont 20 ou 22 pouces de diamètre; elles sont en bois. Pour rendre leur assemblage plus solide et d'une plus longue durée, on met sur le contour extérieur des bandes de tôle qui les rendent peu pesantes, et qu'on cloue comme aux roues des charrettes. La partie du moyeu qui est en dedans, a 2 pouces un quart environ de longueur; elle est entourée, ainsi que la partie extérieure, d'un cercle de fer très-mince;

2°. Du patron **B**, qui est une pièce de bois carrée de 4 pouces d'équarrissage, et de 10 pouces et demi de longueur. Il reçoit l'essieu de fer qui passe par les moyeux des roues, qu'il recouvre dans toute sa longueur, au moyen d'une rainure qui est pratiquée en dessous. Il est fortifié à ses bouts par deux frettes de fer plates;

3°. Du tétard **C**, qui est une pièce de bois un peu courbée et relevée sur le devant; elle est appuyée sur le patron, où elle est fixée par une ou deux fortes chevilles depuis le patron jusqu'à son extrémité; le tétard a 25 pouces 6 lignes de longueur; son équarrissage est de 3 pouces;

4°. D'une pommelle **DD**, qu'on nomme l'*épart,* qui passe dans une mortaise pratiquée à l'extrémité antérieure du tétard. Cet épart a 30 pouces de longueur sur 2 pouces 3 lignes de largeur, et 1 pouce 3 lignes d'épaisseur;

5°. De deux palonniers **EE**, qui sont attachés par deux chaînettes aux deux bouts de l'épart. Ils servent à mettre les traits des chevaux qui tirent. Ils ont 21 pouces de longueur. Leur grosseur est assez considérable pour qu'ils ne cèdent point aux efforts de l'attelage;

6°. Du forceau **FF**, qui est placé sur le patron à côté du tétard, depuis le patron jusqu'à son bout antérieur; il est entaillé, afin d'occuper moins de place, au-dessus de l'essieu; il s'étend assez loin derrière la sellette pour recevoir l'extrémité inférieure du collet. Depuis son bout antérieur jusqu'au bord de l'entaille qui reçoit la sellette, il a 16 pouces et demi, et autant sur le derrière. Sa face horizontale est de 2 pouces 3 lignes, et la perpendiculaire de 3 pouces 9 lignes;

7°. De la sellette G, qui s'élève sur le patron. Elle est formée de plusieurs planches couchées les unes sur les autres, de 2 pouces et demi d'épaisseur. La plus élevée fait une saillie, parce qu'elle est un peu plus longue que les autres. Ces planches sont retenues les unes sur les autres par les deux chevilles de bois ou de fer HH, qui traversent toute la hauteur de la sellette et entrent dans le patron. Elles sont jointes en haut par la traverse M. Au milieu de la sellette il y a une échancrure en arc de cercle où l'age repose. Quoiqu'elle soit assujettie par le collet, elle peut encore l'être par la traverse des chevilles, qu'on peut baisser et faire appuyer par dessus. Cette sellette a ordinairement un pied 9 lignes d'élévation, 10 pouces et demi de largeur, et 2 pouces et demi d'épaisseur. Au lieu de la faire de plusieurs planches, on pourrait la construire avec une seule pièce de bois qui aurait toutes les proportions requises.

Le collet NN, qui embrasse l'age et le forceau, unit l'avant-train à l'arrière-train. Sa hauteur, depuis N jusqu'à N, est de 17 pouces. Par le moyen d'une cheville qui peut entrer dans les différens trous pratiqués à l'age, on avance ou on recule le collet à volonté, pour donner à l'angle qui forme l'age avec le sep, l'ouverture qui est nécessaire pour que la charrue pique plus ou moins. Ce collet peut glisser sur l'age tant qu'on veut; mais s'il n'était pas retenu par une cheville qui entre dans un trou fait à l'extrémité du forceau en F, il quitterait le forceau. Tout l'effort de l'attelage porte donc sur ces deux chevilles, qui doivent être assez fortes pour résister à la puissance qui agit sur elles.

Le grand avantage de cette charrue, qui lui est commun avec celles qui ont un avant-train, consiste à faire piquer plus ou moins le soc, c'est-à-dire à tracer un sillon plus ou moins profond, selon la sorte de culture qu'il convient de donner à la terre qu'on laboure. La profondeur du sillon, comme il a été dit plus haut, est toujours proportionnée à l'ouverture de l'angle que forment le sep et l'age, de sorte que le sep s'enfonce dans le sillon à une plus grande profondeur quand cet angle est peu ouvert que lorsqu'il l'est beaucoup. A mesure qu'on élève l'âge sur la sellette, le soc s'élève en même proportion, par conséquent il s'enfonce moins; tandis que la partie postérieure du sep s'abaisse, ce qui donne un angle d'une plus grande ouverture. Au contraire, en abaissant l'extrémité de l'age sur la sellette, la partie postérieure du sep s'élève, tandis que le soc enfonce pour entrer plus profondément dans le terrain. Or, rien n'est plus aisé que d'élever ou d'abaisser l'age,

en faisant glisser en avant ou en arrière le collet, que l'on fixe
où l'on désire par le moyen des chevilles.

Lorsqu'une puissance fait effort, à l'extrémité de l'age, pour
tirer la charrue, qu'en outre il y a une résistance à vaincre au
bout du soc, il est évident que le bout de l'age tend à baisser,
tandis que le talon du sep tend à s'élever. Tous ces mouvemens auraient lieu si la direction de la force, qui est au bout
de l'age, ne s'y opposait continuellement, ainsi que celle du
charretier, qui appuie sur les manches afin que le talon du sep
ne remonte point. C'est pour cette raison qu'on élève le tirage
des charrues qui n'ont point d'avant-train, afin que les chevaux de trait fatiguent moins. En donnant beaucoup de longueur à l'age pour qu'elle puisse aisément être élevée, on fait
aussi les manches de la charrue fort longs. Par ce moyen le
charretier a plus de puissance pour arrêter l'effort du talon du
sep, qui tend toujours à s'élever. Le sep de ces sortes de charrues
étant ordinairement fort long, il est plus aisé alors de le tenir
dans son assiette au fond du sillon. Dans les terrains légers on
parvient à surmonter les efforts du soc; mais il est très-difficile
de le gouverner comme il faut dans les terres fortes. Si le talon
du sep s'élève trop, le soc entre plus profondément dans la
terre qu'il ne faut; s'il baisse, il n'entre pas assez. Le charretier, continuellement occupé d'un travail forcé, ne peut point
conduire le soc comme il conviendrait : il pique donc trop ou
pas assez; le labour par conséquent est inégal, puisque le versoir retourne tantôt de grandes, tantôt de petites mottes.

Les charrues à avant-train, en général, ne sont pas sujettes à
ces inconvéniens, qui sont d'un grand préjudice à l'agriculture.
L'age par sa position sur la sellette déterminant toujours l'entrure du soc dans la terre, il est certain qu'on l'abaissant à la
hauteur qu'on juge convenable pour piquer la charrue, l'effort
qu'elle ferait pour s'enfoncer davantage serait inutile, puisqu'il
est supporté par un point fixe, qui est la sellette. Au moyen de
ce point constant et déterminé, l'angle que forme l'age avec
la ligne horizontale du terrain ne peut point varier; la charrue
par conséquent pique toujours la même quantité. On doit donc
considérer la sellette de l'avant-train comme un régulateur
exact et immobile, qui est d'une très-grande utilité pour faire
un labour, selon la sorte de culture qu'il convient de donner
à une terre quelconque.

Dans les montagnes, cette charrue est désavantageuse en ce
qu'elle fait descendre une plus grande quantité de terre.

Lorsqu'une charrue à avant-train est bien construite, que
le charretier, sans être bien intelligent, sait cependant disposer l'arrière-train avec l'avant-train, de manière que l'angle
que fait l'age avec la ligne horizontale soit d'une ouverture

convenable pour faire piquer la charrue de la quantité qu'il désire, il est maître alors d'entamer la terre de la quantité qu'il juge à propos, de labourer exactement à la profondeur qu'il veut, et de tracer des sillons très-droits.

On pourrait appeler charrue les CULTIVATEURS OU BINOTS, que beaucoup de personnes emploient pour sarcler les pommes de terre, attendu qu'ils sont pourvus de chaque côté d'un versoir propre à butter en même temps. Il est à désirer que cet instrument soit généralement employé, à raison de l'économie et de la bonté de son travail.

On doit à M. le marquis de Barbançois le projet d'une charrue pourvue d'un avant-train qui paraît pourvu d'avantages marqués. Je ne l'ai vue qu'en modèle, ce qui ne me permet pas d'en parler plus au long.

La charrue à tourne-oreille, en Picardie, diffère peu de la charrue à versoir, dont on vient de lire la description (*voyez Pl. III*, *fig*. 4), où son avant-train est représenté seul, parce que son arrière-train est le même que celui de la précédente. Dans bien des lieux, on en fait une charrue légère, en supprimant cet avant-train, et en fixant son age au joug des bœufs ou au collier des chevaux, ainsi qu'il a été dit à l'occasion de l'araire.

Dans les bonnes terres, cette charrue laboure presque toute seule et entame fort bien la terre, à raison de ce que son soc est long et pointu.

Le sep AA, l'age II, sont des pièces semblables à celles de la charrue à versoir, excepté qu'elles sont moins fortes. Les manches, qui sont construits dans les mêmes proportions, sont plus inclinés sur le sep, auquel ils sont assemblés vers sa partie antérieure. L'age, après avoir traversé le manche, vient s'emboîter dans le talon du sep. La scie G passe dans une mortaise pratiquée à l'age, et vient entrer dans une autre qui est au bout antérieur du sep pour unir solidement ces deux pièces. Le soc B, *fig*. 5, est à deux tranchans symétriques, terminés par une douille, dans laquelle entre la pointe du sep. Aussi cette charrue renverse la terre, tantôt d'un côté, tantôt de l'autre, selon la position de son versoir, qu'on change au bout de chaque raie. Ce déplacement successif du versoir exige que le soc ait cette forme. S'il n'avait qu'un tranchant, quand il serait placé au côté opposé, il n'aurait point de terre à soulever, et celle de l'autre retomberait toujours dans la raie.

Le fourchet de bois CC, qu'on nomme le *coyau*, fait presque l'office de versoir, dont il pourrait absolument tenir lieu. Son extrémité est appuyée sur la douille du soc, son angle repose sur la scie G, et les deux branches de la fourche qu'il forme sont en l'air. Ce coyau est fixé sur le sep par deux fortes chevilles, qui le traversent de chaque côté et qui entrent dans le sep. Son principal office est d'écarter la terre qui a été coupée par le coutre et le soc, et de la verser sur les côtés, afin qu'elle ne tombe pas dans le sillon.

La *fig.* 6 représente l'oreille de la charrue dans la position où elle se trouve quand elle est en place ; la *fig.* 7 la montre à plat avec les chevilles qui servent à l'attacher. Cette oreille, qu'on doit considérer comme un versoir amovible, est une espèce de triangle de bois, dont le plus petit angle est garni d'une douille de fer terminée en crochet. Au milieu de cette douille on voit une cheville à talon, qui y est fortement enfoncée. A l'autre extrémité de l'oreille, il y en a une autre, courte et grosse, qui est enfoncée solidement dans le trou pratiqué à cet effet.

Pour attacher l'oreille à un des côtés de la charrue, on passe le crochet qui est au bout de la douille à un crampon placé en M au bas de chaque côté du sep ; on enfonce la cheville dans le trou du sep, qu'on voit en N, jusqu'à ce que le talon touche l'ouverture du trou. L'autre cheville va appuyer sur les manches ou contre l'extrémité de l'age. La ligne ponctuée marque le contour de l'oreille mise en place sur un des côtés de la charrue.

La charrue à tourne-oreille n'a ordinairement qu'un seul coutre, qui est placé dans une mortaise pratiquée à l'age, autour de laquelle on met deux cercles de fer. Sa position est oblique, sa direction est devant le soc, auquel il ouvre la terre, ainsi qu'aux autres charrues qui en sont fournies. La pointe du coutre doit toujours être inclinée du côté opposé à l'oreille. Comme on est obligé de changer cette oreille de place à tous les tours de charrue, c'est-à-dire de la mettre tantôt à droite, tantôt à gauche, il faut aussi changer l'inclinaison du coutre, afin que sa pointe soit toujours du côté opposé à l'oreille.

Pour changer la position du coutre à volonté, il faut qu'il soit à l'aise dans la mortaise où il est placé, sans y être assujetti par des coins, mais par la seule disposition du ployon DD. Supposons que l'oreille est placée du côté gauche, on pose alors le bout du ployon contre la face gauche de la cheville de fer qui est enfoncée dans l'age près des manches, le milieu du ployon vient passer derrière le coutre et se reposer sur son côté droit. Ensuite on fait effort pour le courber, afin que son extrémité antérieure vienne passer et s'appuyer à la gauche de la cheville qui est sur l'age devant le coutre. La pression du ployon contre le coutre l'assujettit solidement dans sa mortaise ; mais cette mortaise étant large, la force du ployon, qui agit sur la droite du coutre, porte son manche à gauche, tandis que son tranchant s'incline vers la droite, qui

9 *

est du côté opposé à l'oreille. Quand on transporte l'oreille du côté droit, on change absolument la disposition du ployon, afin que sa pression agisse de manière à porter la pointe du coutre vers la gauche. Pour cet effet on a une seconde cheville de fer, qui est dans l'age, à côté de celle qu'on voit près des manches ; de sorte qu'à cet endroit le bout du ployon est toujours entre deux chevilles. Lorsqu'on veut changer sa position, relativement à celle que doit avoir le coutre, on sort de son trou la cheville qui est en avant du coutre, et qui, pour cet effet, doit y être à l'aise, afin qu'on puisse la tirer avec facilité. Alors on dispose le ployon comme il doit l'être, et on remet la cheville en place pour l'assujettir. C'est une petite manœuvre qu'on est obligé de faire toutes les fois qu'on change l'oreille de côté, ce qui arrive au bout de chaque raie.

Pour les terrains plats, la charrue à tourne-oreille est une des meilleures ; mais il n'en est pas de même pour ceux qui sont en pente, parce que son sep est très-large et que le conducteur fatiguerait beaucoup pour le retenir dans son assiette. Dans toutes sortes de terres légères, on peut l'employer avec succès. Dans les terres fortes, elle avancerait moins l'ouvrage, parce que la forme de son sep lui fait éprouver des frottemens considérables, qui doivent beaucoup retarder sa marche dans le sillon. On peut considérer le coyau, qui repose sur le sep, comme un double versoir arrondi, qui est d'un usage merveilleux pour empêcher que la terre ne retombe sur le sep, et pour écarter les racines des plantes qui viendraient s'embarrasser dans les manches et à l'extrémité de l'age. Sa forme arrondie le rend bien plus utile que le gendarme, qui n'offre qu'une petite surface peu capable de produire les même effets que le coyau. Il serait à désirer que son angle fût plus rapproché de l'âge, afin de prévenir la chute de la terre sur le sep.

On pourrait rendre cette charrue propre à la culture de toutes sortes de terres en changeant un peu la forme du sep, qui, étant plus large que le soc, éprouve des frottemens très-considérables.

Malgré ce défaut, elle est préférable, je le répète, pour la culture d'un terrain léger, parce que le laboureur qui entame une pièce continue son travail du même côté, et n'est point obligé, comme avec la charrue à versoir fixe, de labourer d'un côté, et d'aller ensuite tracer un autre sillon du côté opposé pour revenir ensuite au premier. Il n'y a donc que le dernier sillon qui reste vide, ce qui est indispensable. Quant au second labour, il ne change pas la direction des raies, il sert d'enrayure et le remplit en traçant la première raie.

La charrue à double versoir, dont on se sert aux environs d'Angers et autres cantons où on laboure les terres en billons, est plus ou moins grande, plus ou moins large en divers endroits, selon la profondeur et la force des terres. Le sep, qui est semblable à celui des charrues à versoir, est armé à sa pointe d'un soc de fer à deux oreilles, tel qu'on le voit, *fig. 8*, *Pl. III*. Ce soc est plus ou moins large et fort, sa pointe plus ou moins longue, selon la qualité des terres pour lesquelles il est employé. Assez ordinairement, d'une oreille à l'autre, c'est-à-dire de **A** en **B**, il est plus large que le sep, afin qu'il ouvre un sillon plus large que le talon du sep : autrement il éprouverait trop d'obstacles dans sa marche. C'est dans sa douille **C** qu'on fait entrer de force la pointe du sep. Le soc à double aile ou double oreille est quelquefois accompagné d'un contre de fer, d'autres fois on n'en met point : cela dépend de la qualité du terrain, étant nécessaire seulement dans celui qui est argileux ou rempli de mauvaises herbes. Pour le retenir, on y place une bande plate de fer, qu'on appelle le *coutriau*, qui se termine par un bout en crochet qui entre dans un trou situé vers le milieu du soc. L'autre bout de cette bande est percé de plusieurs trous ; elle passe au travers de l'age de la charrue, percée également pour cet usage. On la retient à l'age avec un clou passé dans un de ses trous, ou avec des coins de bois qu'on ôte aisément quand on veut.

Cette charrue, qui renverse la terre de deux côtés, a deux épaules de bois façonnées exprès, en forme de planches, envoilées des deux côtés en dehors par le haut, pour mieux renverser la terre. Ces planches ou épaules, qu'on pourrait appeler des *versoirs*, sont plus ou moins épaisses, longues et hautes, selon la force de la charrue, qui est toujours proportionnée à la qualité du terrain. Le manche de cette charrue, et son age, qui porte sur des roues dont l'essieu est en fer, et qui est emboîté dans une traverse de bois creusée pour cet effet, sont dans les mêmes proportions que celles qui sont propres aux charrues à versoir. La flèche est posée sur des encochures ou entre de grosses chevilles de bois, placées sur la traverse qui emboîte l'essieu, afin de la faire aller à droite ou à gauche, selon qu'il est nécessaire pour l'espèce de culture qu'on donne à une terre, sur-tout si elle est bordée de plantes qu'on veuille ménager. Elle est attachée à l'avant-train par un grand anneau de fer dans lequel elle passe, et qui est au bout d'une grosse et courte chaîne de fer qu'on attache à l'avant-train. La flèche a plusieurs trous dans lesquels on passe une longue cheville de fer, qu'on appelle *jauge*, pour l'assujettir avec l'anneau, et lui donner plus ou moins de jeu et d'aisance, selon qu'il est nécessaire, c'est-à-dire pour l'avancer ou la reculer sur l'avant-train, afin de faire piquer le soc plus ou moins et de la quantité qu'on désire.

Enfin cette charrue à double oreille est construite et montée comme les charrues à versoir.

On n'emploie la charrue à double oreille que pour donner la dernière façon aux terres qui ont été d'abord labourées avec celle à versoir ou à oreille mobile. Elle enterre donc les engrais et les semences, et dispose ces dernières en rangées de 3 à 4 pouces de large et de même écartement, ce qui favorise beaucoup la croissance des plantes qu'elles produisent. Les exploitations rurales de quelque importance devraient donc en avoir une ou plusieurs uniquement pour cet objet.

Il est extrêmement désavantageux d'en faire usage pour donner les premiers labours, et encore plus pour opérer les défrichemens, parce que l'oreille qui est du côté de la terre non encore remuée, éprouve sans utilité un frottement très-considérable et qu'on ne peut vaincre qu'à force de chevaux, et dont il résulte malgré cela un mauvais labour.

La charrue à double oreille semblerait, malgré le grand usage qu'on en fait, devoir être réservée pour le creusement des rigoles ou maîtres-sillons, parce que, versant la terre des deux côtés, il faut nécessairement que celle d'un de ces côtés soit de nouveau reportée où elle se trouvait; ce qui ne remplit qu'en partie l'objet du labour, qui n'est pas seulement l'émiettement du sol, mais son retournement.

M. Désiré a imaginé de fixer à l'extrémité de l'oreille de la charrue deux petits couteaux courbés et très-tranchans. Par ce moyen, chaque sillon se trouve divisé en trois petites bandes parallèles dans toute sa longueur; ce qui ameublit considérablement le labour sans augmentation de temps ni de dépense.

M. Huzard fils a décrit et figuré, vol. 3 de la seconde série des *Annales d'Agriculture*, une charrue à doubles oreilles qui sert en Écosse à couvrir les sillons et à les transformer en billons quand ils ont été garnis de fumier, laquelle s'emploie de plus, après l'enlèvement de son coutre, à butter les pommes de terre, les fèves, etc.

Deux charrues, l'une appelée SILLONNEUR à deux versoirs opposés et ouvrans, et l'autre, charrue américaine perfectionnée, sont figurées *Pl. VII* du *Système d'Agriculture* de Cooke, traduction de M. Molard. *Voyez* CULTIVATEUR et BINOT.

M. de Valcour, qui ne cesse d'appliquer à l'agriculture ses connaissances en mécanique, a imaginé une charrue à doubles oreilles mobiles sur un axe commun, de manière que ces oreilles peuvent à volonté être plus ou moins écartées, même oblitérées d'un côté ou des deux côtés. J'en ai donné la figure page 344 du volume 12 de la nouvelle série des *Annales d'Agriculture*.

On fait usage en Allemagne d'une charrue qui, au moyen d'un versoir attaché à son coutre, divise la tranche horizontalement en deux parties, et jette la supérieure au fond de la raie ; on l'appelle *charrue tranchante*. Je ne sache pas qu'elle soit connue en France.

Il peut être important, dans quelques cas, de remuer la couche de terre qui se trouve au-dessous de la terre labourable, sans cependant la ramener à la surface, comme par exemple la SANSOUÏRE (*voyez* ce mot). M. Truchet d'Arles a inventé une sorte de charrue qui, dit-on, remplit fort bien cet objet ; mais je n'en connais pas la construction.

Il est généralement reconnu que la charrue dont on fait usage dans la ci-devant Champagne, et qu'on appelle quelquefois *charrue de Brie*, est une des meilleures. Elle est surtout très-avantageuse pour les terres fortes, en ce qu'elle débite beaucoup d'ouvrage et marche très-régulièrement, mais elle fatigue considérablement les chevaux et le conducteur. Son avant-train est beaucoup plus simple que celui des charrues ordinaires à versoir.

L'arrière-train, représenté *Pl. III*, *fig.* 9, consiste dans un soc (il est aussi représenté de face *fig.* 11), dont le côté gauche est en ligne droite avec le sep, parce que le versoir étant fixé à la droite, le soc ne doit pas avoir d'aile au côté opposé, afin qu'il ne soulève pas la terre, qui retomberait ensuite dans le sillon. L'autre côté forme une aile tranchante plus en dehors que le versoir qui est au-dessus. Il a une douille à son extrémité, formée par le fer replié en dessous, dans laquelle on fait entrer le sep. A 4 ou 5 pouces de sa pointe, il est percé en B d'un trou rond dans lequel la pointe du gendarme C est reçue.

Ce gendarme est une pièce de fer de 4 pouces de largeur à-peu-près repliée à angle aigu, dont la pointe qui est à son bout entre dans le trou pratiqué au soc. Son côté gauche, plus élevé que le droit, est percé d'un trou à son extrémité, auquel on passe un clou à vis qui l'attache d'une manière solide à la flèche. L'autre côté, un peu moins élevé, passe par dessous la flèche. La destination du gendarme est d'arrêter les herbes et les broussailles qui iraient s'embarrasser dans les jambettes qui soutiennent l'age ou la flèche sur le sep.

Le double manche D porte à son extrémité inférieure un tenon qui est chevillé dans la mortaise pratiquée au bout postérieur du sep pour le recevoir. Il est formé d'une seule pièce de bois fourchu, ou de deux pièces assemblées solidement, comme aux autres charrues dont on a déjà vu la description. On met entre les cornes de ce double manche une traverse assez forte, qui les soutient et les empêche de se briser, comme il pourrait arriver lorsque le conducteur est obligé d'appuyer sur le côté pour tourner la charrue.

La flèche E est bien plus longue que celle des charrues ordinaires ; elle a assez communément 8 à 10 pieds de longueur.

Cette charrue est employée à la culture des terres fortes, à ouvrir de profonds sillons, malgré la grande inclinaison de sa flèche sur le sep, qui forme un angle très-aigu et presque au-dessous des proportions convenues. Cette extrême longueur était nécessaire, afin qu'en donnant beaucoup d'entrure au soc, l'attelage ne fût pas autant fatigué qu'il le serait si la flèche était plus courte ; ce qui aurait eu lieu si le point de résistance eût été plus rapproché de la puissance qui agit pour le vaincre. Depuis le coutre jusqu'au manche, la flèche est carrée avec les angles abattus ; elle est ronde dans le reste de sa longueur, et porte, à son extrémité postérieure, un tenon qui, après avoir traversé la mortaise qui est au bout du double manche, va aboutir dans l'entaille qui est pratiquée à l'extrémité du sep, au-dessous et derrière le double manche.

Le versoir F, placé à la droite de la charrue, est une longue pièce de bois, un peu convexe en dehors, au-dessus de l'aile du soc, et concave en dedans ; la surface extérieure, au-dessus de l'aile du soc, a une convexité plus saillante que celle qui est plus éloignée du soc. La surface intérieure est concave, excepté la partie opposée à celle qui est au-dessus de l'aile du soc, laquelle est tout-à-fait plate. L'extrémité de ce versoir, qui est très-solidement unie au sep, est placée dans l'angle intérieur du gendarme ; il est soutenu par les trois jambettes G G G, dont une se trouve directement sous la flèche, et entre dans la surface supérieure du sep ; les deux autres, placées en arc-boutant, prennent dans la surface intérieure du versoir, et viennent entrer dans les trous à la surface latérale du sep, à sa droite. Sa largeur n'est pas égale d'un bout à l'autre ; la partie antérieure, c'est-à-dire celle qui entre dans l'angle intérieur du gendarme, est plus large que la partie postérieure, qui se trouve un peu plus étroite. Dans le haut, il est terminé en ligne droite ; ce n'est que par le bas que sa largeur diminue insensiblement.

Cet arrière-train est construit très-solidement. Toutes les pièces, parfaitement assemblées, se fortifient mutuellement. Par cette forme de construction la flèche se trouve soutenue au-dessus du sep, avec lequel elle fait un angle assez aigu, 1°. par le gendarme, sur lequel elle appuie, et dont un de ses côtés est cloué sur elle-même ; 2°. par le versoir, dont le bout antérieur passe en dessous pour entrer dans l'angle du gendarme, qui se trouve précisément au milieu de la flèche ; 3°. par l'atelier

H, qui est une espèce de jambette ou forte cheville, qui passe dans un trou de la flèche, et vient aboutir dans un autre, pratiqué à la surface supérieure du sep; 4°. par le double manche dans la mortaise duquel elle entre, et qui est lui-même assemblé solidement avec le sep; 5°. par le sep lui-même dont l'entaille, qui est à son extrémité postérieure, reçoit son tenon au sortir de la mortaise du double manche.

Cette charrue n'a qu'un seul coutre I I, dont le manche est percé de plusieurs trous, afin de l'élever ou de l'abaisser selon que les circonstances l'exigent. Ce coutre, placé dans la mortaise qui est à la flèche en avant du soc, y est assujetti par deux petits coins de bois, dont un de côté, et l'autre en avant, qui sert à lui donner l'inclinaison qu'on désire, en l'enfonçant plus ou moins dans la mortaise. Une cheville en fer, passée dans un de ses trous, le tient à la hauteur nécessaire, et l'empêche en même temps de vaciller, parce qu'il y a sur la flèche, de chaque côté du coutre, deux anneaux qui y sont fixés, dans lesquels on passe la cheville.

L'avant-train de la charrue champenoise ou de Brie qu'on voit représentée *Pl. III*, *fig.* 10, consiste dans deux roues AA d'inégale grandeur; le diamètre de celle qui est à gauche a 3 ou 4 pouces de moins que celle qui est à droite. Leur essieu, qui est en fer, passe dans une traverse carrée, qui est percée pour cet effet d'un bout à l'autre et qu'on voit désignée par BB.

Le têtard CC est une pièce de bois fourchue, dont les deux cornes sont clouées vis-à-vis la traverse dans laquelle passe l'essieu des roues.

La sellette D s'élève au-dessus du têtard de 10 à 12 pouces. Elle est assujettie immédiatement sur ses deux cornes par deux fortes chevilles, qui l'y clouent d'une manière fort solide, qui ne lui permettent aucun mouvement quand la charrue est en action. Elle n'est pas tout-à-fait aussi longue que la traverse qui couvre l'essieu des roues. Dans son milieu, elle est échancrée en demi-cercle pour recevoir dans cet endroit la flèche qu'elle doit porter.

A l'extrémité antérieure du têtard il y a une mortaise latérale dans laquelle passe la traverse EE qui doit porter les palonniers. Elle est fixée solidement en place par une forte cheville qui va d'une surface à l'autre.

Les deux palonniers FF, auxquels on attache les traits des chevaux, pendent, par une petite chaîne, à chaque bout de la traverse. Quand on veut supprimer la chaîne, on met un morceau de fer plat et terminé en crochet à chaque bout de la traverse, auquel on passe un simple anneau qui pend de chaque palonnier.

L'arrière-train et l'avant-train de la charrue champenoise sont joints ensemble par deux chaînes ; la première a un anneau à un de ses bouts plus grand que les autres, dans lequel on passe la flèche. Il est retenu par une cheville qui l'empêche de glisser ; c'est ce qu'on voit en E à l'extrémité de la flèche. L'autre bout de cette chaîne, qui est terminé par un crochet, pend dans un anneau qui est fixé au-dessous du tétard, vers son milieu. Cette seule chaîne suffirait pour joindre ensemble l'avant et l'arrière-train ; mais pour mieux fixer la flèche dans l'échancrure de la sellette, et afin de tenir le tétard au niveau de la traverse, pour que l'attelage n'ait point son poids à supporter, on met une seconde chaîne assez courte, qui est attachée par un de ses bouts à la surface supérieure du tétard, assez près de la traverse qui recouvre l'essieu des roues ; son autre bout porte un grand anneau, dans lequel on passe la flèche, et qu'on arrête, comme le premier, par une cheville qui entre dans un des trous pratiqués dans la longueur de la flèche.

Par le moyen de cette seconde chaîne, la flèche, qui est retenue et fixée dans l'échancrure pratiquée au milieu de la sellette, ne peut point tomber sur les roues ni d'un côté ni de l'autre ; outre cela ce tétard est soutenu dans un plan parallèle à celui de la traverse qui recouvre l'essieu des roues. De cette manière les chevaux tirent sans avoir à supporter une partie de l'avant-train de la charrue et une partie du poids de la flèche, qui seraient pour eux un surcroît de peine et de fatigue. Le tirage de cette charrue est donc peu pénible pour les chevaux, puisque tout le poids de l'avant-train et une partie de l'arrière-train portent sur l'essieu des roues par le moyen de la traverse qui le recouvre. Nous verrons plus bas une nouvelle charrue qui jouit de cet avantage à un degré encore plus éminent.

Il est des terrains si garnis de grosses pierres cachées, que le sep ou l'axe de la charrue sont dans le cas d'être cassés lorsqu'ils les rencontrent en labourant. Pour éviter cet inconvénient, on fixe quelquefois l'extrémité de la chaîne avec une simple cheville de bois, qui se rompt de préférence et qui ne coûte rien à remplacer.

Le laboureur peut aussi très-aisément donner à sa charrue l'entrure qu'il juge à propos, en faisant exactement piquer le soc de la quantité qu'il désire. Il n'a qu'à avancer ou reculer la flèche sur la sellette, et la fixer à la hauteur convenable par le moyen de la cheville qui retient l'anneau. Etant ainsi fixée, la charrue continuera le labour en piquant toujours la même quantité jusqu'à ce qu'on change la position de la flèche sur la sellette.

L'inégalité que nous avons remarquée dans les roues est indispensable à cause de la disposition du terrain. Toutes les pièces de terres étant disposées en billons, ou en planches fort élevées dans le milieu, si les roues étaient d'un diamètre égal, celle qui se trouve à la droite où est le versoir fixe, étant toujours dans l'endroit le plus bas et au fond du sillon, tandis que l'autre serait élevée, elle aurait tout le poids de la charrue à supporter, et nécessairement elle culbuterait en entraînant la charrue dans sa chute, parce que, quelque fort que fût le charretier, il ne le serait pas assez pour la retenir; il serait obligé de diriger son effort à la gauche, et précisément c'est à la droite qu'il doit le plus appuyer, afin que le tranchant du soc ouvre un sillon assez large.

La charrue champenoise remplit bien son objet pour labourer un billon d'un pied de haut au milieu de planches de 10 à 12 pieds de large au moins. Si on voulait que ces planches fussent aussi élevées, et cependant de moitié moins larges, il faudrait que la petite roue fût encore plus petite et ressemblât à celle de la charrue que j'ai citée comme usitée sur les bords du Rin dans les environs de Mayence. *Voyez* BILLON.

MM. Molard frères, du Conservatoire des arts et métiers, ont perfectionné la charrue de Brie au point de la rendre préférable à toutes les autres, ainsi qu'il constate de plusieurs expériences, entre autres de celles exécutées sur le domaine de madame Micoud, à Herry près Sancerre. La fabrique qu'ils ont montée à Paris peut en fournir de suite à tous ceux qui en désireraient.

La charrue à défricher de M. Trochu est pourvue de quatre coutres dont l'extrémité est terminée en scie, et qui, coupant successivement les plus grosses racines d'ajonc ou de genêt, défriche les landes avec la plus grande facilité.

Son soc est plat, ayant la forme d'une demi-langue de carpe bien acérée et aiguisée de son côté oblique. Un large coutre, d'une forme demi-circulaire, atteint au soc, étant forgé de la même pièce de fer; il se termine par une pointe qui dépasse de 3 à 4 pouces l'extrémité du soc à laquelle elle fait suite. Trois autres coutres de longueur inégalement progressives, suivent le premier; chacun de ces derniers est denté, ou plutôt est coupé sur l'angle de devant de sa partie basse par une forte encoche, qui est acérée, bien aiguisée, et qui donne à l'instrument la forme et l'effet d'une scie. Le premier coutre du côté de l'attelage entre au plus d'un à 2 pouces en terre; il entame, par deux secousses successives, la souche ou la racine qu'il rencontre. Le deuxième coutre, un peu plus long, prend aussitôt la place du premier; il entame, comme lui, la racine par deux secousses, mais à une plus grande profondeur.

Le troisième fait le même effet, si ce n'est qu'étant encore plus long que le précédent, il augmente aussi de près d'un pouce l'incision faite à la racine par ses devanciers, et il faut qu'elle soit forte pour résister au troisième. Si cependant elle n'est pas totalement coupée, le quatrième, attenant au soc, la reprend en dessous, du côté opposé à l'entaille que lui ont faite les précédens coutres, et on conçoit qu'elle ne peut offrir par ce moyen qu'une dernière et bien faible résistance.

C'est parce que cette charrue divise ainsi la force de résistance, que je suis parvenu, dit M. Trochu, à défricher facilement par son moyen des terres tellement garnies de fortes et liantes racines d'ajonc, qu'avec une charrue d'une autre forme, ayant des coutres et socs coupans, j'ai vu un attelage de huit forts chevaux arrêté court au premier pas sans pouvoir passer outre.

Les effets de cette charrue sont décrits volume 12, page 23 de la seconde série des *Annales d'agriculture*. J'en ai reproduit la figure *Pl. IV, fig.* 2 de ce volume.

Depuis, M. Trochu a substitué, avec avantage, à ces coutres le ROULEAU COUPANT, que j'ai décrit volume IX de la nouvelle série des *Annales d'Agriculture*.

M. Swertz a figuré une charrue à versoir, du Palatinat, que j'ai fait connaître volume 3, page 173, de la seconde série des *Annales d'agriculture*, qu'il regarde comme une des meilleures, en ce qu'elle repose sur un sep étroit, arrondi et garni d'une bande de fer, à-peu-près comme celui de l'araire de la ci-devant Provence, et doit par conséquent éprouver moins de résistance.

On regarde la charrue de Norfolk comme une des meilleures dont on fasse usage en Angleterre; elle expédie singulièrement les labours, puisqu'elle retourne 80,000 pieds de surface par jour. Elle fait quatre ou cinq fois plus d'ouvrage avec un seul homme et deux chevaux, que les autres avec deux hommes et quatre ou cinq chevaux; mais M. Artbuthnot pense qu'elle ne doit cette supériorité qu'à la hauteur de ses roues, et il le prouve par des raisonnemens d'une rigueur mathématique. En général on fait en France les roues des charrues beaucoup trop basses : aussi le tirage, quelque régulier qu'il soit, fait-il sortir à chaque instant le choc de sa direction; il l'enleverait même hors de terre, si le laboureur n'appuyait constamment sur les manches pour le tenir au point convenable, ce qui le fatigue en pure perte. Cet effet est d'autant plus sensible, que le point de ce tirage est plus rapproché du soc. Il faudrait donc que la grandeur des roues fût telle, que la ligne de ce tirage fût toujours au moins parallèle au sol.

Il est bon de se rappeler que la charrue de **M.** Despom-
miers, qui eut l'avantage dans des expériences comparatives
faites en 1766 à Châteauneuf sur le Cher, était extrêmement
élevée.

L'opinion générale est qu'une charrue pesante est plus désavantageuse qu'une plus légère, qu'elle fatigue sur-tout davantage les animaux employés : des observations faites en France,
et dont il sera rendu compte plus bas, semblent la confirmer ; mais des expériences comparatives exécutées en Angleterre en présence du comité de la Société d'agriculture de
Londres, et dont on ne peut contester l'exactitude quand on
en lit le procès-verbal, permettent d'en douter. Ces dernières
constatent que, sur-tout dans les terres légères, le labour s'est
fait beaucoup plus aisément avec les charrues les plus lourdes,
et les chevaux ont été beaucoup moins fatigués. C'est, je le
répète encore, de la direction de la ligne de tirage, et de la
proximité du soc du point d'où elle part, que dépend la
marche plus ou moins aisée des charrues ; et ce n'est que
lorsque l'on opérera avec des charrues absolument semblables,
qu'on pourra savoir positivement à quoi on doit s'en tenir sur
ce fait.

Cette charrue de Norfolk, dont il vient d'être question,
est représentée ici, *Pl. V, fig.* 1, d'après un mauvais dessin de
la Feuille du cultivateur, année 1790, n°. 67. Il ne paraît pas
que ses roues soient si grandes que le dit **M.** Arbuthnot ; au
reste elle n'a pas eu autant de succès hors du Norfolk que
quelques écrivains l'ont annoncé ; c'est-à-dire qu'elle n'est
réellement convenable qu'aux terrains légers, semblables à
ceux de ce comté. Voici la nomenclature des diverses parties
qui la composent :

A, le manche ; **B**, l'age ; **D**, pièce de bois correspondant à
la scie ; **E**, pièce de fer correspondant à l'atelier ; **F**, partie du
versoir en bois ; **G**, partie du versoir en fer ; **H**, le soc avec
une pièce de rechange à son bout **I** ; **K**, le sep ; **L**, la partie du
versoir qui relève la terre ; **N**, le coutre ; **O**, pièce de fer pour
renforcer les joints ; **P**, cheville de fer recourbée ; **Q**, pièce de
fer qui unit l'age avec l'avant-train ; **R**, le patron ; **S**, la sellette ; **T**, la traverse ; **UU**, cheville de fer pour fixer l'age ;
V, cheville de fer pour soutenir la sellette ; **W**, cheville de fer
et chaîne pour fixer l'age ; **X**, espece de forceau retenu par
des chevilles.

Une charrue de l'invention d'Arthur Young a obtenu le
prix du concours des laboureurs de la province de Suffolk
en Angleterre : on la regarde comme une des meilleures.
Lasteyrie en a rapporté un dessin, mais il ne l'a pas encore
fait graver. Elle est employée, depuis nombre d'années, avec

un succès toujours soutenu, à la ferme de Liancourt, et par conséquent peut l'être par-tout; car qui ne connaît la manière de penser et d'agir du si estimable propriétaire de cette ferme?

La charrue de Rotheram paraît aussi avoir en Angleterre une réputation méritée.

Mais celle de toutes les charrues anglaises qui jouit en ce moment de la célébrité la plus étendue est celle de Small, dont je donne la figure *Pl. IV, fig.* 3; je me dispense d'en donner une description détaillée, parce que ses différentes parties rentrent dans celles que j'ai déjà plusieurs fois énumérées.

Voici les noms de ces parties :

A, le coutre; B, le socle; C, lame de fer qui recouvre la semelle; F, la jambe; M, l'age; N, le boulon régulateur; O, le manche; T, le régulateur; x, la chaîne; k, le crochet de l'age; y, le crochet du régulateur, auquel on fixe la volée.

La construction des charrues à avant-train peut varier sans grands inconvéniens; mais celle des araires doit être rigoureusement la même, sans quoi l'effet attendu ne se réalise plus. C'est ce qu'on a vu principalement dans la charrue de Small, qui pendant long-temps n'a pu être construite que par l'inventeur, et qui aujourd'hui encore n'est bonne qu'autant qu'elle sort de la fabrique d'Ecosse.

La charrue de la Belgique ou du Brabant est une des plus parfaites qui existent. On peut la comparer au Small des Anglais, dont elle diffère très-peu. Elle marche facilement, et laboure, avec un homme, deux chevaux ou deux bœufs, deux arpens de Paris à 6 ou 8 pouces de profondeur dans une terre de consistance légère. On lui applique souvent ce qu'on appelle une allonge-versoir, qui consiste en un bâton de bois dur, vers une des extrémités duquel est cloué un bout de planche d'environ 2 pieds de longueur. Près de cette planche est un crochet, au moyen duquel on la suspend à un anneau placé derrière le versoir au bas du manche de la charrue; l'autre bout du bâton est tenu par un homme qui lui fait faire avec l'oreille un angle plus ou moins ouvert. L'homme avance avec la charrue, et tient le bâton plus ou moins haut selon que l'ouvrage le demande. La terre, après s'être élancée dans la courbure de l'oreille à toute la hauteur possible, se jette sur l'allonge qui l'étend, si on le désire, à 2 ou 3 pieds de distance, en couches extrèmement minces. *Voyez Pl. IV, fig.* 4.

La charrue de la Belgique ou du Brabant est composée d'un soc A en fer forgé, qui s'ajuste au versoir B, et qui se fixe au sep C par le moyen d'un crampon. Le versoir est assujetti par des étançons cloués sur la flèche, sur le manche et sur le sep. Ce dernier est garni de plaques de fer, afin d'empêcher qu'il ne s'use trop promptement par les frottemens qu'il éprouve contre la terre.

Un plateau en bois D, maintenu contre la flèche, est sur le sep, et placé du côté opposé au versoir, sert à réunir les principales pièces de la charrue, et à leur donner une grande solidité. Le coutre E, de forme courbe, se fixe dans la flèche au moyen d'un coin, ainsi qu'on le voit dans la figure.

F, sabot en bois, adapté à une tige qui entre dans une mortaise pratiquée dans la flèche. On baisse ou on élève ce sabot selon qu'on veut donner plus ou moins d'entrure au soc de la charrue, et on l'assujettit par le moyen d'un coin.

On place à l'extrémité antérieure de la flèche une bride de fer G, qui porte une bande percée de neuf à dix trous, dans lesquels on fixe le palonnier, selon qu'on veut diriger le soc du côté droit ou du côté gauche.

Le manche est armé d'un mancheron H, qui donne au laboureur la faculté de diriger plus facilement la charrue. Cette charrue est garnie de tenons et de brides de fer qui lui donnent une grande solidité.

Cette charrue est en grande faveur dans les environs de Genève, mais elle y a éprouvé de grandes modifications ; on lui a donné un coutre, on a augmenté la longueur de son oreille.

Il est résulté d'une expérience comparative faite par la Société d'agriculture de Clèves, que la charrue à roues égales, dite charrue de Gueldres, est d'un usage moins fatigant pour les chevaux, et qu'en revanche celle à roues fort inégales, dite charrue de Clèves, n'exige nul emploi de force et à peine quelque direction de la part du conducteur.

Le plus grand reproche qu'on puisse faire à cette charrue, c'est que sa semelle est fort large, et qu'elle frotte par conséquent beaucoup, ce qui retarde nécessairement beaucoup sa marche et fatigue considérablement plus les chevaux.

M. Pictet donne, dans le septième volume de la Bibliothèque britannique, la description de la charrue du Piémont appelée *sleria*, charrue qu'il regarde comme une des meilleures connues. Elle diffère peu de la précédente.

La charrue employée en Suisse, appelée *charrue d'Argau*, est fort longue, fort basse, et a un manche fort court. Elle est figurée dans l'ouvrage de Witte sur les bêtes à cornes, planche de bœufs de la race de Fribourg. Elle expédie fort mal, puisqu'il faut deux bœufs, deux chevaux et un âne pour la faire marcher dans des terres de médiocre consistance. Cet alliage d'animaux de grosseur, de force et de caractère différens est très-mauvais.

On emploie dans la haute Autriche et dans la Styrie une charrue appelée *charrue tournante* et *charrue double*, qui est sans roues, à deux socs, à deux coutres et à deux oreilles. Les socs ainsi que les coutres sont à angles droits l'un de l'autre. Quand un soc travaille l'autre est en l'air. Arrivé au bout du champ, le laboureur fait faire un quart de cercle à la flèche : alors le soc gauche (supposé), qui vient de faire le sillon, remonte, et le soc droit descend pour faire le nouveau sillon. Cette charrue ne doit pas faire l'ouvrage ni mieux ni plus rapidement qu'avec celle à tourne-oreille, qui lui est par conséquent préférable, puisqu'elle est plus simple, quoique les Allemands disent le contraire; car qu'est-ce que l'opération de changer l'oreille de côté? Le travail de quelques secondes.

Lasteyrie, à qui on doit tant de recherches sur la charrue, regarde la charrue de Suède, appelée *charrue de Stralsund*, comme une des meilleures connues. Il est à désirer qu'il en publie le dessin qu'il possède, ainsi que celui de toutes celles qu'il a observées dans ses voyages.

Les avantages qui résultent de la proportion exacte de toutes les parties des charrues, principalement de la forme constante du soc et du versoir, ont été sentis de tout temps, mais l'exécution en a toujours paru difficile. C'est ce motif qui a déterminé M. Cocke à faire fondre des charrues en fer et d'une seule pièce, charrues dont on fait fréquemment usage en Angleterre, et qui paraissent marcher plus aisément dans les terres fortes que la charrue de Norfolk si vantée.

Quelque nombreuses que soient les différentes formes données aux charrues, il n'en est point, du moins connues en France, qui remplissent complètement toutes les conditions que la théorie fait supposer qu'elles devraient offrir dans la pratique. Aussi presque tous les agriculteurs éclairés qui ont écrit parmi nous dans le cours du dernier siècle, tels que Tull, Duhamel, Châteauvieux, etc., ont-ils cherché à les perfectionner; mais ils ont tous manqué ce but, parce que c'est un instrument simple et peu dispendieux qu'il faut, et qu'ils en ont fait construire de très-compliqués et de très-coûteux; cependant gloire soit rendue au second de ces agriculteurs pour la persévérance avec laquelle il s'est livré à des travaux à cet égard : son nom ne doit point mourir dans notre mémoire.

M. François de Neufchâteau, un des membres les plus zélés de la Société Royale et centrale d'agriculture de la Seine, frappé de l'idée que l'objet le plus utile à la société était celui dont on s'occupait le moins, provoqua, en l'an 9, la proclamation d'un prix que M. Chaptal, alors ministre de l'intérieur, porta à 10,000 fr. pour celui qui offrirait une nouvelle charrue simple et peu coûteuse, exempte des défauts qu'on reproche aux autres.

Ce serait me rendre agréable aux lecteurs que de remettre sous leurs yeux le rapport aussi profond que supérieurement écrit, par lequel ce célèbre littérateur agronome a provoqué la décision de la Société. C'est une histoire complète de la charrue, qu'on lira en tout temps avec plaisir et profit; mais la longueur de cet article ne me permet pas de la transcrire ici. C'est dans le troisième volume des Mémoires de la Société, ouvrage qu'un agriculteur aisé ne peut se dispenser de se procurer, à raison du grand nombre d'articles importans qu'il contient, que je les renvoie pour en prendre connaissance.

Ce beau rapport a été suivi de quatre autres, dans lesquels le même M. François (de Neufchâteau) rend compte des différentes charrues envoyées à la Société, et des essais faits pour juger du mérite de chacune d'elles.

Je n'entrerai pas dans le détail des considérations qui ont guidé les commissaires de la Société dans leurs déterminations relativement à chacune des charrues qu'ils ont soumises à des expériences comparatives, soit entre elles, soit avec celles de Champagne (de Brie). Il suffira de dire que la Société n'a jugé aucune des charrues mises au concours dans le cas de mériter le prix, mais qu'elle a distingué celle de M. Guillaume, ancien officier du génie, comme se rapprochant infiniment du but.

« La charrue de M. Guillaume, disent les commissaires, dont l'arrière-train est à-peu-près semblable aux charrues ordinaires, porte au bout de la haie une allonge surbaissée, à laquelle est attaché un régulateur qui remplace l'épart, pour diriger la ligne du tirage. La haie est brayée sur une sellette mobile et tenue fixe parallèlement à la sellette. La chaîne de tirage prend au gendarme et passe par le régulateur.

» Cette charrue a été trouvée d'une conduite facile : elle tient bien la raie. Les actions que les agriculteurs appellent le *révotage* et l'*étrampage* sont on ne peut plus aisées ; son labour est parfaitement retourné, aussi uni qu'un labour à la houe ; elle marche parfaitement : son travail a été jugé infiniment supérieur à celui de la charrue de Brie.

» Après avoir jugé de la qualité du labour, il fallait juger de la force employée pour le tirage. Pour cela, chaque charrue étant enrayée à 5 pouces de profondeur, prenant 8 pouces de raie dans un terrain uni et d'égale qualité, on a dételé les chevaux et un dynamomètre (sorte de romaine destinée à peser les forces mouvantes) a été attaché successivement au point de tirage de chacune, et des hommes tirant dans la raie et sans secousse, on a pu juger que la charrue de Brie exigeait 590

kilogrammes pour marcher, tandis que celle de **M. Guil-**
laume n'en demandait que 200. Ainsi cette dernière dépense
est d'environ 400 livres de force de moins, ce qui est un avantage immense.

» Cette expérience prouve que plus le point de tirage est
rapproché de celui de la résistance, et moins il faut d'emploi
de force. C'est de cette base (qu'avaient déjà sentie des inven-
teurs d'autres charrues, sur-tout **M. Arbuthnot**) qu'est parti
M. Guillaume pour construire sa charrue, que les commissaires considèrent comme la plus parfaite qui existe en ce moment en France; car ce qui constitue une excellente charrue,
c'est que sa construction soit simple, solide; qu'elle soit facile
à mener; qu'elle tienne bien dans la terre; que le soc coupe
toute la terre retournée par le versoir; qu'on puisse labourer à
volonté à grosse ou petite raie, profondément ou légèrement,
et qu'elle exige le moins de force possible pour la tirer. Sans
doute avec ces qualités une charrue ne sera pas encore bonne
pour tous les terrains et tous les cas, mais au moins pour le
plus grand nombre; et le principe qui la perfectionne pourra
être adapté ensuite à toutes les améliorations que l'on pourra
faire dans les autres parties de cet instrument, de manière à
approcher toujours de plus en plus de la solution complète du
problème.

» On cite souvent des charrues qui font beaucoup d'ouvrage.
Il est facile de prouver que celle-ci en doit faire plus qu'une
autre : c'est sur-tout en raison de la légèreté du poids que les
chevaux vont plus ou moins vite; ce qui a été prouvé le jour
de l'expérience, où la charrue de Brie n'a fait qu'une planche
de 10 pieds, pendant que celle de **M. Guillaume** en a fait une
de 12 pieds.

» Nous pensons qu'il doit résulter de l'emploi de cette charrue un très-grand avantage pour l'agriculture. Car si la charrue de Brie, par exemple, pesant 390 kilogrammes, est
menée par trois chevaux, il s'ensuit que chaque cheval est
chargé de 130 kilogrammes. Or, cette charrue de **M. Guil-**
laume ne pesant que 200 kilogrammes, deux chevaux feront
l'ouvrage de trois, et traîneront 60 kilogrammes de moins;
ce qui doit donner plus de célérité à leur marche et augmenter par conséquent la masse des labours. Il n'est personne
qui ne puisse calculer le soulagement qu'en recevront les
animaux et les hommes qui les conduisent. Pour labourer un
seul arpent, il faut que les bêtes de trait parcourent plusieurs
lieues ainsi que leur conducteur. Lorsque le tirage est pénible, on ne saurait aller qu'au pas, et les animaux et les
hommes sont bientôt fatigués. Plus ce poids diminue, plus

la marche s'allège, et plus l'ouvrage avance; quelques livres pesant de moins sont en ce genre une conquête. La charrue de M. Guillaume enlève en quelque sorte la moitié du fardeau. C'est, on ose le dire, un bienfait pour l'humanité; et si ce n'est qu'un premier pas vers la perfection, ce pas est si nouveau, il présente tant d'avantages, il fait naître tant d'espérances, que le concours de la charrue, n'eût-il que ce seul résultat, c'en serait assez pour l'honneur du pays qui l'a proposé et du siècle qui l'a vu naître. »

A ces excellentes réflexions des commissaires, j'observerai cependant que la légèreté de la charrue de M. Guillaume, qui lui donne une supériorité si marquée dans les terres légères, occasionne quelques inconvéniens dans celle qui sont résistantes. Plusieurs de ceux qui en ont acquis se sont plaints qu'elle ne piquait pas assez, qu'elle sortait souvent de la raie dans les terres fortes; qu'il fallait, dans ces sortes de terres, de la part du conducteur, un emploi de forces tel qu'il ne pouvait pas résister long-temps à la fatigue, ce qui est conforme à ce que j'ai rapporté plus haut des résultats d'expériences comparatives faites en Angleterre avec des charrues légères et des charrues pesantes.

Au reste, la Société a accordé un encouragement de 3,000 f. à M. Guillaume, et a de plus arrêté qu'il serait fait un certain nombre de ses charrues, à ses frais, pour être envoyées dans les départemens, afin de la faire connaître. Beaucoup de préfets ont imité en cela la Société, de sorte qu'on peut l'essayer dans presque tous ceux du royaume.

M. Guillaume a obtenu un brevet d'invention pour sa charrue, ainsi c'est à lui seul qu'on doit s'adresser pour en faire construire. Il demeure à Paris, rue du faubourg Saint-Martin, n°. 97. Cependant ayant permis qu'elle fût gravée dans les *Annales d'Agriculture*, j'ai cru être autorisé à la reproduire. *Voyez Pl. V, fig.* 2.

A la haie, B les mancherons, C l'étançon, D le versoir, E le soc, F le coutre, G l'allonge, I l'arc-boutant de l'allonge, K le régulateur, L la chaîne, M le palonnier, N l'anneau à queue et sa clavette, O la crémaillère et sa clavette, P le barbeau, Q l'étrier, R le boulon d'assemblage, S les épées, T la sellette, U le porte-guide, V le marteau à queue, X les boulons à queue, Y les étrampoires et leurs chaînettes, Z les pouelles.

Il était réservé à M. Mathieu de Dombasle, élève de l'École polytechnique, correspondant du Conseil d'agriculture près le ministre de l'intérieur, et membre de plusieurs Sociétés savantes, de porter la lumière sur la théorie de la charrue, et de fixer avec une rigueur mathématique les règles de sa cons-

truction. Son Mémoire sur cet important objet, qui lui a valu
une médaille d'or de la part de la Société royale et centrale
du département de la Seine, doit être imprimé parmi ceux de
cette Société, ainsi je ne puis en profiter directement; mais je
puiserai, dans le très-beau rapport fait à son occasion par
M. Héricart de Thury, des notions assez étendues pour pouvoir en donner une idée exacte.

« On a souvent comparé, dit M. Mathieu de Dombasle,
l'action du corps de la charrue dans la terre à celle d'un coin;
mais sa forme est dérivée de celle de deux coins accolés, ou
mieux confondus ensemble à leur base, qui leur est commune.
L'un, que j'appellerai le *coin antérieur,* parce que son tranchant se trouve placé un peu en avant de celui de l'autre, a
une de ses faces horizontale; c'est le plan qui est formé par la
semelle, ou la face inférieure du soc et du sep, ainsi que par
le bord inférieur du versoir, qui touchent le fond du sillon.
Le tranchant du coin, qui est horizontal et dans le même
plan, est représenté par la partie tranchante du soc, au lieu
d'être placé dans une position perpendiculaire à la ligne de
direction de la charrue. Il reçoit toujours une position plus
ou moins oblique à cette direction, mais sans sortir du plan
horizontal; cette obliquité a pour but de lui donner plus de
facilité à vaincre les obstacles qu'il rencontre, mais elle ne
change rien à la nature du coin. La face supérieure de ce premier coin, qui par sa position ne peut soulever la bande de
terre de bas en haut, est représentée en partie par la surface
supérieure du soc.

» L'autre coin, que j'appelle *coin postérieur,* est placé à
angle droit sur le premier. Il a une de ses faces verticale : c'est
celle qui, dans les charrues ordinaires, forme la face gauche
du corps de la charrue, celle qui glisse contre l'ancien guéret.
Le tranchant de ce second coin se trouve placé dans un plan
vertical à la gorge de la charrue. Ce second coin, par sa position, ne peut agir que latéralement, en écartant la bande
de terre de gauche à droite; la partie postérieure du versoir
forme l'extrémité de sa face droite dans son plus grand écartement de sa face gauche.

» Le coin antérieur exerce son action le premier; son tranchant détache la bande de terre et sa face supérieure commence à la soulever; mais ce coin n'agit isolément que dans
ce seul instant, c'est-à-dire près de son tranchant. Dès ce
moment l'action combinée des deux coins commence. La
bande de terre est graduellement soulevée par le *coin anté-*
rieur et poussée vers la droite par le *coin postérieur,* jusqu'à
ce qu'elle soit placée verticalement; c'est-à-dire que ses deux
faces, qui étaient d'abord horizontales, soient amenées dans

une position verticale : dans ce dernier instant, le coin postérieur agit seul, et son action se prolonge encore un peu
vers le haut, afin d'amener la bande de terre dans une position telle, que son propre poids suffise pour la renverser à
droite.

» Dans les charrues les plus parfaites, on a lié (ou plutôt
remplacé) par une surface courbe plus ou moins régulière, la
face supérieure du coin antérieur à la face droite du coin postérieur, afin d'amener insensiblement et avec le moins de résistance possible la bande de terre de l'extrémité antérieure
de l'une à l'extrémité postérieure de l'autre. La surface courbe
qui remplirait le mieux cette indication serait celle qu'on
pourrait considérer comme engendrée par le mouvement d'une
ligne droite, qui, placée d'abord horizontalement sur le tranchant du coin antérieur et se confondant avec ce tranchant,
supposé pour un moment dans une position perpendiculaire à
la ligne de direction de la charrue, glisserait en arrière en
s'élevant graduellement seulement par une de ses extrémités,
jusqu'à ce que, devenant verticale, elle se confonde avec la
partie postérieure de la face droite du second coin, et qui,
même dans la dernière partie de sa course, dépasserait un peu
la verticale, afin de déterminer le renversement de la bande
de terre. Par ce moyen, ce sera la même face de la bande ou
du prisme de terre qui s'est d'abord trouvée soumise horizontalement à l'action du coin antérieur, qui recevra, dans
une position verticale, l'action de l'extrémité postérieure du
second coin. Chaque point de cette face du prisme aura décrit
un arc de 90 degrés et un peu plus autour d'un autre centre
pris dans la ligne qui forme une des arrêtes du prisme. Cette
partie de la charrue sera d'autant plus parfaite, qu'elle se rap-
prochera davantage de la forme que je viens d'indiquer.

» Les personnes qui ont étudié avec quelque attention la
forme de la charrue et l'action qu'elle exerce dans le labourage,
admettront, je n'en doute pas, la décomposition de cette
partie de l'instrument en deux coins, comme je viens de l'établir. En effet, si le corps de la charrue n'était formé que d'un
tranchant horizontal, celui que j'ai appelé coin antérieur,
il détacherait la bande de terre, la soulèverait verticalement,
et la laisserait, derrière lui, retomber à la même place et dans
la même position qu'elle avait auparavant. Si, au contraire,
il n'était formé que du coin postérieur, dont ses deux faces
sont verticales, il écarterait la bande de terre de côté sans la
soulever ni la déplacer en aucune manière. Dans les deux
cas, il n'y aurait pas de labour proprement dit. Il est évident que le corps de la charrue doit participer de ces deux
modes d'action; et en effet, en examinant le corps d'une

charrue quelconque, on y découvre facilement les élémens de ces deux coins.

» Après avoir considéré de cette manière le corps de la charrue, ajoute M. Héricart de Thury, M Mathieu de Dombasle détermine à quel point on doit placer ce centre de la résistance qu'il éprouve dans son action, et il trouve :

» 1°. Que la ligne de résistance est dans l'axe même du coin, et passe par son tranchant s'il agit en partageant en deux parties égales l'angle formé par le coin, comme par le ciseau à deux biseaux ou fermoir des menuisiers.

» 2°. Qu'il est dans le plan de la face du coin parallèle à la ligne de mouvement, en passant toujours par le tranchant, si le coin agit comme le ciseau à un seul tranchant, tel que le bec-d'âne des charpentiers.

» 3°. Que dans l'action du coin en général il est indifférent que la puissance soit appliquée à la base du coin par percussion ou par pression, ou bien au tranchant par une force de traction ; mais que, dans tous les cas, et pour qu'elle produise le plus grand effet possible, il est nécessaire qu'elle soit appliquée dans la direction de la ligne de résistance.

» 4°. Que les deux coins qui composent la charrue étant de la dernière des deux espèces, la ligne de résistance du coin antérieur sera une ligne droite placée au fond du sillon dans le milieu de sa largeur et parallèle à sa direction ; que celle du coin postérieur sera une ligne droite placée sur la face gauche du corps de la charrue, à moitié de la profondeur et parallèle à la direction ; que si on imagine un plan passant par ces deux lignes parallèles, la résultante des deux lignes de résistance se trouvera dans ce plan, à égale distance des deux lignes ; enfin, que le point où cette résultante rencontre la surface supérieure du soc ou celle du versoir, sera le point qui doit être considéré comme celui où est accumulée la résistance que le corps de la charrue éprouve dans son action, détermination parfaitement conforme à celle qu'on peut déduire de l'expérience de la charrue simple.

» D'où il suit :

» 1°. Que pour que la force motrice fût employée dans la charrue de la manière la plus utile, il faudrait qu'elle agît, soit en avant en tirant, soit en arrière en poussant, dans le prolongement de la ligne de résistance, qui se trouve sous la surface du sol et parallèle à cette surface.

» 2°. Que le moteur se trouve également sous la surface du sol, à la même profondeur que la ligne de résistance.

» 3°. Que le moteur ne pouvant se trouver dans le prolongement de cette ligne, et étant même à une certaine hauteur au-dessus du sol, il en résulte un tirage oblique, semblable à celui d'un bateau tiré du rivage par des chevaux; ce qui donne lieu à une décomposition de la force motrice, et par conséquent à une perte considérable de cette force, et malheureusement à une perte inévitable, quel que soit le genre de charrue, parce qu'elle résulte de la nature des choses.

» D'où l'on peut encore conclure :

» 1°. Que plus est basse la partie du corps des animaux par laquelle ils tirent, et moins il y a de perte de force, puisque l'angle que forme la ligne de tirage avec l'horizon devient moins ouvert.

» 2°. Que sous ce rapport le tirage des petits chevaux se fait avec plus d'avantage que celui des grands.

» 3°. Que le tirage des bœufs par le joug est supérieur à celui des chevaux, avantage plus que suffisant pour balancer leur infériorité de force.

» De quatre propositions incontestables de dynamique, M. Mathieu de Dombasle, continue M. Héricart de Thury, déduit les neuf théorèmes suivans :

» 1°. Dans l'araire, ou la charrue simple, c'est-à-dire sans avant-train, le point d'attache est toujours placé à l'extrémité antérieure de l'age.

» 2°. Quelques charrues simples portent dans la partie antérieure de l'age une espèce de jambe qui se termine par une petite roue ou par un sabot. Si dans son action la charrue presse habituellement sur cette partie, elle devient charrue à avant-train; si cette partie n'est destinée qu'à prévenir un trop grand abaissement de la pointe de l'age sans lui fournir un appui, la charrue n'est qu'un araire.

» 3°. Dans la charrue simple, la puissance, le point d'attache et la résistance sont toujours placés dans la même direction, et le moteur exerce la même action que si les traits s'étendaient jusqu'au point de la résistance et y étaient attachés.

» 4°. Dans la charrue à avant-train, le point d'attache forme toujours une ligne droite de l'épaule des chevaux à la résistance.

» 5°. Lorsque, dans cette charrue, les trois points sont dans la même direction, la décomposition des forces qui a lieu est la même que dans la charrue simple : les roues ne contribuent en rien à diminuer ou augmenter la force nécessaire au tirage; leur seule action est celle d'une pression sur le sol.

» 6°. Si le point d'attache se trouve placé plus au-dessus de la ligne du point de la puissance à celui de la résistance, il y a une double décomposition de force, parce qu'une partie de la puissance exerce sur l'avant-train une puissance verticale.

» 7°. Si le point d'attache est au contraire plus bas, il y a encore double décomposition de force, parce qu'une partie de la puissance tend alors à soulever l'avant-train.

» 8°. La perte de force occasionnée par le tirage est au minimum dans la charrue simple.

» 9°. La plus grande perfection à laquelle puisse atteindre la charrue composée, est d'égaler la charrue simple dans le minimum de perte de force.

» Outre ces deux décompositions de force, continue M. Héricart de Thury, M. Mathieu de Dombasle en reconnaît encore une autre plus facile à sentir et à comprendre qu'à calculer, qui établit les plus grandes différences entre les forces motrices nécessaires pour les deux charrues. Il ne dit point quelle est cette force; mais il tire de ses observations les conséquences suivantes :

» 1°. Il existe une différence en outre entre les forces de tirage qu'exige la charrue simple et la charrue composée.

» 2°. Aucune pression exercée par l'age sur le sol par l'intermédiaire de l'avant-train, ne peut avoir lieu sans une perte considérable sur la force motrice.

» 3°. L'avant-train ne cesse d'être nuisible sous le rapport de la force nécessaire au tirage, que du moment où il devient inutile. »

Il est encore d'autres propositions déduites des nombreuses observations faites par M. Mathieu de Dombasle, que cite M. Héricart de Thury, et que leur importance ne me permet pas de passer sous silence.

« 1°. L'excès d'entrure demandé pour un labour profond dans un sol argileux et compacte, détermine une décomposition de force qui accroît dans une proportion énorme, en augmentant la divergence des tendances, la pression de l'age sur l'avant-train, et toute la perte de force motrice qui en résulte : d'où il suit que la force du tirage doit augmenter sous le rapport de la résistance et dans celui de la décomposition de la force

» 2°. La faiblesse de l'attelage communément employé à l'araire ou charrue simple a pu donner lieu à l'opinion répandue généralement qu'elle ne convient qu'aux sols meubles et d'une culture facile; erreur d'autant plus grave et d'autant plus essentielle à relever, que, des deux charrues, c'est au contraire celle qui produit le plus d'effet et avec le moins de perte de force motrice dans les terrains les plus compactes.

» 3°. L'avant-train, qui n'augmente ni ne diminue la force nécessaire au tirage, ne peut être considéré comme un moyen indispensable pour diriger la charrue que lorsqu'elle est mal construite,

» 4°. Toute charrue simple peut être facilement convertie en charrue composée en augmentant suffisamment son entrure, tandis que celle-ci ne peut être convertie en charrue simple en changeant l'entrure.

» 5°. La charrue simple exige la plus grande précision dans sa construction, puisque lorsqu'elle opère dans un sillon, l'action du laboureur doit se réduire à bien établir sa direction, vu que n'ayant aucun appui à la partie antérieure de l'age, le plus léger changement dans le placement du centre ou dans l'attache des traits, trop courts ou trop longs, rend la marche de la charrue irrégulière et souvent même impossible. Lorsqu'elle est bien construite, elle donne lieu à la moindre résistance, et la force du tirage est toujours au minimum.

» 6°. La charrue à avant-train peut mieux supporter les imperfections, parce que la position fixe de l'extrémité antérieure de l'age, qui ramène invinciblement la pointe du soc dans sa direction, corrige tous les défauts ; mais c'est en augmentant la résistance par la diversité des tendances et en exigeant par conséquent une plus grande force motrice.

» 7°. La charrue simple bien construite n'est pas difficile à conduire. La plus grande difficulté ne provient que de la peine qu'éprouve le laboureur à se déshabituer des efforts violens qu'il faisait avec la charrue à avant-train. L'homme doué de quelque intelligence et qui n'a jamais labouré la dirige sans peine.

» 8°. Enfin l'araire convient pour toutes espèces de terrains, et il réussit même mieux dans les compactes que la charrue composée, dont les roues sont souvent engagées au point de ne faire qu'une masse avec le corps de la charrue et la bande de terre à soulever. »

D'après toutes ces considérations, M. Mathieu de Dombasle accorde la préférence à la charrue simple, et n'emploie plus qu'elle sur son exploitation. Il a fait plus, il s'est constitué fabricant de ces sortes de charrues, et on peut s'adresser à lui, à Nancy, pour s'en procurer de construites avec toute l'exactitude désirable. J'ai vu son établissement et j'ai dû, par amour pour la prospérité de la France, prendre intérêt à son accroissement. On y trouve : 1°. une charrue imitée de Small et destinée aux labours profonds ; 2°. une autre charrue plus légère ; 3°. une charrue à deux versoirs pour tirer des sillons d'écoulement, pour buter, etc.

Bientôt le public sera en mesure de juger toute l'importance du travail de M. Mathieu de Dombasle, dont ce qu'on vient de lire n'est que le résumé.

Le concours de la charrue est toujours ouvert ; et quoiqu'un prospectus soit peu dans le cas de faire partie d'un ouvrage de la nature de celui ci, l'importance de la charrue et le long temps qui peut encore s'écouler avant que la Société d'agriculture de la Seine soit dans le cas d'adjuger le prix, me déterminent à le transcrire.

La Société d'agriculture du département de la Seine demande que la charrue proposée comme la meilleure,

1°. Puisse être confiée aux mains les moins exercées.

2°. Que l'instrument puisse être appliqué à toutes les terres au moyen de quelques légers changemens faciles à opérer.

3°. Que les pièces essentiel'es puissent être coulées en fer et leurs formes déterminées d'ailleurs d'une manière si précise, que les charrons et les maréchaux vulgaires ne puissent s'y méprendre.

Chaque mémoire devra contenir,

1°. Une théorie de la charrue.

2°. La description, le dessin et le devis détaillé de la charrue qu'il propose.

3°. La description, le dessin et le devis de l'araire ou de la charrue actuellement usité dans le pays de l'auteur, si ce n'est pas l'instrument qu'il propose.

4°. La comparaison de cette charrue en usage avec la charrue proposée et le détail raisonné des avantages de cette dernière.

5°. La comparaison de ses effets, de sa dépense et de ses produits avec ceux de la bêche.

6°. Un résumé méthodique des principes, des calculs, des faits et des expériences qui motiveront la préférence donnée par l'auteur à la charrue proposée.

La Société a de plus arrêté de faire imprimer à ses frais la collection des mémoires qui lui ont été ou qui lui seront envoyés sur la charrue, et de faire graver les dessins ou les modèles qui seront nécessaires pour leur intelligence.

Il a été imaginé d'abord en Angleterre et ensuite en Allemagne, en France, etc., des charrues spécialement destinées à lever le gazon en plaques minces, soit pour le transporter dans les jardins, soit pour l'employer à améliorer des vignes, des champs, soit pour lui faire subir l'opération de l'ecobuage. On les a souvent appelées, de ce dernier usage, *charrues à écobuer* et *tranche-gazon*. Leur soc est fort large, fort plat et fort tranchant. Ils ont souvent deux coutres parallèles ou deux disques circulaires tranchant et coupant. D'ailleurs leurs dimensions et leurs formes varient beaucoup. Certaines exploitations rurales ne peuvent se dispenser d'en avoir, car le travail qu'on leur demande ne peut être fait ni aussi promptement ni aussi bien avec les charrues ordinaires.

Je m'arrêterai ici pour ce qui regarde les charrues a un seul soc sans ou avec avant-train, pour me donner le moyen de dire quelque chose de celles qui ont plus d'un soc, et même de celles qui n'ont point de soc.

Placer deux socs à côté l'un de l'autre pour faire, en labourant, le double de besogne dans le même temps, et mettre deux socs l'un plus bas que l'autre pour labourer plus profondément par une seule opération, sont des idées qui ont dû se présenter depuis bien des siècles; mais on ne trouve dans les anciens auteurs qui ont traité de l'agriculture rien qui puisse faire croire qu'on ait mis à exécution ces idées. La Hollande et l'Angleterre sont même les seuls pays que je sache où on fasse aujourd'hui habituellement usage de pareilles charrues. Sans doute pour les faire mouvoir il faut une force bien plus considérable, sans doute leur construction demande une solidité qui suppose une forte dépense; mais il est bien des circonstances où elles peuvent être réellement économiques, et je voudrais que les propriétaires cultivateurs les introduisissent en France pour servir d'exemple.

Le simple bon sens suffit, en effet, pour faire sentir que dans les terres très-légères ces deux sortes de charrues peuvent être employées avec avantage et économie, et que la dernière, puissamment attelée, peut servir à défoncer même les sols argileux à la profondeur de 15 à 20 pouces, à tracer des rigoles pour l'écoulement des eaux, etc. Quand on réfléchit sur les sommes qu'il en coûte pour faire faire ces opérations à la pioche ou à la bêche, on doit émettre le vœu que ce moyen si expéditif soit employé dans tous les cas où il y a possibilité.

La nécessité de me restreindre m'oblige à ne donner que la figure et l'explication de ces charrues, et de renvoyer pour les considérations auxquelles elles peuvent donner lieu à la lettre adressée par le lord Sommerville à M. François (de Neufchâteau), insérée dans le tome 13 des *Annales d'agriculture*, lettre où j'ai emprunté une partie de ces figures.

La première de ces charrues est la charrue hollandaise, dont on fait un fréquent emploi dans le pays qui lui a donné son nom et dans quelques provinces d'Angleterre. Elle est représentée *Pl. VI, fig.* 1.

La haie, ou la flèche, ou l'age qui porte le premier soc et le premier coutre, est à droite. Celui qui porte le second soc et le second coutre est à gauche. Ils sont liés ensemble par le moyen d'un montant A qui est pourvu de deux mortaises écartées de quelques pouces.

La seconde est celle perfectionnée par le lord Sommerville, dont il paraît que l'usage s'étend beaucoup en Angleterre à raison de ses avantages. Elle est avec ou sans roues. Je ne donne que la représentation de la première, la seconde n'en différant que parce que la flèche, ou age, ou haie, est un peu plus abaissée, afin que la ligne de tirage soit aussi rapprochée du soc qu'elle l'est dans la *fig.* 2, *Pl. VI.*

Les deux socs de cette charrue sont à la suite l'un de l'autre, mais sur des lignes différentes, écartées de 6 à 8 pouces, de sorte qu'elle fait successivement, mais en même temps, deux sillons, le premier avec le soc droit, et le second avec le soc gauche.

Lord Sommerville a ajouté une plaque mobile sur le soc de sa charrue, plaque qu'il ne décrit pas, mais à laquelle il attribue de grands effets et pour laquelle il a obtenu un brevet d'invention. Voici ce qu'il en dit : « Nous avons maintenant à considérer la plaque mobile du soc et son opération sur le sillon. Si le *poitrail* d'une charrue est obtus (la partie entre le soc et l'age qui se présente pour fendre la terre lorsque la charrue marche sans coutre), c'est là que se fait tout l'effort ; c'est là que le sillon est tourné, et la partie postérieure de la plaque du soc a peu de chose ou même rien à faire ; le sillon peut ainsi être bien placé pour une espèce particulière de labour. Mais le poitrail d'une charrue ne peut être que d'une seule forme ; il ne peut donc tourner qu'une seule sorte de sillon, encore ne peut-il le faire qu'en augmentant le poids du trait. C'est ce qui ne peut, ce me semble, être contredit. Or, sur mes socs à plaques mobiles, le sillon n'est retourné qu'après qu'il a atteint le point d'action le plus éloigné, lequel se trouve à la distance de 2 pieds du point où le sillon est coupé et séparé du sol ; par l'inflexion douce et progressive de la plaque, la terre reste suspendue et balancée, pour ainsi dire, dans l'air. Alors la plus légère pression de la plaque mobile la renverse. Cette plaque est ainsi conformée pour déposer le sillon à tel ou tel angle. Ainsi le cultivateur peut donner à sa terre telle ou telle sorte de labour qui convient le mieux à ses vues. »

Lord Sommerville cite une lettre de M. Tweed, qui assure avoir opéré, dans des terres fortes, avec sa charrue attelée de trois chevaux, et avoir eu un meilleur labour, en moins de temps, qu'avec deux charrues ordinaires attelées de deux chevaux chacune. Ce dernier a trouvé gagner 5 schellings par jour d'économie à employer la charrue à double soc.

Ces faits ont été de plus constatés à différentes fois et dans plusieurs sortes de terres par Arthur Young, ainsi qu'on peut le voir dans le grand recueil de ses ouvrages agricoles, de sorte qu'on ne peut mettre en doute l'utilité de la charrue du lord Sommerville.

La figure 3 de la même planche offre la représentation d'une autre charrue basée sur des principes un peu différens de ceux des précédentes. L'age a 6 pieds 3 pouces de long ; les manches 3 pieds 8 pouces ; l'écartement des socs un pied ; les roues 18 pouces. On emploie en Angleterre cette charrue pour former des billons relevés sur un champ plat, en laissant au sommet un petit espace que divise ensuite la charrue à double oreille. Deux chevaux la tirent sans peine et font deux fois autant de travail qu'avec une charrue simple.

Depuis quelques années, la France ne reste plus en arrière de l'Angleterre pour l'emploi des charrues à doubles socs, un cultivateur des environ de Dammartin en fait usage en ce moment. On cite trois ou quatre expériences qui ont été faites à différentes époques à peu de distance de Paris et qui ont été couronnées de succès. Les charrues employées dans ces expériences n'ont pas été gravées ; ainsi je ne puis en parler plus longuement.

La charrue à deux socs de M. Plagneux, à Rully, près Pont-Sainte-Maxence, est une combinaison de la charrue de Brie et de celle des environs de Paris. On doit à M. Héricart de Thury un excellent rapport sur les avantages qui lui sont propres.

M. Guillaume fabrique des charrues à deux et à quatre socs placés sur une ligne oblique à celle du tirage, qui semblent devoir être pourvus de plusieurs avantages. Il les a figurées *Pl V* et *VI* de son Atlas d'instrumens aratoires, ouvrage qui se vend chez lui, faubourg Saint-Martin, n°. 97.

Mais laquelle des charrues à deux socs ou à *deux sillons*, comme les appellent les Anglais, est préférable de celle qui place les socs en arrière l'un de l'autre, ou au même niveau. Je crois que c'est la première, puisque l'effet d'un des socs ne peut jamais nuire à celui de l'autre ; ce qui doit arriver souvent lorsqu'on se sert de la seconde, sur-tout dans les terres fortes ou très-garnies de racines. Au reste, je n'ose prendre une opinion sur cette matière, faute d'expériences qui me soient propres.

M. Ducket, cultivateur dans le Surry, a inventé aussi une charrue à deux socs et une à trois : pour les mouvoir il suffit de trois ou quatre chevaux. Ces charrues sont fort célèbres en Angleterre, mais je ne les connais pas. On voit au Conservatoire des arts et métiers, à Paris, un modèle de la charrue à trois socs dont se servait le duc de Bedfort, ainsi que ceux de beaucoup d'autres plus ou moins intéressantes à connaître.

La charrue que je donnerai pour exemple de celles qui ont deux socs, un plus haut et l'autre plus bas, est celle de M. Arbuthnot, qui a été décrite dans le recueil des ouvrages agronomiques d'Arthur Young. (*Voyez Pl. VI, fig.* 4.) Mais cet instrument, par sa complication, son haut prix et les réparations continuelles qu'il exige, est peu à la portée des cultivateurs. Le diamètre des roues, qui est de 3 pieds, servira d'échelle pour juger des dimensions de toutes ses parties.

Avec cette charrue on creuse des tranchées d'un seul trait de 16 pouces de profondeur, plus nettement et plus régulièrement qu'on ne peut le faire à la bêche. Les mottes de gazon qu'elle retourne sont d'une force telle qu'elles recouvrent pour plusieurs années les saignées qu'on fait par son moyen. Elle demande huit forts chevaux, deux conducteurs et un laboureur. Lorsqu'on fait les roues de 5 pieds de diamètre, elle peut être facilement conduite par quatre chevaux.

Quoique je ne désapprouve pas cette charrue, je pense que deux ou trois charrues simples, les dernières plus fortes, qui passeraient successivement dans le même sillon, produiraient le même effet avec moins de dépense de temps et d'argent.

En 1760, un laboureur saxon inventa une charrue à quatre roues, d'un service plus facile que toutes celles qu'on connaît. Il est certain qu'on en a fait usage en divers lieux; mais ni sa description ni sa figure n'ont été publiées : je me trouve donc forcé de n'en pas parler plus longuement; je dirai cependant, d'après les journaux du temps, qu'on n'avait pas besoin d'appuyer sur les manches ni de soulever le soc. L'attention du conducteur se bornait à la diriger en ligne droite et à secouer de temps en temps le soc pour faire tomber la terre qui s'y était attachée.

Il est encore des sortes de charrues composées qui sèment en même temps qu'elles labourent. Comme elles portent le nom de Semoir ou de Semeur, j'en parlerai à ces mots. Leur usage a été extrêmement vanté, et par-tout il est abandonné, ce qui ne parle pas en faveur de l'utilité qu'on en doit espérer.

Il est des cas où on peut se contenter de fendre la terre sans la labourer, et en conséquence plusieurs agronomes modernes ont imaginé des charrues sans soc, c'est-à-dire armées seulement d'un plus ou moins grand nombre de coutres. Je crois devoir donner la figure de l'une d'elles, et je choisis celle de M. de Châteauvieux. (*Voyez Pl. IV, fig.* 3.) Les avantages de cette sorte de charrue seront développés au mot Culture.

On peut conclure de ce que je viens de mettre sous les yeux du lecteur, qu'il n'est pas possible d'espérer que la même charrue puisse servir avec le même degré de supériorité dans tous les sols et pour toutes les cultures. Ce n'était donc pas une, mais plusieurs charrues que devait demander la Société d'agriculture du département de la Seine. Au reste, les termes de son programme laissent toute la latitude nécessaire aux concurrens.

Je sens que cet article, malgré sa longueur, paraîtra encore fort incomplet; mais il eût fallu plusieurs volumes pour présenter au lecteur toutes les considérations dont la charrue est susceptible, et seulement la description de celles qui présentent quelques particularités remarquables. C'est un ouvrage encore à faire, et qui ne peut l'être que par quelqu'un qui ait plus observé et plus manié que moi cet instrument. *Voyez* le mot LABOUR, qui sert de complément à cet article (R. et B.)

CHARRUE. JARDINAGE. On a donné ce nom, dans les jardins, à un long RATISSOIR A POUSSER, traîné par un cheval et conduit par un homme, au moyen de deux manches semblables à ceux d'une charrue. Il en sera question au mot RATISSOIRE. (B.)

CHARTIL. On donne ce nom, dans quelques endroits, au lieu destiné à retirer les CHARRETTES : c'est la remise des fermiers. (B.)

CHASSE. Il y a long-temps qu'on la dit pour la première fois, à l'origine des sociétés l'homme dut être chasseur, comme les peuples à demi sauvages de l'Amérique le sont encore. La chasse est donc dans la nature, et il faut, si j'ose employer cette expression, une perversité d'instinct pour ne pas l'aimer.

Cependant le goût de la chasse a de graves inconvéniens pour un agriculteur, qu'il détourne de ses travaux, et à qui il fait prendre des habitudes nuisibles aux intérêts de sa famille.

La chasse a deux buts utiles. L'un, de détruire les animaux nuisibles; l'autre, de se procurer un supplément de nourriture ou d'habillement.

On a beaucoup écrit sur la question de savoir si dans une société agricole bien organisée la chasse devait être un droit commun, ou être réservée à une certaine portion de ses membres. La législation actuelle, qui doit me guider dans la rédaction de cet article, décide que le gibier appartient au propriétaire de la terre sur laquelle il se trouve, et que ce propriétaire peut le détruire ou le faire détruire; mais comme la chasse au fusil conduit souvent à la poursuite de ce gibier et qu'il se sauve sur les terres des autres, il a fallu, par une ordonnance de police générale, restreindre l'exercice de ce droit de chasse au fusil aux propriétaires les plus riches, c'est-à-dire à ceux qui ont plus de cent arpens de terre sur la même commune.

L'intérêt de l'agriculture proclame la conservation de cet ordre de choses, que l'habitude des anciens usages voudrait faire changer. Qui ne se rappelle les dégâts occasionnés par la surabondance du gibier dans beaucoup de terres et sur-tout aux environs de Paris? Qui a ignoré les procès sans fin auxquels le droit exclusif de la chasse donnait lieu, et la barbarie avec laquelle on traitait le pauvre qui tuait un lièvre ou détruisait un nid de perdrix? Il ne faut plus que cet odieux temps revienne. Le droit sacré de propriété doit avoir lieu sur les animaux qui vivent aux dépens des récoltes, comme sur les récoltes mêmes, puisque, si ces animaux n'eussent pas existé, le produit de ces récoltes eût été plus considérable.

Un cultivateur ne peut se dispenser de se tenir toujours aux aguets pour empêcher les animaux de toute espèce de détruire le fruit de ses travaux. Il faut qu'il fasse une guerre également active au loup qui mange ses moutons, à la souris qui mange son grain, à la grive qui mange ses raisins, à la chenille qui mange ses choux, etc., etc. Toutes les fois que la législation le gêne à cet égard, elle agit directement contre une des principales bases du pacte social.

Dans les articles de cet ouvrage qui traitent des animaux sauvages, j'ai eu soin de m'étendre longuement sur ceux de ces animaux qui sont les plus nuisibles, et de couler rapidement sur ceux qui ne causent aucun dommage à l'agriculture, mais qu'on chasse cependant aussi à raison de la bonté de leur chair, du parti qu'on tire de leur peau, de leurs poils ou de leurs plumes. J'ai souvent fait remarquer que tel animal qui est nuisible sous un aspect peut être utile sous un autre, et que c'était à tort qu'on le proscrivait. Je désire que mes observations contribuent à affaiblir l'activité qu'on met quelquefois à détruire les espèces innocentes; mais je ne provoquerai jamais les lois répressives, qui existent dans certains pays, en faveur de quelques-unes de ces espèces.

Quant à la chasse comme simple plaisir, il n'en doit pas être question dans un ouvrage de la nature de celui-ci. Je renvoie aux écrits qui en traitent ceux qui voudraient acquérir plus de lumières que je ne veux leur en donner. (B.)

CHASSE. On donne quelquefois ce nom aux FORMES des FROMAGES. (B.)

CHASSE-BOSSE. *Voyez* LISYMACHIE. (B.)

CHASSELAS. Variété de RAISIN qu'on cultive de préférence en treille dans les jardins des environs de Paris, parce qu'elle est agréable au goût, mûrit facilement et se garde long-temps. Il y en a de blanc, de rouge et de musqué. Le blanc, qu'on appelle de Fontainebleau, et qui n'a qu'un pepin, est une sous-variété encore plus estimée. (B.)

CHASSERON. C'est un des noms des FORMES de FROMAGES. (B.)

CHASSIS. Ustensile de jardinage propre au développement, à la culture et à la fructification d'un grand nombre de plantes utiles ou agréables, sur-tout de celles étrangères à l'Europe. C'est un des abris artificiels imaginés pour l'avantage et la perfection de l'agriculture. *Voyez* le mot ABRI.

Les châssis sont composés de deux parties ; savoir, de la caisse et des panneaux.

La caisse est un carré long, dont les parois sont de différentes dimensions et de différentes matières, en raison des usages auxquels sont destinés les châssis. Les panneaux sont les parties qui recouvrent les caisses. On les construit en bois et en fer, et on les dispose à recevoir des carreaux de verre, de papier huilé ou on leur substitue des planches légères, suivant la nature de la culture à laquelle ils sont destinés.

La différence dans les dimensions de ces châssis, dans la nature des matières dont ils sont composés, et leurs divers usages, leur ont fait donner plusieurs noms. Nous allons présenter ici ces sortes de châssis, décrire leurs dimensions, et indiquer succinctement leur emploi, en commençant par le châssis à melons, qui est le plus simple et le plus usité.

Le châssis à melons a, pour l'ordinaire, 18 pieds de long et 4 pieds de large. La caisse est formée de quatre planches. Celle du devant a 8 pouces de large, tandis que celle de derrière a ordinairement un pied de haut. Les deux extrémités sont coupées en triangle, et ont, par le bout auquel elles se joignent à la planche du fond, un pied de haut, qui vient en diminuant, et se réduit à 8 pouces par le bout, qui s'unit à la planche du devant. Cette caisse est maintenue dans sa largeur par cinq traverses, qui assujettissent les deux côtés du châssis par sa partie supérieure, et qui servent en même temps de supports aux panneaux de verre qui doivent les recouvrir. Ces traverses ont 5 pieds de large sur 2 pieds d'épaisseur, et sont un peu creusées en gouttière dans toute la longueur de la partie supérieure. Toutes les pièces de ce châssis sont assemblées en queue d'aronde, et sont garnies d'équerres en fer pour plus de solidité.

Les panneaux qui soutiennent les verres ont 3 pieds de large, et assez de longueur pour s'appuyer, par leurs extrémités, sur les deux bords de la caisse, et les recouvrir exactement sans les excéder. Ils sont formés d'un cadre, fait en bois, de 3 à 4 pouces de large sur 15 ou 18 lignes d'épaisseur, et de deux montans qui le traversent dans sa longueur, et partagent sa largeur. Ces montans, également en bois, ont 2 pouces de large sur un pouce ou 15 lignes d'épaisseur, et sont assemblés dans le cadre par des mortaises et des chevilles. Les montans et le cadre portent sur leurs bords une rainure d'àpeu-près 6 lignes de large, et de 3 ou 5 lignes de profondeur, dans laquelle on place les carreaux de verre et le mastic qui doit les assujettir. Chaque panneau porte, à ses extrémités, deux poignées en fer, qui se rabattent sur le cadre pour donner les moyens de les fermer avec aisance. *Voyez fig.* 2 de la *Pl. III,* tome 3, où un de ces châssis, composé de quatre panneaux, est figuré.

Le verre qu'on emploie pour vitrer ces panneaux est de l'espèce la plus ordinaire, mais pas trop coloré. On place les carreaux les uns sur les autres, de manière que le supérieur recouvre l'inférieur de 12 à 15 lignes de la même manière que les tuiles sont placées sur les toits. Pour cet effet, après avoir coupé tous les carreaux de la même dimension, on commence à placer le rang inférieur. Ce premier rang doit déborder d'un pouce sur le cadre du premier, et laisser un vide d'à-peu-près une ligne pour l'écoulement des vapeurs qui se résolvent en eau. Chacun des carreaux de cette première ligne doit être assujetti par deux petites pointes de fer aux deux angles-inférieurs, et les côtés latéraux doivent entrer juste dans la rainure des montants. Pour que les carreaux du second rang soient solidement fixés dans leur feuillure, sans qu'il soit besoin d'y mettre des pointes de fer pour les retenir, on emploie un moyen fort ingénieux et qui remédie à plusieurs inconvéniens. On prend de petits liserets de plomb laminé de l'épaisseur d'une demi-ligne et de 2 lignes de large. On en fait des supports qui ressemblent à un S. Le bec supérieur de l'S s'accroche à la partie supérieure de la première ligne des carreaux qui viennent d'être posés, et le bec inférieur reçoit le bas du carreau de la seconde rangée : de sorte que la première ligne du bas des panneaux soutient toutes celles qui les surmontent. Ces SS doivent être placées dans la partie des carreaux qui portent dans les rainures des montants, et être cachés par le mastic qui remplit les feuillures, lorsque tous les carreaux sont posés. Cette manière de poser les carreaux laisse nécessairement entre eux des ouvertures à l'endroit où ils sont en recouvrement les uns sur les autres ; mais c'est un avantage et non un inconvénient, et il faut bien se garder de les mastiquer, soit en dedans soit en dehors, sous prétexte de retenir la chaleur ; outre que cette opération ferait casser un grand nombre de carreaux, elle deviendrait nuisible aux plantes cultivées sous les châssis, par l'humidité et la stagnation de l'air qu'elle y occasionnerait. Seulement on peut diminuer ces ouvertures en n'employant que des carreaux bien droits. Mais il est indispensable que la transpiration des plantes qui s'élève en vapeur, se condense et se resout en eau sur les vitres, puisse s'échapper de dessous les châssis. Cette transpiration est si considérable qu'elle produit quelquefois 6 ou 7 pintes d'eau dans l'espace de dix heures, sous un châssis de 18 pieds de long, lorsqu'il est garni de plantes en pleine végétation, et qu'il gèle extérieurement de quelques degrés. Alors si les ouvertures étaient fermées et que cette eau ne pût s'écouler au dehors, elle retomberait sur les feuilles, qu'elle ferait pourrir, et bientôt les plantes, privées des moyens d'aspirer l'air, périraient elles-mêmes. C'est par cette même raison qu'on a supprimé les petits tasseaux de bois qui formaient précédemment les cadres où était renfermé chaque carreau de vitre.

Pour recevoir les panneaux des châssis et les empêcher de couler de haut en bas, quelques personnes se contentent de fixer à la partie inférieure de la caisse deux pitons, qui surmontent le bord du cadre du panneau de 8 ou 10 lignes ; ce moyen très-simple remplit très-bien le but que l'on se propose. D'autres forment une feuillure tout autour de la caisse que les cadres des panneaux remplissent exactement. Pour cet effet, ils clouent, sur les bords supérieurs de la caisse et en dehors, des tringles de bois qui débordent cette même caisse de l'épaisseur des cadres, des panneaux, et même de quelques lignes de plus ; et ils ont soin de ménager, de distance en distance, des ouvertures pour faciliter l'écoulement des eaux, les faire tomber sur les châssis, et les empêcher d'entrer dans l'intérieur.

Il est bon de faire placer au milieu de chaque panneau, dans sa largeur et au-dessus, une petite tringle de fer pour empêcher que les traverses ne tombent dans le milieu et n'occasionnent le brisement des verres. Cette précaution, peu dispendieuse, conserve les panneaux et les met en état de servir pendant un plus grand nombre d'années.

Comme on est souvent obligé de donner de l'air sous les châssis et d'ouvrir les panneaux à différentes hauteurs, il est nécessaire d'établir des crémaillères, tant sur le devant que sur le derrière. Dans quelques endroits elles sont fixées à la caisse du châssis et faites en fer plat, percé de trous à différentes hauteurs pour recevoir un piton en bec de corbin, qui est fixé au milieu du cadre de chaque panneau à ses deux extrémités. On lève d'une main le panneau, soit par en bas, soit par en haut, et de l'autre on tient la crémaillère, que l'on conduit en face du piton, et on le fait entrer dans un des trous qui se trouvent à la hauteur convenable pour aérer le châssis. Dans d'autres lieux, on remplit le même objet à beaucoup moins de frais. On a tout simplement des planches d'un pouce et demi d'épaisseur, de 3 pieds de long et de 4 pouces de large, dans lesquelles on taille des crans de 18 lignes de profondeur. Cette espèce de crémaillère n'est point fixée au châssis ; lorsque l'on veut donner de l'air, on la pose sur le bord supérieure de la caisse, où elle est retenue au moyen d'une entaille pratiquée à sa partie inférieure ; on la dresse et l'on pose le cadre du panneau sur le cran qu'on a choisi pour l'ouverture du châssis.

Les fleuristes de Paris et des environs construisent les caisses de leurs châssis en bois de sapin, parce qu'il est le moins coûteux; d'autres les établissent en bois de chêne qui a servi à faire des bateaux; mais ceux qui recherchent la plus grande solidité les font faire en bois de chêne de forte épaisseur. Quant aux panneaux qui portent les verres, on les établit presque toujours en bon bois de chêne bien sec, parce qu'ils ont encore besoin de plus de solidité que le reste du châssis.

Le fer, comme facile conducteur de la chaleur et comme se rouillant, quelque bien peint qu'il soit, doit être le plus possible économisé dans la confection des châssis.

Il est indispensable de couvrir de plusieurs couches de peinture à l'huile le dehors, et d'enduire l'intérieur de la caisse d'une couche de goudron. Chaque année il est bon de donner une couche de peinture aux caisses; cette précaution les fait durer plus long-temps, et indemnise amplement de la dépense qu'elle occasionne; si l'on a le soin de placer sous des hangars les caisses et les panneaux lorsqu'ils ne sont point utiles sur les couches, ils pourront durer dix à douze ans.

Les châssis à melons se placent sur les couches, lorsqu'elles ont été bâties et chargées. On les pose dans la direction de l'est à l'ouest, de manière qu'ils présentent leur plan incliné en face du midi. S'ils sont destinés à servir pendant l'été, on les pose horizontalement sur la couche, parce qu'alors le soleil étant élevé sur l'horizon, ils reçoivent ses rayons plus perpendiculairement; mais s'ils doivent être occupés pendant l'automne ou l'hiver, il convient de leur donner un degré d'inclinaison du nord au sud, qui réponde à-peu-près au degré d'obliquité que les rayons du soleil ont dans ces deux saisons. Pour cet effet, on établit la couche en manière d'ados, où l'on exhause la caisse des châssis par derrière avec des bourrelets de litière placés entre la couche et les bords intérieurs de la caisse.

Les châssis sont-ils destinés à des semis, il est bon que le terre-plein de la couche ne soit pas éloigné des vitres des panneaux de plus de 6 pouces. Un plus grand éloignement nuirait à la germination, et occasionnerait l'étiolement des jeunes plantes qui lèveraient; d'un autre côté, si le soleil est quelques jours sans paraître, ce qui est assez commun dans notre climat pendant la mauvaise saison, les jeunes plants se fondent, et le cultivateur perd toutes ses espérances. En général, plus les plantes sont rapprochées des vitraux (pourvu toutefois qu'elles n'en soient pas affaissées), mieux elles végètent et se conservent.

Les châssis à melons servent d'abord à la culture de ce légume fruitier, aux concombres, aux salades de primeur de différentes espèces, aux semis des plantes annuelles destinées à l'ornement des parterres, et enfin à garantir, pendant l'hiver, les plantes de pleine terre qui sont délicates, et qui craignent plus l'humidité que le froid. *Voyez Pl.* I, *fig.* 2.

Les soins journaliers qu'exigent les cultures qui se font sous ces châssis, se réduisent à des ARROSEMENS ou mieux, à des BASSINAGES (*voyez* ces mots), à ouvrir et fermer les châssis pour renouveler l'air ou conserver la chaleur ; à les couvrir de paillassons, de nattes ou de litière pour les préserver du froid ; et enfin à faire des réchauds pour conserver le même degré de chaleur, ou l'aviver lorsqu'il en est nécessaire, pour accélérer la maturité des fruits ou perfectionner les légumes (1).

La seconde sorte de châssis, qu'on peut nommer châssis de primeur, ne diffère des premiers qu'en ce qu'ils sont plus élevés et fabriqués plus solidement dans toutes leurs parties. La caisse de ceux-ci a ordinairement 2 pieds et demi de haut sur le derrière, et un pied sur le devant. On les construit en bois ou en pierre. Ceux en bois ne diffèrent des châssis à melons que par leurs dimensions plus étendues. Nous n'en ferons pas une description particulière, celle des premiers est suffisante ; nous nous contenterons d'observer qu'il faut employer des bois plus forts et plus sains pour ceux-ci que pour les autres ; qu'il faut aussi donner plus de solidité à la caisse par des équerres de fer de bonne longueur placées à tous les angles ; mais les châssis en fer exigent que nous les fassions connaître plus particulièrement.

Les châssis de la troisième espèce, qu'on peut nommer châssis des plantes du Cap ou des liliacées, sont établis sur les mêmes principes que les précédens, avec cette différence que, devant servir pendant l'automne, l'hiver et une partie du printemps, leurs vitraux doivent être plus inclinés que ceux des châssis à melons, et former un angle d'environ 45 degrés avec la caisse du châssis. On construit ces caisses en bois ou en maçonnerie. Celles en bois ne peuvent avoir moins de 2 pieds de haut par derrière, et 6 pouces sur le devant, à

---

(1) Il est très-remarquable qu'aujourd'hui, où la mode des primeurs est si générale, on ne renouvelle pas les couches à châssis portées sur des roues, telles que celles qu'on voyait dans les jardins de Tibère, couches qu'on transportait successivement le jour, au levant, au midi et au couchant, et qu'on rentrait la nuit dans une orangerie. Il semble que la dépense de ces couches à châssis ne serait pas de beaucoup plus considérable dans les jardins où on entretient un cheval, que les couches à châssis ordinaires, et qu'elles seraient beaucoup plus hâtives.

(*Note de M. Bosc.*)

cause de la hauteur des plantes auxquelles elles sont destinées. On leur donne ordinairement 4 pieds de large; mais ces dimensions ne sont pas de rigueur : on peut les augmenter ou les diminuer suivant l'exigence des cas, sans beaucoup d'inconvéniens. L'essentiel est d'employer du bois de forte épaisseur et bien sec, et de les assujettir par des équerres en fer, de manière que le bois ne puisse se disjoindre et se tourmenter en aucun sens. Les panneaux qu'on place sur ces caisses doivent être faits comme ceux des autres châssis, avec leurs poignées et leurs crémaillères.

Ces châssis sont destinés plus particulièrement à couvrir des planches d'oignons qui sont en pleine terre, ou des plantes délicates qui, végétant de bonne heure, pourraient être endommagées par de fortes gelées, telles que les belladones, les lis Saint-Jacques, les grenesiennes et autres liliacées trop délicates pour résister au grand froid de nos hivers, et assez fortes cependant pour être dispensé de les cultiver dans des pots, et de les rentrer dans les serres tempérées. Il existe aussi des plantes de quelques autres familles, qui se conservent et prospèrent mieux en pleine terre sous ces châssis, que dans les serres : telles sont la *cynara acaulis*, Lin.; l'*echinophora tenuifolia*, Lin.; le *thapsia garganica*, Lin.; le *gundelia Tournefortis*, Lin.; quelques espèces d'*arctotis*.

Cette troisième espèce de châssis exige des soins particuliers. Indépendamment de ceux qui ont été indiqués pour les deux premières sortes et qui leur sont communs, ceux-ci ont besoin d'être couverts plus assidument, et fermés plus exactement pendant les froids. Il n'est pas moins essentiel de les découvrir au moindre rayon de soleil, parce que ces châssis n'étant pas portés sur des couches qui fournissent perpétuellement une chaleur qu'on est le maître d'augmenter à volonté, il faut beaucoup d'attention pour empêcher la déperdition de celle que fournit la terre, ou conserver celle que peuvent accumuler les faibles rayons du soleil pendant des hivers longs et rigoureux. Il est donc nécessaire non-seulement de couvrir la surface des panneaux de vitres, mais encore de garnir de litière d'un pied d'épaisseur, au moins, toutes les parois extérieures de la caisse. Lorsque cette litière est humide ou qu'elle a été couverte de neige, il faut la renouveler et la remplacer par de la litière sèche. Cette opération, qui ne laisse pas que d'employer du temps et d'exiger des dépenses, a fait recourir à un moyen qui est employé en Hollande et dans quelques autres lieux.

Ce moyen consiste à établir autour du châssis que l'on veut abriter du froid une double caisse en bois fort, d'un pied et demi plus grande de tous les côtés, et de même hauteur. On creusé la terre qui se trouve entre les deux caisses d'un pied de profondeur, au-dessous du niveau du terre-plein du châssis sous lequel sont les plantes. On remplit avec de la paille d'avoine, des balles de blé, du foin sec, de la fougère, des feuilles sèches, ou tout simplement avec de la litière, l'intervalle qui se trouve entre les deux caisses. On foule ces matières à mesure qu'on les dépose, de manière qu'elles forment une masse très-compacte; et pour que l'humidité n'attaque point ces matières, on les couvre d'une planche qui porte sur les bords des caisses, et qui, étant un peu inclinée en dehors, renvoie les eaux à quelque distance. Par la même raison, on a soin d'établir tout autour de la caisse extérieure un déversoir en terre, qui éloigne les eaux pluviales, et les dirige vers les terrains voisins.

Ces châssis à double caisse, quand celles-ci sont faites avec soin, sont impénétrables à des gelées de 12 à 15 degrés, et lorsqu'on a la précaution de les placer favorablement, par exemple, dans le voisinage d'un mur, à l'exposition du midi, et qu'on couvre bien le dessus des panneaux avec des paillassons et de la paille, ils sont à l'épreuve des plus grands froids de notre climat.

Les chassis en maçonnerie, qui ne diffèrent de ceux que nous venons de décrire que par la manière dont ils sont construits, mais qui doivent être établis d'après les mêmes dimensions, peuvent servir aux mêmes usages, en pratiquant dans le milieu un terre-plein, dans lequel sont placées les plantes qui ont besoin de cette culture. Cependant on les réserve ordinairement pour des plantes plus délicates, et qui, à raison de la petitesse de leurs oignons, ou de leur petite stature, exigent d'être cultivées dans des pots, comme les différentes espèces d'*ixia*, de *gladiolus*, d'*antholyza*, d'*hœmanthus*, d'*oxalis*, de *geranium*, de *mesembryanthemum*, et autres plantes du cap de Bonne-Espérance, auxquelles il faut moins de chaleur que d'air, et sur-tout de lumière.

La caisse de ces châssis doit être faite en maçonnerie, de 18 à 20 pouces d'épaisseur, et couverte de tablettes en pierre de taille, qui reçoivent, dans une feuillure pratiquée sur leurs bords, les panneaux de vitres. Si l'on donne à cette caisse 3 pieds de profondeur, dont une moitié au-dessous du niveau de la terre environnante, et une moitié en élévation, on pourra y établir de petites couches, soit en fumier sec, recouvert de terreau, soit en fumier chaud, mélangé avec de vieille tannée, soit enfin en tannée neuve pure. On pourra alors y cultiver avec succès les semis et les jeunes plants d'arbres et de plantes de l'année, qui croissent entre le 30e. et le 40e. degré de latitude des deux hémisphères, et qui languissent et périssent ordinairement dans les serres tempérées. Les arbustes du cap de Bonne-Espérance, tels que les *diosma*, les *protea*, les *passerina*, les *bruyères*, les *royena*, les *polygala*, etc., s'accommodent fort bien de ces châssis les deux premières années de leur jeunesse, et jusqu'à ce qu'ils soient assez forts pour être rentrés dans les serres tempérées. *Voyez* BACHE.

La quatrième sorte de châssis ne diffère des châssis à melons, qu'en ce que les panneaux de ceux-ci, au lieu de porter des vitres, n'ont que des carreaux de papier huilé, ou même sont recouverts de ces légères planches qu'on appelle voliges à Paris. D'ailleurs ils leur sont en tout semblables, tant pour la caisse que pour les panneaux.

Ces châssis sont destinés à être placés sur des semences d'arbres étrangers, lesquelles étant extrêmement fines, sont semées à fleur de terre, telles que les graines de *rhododendron*, d'*azalea*, d'*hypericum*, d'*andromeda*, de *vaccinium*, d'*erica*, de *kalmia*, d'*arbutus*, etc. Ces semis sont dans des terrines remplies de terreau de bruyère, et se placent ordinairement à l'exposition du levant, dans une plate-bande, où les vases sont enterrés jusqu'au bourrelet, ou sur une vieille couche sans chaleur. Couvertes de ces châssis, sous lesquels on entretient une humidité favorable, les graines venant à germer, n'ont que le degré de lumière qui convient à leur délicatesse, et ne sont pas exposées à être détruites comme elles le seraient à nu, par la présence des rayons du soleil et par la sécheresse de l'air ; mais il convient de couvrir ces panneaux de toile cirée ou de contrevents de bois, lorsqu'il survient des pluies abondantes ou des grêles un peu fortes, sans quoi les carreaux de papier seroient bientôt détruits.

Les châssis à carreaux de papier ou à planches, étant placés sur une couche située au nord, peuvent servir utilement à faire reprendre des boutures d'un grand nombre d'espèces d'arbustes et de plantes étrangères. Enfin on peut les employer à faire reprendre des repiquages de plantes délicates. En général leur mérite n'est pas assez connu, et nous invitons les cultivateurs à en faire plus d'usage.

Voyez mon Mémoire sur les semis sous châssis, inséré dans le sixième volume des Annales du Muséum.

Il nous reste à parler des châssis physiques de M. Mallet, dont on a beaucoup vanté les merveilleux effets du vivant de l'auteur, mais que personne n'a imités, parce qu'ils sont trop coûteux, et que leur effet n'est réellement pas supérieur à ceux dont il vient d'être question. Leur principale différence est fondée sur la courbure des panneaux ; la *fig.* 4, *Pl.* 1, qui en montre un vu de côté, et dont les panneaux de devant **A**, et de derrière **B**, sont ouverts, suffit pour en donner une idée. (Th.)

CHASSIS ÉCONOMIQUES DE PAPIER OU DE TOILE. On les fabrique sous deux formes, en toit ou en voûte : ces derniers ressemblent à la couverture d'un fourgon. Ils sont établis sur des cerceaux, maintenus dans leur milieu par une latte et implantés dans un cadre composé de quatre morceaux de sapin posés de champ et d'une épaisseur suffisante. Le cadre doit avoir toute la largeur de la couche, sur environ le double de longueur seulement, pour être facile à manier Pour les châssis en toit, on peut employer du bois plus mince ; le faîtage au contraire sera plus fort pour recevoir dans des mortaises les bouts de tous les chevrons, qui ne sont que des lattes. Ceux-ci sont plus commodes, en ce qu'on peut de chaque côté pratiquer des volets pour donner de l'air en les soulevant par le bas. Pour préserver de l'humidité toute cette carcasse, et lui donner la durée de plusieurs années, on l'enduit avec une composition de douze parties de poix, une d'huile de lin et deux de brique en poudre tamisée : le tout, bien mêlé sur un feu lent, s'emploie à chaud, et en séchant devient fort dur.

La toile doit être blanche et assez fine, mais malgré sa durée l'économie la proscrit souvent. On a recours à du papier à enveloppe blanc ou bis pâle, qui dure fort bien son année. Il faut le tendre soigneusement en le collant avec de la colle de farine qu'on laisse bien sécher. Alors ce papier est frotté au dos seulement d'huile de lin, qui s'y imbibe rapidement. Il en serait de même de la toile. On doit fabriquer ces châssis à l'avance, pour qu'ils perdent leur odeur, qui pourrait nuire aux plantes.

Ces châssis de papier sont très-utiles pour élever des cantaloups et autres melons tardifs, qu'ils préservent pendant l'été de la trop grande ardeur du soleil ; ils sont également utiles pour les boutures faites sur couches. On recommande de proportionner leur hauteur, de sorte que les plantes aient assez d'air, et pour éviter qu'elles ne filent et ne s'affaiblissent.

Pour les melons, ils sont d'abord élevés sous cloches ; on les couvre ensuite de ces châssis à demeure, au lieu d'y placer journellement des paillassons. L'arrosement se donne dans les sentiers, et il suffit ainsi ; les fruits en sont bien meilleurs, sur-tout si on a soin de les retourner peu-à-peu, afin d'éviter la fadeur qui altère le côté de la couche (Duch.)

CHASSIS PORTATIFS. J'ai fait figurer dans les Annales du Muséum, tome VI, *Pl.* XLVIII, un châssis propre à être placé sur une caisse ; c'est un vitrage en carré, terminé par une pyramide de même nature. Un des panneaux latéraux et un du sommet sont susceptibles de s'ouvrir. Ces châssis peuvent avoir de fréquentes applications dans les jardins de botanique et chez quelques amateurs de fleurs ; mais leur haut prix ne permet pas d'en faire usage dans la culture ordinaire. Il suffit donc de les indiquer. (Th.)

CHAT. Cet animal, si joli, si vif, si turbulent quand il est jeune ; si patelin, si adroit, si rusé quand il désire quelque chose ; si fier, si libre dans les fers mêmes de la domesticité ; si traître dans ses vengeances ; cet animal, dis-je, qui semble réunir tous les extrèmes, que l'on craint pour sa perfidie, que l'on souffre par besoin, que l'on chérit quelquefois par faiblesse, est d'une utilité trop grande à la campagne pour que nous le passions sous silence. La guerre continuelle qu'il fait pour son seul et unique intérêt, purge nos habitations d'un ennemi importun, dont les dégâts multipliés produisent à la longue de très-grandes pertes. Il faut donc bien traiter et bien récompenser par nos soins un domestique infidèle, qui nous est si utile tout en ne travaillant que pour lui-même. Les animaux auxquels le chat fait la guerre, et qu'il détruit souvent plus par plaisir de nuire que par besoin, sont indistinctement tous les animaux faibles, et qui ne peuvent échapper ou à sa force ou à son adresse : les oiseaux, les rats, les souris, les campagnols, les mulots, les levrauts, les jeunes lapins, les taupes, les crapauds, les grenouilles, les lézards, les serpens, les chauve-souris, etc., deviennent sa proie ou son jouet. Ce qu'il ne peut ravir de haute lutte, il le guette et l'épie avec une patience inconcevable. Tapi au bord d'un trou, rassemblé dans le moindre espace possible, les yeux fermés en apparence, mais assez ouverts pour distinguer sa proie, et l'oreille au guet, il affecte un sommeil perfide pour tromper l'animal dont il médite la mort. A peine est-il hors de son trou qu'il l'attaque et le saisit ; s'il a sur lui un avantage considérable du côté de la force, il s'en joue et s'en amuse pendant quelque temps pour insulter à son malheur. Le jeu commence-t-il à l'ennuyer, d'un coup de dent il le tue, souvent sans nécessité, lors même qu'il est le plus délicatement nourri. Ce caractère méchant sans avantage direct, indocile et destructeur par caprice, feront toujours du chat un traître dont on profite sans l'aimer. Le traitement le plus doux, les soins les plus marqués ne peuvent détruire en lui ce naturel indépendant et à demi sauvage ; l'éducation même, perpétuée de race en race, ne l'a point altéré ; et le chat seul, de tous les animaux que l'homme a réduits à l'esclavage, a conservé cette fierté et cet amour de la liberté qu'il avait au milieu des forêts. Dans l'enceinte même de nos murs, ce sont les greniers, les toits, les endroits déserts et retirés qui font son séjour ordinaire. Habite-t-il une maison des champs, la vue de la campagne ramène bientôt dans son cœur le goût de la chasse, l'amour de la guerre ; il part seul, ou quelquefois avec un compagnon de rapines, et ils portent de tous côtés le désordre et la désolation. Tantôt grimpé sur un arbre, il enlève du nid de petits oiseaux, et caché par quelques branchages, il attrape la mère qui venait apporter de la nourriture à ses petits infortunés. Tantôt pénétrant dans les retraites des lapins, il les poursuit jusqu'au fond de leurs terriers. Une garène qu'il affectionne est bientôt ravagée et dépeuplée ; souvent il arrive que ses succès enflamment son courage, et lui rendent totalement son esprit d'indépendance : alors il abandonne les habitations, vit au fond des bois, redevient sauvage, et la génération suivante reprend insensiblement tous les premiers caractères du chat sauvage.

La forme extérieure du chat est, en général, agréable ; ses proportions sont bien prises, et sa physionomie sur-tout exprime un air de finesse qui est encore relevé par la forme du front, de la tête entière, et par la position des oreilles. Mais entre-t-il en fureur, cette mine si douce et si fine se change tout d'un coup ; sa bouche s'ouvre, ses yeux s'enflamment, ils étincellent ; il tourne ses oreilles de côté et les abaisse ; son poil se hérisse sur le dos et sur tout le corps ; toute sa physionomie décomposée n'offre plus qu'un air féroce et furieux ; ses cris sont effrayans, ses mouvemens rapides : ses griffes sortent de leurs gaines, il est prêt à tout déchirer : alors rien ne l'épouvante ; un animal plus fort ne l'intimide pas ; il s'élance, se jette sur lui, le mord ou le déchire d'un coup de griffe ; et, non moins leste que hardi, à peine a-t-il frappé qu'il s'échappe et évite les atteintes de son ennemi.

La chatte entre en chaleur deux fois par an, dans le printemps et dans l'automne ; elle est beaucoup plus ardente que le mâle ; elle le cherche, le poursuit, l'appelle ; les hauts cris et les roulemens qu'elle pousse annoncent la vivacité de ses désirs ou plutôt l'état douloureux où ses besoins la réduisent, et que l'approche du seul mâle peut soulager ; mais veut-il la satisfaire, les douleurs qu'il lui fait éprouver en se cramponant sur son dos avec ses griffes et ses dents, l'obligent à le repousser avec les mêmes armes, ce qui retarde souvent de plusieurs jours la fin de ses souffrances. Les chattes portent cinquante à cinquante-six jours, et mettent bas ordinairement quatre, cinq ou six petits, qu'elles ont soin de cacher et de transporter dans des trous, lorsqu'elles craignent que les mâles ne les dévorent ; ce qui arrive quelquefois. Elles les allaitent pendant trois à quatre semaines, et puis vont à la chasse pour eux et leur rapportent des rats, des souris, de petits oiseaux ; mais bientôt elles instruisent leurs petits dans le même art de rapine, et finissent par leur laisser le soin de veiller à leur subsistance, en leur apprenant par l'exemple que tout moyen est bon et légitime, la ruse ou la force, pourvu qu'il réussisse. A quinze ou dix-huit mois, ils ont pris tout leur accroissement, peuvent engendrer à l'âge d'un an, et vivent environ neuf à dix ans. (R.)

Les couleurs du chat sauvage ne changent point ; c'est un mélange de brun, de fauve et de gris, avec des anneaux noirs autour des pattes et de la queue ; mais celles des chats domestiques varient dans toutes les nuances du fauve, du brun, du noir et du blanc ; on en voit rarement deux dont la robe soit semblable. Dans les campagnes, on doit préférer ceux qui s'éloignent le moins du type originel, parce qu'ils sont meilleurs chasseurs ; mais dans les villes, où la beauté des chats est leur principal mérite, on recherche ceux dits d'*Espagne*, dont la couleur dominante est le roux ; ceux dits des *chartreux*, qui sont d'un gris bleuâtre ; enfin ceux dits d'*Angora*, dont le poil, beaucoup plus long et plus soyeux, est ordinairement blanc. Ces derniers, outre leur utilité comme chats, donnent leur fourrure et leurs poils au commerce, ce qui doit les faire préférer. Il est faux, comme quelques personnes le pensent, qu'ils ne courent pas après les souris ; mais il est vrai que certains d'entre eux, qui n'en ont jamais vu, et leur nombre est considérable à Paris, les dédaignent lorsqu'on leur en présente pour la première fois dans un âge avancé.

En général, on ne se conduit pas vis-à-vis des chats dans les campagnes comme il serait bon qu'on le fît ; puisque la nécessité force les cultivateurs à avoir recours à leur instinct pour détruire de dangereux ennemis, et qu'ils connaissent leur caractère, ils ne doivent s'en prendre qu'à eux-mêmes si leurs provisions de viande, leur laitage, etc., deviennent leur proie. Vivons avec lui comme avec un voleur déterminé ; renfermons tout ce qui peut le tenter, mais traitons-le avec douceur et donnons-lui le nécessaire physique. C'est une grave erreur que de croire que plus les chats ont faim et plus ils cherchent à prendre de souris. Est-ce une bonne disposition pour attendre plusieurs heures de suite sans bouger la sortie d'une d'elles de son trou, que d'avoir le ventre affamé ? La patience est-elle la vertu de ceux qui ont faim, même parmi les hommes, qu'on suppose susceptibles de se guider par des raisonnemens d'un ordre supérieur à ceux des chats ? Je pense donc que chaque jour on doit leur abandonner une portion de nourriture suffisante pour les entretenir en bon état, et ne jamais les battre, lors même qu'ils se sont rendus coupables. On peut croire que , par suite de ce système de bienveillance , ils seront moins pressés de s'emparer des mets qu'on laisserait un moment à l'abandon.

Il est quelques chats qui prennent l'habitude de la maraude , qui vont faire la chasse aux lapins , aux lièvres , aux oiseaux des bois , plutôt qu'aux souris de la grange. Il en est d'autres qui se jettent même sur la volaille , sur-tout sur les pigeons. Les uns et les autres doivent être tués sans miséricorde , parce qu'une fois qu'ils ont pris cette habitude ils ne s'en corrigent jamais.

Comme il naît cent fois plus de chats que les besoins de l'homme l'exigent, on est obligé de détruire la plus grande partie au moment de leur naissance , et on s'occupe rarement des moyens de conserver ceux qu'on a. Il y a quelques années qu'une épidémie fit craindre d'en perdre la race. Les maladies convulsives et les maladies inflammatoires sont celles qu'ils ont le plus à redouter.

Par-tout dans les campagnes , on jette les chats morts sur les chemins , et cependant chaque cadavre peut fournir plus d'engrais que ce qu'un âne peut porter de fumier. Je voudrais donc qu'on les enterrât toujours, ainsi que tous les animaux qui meurent dans la ferme , au milieu du fumier, ou qu'on leur réservât un cimetière dans quelque coin du jardin , cimetière dont la terre serait employée et remplacée par de la nouvelle, au bout de quelques années.

Le chat véritablement sauvage , c'est-à-dire dont les pères n'ont jamais été soumis à la domesticité , est devenu rare en France depuis que les grandes futaies ont été presque par-tout abattues. J'en ai encore vu souvent dans ma jeunesse ; mais il y a bien des années que je n'en entends plus parler. Il est deux fois plus gros que le plus beau des chats domestiques, d'une force et d'une férocité considérables. C'est le grand destructeur du gibier ; aussi les chasseurs de profession lui font-ils une guerre à outrance. Souvent aussi, lorsque les subsistances lui manquent dans les bois , il se jette sur la volaille des fermes qui en sont voisines, et une fois qu'il en a goûté, il y revient jusqu'a ce qu'il ait été tué. Les chiens de chasse, ou autres, qui l'attaquent sont immanquablement blessés ; car il ne se sauve qu'après avoir joué des griffes. Lorsqu'il se sent pressé, il grimpe sur un arbre, et se sauve par les branches. On le tue à coups de fusil, et on le prend avec les piéges appelés *traque-renard.* Sa fourrure est fort estimée. (B.)

CHAT PUTOIS. *Voyez* Putois.

CHATAIGNE. Fruit du Chataignier. *Voyez* ce mot.

CHATAIGNE. Médecine vétérinaire. Espèce de corne

molle et spongieuse , dénuée de poils , qui se trouve placée sur les extrémités antérieures du cheval , au-dessous de l'articulation du genou , tandis que , dans les extrémités postérieures , elle occupe le dessous de l'articulation du jarret.

Le volume de la châtaigne est médiocre dans les jambes sèches et peu chargées de poils et d'humeurs , et plus considérable dans celles où les liqueurs abondent.

Sa consistance augmente en dureté à mesure que le cheval vieillit, parce que les vaisseaux s'oblitérant alors peu-à-peu , toutes les parties se dessèchent. Loin d'arracher la châtaigne , comme on le pratique assez souvent à la campagne , lorsqu'elle est considérable , on doit au contraire la couper , dans la crainte d'occasionner une plaie. (R.)

CHATAIGNE DE CHEVAL. On donne quelquefois ce nom au fruit du MARONNIER D'INDE.

CHATAIGNE D'EAU. C'est le fruit de la MACRE.

CHATAIGNE DE TERRE. Nom vulgaire de la GESSE TUBÉREUSE.

CHATAIGNERAIE. Lieu planté en CHATAIGNIERS , dans l'intention d'en récolter le fruit.

CHATAIGNIER. Arbre de première grandeur, de la monoécie polyandrie , et de la famille des amentacées , dont l'excellent fruit sert presque d'unique moyen de subsistance dans beaucoup de pays , et dont le bois est propre à un grand nombre d'usages économiques.

Cet arbre fait partie du genre des HÊTRES dans la plupart des ouvrages de botanique ; mais comme ses chatons mâles sont érigés et axillaires , ses capsules coriaces et ses semences farineuses , il est bon de profiter de ces demi-caractères pour en former un genre particulier , et se mettre par là en concordance avec l'usage général. *Voyez* au mot HÊTRE.

Quelquefois dans le climat de Paris le châtaignier n'est pas encore en fleur à la fin de juillet ; mais ses fruits croissent rapidement, et on peut les cueillir le plus souvent à la mi-octobre. Ses fleurs ont une odeur spermatique très-marquée, et qui porte à la tête. Ses feuilles au contraire poussent de très-bonne heure, ce qui leur est quelquefois nuisible dans le même climat ; car elles sont sensibles aux plus faibles gelées, ainsi que les jeunes bourgeons qui les portent. Ses feuilles sont alternes, pétiolées, lancéolées, largement dentées, coriaces, d'un vert clair, ordinairement longues de 6 pouces sur un et demi de large.

Le châtaignier est indigène à l'Europe et propre aux vallées des montagnes du second ordre , c'est-à-dire à celles qui servent de limites à la culture du blé et à la plupart des autres articles de subsistance. Il semble que la nature l'a placé dans cette zone, afin que les hommes pussent l'habiter, et en effet sans lui beaucoup de cantons seraient déserts, au moins une grande partie de l'année. Il ne craint pas les plus grands froids des hivers; cependant il ne vient pas dans le Nord, et ceux mêmes qui croissent dans le climat de Paris ne donnent que des fruits de médiocre qualité. Cela tient à ce que, comme il entre fort tard en fleurs, il lui faut un grand degré de chaleur en été. Or il trouve ce qui lui convient dans les vallées des hautes montagnes des parties méridionales de l'Europe, qui, quoique couvertes de neige pendant six mois de l'année, sont fort chaudes pendant l'été; c'est là qu'il végète avec le plus de force, et qu'il donne des fruits de la meilleure qualité et les plus susceptibles d'être gardés.

Les lieux où on en trouve le plus en France sont le long du Rhin, sur les montagnes du Jura, dans toutes les Basses-Alpes depuis Genève jusqu'à la mer; toute la chaîne qui de Lyon se prolonge à la droite du Rhône, et toute celle qui de Nîmes remonte par Limoges jusqu'à l'embouchure de la Loire, la ci-devant Bretagne, les Cévennes, les Pyrénées et la Corse. J'en ai vu d'immenses quantités dans les montagnes de l'Espagne et dans celles d'Italie; la Sardaigne, la Sicile, les montagnes de la Grèce en sont remplies : il ne paraît pas qu'il y en ait sur la côtes d'Afrique ni dans la haute Asie.

Dans sa jeunesse, le châtaignier pousse lentement, mais quand on le coupe à un certain âge, au-dessus de vingt ans, par exemple, il donne la première année des rejets d'une hauteur remarquable. Ceux de 6 et 8 pieds ne sont pas rares aux environs de Paris, et dans les pays plus chauds ils sont encore plus considérables. Cette activité de végétation se soutient dans une progression très-peu décroissante pendant douze ou quinze ans, c'est-à-dire jusqu'à l'époque où ces rejets commencent à porter du fruit; ensuite elle se ralentit de plus en plus et finit par n'être plus que de quelques lignes par an. Les pieds venus de semences parcourent avec beaucoup plus de lenteur les phases de leur végétation : ce n'est guère qu'à trente ans qu'ils commencent à donner du fruit; mais aussi combien est longue la durée de leur vie! Il n'est point de pays à châtaigniers où on n'en connaisse qui ont deux ou trois siècles d'existence et 2 ou 3 pieds de diamètre : les bords de la forêt de Montmorency en présentent de tels. C'est sous un de ceux-là que J.-J. Rousseau aimait à se reposer, et qu'il composait ses immortels ouvrages; c'est sous un de ceux-là que les amis de sa mémoire avaient élevé un modeste monument presque aussitôt détruit par le fanatisme. J'en ai beaucoup vu de pareilles dimensions. Il y a dans les environs de Sancerre un châtaignier qui a 30 pieds de tour à hauteur d'homme : il y a six cents ans qu'il portait déjà le nom de gros châtaignier. On lui suppose mille ans d'âge. Son tronc est parfaitement sain à l'extérieur, et chaque année il se charge d'une immense quantité de fruits. Le plus célèbre de ceux qui sont mentionnés dans les livres est celui qu'on appelle des cent chevaux, parce que cent personnes à cheval peuvent se mettre à l'abri sous ses branches. Il se trouve sur les flancs de l'Etna, à l'extrémité de la région habitée. Sa tête a 160 pieds de circonférence, c'est-à-dire environ 53 pieds de diamètre. On voit sa figure dans le Voyage de Houel en Sicile. On a fixé son âge par le calcul, quoiqu'il soit reconnu que ce moyen ne peut jamais donner des résultats exacts.

Mais ce châtaignier est entièrement creux, il ne végète pour ainsi dire que par son écorce. Ce cas est extrèmement commun dans les vieux pieds de cet arbre ; je dirai même plus, il n'y a peut-être pas un seul de ces arbres de plus de cent ans dont le cœur soit complétement sain. Ce ne sont pas seulement ceux qui ont été étêtés qui se gâtent ainsi, tous sont sujets à cette maladie, seulement ces derniers s'altèrent plus rapidement, parce que la pourriture agit en même temps par le haut et par le bas, tandis que dans ceux respectés par la serpe et par la hache elle n'agit d'abord que sur le pivot, et ensuite sur la partie du tronc qui en est le prolongement : l'arbre paraît complétement sain à l'extérieur.

Cette circonstance, jointe à ce que très-peu de châtaigniers se conservent bien filés, fait qu'il est extrèmement rare d'en trouver de propres à faire des pièces de charpente d'une certaine longueur, ou à entrer dans la construction des vaisseaux. Aussi nulle part aujourd'hui ne les emploie-t-on aux grands ouvrages de ce genre. Il y a tout lieu de croire qu'il en était de même autrefois, car il est prouvé par un grand nombre d'observations irrécusables, dont plusieurs me sont propres, que ce qu'on avait pris pour du châtaignier dans quelques vieux édifices était du chêne blanc, *quercus pedunculata*. *Voyez* au mot CHÊNE.

« Le bois de châtaignier a tant de rapport avec celui de chêne, dit Varennes de Fenille, qu'il est très-ordinaire de les confondre, et quelquefois très-difficile de les distinguer. La disposition des pores et des fibres longitudinales, la qualité du grain et la couleur paraissent à l'extérieur les mêmes : la teinte du châtaignier est seulement un peu moins obscure, et le contact de l'air ne la rembrunit pas autant que celle du chêne. Leurs qualités intrinsèques ont aussi beaucoup d'analogie ; également propres l'un et l'autre à la grande charpente, à la menuiserie, aux ouvrages de fente, ils durent des siècles sans s'altérer. Tous deux se conservent long-temps dans la terre. Ils parviennent à-peu-près à la même hauteur dans les bois et vivent très-long-temps. Tous deux souffrent difficilement la transplantation quand ils ont acquis un certain âge. »

J'ajouterai que leurs caractères botaniques sont aussi très-rapprochés.

Il résulte des expériences du même Varennes de Fenille que le bois de châtaignier pèse vert 68 livres 9 onces par pied cube, et sec 41 livres 2 onces 7 gros ; qu'il perd par le dessèchement plus du vingt-quatrième de son volume.

Les irradiations transversales du châtaignier, c'est-à-dire celles qui lient les différentes couches annuelles du bois entre elles, sont fort difficiles à apercevoir sans une loupe : c'est le moyen le plus certain pour le distinguer de celui du chêne ; aussi ses couches annuelles sont-elles très-sujettes à se séparer, à se trouver dans l'état de maladie qu'on appelle CADRANURE. De trente châtaigniers d'environ un pied de diamètre, que je vis équarrir dans la forêt de Montmorency une certaine année, il y en avait plus de vingt dans cet état. Cette organisation concourt encore à rendre rares les vieux troncs propres à la charpente et à la menuiserie, et accélère beaucoup leur décomposition après qu'ils sont employés. Son altération s'effectue plus rapidement lorsque l'eau coule dans le sens de sa largeur, voilà pourquoi les volets qui en sont fabriqués durent si peu.

Les observations précédentes me paraissent prouver, comme je le dis au mot COUCHES LIGNEUSES, que les irradiations médullaires ne servent qu'à lier les couches entre elles, et non à porter à l'écorce la sève élaborée dans la moelle.

Mais si d'après ces considérations le vieux bois de châtaignier ne doit pas être regardé comme véritablement propre à la charpente et à la menuiserie, à la fabrication du merrain pour les tonneaux, ainsi que les bardeaux pour la couverture des maisons ; cependant on l'emploie quelquefois avantageusement à ces usages, car en Italie, dit Miller, toutes les futailles grandes et petites sont faites avec ce bois, qui a la propriété de ne pas se gonfler ni resserrer par la présence ou l'absence des liqueurs. On s'en sert sur-tout pour les conduites souterraines d'eau. S'il n'est même que très-peu bon à brûler, se couvrant de cendre et ne donnant point de flamme, le jeune, en récompense, est d'une utilité générale et constante pour faire des charpentes légères, des pieux, des échalas, des cercles de cuve, de tonneaux, des baguettes de treillage, etc. En effet sa propriété de pourrir très-difficilement dans la terre, dans l'eau et même à l'air, de se fendre très-aisément dans sa longueur, d'être très-élastique, etc., le rend préférable à presque tous les autres pour ces objets. Aussi par-tout des taillis de châtaigniers sont-ils une des meilleures propriétés qu'on puisse désirer. Généralement on les coupe à sept ans pour faire des échalas, des cercles de tonneaux, des baguettes de treillage, et je ne conseillerai pas de les couper plus tôt, quoiqu'on le puisse dans certains terrains, parce que le bois n'est pas assez fait, assez solide pour remplir complétement ces destinations. On les coupe à quatorze ou quinze ans pour faire des cercles de cuve, des pieux, des échalas de refente, toujours bien meilleurs que ceux de bois plus jeune, etc., et à vingt ou vingt-cinq ans, pour faire de la charpente légère et même les articles précédens. On ne gagne pas à laisser le châtaignier plus long-temps sur pied, parce que, ainsi que je l'ai observé plus haut, c'est l'époque où il commence à porter du fruit, et où sa croissance cesse d'être rapide.

Pourquoi donc avec des avantages aussi considérables les taillis de châtaigniers sont-ils si rares en France? Pourquoi donc toutes les terres incultes des pays de vignobles n'en sont-elles pas couvertes? Le châtaignier ne vient-il donc que dans des terres privilégiées? J'aurais de la peine à répondre aux deux premières de ces questions. J'ai vu des propriétaires qui venaient me voir dans ma retraite de la forêt de Montmorency s'extasier de ce que des sables aussi arides, plantés en châtaigniers, produisaient tous les ans 4, 5 et 600 francs par arpent, sans dépenses quelconques, tandis qu'ils avaient bien de la peine à tirer 15 à 20 francs par an de leurs meilleures terres; et cependant aucun ne pouvait se résoudre à transformer ces terres en taillis du même genre. Ils trouvaient toujours des obstacles dans leur position pécuniaire, la longueur du temps, la nature de leurs fonds, les habitudes de leurs cantons, etc., etc. C'est que pour faire des opérations agricoles d'une longue haleine, il faut une force de caractère qui détermine à sauter par-dessus les inconvéniens pour arriver aux résultats.

Comme arbre d'agrément le châtaignier doit être mis avant le chêne. Ses belles feuilles, qui ne sont jamais attaquées par les insectes, qui ne tombent que fort tard en automne, donnent plus d'ombrage et massent mieux. Un vieux pied isolé produit un superbe effet. Un groupe de jeunes pieds dans un massif fait ressortir les autres arbres; mais je n'aime point, comme paysagiste, les taillis de châtaigniers, ils sont d'une monotonie assommante.

Tout terrain n'est pas propre au châtaignier, le calcaire par exemple; cependant il peut croître par-tout. Les sols argileux et sablonneux en même temps, les granits, les gneiss, les schistes en décomposition paraissent être ceux sur lesquels il se plaît davantage. Il aime aussi à être sur des rochers, dans l'interstice des fentes des lits desquels il introduit ses longues racines. Un sol gras et frais lui est mortel. Il en est de même des craies si sèches de la ci-devant Champagne, où je sais qu'on n'a pas pu parvenir à en faire croître. J'ai lieu de croire cependant qu'on a souvent décidé un peu trop légèrement que telle terre n'était pas propre au châtaignier; car comme il est difficile à la reprise, que ses fruits sont recherchés par tous les animaux rongeurs, il ne faut pas s'en tenir à une seule plantation et à un seul semis, sur-tout quand ils ne sont pas dirigés par des hommes éclairés. Quoi qu'il en soit, par-tout où j'ai vu des châtaigniers, et j'en ai vu dans beaucoup de cantons différens, ils étaient dans des terres peu propres à la culture des céréales, soit par leur nature, soit par leur manque de profondeur ou l'abondance de leurs cailloux, soit par leur grande inclinaison, soit enfin par leur grande élévation au-dessus de la mer. Ce dernier cas est le plus général, c'est celui qui est le plus indépendant de l'homme; car, je le répète, le châtaignier paraît avoir été placé par la nature justement à la hauteur où le blé ne peut plus croître, comme si c'était pour en dédommager l'homme. C'est donc sur les montagnes élevées et dans les lieux analogues à ceux où il croît naturellement, qu'il faut principalement le multiplier.

Jusqu'à présent je n'ai parlé du châtaignier que comme arbre forestier. Il est temps de le considérer comme arbre fruitier.

De tous temps les hommes se sont nourris de châtaignes, et en conséquence le châtaignier a dû, comme tous les arbres qu'ils ont soumis à la culture, produire des variétés; mais ces variétés, quoique nombreuses, ne le sont pas autant que celles de plusieurs autres, parce qu'il n'est réellement qu'à demi-domestique. La plus connue de ces variétés c'est le *marron*, qui diffère par une grosseur bien plus considérable, autant due à la variété même et au climat, qu'à ce qu'il est presque toujours seul dans le *brou*, autrement appelé le *hérisson* ou le *pelon*, ce qui fait qu'il est rond ou très-peu aplati. On a indiqué plusieurs moyens de distinguer les marrons de Lyon des châtaignes; mais il n'y a réellement que la moindre largeur de l'ombilic, c'est-à-dire de la partie par laquelle il était attaché au hérisson, relativement à la grosseur, qui puisse donner quelque indication certaine, et encore faut-il avoir des points de comparaison pour l'établir. C'est par la saveur bien plus agréable qu'on distingue, dit-on, le marron de la châtaigne; mais combien ai-je mangé de châtaignes en Espagne, en Italie, dans le Périgord, etc., supérieures aux marrons de Lyon, si vantés à Paris? Le vrai est que le marron ne s'éloigne réellement de la châtaigne que par des nuances insensibles, et que depuis celle qu'on appelle *bouchasse* dans quelques cantons, laquelle n'a que 5 à 6 lignes de diamètre, jusqu'au marron de Luc, que j'ai vu quelquefois de près de 2 pouces de diamètre, il y a des intermédiaires sans nombre en grosseur et en saveur. Les plus délicates que j'aie mangées en France, c'était à Périgueux, et elles n'étaient point grosses. Les meilleures que j'aie mangées de ma vie, c'était dans les montagnes du royaume de Léon en Espagne, et elles n'étaient point grosses. Aujourd'hui je trouve que les marrons ne sont pas de bons fruits, et j'ose le dire, comme je dis que la poire de catillac est moins bonne que le rousselet.

On a donné plusieurs fois des nomenclatures de variétés de châtaignes; mais elles n'ont pas été faites comparativement, et leur concordance n'est rien moins que facile. Le jardin du Muséum est peut-être le seul établissement qui ait tenté de faire une collection de ces variétés; et c'est à mon estimable collaborateur Thouin, à qui la science agricole a tant d'obligations, qu'elle est due; mais elle n'a pu s'y conserver, à raison de la nature du sol, laquelle repousse cet arbre, qui prospère sur le sommet des montages voisines, telles que celles de Meudon, Marly, Montmorency, etc.

Voici la nomenclature des variétés les plus généralement connues à Paris, parce qu'elles viennent aux environs de cette ville, ou sont envoyées des environs de Limoges ou de Lyon.

La Chataigne des bois. Elle est petite, se conserve peu, et n'a presque point de saveur. C'est celle qui fournit les taillis des environs de Paris.

La Chataigne ordinaire. Elle est petite, un peu meilleure que la précédente. C'est le premier degré de la culture. L'arbre qui la fournit est fort vigoureux et charge beaucoup.

La Chataigne commune a gros fruit, appelée *pourtalonne* dans les départemens du midi. Elle est quelquefois très-grosse. C'est celle qu'on cultive le plus communément, parce que l'arbre qui la porte est très-fertile.

La Chataigne printanière ou première. Elle est la première en état d'être mangée, mais elle a peu de saveur.

La verte du Limousin, découverte et propagée par Cabanis; elle est grosse, de bon goût et se conserve long-temps. L'arbre qui la porte conserve ses feuilles vertes plus long-temps que les autres.

La Chataigne exalade. C'est la meilleure pour le goût. L'arbre qui la porte s'élève fort peu; il étend ses branches horizontalement; mais il charge extrêmement, même trop, car il s'épuise très-vite.

La Chataigne de cars. Elle n'est pas très-grosse, mais elle est très-bonne, et a sur-tout la propriété de se mieux conserver que les autres. L'arbre qui la produit est un peu tardif, mais pousse bien. On le recherche beaucoup.

La Chataigne osillarde. On donne ce nom, près de Poitiers et de Tours, à deux châtaignes bien différentes en qualité. L'une est grosse et bonne, l'autre petite et médiocre.

Le marron de Lyon, d'Aubray, d'Agen, sur-tout celui du Luc, le plus gros de tous, doivent être principalement mentionnés; mais comment faire distinguer les nuances de saveur qui les distinguent autrement qu'en les faisant manger au lecteur?

Ces marrons sont l'objet d'un grand commerce. On en envoie jusqu'en Russie.

Variétés des châtaignes des environs de Périgueux suivant l'ordre de leur maturité; par M. Bruzeau : extrait de la Feuille du cultivateur.

« La *royale blanchère,* qui est la plus hâtive, et qui donne un fruit très-gros, un peu camus, de couleur très-brune. Elle ne se conserve pas long-temps. On la récolte dès la fin de septembre. Ses feuilles et son brou sont blanchâtres; sa forme est pyramidale.

La *portalonne,* qui se récolte en même temps que la précédente, donne un fruit de moyenne grosseur, presque rond, de couleur jaune, à écorce fine, à goût très-savoureux. Elle n'a presque pas de zeste dans sa chair, ce qui la rend presque aussi agréable que le marron. Sa feuille est petite et d'un vert foncé. Ses rameaux sont étendus.

La *corive* est petite et camuse; elle se conserve long-temps et est bonne à sécher.

La *royale hélène* est singulière. En sortant de son brou elle est lisse et gluante. Elle est un peu camuse et assez bonne.

La *grande épine* est un peu allongée. Elle porte sur son brou des épines beaucoup plus longues que les autres.

La *ganebellonne* est assez grosse, de couleur brune, pointue, un peu aplatie. Elle est très-bonne à sécher, et se conserve long-temps en vert.

La *caniaude* est une des plus grosses, de couleur très-brune, un peu de duvet vers la pointe. Elle est très-bonne à sécher.

La *verte.* C'est la plus estimée, en ce qu'elle se conserve le mieux et charge beaucoup; aussi est-elle la plus fréquemment cultivée.

L'*angalade* ou *marron bâtard* est inférieur en bonté au vrai marron, mais est plus gros et charge beaucoup plus.

La *couriande* ou *marron sauvage.* C'est le marron non greffé. Il ressemble au marron pour la forme et le goût, mais est beaucoup plus gros.

Le *vrai marron* est sans contredit le meilleur de tous. Il est presque rond, sans aucun zeste dans sa chair, plus petit que la châtaigne ; ce qui le distingue fort bien du marron de Lyon.

Il se récolte des derniers, et même laisse tomber souvent son brou et son fruit en même temps. Sa feuille est étroite et luisante.

La *poumude*, la *naleude*, la *modichone*, la *visoye* et la *royale tardive* se distinguent difficilement des précédentes. »

Les feuilles du châtaignier varient aussi. On en connaît un où elles sont panachées de jaune, et un autre où elles le sont de blanc. On les place quelquefois dans les jardins paysagers; mais elles ne produisent pas beaucoup d'effet.

On peut présumer, par une phrase d'Olivier de Serres, qu'on croyait de son temps que les marrons de Lyon venaient de Sardaigne, et ceux du Luc de Toscane; mais il y a tout lieu de penser que le châtaignier est indigène à la France.

Il en est des châtaigniers comme de la plupart des autres arbres. Sa récolte, généralement parlant, n'est abondante que de deux années l'une. Les circonstances atmosphériques influent également beaucoup sur la qualité et la quantité des châtaignes. Un mois d'août froid les empêche de grossir; un mois d'octobre pluvieux les *engraisse*, comme dit le proverbe; un mois de novembre sec et chaud les perfectionne et les fait mûrir.

Certaines années, la plus grande partie de la récolte des châtaignes est piquée de vers et tombe avant le temps. L'insecte qui produit ce ver, ou mieux cette chenille, est une teigne, ou peut-être la *pyrale pflugiane* de Fab., figurée *Pl.* XL, n°. 19 du second volume des Mémoires de Réaumur, qui se montre à l'époque où les châtaigniers entrent en fleurs. Quelle que soit l'étendue de ses ravages, il n'est pas de moyens de s'y opposer; car le seul praticable serait d'allumer des feux pour attirer et brûler l'insecte parfait; et combien en faudrait-il chaque jour dans les Cévennes seules?

On mange les châtaignes crues avant leur maturité complète. Quelques personnes les aiment même beaucoup dans cet état, et elles ont en effet un goût sucré agréable ; mais il faut avoir soin de leur enlever non-seulement la peau extérieure ou coriace, mais même l'intérieure ou membraneuse, ce qui n'est pas facile. Cette peau, qui alors est blanche et qui ensuite devient brune, est âcre au point d'exciter des picotemens à la gorge, et une toux fatigante à ceux qui la mangent à quelque époque que ce soit. On l'appelle *tan* dans quelques endroits.

Les châtaignes, pour jouir de toute la saveur qui leur est

propre, et pour être susceptibles d'être conservées, demandent
à être cueillies dans leur complète maturité ; en conséquence
il faudroit attendre qu'elles tombassent naturellement. C'est
ce qu'on fait dans quelques endroits ; mais dans d'autres on les
gaule, c'est-à-dire qu'on les abat à grands coups de perches
lorsque la plus grande partie est voisine de ce point. Cette dernière pratique doit être blâmée ; cependant on est forcé de
la suivre, sous peine de perdre une partie de sa récolte,
parce que les neiges sont très-hâtives dans la zone propre au
châtaignier.

Lorsqu'on veut les consommer ou les vendre tout de suite, on
les sépare, sous l'arbre même, de leur brou, lequel, lorsqu'il
n'est pas ouvert avant sa chute, ne tarde pas à l'être, sur-tout
s'il fait du soleil. Pour forcer cette ouverture on emploie habituellement les pieds, rarement les mains, à raison des épines
très-piquantes qui entourent ce brou et qui lui ont fait donner,
comme je l'ai déjà dit, le nom de hérisson. Il faut voir avec
quelle prestesse les habitans des montagnes, presque toujours
porteurs de sabots, font cette opération sans presque jamais
briser la châtaigne.

Lorsqu'on veut les garder fraîches on les emporte dans leur
hérisson, et on les entasse en plein air ou sous un hangar ;
alors on ne les dépouille qu'à mesure du besoin. On gagne à
cette méthode que le fruit, lorsqu'il tient encore au hérisson,
se perfectionne au lieu de s'altérer ; mais il arrive une époque où il faut nécessairement l'en séparer, et elle ne s'étend
guère au-delà de deux mois. On a dit que, ramassées par
la rosée, elles se conservaient plus long-temps et étaient
moins susceptibles d'être attaquées par les vers ; mais il est
évident pour tout homme instruit en physique et en histoire
naturelle que cela ne peut pas être, puisque la rosée n'est que
de l'eau.

Une humidité modérée concourt certainement à la bonne
conservation des châtaignes ; mais ce n'est pas au moment de
leur récolte qu'il est nécessaire de l'augmenter, c'est lorsque
l'évaporation l'a diminuée. Il est mieux sous tous les rapports de
s'opposer à cette évaporation que de la suppléer. En conséquence, on met les châtaignes, avec leur hérisson, en tas à
l'air, ou dans des chambres basses ou dans des tonneaux, dans le
sable, etc. ; cependant il ne faut pas qu'elles y restent trop long-
temps, parce que d'un côté elles prennent un mauvais goût, et
que de l'autre elles germent ou pourrissent. Ce sont ces considérations qui ne permettent pas de les renfermer dans des caves,
où une température plus haute que celle de l'atmosphère ac-
célérerait leur perte. En général on doit se plaindre que dans
les pays où les cultivateurs vendent leurs châtaignes pour la

consommation des villes , ils les entassent dans des lieux très-humides, ou les *régalent,* c'est le mot , fréquemment d'eau pour leur conserver une belle apparence ; mais cette surabondance d'humidité nuit à leur saveur et à leur conservation postérieure, et même en fait perdre chaque année d'immenses quantités.

Lorsque la châtaigne est séparée de son hérisson , ou que ce dernier est assez détaché pour qu'il ne puisse plus lui être utile, il convient de l'en séparer complétement. Cela a lieu quinze jours ou tout au plus un mois après leur récolte. Alors les châtaignes doivent être conservées dans des endroits secs , et mises en tas assez peu épais pour qu'elles ne puissent pas s'échauffer. Les uns les stratifient avec de la paille, les autres avec du sable. Ce dernier moyen , qui est celui qu'on emploie dans les pépinières , est très-certainement le meilleur. Il peut fournir le moyen de manger des châtaignes fraîches jusqu'au milieu de l'été suivant, comme cela m'est arrivé plusieurs fois.

Il semble qu'il serait possible de garder les châtaignes , comme on le fait pour le gland dans le département de la Creuse , c'est-à-dire en les déposant dans des trous faits au milieu du courant d'une fontaine , et en les recouvrant d'une claie pour les empêcher d'être volées.

L'estimable Parmentier , à qui on doit un excellent travail sur la châtaigne , propose de prolonger encore cette époque en faisant en partie dessécher les châtaignes au soleil, en les y exposant sur des claies pendant sept à huit jours , ou bien en les faisant bouillir pendant un quart d'heure dans de l'eau , et les faisant dessécher ensuite au four. Ces moyens sont peu dans le cas d'être employés , parce que , dans le premier cas, le soleil n'est plus assez chaud , après la récolte des châtaignes, pour produire un grand effet , et que dans le second il faudrait des chaudières immenses , de nombreux fours et beaucomp d'emploi de temps.

Dans tous les pays où les habitans font leur principale nourriture des châtaignes, on dessèche complétement celles qu'on destine à être conservées. On a remarqué qu'elles étaient moins bonnes séchées au four qu'à la fumée , et en conséquence on ne fait usage que de cette dernière méthode. En Espagne, où les cheminées sont encore placées au milieu de la chambre , ou mieux, où la chambre n'est qu'une vaste cheminée au centre de laquelle est le foyer, on se contente de placer les châtaignes sur des claies suspendues les unes au-dessus des autres dans cette cheminée , ainsi que je l'ai vu dans la Galice, le royaume de Léon et la Biscaye ; mais en France, où les cheminées ne sont pas disposées ainsi , on est obligé de construire de petits bâtimens uniquement destinés à cet objet. Desmarets et ensuite Parmentier ont donné d'excellentes notes sur la méthode pratiquée dans les Cévennes, méthode à peu de chose près la même dans les autres chaînes de montagnes où on s'en nourrit également. Là, dans une chambre qui a 2 toises et demie en carré et 3 toises de hauteur, on établit à 6 à 7 pieds du sol, sur six poutres, un clayonnage un peu bombé, soit en clouant des baguettes sur les poutres, soit en posant des claies faites d'avance par l'entrelacement des baguettes. Le dessus de la chambre est percé de cinq petites fenêtres, et une porte, destinées, les premières à établir un grand courant d'air, la dernière à aller sur la claie. Le toit est composé de planches seulement appliquées les unes contre les autres, et percées de quatre trous pour donner issue à la fumée.

Sur cette claie se placent trois ou quatre sacs de châtaignes, et on fait du feu dessous avec du bois et les hérissons des châtaignes, en empêchant la flamme de se développer. Les châtaignes suent d'abord, c'est-à-dire que leur eau de végétation surabondante en sort. Lorsqu'elles ont sué on éteint le feu, on les laisse refroidir, et on les jette sur un des côtés de la claie; on remet de nouvelles châtaignes qu'on recouvre de celles qui ont déjà sué, et on rallume le feu. Lorsque toute la claie est couverte dans une épaisseur d'un pied au moins de châtaignes qui ont sué, on entretient un feu doux pendant deux ou trois jours et on l'augmente ensuite par degrés. Après neuf ou dix jours de feu continuel, on retourne les châtaignes et on recommence à les chauffer jusqu'à ce qu'elles soient sèches, ce qu'on reconnaît à ce qu'elles se laissent facilement dépouiller de leur peau intérieure lorsqu'on les bat. Il arrive souvent que, faute de soin dans la conduite du feu, on brûle celles qui sont sur la claie, même quelquefois qu'on enflamme le bâtiment tout entier. Il faut veiller nuit et jour, et balayer souvent la suie qui s'attache à la claie.

On dépouille les châtaignes de leurs deux enveloppes, aussitôt qu'elles sont sorties de dessus la claie, sur un large banc ou sur une table très-forte. Pour cela, on les met dans un grand sac et on les bat avec des bâtons. Au bout de quelque temps on les ôte pour les vanner, et on remet dans le sac celles qui n'ont pas été complétement dépouillées. Il est nécessaire que ce sac soit mouillé pour qu'il ne se déchire pas. Lorsqu'on attend, comme on le fait dans quelques lieux, le moment de la consommation pour cette opération, la chair des châtaignes contracte une couleur rousse, une saveur et une odeur désagréables.

La poussière qui résulte du vannage des châtaignes, en contenant des fragmens et même d'entières, sert à la nourriture des bestiaux. On l'appelle *brisat*.

La châtaigne ainsi desséchée est presque blanche et peut se garder d'une année sur l'autre.

Je crois que le procédé des Espagnols est préférable au nôtre, en ce qu'il y a trois étages de châtaignes les uns sur les autres, et que quand celles de l'étage du bas ont suffisamment sué on les monte successivement sur les deux autres, où elles achèvent de se dessécher à une plus douce chaleur. (B.)

On prépare les châtaignes, soit fraîches, soit sèches, en les faisant cuire simplement dans l'eau, quelquefois un peu salée, quelquefois avec des feuilles de céleri, de sauge, etc., suivant le goût des particuliers. Les vertes sont cuites ainsi, soit enveloppées de leur écorce, soit lorsqu'elles en sont dépouillées. La seconde manière est de les rôtir à la flamme dans une poêle de fer ou de terre percée de trous; la troisième, sous la cendre chaude; la quatrième, dans un moulin à rôtir le café; mais, dans ces trois cas, l'écorce de chaque châtaigne doit avoir été légèrement coupée avec un couteau, et il faut que la coupure pénètre jusqu'à la substance blanche du fruit. On court risque, sans cette précaution, de les voir éclater avec force, et la substance de la châtaigne dissipée avec les cendres et les charbons allumés, que l'explosion entraîne au loin. Lorsqu'on se sert du moulin à café, elles cuisent plus également, et il faut avoir le soin d'y laisser une châtaigne entière, dont l'écorce ne soit pas coupée comme les autres : dès que celle-ci éclate, elle annonce que les autres sont cuites, qu'il est temps de retirer du feu le tambour du moulin, et d'en sortir les châtaignes.

Dans plusieurs provinces, soit de France, soit de l'étranger, la châtaigne séchée sur les claies est portée au moulin à blé et réduite en farine. On l'entasse dans une caisse ou dans des pots de terre bien bouchés, et elle s'y conserve pendant plusieurs années. C'est avec cette farine qu'on prépare des espèces de galettes que les Corses nomment la *polenta*, c'est-à-dire la farine de la châtaigne cuite dans l'eau, et continuellement remuée jusqu'à ce que le tout ait acquis une consistance tenace, qui ne s'attache plus aux doigts; quelques-uns substituent le lait à l'eau. Pour varier les assaisonnemens, le désir de satisfaire le goût par la diversité des apprêts a fait imaginer, en Limousin, une préparation au moyen de laquelle le fruit acquiert un goût et une saveur très-agréables. Elle est fondée sur les principes d'une physique toujours admirable dans les procédés les plus communs : on en doit la description à Desmarets.

« On commence par peler les châtaignes, en ôtant la peau extérieure; cette opération se fait la veille du jour où l'on se propose de faire cuire les châtaignes. Les domestiques dans les maisons des particuliers, et les ouvriers dans les métairies, s'occupent de ce soin pendant la veillée.

» Ils défachent assez facilement avec un couteau la peau extérieure par parties ; mais il n'en est pas de même de la pellicule intérieure qui est adhérente à la substance de la châtaigne, et qui est comme collée par-dessus, parce qu'elle s'insinue dans les sinus profonds de ce fruit, et en revêt les parois. Voici les procédés employés pour dépouiller la châtaigne de cette pellicule appelée *tan* en Limousin.

» On met pour cela de l'eau dans un pot de fonte de fer (il n'y a pas de ménage dans cette province qui n'ait ce meuble de cuisine si nécessaire) ; on remplit ce pot à-peu-près à la moitié ; et lorsque l'eau est bouillante, on y met, avec une écumoire, les châtaignes pelées de la veille. On ménage l'eau, comme nous l'avons observé, parce que si elle excédait la surface des châtaignes, elle gênerait dans l'opération du DÉBOIRADOUR. (*Voyez* ce mot.) On laisse le pot sur le feu, et on remue les châtaignes avec une écumoire, jusqu'à ce que l'eau chaude aït pénétré la substance du tan, et produit un gonflement qui détruit son adhérence au corps de la châtaigne ; on s'assure de ce point précis en tirant du pot quelques châtaignes et en les comprimant sous les doigts ; lorsqu'elles s'échappent par la compression en se dépouillant de tout leur tan sans autre effort, on retire bien vite le pot du feu, et l'on procède à l'opération.

» On retire les châtaignes du pot avec une écumoire, et on en met une certaine quantité sur un *grelon* ou *greloir*. C'est une espèce de crible à large voie, dont le tissu est formé par deux rangées de lattes fort minces de bois de châtaignier ; elles sont entrelacées les unes dans les autres à angle droit, en forme de natte, et placées à une distance de 4 à 5 lignes, qui est la largeur des trous qu'on y a ménagés. A chaque fois qu'on met des châtaignes sur le grelon, on les agite en tournant, pour achever de les dépouiller du tan, qui les abandonne, ou en s'attachant aux inégalités du grelon, ou en passant à travers les vides. On verse les châtaignes dans un plat ; on secoue le grelon pour emporter le tan qui s'est engagé dans les inégalités ; on y remet d'autres châtaignes, et l'on réitère les mêmes opérations jusqu'à ce que toutes les châtaignes aient passé successsivement sur le grelon.

» Après toutes ces manipulations, les châtaignes sont blanchies ; mais elles ne sont pas cuites. On a même eu l'attention de ménager la chaleur de l'eau pour que le tan fût seulement ramolli : car l'action du déboiradour et celle du grelon sur les châtaignes qui auraient éprouvé un commencement de cuisson, les réduiraient en petits grumeaux, qui s'échapperaient par les trous du grelon : ce qui produirait sur la totalité un déchet fort considérable.

» On procède ensuite à la cuisson des châtaignes : pour cela on jette l'eau qui est dans le pot, et qui, dans le peu de temps que les châtaignes y ont séjourné, s'est chargée d'une partie extractive dont l'amertume est insupportable. On verse de l'eau froide sur les châtaignes blanchies ; on les lave pour emporter le reste du tan, et peut-être celui de l'eau amère qu'elles pourraient avoir conservé ; enfin on les remet dans le pot de fer, que l'on a bien lavé, et où on a mis de l'eau dans laquelle on a fait fondre un peu de sel. Quelques personnes emploient l'eau chaude, d'autres se contentent de l'eau froide. On varie beaucoup pour la quantité d'eau ; mais je pense qu'il vaut mieux employer l'eau chaude pour cette seconde opération, et en ménager la quantité.

» Lorsque le pot a été rempli de châtaignes avec toutes ces attentions, on le place sur le feu et on le fait bouillir pendant quelques minutes ; cela suffit pour donner aux châtaignes le degré de cuisson convenable, et achever d'extraire la partie amère dont elles sont imprégnées ; pour lors on verse l'eau par inclinaison, en retenant les châtaignes avec le couvercle du pot. Cette eau est fort colorée et très-amère ; cependant, comme elle est salée, certaines personnes la mettent à part par économie, et la conservent pour servir, avec une petite addition de sel, à l'opération du lendemain.

» On achève la cuisson des châtaignes en plaçant sur un feu doux le pot où il n'est resté que les châtaignes sans eau. On facilite cet effet en garnissant le couvercle avec un gros linge qui concentre la chaleur ; on retourne le pot pour qu'il présente ses différens côtés à l'action du feu, afin que la chaleur se distribue également dans toute la masse des châtaignes.

» Par ces attentions, les châtaignes perdent l'eau extractive et surabondante qui les pénétrait, et à mesure qu'elles s'essuient et se cuisent, elles acquièrent alors un goût, une saveur que n'ont point celles qui ont été cuites à l'eau avec toutes leurs peaux, et même celles qu'on a fait cuire sous la cendre.

» On les retire du pot après un certain temps, et on a soin d'éviter qu'elles ne contractent un goût de brûlé en s'attachant trop aux parois intérieures du pot. Celles qui touchent à ces parois sont les plus recherchées par les friands, parce qu'elles sont plus rissolées et plus privées de leur eau extractive, et par une raison contraire celles qui sont au centre du pot sont moins bonnes, se grumèlent, parce qu'elles n'ont pas acquis une certaine consistance. On met les unes et les autres

sur un petit panier plat ; on les couvre d'un linge plié en trois
ou quatre doubles , et on laisse d'un côté une légère ouverture , pour qu'on puisse en prendre à mesure qu'on les mange.

» Ce mets est destiné pour le déjeuner , et c'est un spectacle
fort agréable de voir les ouvriers d'une métairie rassemblés
autour d'un panier couvert de linge. Le silence qui règne parmi
eux , l'attention avec laquelle chacun tire les châtaignes de
dessous le linge , en choisissant toujours les plus rondes ,
parce qu'ils les regardent comme les meilleures , forment un
tableau amusant.

» Cette préparation a deux avantages , outre celui de développer la saveur sucrée des châtaignes. Le premier consiste à
présenter les châtaignes dégagées de leurs peaux , et dans un
état où il est beaucoup plus aisé de les manger : le déjeuner
dont on a parlé , servi en châtaignes cuites et recouvertes de
leurs peaux , durerait une heure et demie ou deux , au lieu
qu'il est terminé en un quart d'heure. En second lieu , si on
mangeait les châtaignes cuites avec leurs peaux , on aurait
beaucoup de déchet ; car la partie de la châtaigne qui tient à
la peau serait une perte. On conçoit à présent les raisons qui
ont fait adopter généralement cette méthode dans un pays où
la consommation des châtaignes est si considérable.

» Quoique l'eau dans laquelle on a préparé les châtaignes
soit amère cependant on la réserve avec le tan , et quelques
petits débris de la substance farineuse de la châtaigne qui
s'en détachent lors des opérations du déboiradour et du grelon ,
et on la donne aux cochons qu'on engraisse. Ils en sont friands.
On prétend même que le lard des cochons auxquels on en
donne régulièrement pendant quelques mois acquiert un très-
bon goût , sur-tout lorsqu'on ajoute une petite quantité de
châtaignes. »

On a conclu très-mal-à-propos de ce que la châtaigne fait
la nourriture d'une très-grande partie des habitans de nos
montagnes , qu'ils faisaient du pain avec sa farine seule , ou
mêlée avec la farine des graminées : l'impossibilité en est dé-
montrée par les observations et les expériences de M. Parmentier. D'ailleurs , si on parcourt les pays à châtaignes , on
se convaincra qu'on n'en fait pas du pain. Il est constant que
si la chose avait été possible , elle aurait eu lieu , parce que la
farine réduite en pain est la nourriture la plus saine , la
plus économique , et la préparation qui se conserve le plus
facilement.

Les châtaignes fraîches , et sur-tout les châtaignes vertes ,
sont beaucoup plus venteuses que les sèches ; elles contiennent
une si grande quantité d'air , qu'on est forcé d'entailler la
peau avant de les faire rôtir. Les marrons bouillis se digèrent

plus facilement que les marrons rôtis. La meilleure manière de les manger et la plus saine, est à la limousine : autrement ils conservent cette eau amère et astringente dont on a parlé, toujours nuisible aux personnes sujettes au calcul des reins, à l'engorgement des viscères, aux coliques; ils constipent, oppressent, etc. Dépouillés de leurs peaux, ainsi qu'il a été dit, ils calment l'irritation des bronches, la toux essentielle, la toux catarrhale; ils sont très-propres à rétablir les convalescens des maladies d'automne, et sur-tout les enfans qui restent bouffis, pâles, maigres, avec un gros ventre, peu d'appétit. La châtaigne, pilée et broyée avec du vinaigre et de la farine d'orge, amollit les duretés des mamelles, et dissipe le lait grumelé.

La volaille engraissée avec des châtaignes acquiert une chair ferme et de bon goût. (R.) (1)

S'il faut s'en rapporter aux auteurs, même d'un certain ordre, rien n'est plus facile que de faire du pain de châtaigne; et ce comestible, suivant leur opinion, est la nourriture fondamentale de la plupart des habitans des cantons à châtaigniers; mais le vrai est que ce fruit est si bon en nature, que jamais on ne s'est avisé de le faire fermenter.

L'aliment que les Corses appellent pain de châtaigne n'est autre chose qu'une espèce de biscuit, une galette mince, ou plutôt une pâte desséchée et molasse, d'un brun roux, d'une saveur sucrée, faite avec de la farine de châtaigne; mais ce n'est pas là du pain levé. (Par.)

Si on s'en rapportait à la nature pour la multiplication des châtaigniers, dans l'état actuel des montagnes de l'Europe, l'espèce en deviendrait bientôt extrêmement rare. En effet, outre que les châtaignes sont recherchées par un grand nombre d'animaux, elles sont exposées à être gelées, et par conséquent à perdre leur faculté germinative lorsqu'elles ne sont pas mises à l'abri dans la terre ou sous la neige. Il est d'autant plus rare qu'il en lève dans les châtaigneraies qui fournissent le plus de fruit, que le sol en est presque toujours gazonné et employé au pâturage des bestiaux. S'il en naît spontanément, c'est dans les bois taillis, où des feuilles abondantes protègent les fruits et les jeunes plants contre le froid et le chaud, qui leur sont également contraires. Par-tout donc l'homme doit s'occuper du soin de le propager.

---

(1) Il est plusieurs cantons de la Calabre où ce sont des châtaignes qu'on donne aux chevaux des voyageurs, les fourrages et les grains de céréales y étant fort rares. Ces châtaignes sont d'excellente qualité, et proviennent le plus souvent d'arbres greffés. (*Note de M. Bosc.*)

Le châtaignier se multiplie de marcottes et de drageons qu'il pousse fréquemment sur ses racines, sur-tout quand on les blesse par le labour ou exprès, et c'est ainsi qu'on se procure souvent les bonnes espèces ; mais en général on le renouvelle par le semis, sauf à en greffer les produits lorsque l'on désire spéculer sur le fruit, c'est-à-dire établir une châtaigneraie.

M. Tremontain a greffé, d'après une indication du second livre des Géorgiques de Virgile, le châtaignier sur le hêtre. Les arbres greffés avaient dix ans lorsqu'il a annoncé ce fait, et ils avaient déjà donné quelques fruits.

Il y a deux espèces de semis, l'un à demeure, et c'est celui qu'on emploie le plus souvent lorsqu'on veut former des taillis, planter des forêts ; l'autre en pépinière.

Plusieurs auteurs agronomes ont avancé que les petites châtaignes étaient aussi bonnes à semer que les grosses, pour produire de grands arbres. C'est une erreur qui tire à conséquence. Je ne crains pas d'avancer, au contraire, qu'on doit choisir les meilleures châtaignes et les plus grosses, et même que si les châtaignes ont été bien choisies, il est inutile, dans la suite, de greffer l'arbre. On ne manquera pas d'objecter la coutume ; mais il suffira de répondre : faites deux semis dans le même terrain de grosses et de petites châtaignes, et l'expérience démontrera l'abus de la coutume. On préfère le beau blé au blé de médiocre qualité lorsqu'on veut ensemencer ses terres ; les pépiniéristes en arbres fruitiers conservent les noyaux des pêches les plus grosses, les pepins des plus belles poires, des plus belles pommes ; le jardinier, les semences des melons, des choux, etc., les plus parfaits : le châtaignier seul formerait-il donc une classe à part ? Il est absurde de le penser. Les habitans des Pyrénées, et sur-tout de la vallée de Baigorri, choisissent les châtaignes une à une, et confient à la terre ce qu'ils ont de plus précieux en ce genre.

I. *Des semis des taillis.* Si le terrain est inculte, il sera convenable de couper toute espèce de broussailles, d'arracher les racines, de labourer profondément la terre, et par ce travail d'ensevelir les herbes. Cette opération doit se faire dans le temps à-peu-près que la majeure partie des plantes qui couvrent la surface du terrain est en pleine fleur, et l'on n'attendra pas que la fleur ait passé à l'état de graine, afin d'éviter, dans l'année suivante, la germination des mauvaises graines. Ces herbes enfouies en terre y pourrissent, et augmentent le volume de terre végétale, dont les terrains en friche ont le plus grand besoin. Quelques personnes lèvent par couches et par tranches la superficie du terrain, en forment de petits fourneaux, en un mot Ecobuent (*voyez* ce mot) le sol destiné au semis ; l'expérience prouve qu'une pluie un peu forte délaye les sels qui en résultent, et que l'argent dépensé pour cette opération est fort au-dessus du produit réel : je préfère donc la conservation de la terre végétale. Si on doit semer après l'hiver, il convient, dans les beaux jours d'octobre, de donner un second labour, qui croisera le premier, afin que les pluies, la neige et les gelées aient le temps et la facilité d'ameublir, de pénétrer et de préparer la terre.

Il y a deux époques pour semer, ou aussitôt que la châtaigne est tombée de l'arbre, et c'est la meilleure, quoiqu'elle ne soit pas sans inconvénient, ou de semer dès qu'on ne craint plus les fortes gelées.

Je préfère la première époque, puisque c'est celle qui se rapproche le plus de la méthode de la nature, tandis que la seconde doit beaucoup à l'art. Pour semer avant l'hiver, la terre aura été, comme je l'ai déjà dit, labourée au printemps précédent, et on lui donnera deux profonds labours, l'un en septembre et le dernier à la fin d'octobre ; enfin on choisira, s'il est possible, le moment où la terre ne sera pas trop humectée, parce que toutes châtaignes qui se trouvent ensevelies sous une motte de terre, et dont tous les points de leur superficie ne sont pas couverts immédiatement par la terre, commencent par moisir, pourrissent ensuite, et sont hors d'état de végéter au renouvellement de la belle saison. Il est donc essentiel d'ameublir la terre le plus qu'il est possible.

Il y a trois manières de semer les châtaignes, ou suivant la direction des sillons, ou à la volée, ou sur les bords de petites fosses. La première a l'avantage de conserver l'alignemet, et par conséquent de préparer la distance uniforme qui se trouvera, dans la suite, entre chaque cépée ; ce qui facilite les moyens de regarnir les places vides, ou par des provins, ou par de jeunes plants ; mais on doit être sûr que si les mulots, les taupes et autres animaux très-friands des châtaignes, gagnent un sillon, ils le suivront d'un bout à l'autre, de manière que le sillon restera vide. En semant à la volée, on ne craint pas le même inconvénient.

On n'est pas d'accord sur la distance à garder dans le semis. Quelques auteurs exigent 6 pieds, d'autres plus, d'autres moins. La méthode de 6 pieds serait excellente, si l'on était assuré de la réussite de tous les germes. Il vaut cependant mieux semer de trois sillons un, ce qui forme à-peu-près 3 pieds de distance, et on conservera le même éloignement en tous sens.

Quant au semis à la volée, la distance n'est pas si bien observée, et cette méthode est plus expéditive que la première, puisqu'il faut semer les châtaignes les unes après les autres, et toujours deux à-la-fois.

Le semis du troisième sillon offre l'avantage d'avoir beaucoup de plants surnuméraires qu'on enlève à la seconde ou troisième année, soit afin de débarrasser le terrain, soit afin de remplacer l'endroit où les germes ont péri. Ces jeunes plants sont excellens; ils sont déjà accoutumés à la terre; leurs racines ont peu d'étendue, et n'ont pas besoin d'être mutilées lorsqu'on enlève le sujet; enfin elles n'ont pas le temps de souffrir et de se dessécher jusqu'au moment de la transplantation.

Que l'on ait semé à la volée ou à la raie, la herse doit passer plusieurs fois de suite sur tout le terrain, afin que la terre des bords retombe dans le fond, et recouvre exactement les châtaignes.

La troisième méthode, préférable aux deux premières, consiste à défoncer la terre, ainsi qu'il a été dit, et à la herser au moment de la plantation : alors, avec un cordeau, ou au moyen de quelques piquets d'alignement, on fixe des raies égales pour la distance, et tous les 6 pieds on ouvre une petite fosse de 8 à 10 pouces de profondeur sur autant de largeur. La terre sortie de la fosse et relevée sur les bords sert à ensevelir la châtaigne. On en place une à chacun des quatre coins, de manière que les quatre châtaignes soient disposées en croix. Comme la terre de dessus est bien ameublie, le fruit germe aisément, perce la superficie sans peine, et la radicule a la plus grande facilité pour pivoter. La petite fosse restée ouverte a l'avantage de conserver l'humidité, et de retenir la terre végétale entraînée par l'eau des pluies et la poussière fine, et les feuilles chassées par les vents; en un mot, c'est un dépôt de terre végétale. Lorsque les germes seront bien assurés, lorsque les arbres auront pris de la consistance pendant une année, on laissera subsister celui qui promettra le plus, et les autres seront tirés de terre, en observant de ne point endommager les racines de celui destiné à rester en place.

Si les circonstances nécessitent à semer après l'hiver, et que l'on veuille suivre la première ou la troisième méthode, il est indispensable de faire germer les châtaignes. Dès que la châtaigne est tombée de l'arbre, séparée de son hérisson, on la porte sur un plancher dans un lieu exposé à un courant d'air; étendue sur ce plancher, elle y reste plusieurs jours, afin que son eau surabondante de végétation ait le temps de s'évaporer. On les place ensuite dans de grandes caisses, ou dans des tonneaux coupés par le milieu, et on fait un lit de sable et un lit de châtaignes, et ainsi successivement jusqu'à ce que la caisse ou le demi-tonneau soit plein. Il est essentiel que la gelée ne pénètre pas jusqu'aux châtaignes : si on prévoit ses effets funestes, on fera très-bien de recouvrir le tout avec une quantité suffisante de paille (1). Le fruit germe pendant l'hiver, pousse sa radicule, et dès que la saison le permet, on le tire du sable avec précaution, afin de ne point endommager cette radicule, et, avec la même précaution, on le place dans des paniers ou sur des claies, afin de le transporter vers le sol préparé pour le recevoir. Quoique cette précaution semble assurer la reprise et la végétation, il est prudent de placer deux châtaignes ensemble, afin que si l'une manque par une cause quelconque, l'autre la supplée, sauf à arracher un des deux plants, si le besoin l'exige, et on laisse toujours le meilleur.

II. *Des semis pour les forêts de châtaigniers.* Il serait absurde de défricher une étendue considérable de terrain, dans la seule vue de planter des châtaigniers à 20, 30 ou 40 pieds les uns des autres. Les trois méthodes indiquées des semis donnant les moyens d'établir des forêts par les seuls pieds qu'on y laisse, fournissent une masse considérable de jolis sujets à replanter ailleurs, enfin permettent le choix des plus beaux et des mieux venus, destinés à créer la forêt.

Dans la première méthode, on peut, après la troisième ou quatrième année, supprimer le rang intermédiaire que j'ai dit être éloigné de 3 pieds de son voisin : dès lors, ce rang voisin sera distant de l'autre de 6 pieds, espace suffisant à l'extension des racines. A la huitième année, on supprimera encore un rang ; et si les racines sont bien ménagées, chaque pied sera dans le cas d'être planté de nouveau. Par cette suppression, voilà un espace de 12 pieds bien suffisant et proportionné au volume de l'arbre et à l'accroissement que doivent prendre les racines. Si on ne veut pas replanter les arbres arrachés, ils feront de bons échalas ou des cerceaux : dès lors, le terrain n'aura pas été employé inutilement, et le produit dédommagera amplement des premières dépenses. Dès que les branches des arbres laissés sur pied commenceront à se rapprocher et à se toucher, c'est le cas de supprimer encore un arbre à chaque rangée, et ceux qui resteront en place se trouveront éloignés les uns des autres de 24 pieds ; enfin, le temps venu, on les espacera de 48 pieds, et l'arbre acquerra la plus grande force. Si l'abattis fait après la douzième année donne déjà un bénéfice réel, que ne doit-on pas attendre du produit des abattis suivans ?

III. *Des pépinières.* Ce que j'ai dit des semis de la première et de la troisième méthode donne en général l'idée de la pépinière, et dans le besoin on pourrait les regarder comme tels ;

---

(1) Mettre ces châtaignes dans des fosses creusées à 2 ou 3 pieds, dans un terrain sec, est plus simple et plus sûr. *Voyez* GERMOIR.

(Note de M. Bosc.)

cependant la pépinière exige plus de soin, et il faut que de chaque châtaigne il sorte un arbre, sur-tout lorsqu'on ne se propose pas de grandes plantations; malgré cela, on peut faire des pépinières en grand.

Elles doivent être établies sur un terrain meuble, frais, située, s'il est possible, au bord des ruisseaux ou des rivières, un peu à couvert des vents par des haies vives, ou par des arbres placés à certaine distance, et on est sûr d'avoir de belles productions. Après avoir bien préparé le terrain, l'avoir bien ameubli, on le dispose en planches; on plante les châtaignes sur des raies droites, à 6 pouces les unes des autres, et on les enterre à 3 pouces de profondeur au commencement de novembre. Si la terre a de la consistance, il vaudra mieux attendre la fin de février ou le commencement de mars, parce que les pluies d'hiver la resserreraient au point que le germe ne pourrait se faire jour à travers une terre devenue trop compacte.

Il faut bien se garder d'amender la terre de la pépinière: je conviens que la végétation du jeune arbre serait plus forte, plus vigoureuse; mais comme il est destiné à être un jour planté dans un terrain maigre, et ne trouvant plus alors cette première nourriture, sa reprise serait difficile, et sa végétation languissante. Il faut laisser la ressource perfide des amendemens aux marchands d'arbres, à qui il importe fort peu que, dans la suite, l'arbre réussisse ou non, pourvu qu'ils le vendent et en retirent de l'argent. Les seuls soins que la pépinière exige sont de la tenir très-propre, de la débarrasser de toute plante parasite, et, dans le cas d'une sécheresse, de lui accorder à la rigueur quelques légers arrosemens.

Après la première année, tous les plants sont levés de terre sans endommager, châtrer ni mutiler les racines, et portés ensuite dans des fosses ouvertes depuis un mois ou deux, et même plus. Il s'agit, au moment de la transplantation, de retirer de la fosse la terre qui y est tombée, et d'en travailler le fond par un coup de bêche. Pendant ce temps, la terre jetée sur les bords et celle de la fosse se sont améliorées, l'action du soleil y a excité la fermentation; enfin tous les météores les ont imprégnées de leurs heureuses influences. (*Voyez* le mot AMENDEMENT.) Chaque arbre doit être éloigné de 3 pieds de son voisin. (*Voyez* au mot RACINE les soins qu'on doit en avoir.) Si on veut s'épargner les frais de cette seconde pépinière, on peut semer dans des raies distantes de 3 pieds l'une de l'autre, et laissant un pied et demi d'intervalle entre chaque arbre, sur l'alignement du sillon. L'arbre restera ainsi en pépinière jusqu'à la quatrième ou cinquième année. Pendant cet intervalle, il sera REBOTÉ, si cette opération est jugée nécessaire, puis mis sur un Brin, Taillé en crochet. (*Voyez* ces mots et celui Pépinière.) La tige s'élevera alors perpendiculairement, et l'arbre se trouvera en état d'être transplanté à demeure. Il n'est pas besoin de dire que chaque année le terrain de l'une ou de l'autre pépinière doit être travaillé au moins deux fois; sans ces précautions la végétation serait presque nulle.

Il est inutile d'entrer ici dans les détails nécessaires à l'entretien et à la conduite des taillis de châtaigniers ; ce serait faire un double emploi, et répéter ce qui sera dit au mot Taillis. *Voyez* ce mot.

Après quatre ou cinq ans, suivant la force ou la faiblesse de l'arbre, il est temps de songer à le tirer de la pépinière, et de l'établir à demeure. Avant la transplantation, il est essentiel que les trous soient faits pour recevoir les arbres. C'est ici que toute petite économie se change en une lésine dangereuse, lorsqu'on n'ouvre pas les fosses sur une grandeur convenable. Que les trous aient au moins 5 et même 6 pieds de largeur, sur une profondeur de 2 à 3, suivant le fond du sol, et que ces trous aient été ouverts plusieurs mois d'avance, et préparés ainsi qu'il a été dit.

Avant d'enlever les arbres de la pépinière, il faut ouvrir à l'un des bouts une tranchée de 2 ou 3 pieds de profondeur, sur toute la longueur de cette partie de la pépinière, en poussant toujours la terre derrière soi. On fouille ainsi jusques au-dessous des racines, et par ce moyen on les détache de la terre sans les endommager : la terre de la superficie n'étant plus soutenue à sa base, tombe dans la tranchée, et elle est, ainsi que l'autre, poussée derrière le travailleur ; enfin on continue à miner ainsi tout le terrain de la pépinière, et on en tire chaque arbre. Je sais que l'opération que je propose trouvera beaucoup de contradicteurs : l'un m'objectera la coutume, l'autre l'expérience ; et je leur demanderai à mon tour de juger mon assertion par une expérience comparée. En effet, pourquoi lorsqu'il s'agit d'une transplantation un peu considérable, périt-il un si grand nombre d'arbres? La raison en est simple : on a mutilé les racines, et par là on a privé l'arbre des seules ressources fournies par la nature et qui assurent sa reprise. Je conviens que ces racines, ainsi châtrées, poussent à la longue de nouvelles radicules, qui rendent la vie à l'arbre affamé ; mais jusqu'à cette époque l'arbre a souffert. *Voyez* le mot Racine.

Je préfère les transplantations faites aussitôt après la chute des feuilles à celles qui s'exécutent en février ou en mars. 1°. A la première époque on a le choix du jour, et par conséquent on saisit l'instant où la terre n'est ni trop mouillée ni trop sèche ; 2°. l'affaissement naturel de la terre fait que pendant l'hiver elle se colle et s'unit aux racines, de manière qu'il ne reste point de vide ; 3°. l'eau des pluies, des neiges, filtrée par la terre remuée, pénètre plus profondément dans le sol au-dessous des racines de l'arbre, et y maintient une humidité précieuse, sur-tout si le printemps ou l'été n'est pas pluvieux, etc. Au contraire, dans la transplantation après l'hiver, l'humidité s'échappe facilement d'une terre nouvellement remuée, et s'il ne survient pas des pluies, il reste des vides entre les molécules de la terre et les racines, et dès lors les racines s'y chancissent ; enfin ces racines ne tirent de la terre aucune substance, jusqu'à ce qu'elles y soient intimement unies. Ce n'est pas tout, si les mois de février ou de mars sont extrêmement secs ou pluvieux, comme cela arrive souvent, alors le terrain léger n'a plus de consistance s'il est sec, et le sol compacte se lève par mottes ; s'il est mouillé, il se pétrit et devient plus compacte encore : la saison avance, on est forcé à planter, quelque temps qu'il fasse, et souvent l'opération est manquée. On ne court aucun risque de planter avant l'hiver, de très-bonne heure, et beaucoup si on attend la cessation du froid. *Voyez* la manière de transplanter les arbres au mot TRANSPLANTATION.

Lorsque l'arbre a été mis en terre, il exige des soins. Le premier et le plus essentiel est de recouvrir les tiges avec des épines, pour empêcher les bestiaux de venir se frotter contre les arbres, qu'ils couchent et déracinent souvent par la pesanteur de leur masse. La paille, dont quelques personnes entourent aussi la tige pour la garantir des rayons du soleil, est, en définitif, plus nuisible qu'utile, en ce qu'elle fait étioler l'écorce, et la rend, lorsqu'elle est ôtée, et il faut bien enfin en venir là, beaucoup plus susceptible des impressions de l'air. Les agronomes prudens, qui ne font rien à la hâte, mais avec poids, mesure et discernement, ont la précaution, dès que les chaleurs se font sentir, de couvrir toute la superficie de la terre remuée au pied de l'arbre, avec des fagots de fougère ou autres herbes, afin d'empêcher la trop facile évaporation de l'humidité de cette terre ameublie, et par conséquent d'y maintenir cette fraîcheur salutaire qui assure la reprise et la végétation de l'arbre. Peu-à-peu ces herbes pourrissent et deviennent un nouvel engrais. On fera encore mieux si on recouvre ces herbes avec 6 pouces de terre. Un particulier, dans la vallée de Baigorry, a porté l'attention jusqu'à faire chausser le pied de ses jeunes arbres pendant les cinq ou six premières années, non-seulement avec la fougère dont on vient de parler, après leur avoir fait donner un labour sur un diamètre de 6 à 7 pieds, mais encore avec de la terre relevée de tout le pourtour de l'arbre. Ce travail donnait plus de solidité au pied de l'arbre, et le fortifiait contre les coups de vent, ménageait, dans toute la circonférence du terrain travaillé, une espèce de petit réservoir aux eaux pluviales. Il est résulté de ces sages précautions, que ses châtaigniers ont fait des progrès si rapides, que dans l'espace de treize à quatorze ans, à compter du temps de leur transplantation dans la châtaigneraie, ils avaient au-dessus du talon 3 pieds de circonférence, qu'ils avaient produit du fruit depuis plusieurs années (1).

Dès que la tige a produit des branches d'une grosseur convenable, il faut greffer l'arbre en flûte. Je n'entrerai pas ici dans le détail de cette opération, parce qu'elle sera décrite très au long au mot Greffe. L'opération se fait en mai de l'année suivante.

Tout le monde sait que le châtaignier porte son fruit à l'extrémité de ses branches, que la partie des branches couvertes par celle des arbres voisins n'en produit plus. D'après cette loi de la nature, on doit se régler, pour la conduite de cet arbre, soit qu'on le destine à donner des récoltes abondantes en châtaignes, soit qu'on se propose de l'élever comme arbre de charpente. Ceci exige quelques détails.

La beauté d'une châtaigneraie est d'être peuplée d'arbres dont la disposition des branches forme une tête régulière. L'arbre prend naturellement cette disposition sur les endroits élevés. L'art doit cependant venir au secours de la nature, s'il pousse des branches tortueuses ou mal placées. Le grand point, dans les premières années, est de faire prendre et conserver aux branches la direction de l'angle de 45 degrés. Elles ne la perdront que trop tôt, par la pesanteur et le nombre de leurs fruits, qui les abaissent successivement à l'angle de 50, 60, etc. Ainsi, dans les endroits élevés, il n'est pas nécessaire de faire monter beaucoup la tige des arbres, puisqu'un libre courant d'air et la lumière du soleil environnent de toutes parts la circonférence des branches. Il n'en est pas ainsi dans les endroits bas; l'arbre ne se coiffe plus de la même manière que le premier, et au lieu d'y former la houppe, sa tête s'allonge en pyramide, parce qu'elle est forcée d'aller chercher le courant d'air et le contact immédiat des rayons du soleil. C'est donc le cas de faire filer la tige, en l'élaguant de ses branches latérales, jusqu'à ce que son

____

(1) Cette pratique excellente dans les terres très-légères serait mortelle dans celles qui sont très-tenaces, parce qu'elle empêcherait l'action de l'air et de la chaleur solaire sur les racines, et que cette action est nécessaire à la Végétation. *Voyez* ce mot. (*Note de M. Bosc.*)

sommet, parvenu à la hauteur requise, puisse étendre ses branches en liberté, respirer sans peine, et jouir amplement de l'influence du soleil.

Le châtaignier est sujet à produire beaucoup de branches gourmandes, qui affament les voisines. Le mal provient de ce que les mères-branches s'écartent trop promptement de l'angle de 45 degrés. Dès lors la force de végétation, l'abondance des sucs qui affluent aux branches inclinées, les contraint à produire des GOURMANDS qu'il faut CASSER ou COURBER. *Voyez* ces mots.

Le châtaignier fournit encore beaucoup de branches chiffonnes, on doit les abattre ; elles absorbent une nourriture dont les branches à fruit ont le plus grand besoin. Quant à celles qui surviennent dans l'intérieur de l'arbre, elles tirent moins à conséquence : étouffées par les supérieures, il est rare qu'elles végètent après la seconde année : une sève trop abondante les a fait naître. (R.)

Lorsqu'au bout de deux à trois cents ans les châtaigniers se couronnent, c'est-à-dire que les rameaux supérieurs sont successivement frappés de mort, que le fruit est devenu très-petit, en comparaison de ce qu'il était précédemment, on les rajeunit en coupant les branches à 2 ou 3 pieds du tronc. Il pousse, du tronçon de ces grosses branches, de nouveaux rejets, de véritables gourmands qui, quelquefois en trois ou quatre ans, commencent à donner de nouveau du fruit peu abondant, mais très-gros. Il est même des pays où on fait subir cette opération tous les vingt à trente ans aux châtaigniers. La Biscaye est dans ce cas, ainsi que je l'ai observé en passant dans ce pays ; là on en fait de véritables têtards, mais de manière qu'on en tire et du fruit très-gros et très-bon, et du bois pour faire le charbon nécessaire aux nombreuses forges de ce pays. Quoique peu partisan, en principe général, de la culture des arbres en têtards, je dois avouer que celle de la Biscaye est si bien entendue, que je n'ai pu me dispenser d'y applaudir et de désirer que beaucoup de cantons que je connais en France adoptassent ce mode.

Le charbon du châtaigner a la propriété de s'éteindre presque instantanément lorsqu'on l'isole dans l'air, c'est pourquoi il est si excellent pour la forge et si mauvais pour les fourneaux de cuisine. Toutes les fabriques de fer de la Biscaye sont établies selon la méthode catalane.

J'ai déjà dit, au commencement de cet article, que le châtaignier s'altérait facilement dans son intérieur ; j'ai cité cet immense pied de l'Etna comme entièrement creux. Je dois ajouter ici qu'il est très-commun de voir dans les châtaigneraies des arbres également altérés, également creux, mais que cela n'influe en rien sur le produit des châtaignes; ainsi on ne doit pas s'en inquiéter. Seulement il faut empêcher, autant que possible, que les bergers fassent du feu dans leur intérieur, parce qu'il en peut résulter la mort du pied.

Lorsqu'un très-vieux pied meurt dans une châtaigneraie, il faut le remplacer par un arbre d'une autre espèce, à raison de ce que le châtaignier qu'on y planterait, trouvant un terrain épuisé, y réussirait difficilement. On prend rarement cette précaution : aussi par-tout, et sur-tout aux environs de Paris, se plaint-on que les châtaigniers ne viennent plus aussi bien qu'autrefois.

Il existe, dans les montagnes de la Caroline, un châtaignier qui ressemble beaucoup à celui dont il vient d'être question. Ses feuilles ont leurs dentelures plus larges. Son fruit est plus petit et velu dans sa moitié supérieure, Miller dit qu'il y en a quatre dans chaque hérisson. J'ai voyagé, pendant un jour entier, dans une forêt qui en était composée. Je ne doute pas que ce ne soit une espèce, mais elle est très-voisine de la nôtre. Ce châtaignier est actuellement dans les pépinières des environs de Paris, l'ayant beaucoup multiplié dans celles de Versailles lorsque je les dirigeais. Son jeune bois est extrêmement estimé pour faire des pieux, comme étant presque incorruptible.

M. Scheldon, dans le second volume des *Annales générales des sciences physiques*, a publié un Mémoire sur l'application faite en Amérique de ce châtaignier aux arts du tanneur et du teinturier, duquel il résulte que son bois (et sans doute encore mieux son écorce) est préférable à celle du chêne pour ces deux arts. Il serait fort à désirer que ces mêmes expériences fussent répétées sur le châtaignier de France, car elles me paraissent d'une importance majeure.

Le CHATAIGNIER NAIN, *Fagus pumila*, Lin., a les feuilles cotonneuses en dessous, et le fruit a une seule semence de la grosseur et de la forme d'un gland. On l'appelle aussi *chincapin*. Il est originaire des parties méridionales de l'Amérique septentrionale. J'en ai observé de grandes quantités en Caroline, où il croît dans les lieux sablonneux, qui ne sont cependant pas très-arides. Sa hauteur ordinaire est de 8 à 10 pieds, mais quelquefois il s'élève presque au double. Son bois possède les mêmes bonnes qualités que celui de ce pays, et se recherche sur-tout pour faire des cercles de tonneaux. Son fruit, dont je ne cessais pas de manger pendant la saison, soit cru, soit bouilli dans l'eau, soit cuit sous la cendre, est beaucoup plus délicat que celui de nôtre châtaignier. Il n'a contre lui que sa petitesse. On le conserve quelque temps après sa maturité en le stratifiant dans le sable ; mais il perd chaque jour de sa bonté.

Cet arbre se trouve dans quelques-unes de nos pépinières. Il ne craint point le froid de nos hivers ordinaires, mais bien ceux qui sont très-rigoureux. On le multiplie de marcottes et de greffe. Les premières, lorsqu'elles sont faites avant l'hiver, prennent assez ordinairement racine la même année, et au moins la suivante. Les secondes s'exécutent par approche et en sifflet, mais réussissent difficilement. C'est pourquoi le chincapin est toujours rare en Europe. Je fais des vœux pour qu'une aussi agréable espèce se naturalise chez nous. Je ne doute pas que si on envoyait ses graines de Charleston à Bordeaux, dans des tonneaux, et stratifiées avec de la terre, on ne pût très-facilement en faire de grands semis dans les landes qui entourent cette ville; landes qui, ainsi que je l'ai observé, ont le sol parfaitement semblable à celui dans lequel il croît en Caroline. (B.)

CHATAIGNER (pomme de). *Voyez* POMMIER.

CHATAIGNIER DE SAINT-DOMINGUE. C'est le QUAPALIER et le CUPANI, arbres qu'on ne peut cultiver en France que dans les serres.

CHATAIRE, *Nepeta*. Genre de plantes de la didynamie gymnospermie et de la famille des labiées, qui renferme une trentaine d'espèces remarquables par leur odeur aromatique, et dont quelques-unes se cultivent dans les jardins, soit à cause de cette odeur, soit à raison de leur grandeur. Toutes ont les feuilles opposées, blanchâtres; les fleurs petites et disposées en épis terminaux, verticillés, et accompagnées de bractées. Elles sont vivaces et indigènes, pour la plupart, aux parties méridionales de l'Europe.

Les seules dans le cas d'être citées sont,

La CHATAIRE COMMUNE, *Nepeta cataria*, Lin., qui a les fleurs en épis, les feuilles pétiolées, en cœur et dentées. Elle s'élève à 2 pieds. Elle est célèbre par la passion que les chats ont pour elle, d'où son nom vulgaire d'*herbe au chat*. Dès qu'ils la sentent, ils accourent de tous côtés, se roulent dessus, la déchirent avec leurs griffes et avec leurs dents, de sorte que lorsqu'on veut la conserver, il faut nécessairement l'entourer d'un grillage. Elle passe pour emménagogue, antihystérique et carminative.

La CHATAIRE VIOLETTE a les verticilles pédonculés, les feuilles pétiolées en cœur, et le lobe latéral de la corolle écarté. Elle s'élève à 3 ou 4 pieds, et est violâtre dans toutes ses parties. C'est une assez belle plante qu'on cultive quelquefois pour l'ornement dans les jardins.

La CHATAIRE TUBÉREUSE a les épis terminaux, les bractées oblongues et colorées, les feuilles en cœur et pubescentes.

Elle ressemble beaucoup à la précédente, mais ses racines sont tubéreuses et se mangent crues ou cuites.

On multiplie les chataires de graines ou par éclat des vieux pieds. Leur culture ne présente rien de particulier. (B.)

CHAT-BRULÉ. Sorte de POIRE.

CHATÉ, ou concombre d'Égypte, *abdelavi* des Arabes, *Cucumis chate,* espèce de concombre ou plutôt de melon, dont les Égyptiens et les Arabes cultivent des champs entiers. Dans son pays natal, où ce fruit est regardé comme très-salubre, on assure que, pour le rendre plus agréable, on en écrase la pulpe à l'aide d'un bâton introduit dans une petite ouverture faite au fruit détaché de sa tige ; c'est ainsi qu'au bout de quelques jours ils la boivent au lieu de la manger. La plante a le port du melon, mais ses feuilles et ses tiges sont velues, presque cotonneuses, et ses fruits hérissés de poils blancs sont fusiformes ou rétrécis par les deux bouts. La plupart de ces caractères conviennent fort à nos melons sucrins d'Italie, à pulpe très-blanche, très-fondante, remplie d'une eau plus sucrée que vineuse, et qui, mûrissant très-lentement, peuvent être conservés jusqu'au milieu de l'hiver. Mais le châté nouvellement importé réussit rarement sur les couches chaudes des jardins botaniques. Le melon sucrin pourrait être, dans l'origne, une production métisse, ou une race peu-à-peu acclimatée dans l'Europe méridionale ; mais il appartient certainement plutôt à l'espèce du châté qu'à celle du melon. Nous avons cependant cédé aux considérations économiques en plaçant la description et la culture des melons blancs, ainsi que celles des cantaloups, dans l'article MELON. *Voyez* ce mot. (Duc.)

CHATEAU D'EAU. On donne ce nom à un bâtiment qui sert, dans sa partie supérieure, de réservoir aux eaux destinées à l'embellissement d'un jardin, et qui contient, dans sa partie inférieure, des appartemens propres à prendre le frais pendant les chaleurs de l'été. Les châteaux d'eau étaient un des luxes de nos pères. Actuellement que le goût des jets d'eau, des cascades en pierres de taille, etc., s'est perdu, on n'en bâtit plus guère. (B.)

CHAT-HUANT. *Strix.* Genre d'oiseaux de proie qui ne chasse que la nuit, qui vit principalement aux dépens des souris, des mulots, des campagnols, des taupes et autres petits quadrupèdes.

Par un préjugé très-ancien et dont on ne voit pas le motif, tous les oiseaux de ce genre sont regardés dans les campagnes comme de mauvais augure, c'est-à-dire comme annonçant la mort ou des malheurs, et en conséquence, dans beaucoup d'endroits, on leur fait une guerre à outrance, on s'applaudit de pouvoir les clouer sur la porte de la maison ou de la grange comme un sacrifice expiatoire propre à empêcher les effets funestes de leur apparition ; cependant ils rendent des services importans et journaliers aux cultivateurs, en détruisant les animaux qui vivent aux dépens des produits de leurs récoltes. On nourrit par-tout, souvent à grands frais, des chats auxquels on a donné l'épithète d'*ennemis domestiques,* à raison des vols qu'ils commettent journellement, et on tue sans miséricorde des oiseaux qui ne font jamais aucun mal, et remplissent beaucoup mieux le but. En effet, un chat prendra une ou deux souris dans une journée, et un chat-huant, de quelque espèce qu'il soit, prendra une vingtaine de mulots dans une nuit. *Voyez* au mot CHOUETTE.

Je ne ferai pas ici l'histoire des chats-huans ; mais je crois devoir donner la liste des espèces les plus communes en France, afin que les cultivateurs sachent les reconnaître et satisfaire au moins leur curiosité lorsqu'ils tomberont sous leur main.

Le CHAT-HUANT GRAND DUC a deux bouquets sur la tête, chacun d'un grand nombre de plumes, et le corps fauve, varié de noir, de brun et de gris. Il habite les pays de montagnes. Sa grosseur est celle d'une poule.

Le CHAT-HUANT MOYEN DUC, le *hibou* proprement dit, à deux bouquets sur la tête, chacun de six plumes, et le corps gris taché de brun. Il se trouve dans les vieux édifices, et est beaucoup plus petit que le précédent, puisque sa longueur n'est que d'un pied.

Le CHAT-HUANT PETIT DUC, ou *scops,* a deux bouquets sur la tête chacun d'une seule plume et le corps gris, tacheté de fauve, de brun et de blanc. Il est encore plus petit, sa longueur surpassant à peine un demi-pied. Il vit dans les masures.

Le CHAT-HUANT HARFANG est blanc avec des taches en chevron brisé de couleur noire. Cette espèce ne vit que dans les hautes montagnes. Elle est rare en France.

Le CHAT-HUANT PROPREMENT DIT est fauve avec des taches longitudinales brunes, traversées par d'autres de même couleur. C'est le plus commun de tous. Il habite volontiers les fermes isolées. Sa longueur est de 15 pouces.

Le CHAT-HUANT HULOTTE est blanchâtre avec des taches longitudinales brunes, traversées par d'autres de même couleur, et le tour des yeux noirs. Il vit dans les bois, se cache dans les trous d'arbres et est de la même grandeur que le précédent.

LE CHAT-HUANT CHOUETTE, qu'on appelle aussi la *grande chevèche,* est fauve avec des lignes longitudinales brunes et simples. On le trouve assez fréquemment dans les granges, les clochers, etc. Sa longueur est la même que celle des deux derniers.

Le Chat-huant effraye, ou simplement *la fressaye*, est d'un fauve clair avec des taches blanches et des lignes brunes en zigzags sur le dos. Il préfère pour habitation les vieux édifices, les clochers voisins des forêts. C'est un très-bel oiseau dont la grosseur est encore à-peu-près la même que celle des précédens.

Le Chat-huant chevèche, autrement la *petite chouette*, est grisâtre avec de larges taches anastomosées et brunâtres. On le trouve dans les tas de pierres, dans les masures, les trous d'arbres. C'est la plus petite de toutes, n'ayant que 4 à 5 pouces de long. (B.)

CHATIÈRE. Ouverture qu'on pratique aux portes des maisons rustiques pour donner entrée aux chats. Il y en a de différentes formes. (B.)

CHATIGNOS. On donne ce nom, en Corse, à des châtaignes cuites et écrasées dans du lait. *Voyez* au mot CHATAIGNIER.

CHATON. Disposition de fleurs sur un axe commun, de manière à ressembler à la queue d'un chat. Le NOISETIER, le NOYER, etc. ont les fleurs mâles seulement en chaton. Le PEUPLIER, le SAULE, etc. ont les fleurs mâles et femelles disposées de même.

Les fleurs en chaton proprement dites sont incomplètes, c'est-à-dire n'offrent pas de véritables corolles. Ce sont des écailles, quelquefois isolées, le plus souvent imbriquées, qui en tiennent lieu. *Voyez* FLEUR.

Il est de fait qu'aucune fleur en chaton n'est hermaphrodite; ce qui est très-remarquable. (B.)

CHATRER. *Voyez* CASTRATION.

On applique aussi ce nom aux plantes. Ainsi on dit *châtrer les melons, châtrer les rejetons d'un prunier*. Ces opérations ont pour but, la première, d'accélérer la maturité des fruits, la seconde, l'aoûtement des bourgeons, etc. On châtre aussi les racines d'une plante qu'on remet en terre. *Voyez* ARRÊTER, PINCER, AOUTER.

On donne encore ce nom, dans le vignoble de Metz, à l'opération appelée ÉBOURGEONNEMENT dans d'autres contrées, parce qu'elle est accompagnée de celle de couper les BOURGEONS qu'on conserve à une feuille au-dessus du raisin. (B.)

CHATRER LES MOUCHES. C'est, dans les départemens de l'est, enlever le miel aux ABEILLES. *Voyez* ce mot.

CHATTEAU. C'est, dans le département des Deux-Sèvres, la même chose que CHEPTEL.

CHATTE PELEUSE. Nom du Charançon dans quelques endroits. *Voyez* ce mot. (B.)

CHAUBER. C'est, aux environs de Nancy, battre le blé dans un tonneau, à la main, pour obtenir de la bonne semence. (B.)

CHAUDEAU. Mélange de son, de pommes de terre, de choux, de fèves, et autres ingrédiens qu'on fait à moitié cuire, et qu'on donne à chaud aux cochons, aux boeufs, vaches, etc., dans quelques départemens.

Cette nourriture engraisse rapidement et rétablit les forces des animaux malades; mais elle affaiblit ceux qui sont employés au travail. *Voyez* Engraissement. (B.)

CHAUDIERE. Partie inférieure de l'Alambic, celle où on met les matières à distiller. *Voyez* ce mot et le mot Distillation.

On donne aussi ce nom à des vases de fer fondu plus larges que profonds, qui servent à faire bouillir de l'eau, cuire les légumes, etc. Ces vases se placent sur le feu au moyen d'une anse et d'une crémaillère, ou s'établissent sur un fourneau bâti exprès.

Les vases de cuivre, d'une grande dimension, qui s'établissent de même à demeure pour l'usage des arts, portent encore le même nom.

Il est des pays où les cultivateurs ne se servent que de chaudières et de pots de fonte pour tous les besoins de leur ménage, et ils y sont déterminés par leur bas prix; mais ils sont très-cassans, se détériorent par la rouille, et donnent un mauvais goût aux alimens qu'on y fait cuire.

D'un autre côté, les chaudrons de cuivre, ou les vases de terre, dont on fait usage dans tant de lieux, sont plus dangereux à raison du vert-de-gris qui s'y forme, ou du verre de plomb qui s'y applique. *Voyez* Cuivre, Plomb et Oxide.

Tout bien considéré, les avantages et les inconvéniens sont compensés.

Un cultivateur ne peut se dispenser d'avoir des chaudières de différentes grandeurs pour faire chauffer l'eau de sa lessive, pour faire cuire les pommes de terre, les carottes, les choux qu'il donne à ses cochons, à ses moutons, etc. (B.)

CHAULAGE. Opération par laquelle on détruit, au moyen de la chaux, les germes de la carie et du charbon, deux maladies des grains qui causent des pertes énormes aux cultivateurs.

Il est prouvé par l'observation que la Carie et le Charbon sont une plante parasite intérieure, de la famille des champignons, appartenant au genre Réticulaire de Buliard, qui est l'Uredo de Persoon et autres botanistes modernes. *Voyez* ces mots.

D'après l'opinion de beaucoup de personnes, et d'après la mienne, les champignons ne fournissent pas de vraies graines, mais des bourgeons arrondis comme les graines, qui se développent lorsqu'ils sont dans des circonstances favorables. *Voyez* CHAMPIGNON.

La plus importante de ces circonstances, pour l'urédo, c'est d'être immédiatement attaché aux grains lorsqu'on les met en terre, et c'est pour cela que les bourgeons séminiformes de cet urédo ont été imprégnés d'une espèce d'huile grasse qui les fixe à tous les corps qu'ils touchent. Or, comme leur nombre est incommensurable dans chaque grain, à plus forte raison dans chaque épi, dans chaque gerbe, dans chaque champ, un grand nombre de ces bourgeons séminiformes ne peuvent manquer de s'unir aux grains sains, lorsque, par l'opération du battage, ils sont séparés de leur enveloppe commune, et dispersés de tous côtés en forme de poudre.

Tout grain qui portera sur sa surface seulement un de ces bourgeons séminiformes, peut, d'après les expériences d'un grand nombre de cultivateurs, sur-tout de Tillet, de Tessier et de Bénédict Prévôt donner un épi dont les grains seront dans le cas d'être cariés ou charbonnés, et par conséquent cet effet sera plus certain et plus considérable lorsqu'il en sera presque entièrement couvert, comme cela arrive souvent.

Il y a lieu de croire qu'en enlevant ou qu'en détruisant l'organisation de ces bourgeons séminiformes sur un grain de blé, on empêchera les épis qu'il doit donner d'avoir des grains cariés ou charbonnés : or, c'est ce que la pratique de tous les cultivateurs a prouvé être en effet.

Ainsi, lorsqu'on lave à grande eau le blé saupoudré de carie ou de charbon, on diminue le nombre des épis cariés ou charbonnés dans le champ où on le sème.

Ainsi, en frottant du blé qui se trouve dans la même circonstance avec du sable, de l'argile, de la cendre, on arrive à un résultat semblable.

Il en est de même, mais d'une manière beaucoup plus complète, lorsqu'on le lave dans des eaux chargées d'acide sulfurique affaibli, de vinaigre, d'arsenic, de tous les sels où le cuivre entre comme partie constituante (1) des trois espèces d'alcali pur, ainsi que lorsqu'on l'imprègne d'huile, de graisse, de savon, etc.

Mais de tous les moyens le plus dans le cas d'être recom-

---

(1) Ce sont certainement les oxides de cuivre qui empêchent le plus efficacement la carie et le charbon de se reproduire, mais ils sont de violens poisons, et ne doivent pas être mis entre les mains des cultivateurs peu éclairés et peu soigneux. (*Note de M. Bosc.*)

mandé, est le chaulage, c'est-à-dire le mélange du grain avec de la chaux vive, parce qu'il agit en même temps mécaniquement et chimiquement : mécaniquement, en enlevant, comme l'argile, les bourgeons séminiformes ; chimiquement, en les brûlant par sa causticité.

Il y a presque un aussi grand nombre de méthodes de chauler qu'il y a de cultivateurs qui chaulent. Tous veulent renchérir sur leurs voisins, et la plupart ne font qu'augmenter leur dépense et perdre plus de temps.

La première manière de chauler consiste d'abord à laver à grande eau le blé destiné à être chaulé, ensuite à le mêler tout mouillé avec une petite mais suffisante quantité de chaux vive réduite en poudre grossière. Après avoir continuellement remué le tas pendant une demi-heure, on l'éparpille, pour donner moyen à la chaux qui n'aura pas été éteinte par l'eau attachée au blé de s'éteindre.

Le premier lavage a pour objet d'enlever une partie des bourgeons séminiformes de la carie et du charbon, ainsi que pour imprégner d'eau la surface du grain. On met de la chaux vive plutôt que de la chaux éteinte, quoiqu'il soit plus prudent d'employer cette dernière, parce que c'est au moment où la chaux vive absorbe l'eau, qu'elle prend ce degré de chaleur qui augmente considérablement ses effets.

Cette manière a les inconvéniens d'être longue, et de ne pas toujours remplir le but, parce que les bourgeons séminiformes de la carie logés dans la rainure du grain peuvent échapper à l'effet de la chaux.

La seconde manière de chauler consiste à délayer de la chaux vive dans une suffisante quantité d'eau pour qu'elle devienne en consistance de bouillie claire, d'y tremper le blé, préalablement mis dans des paniers à claire voie, et de l'y laisser après l'avoir remué une ou deux fois avec un bâton pendant un temps plus ou moins long et proportionné à la force de la chaux.

La troisième manière de chauler tient le milieu entre les deux précédentes ; c'est-à-dire qu'on mêle la poudre de chaux vive avec le grain sur une surface unie, et qu'on verse dessus, en le remuant sans cesse, autant d'eau qu'il est nécessaire pour éteindre la chaux et la réduire en bouillie.

Cette manière me paraît être préférable.

Il n'a pas été question de la proportion de la chaux ni de celle de l'eau, parce que la qualité de la première varie au point qu'on n'en trouve pas deux qui soient semblables. *Voyez* au mot Chaux. En général, c'est la meilleure qui doit être préférée ; mais comme la dépense doit être prise ici, comme dans tous les procédés de l'agriculture, en grande considération, c'est de celle qu'on peut le plus facilement se procurer dont il faut se contenter. On mettra d'autant plus de chaux et d'autant moins d'eau, qu'elle sera plus impure. La quantité en plus serait indifférente, s'il n'y avait pas à craindre que le trop grand échauffement du grain ne causât la mort du germe, ne le brûlât, comme disent avec raison les cultivateurs. C'est presque à ce seul inconvénient que se réduisent les dangers des chaulages, et il est extrêmement facile à prevenir lorsqu'on agit avec la prudence convenable. D'ailleurs, cette matière est toujours répandue avec avantage sur les terres; et tout chaulage non-seulement préserve de la carie et du charbon, mais augmente encore les produits de la récolte. *Voyez* Chaux.

Comme le blé chaulé est gonflé et que le semeur le sème comme si c'était du blé sec, il se trouve qu'il est plus clair et plus également dispersé, ce qui est encore un avantage à faire entrer en ligne de compte. *Voyez* Semis.

Tessier, qu'on ne peut se lasser de citer lorsqu'il est question des procédés de la grande agriculture, pense que 6 boisseaux combles, ou 100 livres de chaux de bonne qualité, sont la dose convenable pour chauler 8 setiers de froment, et ces quantités exigeront au moins 200 pintes d'eau. Il observe que la mesure de l'eau doit augmenter lorsque le blé est bien sec, parce qu'il en absorbe beaucoup.

Les cultivateurs qui, craignant que la chaux vive ne brûle leur grain, préfèrent la chaux éteinte à l'air ou la chaux éteinte à grande eau depuis quelque temps, sont obligés d'en employer de plus grandes quantités, et ne sont pas, malgré cela, certains de réussir à se préserver de la carie. Plusieurs, pour remplir plus sûrement leur but, joignent à la chaux du sel marin, du salpêtre, du jus de fumier, de l'urine, des fientes de volailles ou de vaches dissoutes dans l'eau, de la suie, de la cendre, etc. Ces supplémens, excepté la cendre, ou ne servent à rien, ou sont nuisibles au but qu'on se propose, mais augmentent l'activité germinative de la semence.

Tous les cultivateurs, sans exception, mais sur-tout ceux du centre et du nord de la France, doivent annuellement chauler la totalité de leurs fromens. La petite dépense à laquelle cette opération les entraînera sera de beaucoup couverte par les non-valeurs qu'ils éviteront dans leurs récoltes, puisqu'il est des lieux et des années où les grains cariés forment le tiers de la totalité. Je dis ceux du centre et du nord, parce que les blés durs du midi sont moins sujets à cette maladie, et que ceux à chaume solide, qu'on appelle blés d'Afrique, n'en ont point encore présenté. La chaulage intéresse si puissamment la société, que je crois que l'autorité doit provoquer une loi pour y obliger les cultivateurs qui sont assez attachés à leurs préjugés pour s'y refuser, malgré les avantages qu'ils sont assurés d'en retirer.

Quoique l'orge et l'avoine soient fréquemment infestés de charbon, on les chaule rarement. Il semble cependant que la dépense n'est pas assez considérable pour empêcher de le faire.

On trouvera sur cet objet de plus grands développemens aux mots CARIE, URÉDO, FROMENT, AVOINE, ORGE et CHAUX. (B.)

CHAUME. Sorte de tige propre aux plantes de la famille des GRAMNINÉES. *Voyez* ce mot.

Le chaume est ordinairement simple, fistuleux, noueux et cylindrique; cependant il est des espèces qui en offrent de rameux, de solide, sans nœuds et anguleux.

L'organisation des chaumes diffère beaucoup de celle des tiges des autres plantes. Elle semble se rapprocher de celle des palmiers, en ce que la solidité du tissu croît à mesure qu'il s'éloigne du centre. Il paraît qu'en général tous les chaumes sont solides à leur origine, comme ils le sont dans leurs nœuds, et que si la plupart sont creux dans leurs entre-nœuds supérieurs, c'est que le tisssu central s'y est détruit.

Un Anglais a observé, au Bengale, que les bambous, qui sont des graminées, contenaient dans leur intérieur une quantité considérable de silice. Sage a dit qu'il se formait de la silice par suite de la décomposition du terreau des couches provenant, comme on sait, du chaume des graminées. Vauquelin a prouvé, par une analyse exacte, que toutes les graminées contenaient plus ou moins de silice, et que c'était dans leurs nœuds qu'elle était le plus abondante. Cette silice est le résultat de la végétation; cependant on en trouve bien plus, d'après les expériences de Th. de Saussure, dans les graminées crues sur un sol quartzeux, que dans celles qui ont végété dans une terre calcaire.

Le chaume des graminées entre pour beaucoup dans la masse des fourrages que fournissent les prairies naturelles. Les animaux pâturans ne repoussent que celui de quelques espèces comme trop dur, encore n'est-ce que lorsqu'il est arrivé à un certain point de maturité.

La PAILLE n'est que le chaume desséché des céréales cultivées. Il est des pays où on en nourrit presque exclusivement les chevaux, d'autres où on la fait entrer pour beaucoup dans la nourriture des autres animaux. *Voyez* son article.

Les cultivateurs ont réservé le nom de chaume à la portion de la tige des céréales qui reste sur la terre après qu'on les a coupées, et c'est dans ce seul sens qu'on l'emploie dans les campagnes.

On varie beaucoup sur l'emploi du chaume. Dans plusieurs cantons on l'enterre par le labourage d'automne, et il serait à désirer qu'on le fît toujours dans les terres argileuses et humides, parce que restant plusieurs mois en terre sans se décomposer, il fait l'office en même temps, et d'un amendement et d'un engrais, en rendant la terre plus perméable aux influences atmosphériques et aux racines des plantes, et en y laissant de l'humus. Dans la plupart, on l'arrache ou on le coupe, soit pour faire de la litière aux bestiaux, soit pour chauffer le four ou faire bouillir la marmite, soit pour couvrir les maisons. Il en est même où on le brûle sur place. Cette dernière pratique est la pire de toutes, car le chaume contient si peu de cendre, et par conséquent si peu d'alcali, que même sur les terres les plus argileuses, cette opération ne doit produire aucun bien. On ne peut l'excuser qu'en disant qu'on brûle en même temps les plantes ou les graines des plantes qui eussent infesté les champs l'année suivante; mais il y a tant de moyens de remplir le même objet, sur-tout dans le système de la culture par ASSOLEMENT (*voyez* ce mot), que celui-là peut être laissé de côté.

On arrache le chaume, soit à la main, soit avec des râteaux, sur-tout des râteaux à dents de fer, même avec des herses. On a proposé un instrument exclusivement propre à cet objet, sans considérer que, comme c'est presque toujours la plus pauvre classe du peuple qui se livre pour son compte à ce genre de travail, elle ne peut faire une dépense qui couvrirait pour plus d'une année peut-être les bénéfices qu'elle espère en retirer.

Comme en arrachant le chaume on tire avec soi beaucoup de terre qui reste attachée aux racines et qui le salit, on préfère le couper dans certains cantons. On a pour cela une espèce de faux qu'on appelle *chaumon* ou *chaumet*. C'est un morceau de faux ordinaire de 8 à 10 pouces de long, attaché par deux clous à un manche d'environ un pied, avec lequel il forme un angle droit. On repousse, dans l'opération, l'extrémité du chaume avec un balai, ou même une poignée de chaume, afin de donner à l'instrument un point de résistance qui facilite son action.

Il est des lieux où les champs sont si surchargés d'herbe, que pour n'en pas mêler les graines avec le blé, on moissonne à un pied et même plus de terre. Là, huit ou quinze jours après la récolte, on coupe le chaume et cette herbe. Il en résulte un fourrage qui est fort bon pour les vaches et les brebis, et qu'on leur donne pendant l'hiver. Cette méthode a des avantages sans doute; mais pourquoi ces champs contiennent-ils tant d'herbe? Croit-on que la valeur de ce fourrage puisse

équivaloir celle du blé que cette abondance d'herbe a empêché de croître ou de grossir ? Cela paraît difficile à supposer.
Je dirai donc aux cultivateurs : Tenez, comme on le fait en
Angleterre, en Flandre et dans tant d'autres endroits, vos
terres bien nettes par la culture de plantes étouffantes ou de
plantes qu'il faut biner plusieurs fois, et coupez votre blé rez
terre : vous aurez plus de grain, plus de paille, et par conséquent plus d'argent et de fumier ; ce qui vous facilitera le
moyen de faire des praires artificielles pour nourrir encore
mieux vos bestiaux.

L'usage de conserver l'herbe des chaumes pour le pâturage a encore le grave inconvénient, dans un grand nombre
de pays, de retarder jusqu'au printemps les labours qui devraient être faits avant l'hiver, et celui qui connaît l'influence
des labours, soit relativement à leur nombre, soit relativement à leur époque, jugera qu'il en résulte tous les ans une
énorme perte de produits pour les cultivateurs, et par suite
pour la société. *Voyez* LABOURS.

C'est certainement un bien mauvais combustible que le
chaume ; mais il est des pays où il n'y en a pas d'autre : il
faut donc, là, s'en contenter. Dans plusieurs de ces pays il existe
des réglemens pour la récolte des chaumes, qui généralement
y est abandonnée à la classe pauvre du peuple, après que les
propriétaires ou les fermiers ont fait la réserve de ce qui leur
est nécessaire. On en fait des meules sur le champ même, que
l'on transporte ensuite à la maison lorsque l'opération est
complétement terminée.

Il doit paraître singulier que, dans les pays reconnus pour
riches, comme la Beauce, la vallée d'Auge, la Picardie, etc.,
on n'ait que du chaume pour brûler, lorsqu'on pourrait si facilement y planter des haies, et dans ces haies des chênes, des
ormes, et autres arbres qui, comme en Normandie, fourniraient et du bois de chauffage et du bois de charronnage.
Ce fait s'explique quand on a fréquenté pendant quelques
jours les fermiers et sur-tout les fermières de ces plaines. Ce
n'est point pour eux que la science fait des progrès, que la
raison a des charmes. Là on ne veut rien changer à ce qui
existe. La plus assommante uniformité règne dans la culture
comme dans les opinions. On trouve bien plus de ressource
dans les habitans des montagnes, que la variété du sol, la
fréquence des accidens, et une certaine activité d'esprit que
donne le séjour des hauteurs, obligent à combiner leurs moyens
d'industrie d'un grand nombre de manières.

Il résulte de cette habitude de ne brûler que du chaume
dans les pays ci-dessus nommés ou autres, que, si moi, par
exemple, qui crois qu'il faut enterrer le chaume peu de temps

aprės la moisson, pour rendre à la terre une partie de ce qu'elle a donné et pour l'amender dans le sens indiqué plus haut, j'acquérais une propriété dans ces pays, je ne pourrais remplir mes vues qu'en employant la violence, et me faire par conséquent des ennemis de tous mes voisins. Il est à désirer que le Code rural, depuis si long-temps projeté, mette fin à tous ces usages subversifs du droit de propriété et en opposition à tous les bons principes de la culture.

On dit qu'une maison est couverte en chaume, soit qu'elle le soit avec de la paille longue, soit qu'elle le soit avec du chaume proprement dit. Il n'y a plus que quelques cantons extrèmement pauvres où on couvre encore de cette dernière manière. Ces couvertures de chaume proprement dit sont extrèmement peu solides, le plus faible vent les endommage, et un orage les anéantit. Il faut être bien misérable, ou bien ignorant, ou bien paresseux, pour être réduit à les employer. Un père de famille semble avoir toujours assez gagné par son travail pour pouvoir mettre de côté quelques sous, afin d'acheter la paille nécessaire pour couvrir sa demeure, paille qui, ayant 3 à 4 pieds de long, sera plus solidement fixée, et s'opposera plus efficacement à l'infiltration des eaux, que du chaume qui n'a que 8 à 10 pouces au plus. *Voyez* CHAUMIÈRE.

Le chaume du seigle qui est mince se détruit avant l'époque où on a le temps de le ramasser, et ceux d'orge et d'avoine sont trop courts et trop rares pour mériter la peine d'être récoltés; aussi les laisse-t-on presque généralement sur le sol.

C'est toujours dans les meilleures terres que l'on trouve le plus beau chaume.

M. Rougier la Bergerie est auteur d'un mémoire sur les avantages de l'extraction du chaume. *Voyez Feuille du cultivateur,* 12 octobre 1793. (B.)

CHAUME NOIR. On appelle ainsi, dans la Belgique, les résidus des récoltes autres que les céréales, telles que celles du colza, de la navette, du pavot, du chanvre, du lin, etc. (B.)

CHAUMER. C'est ramasser le CHAUME dans les champs. *Voyez* le mot CHAUME. (B.)

CHAUMES. Ce sont, dans les Vosges, les *alpes* des montagnes, c'est-à-dire ceux de leurs sommets qui sont trop élevés pour permettre aux arbres d'y croître, mais qui sont couverts pendant l'été d'un excellent pâturage où paissent de nombreux troupeaux de vaches. *Voyez* FROMAGE (B.)

CHAUMET. Instrument qu'on emploie dans certains cantons pour couper le CHAUME. *Voyez* FAUX. (B.)

CHAUMIER. Dans quelques endroits on appelle ainsi tout tas de paille, qu'il provienne ou non de chaume. (B.)

CHAUMIÈRE. Architecture rurale. Maison couverte en chaume. *Voyez* ce mot.

Par extension on a aussi appliqué ce nom à toutes les maisons des pauvres cultivateurs.

Lorsqu'on s'écarte des grandes routes et que l'on visite les chaumières qui en sont éloignées, on est peiné de l'état dans lequel on les trouve.

En y entrant on est oppressé par l'air épais et malsain que l'on y respire. On n'y voit clair le plus souvent que par la porte, lorsqu'elle est ouverte, et l'on peut à peine s'y tenir debout.

Un pignon seul, celui auquel est adossée la cheminée, est en maçonnerie ; le surplus de l'habitation est construit en bois, et le tout est couvert en chaume. On est effrayé par l'idée qu'une seule étincelle peut embraser en un instant cette demeure du pauvre, et avec elle tout un village. On gémit de l'insuffisance des lois de police, ou plutôt on s'étonne du silence des lois sur les moyens de rendre les demeures plus saines, et de les préserver du danger des incendies. Nous ferons observer à ce sujet que la Société d'agriculture de Paris est la première qui ait attiré l'attention des hommes de l'art sur la recherche de ces moyens, en la faisant entrer dans les conditions du concours sur l'art de perfectionner les constructions rurales.

Ces moyens ne sont pas dispendieux, et ne peuvent presque jamais dépasser les facultés pécuniaires des propriétaires des chaumières. Un exhaussement peu considérable du pavé de l'habitation au-dessus du niveau du terrain environnant, suffira souvent pour les garantir de l'humidité ; une seule fenêtre et un peu plus de hauteur sous plancher leur procureront du jour et un air plus salubre ; et quelques toises de couverture en tuiles ou en ardoises, suivant les localités, éloigneront assez la cheminée de la partie couverte en chaume pour avoir le temps d'apporter les secours nécessaires dans le cas où le feu prendrait à cette cheminée.

Les chaumières sont les plus petites parmi les différentes espèces de constructions rurales, et elles doivent être circonscrites dans les proportions des besoins et des facultés pécuniaires de ceux qui doivent les occuper.

Ces bâtimens ne sont pas susceptibles de décoration, l'économie s'y oppose ; cependant il est possible de les soumettre à une espèce de régularité extérieure, sans négliger la commodité dans leur distribution intérieure. *Voyez* le mot Economie. (De Per.)

On a introduit les chaumières dans les jardins paysagers, non pour insulter à la misère, comme l'ont dit quelques moralistes, mais parce qu'elles font nécessairement partie d'un paysage agreste. Une chaumière peut rappeler des sensations déchirantes à certaines personnes ; mais elle peut aussi en rappeler de douces à certaines autres. Si les chaumières sont le plus souvent, sur-tout autour des grandes villes, l'asile de l'indigence, elles sont aussi quelquefois, sur-tout dans les pays de montagnes, l'asile du véritable bonheur et de toutes les vertus qui en sont la suite. J'ai souvent craint, dans mes voyages, d'aller demander l'hospitalité dans des châteaux, et jamais je n'ai hésité un instant à la réclamer dans une chaumière. J'aime donc voir des chaumières dans un jardin, comme j'aime en voir dans les campagnes ; mais il faut qu'elles y soient ménagées et qu'elles indiquent un but ; car tout ce qui est inutile déplaît à la longue : c'est la loi de nature. (B.)

CHAURER. C'est la même chose que CHAULER.

CHAUSSE. Nom vulgaire des terrains volcaniques dans le département du CANTAL. (B.)

CHAUSSÉE. Partie de l'étang qui retient et élève les eaux. C'est de sa bonne fabrication que dépend l'existence de l'étang. Il ne faut donc pas lésiner sur les matériaux qu'on y emploie. *Voyez* ETANG. (B.)

CHAUSSER. Opération par laquelle on amène de la terre au pied d'un arbre ou d'une plante, pour augmenter l'activité de sa végétation. On l'appelle aussi BUTTER (*voyez* ce mot), parce que son résultat est une petite élévation autour de cet arbre ou de cette plante, une véritable butte. Elle est souvent utile et rarement nuisible.

On chausse un arbre dont les racines se montrent à la surface de la terre, pour les enterrer, pour les assurer d'autant plus contre les efforts des vents, etc. ; on le chausse encore lorsqu'il est dans un terrain naturellement sec et qu'on veut diminuer les effets de l'évaporation sur ses racines ; souvent par là on rétablit ceux de ces arbres qui étaient prêts à périr.

Mais c'est sur les plantes dont les tiges sont susceptibles de prendre racine que le chaussage présente des effets utiles. Ainsi quand on chausse des pommes de terre on fait naître de nouvelles racines à la base des tiges, et ces racines donnent lieu à une pousse plus vigoureuse des mêmes tiges et à la formation d'un plus grand nombre de tubercules. Ainsi quand on chausse le maïs, il sort de toute la circonférence des nœuds inférieurs qui sont alors enterrés, de nouveaux suçoirs qui produisent également une augmentation dans l'action végétative de la plante.

Varennes de Fenille, par la même raison, a annoncé, peu de jours avant sa mort, qu'il avait chaussé le blé pour le rendre plus beau, et que le résultat avait outre-passé ses espérances.

Comme toutes les fois qu'il sera bon de chausser une plante, on l'indiquera à son article, il est ici superflu d'entrer dans de plus grands détails. (B.)

CHAUSSE-TRAPE, *Calcitrapa*. Plante de la syngénesie frustranée et de la famille des cynarocéphales, que Linnæus avait placée parmi les CENTAURÉES (*voyez* ce mot), mais que Jussieu et autres pensent devoir servir de type à un nouveau genre.

La CHAUSSE-TRAPE ÉTOILÉE, qu'on appelle vulgairement *le chardon étoilé*, a une racine bisannuelle, longue, épaisse; ses feuilles radicales sont en lyre, velues, avec le lobe terminal très-grand et denté, longues d'un demi-pied, étalées en rond à la fin de la première année, autour d'une fleur sessile dont le calice a cinq rayons ou plus, et ressemble exactement à une étoile blanche. Ses feuilles caulinaires sont alternes, sessiles, molles, ailées, dentées, quelquefois presque simples et linéaires; ses tiges sont anguleuses, divariquées et hautes d'environ un pied; ses fleurs sont rougeâtres, quelquefois blanches, solitaires, et terminales ou axillaires.

On trouve cette plante dans les champs incultes, les pâturages, sur le bord des chemins, quelquefois en si grande abondance, qu'elle gêne le passage et s'oppose au pâturage des bestiaux. Aucun de ces bestiaux ne la mange. Elle fleurit depuis le milieu de l'été jusqu'à la fin de l'automne, et fournit d'abondantes récoltes aux abeilles. Ses feuilles sont amères et sa racine douce. On se nourrit des unes et des autres dans quelques endroits. Les écailles du calice de ses fleurs, sur-tout de la fleur unique, qui se montre pendant tout l'hiver au centre de ses feuilles radicales, sont fort recherchées par les enfans, qui les mangent en guise d'artichaut, et qu'ils appellent en conséquence le *petit artichaut sauvage*. Ces écailles sont un peu amères, mais agréables au goût.

Comme je l'ai déjà dit, la chausse-trape est souvent si abondante, qu'il devient nécessaire de la détruire; on y parvient facilement en la coupant entre deux terres, pendant l'hiver, avec une pioche, la racine ne repoussant pas. On peut aussi faire cette opération à la fin de l'été pour avoir les tiges, qui s'emploient alors à chauffer le four, à donner de la potasse, à augmenter la masse du fumier, etc.; cependant les graines déjà tombées, ou qui tombent par suite de la coupe même, la propagent. Les poules aiment beaucoup ces graines, qui les engraissent; mais comme elles ne savent pas les aller chercher au fond du calice, il faut battre la plante avec le fléau pour qu'elles en profitent.

On ne trouve pas la chausse-trape dans le nord de l'Europe.

Outre cette espèce il y en a encore une vingtaine d'autres, parmi lesquelles la seule dans le cas d'être encore citée ici est,

La Chausse-trape sudorifique, *Centaurea benedicta*, Lin., qui a les tiges très-velues, laineuses, cannelées, rameuses, hautes d'un pied et plus ; les feuilles oblongues, dentées, velues, semi-décurrentes, un peu épineuses ; les fleurs jaunes, terminales, entourées de bractées. On la trouve dans les parties méridionales de l'Europe, et on la connaît sous le nom de *chardon bénit*, à cause des propriétés qu'on lui attribue. Elle est annuelle et fleurit à la fin du printemps. Toutes ses parties sont amères. Ses fleurs sont toniques, sudorifiques, fébrifuges, apéritives et vulnéraires. On en fait un fréquent usage.

Cette plante avait d'abord été placée par Linnæus parmi les QUENOUILLES, et elle en a en effet l'aspect. Elle s'éloigne donc beaucoup par cet aspect de la précédente. (B.)

CHAUX. On donne ce nom à la pierre calcaire qui a perdu son eau de cristallation et son acide carbonique par son exposition à un grand feu. *Voyez* CALCAIRE, MARBRE, CRAIE.

Les propriétés de la chaux sont fort remarquables.

Lorsqu'on verse sur elle une petite quantité d'eau , cette eau est absorbée avec la plus grande rapidité ; il se produit un tel degré de chaleur, que les corps combustibles qu'on met en contact avec elle s'enflamment, et qu'elle parait rouge à l'obscurité.

Lorsqu'on la laisse exposée à l'air, elle reprend peu-à-peu son eau , ainsi que son acide carbonique, et elle se réduit en poudre. Alors on l'appelle de la *chaux fusée, de la chaux éteinte à l'air.*

La causticité de la chaux, c'est-à-dire la propriété qu'elle a de désorganiser les substances animales avec lesquelles on la met en contact, tient à cette même avidité pour l'eau.

L'eau dissout une petite quantité de chaux. Le produit de cette dissolution porte le nom d'*eau de chaux.*

Lorsqu'on mêle de la chaux avec un alcali, l'acide carbonique de ce dernier se combine avec elle, à raison de sa plus grande affinité, et l'alcali devient pur ou caustique. C'est ce procédé qu'on emploie pour rendre les LESSIVES plus actives, pour faire le SAVON, pour fabriquer la PIERRE A CAUTÈRE, etc. *Voyez* ces mots.

Beaucoup de ménagères répugnent à mettre de la chaux sur la cendre qu'elles emploient à couler la lessive, parce que toutes les fois qu'on en met trop le linge est brûlé, c'est-à-dire se déchire par suite du plus petit effort ; mais il n'en est pas moins vrai que c'est une très-bonne opération lorsqu'elle est faite avec la prudence nécessaire , attendu que la potasse ou la soude ne dissolvent réellement la graisse , qui tâche le linge que lorsqu'elles sont privées d'acide carbonique, c'est-à-dire caustiques. *Voyez* au mot LESSIVE.

La chaux est le meilleur moyen qu'on puisse employer pour
lier les pierres ou les briques des murs; aussi est-ce le principal but de sa fabrication. Pour l'utiliser sous ce rapport, on
la fait éteindre dans une suffisante quantité d'eau, on la mêle
avec du sable, de la brique, ou des pierres pilées, et on remplit de ce mélange nouvellement fait l'intervalle des assises
de pierre. C'est le MORTIER (*voyez* ce mot) qui se moule
exactement contre les pierres, en remplit tous les interstices.
Peu-à-peu ce mortier reprend l'acide carbonique qui fait partie
de l'air atmosphérique, et avec lui la solidité de la pierre calcaire. L'expérience a prouvé que lorsqu'on unissait au mélange ci-dessus un quart, ou même un tiers de chaux fusée à
l'air, c'est-à-dire qui avait déjà repris une partie de son acide
carbonique, le mortier prenait plus promptement de la consistance et une consistance plus forte. C'est ce qu'on appelle
le *mortier de Loriot*, du nom de celui qui l'a recommandé
dans ces derniers temps; mais il est certain que les anciens
en faisaient fréquemment usage.

Il y a des inconvéniens à éteindre la chaux dans une trop
grande ou une trop petite quantité d'eau; mais comme chaque
pays donne de la chaux de différente nature, il est impossible
de donner des règles générales pour faire cette opération:
c'est à l'expérience locale à décider l'ouvrier qui en fait usage.
Aussi, par-tout où on procède avec prudence, ne met-on d'a-
bord que peu d'eau dans le trou où on a mis la chaux, parce
qu'il est plus facile d'en ajouter que d'en ôter; ou, encore
mieux, on ne met la chaux que petit-à-petit, à mesure qu'elle se
fond, et jusqu'au moment où on s'aperçoit qu'il y en a suffisamment. Dans les deux cas, on la remue continuellement avec
un râble pour faciliter son union avec l'eau.

La chaux est d'autant meilleure que la pierre calcaire employée à sa formation était plus exempte de matières étrangères; ainsi le marbre blanc est de toutes les roches celle qui
en fournit de plus parfaite. Les pierres calcaires ordinaires
ne sont jamais pures; elles contiennent toujours plus ou moins
d'argile, de silice et quelquefois de la magnésie. La première
de ces substances nuit généralement à la chaux; la seconde,
très-avantageuse lorsqu'il y en a peu, lui nuit également lorsqu'il y en a trop: elle rend la chaux *maigre*; la troisième s'oppose à ce que la chaux dans laquelle elle entre se solidifie. Il
est donc bien important de savoir distinguer, avant d'entreprendre une fabrication de chaux, si la pierre calcaire qu'on
doit y employer est de bonne qualité pour cet objet, et quelle
est la proportion des substances qui y sont mélangées, afin
de se diriger en conséquence dans le mode de son emploi. Celle
qui est la plus commune aux environs de Paris, par exemple,

est peu propre à la bâtisse, parce qu'elle contient beaucoup
trop d'argile.

La chaux qui n'est pas assez calcinée et celle qui l'est trop,
sont également inférieures à celle qui l'est au point convenable.
Chaque sorte de pierre calcaire demande un degré de feu différent : ainsi ce n'est encore que l'expérience qui, dans chaque
localité, puisse indiquer ce point. Je donnerai, au mot Four
a chaux, les principes de l'art du chaufournier. J'y renvoie
le lecteur.

Le sieur Higgins a prouvé que la chaux faite à un feu violent
et peu durable fuse et s'éteint plus vite que celle faite à un feu
faible et long-temps continué. Or, il est des cas où il faut
moins dépouiller les pierres de leur acide carbonique ; il est des
pierres qui contiennent moins d'acide carbonique que les autres.

J'ai dit plus haut qu'on appelait chaux maigre celle qui contenait de la silice. L'importance de cette sorte de chaux pour
les constructions sous l'eau, ou toutes celles dont on doit désirer la prompte consolidation, exige que j'en dise quelques
mots.

On sait aujourd'hui, grâce au beau travail entrepris sur elle
par M. Vicat, qui l'appelle *chaux hydraulique*, que si les
maçons la repoussent, c'est parce qu'elle exige plus de sable,
une manutention plus longue, et qu'il est indispensable de
l'employer peu après qu'elle a été cuite, et immédiatement
après qu'elle a été fusée.

Bergmann et Guyton-Morveau avaient attribué la propriété
de la chaux maigre de se consolider sous l'eau, à la maganèse ;
mais Collet-Descotils a prouvé qu'elle était due à une certaine
quantité de silice en poudre impalpable, silice dont une partie
était dissoute par la chaux au moment de sa fusion, et formait
avec elle une pierre très-dure.

C'est toujours la chaux maigre qu'il faut préférer pour la formation des bétons, et c'est parce que les Romains en agissaient
ainsi que leurs constructions sont si solides.

Les pierres calcaires qui fournissent la chaux hydraulique
sont extrêmement abondantes en France, puisque ce sont presque toutes celles qui composent les chaînes secondaires, c'est-
à-dire celles qui renferment des cornes d'ammon, des bélem-
nites, des gryphites et autres coquilles de l'ancien monde, etc.,
et beaucoup d'autres, placées dans les terrains tertiaires ou à
couches, comme on le voit à Champigny près de Paris.

L'importance dont doit être à mes yeux l'ouvrage de M. Vicat
pour les cultivateurs, m'a déterminé d'en donner un extrait
étendu dans le cinquième volume de la seconde série des Annales d'Agriculture, extrait auquel je renvoie ceux qui voudront
de plus amples informations sur la chaux hydraulique.

La propriété caustique de la chaux lui donne des usages dans les arts, dans la médecine et dans la grande agriculture. C'est par son moyen qu'on enlève le poil des cuirs qu'on destine à être tannés ou mégissés, qu'on détruit les chairs qui se pourrissent, qu'on anéantit la cause du charbon et de la *carie* dans le blé, qu'on assainit les lieux trop surchargés d'acide carbonique, comme les prisons, les hôpitaux, les écuries, étables ou bergeries trop basses ou trop peuplées; qu'on désinfecte les latrines qui exhalent trop d'odeur ou qui laissent dégager des gaz délétères; qu'on rend plus actives les terres de toutes sortes, et sur-tout celles qui sont abondamment pourvues d'humus ou terre végétale.

Je vais entrer dans quelques détails sur l'emploi de la chaux en agriculture.

Les plantes vivant principalement aux dépens du gaz acide carbonique qui se trouve dans l'air, ou qui se dégage de divers corps, toutes les fois qu'on met une plante sous un récipient avec de la chaux, elle périt, parce que cette chaux absorbe tout celui qui s'y trouve. On observe de même que toutes les plantes qui sont placées trop près d'un tas de chaux périssent également et par la même cause, à plus forte raison celles qui en sont recouvertes en tout ou en partie.

D'après cela on doit croire que la chaux qu'on répand en grande quantité sur la terre, les murs nouvellement bâtis ou nouvellement recrépis sont nuisibles aux plantes, et en effet on en a des milliers d'exemples. Ainsi, quand il est nécessaire de faire une réparation un peu considérable à un mur d'espalier, il faut choisir la fin de l'automne comme l'époque où la chaux peut le moins nuire aux arbres.

Mais si la chaux en grande masse s'oppose à toute végétation, la chaux en petite quantité est un des moyens d'activer la végétation. Les agriculteurs prudens trouvent en elle le plus puissant de tous les amendemens, le premier complément de toutes les sortes d'engrais. Cette propriété, la chaux la doit à la faculté dont elle jouit de rendre soluble l'humus ou terre végétale qui sert d'aliment terrestre aux plantes. Il est surprenant que ce fait si important, quoique connu de toute ancienneté, n'ait pas plus fructifié entre les mains des cultivateurs. Peut-être est-ce aux suites de l'abus de la chaux, abus qui conduisent rapidement à l'infertilité, qu'on doit l'oubli dans lequel on est tombé à son égard.

Les cendres de bois sont une véritable chaux réduite en poudre, et contenant en outre quelques sels alcalins ou terreux. Elles agissent comme elle, mais moins activement. *Voyez* au mot cendre.

La marne paraît aussi jouir, comme la chaux, de la propriété de rendre soluble la terre végétale, quoique à un plus

faible degré ; mais elle agit en même temps mécaniquement.
C'est ce qui fait que dans certains cas elle est meilleure que
la chaux. *Voyez* au mot MARNE.

Je reprends les choses de plus haut.

Le résultat de la pratique de tous les siècles, et sur-tout les
expériences directes faites dans ces derniers temps, constatent
que la chaux est un des meilleurs amendemens qu'on puisse
employer sur certaines terres, principalement sur les terres
marécageuses. Elle tue les vers de terre, les larves d'insectes,
et convertit leurs cadavres en principes fertilisans. Les anciens
s'en servaient, ainsi qu'on le voit dans les auteurs grecs et
latins ; Olivier de Serres la recommande, et principalement en
la mêlant avec du fumier, des curures de fossés, etc ; les cultivateurs français du siècle dernier ne cessent de vanter ses merveilleux effets ; on en a parlé plus ou moins dans tous les écrits
qui ont été publiés dernièrement en Europe sur l'agriculture ;
Arthur-Young lui consacre nombre de pages. C'est dans ses
ouvrages que je vais puiser quelques exemples sur ce qui la
concerne.

A Lanvaches et à Cowbridge, comté de Surry, la chaux est
en si grande estime, que les fermiers n'imaginent pas qu'on
puisse rien faire sans elle. Chacun a son four à chaux.

L'effet de la chaux sur la terre est très-sensible dans le
Shropshire. On en met pendant l'été un boisseau par perche ;
on laboure très-peu profondément, et on sème le froment.
Cet amendement dure douze à quatorze ans. Le sol est une argile mêlée de craie. On est aussi dans l'usage de mêler la chaux
avec la terre des fossés, et on prétend que ce mélange vaut
mieux que le fumier ordinaire.

Aux environs de Shiffnel, le sol est sablonneux ou graveleux,
et de nature très-sèche. On y cultive beaucoup de turneps
au moyen de la chaux, turneps dont on tire une rente fort
avantageuse.

Dans le même canton, on répand aussi de la chaux en poudre
sur les pois lorsqu'ils ont 3 ou 4 pouces de hauteur, ce qui les
garantit des insectes. En général ce moyen est très-efficace, et
doit être recommandé, quoiqu'un peu dangereux à exécuter, à
cause de la chaux qui entre dans la poitrine du semeur. Des
précautions efficaces sont cependant faciles à prendre, puisqu'il
suffit d'envelopper la tête du semeur d'une toile sous laquelle
il y ait suffisamment d'air, et à un trou de laquelle soit attaché un verre pour la vue. Les pucerons sur-tout qui, comme
tout le monde le sait, nuisent tant à quelques espèces de récoltes, ne résistent point à l'emploi de la chaux.

A Orton, situé sur un sol entrecoupé de vallées, on fait
usage de la chaux sur les prairies naturelles, pour détruire la
mousse, les joncs et autres plantes qui leur nuisent. On ne

peut nier ce résultat reconnu par les agronomes observateurs de toutes les nations; mais il est probable que ce n'est pas par la destruction directe des plantes inutiles qu'il est produit, mais par la plus grande vigueur donnée à celles que les bestiaux recherchent le plus : il serait utile au progrès de la science de faire quelques observations directes sur ce point.

A Caste-Loyde, en Irlande, on fait un grand usage de la chaux sur les prairies naturelles, et on a remarqué que l'herbe en devient plus abondante et qu'elle est à toutes les époques de l'année plus verte que celle des prairies où l'on n'en a pas mis.

Au pic du Derbyshire on a converti des terres en friche de peu de valeur en beaux pâturages, sans les labourer, au moyen de la chaux, qui a fait périr les mauvaises herbes et donné plus de vigueur aux bonnes. Cette dernière circonstance est assez difficile à concevoir, mais elle est généralement avouée par les cultivateurs.

La chaux avec le fumier est fréquemment employée dans le Weald, et on en tire des avantages considérables, principalement sur les prairies. Des expériences positives ont prouvé l'excellence de cette méthode, et on ne peut trop la recommander. A mon avis, tous les fumiers destinés à la grande culture devraient être ainsi mélangées dans la cour même avec de la chaux, à mesure qu'on les sort de l'écurie, mais il ne faut pas tarder à les employer, cela les rendant plus promptement dissolubles.

A Kirkleatam, on mêle aussi la chaux avec le fumier, et de plus avec des terres de toutes espèces, six mois au moins avant de la répandre sur le sol. L'augmentation de main d'œuvre qu'occasionne cette méthode est de beaucoup remboursée par la surabondance des récoltes auxquelles on l'applique.

M. Sroope, qui habite auprès de Damby, joint de plus à ce mélange des cendres de savonnerie. Il le remue trois fois avant de l'employer. Son terrain est une argile graveleuse, qui produit par ce moyen des récoltes doubles de ce qu'elles donnaient auparavant qu'il l'employât.

C'est sur les terres de marais, et même la tourbe, que l'action de la chaux est la plus marquante. Cette dernière, qui est infertile par elle-même lorsqu'elle est pure, rend extraordinairement fertiles, quand on la mêle avec un douzième ou même seulement avec un vingtième de chaux, les champs sur lesquels on la répand, de telle nature qu'en soit la terre. Ceci prouve d'une manière démonstrative qu'elle agit principalement en rendant soluble le terreau qui ne l'était pas. *Voyez* Tourbe.

La chaux offre des avantages considérables aux cultivateurs des environs d'Altringham, qui ont une argile sablonneuse dans laquelle ils plantent une grande quantité de pommes de terre.

Les bruyères des environs de Tiddswell, de Grange-Geath, Gallen, et en général des plus grandes parties du nord de l'Angleterre, n'étaient ci-devant d'aucune valeur, aujourd'hui on les a converties en champs d'un grand produit en les entourant de haies, et en y répandant une grande quantité de chaux. On la met sur la terre au printemps ou au commencement de l'été, souvent en grande quantité. C'est véritablement sur les terres de bruyère que la chaux agit le mieux, lorsqu'on la combine avec de bons et profonds labours, parce que ces labours mêlent la terre du fond, qui est toujours argileuse, avec celle de la surface, qui est toujours surchargée de détritus des végétaux, et que la chaux dissout ces détritus.

Ses effets sur les champs qui ont été écobués sont si sensibles, qu'on ne manque jamais dans le Yorkshire, quelque dépense qu'il faille faire pour s'en procurer, d'y en répandre plus ou moins. Après cette opération, on sème des turneps, qu'on bine, et après leur récolte on sème des prairies, qui fournissent, pendant nombre d'années, d'excellentes récoltes. Le trèfle blanc paraît sur-tout mieux venir sur les terres amendées avec de la chaux.

M. Clayton, près d'Harleyfort, a amendé comparativement deux portions du même champ, l'une avec de la chaux, l'autre avec du fumier mêlé de vieux haillons de laine. La récolte de cette dernière portion était plus abondante; mais elle était infestée par la carie, tandis qu'il n'y en avait pas dans celle où on avait mis de la chaux.

A Mouria, M. French a fait défricher des marais, et y a fait répandre de la chaux, les moutons qui auparavant y périssaient du mal rouge n'en sont plus attaqués.

Les fermiers des environs d'Ansgrove emploient aussi la chaux, et ce, en grande quantité. Ils ont observé que cet amendement conservait toute son activité pendant sept à huit récoltes consécutives; après quoi ils le renouvellent. Il convient cependant de dire que les terres ainsi couvertes de chaux cessent enfin de produire, si on n'y met pas des engrais animaux et végétaux de temps en temps; ce qui est conforme aux principes de la théorie émise au commencement de cet article. Cette observation est de M. Aldworth, un des plus riches et des plus éclairés cultivateurs d'Irlande.

La pratique de M. Shannon, à Castle-Martyr, lui a prouvé que la chaux produit de meilleurs effets sur les sols argileux et quartzeux que sur les sols calcaires; ce qui doit être, puisque les sols calcaires ont déjà une partie des principes chimiques ou des qualités physiques qui rendent la chaux si utile dans tous les cas cités plus haut. Il est de fait même

qu'elle nuit souvent aux récoltes des terres crayeuses. C'est
l'argile qui est le véritable amendement de ces terres, et sur-
tout l'argile combinée avec une grande quantité de fumier de
vache : car il leur faut et des moyens de retenir l'eau, et de
véritables engrais.

Arthur Young, voulant connaître les effets comparatifs de
l'amendement produit par la chaux, de celui produit par la
craie et de l'engrais des fumiers, divisa une pièce de terre en
trois parties égales, et y répandit ces matières dans les proportions usitées parmi les fermiers du canton. Le sol était une
argile humide sur laquelle il sema du blé. L'hiver fut pluvieux.
La partie fumée eut une végétation plus précoce ; mais pendant l'hiver le blé qu'elle contenait devint jaune, et celui des
deux autres parties conserva sa verdure, et soutint ses avantages jusqu'à la récolte, qui excéda celle du terrain qui avait
été fumé.

Il résulte de ces exemples que l'emploi de la chaux fait la
fortune des cultivateurs anglais, et qu'elle doit produire les
mêmes résultats en France sur les terrains riches en principes
extractifs, animaux ou végétaux, mais où ces principes sont
inertes. Pourquoi donc n'en fait-on presque point d'usage chez
nous ? Sans doute c'est par le seul effet de l'ignorance. J'en ai
vu répandre dans quelques cantons sur les prairies naturelles
et artificielles, dont elle augmentait beaucoup les récoltes ;
mais si un petit nombre de cultivateurs éclairés en ont fait isolément usage dans d'autres cas, ils n'ont été imités par leurs
voisins, nulle part que je sache, excepté dans la Basse-Nor-
mandie, dans la Flandre et la Belgique, où on connaît ses avantages J'ai parcouru bien des marais qu'on pourrait facilement
transformer en champs d'une fertilité extraordinaire par son
moyen. J'ai traversé les landes de Bordeaux, celles de la Sologne, et plusieurs autres moins étendues, qu'elle rendrait
promptement à la culture. Nulle part on n'avait idée de ses
propriétés sous ce rapport. C'est pour éclairer mes concitoyens
sur leurs véritables intérêts à cet égard que j'ai cru devoir
étendre cet article, et donner au mot FOUR A CHAUX quelques
préceptes de théorie et de pratique pour en fabriquer. Je renvoie de plus le lecteur aux mots CALCAIRE, PIERRE CALCAIRE,
MARNE et CENDRE.

Mais, dira-t-on, vous n'avez donné que deux à trois indications de la quantité de chaux qu'il convenait de répandre sur
les champs, les prés, etc., dans tous les exemples que vous
venez de citer. Je n'ai pu l'indiquer, parce que cet ouvrage doit
traiter de l'agriculture en général, et que cette quantité varie
dans chaque lieu, puisque la chaux n'est presque jamais d'é-
gale qualité, même dans les lieux peu distans, et que les terres

varient également par-tout dans leur nature. C'est par le raisonnement, après avoir lu cet article, qu'un cultivateur peut
apprécier ce qu'il doit répandre de chaux sur sa terre. Il y a
des inconvéniens, je le répète, à en trop mettre sur les prairies et les terres sèches et pauvres en humus parce qu'elle
détruit cet humus, et il n'y en a jamais à en mettre peu, parce
qu'on peut toujours recommencer les années suivantes. Je dirai
donc seulement, en général, 1°. que plus la chaux est pure,
c'est-à-dire contient moins de sable et d'argile, et moins il
en faut; 2°. que plus la terre contient en même temps d'eau,
d'argile et de terreau, plus on peut en mettre. On doit cependant s'arrêter au moment où une trop grande quantité
ferait mortier, et introduirait par conséquent des pierres dans
le champ. Lorsqu'on en a mis trop, je le répète encore,
sur-tout dans les terres sèches, dans les terres de bruyère,
par exemple, il arrive qu'elle brûle tout, et qu'il faut attendre un ou deux ans avant de pouvoir cultiver de nouveau
ces terres.

Aussi dans plusieurs parties de l'Angleterre où on a fait
abus de la chaux, on a été obligé d'y renoncer entièrement.
Voyez un mémoire sur les engrais calcaires inséré dans le quatrième volume de la Bibliothèque britannique.

Dans tous les cas, il est prouvé par l'expérience que presque
toujours l'augmentation de produit qui résulte de cette opération, seulement la première année après qu'elle a été faite,
couvre les frais qu'elle a entraînés, et qu'ainsi cette augmentation, pendant les années suivantes, est complétement en
bénéfice.

Je ne sache pas qu'il ait été fait nulle part d'observations
comparatives sur l'action de la chaux maigre et de la chaux
grasse, comme amendement; mais la théorie dit que cette
dernière est préférable, puisque la première contient de la
silice qui ne peut agir que mécaniquement. *Voyez* SABLE.

Je suppose qu'on a employé de la bonne chaux, qu'on l'a
répandue en temps et en sols convenables. On verra au mot
MAGNÉSIE, que la chaux qui contient de cette terre rend infertiles pour plusieurs années les terrains sur lesquels on la
répand.

Il y a une grande discussion parmi les cultivateurs pour
savoir s'il convenait mieux, pour amender les terres, d'employer la chaux vive, c'est-à-dire sortant du four, ou la chaux
éteinte. Chacun cite son expérience à l'appui de son opinion.
Dans ce cas, c'est au raisonnement à guider pour conduire à
une bonne détermination.

Dans quelques parties de l'Angleterre, on préfère, au lieu
de chaux en poudre, répandre un lait de chaux. A cet effet,

on met plus ou moins de chaux dans un tonneau plein d'eau, on la remue fréquemment avec un bâton en spatule, et on fait couler l'eau comme si on arrosait. *Voyez* ARROSEMENT et TONNEAU.

J'ai dit que la chaux faisait périr les plantes, soit par sa propriété caustique, soit par sa faculté d'absorber tout l'acide carbonique de l'air. Cela seul indique qu'il faut la répandre, peu de temps après qu'elle est sortie du four, sur les prairies tourbeuses qu'on a la volonté de défricher pour les mettre en culture de céréales ou autres, afin de faire mourir les joncs, les laiches et autres plantes vivaces, et opérer la transformation de leur substance en mucilage dissoluble ; mais qu'il faut attendre qu'elle se soit éteinte à l'air, c'est-à-dire qu'elle ait perdu la plus grande partie de sa causticité, quand on veut la répandre sur les prairies naturelles ou artificielles qu'on est dans l'intention de conserver, ou quand on doit semer immédiatement après des céréales ou autres plantes délicates. Cependant, dans tous les cas, on peut employer la chaux vive, pourvu qu'on en mette peu, et qu'on l'ait réduite en poudre.

Généralement les cultivateurs apportent la chaux, au sortir du four, sur les terres qui sont en jachère, l'y déposent en petits tas, qu'ils font éparpiller le plus tôt possible à la pelle, en n'en laissant aucune partie dans la place que couvrait le tas. Cette chaux fuse rapidement, sur-tout si elle est bonne et que l'air soit humide, et elle n'est plus caustique lorsqu'on laboure. Cette circonstance est importante à considérer, parce que les pieds des chevaux ou des bœufs peuvent être dépouillés de leur peau par la chaux, et ces animaux être par suite mis hors de service pour quelque temps. Ce que j'ai dit des précautions à prendre par les ouvriers qui sèment la chaux s'applique aussi à ceux qui la répandent ; cependant ces derniers, en se tenant toujours au-dessus du vent, se garantissent facilement de tous ses inconvéniens.

C'est ici le cas de dire un mot de la défaveur qui s'est manifestée en France dans les cantons où on commençait à répandre de la chaux sur les prairies. Une épidémie a eu lieu dans un de ces cantons, on l'a attribuée à la chaux, et aussitôt on a proscrit cette précieuse méthode d'amélioration. Certainement des bestiaux qui pâtureraient dans une prairie sur laquelle on vient de répandre de la chaux pourraient éprouver quelque cautérisation à la bouche ou aux naseaux ; mais cela ne serait pas dangereux, parce que ces bestiaux se refuseraient bientôt à continuer de manger. Jamais quelques atomes de chaux répandus sur les feuilles (et il ne peut y rester que des atomes) ne donnent lieu à des maladies inflammatoires et autres qui affectent tout le corps. Si cela était, les chaufourniers, les maçons et autres ouvriers qui travaillent la chaux ne vivraient pas deux jours, et il en est qui font ces métiers pendant un demi-siècle sans inconvéniens. D'ailleurs l'effet caustique de la chaux ne subsiste, comme je l'ai déjà dit, que pendant peu de jours, quand elle est exposée à l'air (pendant quelques instans lorsqu'elle est réduite en poudre); et lorsqu'elle n'est plus caustique, ce n'est qu'une terre absorbante, qu'on ordonne souvent en médecine pour neutraliser les acides, qui causent des aigreurs dans l'estomac. Les épidémies citées plus haut n'étaient donc pas produites par la chaux, mais par une autre cause, qu'un vétérinaire éclairé eût sans doute reconnue.

J'ajouterai que la chaux doit être répandue sur les prairies à la fin de l'automne ou de l'hiver, c'est-à-dire à des époques où les bestiaux n'y trouvent rien à manger, et où on ne les y envoie que prendre l'air. Est-il donc si difficile de les exclure de celles qui viennent de recevoir la chaux?

Pour satisfaire plus complétement le lecteur, je vais prendre dans Duhamel, Traité de la culture des terres, la méthode qu'on suit aux environs de Bayeux pour amender les terres par le moyen de la chaux; méthode très-bonne, mais coûteuse.

« On a coutume de défricher les pâturages tous les trois ou quatre ans, au mois de mars ou d'avril, en enfonçant modérément la charrue. Peu de temps après, on y porte la chaux sortant du four, sur le pied d'un tas pesant 100 livres par perche carrée. Chaque tas est entouré d'un petit fossé, et recouvert de terre d'un demi-pied d'épaisseur. La chaux fuse sous cette terre, augmente de volume, ce qui occasionne des crevasses qu'on a bien soin de fermer avec de la nouvelle terre, car si la pluie pénétrait, il se formerait du mortier qui ne pourrait plus se mêler avec la terre.

» Lorsque la chaux est complétement éteinte, on la mêle le mieux qu'il est possible avec la terre qui la recouvrait, et on rassemble de nouveau le tout en tas qu'on laisse exposés à l'air pendant six semaines ou deux mois : alors les pluies ne nuisent plus.

» Vers le milieu de juin, on répand ces tas en petites pelletées, espacées, aussi également que possible, sur toute l'étendue du champ, et on laboure profondément. C'est sur ce labour qu'on sème vers la fin de juin.

» On prétend qu'il serait nuisible de mettre deux fois de suite de la chaux toute pure dans le même local. Ainsi lorsqu'au bout d'une révolution d'années on est dans le cas de rompre de nouveau un champ qui en a reçu, on la mêle avec du fumier. »

Au rapport de M. Sivard, *Annales d'Agriculture*, tome),

seconde série, la pratique ci-dessus est continuée dans cette partie de la France.

Il paraît qu'en général la chaux convient mieux dans les pays froids et humides, dans le Nord par exemple, que dans les lieux chauds; aussi ne l'ai-je jamais vu employer, ou entendu dire qu'on l'employât dans celles des parties méridionales de l'Europe où j'ai voyagé; cependant Rozier s'en servait utilement lorsqu'il cultivait aux environs de Béziers. Voici comme il préparait ses fumiers.

Lorsque son trou à fumier était vide, il en faisait couvrir le fond avec de la chaux, puis il mettait un pied de fumier de litière et quelques pouces de terre. On recommençait un lit de fumier, un de terre, un de chaux, et ainsi de suite. L'eau était conduite dans le trou de manière que la base du tas fût toujours imbibée et jamais noyée, la masse étant toujours suffisamment humectée. Par cet excellent procédé, la combinaison est faite avant qu'on porte le fumier sur les terres.

D'après ce qu'on vient de lire, les grands cultivateurs sentiront combien il leur serait économique d'avoir sur leurs propriétés, comme ceux d'Angleterre, des fours à chaux uniquement destinés à les fournir de la chaux nécessaire à leur consommation. Ceux qui n'auront pas de pierre calcaire à leur disposition, qui seront obligés de la faire venir de loin, la conserveront fort bien pendant un an dans des tonneaux défoncés par un bout, et placés sous des hangars.

Je finis en répétant, 1°. que l'intérêt de l'agriculture française est de faire un grand usage de la chaux sur toutes les terres qui ne sont pas crayeuses, et dans tous les cas où les frais de sa fabrication, de son transport et de sa dispersion sur les champs pourront être au moins remboursés par l'augmentation de produit des deux premières années; 2°. que ce n'est que par des essais faits avec intelligence qu'on peut s'assurer de la quantité de chaux qu'on doit répandre dans tel canton sur tel champ; 3°. enfin qu'il vaut mieux mettre de la chaux souvent qu'abondamment dans tous les cas possibles, excepté quand il s'agit de faire périr les plantes d'un marais qu'on veut cultiver en céréales. C'est presque toujours pour avoir mis trop de chaux à-la-fois sur un terrain qui en demandait peu, ou pour l'avoir enterrée trop profondément avant qu'elle fût éteinte à l'air, qu'on a dit, comme principe de pratique, que la chaux ne produisait de bons effets que la seconde ou la troisième année.

La chaux produite par les coquilles ne diffère pas par sa manière d'agir de celle des pierres calcaires; mais elle est plus pure, et par conséquent il en faut moins sur un même espace de terre. Ses effets sont presque surnaturels lorsqu'on met en même temps sur le champ des coquilles non calcinées et sortant depuis peu de la mer; car ces dernières contenant encore toute la partie albumineuse ou gélatineuse qui entre dans leur composition, cette partie est dissoute petit à petit par la chaux, et peut entrer par conséquent en grande quantité dans la circulation des végétaux.

M. Parmentier, auquel la science agricole doit tant d'excellentes observations, termine ainsi l'article qu'il a rédigé sur la chaux, dans l'Encyclopédie méthodique :

« Sans insister sur les effets particuliers attribués à la chaux pour réchauffer une végétation languissante, nous remarquerons que, mise sur les plates-bandes où sont placés des espaliers, elle augmente la fécondité de ces derniers, et améliore la qualité de leur fruit; ce qui a fait soupçonner à quelques agronomes que dans les cantons où la vigne ne donne que de mauvais vin, la chaux substituée au fumier donnerait une vendange abondante et une meilleure boisson. Les propriétaires des vignes devraient faire quelques tentatives; car la prudence impose la loi de faire des essais avant de se livrer à des opérations qui peuvent entraîner des dépenses. Il faut prendre garde, en agriculture, de donner naissance à des préjugés. La bonté d'une pratique est compromise souvent par la seule manière défectueuse avec laquelle on procède à son exécution. »

Le vœu de cet excellent citoyen n'a pas été rempli, à ma connaissance; mais il n'est pas moins certain que la chaux doit produire des résultats avantageux dans les vignes plantées dans des terrains argileux ou quartzeux, dans celles des environs de Paris, par exemple. Je préjuge par analogie que la chaux ne serait pas également utile dans les vignes de Bourgogne et de Champagne, parce qu'elles se trouvent pour la plupart, ainsi que j'en ai acquis la preuve par moi-même, dans des sols Calcaires et fort pauvres en Humus. *Voyez* ces mots. (B.)

CHAVREAU. Bêche triangulaire, un peu courbée, avec laquelle on bine les vignes dans les environs de Bar.

Sa forme la rend très-propre à fouir entre les racines de la vigne, qui se couche tous les trois ans, et qu'on n'arrache jamais dans ce canton. (B.)

CHEINTRE. On nomme ainsi, aux environs de Nantes, la ceinture des champs qui reste inculte et dont on enlève de loin en loin la terre pour en former des compostes qu'on reporte sur le milieu de ces champs. (B.)

CHELIDOINE, *Chelidonium.* Genre de plantes de la polyandrie monogynie et de la famille des papavéracées, qui renferme cinq à six espèces, parmi lesquelles deux sont ans le cas d'être citées ici, à raison de leur abondance dans certains lieux et de leurs propriétés médicinales.

Les chélidoines sont des plantes vivaces qui laissent fluer un suc jaune très-âcre lorsqu'on blesse une de leurs parties. Leurs feuilles sont alternes, découpées ou sinuées; leurs fleurs, jaunes et solitaires, sont portées sur des pédoncules terminaux.

La Chélidoine commune a la racine fusiforme, la tige cylindrique, velue, rameuse, haute d'un à 2 pieds; les feuilles pétiolées, presque pinnées, ou à dinq divisions plus ou moins inégales, plus ou moins lobées et obtusément dentées, longues de 5 à 6 pouces et plus; les fleurs réunies plusieurs ensemble au sommet de pédoncules communs, axillaires ou terminaux. On la trouve par toute l'Europe, dans les fentes ou au pied des vieux murs exposés au nord, dans les haies, et en général autour des habitations : elle fleurit pendant tout le printemps. On l'appelle vulgairement l'*éclaire*. Elle exhale une odeur fétide lorsqu'on la froisse. Tous les bestiaux la repoussent. On la regarde comme diurétique, apéritive, purgative et fébrifuge; mais son emploi est dangereux, et doit être guidé par des mains exercées. Son suc est âcre, piquant, un peu amer. Il détruit les verrues qu'on en frotte pendant quelque temps. Elle présente une variété à fleurs semi-doubles, et une autre à feuilles plus découpées, qu'on multiplie quelquefois autour des masures, dans les jardins paysagers, par la séparation des vieux pieds, ou simplement par le semis de leurs graines.

La Chélidoine glauque a les feuilles amplexicaules, sinuées, épaisses, velues, et les tiges glabres : elle se trouve dans les lieux secs et arides, parmi les décombres. Sa racine est pivotante; ses tiges droites, rarement rameuses, hautes d'un à 2 pieds; ses fleurs grandes et solitaires sur de longs pédoncules axillaires.

Cette plante, qu'on appelle vulgairement le *pavot cornu*, a les mêmes vertus que la précédente, et s'emploie de même. Elle est quelquefois si abondante dans les parties méridionales de la France, qu'il devient avantageux de la couper au milieu de l'été pour augmenter la masse des fumiers, ce à quoi elle est très-propre par l'épaisseur de ses feuilles et de ses tiges. (B.)

CHÉLIDOINE PETITE. Dans quelques endroits, on donne ce nom à la renoncule ficaire.

CHEMINÉES. Architecture rurale. De tous les détails de construction relatifs à une habitation, ceux auxquels on apporte ordinairement le moins d'attention sont les cheminées. Leur position dans les appartemens est presque toujours bacrifiée à la commodité des distributions , et leurs dimensions sont pour ainsi dire abandonnées au caprice et à la routine des maçons.

Il résulte de cette négligence que presque toutes les cheminées fument, et qu'en sortant des mains de l'architecte, il faut toute l'intelligence d'un habile fumiste pour corriger le défaut principal de leur mauvaise construction.

Non-seulement la vicieuse construction de nos cheminées favorise les causes de la fumée, mais encore augmente beaucoup la consommation des combustibles : en sorte que (comme l'a très-bien dit M. *Roard*, articles *cheminées* du supplément de Rozier), si l'on avait donné pour problème : *Trouver une construction telle qu'avec la plus grande quantité de bois on eût le moins de chaleur possible*, nos anciennes cheminées en auraient fourni la solution.

Aujourd'hui que la cherté excessive des combustibles se fait ressentir par-tout, les consommateurs attendent de la méditation et des recherches des physiciens une construction de cheminée *qui puisse procurer une chaleur suffisante avec la plus petite quantité possible de bois ;* et nous touchons peut-être au moment de la voir résoudre : car, depuis quelque temps, chaque année en voit pour ainsi dire éclore une nouvelle solution. Feu M. *de Montalambert* nous paraît être le premier qui ait fait connaître en France les principes de l'art de la *caminologie*. Plusieurs voyages dans le nord de l'Europe l'avaient conduit à la source de cet art, et sur-tout lui avaient procuré les occasions de comparer la quantité de bois qu'on est obligé de brûler dans nos cheminées ordinaires pour obtenir une chaleur souvent insuffisante, avec celle que les peuples de ces contrées rigoureuses consomment dans leurs maisons pour s'y garantir du froid excessif de leur climat, et de reconnaître que leurs usages étaient bien supérieurs aux nôtres, soit dans la forme de leurs foyers, soit dans la manière de les chauffer.

Il est vrai que les peuples emploient de grands poêles pour échauffer leurs appartemens, et que nous nous ferions difficilement à la vue de ces masses difformes, et sur-tout à l'odeur capiteuse que les poêles exhalent pendant la combustion ; mais leur difformité échappe aux yeux de ces peuples, parce qu'ils y sont accoutumés ; et ils n'ont point à en craindre l'odeur, parce qu'au lieu d'y entretenir un feu continuel, comme nous le pratiquons chez nous, ils ne les allument qu'une fois tous les jours, ou même que tous les deux jours, suivant l'intensité du froid. Deux ou trois heures avant d'occuper un appartement ils en font allumer le poêle. On y met à-la-fois tout le bois nécessaire pour échauffer ses différentes parties; on n'emploie à cet usage que le bois le plus sec, petit et les bûches d'égale grosseur, afin que toutes puissent s'embraser galement et à-la-fois. Lorsque tout le bois du foyer n'est plus qu'un brasier de charbon, qu'il ne rend plus de fumée, et conséquemment qu'il n'a plus besoin que de très-peu d'air pour être alimenté, on ferme toutes les soupapes du poêle. La chaleur se concentre dans son foyer, et se conserve ensuite très-long-temps dans l'appartement.

C'est ainsi que les habitans du Nord parviennent à procurer à leurs appartemens, et avec beaucoup d'économie, une chaleur douce sans odeur, et d'une intensité telle, que, dans les froids les plus rigoureux, on est obligé d'y être vêtu aussi légèrement que dans les climats les plus tempérés. Mais, comme nous répugnerions beaucoup à adopter les poêles pour échauffer nos appartemens, M. de Montalembert, dans ses projets, conserve la forme extérieure de nos cheminées; il propose seulement de pratiquer dans l'intérieur de leur foyer des poêles *qui acquièrent autant et plus d'avantages que ceux du Nord*, en conservant d'ailleurs tous les agrémens dont les cheminées sont susceptibles. Notre physicien les appelle *cheminées-poêles*, parce qu'on peut s'en servir à volonté, comme poêle ou comme cheminée.

Son intéressant mémoire se trouve dans le Recueil de l'Académie royale des Sciences, année 1763.

Tous ceux qui, depuis Montalembert, ont écrit sur la caminologie, semblent avoir adopté les mêmes principes, et sans rien changer aux formes extérieures des cheminées, ils se sont attachés à établir dans l'intérieur de leur foyer la construction qu'ils ont crue la plus convenable et la plus sûre pour parvenir à la solution du problème de la meilleure construction d'une cheminée.

Nous pensons aussi que, si nos cheminées ordinaires ont des défauts essentiels, l'habitude et même les avantages qu'elles présentent en plusieurs circonstances, doivent en faire conserver les formes extérieures, mais avec des modifications indispensables pour leur procurer toutes les qualités qu'on leur désire.

Ces qualités sont : 1°. d'échauffer les appartemens sans fumée ; 2°. de pouvoir les échauffer suffisamment avec le moins possible de combustible, par la construction intérieure la plus simple et la plus facile à exécuter.

Nous allons exposer les moyens que l'on a imaginés pour remplir ce double but (1).

_____

(1) Au risque d'être accusé de vouloir rappeler les siècles de barbarie, je dois observer que nos pères plaçaient leur foyer, dans un trou, au

Section Ire. *Détails de construction des cheminées ordinaires.*

Le plus grand inconvénient de ces cheminées, celui qui est véritablement insupportable, est la fumée qu'elles répandent trop souvent dans les appartemens.

Mais parmi les causes qui les font fumer, les unes sont intérieures et tiennent au vice de sa position ou de sa construction, tandis que les autres, purement accidentelles et extérieures, sont, pour ainsi dire, indépendantes des premières.

Ainsi, pour établir les principes d'une bonne construction de cheminée dans la forme ordinaire, il faut d'abord s'attacher à éviter dans leur construction les causes intérieures ou directes de la fumée dans les appartemens, sauf à combattre ensuite ses causes extérieures.

Cela posé, on distingue deux choses principales dans la construction d'une cheminée : sa position intérieure, et les dimensions de ses différentes parties.

§ I. *Position intérieure des cheminées.* La place qu'une cheminée doit tenir dans un appartement n'est point une chose indifférente, ainsi que nous l'avons déjà observé.

Elle doit d'abord être placée à l'endroit où elle pourra en échauffer l'intérieur le plus directement possible, sans cependant que sa position puisse nuire à la décoration de l'appartement.

Il faut aussi éviter que la cheminée s'y trouve en face d'une porte ; car, à chaque fois qu'on l'ouvrira ou qu'on la fermera, il se fera un bouleversement dans la colonne d'air de la cheminée, qui occasionnera de la fumée dans l'appartement.

Par la même raison, la cheminée fumerait étant placée en face d'une ou de plusieurs croisées ; mais comme en hiver on les ouvre rarement, et sur-tout bien moins souvent que la porte, l'inconvénient de cette position n'est point à redouter. Il arrivera même qu'elle sera la meilleure que l'on puisse donner à la cheminée, si ce côté est le plus étroit de l'appar-

---

centre de l'unique chambre qui composait la demeure de toute la famille, et que la fumée sortait par un trou percé à la pointe de la hotte qui en formait le toit. Il existe encore de pareilles constructions dans les montagnes des Asturies, et j'ai observé qu'il n'y fumait jamais. Certainement ces constructions ne sont pas propres à faire valoir le luxe des meubles, mais elles sont loin de manquer d'élégance, et ce n'est pas sans intérêt que je me suis vu placé autour de leur foyer avec nombre d'autres voyageurs, sur-tout en me rappelant le froid et la fumée que je trouvais devant les cheminées de nos pauvres cultivateurs des parties montueuses analogues de la France. Les grandes cheminées latérales à hotte, qui se voient encore dans nos châteaux gothiques et dans nos cuisines de campagne, cheminées où il fume si rarement, sont la première altération de ce mode.   (*Note de M. Loze.*)

tement, ou, comme on le dit quelquefois, si elle peut y faire *fond d'appartement.*

Ainsi, la meilleure position que l'on puisse donner à une cheminée dans un appartement est dans le milieu du côté qui est le plus étroit, et faisant face à un mur plein sans portes, ou aux fenêtres.

Il faut encore observer que lorsqu'on construit des cheminées dans deux appartemens contigus et qui communiquent ensemble, il vaut mieux adosser les cheminées sur le même mur de refend, que de les placer en regard, ou dans le même sens, dans chaque appartement; car lorsqu'on fait du feu en même temps dans ces appartemens, la cheminée la plus petite, ou celle qui a le moins de feu, fume ordinairement. La première, consommant une plus grande quantité d'air, attire la plus grande partie de celui des deux appartemens, et la seconde cheminée n'en obtient plus assez pour élever et soutenir la fumée dans son tuyau; elle refoule donc dans l'appartement où elle est placée.

On remarque que cet inconvénient est beaucoup moindre et que souvent il n'existe pas lorsque les cheminées sont adossées, et que de doubles portes ferment la communication des deux appartemens.

§ II. *Dimensions des différentes parties des cheminées ordinaires.* Une cheminée est composée de deux parties principales, dont les dimensions, plus ou moins proportionnées, influent directement sur la bonté de sa construction. Ces parties sont: 1°. *le foyer,* 2°. *le tuyau.*

Les dimensions du foyer doivent être proportionnées à la grandeur de l'appartement, et il est tout aussi défectueux de construire une grande cheminée dans un petit appartement, que de donner une petite cheminée à un grand appartement.

Dans le premier cas, c'est une dépense superflue, et dans le second, la cheminée ne pourrait pas échauffer suffisamment l'appartement.

Voici les dimensions les mieux proportionnées que l'on puisse donner aux foyers des cheminées, suivant la grandeur des pièces où elles doivent être placées.

1°. *Aux cheminées de cuisine,* depuis un mètre deux tiers (5 pieds) jusqu'à 2 mètres un tiers de largeur, prise en dehors des jambages; environ 7 décimètres (2 pieds à 2 pieds 3 pouces) de profondeur, et un mètre deux tiers à 2 mètres de hauteur, prise au-dessous du manteau.

2°. *Aux cheminées de salon,* depuis un mètre deux tiers jusqu'à 2 mètres de largeur; deux tiers de mètre de profondeur; et environ 12 décimètres (3 pieds 6 pouces) de hauteur.

3°. *Aux cheminées d'appartement,* depuis un mètre et demi

jusqu'à un mètre deux tiers de largeur ; 5 à 6 décimètres (environ 21 pouces) de profondeur, et un mètre de hauteur.

4°. *Aux plus petites cheminées*, depuis un mètre jusqu'à un mètre un tiers de largeur, un demi-mètre de profondeur, et un mètre de hauteur.

Les jambages de ces cheminées se posent ordinairement en équerre sur le contre-cœur; mais, à l'exception des cheminées de cuisines, où cette position des jambages devient nécessaire pour ne rien faire perdre au foyer de sa capacité, il vaut mieux dans toutes les autres, et sur-tout lorsque l'on ne veut point faire dans l'intérieur du foyer de constructions économiques; il vaut mieux, disons-nous, biaiser intérieurement la position de ces jambages, et même en arrondir les rencontres avec le contre-cœur : alors la chaleur de la flamme se communique de plus près et en plus grande quantité aux jambages, et ils la reflètent plus directement et en plus grande abondance dans l'appartement, que lorsque leurs côtés intérieurs sont tracés perpendiculairement sur le contre-cœur.

Les dimensions des foyers des cheminées étant ainsi déterminées, voyons maintenant celles qu'il convient de donner à leurs tuyaux.

Ces dimensions doivent être dans une juste proportion avec celle du foyer, car les tuyaux de cheminée ne sont établis que pour faire écouler à l'extérieur toute la fumée produite dans le foyer par la combustion.

En effet, la fumée s'élève naturellement en plein air ; elle s'écoulerait donc toujours de même par les tuyaux de cheminée, si rien n'y contrariait son mouvement. Mais, par la forme et les dimensions que l'on est dans l'usage de donner à ces tuyaux, l'air extérieur trouve une grande facilité à s'y introduire pour remplacer celui qui est consommé par la combustion ou dilaté par la chaleur, et son introduction s'oppose alors à l'écoulement extérieur de la fumée.

Cette circonstance fait prendre à la fumée deux mouvemens très-distincts dans les tuyaux de cheminée. L'un est celui de la colonne qui s'élève verticalement au-dessus du foyer ; et l'autre, partant de l'orifice supérieur du tuyau, se manifeste le long de ses parois en colonnes descendantes, d'un volume plus ou moins grand, suivant la disproportion de ses dimensions avec celles du foyer, et qui refoulent trop souvent jusque dans l'appartement.

Lorsque cette disproportion est très-grande, la cheminée fume horriblement, et quand les dimensions du tuyau sont dans une juste proportion avec celles du foyer, la cheminée ne fume point du tout : en sorte que, bien que les deux mouvemens contraires de la fumée aient lieu dans l'une comme dans l'autre cheminée, à cause de l'identité de la forme de leurs tuyaux, la fumée ascendante conserve assez de force dans le second tuyau pour entraîner dans son mouvement toutes les colonnes partielles de la fumée descendante, et l'empêcher de pénétrer dans l'appartement : c'est par des raisons analogues que les cheminées dévoyées fument rarement.

Pour obtenir cet avantage dans tous les tuyaux de cheminée, le meilleur moyen serait sans doute de leur donner la forme même qu'y prend la colonne de fumée ascendante, car il n'y resterait plus d'espace pour l'introduction de l'air extérieur. Ces tuyaux devraient donc avoir celle d'une pyramide tronquée, dont la base inférieure serait la section horizontale du foyer, prise au niveau de la tablette du chambranle ou de celui du manteau, et dont la base supérieure pourrait être déterminée par la voie de l'analyse, en ayant égard à la hauteur locale et obligée du tuyau.

Mais il ne suffit pas de construire une cheminée qui ne fume point, il faut encore pouvoir y introduire un ramoneur, et cette puissante considération s'oppose à ce qu'on puisse adopter rigoureusement cette forme.

Afin de concilier toutes choses, on a eu recours à l'observation; et c'est d'après les rapports qui existaient entre les dimensions des tuyaux et celles des foyers des cheminées qui ne fumaient pas, que l'on a cru pouvoir fixer la forme qu'il fallait donner à toutes pour en obtenir cet avantage.

Dans cette forme, les tuyaux de cheminée sont composés de deux parties : la première, comprise depuis le niveau du plancher de l'appartement jusqu'à son extrémité supérieure, se nomme la *souche*; et la seconde, ou partie inférieure, s'appelle la *hotte*.

Dans les plus grandes cheminées, il faut donner à la base de la souche 8 à 9 décimètres (32 pouces) de longueur, sur environ 3 décimètres (10 à 12 pouces) de gorge, et à son extrémité supérieure environ 8 décimètres (28 pouces) de longueur, sur environ 2 décimètres (8 pouces) de gorge.

Dans les plus petites cheminées, la base de la souche aura 7 à 8 décimètres (28 pouces) de largeur, sur environ 2 décimètres de gorge; et sa partie supérieure, un tiers de mètre de largeur, sur environ 2 décimètres de gorge.

Il faut observer que ces dimensions ne sont pas aussi rigoureusement établies qu'elles pourraient l'être, parce qu'on les a subordonnées à celles ordinaires des matériaux les meilleurs que l'on puisse employer dans la construction des cheminées, à celles des briques.

Après avoir ainsi fixé les dimensions de la souche d'une cheminée, la construction de sa hotte ne présente plus aucune difficulté, car elle a pour base inférieure la section supérieure du foyer, et pour base supérieure celle inférieure du tuyau, et il ne s'agit plus que de les raccorder ensemble.

On voit, par ces détails, que si l'on a été forcé de conserver aux tuyaux des cheminées des dimensions assez grandes pour pouvoir y introduire un ramoneur, on est cependant parvenu à les réduire à leur *minimum*, et même à leur procurer une forme approchante de celle que nous avons indiquée comme la plus parfaite.

SECTION II. *Procédés que l'on peut employer, suivant les circonstances, pour empêcher de fumer des cheminées anciennement construites.*

Nous avons déjà observé que des causes intérieures et extérieures se trouvaient souvent réunies pour occasionner cet accident; et il devient d'autant plus grave, que les causes intérieures, c'est-à-dire que les vices de construction sont plus grands ou plus nombreux. Lorsqu'on a le malheur d'avoir une cheminée qui fume habituellement, cet inconvénient doit être principalement attribué à sa mauvaise construction. Quand elle fume peu, on pourra souvent remédier à ce défaut, soit par l'abaissement naturel ou artificiel du manteau de la cheminée, soit en rétrécissant un peu les dimensions du foyer.

Mais si elle fume beaucoup, il faudra employer alors l'un des moyens dont nous parlerons dans la section suivante, qui, à l'avantage de faire rendre au foyer une plus grande quantité de chaleur, réunissent celui d'empêcher de fumer les cheminées les plus mal construites.

Nous ne dirons donc rien sur les mitres d'Alberty, ou de Serlio, ou de Philibert Delorme, ni sur les tuyaux coniques de Cardan, ni même sur les ventouses des Italiens. Cependant, lorsqu'une cheminée ne fume qu'accidentellement, et par l'effet d'une direction particulière du vent, ou par celui du soleil tombant à plomb sur son tuyau, on pourra se garantir de la fumée avec des mitres simples, convenablement placées sur la souche de cette cheminée; mais il faut avoir l'attention de les consolider suffisamment, afin que le vent ne les renverse pas.

SECTION III. *Moyens d'obtenir des cheminées une chaleur suffisante avec la moindre quantité possible de bois.*

Parmi les cheminées nouvellement inventées, et qui, suivant le rapport des sociétés savantes, ont rempli ce but avec plus ou moins de succès, nous citerons celles, 1°. du docteur Franklin, 2°. de M. Désarnod, 3°. de M. le comte de Rumford, 4°. de M. Curaudau, 5°. de M. Olivier, 6°. de M. Debret, etc.

Malheureusement les détails de construction de ces nouvelles cheminées sont encore un mystère pour les propriétaires, ou se trouvent encore sous le privilége des brevets d'invention, de manière que, ne connaissant pas leur dépense effective, nous ne pouvons en fixer le rang de plus grande utilité.

Celle de M. de Rumford, présentant la construction la plus simple et la moins coûteuse, a été la plus généralement adoptée. Elle réunit les avantages de préserver de la fumée les cheminées les plus mal construites, et de donner aux appartemens beaucoup plus de chaleur que les cheminées ordinaires. Mais l'expérience a fait reconnaître dans cette cheminée des imperfections assez grandes :

1°. Elle ne garantit pas toujours les appartemens de la fumée ; il est vrai que l'on pourrait en attribuer la cause à sa mauvaise exécution, mais alors cette difficulté de construction serait elle-même un défaut. 2°. On est obligé de la démolir en partie pour pouvoir y introduire un ramoneur ; ou si, pour obvier à cet inconvénient, on adapte au contre-cœur du nouveau foyer une petite porte en tôle et à bascule, comme le conseille M. de Rumford, le vide laissé derrière pour le jeu de cette porte se remplit de suie ainsi que ceux des côtés, et le feu y prend facilement, comme cela nous est arrivé.

D'ailleurs, malgré que le foyer procure à l'appartement plus de chaleur que les anciens, une grande partie du calorique dégagé par la combustion s'échappe encore avec la fumée sans contribuer à l'échauffement de l'appartement ; et il nous semble que le point de perfection dans la construction d'un foyer de cheminée, doit consister dans la propriété de procurer à l'appartement *tout* ou au moins la plus grande partie de ce calorique.

Suivant le jugement que l'Institut a porté sur la cheminée de M. Curaudau, il paraît que, *par une construction particulière, il a trouvé le moyen de faire servir à l'échauffement de l'appartement jusqu'à la chaleur même qui s'unit à la fumée.*

M. Olivier a cherché à remplir ce but dans la construction de sa cheminée *fumivore*.

Enfin M. Debret, médecin à Troyes, en profitant des découvertes des autres physiciens ses devanciers, est parvenu à imaginer une cheminée dont la construction est un peu plus compliquée et d'une dépense un peu plus forte que celle de M. de Rumford ; mais qui cependant est d'une exécution aussi facile, et présente plus d'avantages sans en avoir les inconvéniens.

Cette cheminée peut n'être pas la plus parfaite, car il paraît difficile de réunir, dans cette espèce de construction, la plus petite dépense à la plus grande perfection.

Quoi qu'il en soit, la cheminée de M. Debret présente la forme extérieure du foyer de celle de M. de Rumford, la plaque inclinée et le réflecteur de Franklin, et les conducteurs de la fumée de MM. Désarnod et Curaudau. C'est du moins ce que nous avons vu dans le modèle qui nous a été envoyé.

Suivant les attestations que son auteur a obtenues de MM. Regnaud (de Saint-Jean d'Angely), Chaptal, l'abbé Sicard, Désessarts et Montgolfier, chez lesquels il a fait construire sa cheminée, il résulte qu'elle réunit les avantages suivans : 1°. elle donne beaucoup plus de chaleur que la cheminée de M. de Rumford ; 2°. elle met absolument à l'abri de la crainte du feu ; 3°. elle garantit de la fumée, même pendant les rafales de vent les plus violentes.

Maintenant, si l'on ajoute à ces avantages celui d'une dépense de construction qui n'excède pas de beaucoup celle de la cheminée de M. de Rumford, on sera forcé de convenir qu'elle mérite la préférence.

Il est donc à désirer que les procédés de M. Debret soient assez répandus pour que chacun puisse en faire usage.

Nous regrettons de ne pouvoir en donner ici les détails de construction. (De Per.)

CHEMISE. On appelle ainsi une couverture de fumier non consommé, qui se met sur les couches à champignons, afin de les garantir de la trop vive action du chaud et du froid. On la soulève quand on veut faire la récolte des champignons. *Voyez* aux mots Champignon et Couche.

C'est aussi la couverture en paille qu'on place sur les ruches pour les garantir du trop grand chaud, du trop grand froid et de la pluie. *Voyez* Abeille. (B.)

CHENASSE. On appelle ainsi une terre argileuse, mêlée de sable, dans le département du Loiret. (B.)

CHÊNE, *Quercus*. Cet arbre est parmi les végétaux d'Europe, dans le langage poétique, ce que le lion est parmi les quadrupèdes, l'aigle parmi les oiseaux ; c'est-à-dire qu'il est l'emblème de la grandeur, de la force et de la durée. Il fut consacré à Jupiter, vénéré par nos pères, et destiné à couronner les vertus civiques. Aujourd'hui, s'il a perdu une partie des qualités idéales que lui avaient attribuées la brillante imagination des Grecs, la superstition des Gaulois, et la politique des Romains, il conserve toujours ses qualités réelles. Il est et sera éternellement le plus utile des arbres indigènes ; il se fera toujours remarquer par la grosseur de son tronc, l'épaisseur de son feuillage, se fera toujours rechercher par la solidité, la dureté de son bois. Sans lui, nous n'aurions point ces vastes palais dont il soutient le faîte, ces immenses vaisseaux qui sillonnent les mers. Otez-le de la liste des arbres, et vous faites disparaître de la société beaucoup d'arts utiles ou agréables, qui directement ou indirectement ne peuvent se passer de son bois

Il semblerait qu'un arbre aussi fameux, un arbre aussi nécessaire, un arbre aussi commun, devrait être parfaitement connu sous ses rapports botanique, agricole, physique et industriel; mais il s'en faut de beaucoup que nous ayons sur lui les données nécessaires. Oserai-je le dire? on ne sait pas même distinguer les espèces qui croissent en France, on n'est pas d'accord sur sa nature, et on n'en tire pas tout le parti possible.

Il faudrait des volumes pour considérer le chêne seulement sous un de ses rapports, et je ne puis lui consacrer que quelques pages!

Il est des chênes qui perdent leurs feuilles avant l'hiver, il en est d'autres qui les gardent jusqu'au printemps, mais desséchées; enfin il en est qui les conservent vertes jusqu'à la pousse des nouvelles. Ces derniers s'appellent *chênes verts*. Tous ont les feuilles alternes, plus ou moins lobées ou dentées et de forme très-peu constante, ce qui fait le désespoir des botanistes. Leurs fleurs paraissent à la fin du printemps. Plusieurs n'amènent leurs fruits à maturité que la seconde année; dans ces derniers, ils sont attachés au vieux bois, au lieu d'être placés dans les aisselles des feuilles comme dans les espèces communes.

Le fruit du chêne se nomme *gland*. Il est recherché par tous les animaux granivores et herbivores, tels que les cerfs, les chevreuils, les sangliers, les écureuils, la nombreuse famille des rats, etc. On en nourrit, soit cru, soit cuit, les cochons, les dindons, les poules, et on peut y accoutumer facilement les chevaux, les bœufs et les moutons, qui y répugnent d'abord.

Le gland, dans la plupart des espèces, et sur-tout dans les deux plus communes, est extrêmement âpre et désagréable; mais il est quelques espèces qui l'ont plus doux et comparable à la châtaigne pour le goût. C'est sans doute de ces espèces, peu rares dans les pays chauds, dont les poëtes ont voulu parler lorsqu'ils ont dit que les hommes vivaient autrefois de glands. Il varie infiniment dans sa grosseur non-seulement dans les diverses espèces, mais même dans chaque espèce. Il est sujet à être piqué des vers; c'est-à-dire que plusieurs insectes, principalement le CHARANÇON DE LA NOISETTE, déposent un œuf sur sa surface lorsqu'il est encore très-petit;

que de cet œuf il naît un ver qui pénètre dans l'intérieur, en mange la substance et le fait tomber avant le temps : les glands verreux sont presque toujours impropres à la reproduction, mais ils peuvent servir à la nourriture des cochons tant que leur amande n'est pas entièrement consommée.

On a tenté un grand nombre de fois sans succès de faire perdre l'âpreté aux glands des chênes communs pour les rendre comestibles. Le moyen qui approche le plus du but, c'est de les faire cuire dans une lessive alcaline. Au nord de l'Europe, en Russie, par exemple, on fait fermenter ce fruit, et on en tire une eau-de-vie dont on fait généralement usage.

Il ne croît point de chênes sous la zone torride ni dans le voisinage du cercle polaire, ni au sommet des hautes montagnes. Il faut un climat tempéré aux deux espèces les plus communes; mais il en est plusieurs à qui une chaleur d'une certaine intensité est indispensable. Le plus grand nombre de ces derniers sont du nombre de ceux qui conservent leurs feuilles toute l'année.

Autrefois la France n'était pour ainsi dire qu'une forêt de chênes, mais aujourd'hui ils deviennent rares par la destruction des antiques futaies et l'insouciance des propriétaires de fonds, qui veulent planter pour eux, et préfèrent, en conséquence, des arbres d'une moins bonne qualité de bois, mais qui croissent plus vite. En effet, un chêne de cent ans n'est pas encore au quart de sa carrière, à peine a-t-il un pied de diamètre, tandis qu'un orme, un frêne de la moitié de cet âge sont d'une grosseur telle, qu'ils peuvent être employés à tous les services auxquels ils sont propres.

Les chênes ne commencent guère à porter des glands avant trente ou quarante ans; mais ils en portent ensuite d'autant plus qu'ils sont plus vieux. Ceux des chênes communs commencent à tomber à la fin de l'automne, après les premières gelées. Ils feraient la richesse de certains cantons, s'il y en avait également toutes les années; mais malheureusement il n'y en a en quantité que tous les trois et même quelquefois tous les quatre ans. C'est presque toujours aux gelées tardives du printemps qu'on doit cette privation, car les chênes communs, quoique prospérant dans les pays froids, y sont extrêmement sensibles. Mais il est de fait que les chênes des pays chauds, même des pays où il ne gèle jamais à l'époque de la floraison des chênes, en Caroline, par exemple, ils n'en portent pas régulièrement tous les ans. Les chênes, comme les autres arbres, doivent en effet être assujettis à la grande loi des récoltes alternes, et si quelquefois, comme je l'ai vu, ils donnent en France, deux années consécutives, une grande quantité de fruits, c'est que les gelées les ont empêchés d'en porter pendant plusieurs années de suite, et, si je puis employer cette expression, que leurs forces vitales se sont accumulées pendant ce temps.

La récolte des glands était autrefois de droit pour tout le monde dans les forêts appartenantes au domaine royal, dans celles de beaucoup de particuliers; on l'a considérablement restreinte dans ces derniers temps, sous prétexte de repeupler les forêts: a-t-on bien fait? Si tous les glands qui naissent sur les chênes produisaient des arbres, la terre en serait bientôt couverte, et aucun ne pourrait prospérer. Il est donc évident que le but de la nature en en donnant une telle quantité a été de fournir des moyens de subsistance aux animaux. Il est prouvé pour moi, qui ai fréquemment vu ramasser des glands, que quelque soin qu'on mette à cette opération, il en reste toujours mille fois plus sur terre qu'il n'en faut pour repeupler les alentours des arbres qui les ont fournis. Ce n'est donc pas la *glandée* qui a détruit nos forêts. D'ailleurs les glands qui tombent sous ces chênes isolés et entourés de gazon, et ce sont ceux qui en fournissent le plus, peuvent-ils germer? Ceux qui tombent de ces chênes entourés d'un taillis épais, et qui germent si facilement, peuvent-ils produire des arbres? Il faut un concours de circonstances rares pour qu'un gland remplisse sa destination : or ces circonstances, l'homme les produit à volonté. C'est donc par des semis dans des lieux convenables, semis faits à la main, ainsi que je le dirai plus bas, qu'on peut espérer de repeupler nos forêts, et non en privant les habitans des campagnes de la ressource qu'ils trouvent dans la glandée. Mais, dira-t-on, si les femmes et les enfans, en ramassant les glands à la main, en laissent certainement beaucoup plus qu'il n'en faut, en est-il ainsi lorsqu'on en charge les cochons? C'est là où j'attendais le défenseur des prohibitions. Oui, lui dirai-je avec assurance, car ils sont en Europe un des instrumens que la sage nature a créés pour favoriser la multiplication des arbres, et en particulier des chênes. Que devient un gland qui tombe sur des feuilles, entre des herbes, sur la terre nue? Il reste exposé à être mangé, ou finit par se dessécher. Que devient celui qui a été caché sous les feuilles, qui est recouvert de terre par l'action du boutoir d'un cochon? Il est mis à l'abri de la voracité des animaux, il est placé dans une situation propre à le faire germer et à produire un arbre. Il suffit d'avoir suivi des cochons à la glandée pendant quelques heures, dans un terrain qui n'est pas complétement gazonné, pour être convaincu qu'ils enterrent plus de glands qu'ils n'en mangent. Je le répète donc, loin d'empêcher les cochons d'aller à la glandée, je les y appellerais dans mes propriétés. Seulement je voudrais qu'ils n'y fussent que pendant un ou deux mois.

D'un autre côté, quelque nécessaire qu'il soit d'employer tous les moyens possibles pour repeupler nos forêts, la privation de quelques plants de chêne peut-elle être mise en comparaison avec la perte immense qui résulte pour la société de la suppression de la glandée? Que de milliers de cochons, de dindes, de poules, auraient pu être nourris avec le superflu d'une récolte de glands, et qui manquent à la consommation générale! Il n'est personne qui ne se souvienne combien l'abondance ou la rareté des glands, certaines années, influaient jadis sur le prix du lard, seule nourriture animale du pauvre dans une grande partie de la France. La suppression de la glandée doit donc entrer pour beaucoup dans l'énorme augmentation qu'a éprouvée depuis peu cette espèce de nourriture. On donne bien quelquefois des permissions générales et particulières de mettre les cochons dans les bois ; mais on ne les donne qu'au moment de la chute des glands : ne faut-il pas avoir ces cochons au moins six mois d'avance? Est-on sûr d'avoir une de ces permissions? En agriculture, on n'a que trop de chances d'incertitudes à supporter involontairement et on doit éviter, autant que possible, celles qui dépendent du caprice des hommes.

Les glands peuvent se conserver d'une année à l'autre pour la nourriture des cochons et de la volaille, soit en les enterrant profondément dans un terrain sec et sablonneux, ou sous un hangar, soit en les faisant dessécher au four, soit même en les tenant en tas, couverts de paille, dans un grenier bien aéré. Il y a toujours de grands bénéfices à espérer de ce soin lorsqu'il est pris avec intelligence ; car, je le répète, de tous les moyens d'engraisser les animaux, c'est le plus sûr et le moins cher, et celui qui peut en faire usage a évidemment un grand avantage, dans les marchés, sur ceux qui en ont employé de plus longs et de plus coûteux.

Les glands pour le semis doivent être les plus gros, les plus pesans et les plus colorés; car ceux qui restent verts après leur chute annoncent la faiblesse de leur nature. On les sèmera dans le mois, ou on les mettra, ce qu'on appelle en jauge, sous un hangar, c'est-à-dire lit par lit avec de la terre à demi desséchée, ou on les enterrera dans un lieu sec et sablonneux pour y passer l'hiver.

Lorsqu'on voudra en faire venir de loin, d'Amérique par exemple, il est indispensable de les mettre dans des caisses, lit par lit, avec de la terre, de la mousse ou du bois pourri à moitié desséché. Tout gland dont la peau se sépare de l'amande est devenu nul pour la reproduction.

Au printemps, lorsque les gelées ne sont plus à craindre, on tire les glands de leur jauge pour les mettre en terre. La plupart, ou même tous, sont déjà germés; mais ce n'est pas un mal. Il faut seulement avoir attention de ne casser ni la radicule, ni la plantule, et de la poser dans les fosses qui doivent les recevoir de manière que cette dernière soit du côté du ciel.

Il est des pépiniéristes qui pincent toujours la radicule dans ce cas, pour empêcher le pivot de se former, mais ce procédé est contraire à la nature du chêne, qui est destiné à supporter tous les orages, et qui a besoin d'aller chercher sa nourriture à une grande profondeur. Au plus pourrait-on se le permettre lorsqu'on veut avoir des chênes pour servir de sujet à la greffe des espèces étrangères, et qui ne pouvant être transplantés qu'à cinq à six ans après avoir reçu cette greffe, auraient un pivot qui rendrait leur arrachis plus difficile et leur reprise plus incertaine.

Les chênes, et principalement les chênes toujours verts, sont, par leur nature même, extrêmement exposés à périr à la suite de leur transplantation; il faut donc ne les transplanter, autant que possible, que dans leur premier âge. Il est donc toujours avantageux de semer les glands sur place. *Voyez* les mots Semis, Pivot et Plantation.

Le semis des glands peut s'effectuer de diverses manières. La plus générale est de labourer le sol à la charrue et d'y jeter les glands, soit à la volée, soit dans les raies, en les espaçant, dans ce dernier cas, autant que possible de 8 à 10 pouces. Comme la première année le plant a besoin de fraîcheur, il est bon de semer en même temps de l'avoine ou de l'orge, qui le défendra du grand hâle, et qui, par sa récolte, paiera les frais. La seconde année, on donnera un léger binage autour du jeune plant, et ensuite on pourra, ou l'abandonner à lui-même, ou lui en donner encore un tous les deux ans jusqu'à ce qu'il ait acquis assez de force pour étouffer les mauvaises herbes.

Un semis ainsi fait et garanti d'abord des cochons, des mulots, des corbeaux, et ensuite des vaches et des moutons, doit nécessairement réussir. Il croîtra d'autant plus rapidement qu'il sera en meilleur fonds; mais enfin il croîtra, quelle que soit la nature de ce fonds. Comme il n'est point du tout indifférent de mettre dans tel fonds telle espèce plutôt que telle autre, ainsi qu'on le verra plus bas dans l'exposition des espèces, on choisira selon qu'on le jugera bon. Dans les sols profonds et fertiles, on devra préférer le *chêne pédonculé*; dans ceux qui sont secs et sablonneux, le *chêne roure*, etc., etc.

Quelques précautions qu'on ait prises, il est rare que le bois provenant d'une plantation soit d'une belle venue, parce que les gelées du printemps, les sécheresses de l'été, les ravages des insectes en entravent souvent la végétation. Il sera utile, en conséquence, dans un grand nombre d'endroits, de le rabattre rez terre à six, huit ou dix ans, selon la nature du terrain, plutôt dans un bon que dans un mauvais, parce que l'année suivante, les racines, déjà fortes, pousseront des jets d'une belle venue, et qui la seconde année, au plus tard, surpasseront en hauteur les anciennes tiges.

Une autre manière plus économique de faire des semis de chênes, et qu'on emploie presque exclusivement pour repeupler les espaces vides des forêts, c'est de faire d'espace en espace, à 2 ou 3 pieds par exemple, avec une large pioche, de petits labours d'un pied carré, et de semer au milieu trois à quatre glands. L'année suivante, on donne un petit binage à ces labours, et on conduit le plant comme il vient d'être dit plus haut.

Jamais il ne faut, comme je l'ai vu pratiquer plusieurs fois, semer les glands en faisant des trous avec un plantoir, d'abord parce que ces glands sont presque toujours trop enterrés et ne germent pas ; en second lieu, parce que la terre tassée outre mesure autour d'eux par l'effet de cet instrument fort commode, mais désastreux en agriculture, ne laisse point pénétrer les racines du germe aussi facilement que cela est nécessaire à leur faiblesse ; en troisième lieu, parce que le même tassement empêche l'eau des pluies d'arriver facilement à ces racines à une époque où elles en ont le plus besoin.

Il est un principe sur lequel je ne puis trop insister lorsqu'il s'agit d'entreprendre une plantation de ce genre, c'est de ne jamais la faire dans un sol qui portait déjà des chênes, cet arbre, comme tous les autres, épuisant le terrain et demandant à être remplacé par des arbres d'une nature différente, quoiqu'il puisse subsister plusieurs siècles à la même place, en approfondissant et étendant chaque année ses racines. On en voit habituellement la preuve en Europe sans y faire attention ; mais en Amérique cela est tranché, de manière qu'il n'est aucun habitant qui n'en connaisse le résultat. Lorsqu'on coupe, en Caroline par exemple, quelques places de la forêt encore vierge qui couvre le sol et où il n'y a que des chênes, ce ne sont pas des chênes qui repoussent, mais des pins, mais des noyers, des érables, etc.

On a établi en principe qu'il ne faudra remettre du chêne dans le même terrain qu'au bout de deux siècles ; mais quel est le propriétaire qui ait des notions positives sur ce que contenait sa terre deux cents ans avant lui?

Si l'on désire semer les glands en pépinière pour ensuite, malgré l'incertitude de la reprise, placer dans les forêts ou en avenue, ou dans les massifs des jardins, les chênes qui en proviendront, il faut faire défoncer le terrain au moins à 18 pouces et semer à la volée ou en rayons. Le plant levé sera biné et sarclé selon le besoin. Il restera deux ans dans la planche du semis ; après quoi, s'il est destiné à repeupler une forêt, il sera enlevé en automne, et de suite mis en place, à la houe ou à la bêche, sans éprouver de mutilation dans sa tête ni dans son pied ; car, je le répète, le pivot lui est nécessaire (1). On sera obligé, il est vrai, de faire des trous peut-être de 18 pouces de profondeur, et ce sera une augmentation de dépense ; mais qu'est-ce que 12 ou 15 francs de plus par arpent en comparaison des produits de cet arpent pendant les trois à quatre siècles et plus que doivent durer les effets de cette avance ?

On peut mettre ce plant soit dans un terrain labouré deux ou trois fois à la charrue, soit dans des places vides des forêts, après un labour à la bêche par place d'un pied carré, soit dans de longues tranchées de même largeur, et espacées de 3 ou 4 pieds. Il faut mettre deux pieds dans chaque trou pour diminuer les chances de la non reprise, bien assuré qu'on doit être que, s'ils reprennent tous deux, le plus fort finira par étouffer le plus faible. Quelquefois, et je crois cela fort sage, on met un pied de chêne et un pied d'un autre arbre dans l'intention de sacrifier ce dernier, si le premier réussit.

L'année suivante, on donne un léger binage autour du plant ; on regarnit les places entièrement vides, après on conduit cette plantation comme celle faite par des semis en place.

Quelques agronomes ont proposé de faire défoncer à 2, 3 ou 4 pieds le terrain destiné à recevoir une plantation de chênes, certainement on ne peut blâmer leurs motifs, car plus le terrain sera meuble, et plus les arbres croîtront rapidement et deviendront beaux ; mais quelle dépense entraîne un pareil défoncement ? Il n'y a que des personnes extrêmement riches qui puissent en agir ainsi. Un simple agriculteur doit toujours mettre la plus grande économie dans tous ses procédés : l'avantage général, comme le sien particulier, s'y trouve ; car il pourra employer à une autre espèce d'amélioration le capital qu'il aurait mis dans un remuement de terre aussi considérable.

Mais pour revenir à la pépinière, si, malgré l'incertitude toujours croissante de la reprise, on veut y élever du plant pour y

---

(1) Duhamel ayant remarqué qu'en Bretagne on plantait des chênes qui avaient un bel empatement de racines, quoiqu'on ne leur eût pas coupé le pivot dans leur jeunesse, fut curieux de remonter à la cause de ce fait, et il reconnut qu'ils avaient été semés dans une terre qui n'avait pas plus d'un pied et demi de profondeur, de sorte que la roche vive qui se trouvait dessous avoit arrêté le pivot et l'avoit forcé à pousser des racines latérales.

devenir arbres faits, il faudra se résoudre à sacrifier le pivot, après quoi on plantera le plant dans une terre bien préparée à un pied de distance ; deux ans après, on le relevera de nouveau pour le mettre dans un autre endroit à 2 pieds ; là il restera jusqu'à ce qu'il soit enlevé pour être planté définitivement. Je propose ces deux transplantations, malgré les pertes de plant auxquelles elles exposent, parce que l'expérience a prouvé que lorsqu'on accoutumait les chênes à changer de place, ou mieux, qu'on les forçait d'augmenter leur chevelu, en variant leur position, et en leur donnant de la terre nouvelle et nouvellement remuée, ils y devenaient moins sensibles ; témoin les arbres verts, qu'on change toutes les années de place dans les pépinières bien réglées, pendant les trois premières années de leur végétation, et qui réussissent à la transplantation la cinquième ou la sixième ; tandis qu'ils seraient certainement morts, si on les eût arrachés dans les bois à la même époque de leur vie.

C'est en automne, immédiatement après les premières gelées, qu'il faut planter le chêne, afin de donner le temps, pendant l'hiver, à la terre de se tasser, par l'effet des pluies, autour des racines. Cependant, dans les terrains humides et froids, il est mieux de les planter au printemps. Leurs racines sont extrêmement sensibles au hâle ; c'est-à-dire qu'elles se dessèchent rapidement lorsque le vent est au nord ou le soleil chaud. Il faut toujours faire cette opération le plus rapidement possible, ou choisir un temps humide ou au moins couvert, et respecter leur chevelu. On ne doit pas non plus leur couper la tête, puisque, je le répète pour la seconde fois, un chêne de cinq à six ans est déjà d'une reprise incertaine.

Après leur seconde transplantation, les chênes sont conduits comme les autres arbres des pépinières ; c'est-à-dire qu'on les met sur un brin, qu'on les taille en crochet, et qu'on les laboure deux à trois fois par an. On doit autant que possible éviter de les reboter (couper rez terre), parce que cela leur fait perdre une ou deux années.

M. Bridel a observé, dans la forêt d'Orléans, que les chênes en bons fonds croissent d'un pied de hauteur et d'un demi pouce de circonférence par année jusqu'à quatre-vingts ans, excepté les baliveaux, qui croissent peu en hauteur après la première coupe des pieds qui les environnent, attendu qu'ils se garnissent de branches.

L'expérience a prouvé que lorsqu'on coupait une branche à un chêne il fallait le faire en deux fois, c'est-à-dire laisser la première fois un chicot d'autant plus long que la branche était plus grosse, parce que lorsqu'on la coupait immédiatement contre le tronc, il se faisait une grande déperdition de sève, et par suite il se formait un chancre qui pénétrait dans le corps de l'arbre, altérait plus ou moins son bois, et quelquefois, surtout dans la jeunesse, occasionnait sa mort.

Quoique j'aie dit plus haut qu'on ne pouvait multiplier le chêne que de semis, il est cependant des cas où il pousse des rejetons susceptibles d'être enlevés et plantés ailleurs, où on peut les marcotter avec succès, où on peut même, dit-on, le faire reprendre de boutures ; mais ces moyens, étant d'une réussite très-incertaine et fort difficile à mettre en œuvre, on ne les emploie pas dans l'usage habituel. Il en est de même de la greffe en fente ou en écusson, qui manque presque toujours et qu'on est obligé de remplacer par la greffe en approche ou celle qu'on appelle à l'anglaise. *Voyez* au mot Greffe.

A cette dernière occasion, je dois faire remarquer que la nature du bois et l'époque de la végétation de certaines espèces de chênes sont plus différentes, relativement à d'autres, que celles de plantes de genres différens. Ainsi inutilement on cherchera à greffer le chêne liége sur le chêne rouvre, le chêne aquatique sur le chêne pédonculé. Il faut donc qu'un jardinier qui veut procéder à cette opération, qui est fort délicate, étudie le tempérament, si je puis employer ce terme, du sujet et de l'arbre à greffer. Il doit sur-tout faire une attention scrupuleuse à la coïncidence de l'entrée en sève de l'un et de l'autre. Je fais cette remarque, parce que j'ai acquis la preuve de son utilité par ma propre expérience.

La difficulté de faire reprendre les chênes lorsqu'ils ont acquis une grosseur suffisante pour les rendre ce qu'on appelle *défensables* en terme forestier, c'est-à-dire les mettre hors des atteintes des malfaiteurs et des bestiaux, est la principale cause qui empêche de les planter en avenues et le long des routes, où ils produiraient de si bons effets et rendraient de si grands services. On a fait à cet égard des tentatives sans nombre et très-coûteuses, et il me fut dit qu'on en avait ainsi planté peut-être un million de pieds sur les routes de la Belgique, lorsqu'elle était réunie à la France. Il n'est pas difficile à un homme éclairé de prévoir la cause de ce non succès, quand il a vu la manière vicieuse avec laquelle on procédait à ces plantations. Je n'entrerai pas dans le détail de ces causes, qui tiennent, pour la plus grande partie, à des fautes d'administration et à des erreurs d'agriculture ; mais je ferai remarquer que, dans plusieurs cantons de la France, on est dans l'excellente habitude de placer des chênes dans les haies qui entourent les propriétés, et que ces chênes sont presque toujours d'une belle venue. Pourquoi ? Parce qu'on plante le gland même au milieu de la haie, et qu'on ne touche à l'arbre que lorsqu'on veut, à trente ou quarante ans, le tondre ou le couper. Pourquoi n'en ferait-on pas de même sur les routes? Pourquoi ne planterait-on pas des haies avant de planter des chênes? Mais les voleurs, dit-on, se cacheraient derrière la haie et assassineraient facilement le voyageur surpris. Hélas! la privation des haies empêche-t-elle les meurtres? Sont-il plus fréquens dans les pays où elles sont communes? Non, sans doute. Hé bien, plantez donc des haies et des chênes, afin d'avoir du bois de fort échantillon et d'une bonne qualité pour vos constructions civiles, pour votre marine, pour tous les usages enfin qui en réclament aujourd'hui avec tant de force. On sait que le bois provenant des arbres isolés est beaucoup plus solide, beaucoup plus durable que celui des arbres crus au milieu des forêts.

Cela me conduit à parler des chênes plantés dans des haies et qu'on élague tous les six à huit ans, ou dont on coupe le tronc à 10 à 12 pieds de terre pour les tenir en tétards semblables à ceux du saule : il faut les distinguer de ces chênes nains dont je parlerai plus bas, quoiqu'ils portent le même nom.

Pour devenir un bel arbre et donner, dans l'intervalle le plus court, du bois du plus fort échantillon et de la meilleure qualité, le chêne ne doit pas être élagué ou ne doit l'être que petit à petit et dans sa jeunesse seulement. Cependant il est des cas où il est avantageux de le faire, c'est celui où ayant peu de terrain à consacrer aux plantations de bois, il en faut cependant pour satisfaire aux besoins du ménage. Alors donc tous les six, huit ou dix ans, on coupe aux chênes leurs branches à quelques-unes près qu'on laisse au sommet pour continuer la croissance en hauteur, ou on abat leur tête à vingt ou trente ans, et on continue de couper dans les mêmes révolutions d'années les branches qu'elle repousse. Dans la première de ces méthodes le bois du tronc, dont la croissance est beaucoup retardée, devient noueux, rebours, et presque impropre à toute autre chose qu'à brûler; le plus souvent, quand on persiste à le laisser sur pied plus de cent ans, il se carie dans son intérieur et se détruit de lui-même. Il en est de même des tétards; mais lorsqu'on laisse 12 à 15 pieds de haut à ces derniers, et qu'on les coupe à temps, ils fournissent de très-bonnes planches ou de petites solives; et il est des chênes élagués qui fournissent d'excellentes courbes pour la marine, témoin ceux des bords du Rhin, qu'on transporte en Hollande. Il en est même qu'on élague uniquement pour cet objet, à qui on fait prendre une courbure particulière, comme je l'ai vu sur le bord de la mer à Dieppe et ailleurs.

Je ne chercherai point ici à dépriser la première de ces manières, qui est en usage dans un si grand nombre de cantons de la France, quelquefois même uniquement pour fournir un supplément de fourrage aux bestiaux ; mais je dois cependant dire que la seconde est préférable. En effet, la coupe en tétard ne diffère de la coupe commune en usage dans les forêts, qu'en ce qu'elle se fait à une plus grande distance des racines ; la sève, suivant son cours direct, agit avec beaucoup plus de force et fournit des branches, dans le même espace de temps, trois fois plus considérables que dans l'élagage, où elle est toujours plus ou moins déviée. Il est certains pays où les bois mêmes sont ainsi coupés à une certaine hauteur. Je puis citer principalement la Biscaye, qui a besoin d'une si grande quantité de charbon pour l'exploitation de ses excellentes mines de fer. Il m'a semblé que dans cette partie de l'Espagne, où les montagnes sont très-rapides, on trouvait dans ce mode d'exploitation du beau bois de charbonnette et des pâturages très-étendus, tandis que dans les parties de la France qu'on peut lui comparer on ne voit que des buissons et des pâturages très-circonscrits. Là il n'y a de perdu pour la pâture que l'épaisseur du tronc des chênes même, et les bestiaux ne peuvent nuire à la croissance des branches de ces chênes, trop élevées pour qu'ils y atteignent. Ici toute l'épaisseur des buissons est perdue pour les bestiaux qui, en broutant les jeunes rameaux, les empêchent de devenir des branches : ainsi on n'a ni bois ni pâturage. Je voudrais donc que toutes ces montagnes à demi pelées, si communes en France, sur-tout celles où le pâturage est un droit commun, fussent plantées en tétards et exploitées comme en Biscaye. Il suffirait d'une volonté ferme et constante de l'administration pour, avec le temps, arriver à l'époque où ces terrains, qui ne nourrissent que quelques vaches sans lait ou quelques moutons étiques, qui ne fournissent que quelques broussailles propres au plus à chauffer le four, produiraient des revenus considérables. Peut-être ne serait-il pas exagéré aux yeux de ceux qui, comme moi, ont beaucoup voyagé dans les montagnes de l'intérieur de la France, d'évaluer de 30 à 40 millions l'augmentation de richesse annuelle, qui résulterait uniquement de la transformation des terrains communaux en bois de chêne en tétards espacés de 30 à 40 pieds au moins

On trouvera au mot FORÊT les résultats de l'expérience relativement au mode d'exploitation des chênes ; mais en général les personnes qui se sont occupées avec le plus de succès de nous éclairer à cet égard n'ont pas fait assez d'attention et aux différentes espèces de chêne et à la nature de la terre où ils se trouvaient : de sorte que ce qu'ils ont dit pour le pays qu'ils habitaient ne convient pas exactement aux autres. Varennes de Fenille, le premier, dans ses excellens Mémoires sur l'administration forestière, a cherché à fixer les idées à cet égard ; mais son travail n'est pour ainsi dire qu'un aperçu, que sa mort prématurée l'a empêché de développer. Par exemple, il n'a pas mis en usage des principes de sa propre méthode, parce qu'il aurait fallu au préalable étudier botaniquement tous les chênes dont il a soumis la croissance et la nature du bois à ses expériences, indiquer exactement l'espèce de terre où ils se trouvaient, et que cela demande du temps. Je ne parlerai donc point ici de la force comparative, de l'étendue de la retraite, de la pesanteur spécifique du chêne, parce que je ne pourrais assurer à quelle espèce de chêne il faudrait rapporter les expériences qui ont été faites à cet égard. Je renvoie au mot Bois les résultats généraux qui ont trait à cet objet.

Le bois des chênes, en général déjà si dur, le devient encore plus lorsqu'il a été écorcé sur pied : alors l'aubier disparaît, ou mieux s'assimile au cœur de l'arbre. (*Voyez* Aubier.) Buffon, le premier, à ce que je crois, a fait sur cela des expériences en grand qui ont été couronnées du plus heureux succès. Ce fait important s'explique par la *fixation* de la sève dans les pores du bois qu'elle obstrue, ou, pour se servir des termes de l'art, par l'*assimilation de la sève ;* mais il a encore besoin d'être longuement étudié dans ses circonstances. Quoi qu'il en soit c'est avant la sève d'automne qu'il convient de faire cette opération, après avoir dégagé le tronc des arbres ou arbustes qui l'entourent et qui le cachent des rayons du soleil. L'arbre pousse au printemps suivant, d'abord presque aussi fortement que si on ne l'avait pas mutilé ; mais il ne tarde pas à ralentir sa végétation, et ses feuilles arrivent à peine à la moitié de leur grandeur naturelle. Peu-à-peu elles jaunissent et elles tombent toujours bien avant l'époque accoutumée. L'arbre meurt, ou rarement donne encore quelques faibles signes de vie au second printemps. Il convient cependant de le laisser encore sur pied l'année entière, c'est-à-dire de ne l'abattre qu'au commencement de l'hiver suivant. Varennes de Fenille a remarqué que l'écorcement retardait la dessiccation du bois, et par là empêchait les fentes et les gerçures si nuisibles dans les bois de haut service, nouvel avantage qui milite en sa faveur.

Il y a déjà près de cinquante ans que Buffon a publié ses lumineux mémoires sur l'écorcement des arbres et particulièrement sur celui du chêne ; depuis, plusieurs observateurs ont vérifié ses expériences et en ont fait de nouvelles ; cependant je ne sache pas que nulle part on écorce habituellement les chênes destinés au service des constructions ou à celui de la marine. D'où vient donc cette insouciance sur nos vrais intérêts ? Le pied du chêne écorcé ne repousse plus en effet ;

mais une souche de plus de cent ans repousse-t-elle donc souvent, et lorsqu'elle repousse que produit-elle? Répondez, ennemis du progrès des lumières.

Le chêne, comme tous les autres arbres, demande, pour devenir meilleur et de plus de durée, à être coupé pendant la suspension de la sève, c'est-à-dire à la fin de l'hiver; il demande également d'être équarri sur-le-champ. Pour empêcher qu'il ne gerce et qu'il ne soit attaqué par les vers, on doit le mettre pendant quelques mois dans l'eau salée, s'il est possible, et le faire sécher lentement à l'ombre. *Voyez* Bois.

Quelquefois le tronc des chênes se tortille et devient infendable. Les gros pieds ainsi constitués sont impayables pour les ouvrages qui exigent une grande force; d'autres fois il prend une nuance rouge qui augmente également son mérite pour la fabrication des meubles. Lorsqu'on l'enterre sous l'eau un grand nombre d'années, il devient noir et dur comme de l'ébène.

Toutes les parties du chêne renferment un principe astringent, le *tannin*, lequel, comme on sait, a la propriété de racornir la fibre animale en rendant insoluble la gélatine qu'elle contient, et de précipiter en noir les dissolutions de fer. En conséquence on exploite souvent en France les chênes uniquement dans l'intention d'en avoir l'écorce, qui contient le plus de ce tannin, pour l'usage des tanneries et autres manufactures où on prépare les peaux des animaux, afin de les rendre utiles à l'homme long-temps après l'époque fixée par la nature pour leur destruction, et on fait venir à grands frais de l'étranger la galle d'une espèce de chêne, pour être employée à faire toutes les teintures noires et l'encre avec laquelle je trace ces lignes.

A raison du même principe, la médecine fait usage des diverses parties du chêne; on en ordonne la décoction (ordinairement la noix de galle est préférée) dans les hémorrhagies, dans les diarrhées, le relâchement de toutes les parties musculaires; mais l'usage de cette décoction est souvent nuisible quand elle n'est pas dirigée par une main exercée.

Ordinairement on consacre à l'exploitation de l'écorce du chêne des taillis de vingt, ving-cinq à trente ans; mais il est de fait que plus l'écorce est vieille, et plus elle contient de tannin. On coupe donc toutes les espèces de chêne au moment où ils entrent en sève, et on les écorce sur-le-champ en coupant circulairement l'écorce de leur tronc à leurs deux extrémités, et en la fendant longitudinalement. Cette écorce est placée à l'ombre, où elle sèche lentement; après quoi on la livre au commerce, qui la réduit en poudre dans des moulins pour cela seul construits, afin de lui faire remplir sa destination;

dans cet état on l'appelle *tan*. Après qu'il a servi il revient à l'agriculture pour former ces tannées, dans lesquelles on conserve pendant l'hiver les plantes des pays chauds. *Voyez* Tan, Tannin et Tannée.

On n'a pas encore suffisamment observé en France quelle est l'espèce de chêne qui est la plus avantageuse sous le rapport de la production du tan, probablement parce qu'on n'emploie que de jeunes écorces, à raison du haut prix des gros arbres. On ne connaît que le chêne tauzin qui ait quelque supériorité ; mais en Amérique, où l'on n'en tire que de vieux arbres, on sait fort bien quelles sont ceux qu'il faut préférer ou rejeter, ainsi que je l'indiquerai dans la description de ces espèces. Il est de plus certain que les chênes crus dans des terrains secs et brûlés de l'ardeur du soleil donnent une écorce beaucoup meilleure. Je ne crois pas non plus qu'il y ait eu des expériences faites sur la quantité de tannin que donne l'écorce du même arbre enlevée à différentes époques de l'année.

Parmi les cent et quelques espèces d'insectes qui vivent aux dépens du chêne en France, il en est, du genre appelé *cynips* par Linnæus et Fabricius, et *diplolèpe* par Geoffroy et autres entomologues français, qui font naître sur ses diverses parties des excroissances ou des monstruosités qu'on appelle Galle. (*Voyez* ce mot.) Il y en a également un grand nombre sur les chênes étrangers. J'en ai décrit et figuré seize espèces croissant sur les chênes en Amérique. Olivier a fait connaître les deux qui se trouvent sur le chêne de l'Asie mineure, dont l'une, proprement appelée la *noix de galle*, est l'objet d'un commerce de quelque importance.

La grande quantité de tannin que contient la noix de galle lui fait donner la préférence sur toutes les autres. Cette supériorité est-elle due ou à l'espèce de l'insecte, ou à l'espèce du chêne, ou à la nature du terrain, ou à la chaleur du climat ? On peut répondre à une partie de ces questions, en considérant que l'autre galle, également décrite et figurée par Olivier, n'a pas au même degré les mêmes propriétés, et que, quoique trois ou quatre fois plus grosse, elle est regardée comme inutile. Il faudrait donc pour enlever aux Turcs cette branche de commerce non-seulement transporter dans nos départemens méridionaux le chêne en question, mais même l'insecte qui fait naître sur ses rameaux la galle du commerce. Je suis loin de regarder cette opération comme impossible ; mais je ne puis dissimuler qu'elle serait fort difficile, et sur-tout fort longue.

On a proposé plusieurs subdivisions dans le genre *chêne*, pour rendre plus facile la recherche de ses espèces ; mais elles ne remplissent toutes que fort imparfaitement leur objet. Je me contenterai en conséquence de mentionner celles d'Europe et contrées voisines, les unes après les autres, en suivant l'ordre de leurs rapports, et en commençant par les plus communes de celles qui perdent leurs feuilles. Celles qui croissent en Amérique le seront séparément et dans l'ordre adopté par Michaux.

Le Chêne a grappe, qu'on appelle vulgairement le *chêne blanc*, le *gravelin*, *quercus* proprement dit des anciens, est le plus commun dans la France en général, mais non aux environs de Paris, où le suivant domine. Il a les feuilles pétiolées, en lyre, profondément découpées ou inégalement lobées, et les fruits disposés en grappes de plus d'un pouce de long. Son tronc est droit, sa cime ample et majestueuse. Dans son jeune âge, son écorce est lisse et d'un blanc cendré. Avec le temps elle se crevasse et devient brune. Ses feuilles sont glauques en dessous, et velues dans leur jeunesse. Presque toutes les expositions et tous les terrains lui conviennent; mais plus les premières sont chaudes et les seconds secs, et plus il croît lentement, et plus son bois est de bonne qualité. Comme il a très-peu de nœuds, il se fend aisément, et c'est avec lui presque exclusivement qu'on fait les lattes, le merrain, le bardeau, les douelles, etc. En général c'est celui qui réunit le plus de qualités; aussi est-il le plus recherché pour la charpente, la construction des navires, la menuiserie. Il pèse 5o livres par pied cube. Cependant il a un inconvénient, et un inconvénient d'autant plus grave, qu'il a cru dans un meilleur sol ou dans un sol plus humide; c'est qu'il a beaucoup d'aubier, et que cet aubier se pourrit ou se vermoule très-rapidement.

Ce chêne vit plusieurs siècles et devient d'une grosseur monstrueuse. Autrefois il était fréquent d'en voir dans les forêts, qu'on respectait uniquement à cause de leur grand âge, quatre, cinq et six cents ans, et même plus. C'est avec son bois que sont construites ces anciennes charpentes d'église qu'on a cru être de châtaignier, et qui étonnent par leur grandeur et leur belle conservation. Ce fait a été reconnu par plusieurs savans, et je puis assurer qu'il est vrai, pour l'avoir vérifié, après eux, les pièces de comparaison à la main.

Le Chêne roure ou rouvre, qu'on appelle vulgairement le *durelin*, le *chêne mâle*, se trouve le plus fréquemment dans les forêts des environs de Paris. Il s'élève presque autant que le précédent, mais il est plus rarement aussi droit, et sa cime est moins élancée; son bois est plus dur, plus élastique, plus lourd, puisqu'il pèse 74 livres par pied cube. Il est presque incorruptible et très-bon pour le chauffage. Ses feuilles sont ovales, oblongues, à découpures peu profondes et arrondies, d'un vert un peu foncé. Ses glands sont assez gros, courts, presque sessiles, solitaires. Il fournit un grand nombre de variétés (quarante, dit-on), dont les principales sont,

1°. *Le chêne à trochets* ou *chêne à petits glands,* qui a les feuilles velues en dessous. 2°. Le *chêne à feuilles découpées,* qui a les feuilles plus profondément lobées et plus petites. 3°. Le *chêne laineux* ou *chêne des collines* a les feuilles assez découpées, très-velues en dessous, et pubescentes en dessus. 4°. Le *chêne noirâtre* a les glands très-gros et presque solitaires, et les feuilles larges et pubescentes en dessous.

Il faut distinguer cette dernière du *chêne noir* d'Amérique et du *chêne noir* de Secondat; ce dernier est le *tauzin* ou *toza.*

Toutes ces variétés ont des nuances dans les qualités de leur bois, qu'on dit tenir à la nature du terrain et à l'exposition; mais est-il bien certain qu'elles ne constituent pas des espèces? J'avoue que plus je les étudie et plus je suis embarrassé de porter un jugement sur ce point. J'ai éprouvé la même incertitude dans les forêts de l'Amérique, tant les espèces de ce genre sont généralement peu tranchées.

J'ai tout lieu de croire que le chêne qui se trouve dans les environs de Bordeaux, et que Secondat appelle le *chêne mâle,* le *quercus latifolia masque brevi pediculo* de Baubin, est une espèce distincte du *robur* des environs de Paris; mais il est probable qu'il se trompe lorsqu'il ajoute que c'est le véritable *esculus* des anciens, ce mot convenant mieux au *chêne grec,* à qui Linnæus l'a appliqué. Voici ce qu'en dit cet écrivain. «Son bois est du plus grand ressort. Il ne réussit que dans de très-bons terrains, et s'élève moins que le chêne blanc. Lorsque le tronc est parvenu à 20 ou 25 pieds, il déploie plusieurs maîtresses branches qui s'élèvent sans faire beaucoup d'écarts. Il fournit d'excellentes courbes pour la marine. Son bois est presque incorruptible, et meilleur que celui du chêne blanc pour le chauffage. Il pèse 74 livres par pied cube ; c'est-à-dire qu'il descend au fond de l'eau. » Il est généralement reconnu pour espèce dans le département des Landes, où il est connu sous le nom d'*auzin,* ou *chêne de malédiction,* au rapport de Thore, parce le peuple est persuade que celui qui en coupe, ou qui couche dans une maison dans la charpente de laquelle il y entre, mourra dans l'année. Je n'ai pas remarqué cet arbre, quoique j'aie traversé les pays où il croît ; mais d'après ces détails il paraît qu'il doit être distingué du *véritable rouvre.*

Il est encore un autre chêne qu'on regarde comme une variété de celui-ci, c'est le CHÊNE DE HAIE, qui croît dans les départemens de l'est de la France. Il est commun dans le Jura, sur les montagnes des Vosges, etc.; il ne s'élève jamais à plus de 6 à 8 pieds; son écorce est grise, son bois blanc et si liant, qu'il est extrêmement difficile à casser; son gland est sessile et caché dans sa cupule; ses feuilles ressemblent beaucoup à celles du chêne pédonculé, mais elles sont plus petites, d'un vert plus clair, et toujours très-glabres. On en fait d'excellentes haies, parce qu'il étale constamment ses branches sur la terre, et qu'on peut les entrelacer et les greffer par approche. Il sert ou à brûler ou à faire des corbeilles, des liens qui durent un grand nombre d'années; ses pousses, après sa coupe, sont très-longues, c'est-à-dire de la moitié de sa hauteur future, très-nombreuses et très-égales. Il ne change pas de nature par la transplantation; et un pied que j'ai en ce moment sous les yeux à Versailles a complétement l'aspect de ceux que je voyais dans ma jeunesse dans les propriétés de ma famille entre Langres et Dijon, et où les habitans le distinguent fort bien des deux autres espèces.

Le Chêne tauzin ou *toza*, *chêne noir*, *rouvre*, le véritable *robur* des anciens, selon Secondat, ne se trouve qu'à la base des Pyrénées, dans les landes de Bordeaux, etc. Il a été regardé comme une variété du *rouvre* des environs de Paris; mais c'est certainement une espèce distincte, ainsi que je m'en suis assuré dans le pays; je l'ai figuré à l'occasion d'une galle particulière qu'il fournit, vol. 2, pl. 32 du Journal d'histoire naturelle. Ses feuilles sont très-profondément divisées, hérissées en dessus, et très-fortement velues en dessous; ses lobes sont obtus, mais moins que ceux du rouvre; la cupule de ses glands est très-peu tuberculeuse. Il croît dans les terres les plus arides. Son bois se tourmente beaucoup, et il est trop noueux pour les ouvrages de fente; mais dans sa jeunesse il est très-flexible, et sert à faire d'excellens cercles de cuves ou de tonneaux; il pèse 60 livres par pied cube; son écorce passe pour fournir le meilleur tan. Cette espèce a la propriété de donner des rejetons de ses racines. On en voit dans le parc de l'administrateur des mines Gillet Laumont, à Daumont, sur le revers de la forêt de Montmorency, une plantation qui prospère et fournit annuellement des graines; j'en ai fait aussi beaucoup semer dans les pépinières de Versailles. Il se distingue des autres dès sa première année.

Thore, auteur d'une Flore du département des Landes, indique trois variétés de ce chêne; savoir, 1°. le *tauzin* à glands pédonculés, axillaires et terminaux, et à cupule un peu ciliée: c'est celle qui fournit le plus beau gland; 2°. le *tauzin* à glands axillaires, pédonculés, terminaux, d'une grosseur moyenne; 3°. le *tauzin* à glands pédonculés, axil-

laires et terminaux, ovoïdes, en grappes et petits. Il observe
que les glands de ces trois variétés, glands que j'ai reçus de
lui, sont beaucoup plus recherchés pour la nourriture des
cochons que ceux du rouvre.

Je possède en herbier un échantillon, sans fruits, d'un
chêne qui vient des environs d'Angers, et qui fait certainement espèce auprès de celle-ci. Il a les feuilles moins larges
relativement à leur longueur, moins velues en dessous, leurs
lobes sont peu inégaux, aigus et terminés par une pointe, ou
mucron recourbé. Ses jeunes rameaux sont très-velus. Il serait
possible que ce fût celui qu'on appelle *chêne de pays* dans l'ar-
senal de Rochefort, et dont le bois est le plus estimé de tous
pour la construction des vaisseaux. Il serait encore possible
que ce fût le véritable chêne angoumois, confondu avec le
tauzin et avec le cerris. La vue de la cupule en décidera. Je
l'appellerai le Chêne ligérien, *Quercus ligeris*, Bosc.

Le Chêne pyramidal, *Cupressus fastigiata*, qu'on appelle
aussi le *chêne cyprès*, le *chêne des Pyrénées*, a les feuilles plus
allongées, moins épaisses, moins longuement pétiolées que
celles du chêne pédonculé, avec lequel on persiste à le confondre, quoique la disposition de ses rameaux, toujours rapprochés de la tige comme ceux du peuplier d'Italie, l'en fasse
distinguer au premier aspect. Ses glands sont pédonculés, et
rendent toujours leur espèce, ainsi que peuvent l'affirmer les
cultivateurs des environs de Paris, qui en sèment autant qu'ils
peuvent. Il perd ses feuilles au commencement de l'hiver,
tandis que ceux ci-dessus mentionnés les conservent jusqu'au
printemps. On le dit originaire de la basse Navarre ; le vrai est
qu'il n'est connu aux environs de Dax que depuis une cinquan-
taine d'années. C'est un très-bel arbre, fait pour figurer avec
un grand avantage dans les jardins paysagers ; aussi le recherche-t-on beaucoup pour cet objet, mais il est encore rare et
cher, parce qu'il faut, ou faire venir des glands des Pyrénées,
ou le greffer sur le roure.

On cultive dans les jardins d'Amsterdam, comme venant
d'Espagne, un chêne extrêmement élégant par la petitesse de
ses feuilles, à peine d'un pouce de long, et de 5 à 6 lignes de
large, qui me paraît, d'après le petit échantillon que j'ai sous
les yeux, et qui appartient à l'herbier de M. Pronville, se rapprocher de celui-ci. Ses feuilles n'ont que cinq lobes très-ou-
verts, dont celui du milieu est le plus grand, et elles s'amin-
cissent dès le milieu, de sorte qu'elles paraissent longuement
pétiolées, quoique réellement sessiles. On peut l'appeler le
Chêne spatulé, *Quercus spatulata*, Bosc.

Le Chêne cerris, *Quercus cerris*, Lin., a les feuilles allongées profondément, et presque également découpées, à peine

pubescentes, et à découpures aiguës. Ses glands sont petits, sessiles, à moitié enfoncés dans une cupule couverte de filamens velus, et restent deux ans sur l'arbre. Il croît sur les montagnes des parties méridionales de l'Europe. Son tronc est tortueux, noueux; son écorce très-raboteuse. Il s'élève à une médiocre hauteur.

Le Chêne HALIPHALEOS a les feuilles fort longues, profondément découpées, presque en lyre, à découpures anguleuses, pointues, inégales, et fréquemment plus écartées dans le milieu. Elles sont couvertes de poils blancs en dessous, et comme légèrement poudrées en dessus. Ses glands sont presque sessiles, assez gros, réunis deux ou trois ensemble; leur cupule est hérissée de filamens velus et assez longs. C'est un grand et bel arbre, qui croît naturellement dans les montagnes du Jura et autres du midi de la France, et dans tout le Levant, où on l'emploie de préférence aux constructions des maisons et des vaisseaux. Il est étiqueté dans le jardin du Muséum sous le nom de *chêne de Bourgogne*. Il est fort distinct du précédent par toutes ses parties, quoiqu'il ait été confondu avec lui par la plupart des botanistes. C'est lui qu'Olivier a si bien figuré, *Pl.* 12 de son Voyage dans l'empire ottoman. Son gland reste deux ans sur l'arbre.

Le Chêne CRINITE, *Quercus crinita*, Lamarck, a les feuilles ovales, allongées, profondément découpées, très-légèrement pubescentes, à lobes arrondis et obtus. Ses glands sont sessiles, assez gros, et peu enfoncés dans leur cupule, qui est encore plus garnie de filamens velus que celle des deux derniers. Il y a au petit Trianon un très-beau pied de ce chêne, qui donne des fruits tous les ans; on le trouve dans les forêts de l'ouest de la France et autres. Il se rapproche par ses feuilles du CHÊNE ANGOUMOIS et du CHÊNE LIGÉRIEN, et ne peut pas être confondu avec le CHÊNE TAUZIN, comme le font généralement les botanistes, attendu que ce dernier n'a jamais les cupules chevelues, ainsi que je m'en suis assuré dans le pays même; son gland reste deux ans sur l'arbre.

Le Chêne DES APENNINS, *Quercus apennina*, Lamarck, a les feuilles ovales, peu profondément découpées, très-velues en dessous, et à lobes obtus. Ses glands sont presque globuleux, et portés quelquefois au nombre de huit à dix sur des pédoncules communs, de plus d'un pouce de long. C'est une espèce bien distincte du chêne pédonculé et de toutes les autres. Je l'ai trouvé en abondance sur les montagnes des faubourgs de Lyon. On en cultive plusieurs pieds dans les jardins de Paris et de Versailles. Son écorce est noire et très-crevassée. Son bois m'a paru extrêmement dur; ses feuilles subsistent vertes une grande partie de l'hiver : c'est pourquoi quelques auteurs l'ont appelé *chêne hivernal.* Les plus gros pieds que j'aie vus avaient seulement une vingtaine de pieds de hauteur. Il se trouve aussi en Italie et dans le Levant.

Le Chêne d'Exester a les feuilles ovales, oblongues, très-peu découpées, et à lobes mucronés; leur couleur est d'un vert tendre. Elles ne sont velues que dans leur jeunesse. J'en connais deux individus greffés, qui ont 30 pieds de haut, dans les jardins de madame Simonin près Versailles. Ils fleurissent tous les ans, mais ils ne donnent pas encore de fruits. On le dit originaire d'Angleterre; mais il est possible qu'il n'y soit que cultivé, et que sa vraie patrie soit l'Amérique. Il a beaucoup de rapports avec les chênes châtaigniers de ce dernier pays; cependant c'est certainement une espèce distincte.

Le Chêne grec, *Quercus esculus,* Lin., a les feuilles allongées, légèrement velues et blanchâtres en dessous; les divisions écartées, tantôt pointues, tantôt émoussées, et la plupart munies d'un angle à leur base. C'est un petit arbre dont les glands sont bons à manger, et, selon toutes les apparences, le véritable *esculus* de Pline. Il croît naturellement en Grèce et en Italie. On le cultive au jardin du Muséum; mais il n'y a pas encore donné de fruits, du moins à ma connaissance. Dalechamps dit que ceux qui mangent de ces fruits deviennent ivres, comme s'ils eussent mangé du pain d'ivraie.

Le Chêne velanède, *Quercus ægylops,* Lin., a les feuilles oblongues, fortement dentées, velues en dessous; les dents terminées par une longue pointe ou mucron. Son gland est très-gros et à moitié renfermé dans une cupule hérissée d'écailles, larges, épaisses, et très-nombreuses. On en voit une superbe figure dans le Voyage d'Olivier dans l'Empire ottoman, *Pl.* 13 Il croît abondamment dans l'Asie mineure, d'où l'on envoie les cupules de ses glands en Europe pour l'usage de la teinture et de la tannerie. Ceux qui l'ont indiqué comme se trouvant dans quelques cantons de la France, se sont sans doute trompés. On cultive sous ce nom, au jardin du Muséum, un chêne qui est effectivement de France, mais qui paraît être une espèce différente, par ses feuilles beaucoup plus petites, plus profondément sinuées et velues en dessus comme en dessous.

Selon Olivier, le chêne velanède s'élève peu, et son bois n'est point estimé; mais sa cupule, qui a plus de 2 pouces de diamètre, fait l'objet d'un commerce de quelque importance.

Le Chêne de Gibraltar a les feuilles oblongues, dentées, velues en dessous, les dents aiguës et écartées; ses glands sont légèrement pédonculés, et renfermés à moitié dans une cupule hérissée de pointes. Il s'élève de 20 à 30 pieds. Son écorce est fongueuse comme celle du liége, mais jamais de plus de 3 à 4 lignes d'épaisseur ; ce qui l'avait fait appeler *faux liége*. On en voit un fort beau pied à Trianon, provenant de glands rapportés de Gibraltar par A. Richard en 1754. Desfontaines l'a trouvé en abondance sur l'Atlas.

Le Chêne a feuilles d'egylops a les feuilles ovales, sinuées, velues en dessous ; les dents rapprochées et presque obtuses ; ses glands sont pédonculés, et à moitié renfermés dans une cupule non hérissée. Il s'élève autant que le précédent, auquel il ressemble beaucoup et avec lequel il a été confondu. Son écorce est gercée, mais non fongueuse. On en voit à Trianon, à côté du précédent, un pied qui a la même origine.

Le Chêne castillan a les feuilles ovales, aiguës, légèrement tomenteuses en dessous, à dents presque égales et terminées en pointe recourbée en haut. Ses glands sont rassemblés au nombre de trois ou quatre sur de courts pédoncules. Je l'ai trouvé dans la vieille Castille. Il est probable qu'il a été confondu avec les deux précédens, dont il se rapproche beaucoup. J'ai lieu de croire qu'il ne s'élève pas à plus de 20 ou 30 pieds. Son bois m'a paru très-dur. Ses glands se mangent crus ou cuits, comme ceux des deux espèces précitées : leur goût m'a paru de beaucoup inférieur à la châtaigne, auquel on l'a comparé, mais il n'est pas désagréable. On les vend dans les marchés, et la consommation qui s'en fait dans la saison est considérable.

Ce chêne croît dans les plus mauvais terrains, et ne craindrait probablement pas les gelées des parties méridionales de la France. Je désirerais qu'on l'y introduisît pour augmenter la masse de la subsistance du pauvre.

Le Chêne nain a les feuilles ovales, dentées, velues en dessous, les dents pointues ; ses glands sont sessiles, oblongs, et sa cupule est peu profonde. Il s'élève au plus à 3 ou 4 pieds lorsqu'on le cultive, et dans son sol natal il ne parvient souvent pas même à un pied. On le trouve dans les bruyères des environs de Nantes, où il porte le nom de *brosse*. Je l'ai vu aussi dans une plaine, à la descente des montagnes du Limousin, non loin de Périgueux. Ses glands sont très-amers.

Le Chêne de Portugal a les feuilles ovales, à peine pétiolées, légèrement velues en dessous, tantôt dentées en leurs bords, tantôt entières et fortement ondulées, et d'un vert glauque très-prononcé ; elles ont au plus un pouce de long. C'est un arbrisseau de 5 à 6 pieds de haut, fort garni de branches, qui ne perd ses feuilles qu'à la fin de l'hiver. On le cultive dans la pépinière du Roule. Sa forme buissonneuse et la couleur de ses feuilles lui feraient produire un bon effet dans les jardins paysagers, si sa multiplication était facile.

On ne peut l'obtenir, dans cette pépinière, que de greffe par approche; car, quoiqu'il fleurisse en abondance, il n'y donne jamais de fruits.

Le Chêne a la galle, *Quercus infectoria*, Oliv., a les feuilles presque sessiles, ovales-oblongues, sinuées, dentées et ondulées, très-glabres et longues d'un pouce et demi; ses glands sont sessiles et fort longs. On le trouve dans l'Asie mineure, où il a été observé par Olivier, qui en a donné deux figures, *Pl.* 14 et 15 de son Voyage dans l'Empire ottoman. Sa tige s'élève rarement au-dessus de 6 pieds, et est fort tortueuse. En général il diffère fort peu du précédent. C'est sur lui que se récolte la *noix de galle* du commerce. Cette galle, qui est produite par un diplolèpe dont Olivier a donné la description et la figure, est, comme on sait, l'objet d'un grand commerce. Elle naît sur les bourgeons de l'année. On la ramasse avant la sortie de l'insecte qui la produit.

Ce chêne est cultivé au jardin du Muséum et chez Cels. Il passe fort bien l'hiver en pleine terre, et perd ses feuilles à la fin de l'automne. Je ne doute pas de la possibilité de le multiplier dans les départemens méridionaux de la France; mais je ne crois pas aussi facile d'y introduire l'insecte qui le rend si précieux aux Turcs. Jusqu'à présent on n'a pu complétement suppléer la noix de galle dans nos manufactures, parce que c'est la substance qui sous le moindre volume contient le plus de tannin.

Le Chêne yeuse, *Quercus ilex*, Lin., a les feuilles pédonculées, ovales, oblongues, dentées ou entières, glabres ou pubescentes en dessous. Il croît dans les parties méridionales de l'Europe, aux lieux secs et sablonneux. On le connaît en France sous les noms de *chêne vert*, d'*yeuse* et d'*éousé*. C'est un arbre tortueux et très-branchu, qui croît lentement, et qui dans les sols favorables s'élève cependant à 30 ou 40 pieds. Son écorce est mince et crevassée, et ses feuilles persistent tout l'hiver. Ces feuilles varient beaucoup; tantôt elles sont larges, tantôt elles sont étroites : ordinairement elles sont dentées, mais aussi quelquefois, sur-tout dans les vieux pieds, elles sont entières. Ses glands ne varient pas moins dans les rapports de leur longueur et de leur grosseur : ils sont très-âpres et amers au goût. Son bois est très-lourd et très-dur : il pèse environ 70 livres par pied cube.

Cet arbre, ainsi que je l'ai remarqué dans les parties méridionales de la France, en Espagne et en Italie, ne forme jamais des forêts. Il est dispersé çà et là parmi les autres arbres, ou épars dans les campagnes. Une fois coupé il ne repousse plus qu'en buisson. Nulle part que je sache on n'en fait des plantations, et ce n'est que par hasard que ses glands

peuvent germer sur les pelouses sèches qui l'entourent ordinairement ; aussi se plaint-on par-tout qu'il devient de plus
en plus rare. On ne le peut multiplier que de graines, qu'il
faut semer aussitôt leur récolte et en place. Dans le climat de
Paris, où il est dans le cas de craindre les gelées, on doit le
semer dans des terrines qu'on place sur une couche à châssis,
et qu'on rentre l'hiver dans l'orangerie. Le plant se repique,
la seconde année, dans des pots remplis de terre légère, et
il y reste jusqu'à sa plantation définitive, c'est-à-dire pendant huit à dix ans. Tous les deux ans, on lui donne un demi-
change de terre. Il faut toujours le planter dans une terre
sèche et dans un lieu aéré. Il se soutient mieux à l'exposition
du nord qu'à celle du midi. Arrivé à un certain âge, quinze
à vingt ans par exemple, il n'a plus à redouter que les hivers
extraordinaires ; mais il finit toujours par succomber, témoin
ceux qu'on admirait autrefois sur la petite butte du jardin du
Muséum. En général, c'est un arbre fort ingrat à la culture,
et qui ne dédommage jamais des frais qu'il coûte. Il est sur-
tout extrêmement difficile à la reprise, lorsqu'on l'a semé en
pleine terre. On doit compter sur moitié de perte dans ce cas,
lors même qu'on remplit toutes les conditions requises ; c'est
pourquoi j'ai conseillé de le laisser en pot jusqu'à plantation
définitive. Quelquefois on parvient à faire reprendre par marcottes ses jeunes pousses de l'année précédente ; mais on n'en
obtient jamais de beaux arbres, ni des arbres d'une longue
durée. Je ne sache pas qu'on ait réussi à greffer, même par
approche, les autres chênes verts sur celui-ci.

Il est extrêmement fâcheux que les chênes yeuses ne soient
pas mieux conservés, car on pourrait tirer un grand parti de
leur bois. On vend fort cher en Espagne les troncs qui sont
d'un assez fort échantillon pour être débités en solives ou en
planches.

Par la persistance de ses feuilles et leur couleur sombre, le
chêne yeuse est propre à produire d'agréables effets dans les
jardins paysagers ; mais la difficulté de le garantir des fortes
gelées, sur-tout quand il est entouré d'autres arbres qui entretiennent une humidité constante autour de lui, fait qu'on
ne l'emploie pas dans le nord de l'Europe, même à Paris, et
on ne sait ce que c'est que ces sortes de jardins dans le midi.
Je ne doute pas que lorsque le goût d'en construire y sera parvenu, cet arbre n'en fasse un des principaux ornemens. Il a
l'avantage de croître, et même, à ce qu'il paraît, de ne croître
que dans les terres les plus sèches et les plus arides ; ce qui est
un avantage inappréciable. J'ai vu dans le midi de la France
beaucoup de cantons dépourvus de bois, qu'il serait facile de
semer en chênes verts. Quand le fera-t-on ?

Le Chêne a feuilles rondes a les feuilles persistantes, presque rondes, très-velues, et à peine de 8 à 10 lignes de diamètre. Elles sont très-épineuses en leurs bords dans la jeunesse de l'arbre, et absolument entières dans sa vieillesse. Ses glands sont pédonculés et ordinairement géminés ; leur cupule est un peu hérissée. Il croît en Espagne, où j'en ai observé de grandes quantités sur les collines les plus sèches et les plus arides. On vend journellement, dans la saison, ses glands au marché. Ils sont, à ce qu'il m'a paru, soit crus, soit cuits, de beaucoup inférieurs à ceux du chêne castillan ; aussi me suis-je bientôt lassé d'en manger. Il y a lieu de croire que c'est véritablement le *Quercus gramuntia* de Linnée.

Ce chêne ne diffère pas sensiblement par son port et l'apparence de son bois du chêne yeuse, et il exige la même culture. Il y en a en ce moment beaucoup de jeunes pieds dans les jardins de Paris.

Le Chêne ballote a les feuilles elliptiques, velues en dessous, tantôt dentées, tantôt entières en leurs bords ; ses glands sont extrêmement longs. On le trouve aux environs d'Alger et autres endroits de la côte d'Afrique, où il a été observé par Desfontaines, qui en a fait l'objet d'un mémoire inséré parmi ceux de l'Académie des sciences, année 1790. Ses rapports avec le précédent sont très-nombreux, mais il en est bien distingué par ses feuilles et ses fruits. On mange aussi ces derniers, et même ils paraissent meilleurs. Il est cultivé au jardin du Muséum et chez Cels. On le rentre dans l'orangerie.

Le Chêne liége, *Quercus suber*, Lin., a les feuilles persistantes, ovales-oblongues, souvent dentées, velues en dessous, la cupule conique et tuberculeuse ; son écorce est très-épaisse et molasse. C'est elle qui constitue *le liége*. Il croît naturellement dans les parties méridionales de l'Europe et en Afrique. Il varie, comme les précédens, par ses feuilles plus ou moins larges, plus ou moins dentées et souvent entières. J'en ai vu de grandes quantités en Espagne. En France, on le trouve en abondance près de Baïonne et de Toulon. Son gland est plus doux que celui du *chêne yeuse*, et il peut se manger dans le besoin. Les cochons le recherchent avec fureur. On dit qu'il les engraisse rapidement et leur fait un lard très-ferme et très-savoureux.

Cet arbre, qui est rarement de plus de 25 pieds de haut, et plus d'un pied de diamètre, croît très-lentement. Il veut un terrain sec et chaud. Il craint les froids humides, et en France il en souffre souvent, sur-tout dans sa jeunesse. Son bois est extrêmement dur et propre à un grand nombre d'usages ; mais c'est sous les rapports de son écorce qu'il est le plus intéressant, qu'il fait véritablement la richesse des cantons où il croît.

Cette écorce, dont l'épaisseur est due au développement énorme du tissu cellulaire, tombe naturellement tous les sept à huit ans. Elle sert, comme tout le monde sait, à un grand nombre d'usages, principalement à faire des bouchons : c'est pourquoi elle ne peut être suppléée complétement par aucune autre substance, parce qu'elle joint à la mollesse, si utile pour pouvoir entrer et se mouler dans le goulot des bouteilles, l'imperméabilité nécessaire pour ne pas absorber le vin ou les autres liqueurs qu'elles contiennent. Aussi est-elle l'objet d'un grand commerce. On en porte dans tout l'univers. Sa légèreté la rend également précieuse pour un grand nombre d'arts. On en fait des chapelets pour soutenir les filets des pêcheurs, des corsets pour voyager sur l'eau, etc.

Lorsque l'arbre a acquis environ vingt ans, on enlève son écorce, qui cette fois est crevassée, remplie de cellules et de parties ligneuses, et n'est bonne qu'à brûler ou à être employée dans les tanneries; car elle est astringente comme celle de tous les autres chênes. On y parvient en la coupant circulairement au-dessous des grosses branches et à quelques pouces de terre, et en la fendant du haut en bas dans deux ou trois endroits avec une hachette faite exprès, et dont le manche est terminé en coin pour achever l'opération. Il faut avoir attention de ne pas entamer la couche corticale la plus intérieure, ou le liber, ce qui ferait une blessure nuisible à la bonté des récoltes suivantes. Au bout de huit à dix autres années, cette écorce est régénérée, et on l'enlève de nouveau; mais elle n'a pas encore la perfection qu'on désire. Elle sert aux pêcheurs et aux différens arts. Huit à dix ans après, l'écorce a ordinairement acquis l'épaisseur et la qualité convenables; et depuis cette époque jusqu'à la mort de l'arbre, c'est-à-dire pendant deux ou trois siècles peut-être, on continue de la récolter à la fin des mêmes intervalles.

L'écorce du liége, détachée de l'arbre, reprend plus ou moins la forme circulaire qu'elle y avait, et pour la lui faire perdre on la chauffe, même on la grille à la flamme, et ensuite on l'entasse sur un sol uni et on la charge d'un grand nombre de grosses pierres, dont le poids la force à se redresser. Cette opération a de plus l'avantage de resserrer ses pores et de lui donner du nerf, comme disent les bouchonniers. Les qualités qui constituent un bon liége sont d'être épais au moins de 15 lignes, souple, élastique, ni ligneux ni poreux, et de couleur rougeâtre. Le jaune est moins bon : le blanc qui n'a pas été flambé est le plus mauvais.

La culture du liége est positivement la même que celle de l'yeuse. Il demande comme lui à être semé en place, car il souffre difficilement la transplantation, même dans sa première jeunesse. La gelée le frappe si fréquemment dans le climat de Paris, que je n'en connais point de forts, en pleine terre, dans les jardins des environs de cette ville. Un pied que Michaux, dans l'intention d'enrichir l'Amérique de cet arbre précieux, avait transporté à Charleston, où la chaleur est double de celle de Baïonne, gelait cependant tous les hivers, parce que l'atmosphère y est extrèmement humide.

Je le dis avec douleur, dans aucun des cantons à liéges que j'ai traversés on ne s'occupe de leur multiplication. Quelque longue que soit leur vie, il faut cependant qu'elle se termine, et si la génération actuelle se refuse d'en semer, la postérité aura de grands reproches à lui faire. Par-tout les arbres sont extrèmement éloignés les uns des autres, et par conséquent il est possible d'en augmenter le nombre dans le même espace, et par-tout leur intervalle est un gazon journellement pâturé par les bestiaux, de sorte qu'il est presque impossible qu'un gland germe, et encore plus qu'il puisse produire un arbre.

Une forêt appartenant à **M.** de Père, sur les bords de la Gelise, département de Lot-et-Garonne, fait exception à ce fait comme on le voit dans son Manuel d'agriculture.

Le Chêne kermès, *Quercus coccifera*, Lin., a les feuilles persistantes, ovales, glabres, luisantes, bordées de dents épineuses ; les glands moyens et presque à moitié enfoncés dans une cupule hérissée de pointes recourbées. Il se trouve dans les parties méridionales de l'Europe, aux lieux les plus secs et les plus arides. Sa hauteur surpasse rarement 4 pieds ; mais il forme des touffes souvent de plusieurs toises de diamètre, car ses racines sont traçantes et poussent chaque année de nouvelles tiges. On ne l'emploie qu'à brûler, quoique ses rameaux et ses feuilles puissent utilement servir dans les tanneries et dans la teinture. C'est sur lui que naît cet insecte précieux, qui seul, avant la découverte du Nouveau-Monde, donnait à la teinture la couleur écarlate. Cet insecte faisait alors la richesse des pays où croît le chêne kermès, pays qui aujourd'hui sont presque tous voués à la misère. Cependant la couleur qu'il fournit est plus vive et plus solide que celle qui provient de la cochenille du nopal. Elle n'a contre elle que son peu d'abondance et les difficultés de sa récolte. J'ai pu, en effet, apprécier ces difficultés, m'étant déchiré les mains seulement pour avoir quelques échantillons pour ma collection entomologique. On le cultive comme l'yeuse, mais il ne se voit que dans les écoles de botanique. Son gland reste deux ans sur l'arbre.

Le Chêne faux kermès a les feuilles persistantes, oblongues, bordées d'épines, et le calice hérissé d'écailles relevées.

Il se trouve sur la côte d'Afrique, où il a été observé par Desfontaines. Ses rapports avec le précédent sont très-nombreux ;
cependant, quand on les compare, on juge facilement de leurs
différences. Ses feuilles sont plus longues, plus épaisses, les
écailles de son calice sont plus larges et moins pointues. Il
s'élève davantage. Il ne sert qu'à brûler.

Tous ces chênes d'Europe, d'Asie ou d'Afrique, excepté
deux, je les possède en herbier ; excepté quatre, je les ai vus
vivans et portant des fruits, de sorte que si j'ai commis des
erreurs à leur sujet, elles ne peuvent être que de synonymie.
En général, les grands rapports qui existent entre plusieurs
d'entre eux font qu'on les confond d'un canton à l'autre, que
le chène noir des environs de Dijon, par exemple, n'est pas le
chêne noir des environs de Baïonne. J'ai pu juger, dans ma
jeunesse, lorsque je vivais dans les forêts, que les bûcherons
les connaissent bien mieux que les botanistes, et, d'après
le confus souvenir qui me reste de cet heureux temps, j'ai lieu
de croire que le nombre des espèces est encore plus considérable que je ne le fais. Un travail dont voulait s'occuper l'administration forestière, sous la direction de M. Allaire, devait fixer ceux de France ; mais il paraît avoir été abandonné.

Actuellement je vais entrer dans le détail des chênes d'A-
mérique, chênes dont j'ai observé également sur leur sol
natal la plupart des espèces, dont on cultive plusieurs dans
les pépinières de Versailles, et sur lesquels, par conséquent,
je puis aussi fournir quelques notes particulières qui avaient
échappé à Michaux, ou qui n'entraient pas dans son plan.

Le Chêne obtusilobé, qu'on appelle dans le pays *chêne
blanc* ou *chêne gris,* parce qu'il a l'écorce de cette couleur.
Ses feuilles sont velues en dessous, dans leur jeunesse sur-
tout, et à cinq lobes, dont celui du milieu à deux, et les suivans ont une échancrure. Son gland est médiocre. Il s'élève
d'environ 50 pieds, et croît dans toute espèce de terrain. Son
bois est excellent pour toute sorte d'ouvrages, et sur-tout
pour les pieux, attendu qu'il résiste plus que celui de plusieurs
autres à la pourriture. Je l'ai vu assez abondant en Caroline.
Il ne craint point les gelées du climat de Paris, et se cultive
dans les pépinières de Versailles.

Le Chêne a gros fruits, *Quercus macrocarpa.* Mich., a
les feuilles velues en dessous, avec cinq ou sept lobes cré-
nelés et sinués. Elles ont au moins 6 pouces de long. Son
gland a 2 pouces de long sur un et demi de diamètre. Sa
cupule est chevelue sur ses bords. Ses jeunes rameaux sont
couverts d'une fongosité semblable à celle de *l'orme subéreux.*
Il s'élève à 80 pieds, et fournit un bois de bonne qualité.
Comme il ne croît qu'à l'ouest des Alleghanis, je ne l'ai

point vu en Amérique, mais bien dans nos jardins, où on en cultive quelques pieds.

Le Chêne lyré, a les feuilles glabres, lyrées; le lobe supérieur a trois pointes, et les suivans comme tronqués. Son gland est moyen, et sa cupule tuberculeuse. On le trouve en Caroline dans les endroits aquatiques. Il a échappé à mes recherches. Sa hauteur surpasse 60 pieds.

Le Chêne blanc a les feuilles presque uniformément pinnatifides, très-velues et blanches dans leur jeunesse, presque glabres et glauques en dessous dans leur vieillesse; leurs découpures sont très-obtuses. Son gland est assez gros et renfermé dans une cupule tuberculeuse. Il s'élève à 60 pieds, et croît dans les terrains les plus arides comme dans les meilleurs. Ses feuilles varient beaucoup, et peuvent se comparer à celles de la variété du chêne pédonculé. Dans leur jeunesse, elles sont beaucoup plus divisées et entièrement couvertes de poils blancs en dessus et en dessous, de sorte que de loin elles paraissent comme couvertes de neige. Son écorce et son bois sont également blancs. Il est fort distinct du chêne obtusilobé, qui porte aussi le nom de chêne blanc. Son bois est si liant, qu'on le divise en lanières, avec lesquelles on fait des corbeilles, des chaises, des balais, etc.; qu'on le préfère à beaucoup d'autres pour les manches d'outils, etc. Il est excellent pour la construction des maisons, des navires, pour la fabrication du merrain, etc. Enfin il l'emporte sur le nôtre sous tous les rapports, excepté la dureté, qu'il a inférieure. On le rencontre dans toute l'Amérique septentrionale, aussi ne craint-il pas les gelées du climat de Paris, et se cultive-t-il avec succès dans les pépinières de Versailles. Je l'ai beaucoup vu et employé en Caroline. Ses glands sont peu acerbes et peuvent se manger.

Le Chêne chataignier, *Quercus prinus*, Lin., a les feuilles ovales, oblongues, très-peu profondément dentées; velues dans leur jeunesse, glabres dans leur vieillesse; longues de 6 pouces et larges de 4; son gland est passablement gros, et sa cupule très-écailleuse. Il s'élève de près de 100 pieds et croît dans la Caroline aux lieux humides, où je l'ai fréquemment observé. C'est un des plus beaux arbres qu'on puisse voir. Son bois est excellent pour tous les usages économiques, et presque aussi liant que celui du précédent. Ses glands sont doux, son écorce se lève, comme celle du platane, par plaques assez larges lorsqu'il est vieux. On le cultive dans les pépinières de Versailles.

Michaux lui réunit, comme variété, trois chênes que je crois être des espèces distinctes; savoir, le *chêne des montagnes*, le *chêne acuminé* et le *chêne chincapin*. C'est probablement à une de ces espèces, la seconde, que doit se rapporter un grand chêne qui se voit dans le jardin du petit Trianon. C'est encore probablement avec une d'elles, peut-être la première, que Michaux a confondu un chêne dont on cultive beaucoup d'individus dans la pépinière de Trianon. C'est la seconde variété de Lamarck, celle qu'il appelle *à écorce de platane* et qui a pour caractère, feuilles obtusément sinuées, amincies en pétiole, et fortement velues ou drapées en dessous. Son écorce se lève spontanément comme celle du platane. On pourrait l'appeler le CHÊNE DRAPÉ, *Quercus panosus*, Bosc.

Le CHÊNE VERT DE CAROLINE, *Quercus virens*, Mich., a les feuilles persistantes, oblongues, coriaces, d'un vert sombre en dessus, et glauques en dessous. Elles sont dentées dans leur jeunesse et entières dans leur vieillesse. Son gland est petit et sa cupule assez unie. On le trouve à peu de distance de la mer, dans les parties méridionales de l'Amérique septentrionale. J'en ai beaucoup observé en Caroline dans les sables les plus arides. C'est un arbre du plus grand intérêt, soit sous le rapport de l'utilité, soit sous celui de l'agrément. En effet, son bois est d'une dureté et d'une incorruptibilité plus grande que celle d'aucun autre arbre des mêmes contrées, peut-être même supérieur à celui du chêne vert d'Europe. On cite des pièces de navire de ce bois, des courbes qui ont plus de cent ans de service, et qui sont encore très-bonnes. Il croît très-lentement, n'élève son tronc que de 12 à 15 pieds; mais là, il se partage en trois ou quatre maîtresses branches, qui étendent leurs rameaux de manière à former une demi-sphère de verdure qui a souvent plus de 100 pieds de diamètre. Je n'ai jamais rencontré un de ces arbres isolé sans m'extasier à son aspect, et sans me demander combien il vaudroit dans un jardin paysager des environs de Paris ou de Londres. La plupart des premiers colons, à l'époque du défrichement, ont conservé les plus beaux pour retirer les bestiaux pendant les chaleurs de l'été; mais la cupidité les fait abattre journellement : car ils se vendent très-cher lorsqu'ils sont d'un certain échantillon, et on n'en replante plus; de sorte que dans un siècle ils seront excessivement rares en Caroline. Son gland est doux et extrêmement recherché par tous les animaux sauvages, et principalement par les cerfs, qui se font tuer en approchant des habitations pour le manger. Ces glands sont si abondans certaines années, que tel arbre en pourrait fournir vingt à trente tonneaux. Souvent ils germent sur l'arbre même par l'effet de la grande humidité de l'atmosphère. Ils y restent deux ans.

Cet arbre est un des plus précieux que l'Amérique puisse offrir à l'Europe; mais quoique Michaux ait envoyé des millions de ses glands en France, il n'y en a peut-être pas encore un seul dans les landes de Bordeaux, sur les collines stériles des environs de Toulon, en Corse, etc., etc. On n'en voit que quelques chétifs pieds, en pots, dans les jardins de Paris et de Versailles, pieds qui sont si défigurés, que par-tout on les dit appartenir au *chéne saule*, dont il va être question. Il faut envoyer ses glands dans de la terre à moitié sèche (qui les conserve en état de végétation), et les semer aussitôt leur arrivée à une exposition chaude, et dans un sol léger, même de préférence dans de la terre de bruyère. Le plant lève sur-le-champ, et a cela de remarquable que sa racine sort toujours d'un ganglion de la grosseur et de la forme d'une noix. Il est encore plus difficile à la reprise que le chêne vert d'Europe ; de sorte qu'il faut semer les glands en place ou dans des pots.

Je fais des vœux pour que les essais tendant à naturaliser cet arbre en France se renouvellent, et pour qu'on les dirige mieux que par le passé.

Le Chêne saule, *Quercus phellos*, Lin., a les feuilles lancéolées, aiguës, très-longues et pubescentes en dessous dans leur jeunesse, et le gland presque rond. C'est un arbre de 100 pieds de haut, dont l'écorce est lisse et blanche, et la tête d'une très-belle forme. Ses feuilles sont quelquefois lobées dans leur jeunesse, comme celles du *chéne aquatique*, qui sera mentionné plus bas, et tombent tous les ans à l'entrée de l'hiver. On le trouve dans toute l'Amérique septentrionale, où je l'ai observé dans les sols humides ou inondés pendant l'hiver ; sa croissance est lente. Son bois est bon et très-employé, mais il n'a pas de qualités prédominantes. Il fournit peu de glands, aussi en envoie-t-on rarement en Europe. Il y en a un très-beau pied (de plus de 40 pieds) dans le jardin du petit Trianon, qui est provenu de la greffe d'un de ses rameaux sur le *chéne roure*. On le multiplie par la même voie.

Le Chêne pumile, *Quercus pumila*, Walter, a les feuilles lancéolées, obtuses, très-pubescentes, même dans leur vieillesse, et le gland presque rond. Il ressemble beaucoup au précédent, avec lequel Michaux l'a confondu, quoiqu'il l'ait figuré séparément ; mais il en diffère par ses feuilles plus courtes, plus obtuses, plus ondulées en leurs bords et plus velues en dessous, et sur-tout par sa hauteur, qui surpasse rarement un pied, par sa grosseur que je n'ai jamais-vue de 2 lignes, et par ses racines, qui sont traçantes. Il croît en Caroline dans les lieux humides, et couvre quelquefois exclusivement, sous les grands arbres, des espaces considérables. Je me suis quelquefois amusé à en arracher, en en tirant un avec la main, 25 à 30 pieds à la fois, par le seul effort de mon bras, tous tenant à la même racine, afin de pouvoir me donner en Europe comme un nouvel Alcide. Il est extrêmement rare de pouvoir envoyer des glands de ce chêne en Europe, parce que les animaux sauvages, et sur-tout les jeunes dindons, à la portée desquels ils se trouvent, ne les laissent pas arriver à maturité. C'est sans doute pour prévenir la prompte disparition de cette espèce de la liste des végétaux, que la sage nature lui a donné, comme elle a donné au *chêne kermès*, la faculté de se reproduire par ses racines.

Le Chêne cendré, *Quercus humilis*, Walter, a les feuilles oblongues, lancéolées, aiguës, entières, couvertes en dessous de poils cendrés. Dans sa jeunesse, son gland est presque sphérique et sa cupule peu profonde. On le trouve en Caroline dans les sables les plus arides, et il y parvient rarement à plus de 15 à 20 pieds. C'est une espèce bien distincte, mais qui a été cependant confondue par les auteurs avec le chêne à feuilles de saule. Son tronc est toujours bossu, tortu, et sa cime d'une forme irrégulière ; son bois est extrêmement dur, ainsi que je m'en suis assuré bien des fois. On ne l'emploie qu'au chauffage. Dans sa jeunesse ses feuilles prennent quelquefois des lobes. Son gland reste deux ans sur l'arbre.

Le Chêne a latte, *Quercus imbricaria*, Lin., a les feuilles ovales, oblongues, aiguës, entières, un peu tomenteuses en dessous et les glands presque ronds. Il diffère fort peu du précédent par la description, mais beaucoup par son port. Ses feuilles sont trois fois plus larges ; son tronc est de plus de 40 pieds de haut. On le trouve à l'ouest des Alleghanis, où on emploie son bois, de préférence à tous les autres, pour faire des lattes et des bardeaux, parce qu'il se fend droit et qu'il pourrit difficilement. Je ne l'ai pas vu en Caroline.

Le Chêne a feuilles de laurier a les feuilles lancéolées, rétrécies inférieurement, glabres et luisantes ; ses glands sont presque ronds et sa cupule un peu turbinée. On le trouve dans les lieux humides de la Caroline, où je l'ai vu, mais sans pouvoir le rencontrer en fruits. Son bois est peu estimé. Il atteint 60 pieds de haut.

Le Chêne aquatique a les feuilles cunéiformes, un peu sinueuses ou lobées, ordinairement obtuses ; son gland, qui reste deux ans sur l'arbre, est presque globuleux et sa cupule presque plate. On le trouve très-abondamment en Caroline dans les endroits humides et même inondés, mais jamais dans l'eau permanente. Il s'élève à 60 pieds. C'est un fort bel arbre, qui remplirait bien sa place dans nos jardins paysagers par la couleur glauque et le luisant de ses feuilles. Son bois est peu estimé en Amérique, parce qu'il est cassant et très-difficile à travailler quand il est sec, à raison de sa dureté ; mais je ne doute pas qu'on n'en pût tirer un bon parti pour les ouvrages de tour principalement. Il a beaucoup de l'aspect de celui du hêtre. Sa croissance est très-rapide. Dans ses premières années, il n'y a jamais sur le même pied deux feuilles semblables, et souvent leurs formes sont diamétralement opposées, comme linéaires et presque rondes, entières ou très-fortement lobées. Il y en a eu beaucoup de jeunes dans les pépinières de Versailles ; mais comme il est sensible à la gelée, on n'en voit aucun gros dans les jardins, malgré la grande quantité de glands envoyés par Michaux.

Le Chêne noir a les feuilles coriaces, roussâtres, pulvérulentes en dessous, cunéiformes, souvent cordiformes à leur base, et mucronées au sommet de leurs lobes ; son gland est ovoïde et sa cupule turbinée. Il s'élève à 30 pieds. Je l'ai rapporté de Caroline, où il croît dans les terrains sablonneux. Son bois très-poreux, très-cassant, ne sert que pour le chauffage. Il ne faut pas le confondre avec le suivant, qu'on appelle aussi *chêne noir* en Amérique.

Le Chêne quercitron, *Quercus tinctoria*, Mich., a les feuilles ovales, lobées, obtuses à leur base, d'un vert obscur en dessus et pubescentes en dessous ; leurs lobes sont mucronés dans la jeunesse ; ses glands sont ronds, un peu déprimés et renfermés dans une cupule fort aplatie. On le trouve dans le nord de l'Amérique septentrionale. Il s'élève à 80 pieds, et croît dans les meilleurs terrains. Son bois, quoique inférieur à plusieurs autres, est généralement employé à la construction des maisons et des navires de cabotage. C'est lui qui, sous le nom de quercitron, se voit depuis quelques années dans le commerce, et donne à la teinture cette belle couleur jaune serin si solide. Son écorce sert au même usage, et de plus est excellente pour le tannage des cuirs. Je n'ai point rencontré ce chêne en Caroline, ou plutôt je l'aurai confondu avec le précédent, dont il porte le nom (chêne noir); mais il y en a des pieds dans les pépinières de Versailles, que je désire placer de manière à devenir des porte-graines, car il est un des arbres à multiplier en France à raison de son utilité et de sa beauté. M. Dandré l'a beaucoup multiplié au bois de Boulogne.

Le Chêne trilobé a les feuilles cunéiformes, trilobées au sommet, mucronées sur toutes ses saillies, velues et cendrées en dessous ; son gland est globuleux, fort petit, et sa cupule fort aplatie. Son accroissement est très-rapide, et il s'élève à 60 pieds. Ses feuilles ont 5 à 6 pouces de long sur 3 ou 4 de large à leur sommet. Je l'ai trouvé en Caroline dans les plus mauvais terrains. Son bois est passablement bon. Il y en a quelques pieds dans les pépinières de Versailles.

Le Chêne de Banistère a les feuilles à cinq lobes, aiguës, velues et cendrées en dessous ; son gland est globuleux et géminé ; sa cupule turbinée. Il s'élève seulement de 8 à 10 pieds, et croît dans le nord des États-Unis, dans des terrains argileux et froids. Je ne l'ai point vu. Il peut servir à faire des haies. Il y en a beaucoup en ce moment au bois de Boulogne.

Le Chêne falcate a les feuilles à trois, cinq ou sept lobes aigus, mucronées, recourbés en faux, très-longs ; elles sont très-velues en dessous. Son gland est globuleux et sa cupule peu profonde. On le trouve en Caroline, où je l'ai fréquemment observé dans les terrains les plus arides. C'est un fort bel arbre, qui s'élève de 60 pieds et dont le bois est passablement bon. Son gland reste deux ans sur l'arbre.

Le Chêne de Catesby a les feuilles rétrécies à leur base et trois ou cinq lobes très-profonds, aigus, mucronés et souvent recourbés en faux. Son gland est gros et presque globuleux. C'est un arbre de 30 à 40 pieds de haut, agréable par la forme de ses feuilles, mais dont le bois trop poreux n'est bon qu'à brûler. Il croît dans les plus mauvais terrains de la Caroline, où j'ai dû l'observer, mais d'où je ne l'ai pas rapporté. On en voit un grand nombre de beaux pieds à Rambouillet, et quelques petits dans les pépinières de Versailles.

Le Chêne écarlate, *Quercus coccinea*, Mich., a les feuilles glabres, à cinq ou sept lobes subdivisés et terminés par des soies ; elles sont longues de près d'un pied. Son pétiole est très-long. Son gland est oval et sa cupule très-écailleuse. On le trouve dans la haute Caroline, où je ne l'ai vu que dépouillé de ses feuilles. C'est un superbe arbre de 80 pieds de haut, très-propre à figurer dans les jardins paysagers, et dont le bois est meilleur que celui du chêne rouge, avec lequel il a de grands rapports. On en cultive beaucoup de pieds à Versailles et à Rambouillet.

Le Chêne rouge a les feuilles de cinq à neuf lobes, peu profonds en comparaison des espèces précédentes, et subdivisés en plusieurs parties inégales, très-aiguës, toutes terminées par un mucron. Elles sont longues de 5 à 6 pouces. Son gland est assez gros, mais court, et sa cupule très-aplatie. C'est un superbe arbre qui atteint plus de 100 pieds de haut, et dont l'accroissement est très-rapide. Son bois est léger, poreux, peu propre à faire du merrain pour les tonneaux ; mais il est très-employé pour la charpente et le charronnage. Son écorce est préférée à toutes les autres pour le tannage, comme contenant plus de principe astringent. Il se trouve dans toute l'Amérique septentrionale, dans toute espèce de terrain, même les plus mauvais. Je l'ai fréquemment observé en Caroline ; on en voit un superbe pied au jardin du petit Trianon ; on en voit aussi dans les anciennes possessions de Duhamel, qui fructifient et s'y reproduisent naturellement. Il est très-propre à embellir les jardins paysagers.

Cet arbre est donc une des meilleures acquisitions que l'Europe puisse faire. On l'appelle *rouge*, parce que ses feuilles prennent cette couleur en automne ; mais cette propriété est commune à plusieurs espèces.

Les quatre espèces précédentes, et la suivante, avaient été confondues sous le même nom, mais elles sont fort distinctes.

Le Chêne des marais, *Quercus palustris*, Mich., a les feuilles profondément découpées par sept lobes allongés, subdivisés et mucronés. Son gland est petit et sa cupule peu profonde. Il croît au nord de l'Amérique septentrionale, dans les lieux aquatiques, et s'élève à 40 pieds. Ses branches inférieures se recourbent vers la terre, ce qui le rendrait très-propre à faire des haies. Son bois est très-tenace et sert principalement pour des raies de roues. Je ne l'ai point rencontré en Caroline. On en voit quelques pieds, déjà forts, dans les pépinières de Versailles.

On peut juger, par ce rapide extrait de l'ouvrage de Michaux, combien de moyens de richesse l'introduction des chênes d'Amérique peut apporter à la France. Ce qui les rend principalement précieux, c'est que la plupart croissent et deviennent de grands arbres dans les sables les plus arides. La différence qui existe dans les qualités de leur bois est aussi un avantage très-important aux yeux de ceux qui se livrent à la pratique des arts mécaniques, où il faut tantôt plus de dureté, tantôt plus de flexibilité, tantôt plus de légèreté, tantôt plus d'incorruptibilité, qualités sans doute réunies dans nos deux *chênes communs*, mais chacune à un moindre degré que dans le *chêne aquatique*, le *chêne blanc*, le *chêne rouge*, le *chêne vert de Caroline*. On doit donc faire des vœux pour que le projet de l'ancien gouvernement de France soit repris, et que l'exemple que vient de donner M. Dandré, en en faisant de grands semis dans le bois de Boulogne, soit imité par l'administration forestière et tous les propriétaires, sur-tout des parties méridionales de la France. Je ne doute pas que les résultats d'une semblable mesure, suivie pendant une dixaine d'années, ne fussent dans l'avenir d'une utilité majeure pour la France et même pour l'Europe entière.

La culture des chênes d'Amérique ne diffère pas de celle du chêne d'Europe. Deux seules espèces, à ma connaissance, craignent la gelée dans le climat de Paris, le *chêne aquatique* et le *chêne vert* ; encore peut-on espérer que le premier, plus avancé en âge, saura la braver. Il faut, autant que possible, semer leurs glands en place, pour éviter les suites dangereuses de la transplantation, mais les espacer de manière que les arbres qui en proviendront ne soient pas gênés dans leur croissance. La belle plantation de *chênes rouge* et de *Catesby* qu'on voit à Rambouillet, qui a dix-huit ans et 3o pieds de haut, est déjà si serrée qu'il faudrait en couper la moitié pour favoriser le développement de l'autre. Sans cette opération, on ne peut espérer d'en obtenir des fruits. Je voudrais donc que, encore pendant plusieurs années, on ne plantât les chênes d'Amérique qu'en avenues ou isolés, afin que, n'étant gênés en rien, ils devinssent plus tôt propres à la reproduction.

Je sens que cet article, malgré son étendue, ne remplira pas encore tous les désirs des cultivateurs, qui ont si souvent besoin d'avoir des notions très-détaillées sur les nombreux usages du chêne; mais il faudrait des volumes pour les satisfaire. J'ai dû ne donner que des indications; c'est l'inconvénient de tous les ouvrages généraux. (B.)

CHÊNE PETIT. C'est la GERMANDRÉE OFFICINALE. (B.)

CHENEVARD. Nom patois du CHENEVIS. (B.)

CHENEVENILLE. *Voyez* CHENEVOTTE. (B.)

CHENEVIÈRE. Lieu semé en chanvre. *Voy.* CHANVRIÈRE.

CHENEVOTER. Ce mot est, dans quelques cantons, synonyme de TILLER ou de SERANCER. (B.)

CHENEVOTTE. Nom vulgaire des tiges du CHANVRE roui, lorsqu'elles sont dépouillées de leur filasse. Ou on s'en chauffe, ou on en chauffe le four, ou on en fait des allumettes, ou on les jette sur le fumier pour augmenter la masse des engrais. En Espagne, elles servent à faire de la poudre à canon. Souvent elles sont chez les habitans des campagnes la cause de desastreux incendies, par le peu d'attention qu'apportent les teilleuses qui travaillent pendant l'hiver auprès d'un grand feu. (B.)

CHENILLE. On nomme ainsi toutes les larves des insectes de la famille des lépidoptères, et quelquefois, par extension, celles de certains insectes des autres familles; de même que par abus de mot on appelle souvent *vers* de véritables chenilles, principalement la plus célèbre d'entre elles, celle du mûrier, le VER A SOIE.

Toutes les chenilles sont donc le second état de ces insectes; c'est-à-dire qu'elles sortent d'un œuf et se changent en chrysalides, d'où naît un PAPILLON, un SPHINX, une SÉSIE, une ZYGANE, un BOMBICE, un COSSUS, un HÉPIALE, une NOCTUELLE, une PHALÈNE, une PYRALE, une TEIGNE, une ALUCITE ou un PTÉROPHORE. La plupart méritent autant l'admiration des philosophes par leur étonnante industrie, que la haine des cultivateurs par les dommages qu'elles leur causent.

Comme j'ai donné l'histoire de chacune des chenilles en

même temps et les plus communes et les plus destructives, à l'article des insectes dont elles naissent et qu'elles reproduisent, je ne parlerai ici que des généralités qui les concernent. *Voyez* aux mots cités plus haut et à celui TENTHRIDE.

A quelque genre qu'appartienne une chenille, elle a toujours, 1°. une tête écailleuse composée de deux mandibules très-fortes, au bas desquelles est placée la filière ; 2°. un corps cylindrique, allongé, composé de douze parties qu'on nomme anneaux ; 3°. six pattes écailleuses attachées aux premiers anneaux ; 4°. de deux à dix pattes membraneuses, plus ou moins suivant les espèces, placées d'abord sous le dernier anneau, ensuite sous ceux qui le précèdent ; 5°. un anus situé à la partie postérieure et inférieure du corps ; 6°. des stigmates ou ouvertures pour la respiration, au nombre de dix-huit, un sur chaque côté des anneaux, excepté sur le troisième et le dernier. Il n'y a pas d'yeux.

La forme du corps des chenilles est en général cylindrique, comme je l'ai dit plus haut ; il en est cependant quelques-unes, comme on le verra dans la description des espèces, qui l'ont aplati, d'autres qui l'ont tuberculeux et anguleux.

On peut diviser les chenilles par la considération du nombre de leurs pattes membraneuses, pattes susceptibles de s'élargir et de s'allonger, souvent garnies de petits crochets et très-propres à les fixer sur les branches et les feuilles des arbres. Celles qui n'en ont que dix, c'est-à-dire le moins possible, sont appelées *arpenteuses*, parce qu'étant, pour marcher, obligées de rapprocher leur dernier anneau de leur dernière paire de pattes écailleuses, elles relèvent considérablement leurs anneaux intermédiaires et semblent mesurer le terrain.

On peut encore diviser les chenilles en rases, en épineuses, en velues, etc. Ces dernières varient beaucoup par la disposition, la longueur et la couleur de leurs épines ou de leurs poils. C'est chez elles qu'on trouve exclusivement celles qu'on appelle *venimeuses*, c'est-à-dire celles qui, quand on les touche, peuvent occasionner des démangeaisons, et même de petites inflammations locales. Cet effet est produit par leurs poils, qui se séparent facilement et entrent dans les rides de la peau, qu'ils piquent et irritent d'autant plus qu'on la gratte, on la frotte davantage pour s'en débarrasser. C'est par un préjugé ridicule que quelques personnes craignent tant ces animaux ; car ils ne sont à redouter sous aucun autre rapport, pour ceux qui les touchent, que celui que je viens d'indiquer. Quelques-unes, soit des rases, soit des velues, sont parées des plus brillantes couleurs, ou ont des formes très-remarquables ; et toutes ont des mœurs différentes, un genre d'industrie particulière, très-propre à exciter l'intérêt de tous ceux qui les observent. J'ai vu la beauté même se mettre au-dessus du vulgaire, et trouver des distractions agréables dans l'étude de ces mœurs. Quoi de plus merveilleux en effet que les phénomènes présentés par le ver à soie, par exemple, dans le cours de sa vie ; et il n'est cependant pas le plus digne d'étonnement !

Les chenilles proviennent toutes d'un œuf qu'une des femelles des insectes des genres précités a déposé dans le lieu le plus convenable, c'est-à-dire justement sur la plante, ou partie de la plante, dont la chenille doit se nourrir au moment de sa naissance. C'est la chaleur de l'atmosphère qui fait éclore ces œufs, et toujours au moment où les petites chenilles trouveront la nourriture qui leur est propre, c'est-à-dire très-généralement les feuilles, et quelquefois les fleurs, les fruits, les racines et les tiges des plantes, même les charognes, etc. Quelques-unes de ces chenilles aiment à vivre en société, d'autres solitairement. On en voit qui se montrent continuellement, d'autres qui sont toujours cachées. Beaucoup peuvent faire sortir à volonté, dès leur naissance, une soie qui leur permet de descendre des branches, et d'y remonter par la filière dont j'ai déjà parlé ; mais la plupart ne jouissent de la faculté de filer qu'au moment qui précède celui où elles vont se transformer en chrysalide ou nymphe, comme je le dirai plus bas.

Il n'est point de chenille qui ne change de peau plusieurs fois dans le cours de son existence, le plus grand nombre trois à quatre fois, le plus petit depuis cinq jusqu'à neuf. Cette opération, qu'on appelle *maladie* dans les vers à soie, est toujours une crise dangereuse pour les chenilles, pendant laquelle il en périt des millions, ou mieux des milliards, toutes les années. Qu'un vent, ou plutôt une pluie froide, arrive à une de ces époques, et l'arbre le plus infesté de chenilles s'en trouve débarrassé le lendemain.

Le temps que les chenilles vivent sous cet état est aussi variable que les espèces mêmes. Les unes subissent toutes leurs mues en quinze jours, pour d'autres il leur faut des mois et même des années. On en connaît qui restent quatre ans avant de devenir insectes parfaits ; la révolution d'une saison, c'est-à-dire trois mois, est cependant le temps qu'il faut au plus grand nombre pour arriver au terme.

Aux approches de cet instant, les chenilles cessent de manger, et s'occupent de trouver un lieu où elles puissent se transformer avec sécurité en chrysalides, en fèves ou en nymphes, trois mots qui sont synonymes, état où elles n'auront aucun moyen de défense contre leurs ennemis. La nature a beaucoup fait pour elles ; mais elle veut qu'elles aient aussi une portion du mérite. Les plus communes, c'est-à-dire celles qui doivent donner les insectes les plus féconds, sont en général

18 *

les moins bien partagées à cet égard. Ainsi, celle du papillon du chou, le fléau de nos jardins, se transforme contre un mur, contre un tronc d'arbre, où elle est très en vue; ainsi, celle appelée la *commune*, qui ravage nos arbres fruitiers et nos arbres d'avenue, se transforme dans un cocon très-facile à reconnaître. Les autres savent se cacher entre des feuilles qu'elles plient ou contournent, dans les crevasses des arbres, sous des pierres, dans la terre, etc. Plusieurs se font des cocons de soie si solides, que les instrumens de fer peuvent à peine les pénétrer; d'autres y introduisent leurs poils, ou une bave résineuse, ou des matières étrangères, telles que des fragmens de feuilles, de bois ou de terre, qui empêchent de les reconnaître. Que de merveilles présente ce seul instant de la vie de la chenille! On trouvera, au mot Ver a soie, un exemple détaillé de la manière dont les chenilles filent leur cocon, puisque toutes suivent en général la même marche; et le détail des espèces de chaque genre fera connaître les différentes variations qui ont lieu. On peut cependant dire ici que les chenilles des papillons se suspendent par la queue et s'attachent par le milieu du corps; que celles des sphinx s'introduisent dans la terre; que celles des sésies, qui vivent toutes dans le bois, y restent; que celles des zyganes font des cocons membraneux et très-allongés, et les placent sur les tiges des plantes les plus grêles; que celles des bombices, la plupart dans des cocons soyeux sur l'arbre où elles ont vécu, ou sur les murs, ou sous les pierres qui en sont voisines; que celles des cossus, qui vivent toutes dans le tronc des arbres, ainsi que des hépiales, qui vivent toutes dans leurs racines, n'en sortent que sous l'état d'insectes parfaits; que presque toutes celles des noctuelles s'enterrent et ne font point de cocons: il en est de même de celles des phalènes; que celles des pyrales plient les feuilles des arbres, ou les contournent pour se cacher; que celles des teignes, qui presque toutes se bâtissent, dès leur naissance, un fourreau avec les matières dont elles vivent, ou des matières étrangères, y restent; que celles des alucites restent également dans la galerie qu'elles se sont faite dans l'épaisseur des feuilles; enfin, que celles des ptérophores se suspendent à peu près comme celles des papillons. Ce rapide exposé est soumis à beaucoup d'anomalies, qui seront mentionnées lorsque je traiterai des espèces qui les présentent.

Je dois encore observer que, quoique la forme ovoïde soit celle de la très-grande masse des chrysalides, il en est cependant, sur-tout dans le genre des papillons, qui sont anguleuses et baroques. Il en est de même de la couleur généralement brune, mais qui dans les papillons a souvent l'aspect de l'argent ou de l'or. Le nom qu'elles portent leur est même venu de cette dernière couleur, qui a frappé les premiers observateurs.

Le temps où les chrysalides restent dans cet état varie autant que celui pendant lequel elles ont vécu sous la forme de chenilles. Peu de jours suffisent à quelques espèces pour raffermir leurs parties intérieures, et sortir sous forme d'insectes parfaits. A d'autres il faut plusieurs mois; c'est-a-dire qu'elles passent l'hiver et ne changent qu'au printemps ou en été de l'année suivante; quelquefois même elles restent plusieurs années sous cette forme. On peut toujours retarder leur changement en les tenant dans un air froid, comme on peut l'accélérer en les mettant dans un air chaud.

Les insectes parfaits ne vivent, pour la plupart, que fort peu de jours; beaucoup même n'ont qu'un simulacre de trompe, et ne mangent point : ils s'accouplent, pondent et meurent. Il en est cependant, sur-tout parmi les papillons, qui vivent pendant un certain temps, un mois par exemple; et un petit nombre qui passent l'hiver sous cet état, pour ne pondre qu'au printemps.

Les chrysalides et les insectes parfaits qu'elles ont produits ne nuisent plus à l'agriculture. Les papillons, les sphinx et quelques autres lui sont même utiles; car ils favorisent la fécondation des plantes, en allant chercher, avec leur trompe, le miel qui sert à leur nourriture dans le nectaire des fleurs, au milieu des organes de la fécondation de ces fleurs. Cependant il est de l'intérêt du cultivateur de les rechercher pour les détruire. En effet, une chrysalide du bombice commun écrasée empêche deux ou trois cents chenilles de naître; un papillon femelle du chou, tué, dispense de tuer les cent cinquante à deux cents chenilles qu'il aurait produites quinze jours après. Souvent les chrysalides sont plus faciles à trouver que les chenilles. Il en est de même des insectes parfaits. Beaucoup de bombices, de noctuelles, de phalènes, et sur-tout de pyrales et de teignes, viennent se brûler à la chandelle; ne devrait-on pas allumer des feux de fagots dans certains endroits pour y attirer également ces insectes? J'ai proposé, il y a déjà long-temps, ce moyen non pour détruire, je ne le crois pas possible, mais pour diminuer le nombre des pyrales, qui font tant de tort à la vigne. Il faut, comme moi, avoir vu la quantité de papillons de nuit, pour me servir de l'expression commune, qui affluent autour d'un four à charbon; il faut comme moi avoir, en France et en Amérique, employé le feu dans l'intention de prendre de ces insectes pour ma collection, pour pouvoir apprécier l'excellence de ce moyen. Je le recommande donc aux cultivateurs. Il est vrai qu'il n'a d'effet réellement durables, c'est-à-dire réellement utiles, qu'autant que tous ceux d'un canton l'emploient simultanément; mais enfin, il est des cas, et celui du pyrale de la vigne est du

nombre , où leur intérêt commun les y porte. Les plus in-
souciants, ou les plus ignorans , ne demandent, dans ce cas ,
qu'un provocateur.

Mais il faut revenir sur la manière de vivre ou sur les habitudes industrieuses des chenilles.

Il y a très-peu de plantes qui ne nourrissent des chenilles , et
quelques-unes de ces chenilles peuvent indifféremment vivre
aux dépens de plusieurs plantes. On a remarqué principalement qu'une telle espèce attaquait indifféremment tous les arbres du même genre, et ceux de tous les genres de la même
famille. Cependant, il faut le dire, le nombre de celles qui
s'attaquent à toutes sortes de plantes est très-borné. L'âcreté
du suc propre de l'euphorbe à feuilles de cyprès ne nuit point
à la belle chenille du sphinx, qui vit à ses dépens. Les pointes
qui couvrent les feuilles de l'ortie n'empêchent pas plusieurs
chenilles, même très-délicates, de les dévorer. La dureté du
bois de l'orme n'arrête pas les ravages des cossus, et celle du
grain du blé, ceux de l'alucite, qui cause souvent tant de pertes
au cultivateur. La grande *aquosité* des prunes, l'acidité de
quelques pommes, n'empêchent pas certaines chenilles de s'introduire dans leur intérieur et de vivre de leur substance. Le
lard le plus salé n'éloigne pas toujours celle du *phalœna pin-
guis*, qui vit de graisse.

Il y a des chenilles qui mangent le jour et la nuit, d'autres
qui se cachent le jour et ne cherchent leur nourriture que la
nuit : la plupart de celles des papillons et des noctuelles qui
dévorent nos légumes sont dans ce cas. C'est donc la lanterne
à la main qu'on doit leur faire la chasse. Celles qui n'attaquent
que les racines, et le nombre ne laisse pas que d'être considérable, ne sont jamais en vue. On n'apprend le lieu de leur retraite que par le résultat de leurs ravages, la mort des plantes,
ou les suites du labourage.

Quelques chenilles sont naturellement cachées par le seul
effet de leur couleur, fort semblable à celle des branches ou
des feuilles des arbres sur lesquels elles se trouvent, et par
leur immobilité. Il en est qui se roulent en anneau et se laissent tomber dans les herbes dès qu'on les touche ; d'autres
qui ne se roulent point, mais qui descendent rapidement au
moyen d'un fil de soie. Plusieurs se sauvent de toute la vitesse de leurs jambes, ou semblent vouloir se défendre par
de brusques mouvemens. Il faut connaître leurs différentes
mœurs pour pouvoir les détruire et plus facilement et plus
sûrement.

Un grand nombre d'ennemis font perpétuellement la guerre
aux chenilles et en détruisent d'immenses quantités. Une multitude d'oiseaux s'en nourrissent et en nourrissent exclusivement leurs petits. Les serpens, les lézards, les grenouilles ,

les crapauds, en font aussi souvent leur curée. Quantité d'insectes les recherchent également pour le même objet. Parmi eux, il faut principalement citer les ichneumons et les cynips, qui déposent leurs œufs dans leur corps, sans pour cela les faire mourir d'abord. De ces œufs sortent des larves qui vivent aux dépens de la partie graisseuse de la chenille, et souvent ne la font périr qu'après leur transformation en chrysalide. Il n'en est pas, telle cachée qu'elle soit, même celle qui vit dans l'intérieur des fruits, même celle qui vit dans l'intérieur des bois, qui ne puisse être attaquée et qui ne le soit par quelques-uns de ces insectes. Je parlerai en détail de tous ces ennemis aux articles qui les concernent ; car tout agriculteur doit les connaître, comme étant ses auxiliaires dans la guerre qu'il déclare à la plupart des chenilles.

Ce sont les pluies froides du printemps, et sur-tout, comme je l'ai déjà dit plus haut, celles qui surviennent à l'époque où les chenilles sont en mue, qui en font périr le plus grand nombre. Les suites de ces pluies sont un dévoiement, qui les affaiblit et les conduit à la mort en deux ou trois jours, et quelquefois moins. L'excessive abondance des mêmes animaux est aussi une des grandes causes de leur destruction; car quand elles ont mangé toutes les feuilles d'un arbre avant l'époque de leur transformation, la plupart périssent de faim, et ne peuvent par conséquent procréer de nouvelles générations pour l'année suivante. La chenille de la *teigne padelle* qui, en 1805, a causé de si grands dommages aux pommiers, a été dans ce cas : on eut, en conséquence, tout lieu de croire qu'il y en aurait peu l'année d'après.

. Il semblerait, je dois l'avouer, par ce que je viens de dire, que toutes les chenilles sont nuisibles à l'homme ; mais le vrai est que la plupart sont très-rares, ou n'attaquent que des plantes dont la conservation ne l'intéresse que fort peu ou point du tout. Il est telle chenille dont je n'ai pu trouver que deux ou trois individus depuis trente ans que je travaille à ma collection d'insectes. Il en est même telle autre que je n'ai jamais rencontrée, quoique l'insecte parfait qu'elle produit soit tombé plusieurs fois sous ma main. De quelle importance est-il pour nous que les orties soient dévorées, comme elles le sont si souvent, par la chenille du papillon de son nom, ou par celle du papillon paon de jour? Il n'y a réellement qu'un petit nombre d'espèces qui soient essentiellement un fléau pour l'agriculture. Je mettrai au premier rang la commune, la livrée, celle à oreille, qui donnent toutes des bombices ; celle des grains, celle des fruits, celle qui a mangé les pommiers cette année, celles des étoffes de laine, qui se changent en teignes ; celles du chou, qui fournissent des papillons ;

ensuite quelques-unes qui , ordinairement rares , se multiplient quelquefois si fort, qu'elles se rangent dans la division
precedente , telles que la chenille du psy et du gamma , qui
sont des noctuelles (*voyez* le huitième mémoire du 2ᵉ. volume
de Réaumur); de l'étoilée , qui est un bombice ; de la brumate , qui est une phalène ; de la pomme , de la vigne , qui
sont des pyrales, et quelques teignes; le reste est peu à craindre.

On ne peut donc raisonnablement se plaindre que des chenilles qui , en rongeant la totalité ou la plus grande partie des
feuilles des arbres ou des plantes , empêchent ces arbres d'a-
bord de croître autant qu'ils l'eussent fait sans cela , ensuite
de nous donner les fruits ou l'ombrage que nous en atten-
dions , et ces plantes de servir à notre nourriture ou à celle
des bestiaux , compagnons de nos travaux. Ce sont celles-là
qu'il faut chercher les moyens de détruire; mais jusqu'à présent
sent il n'y a guère que la commune, contre laquelle on ait employé des moyens coërcitifs. Une loi oblige d'enlever tous les
hivers les nids de ces chenilles; mais elle n'est guère exécutée
que sur les routes qui avoisinent les grandes villes et dans les
jardins publics. (*Voyez* au mot Bombice.) J'ai indiqué, à leur
article, les moyens particuliers de destruction propres à chaque
espèce. Je dois donc me borner ici à répéter qu'il ne suffit pas
d'attaquer les chenilles mêmes, mais encore les œufs qui les
ont produites , les chrysalides qu'elles ont formées , les insectes parfaits qui leur ont donné naissance. C'est par la réunion de tous ces moyens qu'on peut espérer de parvenir à des
résultats avantageux.

Quelquefois on fait tomber les chenilles d'un arbre en brûlant au bas de la paille mouillée, ou des feuilles de tabac, ou
du fumier nouvellement retiré de dessous les chevaux; un peu
de soufre qu'on jette sur cette paille accélère leur chute. Un
coup de fusil tiré au milieu même de l'arbre , en ébranlant
subitement l'air, les fait également tomber; des coups de bâtons sur les petites branches conduisent au même but. Une
dissolution de potasse, une eau de savon, ou une décoction
de sureau , de jusquiame ou autre plante à odeur et à saveur
désagréable, dont on arrose les plantes , produit aussi des
effets utiles; mais ces moyens n'agissent pas sur toutes les
espèces de chenilles. La commune, par exemple, n'y est au-
cunement sensible.

On a proposé d'enduire le corps des arbres de miel, ou d'une
autre matière gluante, pour empêcher les chenilles de monter
dessus; mais ce moyen n'a pu paraître bon qu'à ceux qui n'ont
pas étudié les mœurs de ces insectes : il n'y a tout au plus que
celles qui sont tombées du même arbre que cela empêcherait
d'y remonter. Le nombre des chenilles coureuses est très-

borné, et même je n'en connais pas, dans cette classe, qui monte sur les arbres.

Dans la Suisse et contrées voisines, on profite du goût des fourmis pour les chenilles, et on s'en débarrasse aisément par un moyen qui ne doit pas manquer son effet, au moins relativement aux chenilles rases, telles que celles de la phalène brumate. Pour cela on commence par cerner le tronc de l'arbre avec une bande de goudron de 5 à 6 pouces de large, puis on attache à une des branches un sac plein de fourmis. Ces dernières se répandent par-tout, et ne pouvant descendre à cause du goudron, dévorent toutes les chenilles en peu de jours. Il est faux que les fourmis nuisent à ces arbres lorsqu'elles n'y sont pas en assez grande quantité pour brûler les feuilles au moyen de l'acide qui distille de leur bouche. Ainsi il n'y a jamais d'inconvénient à employer ce moyen.

Les chenilles sont nécessairement utiles dans l'ordre de la nature, et j'ai rapporté qu'elles servaient de nourriture à des oiseaux que l'homme mange ensuite; mais parmi leur grand nombre il n'y a absolument que celle du mûrier dont il tire immédiatement parti. (*Voyez* le mot VER A SOIE.) On a fait à différentes époques des essais pour filer la soie de quelques autres espèces, mais les résultats n'ont pas été assez avantageux pour qu'on y soit revenu. Il ne faut cependant pas se rebuter, car il est possible que quelque observateur fasse en ce genre des découvertes d'une grande importance et auxquelles on ne s'attend pas. (B.)

CHENILLE DE L'AVOINE. M. Tessier a décrit cette chenille au mot AVOINE, et M. Fromage dans les Annales d'agriculture, vol. 15. Elle vit dans le chaume de cette graminée, et son insecte parfait est gris argenté. Je ne connais pas cette espèce, que ces deux agriculteurs disent causer de grands dommages dans la ci-devant Beauce. Peut-être est-ce la larve d'une MOUCHE? (B.)

CHENILLE FAUSSE. Ce sont des larves des TENTHRÈDES, qui ressemblent beaucoup aux véritables chenilles; mais elles ont plus de seize pattes. (B.)

CHENOLE. On appelle ainsi, dans le vignoble de l'Orléanais, les SARMENS conservés pendant deux ou trois ans dans le but de faire produire plus de grappes aux CEPS.

Les chenoles donnent beaucoup de grappes; mais elles sont petites et leurs grains le sont également. Les SAUTELLES ou ARCEAUX leurs sont préférables. *Voyez* VIGNE. (B.)

CHÉNOPODÉES. Famille de plantes qui a pour type le genre ANSERINE. (*Chenopodium* en latin.)

Cette famille réunit quatorze ou quinze genres, dont les plus importans pour les cultivateurs français, outre celui ci-dessus, sont ceux, PHYLOTACA, BASELLE, SOUDE, ÉPINARD, BETTE, ARROCHE et SALICORNE.

Beaucoup des espèces qui entrent dans ces genres se mangent ou peuvent se manger par les hommes, quoique rebutées par les bestiaux. Toutes sont dans le cas de fournir par leur combustion plus de POTASSE ou de SOUDE, toutes choses égales d'ailleurs, que les autres plantes. *Voyez* ces mots. (B.)

CHEPTEL ou CHETEL, CHETEIL, CHAPTAL, CHATAL. Espèce de bail, par lequel on donne à nourrir des bœufs, vaches, moutons, brebis, agneaux, chèvres, cochons, et le tout à moitié profit. L'arrêt du conseil de 1690, l'édit du mois d'octobre 1713, ont ordonné que de tels baux doivent être passés par-devant notaire pour éviter toute fraude.

Les conditions de ce bail ou de l'acte sous seing privé sont en général (car elles varient suivant les provinces), 1°. que le bailleur a droit de revendiquer le bétail qu'il a donné à cheptel, dans le cas de saisie chez le preneur; 2°. que, si le bétail vient à périr par cas fortuit, la perte est supportée par le bailleur et par le preneur; 3°. que s'il périt par la faute du preneur, il en supporte la perte; 4°. que le lait, le fumier, et le travail du gros bétail appartiendront au preneur, et que le bailleur aura droit seulement sur la laine et sur la multiplication des animaux. Ces lois générales sont susceptibles de beaucoup d'autres conventions, au gré des contractans.

On distingue deux sortes de cheptel, le *simple,* et celui de *métairie.*

Le cheptel *simple* a lieu lorsque le propriétaire des bestiaux les donne à un particulier qui n'est point son fermier ou métayer, pour faire valoir les héritages qui appartiennent à ce particulier, ou qu'il tient d'ailleurs, soit à titre de loyer, soit à ferme.

Le cheptel de *métairie* est lorsque le maître d'un domaine loue à son métayer des bestiaux, à la charge de prendre soin de leur nourriture, pour le garder pendant le bail, et s'en servir pour la culture et amélioration des héritages.

Le bail peut être à moitié, si le bailleur et le preneur fournissent chacun moitié des bestiaux qui sont gardés par le preneur, à condition de partager par moitié les animaux survenus et la moitié de la laine.

Le bailleur peut donner à son fermier les bestiaux par estimation, à la charge que le preneur en percevra tout le profit, et il augmente à proportion le prix du bail. Le preneur est obligé de rendre à la fin du bail les bestiaux de même valeur que ceux qui lui ont été remis lors de la passation du bail, et suivant l'estimation.

Plusieurs de nos provinces ont des lois ou *coutumes* expresses sur cet objet. *Voyez* BAIL. (R.)

CHERANÇOIR. *Voyez* SERANÇOIR.

CHÈRE-A-DAME. Variété de POIRE.

CHEROLLE. Dans quelques endroits, on donne ce nom à la VESCE A ÉPI, *vicia cracca*, Lin.

CHERVI, *Sium sisarum*, Lin. Espèce du genre des BERLES (*voyez* ce mot), qu'on cultive dans les jardins potagers et dont on mange la racine.

Cette plante a une racine charnue, tuberculeuse, roussâtre, une tige noueuse, cannelée, haute de 4 à 5 pieds, des feuilles alternes, ailées avec impaire, des fleurs blanches et disposées en ombelle. Elle est originaire de la haute Asie. On la cultive aussi à la Chine, où, sous le nom de *ninzy*, elle jouit d'une grande célébrité, comme propre à ranimer les forces vitales, à augmenter les facultés prolifiques de ceux qui en mangent.

Cent parties de ces racines contiennent, d'après M. Drapiez, huit parties de bonne moscouade. (B).

La racine indique l'espèce de terre qui convient à la plante : cette racine pivote, il lui faut un sol bien défoncé et léger. Dans les provinces méridionales, le chervi demande à être semé dans le mois de février ; en mars, dans celles de l'intérieur du royaume, et au commencement d'avril dans celles du nord.

On sème de deux manières, ou à la volée, ou par rayons : je préfère cette dernière, parce qu'elle facilite le serfouage, qui, donné à propos et assez souvent, fait singulièrement profiter la racine. Il faut fréquemment arroser ; cette plante aime l'eau, mais non pas le marécage.

Quoiqu'on puisse la replanter, il vaut mieux la laisser dans les sillons, et éclaircir suivant le besoin. Cependant la transplantation offre un grand avantage ; elle a lieu communément en avril ou en mai, suivant les provinces. Du collet de la plante il sort plusieurs tubercules qu'on sépare, qu'on plante, et de chacun il pousse une tige nouvelle : ces fileuses devancent les plants venus de semence. Ce que je dis ici paraît contradictoire avec ce que je viens d'avancer ; mais l'expérience m'a prouvé que les chervis non replantés produisaient des racines plus fortes et mieux nourries. On peut, sans inconvénient, replanter les chervis surnuméraires qu'on arrache de terre.

Cette plante, ainsi que je l'ai déjà dit, monte en tige dès la première année ; il convient de couper cette tige, afin de faire grossir les racines : ces tiges sont agréables aux chèvres, aux moutons, aux bœufs, etc. Pendant les grandes chaleurs, arrosez souvent. La plante grène dans le mois de septembre pour les pays méridionaux, et par conséquent plus tard en Flandre. La graine de la première année ne vaut pas celle de la seconde; et autant qu'il est possible on ne doit semer que celle-là. Après l'avoir cueillie, on l'expose pendant quelques jours au soleil, pour la renfermer ensuite dans un lieu sec, après l'avoir débarrassée de toute immondice : cette graine se conserve pendant trois ans. Quelques auteurs conseillent de tirer de terre la quantité de chervis qu'on doit consommer dans l'hiver, et de les enterrer dans la serre : cette précaution me paraît superflue, à moins qu'on ne veuille absolument en manger lorsque la terre est couverte de neige ou resserrée par la gelée.

Les racines ont une douceur fade qui les fait dédaigner par quelques personnes : on les regarde comme apéritives et vulnéraires, et elles sont rarement employées en médecine. (R.)

CHEVAL, *Equus, Caballus* (1). Tout le monde connaît l'élégance de la conformation de cet animal, que l'homme s'est assujetti de temps immémorial, et qu'il emploie à un si grand nombre d'usages utiles ou agréables. Il n'est personne qui n'ait admiré mille fois la régularité et l'exacte proportion de ses membres, la majesté de sa taille, la fierté de son regard, la noblesse de son maintien, la grâce et la précision de ses mouvemens, et qui n'ait été frappé de son intelligence, de sa mémoire, de son intrépidité, et de toutes les autres bonnes qualités que lui a départies la nature. Aussi, son éloge retentit-il dans toutes les bouches et fait-il l'objet de nombre d'écrits tant anciens que modernes ; aussi les poëtes, les prosateurs et les peintres l'ont-ils souvent pris pour objet de leurs travaux ; mais quelque perfection qu'ils aient mise dans leurs ouvrages, tous sont encore loin d'avoir atteint leur modèle.

L'utilité du *cheval* chez les peuples sauvages ou à demi-sauvages se borne à porter son maître et ses propriétés mobilières, à lui rendre la guerre plus facile et moins dangereuse ; mais chez les peuples policés, elle est de la plus vaste étendue. Tous les arts et métiers s'applaudissent du service qu'ils en tirent : il est devenu si nécessaire aux diverses nations de l'Europe, que leur richesse et leur sûreté consistent en grande partie dans la quantité et la qualité de leurs chevaux. Sans eux, l'agriculture, le commerce et la guerre seraient privés d'une infinité d'avantages. Celle qui perdrait en même temps ses chevaux et les moyens d'en faire venir de l'étranger, tomberait en peu de temps dans la misère et l'assujettissement.

C'est par toutes ces considérations, que les états bien réglés

---

(1) Cet article important est en partie extrait de la nouvelle édition du nouveau Dictionnaire d'Histoire Naturelle.

ont toujours regardé l'éducation des chevaux comme un objet important et digne de la plus sérieuse attention ; qu'ils ont fait des lois pour en multiplier le nombre, en améliorer l'espèce, etc., etc.

Dans un aussi riche sujet, on n'est embarrassé que du choix des matériaux ; mais ce choix est fort difficile lorsqu'il s'agit de rédiger un article aussi circonscrit que celui-ci doit l'être, d'après le plan adopté. Je le divise en trois chapitres.

Dans le premier, j'indique les différentes parties qui composent le cheval, ses proportions, son âge, ses allures, ses sensations, enfin le choix que l'on en doit faire pour les différens services auxquels on l'emploie.

Dans le second, je parle des chevaux sauvages, de ce que l'on sait sur leur manière de vivre : je passe aux races qui leur ressemblent le plus ; successivement j'examine les principales, et enfin celles de la France en particulier.

Dans le troisième, je dis un mot des haras, du choix des animaux pour la reproduction, de la monte, de la gestation, du poulain, etc. ; de l'âge auquel on doit assujettir l'animal au travail ; des moyens à employer pour l'instruire, sur-tout le cheval de selle ; de l'écurie, et des soins que doivent avoir les garçons d'écurie ; de la nourriture du cheval, du travail, du repos ; je passe à quelques données sur plusieurs opérations auxquelles on est dans l'usage de les soumettre, telles que la castration, l'opération de la queue à l'anglaise, et la manière de les marquer ; enfin je termine par les produits que l'on en retire après leur mort.

Proportions. Le cheval est, de tous les animaux, celui qui, avec une grande taille, réunit les plus exactes proportions dans toutes ses parties. L'élégance de sa tête et la manière dont il la porte, lui donnent un air de légèreté qui est bien soutenu par la beauté de son encolure. Ses yeux sont vifs et bien ouverts, ses oreilles gracieuses, et sa crinière flottante augmente la noblesse de son maintien. Toutes les autres parties de son corps concourent, chacune pour ce qui la concerne, à l'embellir. Il n'y a pas jusqu'à sa queue, garnie de longs crins, qui ne lui donne de la grâce. Aussi, peu de personnes peuvent-elles résister à l'attrait qui les attire vers un beau cheval, qui, n'ayant pas été dégradé dès son enfance par un travail forcé, a conservé tous ses avantages naturels.

La beauté de chaque objet réside dans la convenance et le rapport des parties. Chaque homme doué d'un peu de tact la sent aisément lorsqu'il n'est pas aveuglé par des préjugés ; mais il ne peut pas toujours la définir. C'est ce qui a engagé à fixer ce qu'on appelle des proportions aux divers êtres, afin de pouvoir les comparer entre eux sans les voir. Dans l'homme et les animaux, c'est la tête qu'on a prise pour type de leur mesure ; mais comme cette partie peut elle-même pécher par défaut ou par excès, il a fallu en fixer aussi la mesure par rapport au corps. Ainsi, on a reconnu que, dans le cheval, le corps devait avoir en longueur, en comptant depuis la pointe du bras jusqu'à la pointe de la fesse, et en hauteur, depuis la sommité du garrot jusqu'au sol, deux têtes et demie : ainsi dès que la tête d'un tel individu donnera plus que cette mesure, elle sera trop longue ; et si elle ne les donne pas, elle sera trop courte.

La longueur d'une tête bien proportionnée ainsi fixée, on pourra la prendre pour terme de comparaison pour toutes les autres parties du corps. *Voyez Pl. VII.*

Corps du cheval. L'on divise le plus communément le corps du cheval en avant-main, corps et arrière-main ; mais comme cette division ne peut concerner que le cheval de selle, nous le diviserons en tête, corps et extrémités. *Voyez Pl. B. XIII.*

La tête comprend la nuque (1), le toupet (2), les oreilles (3), le front (4), les salières (5), les yeux (6), les larmiers (7), le chanfrein (8), les naseaux (9), le nez (10), les lèvres (11), le menton (12), la barbe (13), les joues (14), les ganaches (15) et l'auge (16).

Les seuls de ces termes qui méritent d'être expliqués, sont : les *salières*, qui sont des enfoncemens plus ou moins profonds que l'on remarque au-dessus des yeux ; les *larmiers*, qui sont de petits enfoncemens à l'angle interne de chaque œil ; le *chanfrein*, qui est la partie qui s'étend depuis le bas du front jusqu'aux naseaux ; le *menton*, qui est cette petite protubérance environnée par la lèvre inférieure ; la *barbe*, qui est immédiatement au-dessous du menton et l'endroit où porte la gourmette ; enfin l'*auge*, qui est l'espace compris entre les deux ganaches.

Le corps comprend la crinière (17), l'encolure (18), le poitrail (19), les ars antérieurs (20), le garrot (21), le dos (22), les reins (23), les côtes (24), le passage des sangles (25), le ventre (26), les flancs (27), les ars postérieurs (28), la croupe (29), la queue (30), les hanches (31), les fesses (32), enfin les organes de la génération (33), soit du mâle, soit de la femelle.

Les *ars antérieurs* (20) sont les replis de la peau, qui, de la partie inférieure de la poitrine sous le sternum, gagnent chaque extrémité antérieure.

Le *garrot* (21) est cette partie élevée, plus ou moins tranchante, située au bas de la crinière, formée par les apophyses épineuses des cinq ou six premières vertèbres dorsales.

Les *ars postérieurs* (28) sont les replis de la peau qui, du ventre, gagnent chaque extrémité postérieure, et qui correspondent à la partie appelée *aine* dans l'homme.

Les extrémités se divisent en antérieures et postérieures; chacune des antérieures comprend l'épaule (34), le bras (35), le coude (36), l'avant-bras (37), la châtaigne (38), les genoux (39), le canon (40), le boulet (41), le paturon (42), la couronne (43), le sabot (44).

La *châtaigne* (38) est une espèce de corne placée au côté interne à la partie inférieure de l'avant-bras : elle manque souvent dans les chevaux fins.

Chaque extrémité postérieure comprend la cuisse (45), le grasset ou rotule (46), la jambe (47), le jarret (48), et comme dans les extrémités antérieures, le canon (49), le boulet (50), le paturon (51), la couronne (52), le sabot (53).

Il se trouve aussi souvent une châtaigne (54) dans les extrémités postérieures; elle est située à la partie interne et supérieure de chaque canon au-dessous du jarret. A la partie postérieure et inférieure de chaque boulet, il se trouve encore souvent une petite excroissance cornée, c'est ce que l'on nomme l'ergot. Il est presque toujours recouvert par une touffe de longs et forts poils que l'on appelle le fanon (55).

Le sabot ou l'ongle est ce qui pose sur le sol. La partie supérieure qui touche à la couronne s'appelle le *biseau* (56), la partie antérieure la *pince* (57), les parties latérales les *quartiers* (58), les parties postérieures les *talons* (59); la *sole* (60) est toute la partie inférieure et cave du pied, et la *fourchette* (61) une élévation en V, qui se trouve au milieu de la sole et à la partie postérieure.

Des poils couvrent le cheval presque par-tout son corps; ceux du dessus du cou et de la queue sont considérablement plus gros et plus longs que les autres, et s'appellent *crins*. Il y en a encore quelques-uns tout aussi forts, mais moins longs, qui sont disséminés autour des yeux, du nez et des lèvres, et ils sont en plus grand nombre au menton et à la barbe; quelques races de chevaux domestiques en ont aussi en touffes épaisses à la partie postérieure de chaque canon, et qui se confondent avec ceux du fanon.

Il est quelques chevaux qui n'ont point ou presque point de poils sur le corps, quoiqu'ils aient des *crins;* on les appelle improprement *chevaux turcs,* car ils ne viennent pas de Turquie, et plus proprement *chevaux ladres.* C'est une variété qu'on ne cherche pas à multiplier, parce qu'elle n'est rien moins que belle, mais qui se fait remarquer par sa singularité. Il en est d'autres qui ont le poil très-long et frisé à-peu-près comme les *chameaux.* Cette variété est également fort rare, et ne se fait pas plus rechercher. Entre ces deux extrêmes se trouvent toutes les nuances possibles de longueur et de grosseur; mais on estime davantage celui qui est court, fin, égal, et par conséquent uni et luisant, à tous les autres. A l'entrée de l'hiver, il pousse à la plupart des chevaux un poil long, souvent rude, destiné par la nature à les garantir du froid : ce poil, qui altère la beauté de leur robe, tombe à la mue du printemps, et est souvent enlevé artificiellement aux chevaux fins, à mesure qu'il paraît.

La couleur naturelle du poil des chevaux est le gris-rouge de différentes nuances : on dit alors que le cheval est *alezan*, si la crinière et la queue sont de la même couleur que les poils; mais si elles sont noires, alors on dit qu'il est *bai* ou qu'il est sous poil bai, ou qu'il a une robe baie ou alezane, etc. L'état de domesticité a multiplié beaucoup ces couleurs : les uns sont d'une couleur, d'autres de plusieurs, avec toutes les nuances possibles, et la plupart portent des noms particuliers. Les principales couleurs sont le bai, le noir et l'alezan. Les premières donnent le bai ou l'alezan châtain, doré, brun, miroité; la seconde fournit le mal noir teint, le noir-jai et le miroité; la troisième présente le gris sale, le gris argentin, le gris sanguin, le gris-brun, le gris charbonné, le gris truité, le gris souris, le soupe au lait, le gris pommelé, etc.

On nomme *rouan* celui dont les poils sont mêlés de blanc, de gris et de bai; *isabelle*, celui qui est jaune et blanc; *pie*, celui qui est coupé par de grandes taches d'un poil tout-à-fait différent du reste, sur-tout à l'épaule et à la croupe. La couleur ne fait que déterminer l'épithète; on dit *pie noir, pie alezan*, etc., *balzane*, celui qui a un, deux, trois, ou tous les pieds blancs à leur partie inférieure.

Beaucoup de chevaux, ou mieux la plupart des chevaux, ont sur la tête, au-dessous du front, une tache blanche plus ou moins grande, qui les fait appeler *marqués en tête*. Ceux qui n'ont qu'une couleur simple, sans aucune marque, portent le nom de *zains*. Il est des peuples qui estiment beaucoup plus ces derniers, d'autres les repoussent comme vicieux. Il est inutile de chercher à prouver le ridicule de ces préjugés, ainsi que ceux qui naissent de la couleur du poil; les lumières actuelles ne permettent au plus que de les citer. La couleur du poil n'a et ne peut avoir d'action sur les qualités d'un animal, et tous les faits qu'on cite à l'appui de l'opinion contraire sont, ou controuvés, ou résultant de causes différentes. Il est cependant un cas où la couleur du poil annonce, dans tous les animaux, un certain degré d'affaiblissement dans les organes; c'est lorsqu'ils sont tout blancs, et qu'ils ont les yeux de même couleur. On ne connaît bien cette remarquable variété, qui s'observe aussi dans l'HOMME, que depuis un petit nombre d'années, quoique les individus où elle se remarque soient très-communs parmi les *chats*, les *lapins*, etc. Les chevaux *albinos* ne sont pas très-rares; on les estime peu; ils ont cependant la faculté de mieux voir pendant la nuit que les autres, faculté qui a quelque mérite pour certaines personnes et dans quelques circonstances.

Les poils des chevaux sont sujets à ne pas prendre, dans certains endroits, la direction qu'ils doivent avoir. Dans ce cas, on dit qu'ils forment un épi, parce que la figure qu'ils offrent a quelque ressemblance avec un épi de blé. Quelquefois ces épis font un effet désagréable, d'autres fois ils embellissent un cheval : cela dépend du lieu où ils sont placés. L'ignorance et les préjugés ont jadis mis beaucoup d'importance à ces épis, aujourd'hui on n'y fait attention que lorsqu'ils nuisent à la beauté de la robe d'un cheval.

Une fois la longueur (*r*) de la tête (*c*) donnera la longueur de l'encolure, la hauteur (*o*) des épaules, l'épaisseur et la largeur (*e*) du corps; cette même hauteur, moins la fente de la bouche, la longueur (*f*), la hauteur (*f*) et la largeur (*f*) de la croupe, la longueur (*g*) latérale des jambes postérieures, la hauteur (*h*) perpendiculaire de l'articulation inférieure du tibia au sol, et la distance (*i*) du sommet du garrot à l'insertion de l'encolure dans le poitrail. Deux tiers de la longueur de la tête égalent la largeur (*k*) du poitrail. Un tiers de la longueur de la tête est égal à sa largeur (*l*) et à la largeur latérale (*m*) de l'avant-bras; les deux neuvièmes de la longueur de la tête donnent l'élévation verticale de la pointe du coude au-dessus du niveau de la pointe du sternum, l'abaissement du dos par rapport au sommet du garrot, la largeur latérale des jambes postérieures, la distance des avant-bras d'un arc à l'autre; un sixième de la longueur de la tête égale l'épaisseur de l'avant-bras, le diamètre de la couronne des pieds antérieurs, la largeur de la couronne des pieds postérieurs, la largeur des boulets postérieurs, la largeur des genoux, l'épaisseur des jarrets. Un douzième de la longueur de la tête donne l'épaisseur du canon de l'avant-main. Un neuvième de la largeur de la tête égale l'épaisseur de l'avant-bras, près du genou, et l'épaisseur des paturons postérieurs vus latéralement.

La hauteur du coude au pli des genoux (*n*) est la même que la hauteur (*o*) de ce même pli jusqu'à terre, que la hauteur (*p*) de la rotule jusqu'au pli des jarrets, et que la hauteur (*q*) du pli du jarret jusqu'à la couronne.

La sixième partie de cette mesure donne la largeur du canon de l'avant-main, vu latéralement, et celle du boulet, vu de face.

Le tiers de cette même mesure est à-peu-près la largeur du jarret; le quart, la largeur et la longueur du genou.

L'intervalle des yeux d'un grand angle à l'autre égale la largeur de la jambe de derrière vue latéralement ; une moitié de cette distance des yeux donne la largeur du canon postérieur vu latéralement, la largeur du boulet de l'avant-main vu de même, enfin la différence de la hauteur de la croupe respectivement au sommet du garrot.

Telles sont à peu de chose près, dans le cheval, toutes les parties correspondantes par des dimensions réciproques. L'œil exercé à ces différences les transporte, sans le secours d'un instrument quelconque, sur les parties dont il veut juger les défauts, par l'appréciation des mesures, avec autant de facilité que le peintre en trouve à réduire les dessins ou à les agrandir.

Il ne faut pas croire, au surplus, que ces différentes proportions ne constituent que la beauté ou la régularité des formes : sans doute elles ne doivent pas être prises rigoureusement ; mais elles influent beaucoup plus qu'on ne le croit généralement sur la bonté, et principalement sur la durée du service de l'animal en qui elles ne se rencontrent point.

Le cheval dont la tête et l'encolure sont trop longues, pèse à la main, fatigue le cavalier ou le cocher, porte bas, et s'use plus promptement sur son devant. Celui dont le corps est trop court et dur sous l'homme, a les reins raides, allonge peu au trot, tourne difficilement, et est ordinairement dur de bouche. Quand, au contraire, le corps est trop long, le cheval se berce, il est presque toujours ensellé, il a ses reins faibles, et est d'autant plus sujet aux efforts de cette partie, que les muscles ont une plus grande résistance à vaincre pour ramener en avant le train de derrière, sur-tout lorsqu'en même temps il faut tirer et porter un fardeau. Celui dont le devant est trop bas, toujours surchargé par la chasse du poids du train de derrière, ne peut quitter le terrain, est sujet à buter ; il forge, est dangereux pour le cavalier, qu'il met à chaque instant dans la crainte de tomber, et dont il fatigue la main employée à le soutenir. Si le devant est trop haut, ou le derrière trop bas, le cheval trotte sous lui, n'avance point, le train de derrière ne peut chasser celui de devant ; la facilité d'enlever cette partie et la difficulté de faire quitter le sol à celui de derrière, l'oblige à se défendre, à se cabrer, à se renverser même quelquefois. Il en est de même lorsque les jambes sont trop fortes ou trop faibles. Ce petit nombre d'exemples suffira pour faire sentir les avantages d'un cheval bien proportionné, sur celui qui pèche par excès ou par défaut dans quelques-unes de ses parties, et par conséquent la nécessité de l'étude de ces proportions.

Tels sont seulement les principaux rapports qui doivent exister entre les parties du corps d'un cheval bien conformé.

Quand on rencontre ces proportions générales et les plus essentielles, il est bien rare que toutes les parties en particulier ne soient pas dans des rapports assez exacts, et ne forment pas un ensemble régulier. Il est très-difficile de mesurer et d'assigner les dimensions réciproques d'un grand nombre de ces parties; mais l'œil exercé à comparer et à mesurer, pour ainsi dire, sans le secours d'un instrument, les transporte sur les parties dont il veut juger les défauts, et se trompe rarement.

Age. — Le moyen de s'assurer de l'époque de la naissance des chevaux, c'est-à-dire d'en connaître l'âge, est trop important pour que nous ne nous y arrêtions pas quelques instans: c'est par l'inspection des dents qu'on parvient à cette connaissance. Le cheval adulte a trente-six dents, dix-huit à chaque mâchoire; savoir, seize incisives antérieures, et douze molaires postérieures, dont six de chaque côté. Ces dernières sont séparées des incisives par un espace assez considérable que l'on nomme les *barres*, et sur lequel pose le mors. Outre ces dents, les chevaux et quelques jumens ont d'autres espèces de dents au nombre de deux à chaque mâchoire, une de chaque côté, et qui viennent dans l'espace appelé les *barres*; ces dents sont appelées les *angulaires* ou les *crochets*; elles ne servent point à manger; mais c'est une arme offensive de plus que la nature paraît avoir voulu donner aux mâles.

Les molaires sont trop profondes, et les différens changemens qu'elles éprouvent sont trop difficiles à constater sur l'animal vivant pour servir à la connaissance de l'âge; les incisives seules nous en donnent le moyen : elles sont en demi-cercle, aplaties de dehors en dedans, et présentent une table externe, au milieu de laquelle est une cavité plus ou moins profonde, selon l'âge plus ou moins avancé. Le fond de la cavité est noir, et on appelle cette tache *germe de fève.*

Les poulains, en naissant, apportent quelquefois des dents; mais souvent c'est au bout de quelques jours qu'il sort à chaque mâchoire deux dents, qui sont celles du milieu, et que l'on appelle les *pinces.* A trois mois et demi, quatre mois, deux autres dents sortent de chaque côté des premières, ce sont les mitoyennes; et à six mois et demi, sept mois et même huit mois, les deux dernières, que l'on nomme *les coins.*

Ces dents sont les dents de lait, et se distinguent des dents adultes, en ce qu'elles sont ordinairement plus blanches, toujours plus courtes et plus rétrécies à leur base, auprès de la gencive. Ce rétrécissement s'appelle *collet.*

De treize à seize mois, les pinces rasent, c'est-à-dire que la cavité de la table s'efface; de seize à vingt mois, les mitoyennes rasent à leur tour; enfin les coins, de vingt à vingt-quatre mois.

L'éruption et l'usure des dents de lait n'ayant point toujours lieu à la même époque, et variant sensiblement, l'on ne peut pas se fonder sur ce renseignement d'une manière certaine.

De deux ans et demi à trois ans, les **pinces** de lait tombent pour faire place à deux dents d'adultes qui sont beaucoup plus larges.

De trois ans et demi à quatre ans, les mitoyennes de lait font place aux mitoyennes adultes.

Enfin, de quatre ans et demi à cinq ans, **les coins** tombent et sont remplacés par les coins adultes.

A cet âge, les dents de la mâchoire inférieure **rasent**; c'est-à-dire que la cavité du milieu commence à s'effacer : ce sont les pinces qui, les premières, perdent leur cavité ; c'est de cinq à six ans, de six à sept ans, les mitoyennes, et enfin de sept à huit ans les coins. Les dents de la mâchoire antérieure s'usent bien un peu **en** même temps que les dents de la mâchoire postérieure ; mais comme cette mâchoire est immobile, tandis que l'autre est mobile, les dents ne s'usent que beaucoup plus lentement ; aussi ce n'est que de huit à neuf ans que la cavité des pinces s'efface entièrement, de neuf à dix que celle des mitoyennes disparaît, et de dix à onze et à douze que celle des coins est totalement enlevée.

Passé cette époque, on ne peut plus juger qu'**approximativement** de l'âge de l'animal, par la forme que prennent les dents : ainsi, d'aplaties qu'elles étaient de dehors en dedans, elles deviennent d'abord triangulaires, et ensuite rondes, à mesure que l'animal avance en âge ; quelquefois elles s'allongent beaucoup, d'autres fois elles s'usent jusqu'à la gencive, enfin elles deviennent plus jaunes, et des cannelures se font remarquer sur leur longueur : alors la personne la plus habituée peut facilement se tromper de quelques années.

Aussi, une fois qu'un cheval est hors d'âge, ce n'est plus **les** dents qui doivent diriger pour juger des services qu'il peut **rendre**, ce sont ses extrémités ; et presque toujours celui qui a **les** meilleures et qui est le moins usé, quoique très-vieux, **vaut** mieux qu'un plus jeune déjà ruiné et fatigué.

Certains chevaux et jumens conservent la cavité **de leurs dents** plus long-temps que d'autres, et marquent un âge **beaucoup** moins avancé que celui qu'ils ont en effet : cela est **dû à ce** que les incisives ne portent plus les unes sur les autres, **et ne** s'usent plus ou que très-peu par les mouvemens de la **mâchoire**. On trouve, malgré cela, dans l'inspection de la **figure**, de la largeur, de la longueur et de la forme des dents, **les** marques de leur âge, pour peu qu'on ait l'habitude de les **observer**; mais un simple acquéreur peut y être très-facilement trompé. On nomme ces chevaux, *chevaux bégus*, et on dit cheval bégu des pinces, cheval bégu des mitoyennes, etc., selon que ce sont telles ou telles dents qui ont conservé leurs cavités.

Quelques maquignons, pour faire croire leurs chevaux plus jeunes qu'ils ne le sont réellement, creusent avec un burin les dents des chevaux usés, colorent le trou en noir avec quelques substances, et les vendent comme de jeunes chevaux; on reconnaît bien vite ces chevaux, que l'on appelle *contre-marqués*, à la forme de la dent et de la cavité.

Si les dents molaires étaient facilement apercevables, on pourrait aussi en tirer des notions certaines pour la connaissance de l'âge des chevaux; mais comme cela est presque impossible, nous n'en parlerons point; nous dirons seulement qu'il n'y a que les trois premières molaires de chaque côté de chaque mâchoire qui soient caduques, les trois autres sont permanentes et ne tombent jamais que par maladie, ou à la suite de quelque accident.

Allures. — On appelle *allures* les différens mouvemens progressifs, au moyen desquels le cheval se transporte d'un lieu à un autre : on en compte de trois sortes, *les allures naturelles*, *les allures défectueuses* et *les allures artificielles*, c'est-à-dire celles que la domesticité ou plutôt l'éducation donne.

Les allures naturelles sont le *pas*, le *trot* et le *galop*.

Le pas est la plus lente de toutes les allures; on compte quatre temps dans ce mouvement : si la jambe droite de devant part la première, la jambe gauche de derrière suit un instant après; ensuite la jambe gauche de devant part à son tour pour être suivie de la jambe droite de derrière; ce qui fait un mouvement en quatre temps, dont les deux du milieu sont plus brefs que le premier et le dernier.

Le trot s'exécute en deux temps, parce que deux extrémités agissent en même temps et posent à terre ensemble : si le cheval entame le terrain de la jambe gauche de devant, la jambe droite de derrière part en même temps, tombe en même temps, ce qui fait le premier temps ou la première battue; les deux autres extrémités agissent après de même, et forment le second temps ou la seconde battue. Il doit être ferme, prompt et également soutenu. Le cheval, dans cette allure, élève plus ses jambes que dans la précédente, et les pieds sont entièrement détachés de terre.

Dans le galop, les jambes du cheval s'élèvent encore plus que dans le trot, et les pieds semblent bondir sur la terre. Il a ordinairement trois temps; c'est-à-dire que la jambe gauche de derrière effectuera la première battue, la jambe droite de derrière et la jambe gauche de devant la seconde, et la jambe droite de devant la troisième ; mais la vue la plus perçante s'égare bientôt lorsque, pour fixer la durée des appuis, elle court de jambe en jambe. Il n'est pas douteux, et tout le monde en convient, que le galop est une sorte de saut en avant ; l'élancement de l'animal, dans cette action, en est d'ailleurs une preuve. On compte plusieurs espèces de galops, qui ne ne diffèrent que par leur allongement ou par la rapidité du retour des mêmes mouvemens.

Ces allures au surplus ne sont pas particulières au cheval ; on les retrouve plus ou moins caractérisées dans tous les quadrupèdes, et sur-tout dans le chien. Si on les a mieux étudiées, plus suivies dans le cheval, c'est que, destiné par l'homme à le porter, et s'identifiant pour ainsi dire avec lui, elles ne pouvaient lui être indifférentes, et que de leur régularité, de leur douceur et de leur justesse dépendaient une partie de ses jouissances et la conservation de sa vie.

La vitesse de la course de quelques chevaux est incroyable. Les annales de New-Market, lieu célèbre des courses en Angleterre, produisent des exemples de chevaux qui, au pied de la lettre, couraient aussi vite ou même plus vite que le vent. Il y a, suivant ces annales, de ces chevaux qui ont fait souvent plus de 54 pieds par seconde. On assure même que le Starbing, le Childers et le Germain, fameux coursiers anglais, ont fait plusieurs fois un mille, ou à-peu-près, en une minute ; c'est 82 pieds et demi en une seconde. Or, la vitesse du vent le plus impétueux en Angleterre, selon le calcul de Derham, est de 66 pieds par seconde.

La persévérance dans la fatigue est encore très-remarquable dans le cheval ; on sait que les Arabes font souvent cent milles en vingt - quatre heures. Ceux de Tartarie supportent, dès l'âge de six à sept ans, des courses de deux ou trois jours, sans s'arrêter, même sans manger ni boire, ou en ne mangeant qu'une poignée d'herbe.

Pour accoutumer ces derniers à un aussi violent service, ou mieux pour juger s'ils seraient capables de le supporter dans l'occasion, on les fait passer par une épreuve qu'il est bon de rapporter.

Lorsqu'un cheval dans la force de l'âge est choisi par un chef pour sa monture ordinaire, on lui fait faire d'abord une course très-forte, ayant son cavalier sur le dos ; le lendemain, on lui en fait faire encore une plus forte, et on lui retranche une partie de sa nourriture ; ensuite on augmente le poids qu'il porte, et en même temps on diminue encore sa nourriture. Ce n'est que lorsqu'il a supporté pendant un certain nombre de jours ce rude apprentissage de travail et de privations forcées, qu'on le juge digne de son emploi : alors il est distingué des autres, bien nourri et bien soigné.

Allures défectueuses. — Ces allures sont l'amble, l'aubin, le pas relevé ou l'entre-pas

L'amble est une allure infiniment plus allongée que le pas, et que le cheval exécute en deux temps, un pour chaque côté du corps : ainsi les deux jambes du même côté, celle de devant et celle de derrière se lèvent en même temps, se portent ensemble en avant et se posent ensemble à terre; les jambes du côté opposé exécutent ensuite le même mouvement, qui se continue alternativement.

Cette allure est le plus ordinairement le résultat de l'éducation; comme elle ne fatigue nullement le cavalier, qu'elle est assez prompte, beaucoup d'agriculteurs, obligés d'être souvent à cheval, la préfèrent à toutes les autres, et pour y habituer leurs chevaux ils leur attachent, quand ils sont encore jeunes, les jambes du même côté ensemble. Quelquefois aussi les jeunes animaux prennent cette allure eux-mêmes, particulièrement ceux qui proviennent des pères et mères ambleurs; enfin quelquefois elle est le résultat de l'usure et de la ruine de l'animal.

L'aubin est une allure, dans laquelle le cheval, en galopant avec les jambes de devant, trotte avec les jambes de derrière; cette allure est très-vilaine, c'est le train des chevaux qui n'ont point le train de derrière aussi fort que celui de devant, ou qui sont extrêmement fatigués à la suite d'une longue course.

Le pas relevé ou l'entre-pas est une espèce d'amble rompu. Dans cette allure, comme dans le pas, il y a quatre battues; mais elles s'exécutent dans l'ordre suivant : si c'est la jambe gauche de devant qui parte la première, elle est suivie de la jambe gauche postérieure, la jambe droite antérieure vient ensuite, et enfin celle droite postérieure. Cette allure, quand elle n'est pas la suite de l'usure, rend les chevaux très-solides dans les chemins pierreux, raboteux; comme ils ont presque toujours trois pieds à terre, ils ont beau buter, ils ne tombent pas, et les habitans des campagnes les recherchent à cause de cette qualité.

Quant aux allures artificielles, elles sont le produit d'une éducation soignée, ce sont des mouvemens plus ou moins cadencés que l'on force le cheval à prendre, pour le rendre plus léger, plus agréable à manier, plus joli à la vue. En terme de manége, on les appelle *airs*, et on les a divisés en *airs bas* ou *près de terre* : tels sont le passage, le piaffer, la galopade, la passade,, la pirouette, etc.; et *en airs relevés* : tels sont la pesade, le mezair, la courbette, la croupade, la ballottade, la cabriole, etc. Comme la description de ces différens mouvemens nous entraînerait beaucoup trop loin, et que c'est plutôt pour l'agrément que pour l'utilité réelle que les chevaux y sont exercés, nous renvoyons nos lecteurs aux livres de manége qui en traitent.

Sensations. — Le cheval, comme les autres quadrupèdes, a des besoins et des passions, et comme eux il a des sens et différens signes pour exprimer les sensations qu'il éprouve.

Les chevaux ont l'ouïe très-fine ; il paraît que c'est chez eux le sens le plus perfectionné. Lorsqu'ils marchent, ils portent leurs oreilles ouvertes en avant, dès qu'ils entendent quelque bruit, ils les tournent avec vivacité du côté où il vient.

Après le sens de l'ouïe, le meilleur chez eux est celui de la vue : ils sont à cet égard supérieurs à l'homme le jour comme la nuit ; mais leurs yeux, dans l'état de domesticité, sont sujets à des altérations nombreuses, qu'il est souvent assez difficile de reconnaître. Dans un œil sain, on doit apercevoir deux ou trois taches noirâtres au-dessus de la prunelle ; car, pour les apercevoir, il faut que la cornée soit claire et nette ; si elle paraît trouble et de mauvaise couleur, l'œil n'est pas bon. La prunelle petite, longue et étroite, ou environnée d'un cercle blanc, désigne aussi un mauvais œil, et lorsqu'elle a une couleur de bleu verdâtre, la vue est certainement trouble. Les chevaux qui ont les yeux enfoncés, ou l'un plus petit que l'autre, ont aussi ordinairement la vue mauvaise.

A en juger par les soins que prennent les chevaux de flairer tous les objets qu'on leur présente à manger, avant de les prendre avec leurs dents, il y a lieu de croire que le sens de l'odorat est aussi très-délicat chez eux. Il n'y a pas de doute qu'ils ne sentent les femelles en chaleur à une grande distance, qu'ils peuvent même les suivre à la piste au bout de plusieurs jours. Tout le monde sait le stratagème que l'écuyer de Darius employa pour donner à son maître le trône de Perse.

Quant au goût et au toucher, ils ne sont pas, à beaucoup près, dans le cas d'être comparés aux mêmes sens dans l'homme ; mais cependant le cheval est très-délicat sur son manger, et est extrêmement susceptible des impressions extérieures.

La voix du cheval s'appelle son *hennissement.* On en distingue de cinq sortes, relatifs à autant de passions qui le meuvent : 1°. le hennissement d'allégresse, dans lequel la voix se fait entendre assez longuement, monte et finit à des sons plus aigus ; le cheval rue en même temps, mais légèrement, et ne cherche pas à frapper ; 2°. le hennissement du désir, soit d'amour, soit d'attachement, dans lequel le cheval ne rue point, et où la voix se fait entendre longuement, et finit par des sons plus graves; 3°. le hennissement de la colère, dans lequel le cheval rue et frappe dangereusement, est très-court et aigu; 4°. celui de la crainte, pendant lequel il rue aussi, n'est guère plus long que celui de la colère; sa voix est grave, rauque, et semble sortir en entier des naseaux : elle se rapproche du rugissement du lion; 5°. celui de la douleur, qui est moins un hennissement qu'un gémissement ou toussement d'oppression, qui se fait à voix grave et suit les alternatives de la respiration.

Les chevaux qui hennissent le plus souvent, sur-tout d'allégresse et de désir, sont les meilleurs et les plus généreux. Les chevaux hongres et les jumens ont la voix plus faible et hennissent moins fréquemment. Dès la naissance, les mâles ont la voix plus forte que les femelles.

Lorsque le cheval est passionné d'amour, de désir ou d'appétit, il montre les dents et semble rire; il les montre aussi dans la colère et lorsqu'il veut mordre. Il tire quelquefois la langue pour lécher son maître, lorsqu'il en est traité avec douceur. Il se défend par la rapidité de sa course, par les ruades de ses pieds de derrière et par ses morsures Dans ces deux derniers cas, on est toujours prévenu de ses intentions par l'abaissement de ses oreilles en arrière. Il se souvient très-long-temps des mauvais traitemens. On a des exemples de vengeance de sa part, qui supposent des combinaisons profondes.

Le cheval est aussi susceptible d'attachement pour l'homme lorsqu'il en est constamment bien traité, et sur-tout quand il ne change pas souvent de maître. Ce que l'on rapporte de quelques-uns de ces animaux, tient même un peu du merveilleux : tel est, par exemple, le zèle du fameux Bucéphale pour Alexandre dans les occasions périlleuses; tel est ce qu'on dit du cheval d'un prince scythe, qui se jeta sur le meurtrier de son maître et le foula aux pieds. Telle est enfin la douleur du cheval de Nicomède, qui, à ce que l'on rapporte, se laissa périr de faim après la mort de son maître. Ces anecdotes, à cause de leur ancienneté, peuvent avoir été un peu amplifiées; mais la suivante est trop récente et a eu trop de témoins pour qu'on puisse en douter. Dans une des insurrections des Tyroliens, en 1809, ils s'étaient emparés de quinze chevaux bavarois, ils les firent monter par autant de cavaliers; mais à leur rencontre avec un escadron du régiment de Bubenhoven, dès que ces chevaux entendirent la trompette et reconnurent l'uniforme du régiment, ils prirent le galop, malgré tous les efforts de leurs nouveaux cavaliers, qu'ils amenèrent jusque dans les rangs bavarois, où ils furent faits prisonniers. Il serait facile de recueillir une grande quantité de faits semblables.

Choix d'un cheval. — On a fréquemment cherché à décrire un cheval parfait ; mais chaque écrivain, abusé par les préjugés de son enfance, n'a jamais fait connaître que le cheval qui passait pour le plus beau dans son esprit : aussi trouve-t-on dans les auteurs les plus grandes disparités à cet égard, ou un vague d'expressions, tel qu'on n'est pas plus avancé après les avoir lus qu'auparavant. Le vrai est qu'il y a dans chaque race, comme dans chaque genre de service particulier, des beautés propres, qui sont des défauts dans une autre. Des jambes fines et larges sont l'apanage des *chevaux de course,* et des jambes fortes celui des *chevaux de trait.* Il faut donc choisir les individus les plus approchans de la perfection de chaque race, et s'en servir comme de type pour juger de la beauté des autres : mais ces races, comme on vient de le voir, varient sans fin ; de sorte qu'on ne peut pas établir de règle absolue. C'est l'habitude de la comparaison et la connaissance de sa destination, qui seules peuvent guider dans le choix d'un cheval. Tout précepte général n'est donc que le fruit d'une présomptueuse ignorance. Cependant, on peut dire que, dans toutes les races, une construction solide, qui se manifeste par l'aplomb des extrémités sur le terrain, par la franchise et la liberté des mouvemens, par la légèreté et la diversité, par la vigueur soutenue dans l'exercice, quel que soit celui auquel l'animal qu'on choisit doit être employé ; des muscles qui se prononcent bien, et qui ne sont point empâtés dans la graisse ou cachés sous l'épaisseur de la peau ; le poil fin ; les crins doux et peu abondans, doivent distinguer particulièrement les animaux de choix.

Ainsi donc la beauté d'un *cheval de selle* ne sera pas celle d'un *cheval de carrosse ;* mais tous deux auront une beauté propre qui résidera dans la convenance et le rapport de leurs diverses parties, comme celle de tout édifice bien proportionné. Dans ce cas, le sentiment du goût agit autant que les connaissances acquises ; et l'homme ignorant, dont le tact est fin, peut souvent mieux se déterminer dans l'achat d'un beau cheval, que l'écuyer le plus consommé ; mais il ne peut se parer des lumières de celui-ci pour connaître ses défauts, distinguer ses qualités réelles, et apprécier par conséquent sa valeur.

On demande que le *cheval de manége* ait de la beauté et de la grâce ; qu'il soit nerveux, léger, vif et brillant ; que les mouvemens en soient lians ; que la bouche en soit belle, et sur-tout que les reins et les jarrets en soient bons.

Dans le *cheval de voyage,* on exige une taille raisonnable, un âge fait, tel que celui de six ou sept années, des jambes sûres, des pieds parfaitement conformés, un ongle solide, une grande légèreté de bouche, beaucoup d'allure et une action simple et douce.

Le choix du *cheval de guerre* n'a que trop souvent coûté la vie à celui qui l'a fait, ou à celui pour qui il a été fait. La taille de celui consacré à cet usage ne doit être ni trop haute ni trop petite. Il faut qu'il soit bien ouvert et non chargé d'épaules, puisqu'alors il serait lent dans ses mouvemens; qu'il ait la bouche belle et l'appui à pleine main, afin qu'il obéisse assez promptement, sans cependant s'effaroucher de quelques mouvemens irréguliers du mors dans un jour de combat. La jambe sera bonne, le pied excellent. Il doit exécuter toutes ses actions avec facilité et promptitude. Il sera facile au partir de la main, et susceptible d'un retour aisé à un galop écouté, ainsi qu'au trot et au pas. Lorsqu'il sera arrêté, il ne témoignera aucune inquiétude, et restera immobile à la même place. Il importe encore qu'il ne redoute aucun des objets qui peuvent frapper son ouïe et sa vue, qu'il ne craigne ni le feu ni l'eau, qu'il ne soit pas méchant envers les autres chevaux, etc.

On désire, dans le *cheval de chasse*, du fond et de l'haleine, que les épaules en soient plates et très-libres, qu'il ne soit pas trop raccourci de corps, que la bouche en soit bonne, qu'elle ne soit pas trop sensible, qu'il soit plutôt froid qu'ardent à s'animer, qu'il soit doué de légèreté, de vitesse, etc.

Quant aux *bidets de poste*, on doit plutôt considérer la bonté de leurs jambes et de leurs pieds, que leur figure et que la qualité de leur bouche. Il faut nécessairement qu'ils galopent avec aisance, de manière qu'ils n'incommodent pas le cavalier. Trop de sensibilité serait en eux un défaut, à raison de la nature de leur service.

Des chevaux bien tournés et bien proportionnés, de la taille de 5 pieds ou de 5 pieds quelques pouces, dont les épaules ne seront pas trop chargées, dont les jambes seront plates et larges, les jarrets amples et bien conformés, dont les pieds seront bons, qui auront de la grâce et de la liberté dans leurs mouvemens, formeront des chevaux de carrosse excellens. Il ne s'agira plus que de les appareiller de poil, de grandeur, etc.

Certains *chevaux de chaise*, comparés aux chevaux peu déliés qu'on emploie ordinairement, pourront être considérés comme des chevaux fins. Le *cheval de brancard* sera bien étoffé, d'une taille raisonnable et non trop élevée. Il trottera librement et diligemment, tandis que le *bricolier*, qui sera bien traversé, mais qui aura moins de dessous que lui, sera capable de fournir avec facilité un galop raccourci.

Les autres *chevaux de tirage* seront plus ou moins communs, selon leur structure, leur épaisseur, la largeur de leur poitrail, la grosseur de leurs épaules plus ou moins charnues, leur pesanteur, l'abondance et la longueur des poils de leurs jambes, etc. Il en sera ainsi des différens *chevaux de bât* ou *de somme*, qui doivent avoir beaucoup de reins.

C'est en conséquence de ces données qu'il faut examiner le cheval qu'on veut acheter pour tel ou tel service. On doit le considérer dans l'état de repos et en action. D'abord on étudiera les pieds comme le fondement sur lequel repose tout l'édifice, ensuite le devant, puis la croupe, enfin la tête. On jugera le tout séparément et dans l'ensemble. Il sera aussi nécessaire de chercher à reconnaître les tromperies auxquelles on n'est que trop malheureusement exposé de la part de certains marchands et maquignons.

Chevaux sauvages. — Suivant Gmelin, Pallas et autres voyageurs, on trouve encore des chevaux sauvages dans les vastes déserts de la basse Arabie et de la Tartarie; mais c'est dans l'Amérique méridionale où ils sont en plus grand nombre. C'est là que des chevaux transportés par les Espagnols et abandonnés, ont multiplié et ont produit ceux que l'on y trouve maintenant. Dans l'Europe, il n'y en a point; ses différentes régions sont beaucoup trop peuplées, et les hommes ont chassé ces anciens hôtes ou les ont réduits en esclavage. Ces animaux, dans l'état de nature, sont si sauvages, qu'on ne peut que difficilement les étudier. Quant à leurs mœurs, l'on peut en avoir une idée assez précise, en les étudiant dans les haras sauvages, dont il existe encore quelques-uns en Europe, en Pologne et en Russie, et beaucoup en Amérique.

Nous savons néanmoins qu'ils vivent en troupes, qu'ils ne sont pas aussi beaux que ceux réduits à l'état de domesticité; qu'ils sont en général beaucoup plus petits; qu'ils ont la tête grosse, forte; que leurs éminences osseuses sont très-saillantes, leurs extrémités très-sèches, et les poils de leur corps longs et peu fins; qu'ils sont très-légers à la course, indomptables quand on les prend déjà âgés, mais que ceux que l'on parvient à maîtriser sont infatigables, beaucoup plus forts et plus sobres que ceux de nos races domestiques.

Ces animaux, abandonnés à eux-mêmes dans de vastes pâturages, vivent en troupes séparées qui ne se confondent point, qui occupent chacune des parties de terrains pour ainsi dire en propriété, et sur lesquelles ils ne souffrent point d'autres animaux. Ces troupeaux reconnaissent un chef, qui est toujours le cheval le plus vigoureux de la bande; c'est lui qui conduit dans les pâturages leur course errante; c'est lui qui le premier tente le passage d'un ravin, d'une rivière, d'un bois inconnu: paraît-il un objet extraordinaire, c'est lui qui se charge de le reconnaître, qui l'affronte le premier, et qui donne l'exemple de la confiance, ou le signal de la fuite, s'il y a quelque danger.

S'il s'expose ainsi le premier aux divers périls pour les animaux qu'il conduit, il en est bien récompensé par les plaisirs qui ne sont réservés qu'à lui. Il est le sultan de toutes les cavales, lui seul a le droit de jouir de toutes leurs caresses ; malheur au téméraire qui viendrait le troubler dans ses amours ; il l'attaque, le combat, le force à s'éloigner, et quelquefois même lui fait payer de sa vie son audace : le plus souvent, vainqueur superbe, il daigne l'admettre à sa suite, comme pour être le témoin de ses plaisirs. Il ne serait peut-être pas si généreux s'il pouvait réfléchir et prévoir que cet ennemi vaincu aujourd'hui sera un jour vainqueur à son tour, quand un âge plus avancé aura augmenté ses forces et doublé son courage : heureux s'il peut obtenir alors la même pitié, et ne pas payer de sa vie les affronts qu'il aura fait essuyer à son rival !

Ces troupeaux n'ont point de lieux de repos fixes ; ils couchent tantôt dans un endroit, tantôt dans un autre ; ils choisissent un lieu sec et à l'abri du froid, au pied d'un rocher ou sur la lisière d'un bois, où ils puissent être à l'abri des vents. Ils redoutent les orages comme presque tous les autres animaux. A l'approche d'un de ces grands phénomènes, ils sont inquiets, agités ; ils cherchent les lieux les plus sauvages, les plus abrités, pour s'y cacher ; et si l'orage vient à éclater auparavant qu'ils s'y soient retirés ; si un coup de tonnerre violent vient à se faire entendre, la troupe épouvantée prend la fuite, et ne s'arrête pas qu'elle n'ait trouvé un abri favorable, ou que la terreur ou l'orage ne soit passé. C'est dans ces courses forcées, ou bien quand un ennemi trop redoutable apparaît dans le voisinage, que la troupe abandonne son canton pour en aller chercher un autre ; il n'y a guère qu'une de ces causes, ou le manque de nourriture, qui force ainsi un troupeau à aller chercher d'autres pénates.

Les mères qui ont des petits ne quittent point la troupe. Les jeunes animaux, presque dès leur naissance, marchent et courent ; et s'il se présente un ennemi, ils sont défendus courageusement par leurs mères, par le chef et par les autres mâles de la troupe : rarement il en périt par la dent des animaux carnassiers. Si l'ennemi est redoutable et qu'ils n'espèrent point échapper par la fuite, ils se réunissent en peloton serré et circulaire, rapprochent leurs têtes, présentent leurs coupes, et distribuent de redoutables ruades. Lorsque, au contraire, leur ennemi n'est pas dangereux, ou pour s'amuser, ils forment autour de lui un grand cercle, qu'ils rétrécissent successivement en se rapprochant, l'empêchent de sortir, et finissent par le tuer en le foulant aux pieds.

Ils recherchent les pâturages secs, les terrains fermes, garnis d'herbes peu élevées, mais fines; ils mangent les bourgeons et l'écorce de plusieurs arbres, et l'hiver, les feuilles mortes, sèches, les mousses, jusqu'aux jeunes branches des arbres, et des fruits sauvages de différentes espèces (1).

Ceux des haras sauvages sont surveillés, dans les cantons qu'ils habitent, par des hommes qui n'ont que ce seul emploi, qui sont montés sur quelques-uns de ces chevaux déjà dressés, et qui ramènent la troupe sur les terres du propriétaire lorsqu'elle s'en écarte. Ce sont ces mêmes hommes qui sont chargés de les prendre quand on veut en avoir quelques-uns. Ils montent à cheval, acculent la troupe dans un endroit dont elle ne peut s'échapper, se mêlent parmi eux, armés d'un lacet de corde. Ils le jettent au cou de l'animal qui, se sentant pris, serre lui-même les nœuds, et tombe quand la respiration lui manque. Ces hommes se jettent alors dessus lui, le garrottent, et lui passent un fort licou.

En Russie, les propriétaires les font amener dans les endroits où ils veulent s'en défaire; et c'est l'acheteur qui les fait prendre, et qui les dresse ensuite à sa fantaisie.

Cheval domestique. — Ce caractère presque indomptable que nous avons reconnu dans le cheval sauvage, est bien modifié par nos traitemens. Le plus grand nombre, au lieu de cette fierté, de cette vivacité naturelles, ne montre qu'une crainte servile, obéit en tremblant au despote, qui, toujours le châtiment à la main, frappe le plus souvent sans aucune raison, et par l'habitude seule de frapper. Cet animal, que nous devrions considérer plutôt comme un serviteur fidèle que comme un esclave, et que les peuples nomades regardent comme compagnon de leurs travaux, est plongé, dans nos villes et dans nos compagnes, dans le dernier avilissement; mal nourri, maltraité, accablé de travaux, auparavant même que l'âge ait développé ses forces, il passe sa vie dans la douleur, assez malheureux pour trouver, dans la pitié avare de son maître, une nourriture suffisante pour réparer ses forces et prolonger ses souffrances. Malheur à celui qui conserve encore quelques traces de son caractère altier, et qui se révolte contre des châtimens injustes, il est contraint, par mille supplices, à obéir; et s'il refuse constamment, c'est une rosse qui n'est plus bonne à rien, qui est condamnée à mourir. Ce

---

(1) En Caroline, au rapport de M. Bosc, les chevaux, qui généralement sont abandonnés dans les bois lorsqu'ils cessent d'être employés, recherchent les glands avec tant de passion, qu'ils ne se rendent plus les soirs à la maison et qu'ils fuient dès qu'on veut les brider, à l'époque de la chute de ces glands, c'est-à-dire en octobre et novembre; ce qui n'a pas lieu le reste de l'année. Au reste cette nourriture les engraisse rapidement.

cheval, s'il avait été bien traité et conduit par des mains habiles, aurait cependant été le plus doux, le plus courageux et le plus propre à supporter les fatigues.

Tous les chevaux ne sont pas cependant réduits à cet état d'avilissement dont je viens de parler ; il en est qui ont conservé une partie de leurs qualités , d'autres même qui en ont acquis que l'on ne rencontre pas parmi les chevaux sauvages : ce sont ces qualités qui les rendent plus particulièrement propres à tous les besoins de la société. L'homme, en réduisant cet animal à l'état de domesticité, l'a donc modifié, pour ainsi dire, de plusieurs manières ; et, suivant l'éducation qu'il lui donne, les alimens dont il le nourrit, et les pays qu'il le force d'habiter, il a créé les races si nombreuses que l'on trouve sur la surface du globe, et dont le plus grand nombre n'existerait point si l'homme lui-même n'existait pas.

RACES DE CHEVAUX.

Chevaux tartares. — Je comprends sous le nom de tartares tous les peuples nomades du centre de l'Asie, c'est-à-dire, ceux qui n'ont point d'habitations fixes, qui vivent sous des tentes du produit de leurs bestiaux, et qui, quand ils ont fait consommer tous les pâturages d'un endroit, vont en chercher de nouveaux dans un autre canton.

Nous ne connaissons les chevaux de ces peuples que par les relations des voyageurs qui les ont visités ; et ces relations sont toutes plus ou moins incomplètes : nous en savons cependant assez pour juger que, de tous les chevaux, ce sont ceux qui ressemblent le plus aux chevaux sauvages : vilains, petits, mais sobres et infatigables, voilà leur portrait. Si nous croyons même quelques relations, de tous les chevaux, ce sont les plus propres à supporter les courses les plus violentes et les plus longues sans boire ni manger. Elevés avec tous les autres animaux de la horde, exposés dès leur enfance à toutes les intempéries des saisons, à se nourrir de fort peu, et à suivre leurs mères dans les courses les plus longues et les plus rapides, ils deviennent infatigables. D'ailleurs, ces peuples, qui ne les estiment que par leurs qualités réelles, qui se nourrissent en grande partie de leur chair, ne conservent que les plus vigoureux ; les autres ne pouvant pas supporter les épreuves auxquelles on les soumet, sont bientôt tués ou mangés, pour qu'ils ne consomment pas la nourriture d'animaux plus précieux. Les chevaux les plus vigoureux, ceux qui subissent les épreuves données, étant les seuls conservés pour le service et pour donner des productions, ces productions doivent nécessairement se ressentir de la vigueur des pères et mères, et leur race doit rester une des meilleures, peut-être même la meilleure de toutes pour supporter les fatigues.

Leur éducation n'est point soignée. Abandonnés, pour ainsi dire, jusqu'au moment où on les prend pour les dresser, ils sont difficiles, et souvent même rétifs; mais le Tartare ne leur demande que de courir vite et long-temps, et s'embarrasse peu du reste.

Chevaux arabes. — Les chevaux arabes, plus que les chevaux tartares, ont dégénéré de la race primitive, et se sont améliorés par rapport à l'homme. Nous verrons cette espèce de dégénération augmenter à mesure que nous nous éloignerons de l'Arabie, et que nous parcourrons des régions où le cheval est plus commun, et destiné à plus d'emplois.

Les Arabes, un peu plus civilisés que les Tartares, font déjà la différence d'un bon cheval et d'un beau cheval, et toutes choses égales d'ailleurs, ils sauront bien choisir le dernier : aussi prennent-ils beaucoup plus de soin de leurs chevaux, les nourrissent-ils mieux, et habituent-ils d'assez bonne heure ceux de leur bonne race au service auquel ils les destinent, qui est le service exclusif de la selle.

Déjà ces chevaux sont un peu plus grands et plus forts que les chevaux tartares ; déjà leurs formes sont plus rondes, plus agréables, et enfin leur caractère beaucoup plus docile; et comme ils joignent à ces qualités presque autant de vigueur, c'est à juste titre qu'ils sont regardés comme les meilleurs chevaux du monde pour la selle.

Les Arabes divisent leurs chevaux en deux races : ils nomment l'une *kadischi*, c'est-à-dire *chevaux de race inconnue*, et ne l'estiment guère plus que nous n'estimons les nôtres ; la seconde espèce se nomme *kochlani* ou *kohéile*, c'est-à-dire *chevaux dont on a la généalogie depuis deux mille ans*. C'est cette race que les Arabes disent venir originairement des haras de Salomon, et dont les individus se vendent quelquefois à des prix si exagérés, qu'on n'ose y croire. On les vante comme fort propres à faire, avec une incroyable rapidité, de très-grandes courses, à soutenir les plus grandes fatigues, à passer des journées entières sans nourriture. On dit qu'ils se jettent avec impétuosité sur l'ennemi, restent auprès de leur maître lorsqu'il est blessé ou tué, etc.

On prend, lorsqu'on fait saillir des jumens *kochlani*, des précautions telles qu'on ne puisse pas être trompé sur la généalogie du père et de la mère; on constate la naissance du poulain qui en provient par un acte juridique ; et toutes les

fois que les formalités prescrites n'ont pas été rigoureusement
exécutées, le poulain est réputé *kadischi*, quels que soient
d'ailleurs les avantages qu'il peut avoir, et il perd en conséquence considérablement dans l'opinion. Il est extrêmement
rare que les Arabes vendent leurs jumens *kochlani;* mais ils
ne font aucune difficulté de vendre leurs étalons lorsqu'on
leur en offre un prix suffisant, qui est toujours, comme on l'a
déjà dit, extrêmement élevé.

On peut avoir quelquefois des chevaux de la race kochlani
à très-bon marché; voici comment : les Arabes, encore plus
que les autres peuples, sont superstitieux, et ils regardent ces
épis qui se trouvent sur les chevaux, comme des signes de
bonheur ou de malheur; ils vendent souvent à vil prix le plus
beau cheval quand il a un épi de malheur, tandis que celui
qui a un épi de bonheur, quelque défectueux qu'il soit, lui est
souvent préféré.

Les peuplades d'Arabes errans ou nomades, faisant consister leur bonheur dans la possession de bons chevaux, sont
beaucoup plus attachés aux leurs que les Arabes des villes; ce
sont pour eux des compagnons plutôt que des serviteurs, et ce
n'est qu'avec la plus grande peine qu'ils s'en défont. Leurs
chevaux, quoique moins beaux, sont plus vifs, plus sobres,
et supportent mieux les fatigues.

Chevaux persans, turcs, barbes. — Si de l'Arabie nous pas-
sons dans la Perse, la Turquie et la Barbarie, nous voyons
les chevaux, plus nourris, moins accoutumés aux fatigues,
acquérir plus de taille, plus d'agrémens, et même plus de
force matérielle; mais aussi leur énergie est diminuée en proportion; ils ne soutiennent plus aussi long-temps les courses
violentes et rapides, et ils périraient s'ils étaient soumis quelque temps aux travaux qui sont le partage des races dont nous
venons de parler. En récompense, quelques-uns ont assez de
taille, assez de corps pour pouvoir traîner des attelages, et
rendre un service de plus à l'homme.

Chevaux européens. — Les habitans de l'Europe, plus civilisés, au moins aussi nombreux, mais rapprochés entre eux
dans un espace beaucoup plus circonscrit que les peuples dont
nous venons de parler, n'ayant point d'autres animaux capables de faire le transport, comme les chameaux et les dro-
madaires, n'ayant point de déserts à franchir pour se communiquer, ayant plus de fourrage pour nourrir leurs chevaux,
n'ont pas eu besoin de trouver dans ces animaux une sobriété
et une légèreté qui leur étaient inutiles pour les travaux les
plus communs. Ils ont recherché ceux qui, par leur taille plus
haute, leur masse plus forte, pouvaient traîner ou porter les
fardeaux les plus pesans; et on a réservé les plus fins, les plus

légers, les plus jolis de ces chevaux pour le service de la selle. Bientôt on a perdu de vue l'origine de ces animaux; on a négligé les sources premières d'où ils étaient venus; on n'a plus considéré les régions qui étaient les plus favorables pour leur conserver les formes et la constitution que leur a données la nature; on n'a plus fait attention à l'éducation qu'il était le plus convenable de leur donner pour remédier aux influences d'un climat moins chaud, moins sec, d'une nourriture plus abondante, mais bien moins stimulante, et qui donne plus de masse au corps sans lui donner plus d'énergie, et peu-à-peu le type originel est disparu, les chevaux se sont changés en chevaux de trait, et les premiers sont devenus extrêmement rares.

Cette dégénération a affecté plus ou moins tous les chevaux de l'Europe, selon les régions, selon les mesures prises par les gouvernemens pour y remédier, et selon l'esprit des peuples.

Chevaux espagnols. — Les chevaux espagnols, dont la taille est ordinairement de 4 pieds 6 à 8 pouces, et qui, à des mouvemens très-souples et des formes bien prises joignent beaucoup de grâces, de docilité, de courage, de feu et d'action, ont été long-temps les premiers chevaux de l'Europe; mais le peu de soin qu'on prend pour maintenir la race pure les rend déjà très-rares, et fait craindre que bientôt ils ne disparaisssent entièrement. L'Andalousie est la province qui tient le plus à la conserver, aussi ne dit-on déjà plus les chevaux espagnols, mais les chevaux andaloux. On vend aujourd'hui jusqu'à 25,000 francs un étalon bien étoffé de cette race pure. Les reproches qu'on fait le plus communément aux chevaux espagnols, qui, du temps des Romains, jouissaient déjà d'une grande célébrité, tiennent plus à l'imperfection de l'éducation qu'on leur donne, aux vices de leur ferrure, etc., qu'à de mauvaises qualités réelles.

Les chevaux d'Italie étaient autrefois beaucoup plus réputés qu'ils ne le sont en ce moment, soit pour le manége, soit pour l'attelage. Ceux du royaume de Naples étaient sur-tout recherchés; mais ils ont dégénéré depuis qu'au lieu de renouveler les races avec des étalons arabes, on les a croisées avec des chevaux allemands, français, anglais, etc.

Les chevaux allemands n'ont jamais été fort recherchés; mais depuis près de cent ans, on s'efforce de les améliorer, et on y est déjà parvenu jusqu'à un certain point. La Prusse sur-tout, au moyen des dépenses qui ont été faites pour avoir des étalons arabes, turcs, barbes et espagnols, commence à en posséder beaucoup d'assez beaux pour être cités avec éloge, et pour donner lieu à des bénéfices importans.

La Suisse possède une assez bonne race de chevaux de trait,

dont beaucoup d'individus sont distingués par la beauté de leur forme, et peuvent servir au cabriolet et au carrosse. Ces chevaux sont forts, bien membrés, ramassés, sobres, et tirent leur origine des anciens étalons italiens.

Plusieurs personnes prétendent que nos chevaux normands proviennent de ceux que les Danois amenèrent lorsque, sous le nom de Normands, ils firent la conquête d'une portion de la France. On ne peut se dissimuler que ces deux races ont beaucoup de rapports; mais cependant lorsqu'on a voulu croiser nos chevaux avec des étalons du Holstein, les résultats n'ont pas été heureux. Au reste le cheval danois est bien fait, largement étoffé; ses formes rondes et son trot aisé le rendent très-propre au carrosse.

Les chevaux hollandais sont également bons pour le carrosse et pour le trait. Ils tiennent, quant aux formes, le milieu entre les danois et les normands; c'est par les pieds, ordinairement très-larges, qu'ils péchent le plus. On leur reproche de ne pouvoir pas résister à la fatigue, de manger beaucoup, et d'être sujets à un grand nombre de maladies.

Chevaux anglais. — Les chevaux anglais étaient, auparavant leur régénération, totalement impropres à la selle; et les Anglais venaient en Espagne, et sur-tout en France, acheter ceux dont ils avaient besoin. S'étant aperçus que le croisement de leurs jumens avec des chevaux arabes, turcs, perses, donnait des productions égales et même superieures à celles qu'ils se procuraient chez l'étranger, ils achetètent des étalons de ces pays, les accouplèrent avec leurs jumens, et se formèrent, par des croisemens bien dirigés, la race qu'ils ont maintenant. Ils tombèrent néanmoins dans un excès qui leur a été nuisible, à force de vouloir des chevaux coureurs, et de ne choisir que ceux que leur conformation rendait plus propres à cette action; ils ont fait des chevaux coureurs, mais qui, comme chevaux de selle, ont des défauts que tout homme de cheval ne peut se dissimuler.

« Les plus beaux chevaux anglais, dit Buffon, sont, pour la conformation, assez semblables aux arabes et aux barbes, dont ils sortent en effet; ils ont cependant la tête plus grande mais bien faite, et les oreilles plus longues; mais la grande différence est dans la taille : les anglais sont plus étoffés et plus grands. Ils sont généralement forts, vigoureux, hardis, capables d'une grande fatigue, excellens pour la chasse et la course; mais il leur manque de la grâce et de la souplesse : ils sont durs et ont peu de liberté dans les épaules. »

Ce tableau, tracé dans le milieu du siècle dernier, est encore très-ressemblant aujourd'hui. Les chevaux anglais sont rebelles au manége, mauvais pour la cavalerie, et n'ont pas

20 *

en général la réunion des qualités qu'on doit désirer dans un animal de cette espèce.

La régénération des chevaux anglais paraît être aujourd'hui portée à son plus haut point, au dire des écrivains de cette nation. Depuis quelques années, observait George Culley en 1794, on n'importe plus, ou que très-peu, de chevaux arabes ou autres en Angleterre, ceux qui élèvent des chevaux de race ayant reconnu qu'ils obtiennent une amélioration plus marquée, en se servant des meilleurs étalons anglais seulement, c'est-à-dire des étalons anglais de race régénérée, appelés dans le pays chevaux de sang. (*Blood horse.*)

Au reste, le croisement du cheval arabe, ou autre voisin, avec l'ancienne race indigène, et le croisement de leurs productions entre elles ou avec la même race, ont produit une division de tous les chevaux anglais en cinq classes, bien tranchées et bien caractérisées, qui se conservent en se fondant successivement l'une dans l'autre.

La première est le cheval de course, résultat immédiat d'un étalon barbe ou arabe et d'une jument anglaise, déjà croisée de barbe ou d'arabe au premier degré, ou le résultat de deux croisés au même degré, que les Anglais appellent premier sang, c'est-à-dire le plus près possible de la souche étrangère.

La deuxième est le cheval de chasse, résultat du croisement d'un étalon du premier sang et d'une jument d'un degré moins près de la souche. Cette classe est la plus multipliée ; elle est plus membrée que la première et d'un travail excellent.

La troisième est le résultat du croisement d'un cheval de chasse avec des jumens plus communes, plus fortement membrées, plus approchant de la race indigène que les précédentes ; elle forme le cheval de chaise ou de carrosse. Ce sont les chevaux de ces deux classes que les Anglais exportent le plus particulièrement en France.

La quatrième est le cheval de trait, résultat du cheval précédent avec les plus fortes jumens de ce pays. Il y a de ces chevaux qui sont de la plus grande et de la plus forte taille. Leur moule est, en quelque sorte, celui d'un cheval de bronze, et les membres en sont bien fournis. On peut les comparer aux chevaux des brasseurs de Paris, et ils sont employés au même service à Londres.

La cinquième enfin, qui n'a aucun caractère particulier, qu'on regarde comme bâtarde ou manquée, est le résultat de tous les croisemens des classes précédentes avec des jumens communes.

Quel que soit, au surplus, le mélange de toutes ces classes, on reconnaît, jusque dans les individus les plus médiocres de la dernière, l'influence du sang arabe, malgré l'état plus ou moins avancé de la dégénération. Cette influence se fait apercevoir dans la conformation de certaines parties du corps, ou dans la conservation de quelques qualités.

Les chevaux de course ou de la première classe, sont, en Angleterre, un objet de luxe et de dépense; mais s'ils donnent lieu souvent à de grandes folies, s'ils ruinent quelquefois leurs propriétaires, ils sont aussi, d'un autre côté, la source d'une richesse immense pour le pays, par l'amélioration des classes inférieures qu'ils croisent, et qui sont vendues à toute l'Europe.

La France, plus que toutes les autres nations, a eu abondance des chevaux propres à tous les genres de services; autrefois même, quelques-unes de ses races avaient une grande réputation en Europe, et il se faisait en conséquence un commerce d'exportation très-considérable. Ces races, par leur mélange avec des races moins parfaites, suite du peu de lumières des propriétaires ou des erreurs du gouvernement, se sont beaucoup détériorées, ou mieux le nombre des individus parfaits qui les composent en ce moment est considérablement diminué; mais le type en existe toujours : il ne s'agit, comme je crois l'avoir prouvé dans mon *Instruction sur l'amélioration des chevaux en France,* imprimée par ordre du ministre de l'intérieur Chaptal, que de prendre quelques mesures générales pour les relever.

Pour se convaincre de cette vérité, on n'a qu'à passer en revue les races de chevaux que fournissaient ses différentes parties, et on verra combien de ressources en ce genre elle possède encore.

La Flandre fournit d'excellens chevaux pour l'agriculture, les charrois, l'artillerie et le carrosse. Ceux de l'arrondissement de Tournay sur-tout sont d'une forte taille, mais le cèdent encore à ceux des environs de Furnes, qui sont d'une forme colossale. S'il en est, dans quelques cantons, qui soient inférieurs sous les rapports de la grandeur, ils peuvent, par des croisemens bien entendus, fournir bientôt d'excellentes espèces.

Les plaines de la Beauce étaient et sont encore labourées par des chevaux entiers du Vimeux, du Boulonnais, du Calaisis, de l'Artois, du Santerre, que les cultivateurs achètent à deux ou trois ans, et qu'ils revendent à six ou sept pour le service des messageries et des postes.

Ce qu'on appelait l'*Ile-de-France,* qui forme aujourd'hui les départemens de l'Aisne, de la Seine, de Seine-et-Oise, de Seine-et-Marne, etc., donne de très-bons chevaux de trait pour l'agriculture, l'artillerie et les charrois.

La Normandie a toujours fourni d'excellens chevaux de carrosse et de selle pour la chasse, le manége et pour les troupes.

La plaine de Caen et le Cotentin paraissent être plus particulièrement destinés aux premiers, et la plaine d'Alençon aux seconds.

Le pays d'Auge donne des chevaux de trait d'une bonne tournure, quoique leur tête soit un peu forte et leurs jambes chargées.

Ces cantons sont encore la partie de la France la plus recommandable pour *l'élève des chevaux*, les races y ayant été conservées plus pures, malgré l'introduction qu'on n'a pas cessé d'y faire, depuis quelques années, de métis étrangers. C'est à la bonté de ses abondans pâturages, à l'industrieuse activité de ses habitans qui, de temps immémorial, se livrent à l'éducation et au commerce des chevaux, que ce pays est redevable de cette branche importante de son économie rurale.

L'Anjou, le Maine, la Touraine et le Perche, élèvent une assez grande quantité de chevaux de trait et de chevaux propres à remonter la cavalerie légère; il s'en fait sur-tout d'excellens le long de la Sarthe et dans les environs de Craon.

La Bretagne est, après la Normandie, le pays le plus propre à la multiplication des chevaux; elle fournit à cette dernière province une très-grande quantité de poulains qui se revendent ensuite comme chevaux normands lorsqu'ils ont acquis du corps dans de plus riches pâturages; elle donne des chevaux de carrosse, de trait et de cavalerie. Le cheval breton n'est pas aussi beau que le cheval normand; mais il est plus solide, et résiste plus long-temps au travail. Le Morbihan a de doubles bidets, presque infatigables, qui malheureusement ne sont pas assez multipliés pour l'usage des postes.

Le Poitou, l'Aunis, la Saintonge, l'Angoumois, l'Anjou, fournissent de bons chevaux pour tous les usages. Ils en sortent ordinairement avant trois ans, pour aller s'améliorer encore dans les gras pâturages de la Normandie et de la Beauce.

La Gatine, dans le département de la Vendée, avait quelques haras particuliers, qui élevaient d'excellens chevaux de chasse; mais ils sont détruits.

Le Berri produit des chevaux de trait et de troupes, que l'on peut facilement améliorer.

Le Limousin, l'Auvergne et le Périgord, ne peuvent être comparés à aucune autre partie de la France pour les chevaux de selle. La race, connue sous le nom de *limousine*, est aussi distinguée par la figure que par la vigueur, la légèreté, la finesse et la durée : elle n'est en état de rendre un service utile qu'à six ou sept ans; mais elle est encore bonne à vingt-cinq ou trente. Cette race a été beaucoup altérée dans ces derniers temps par l'introduction de chevaux étrangers, et par un service prématuré; mais elle se conserve encore pure dans quelques rejetons, et il est très-facile de la relever.

La Guienne, la Navarre, le Béarn, le Condomois, le pays de Foix, le Roussillon, et quelques autres provinces voisines, possèdent une excellente race, recommandable par sa vigueur, sa souplesse et sa légèreté, et qui se ressent encore de son origine espagnole. Les *chevaux navarrins* sur-tout jouissent d'une grande réputation pour le manége et pour la guerre.

Le Rouergue et le Querci ont une race de chevaux approchant des navarrins, qui acquièrent beaucoup de vigueur, de nerf et de légèreté lorsqu'ils sont attendus.

La Camargue a une race de chevaux qui y vit en liberté toute l'année, et qui sont extrêmement sauvages. Ils sont petits, mais vifs et vigoureux.

L'île de Corse possède aussi une excellente race de chevaux, petite, mais très-sûre de jambes et très-forte, qui convient parfaitement au sol montueux sur lequel elle vit.

Le Dauphiné élève beaucoup de chevaux pour la cavalerie légère, et qui ne sont pas sans mérite. Il en est de même de la Franche-Comté. Ceux de cette dernière province sont plus particulièrement propres à l'artillerie et aux convois.

La haute et basse Alsace ont toujours fourni des chevaux propres à la culture des terres, à la cavalerie et à l'artillerie.

La Bourgogne, le Bourbonnais et le Nivernais en élèvent de bons pour les différens services; mais ceux de la Champagne et de la Lorraine, quoique très-nombreux, sont de petite taille, et n'ont point de figure (1). Ces chevaux, que l'on ne connaissait point à Paris, avant 1813, ont été amenés à cette époque (faute de meilleurs) pour monter les régimens d'éclaireurs que l'on formait alors. Ces chevaux, petits, très-mal nourris chez les paysans, ont gagné beaucoup quand ils ont été mis à la ration militaire, ont fait les rudes campagnes de 1813 et du commencement de 1814; et lorsque l'on a licencié ces régimens, ils avaient résisté aux fatigues, étaient en bon état, et beaucoup ont été vendus et passaient pour des chevaux cosaques.

Les Ardennes possèdent des races de chevaux bien caractérisés, ou faciles à reconnaître, très-utiles à l'agriculture, au commerce et à tous les usages de la guerre. On les appelle généralement *ardennois*. Ils sont nerveux, sobres, durs au

---

(1) Ces chevaux, ainsi que je m'en suis assuré, sont, dans leur enfance, nourris toute l'année par la vaine pâture, qui ne leur fournit pas la moitié de la subsistance qui leur serait nécessaire.

(*Note de M. Bosc.*)

travail et du meilleur service. Cette race est très-susceptible
d'amélioration.

On voit, par ce tableau des *chevaux français*, que notre
pays est un de ceux de l'Europe le plus susceptible de fournir
et d'élever les races les plus belles et des meilleures qualités;
que, par la nature variée de ses pâturages et de son sol, il est
le plus heureusement situé pour établir des haras, principal
moyen, comme on le verra par la suite, de les améliorer de
plus en plus.

Il nous reste à dire un mot des chevaux de l'Amérique : les
premiers qu'elle ait eus lui furent portés par l'Espagne, ainsi
qu'on l'a déjà dit; ce n'est qu'un siècle après, que les Anglais
en envoyèrent dans l'Amérique septentrionale. La France en
a aussi fourni à ses possessions du Canada et de la Louisiane.
Les Antilles en ont eu, à leur tour, provenant des souches
originaires d'Espagne, mêlées avec celles d'origine anglaise
ou française, tirées de l'Amérique septentrionale.

Les chevaux de pure race anglaise qu'on voit actuellement
dans les États-Unis de l'Amérique, ont en général la croupe
plate et carrée, ainsi que M. Bosc l'a remarqué pendant son
séjour dans ce pays; mais ils sont bien faits d'ailleurs et très-
bons coureurs. Ils ont en général les bonnes qualités et les
défauts des chevaux anglais. Comme on fait peut-être autant
d'efforts dans ce pays pour améliorer la race des chevaux de
course, qu'on en faisait autrefois en Angleterre, et qu'on s'y
occupe fort peu des chevaux de trait, il est probable qu'il se
conservera long-temps, sur-tout dans la partie maritime, des
chevaux de petite taille et de faible service pour les travaux
agricoles et les transports.

On dit, sur-tout dans les parties maritimes, parce que les
chevaux de celles de l'ouest, tels que ceux des états de Ken-
tucky et de Tennessée, qui proviennent du mélange de la race
anglaise avec la race française, sont en même temps fort vifs et
d'une forme très-agréable. Je ne doute pas, d'après les observations de M. Bosc et les renseignemens que j'ai pris, que
les chevaux de l'immense vallée où coule le Mississipi ne
soient un jour mis au nombre des plus beaux chevaux de l'u-
nivers; car les soins que l'on prend généralement pour les
perfectionner, et les idées saines qu'on y a de la beauté et de
la bonté d'un cheval, idées dues au mélange des Anglais et des
Français, qui ont commencé à peupler cette contrée, doivent
produire cet effet.

Les chevaux espagnols ou portugais qui ont été transplantés
dans l'Amérique méridionale, ne paraissent pas y avoir dégénéré; mais on est fort peu instruit sur leurs bonnes ou mauvaises qualités, parce qu'on n'en permet pas l'extraction, et

que peu de voyageurs en ont parlé : on sait seulement qu'ils sont devenus sauvages dans les grandes plaines du Brésil, et du nord du Mexique, et qu'on va les chasser, pour les prendre vivans, avec des lacets de corde, ou pour les tuer, avec des armes à feu ou des lances, comme les bêtes fauves, uniquement afin d'avoir leur cuir, qui fait pour ce pays l'objet d'un commerce de quelque importance.

Haras. — On a beaucoup écrit sur la question de savoir s'il était plus avantageux de laisser à l'industrie particulière le soin de travailler librement à la reproduction des chevaux, ou si les gouvernemens devaient s'en charger ou l'assujettir à des réglemens propres à relever les races, etc., etc. Cet objet, qui n'est ici que secondaire, a été spécialement traité par moi dans l'instruction que j'ai déjà citée sur l'*amélioration des chevaux en France*, publiée par ordre du ministre de l'intérieur en l'an 10, et qu'on trouve à Paris, rue de l'Éperon, n°. 7. Je crois avoir prouvé dans cet ouvrage, que c'est principalement à la vicieuse administration de nos anciens haras, qu'on doit la dégénération des races de nos chevaux, dégénération qui a encore augmenté pendant la révolution, par suite des réquisitions d'étalons et d'autres chevaux de belle espèce propres à la reproduction ; que nous devons chercher à relever nos anciennes races, en n'accouplant ensemble que les plus beaux individus, plutôt que de tenter de nouveaux croisemens qui n'ont jusqu'à présent produit chez nous que des effets désastreux, par la mauvaise manière dont ils ont été dirigés ; que l'instruction, l'encouragement et la liberté sont les élémens les plus certains pour y parvenir ; que deux établissemens de haras aux deux points opposés de la France, faits par et au compte du gouvernement, suffisent pour toutes les expériences qu'on jugerait à propos de faire sur l'introduction de races étrangères, les croisemens, et pour donner l'exemple aux grands propriétaires qui voudraient spéculer sur des haras ; que des récompenses doivent être données dans chaque département aux propriétaires des haras particuliers qui auront mis dans le commerce les plus beaux élèves, aux cultivateurs qui auront montré le plus de zèle pour améliorer la race, etc. ; que des courses, appliquées à toutes les allures, à tous les genres de services auxquels on assujettit les chevaux, doivent être établies dans un certain nombre d'endroits, et exécutées avec l'appareil propre à y attirer un grand concours de spectateurs, et à augmenter la gloire des vainqueurs, auxquels on donnera des prix proportionnés à l'importance de la race qu'ils produiront et aux dépenses qu'ils auront été dans le cas de faire, etc., etc. Je renvoie à cet écrit tous ceux qui désireront des détails sur ces objets.

On appelle Haras (*voyez* ce mot) la réunion ou plutôt le lieu de réunion des mâles et des femelles pour la reproduction.

On distingue plusieurs sortes de haras : des haras sauvages, des haras parqués, et enfin des haras domestiques.

1°. Les haras sauvages sont ceux où les animaux, abandonnés à eux-mêmes dans un espace circonscrit, sont dans l'état de nature, jouissent d'une entière liberté, se reproduisent sans que l'homme s'en occupe, et enfin n'en sortent que quand on parvient à s'en emparer pour les rendre domestiques. Ce genre de haras est très-rare en Europe, et l'on n'en trouve que dans quelques contrées du Nord. Les animaux qui en sortent sont accoutumés à toutes les intempéries des saisons, sont sobres, légers, durs à la fatigue ; mais ils se ressouviennent toujours un peu de leur premier état de liberté ; le plus grand nombre est rétif ; d'ailleurs, il est très-difficile de s'en emparer, de les dresser ; et dans ces deux opérations, il y en a toujours quelques-uns qui sont mis hors d'état de rendre jamais service. Dans la France, quelques particuliers ont tenté d'en créer dans de grands parcs ; mais leurs efforts n'ont point été couronnés du succès, ils ont été obligés d'y renoncer. Ces haras ne sont bons que dans les pays où de grands espaces de terrain ne sont point cultivés, et où les chevaux qui s'y élèvent seuls et que l'on y prend, forment une espèce de revenu éventuel sans aucune mise de fonds.

2°. Les haras parqués sont ceux où les animaux sont élevés dans des parcs peu étendus, mais assez grands cependant pour qu'ils puissent y développer toutes leurs forces : ces sortes de haras sont les plus avantageux, ceux qui fournissent le plus de chevaux ; et quoiqu'ils ne soient point en général aussi énergiques, aussi durs que les chevaux sauvages, on a l'avantage d'y élever la race dont on a besoin, ou celle que l'on croit devoir convenir plus particulièrement au sol et au genre des pâturages ; d'ailleurs les animaux, continuellement sous les yeux et la main de l'homme, s'habituent dès leur jeunesse à vivre avec lui, sont bien plus faciles à dresser ; les mâles, les femelles et les jeunes animaux étant séparés les uns des autres, ne peuvent se battre, se blesser ; et les animaux qui les composent, quand on en a besoin, travaillent aux différentes occupations auxquelles ils sont propres, et rendent ainsi un double service.

3°. Dans les haras domestiques, les animaux sont presque toujours renfermés dans les habitations, y reçoivent leur nourriture, et n'en sortent que pour les travaux ou pour prendre de l'exercice. Ces haras, quoique bien préférables encore aux haras sauvages dans les pays extrêmement peuplés, sont bien moins avantageux que les haras parqués. Les animaux, accoutumés dans les habitations à une température douce et uniforme, sont bien plus sensibles aux changemens de l'atmosphère, et par conséquent plus exposés aux maladies qui en sont la suite.

Le terrain le plus propre à un haras parqué, est celui qui est un peu montueux sans l'être trop, pour que les animaux s'exercent de bonne heure à monter et à descendre; cet exercice leur donne beaucoup plus de souplesse et de légèreté que celui qu'ils prennent sur un sol plat et uni; il est sur-tout nécessaire, si on se propose d'y élever des chevaux de selle. Il faut ensuite qu'il soit divisé en compartimens ou parcs, pour que l'on puisse séparer ces animaux, pour que l'on puisse les empêcher de gâter trop de pâturages à-la-fois, enfin pour qu'ils soient garantis de tous leurs ennemis. Les plus avantageuses de ces clôtures sont celles formées par des haies bien entretenues, parce qu'elles sont les plus économiques, et fournissent de l'ombre et de la fraîcheur aux animaux. Quoique ceux nourris au vert ne soient pas beaucoup altérés, cependant ils ont besoin de boire de temps en temps, sur-tout dans l'été : il est donc nécessaire qu'il y ait dans leurs pâturages quelques pièces d'eau où ils puissent se désaltérer et même se baigner : ce bain augmente la vigueur et la souplesse des membres et entretient la santé. L'eau courante est bien préférable. Dans les endroits où ces animaux passent toute l'année, et par conséquent toute la mauvaise saison, dans les pâturages, des hangars doivent nécessairement y être établis pour mettre ces animaux à l'abri des pluies froides et continues dans cette saison, et d'un froid excessif, toujours nuisibles quand l'animal n'a aucun moyen de s'y soustraire ou d'en diminuer les mauvais effets. Aussi exigent-ils des soins beaucoup plus grands de la part de ceux qui les gouvernent. Il est encore à craindre qu'en ne prenant pas assez d'exercice, ils n'acquièrent pas toute la force, la vigueur et la solidité qu'ils seraient dans le cas d'acquérir, et que leurs mouvemens n'aient pas cette grâce, cette hardiesse que l'on rencontre dans les animaux élevés dans les haras parqués. Pour remédier à cet inconvénient, il est indispensable d'avoir à portée un enclos où les animaux qui ne travaillent point encore puissent passer la plus grande partie de la journée en liberté, et s'y livrer à tous les mouvemens possibles. Avec ces précautions, ils deviennent tous aussi bons, et plusieurs prétendent même qu'ils sont meilleurs ; nos voisins nous donnent encore l'exemple à ce sujet. Le plus grand nombre des chevaux de prix en Angleterre est élevé à l'écurie, et on a assez généralement reconnu que, dans cette manière d'élever les chevaux, ils étaient moins sujets à la gourme et à d'autres maladies contagieuses, qui font quelquefois de grands ravages dans les pâtures.

On peut élever des chevaux par-tout et sur tous les terrains, excepté sur ceux qui sont trop humides ou inondés : il ne s'agit que d'avoir de l'intelligence, du soin et des sources où l'on puisse puiser de bons principes. En faisant travailler les pères et les mères, en faisant travailler les enfans aussitôt que leurs forces le leur permettent et en raison de ces mêmes forces, il n'est point de ferme un peu considérable où l'on ne puisse élever des chevaux avec quelque avantage ; un travail même un peu fort leur est beaucoup moins nuisible qu'un repos absolu. Si cette vérité était plus généralement répandue, un plus grand nombre de cultivateurs, qui sont persuadés que les pères et mères destinés à la reproduction ne doivent rien faire, se livreraient à l'éducation de ces animaux, et certainement l'envie d'avoir de meilleurs chevaux ne pourrait que contribuer à l'amélioration de nos races. C'est par le plus absurde oubli de toutes les lois de la nature, que le préjugé contraire s'est établi.

Choix des animaux pour la reproduction, etc.

Lorsqu'un propriétaire désire se livrer à la propagation des chevaux, il faut qu'il cherche d'abord à se procurer un étalon qui se rapproche le plus de la perfection. Cet étalon, dans la race qu'il se propose de multiplier, doit être exempt de défauts corporels, de toute mauvaise qualité. On a longuement écrit sur cet objet sans produire aucun effet utile, parce que les préceptes indiqués n'étaient fondés sur aucune base solide. En effet, chaque race de chevaux a ses avantages et ses désavantages, et toutes les fois qu'on en prend une pour type, on repousse toutes les autres, peut être plus intéressantes pour celui qui cherche à s'éclairer. Quel est le cultivateur assez dénué de bon sens, qui, en lisant la description d'un cheval de course anglais, par exemple, ne jugerait que des jambes fines ne conviennent pas à celui destiné à labourer les terres fortes qu'il vient de prendre en ferme? Il faut donc se borner à conseiller à ceux qui veulent se livrer à l'élève des chevaux, de choisir pour étalons et pour jumens poulinières les individus les plus près de la souche pure, tant par les formes que par le caractère qui la distingue particulièrement. Il n'est pas de propriétaire qui ne connaisse bien la race de son pays, et il n'y a jamais qu'une économie mal entendue qui fasse préférer des animaux inférieurs.

Nos voisins les Anglais, qui, comme on l'a déjà dit, doivent une partie de leur prospérité aux soins qu'ils se sont donnés pour perfectionner la race de leurs chevaux, savent qu'un sacrifice pécuniaire dans ce cas n'est qu'une avance qui doit un jour rentrer avec de gros intérêts : aussi donnent-ils souvent des sommes énormes pour le loyer de certains étalons célèbres par leur beauté et leurs bonnes qualités. Par exemple, on sait que les sauts de l'*Éclipse*, fameux coureur, qui avait par-tout gagné les prix, d'abord portés à 25 guinées, le furent ensuite à 52 par jument; qu'il en a été de même de *Snap*, de *Chrysolite*, de *Masque*; que les sauts de ce dernier et de *Chillaby* étaient, en 1776, de 100 guinées, et qu'à ce prix ils servirent chacun trente-deux jumens, et valurent par conséquent 3,200 guinées, ou à peu près 70,000 francs à leurs maîtres, cette année.

Une indication générale du bon choix des étalons et des jumens est la vigueur soutenue dans l'exercice; et cependant elle est oubliée par presque tous nos auteurs Quelque beaux qu'ils soient, ils ne doivent pas être préférés s'ils ne sont en même temps les meilleurs. La douceur, la docilité, l'aptitude au travail, sont également dans le cas d'être considérées; car ces qualités se propagent presque toujours par la génération.

Le choix varie nécessairement quant à l'âge, relativement à la race et au genre de service. Les chevaux fins étant bien plus long-temps à se former que les chevaux de trait, ils doivent être attendus davantage; et la règle générale à cet égard, est de n'employer à la propagation que des chevaux et des jumens qui ont pris tout leur accroissement. L'expérience a prouvé que des étalons et des jumens trop jeunes pouvaient donner de belles productions, mais qu'elles étaient faibles et ne duraient pas long-temps. C'est principalement par cette cause que nos races se sont promptement abâtardies. D'un autre côté, ces étalons et ces jumens durent eux-mêmes moins long-temps.

Si toutes les tares, si tous les vices de la conformation doivent faire proscrire des haras les étalons et les jumens qui en sont affectés, il est des accidens qui laissent toute l'aptitude nécessaire, et ne doivent pas conséquemment les en faire rejeter, tels que ceux qui les ont rendus boiteux ou aveugles.

La nature a fixé aux animaux une époque fixe pour engendrer, et elle a été basée sur la plus grande abondance de nourriture que doivent trouver les femelles, ou leurs petits, à l'époque de leur délivrance. Cette loi a été intervertie pour quelques-uns de ceux qui vivent près de l'homme, et qui y trouvent toute l'année une nourriture également abondante; mais le cheval, quoique domestique depuis aussi long-temps peut-être, s'en écarte peu encore. C'est donc ordinairement dans les premiers jours du printemps, que les jumens mettent bas, et comme elles portent une année entière, c'est à cette même époque qu'elles entrent en chaleur; c'est-à-dire qu'il se fait en elles une révolution qui les rend propres à concevoir.

On a beaucoup disserté pour savoir pourquoi un animal entrait en chaleur, et comment il y entrait; mais ces questions, comme toutes celles qui ont trait à l'acte de la génération, ne sont pas encore résolues. Il suffit ici d'indiquer le fait, et d'en développer les suites.

Lorsque les jumens sont en amour, elles deviennent fort inquiètes; elles aiment à s'approcher des chevaux; elles hennissent dès qu'elles en voient; elles lèvent leur queue, le bas de leur vulve se gonfle, et elles jettent par cette partie une liqueur gluante et jaunâtre. Ces signes s'observent pendant quinze ou vingt jours, et c'est le temps précis où la nature demande l'accouplement.

Beaucoup d'auteurs recommandent une foule de précautions pour exciter la chaleur dans les jumens, et la fécondité dans l'étalon; mais tout moyen contre nature doit être proscrit dans ce cas comme dans tant d'autres. Il suffit à cette époque d'augmenter la nourriture de l'étalon, ou de la lui donner meilleure.

L'acte de la génération, qu'on appelle la *monte*, se fait dans les haras, en liberté ou à la main.

Dans la première, l'étalon est lâché dans le parc avec les jumens, et il les saillit aussi souvent qu'il veut; on retire les jumens à mesure qu'elles cessent d'être en chaleur.

Cette méthode, qui est la naturelle et la plus certaine pour la fécondité, a quelques inconvéniens, principalement pour l'étalon, qui s'épuise inutilement. On peut les prévenir en mettant l'étalon dans un enclos, et en lui lâchant successivement les jumens qu'on veut qu'il couvre. En lui en donnant ainsi deux par jour, qu'on lui ferait successivement repasser si elles n'avaient pas d'abord conçu, on remplirait parfaitement le but. Aussi est-ce la méthode qui doit être préférée.

Dans la monte à la main, on garotte la jument par la tête et par les pieds, on l'attache entre deux pieux de manière qu'elle ne peut se remuer. On amène l'étalon; on conduit enfin tous ses mouvemens, comme si la nature ne savait pas le guider dans cette grande opération, à laquelle elle incite tous les animaux.

On a prescrit de jeter, après la monte, de l'eau froide sur la jument; de la faire trotter, de la frotter avec de la paille, etc.; tous procédés aussi ridicules les uns que les autres. Il faut, au contraire, la rentrer dans l'écurie, et l'y laisser tranquille au moins pendant quelques heures, pour que la conception ne soit point troublée.

Les écrivains ont fixé de vingt à trente le nombre des jumens qu'on pouvait donner par monte à chaque étalon ; mais ce nombre doit être subordonné à l'âge de l'étalon , à la nature de sa race, ou au service qu'on se propose d'en tirer. On sent en effet qu'un cheval jeune ou vieux doit être plus ménagé qu'un dans la force de l'âge, qu'un cheval fin demande des précautions supérieures à celles d'un cheval de trait de peu de valeur.

Le premier signe qui annonce que la jument a conçu ou qu'elle est pleine, c'est la cessation de la chaleur. Ceux qui lui succèdent sont l'amplitude du ventre, qui descend en même temps que la partie supérieure du flanc se creuse.

Le moyen de s'assurer de la présence du poulain avant le sixième mois, c'est d'introduire la main et le bras, bien huilés, dans le fondement de la mère, et de tâter si la matrice est pleine ou non.

La durée de la gestation n'est pas plus certaine dans la jument que dans les femelles des autres animaux. Elle porte cependant assez généralement son poulain un an ; c'est-à-dire qu'elle met ordinairement bas dans le douzième mois ou au commencement du treizième.

L'état de plénitude ou de grossesse ne s'oppose point au travail des jumens, il est même utile de les occuper ; mais on doit les ménager, les bien soigner et les bien nourrir.

Les jumens pleines doivent être placées plus au large dans les écuries ; il est même prudent de supprimer les barres.

Un travail forcé et trop fatigant, des coups sur les reins, sur le ventre, des heurts de brancards ou de limons, ou contre des portes d'écurie, une boisson trop fraîche, etc., produisent quelquefois l'avortement. Les jumens d'un tempérament lâche et mou, celles qui ne font que peu ou point d'exercice, y sont plus exposées que les autres.

Il est des jumens pour qui l'avortement est sans conséquence; mais il en est aussi pour qui il est une véritable maladie. Lorsqu'il est difficile, il faut aider avec la main la sortie du fœtus et de ses membranes, et fortifier la mère par une ou deux bouteilles de vin ou de bière. Lorsqu'il est accompagné de putridité, on doit, après qu'il est terminé, faire, dans la vulve, des injections avec une infusion de plantes aromatiques, aiguisée d'un peu d'eau-de-vie ou de vinaigre. Enfin lorsqu'il est suivi d'une production de lait, il faudra traire la jument pendant quelque temps.

L'accouchement ou la mise-bas des jumens est presque toujours sans accident. L'époque de son arrivée s'annonce non-seulement par le ventre qui tombe entièrement et par l'amplitude des mamelles, mais encore par l'engorgement des jambes de derrière, par la difficulté de marcher, par l'agitation continuelle, par le gonflement de la vulve, par l'écoulement d'une humeur séreuse rougeâtre, etc. Alors la jument doit être laissée libre dans une écurie assez grande, garnie d'une litière épaisse et sèche, et bien se garder de lui donner des breuvages et des alimens inusités. Tout au plus, si elle est constipée, se permettra-t-on de lui donner un ou deux lavemens d'eau tiède, ou de lui retirer les excrémens avec la main huilée.

La jument pouline debout ou couchée, et n'a besoin du secours de l'homme ni dans l'un ni dans l'autre cas. Le cordon ombilical se rompt ordinairement lors de la sortie du poulain, si la jument est debout, ou lorsqu'elle se relève, si elle est couchée. La secousse que cette rupture occasionne facilite la sortie de l'arrière-faix ou du délivre.

Si la rupture n'a pas lieu naturellement, la jument mâche le cordon et le coupe. Elle mange aussi, de même que les femelles des autres animaux, le délivre.

Il suffit, après la mise bas, de bouchonner, de couvrir la jument, et de lui donner quelques seaux d'eau blanche dégourdie ; si elle paraît fatiguée, on lui donnera une ou deux bouteilles de vin ou de bière. Il est important de ne pas la tourmenter. On doit la laisser seule et tranquille.

La jument qui a mis bas doit être bien nourrie, et elle peut recommencer à travailler au bout de huit jours, et même plus tôt, sans inconvénient.

Aussitôt que le poulain est né, sa mère le lèche, pour le débarrasser d'une espèce de crasse visqueuse qui l'encroûte pour ainsi dire. Il essaie d'abord de se mettre sur ses pieds, il a quelquefois de la peine à réussir, cependant ordinairement il y parvient pour peu qu'on l'aide. Il cherche aussitôt la mamelle de la mère. On peut encore l'aider dans cette recherche ; et il est bon, lorsque c'est un premier né, de tenir la mère, qui est plus ou moins affectée douloureusement de la première succion.

C'est un préjugé que de ne pas laisser teter au poulain le premier lait, qui est séreux et destiné à purger le méconium. S'il paraît faible et ne tette pas, on peut lui donner un peu de vin et d'eau dégourdis, ou traire la mère, et lui faire avaler le lait. C'est le meilleur de tous les remèdes. Il faut d'ailleurs le tenir chaudement auprès de sa mère, et ne le point tourmenter.

Le poulain peut suivre sa mère quelques jours après sa naissance, soit au pâturage, soit au travail. Il tette chaque fois qu'elle s'arrête ; mais quoique souvent on en ait vu faire plusieurs centaines de lieues de suite, à six lieues par jour, sans inconvéniens, on sent qu'il est bon qu'il ne marche qu'à pro-

portion de ses forces. On doit donc éviter de longues traites,
et sur-tout des traites rapides à la mère.

Si quelque accident empêche la jument de nourrir son
poulain, on peut l'élever sans teter, avec du lait de jument,
de vache ou de chèvre. On l'habitue aisément à boire seul. Il
suffit, comme au veau, de lui mettre le doigt, ou un chiffon
trempé, dans la bouche.

La jument qui allaite et qui travaille doit être bien nourrie.
L'économie, dans ce cas, est une véritable perte. Le lait doit
être abondant, et il ne peut l'être qu'autant qu'une nourriture abondante en fournit les élémens.

A deux mois, le poulain commence à manger des alimens
solides, soit à la prairie, soit à l'écurie. Dans ce dernier cas,
le fourrage qu'on donne à la mère, et dans lequel le petit
s'amuse à chercher quelques brins, doit être fin et délicat
autant que possible.

On sèvre ordinairement les poulains à six ou sept mois; et
pour cela, on les séquestre peu-à-peu de leur mère, en augmentant leur nourriture.

Le poulain sevré à l'herbe n'a besoin d'aucun changement
dans sa nourriture. Celui sevré à l'écurie, et qui n'est pas
encore accoutumé au grain, exige quelques ménagemens.
Il ne faut pas d'abord lui donner l'avoine ou l'orge entières,
mais concassées. Il sera bon aussi de lui faire boire de l'eau
blanche, etc.

Le son est une mauvaise nourriture pour les poulains; en
conséquence, on abandonnera aux cochons ou aux volailles
celui qui a servi à faire de l'eau blanche.

Les poulains élevés à l'écurie ne doivent pas séjourner sur
le fumier, sous le prétexte qu'ayant encore les pieds tendres,
ils seraient fatigués sur le pavé. Cette mauvaise méthode, qui
est suivie dans beaucoup d'endroits, est peut-être la seule
cause de la mauvaise construction des pieds de beaucoup de
chevaux. Il faut les accoutumer de bonne heure, non à être
étrillés et bouchonnés, leur peau trop tendre souffrirait de
ces opérations, mais à être brossés au moins tous les deux
jours.

On ne mettra ensemble, autant qu'il sera possible, dans les
pâturages, que des poulains de même âge. On les séparera
dès qu'on s'apercevra qu'ils sentent leur sexe. Alors on les
attachera; mais pour les y accoutumer, on leur mettra, quelques jours auparavant, le licol seul et sans longe. Ils exigent
d'être surveillés dans les premiers temps qu'ils sont attachés,
parce qu'ils se tourmentent beaucoup, et qu'ils peuvent se tuer
ou s'estropier par suite des efforts qu'ils font pour se mettre en
liberté.

Plusieurs auteurs recommandent de saigner, purger, médicamenter les poulains et leurs mères lorsqu'ils quittent les pâturages pour rentrer à l'écurie ; mais toutes ces précautions sont dangereuses ; la nature est le meilleur médecin ; une bonne nourriture et un exercice modéré est ce qui leur convient le mieux.

De l'âge auquel l'animal doit travailler. — L'âge auquel on doit assujettir un cheval au travail ne peut être fixé d'une manière absolue, parce que cela dépend de la race, du climat et du genre de service. En principe général, il ne faut pas les faire travailler trop jeunes. L'époque de la cessation de la croissance est assez généralement celle qui doit servir de terme moyen ; mais on gagne toujours à ne la pas devancer : les chevaux en seront plus forts, de meilleur service, et dureront plus long-temps. Il est de fait que c'est principalement parce que l'on a trop suivi la méthode contraire en France, que l'on en voit chaque jour diminuer le nombre et altérer la valeur intrinsèque. Un bon agronome ne cherchera donc jamais à mettre au travail, avant trois ou quatre ans, les poulains de race commune, et avant cinq ou six ans ceux de race fine. Il les accoutumera lentement au service pour lequel il les destine, de manière à ne pas les rebuter, comme cela arrive souvent, lorsque de l'extrême liberté on les fait passer subitement à un travail forcé et à l'excès des mauvais traitemens En conséquence, les chevaux de selle porteront d'abord de temps en temps une selle légère, puis on leur mettra un bridon. On les habituera à se laisser toucher toutes les parties du corps sans fuir, sur-tout à lever les jambes en arrière lorsqu'on les prendra à la main. A trois ou quatre ans, on commencera à les monter quelquefois, d'abord sans les faire marcher, ensuite en leur faisant faire quelques pas. Toujours il faudra s'arrêter dès qu'on s'apercevra qu'ils s'impatientent, et les bien caresser lorsqu'on les approchera ou lorsqu'on les quittera.

Moyens d'instruire les chevaux. — Le cheval qui, par sa grandeur, sa force et sa fierté, paraît devoir être indomptable, est à peine accoutumé au mors et au harnois, qu'il se prête à tout ce qu'on exige de lui. Il fléchit sous la main qui le gouverne, ne se refuse à rien, se sert de toutes ses forces, s'excède même souvent, et meurt pour mieux obéir. C'est surtout au manége qu'il montre son admirable docilité. On trouve, dans Élien et dans Pline, que toute la cavalerie des Sybarites était dressée à danser au son d'une symphonie. Les Perses apprenaient aux leurs à s'accroupir lorsque le cavalier voulait les monter. Quelques chevaux turcs, sur l'ordre de leurs maîtres, prennent à terre avec les dents une massue, une houssine, un sabre, et le leur présentent. Les Numides couraient à nu sur les leurs, et en étaient obéis comme nous le sommes par nos chiens. Nous avons vu des Cosaques en conduire avec un simple licou, sans bride ni bridon, sans rien qui leur passàt dans la bouche ; enfin, aujourd'hui, ne voyons-nous pas des chevaux dressés à faire toutes les choses qui viennent d'être rapportées, et beaucoup d'autres encore plus incroyables ? et il n'est personne, dans les diverses capitales de l'Europe, qui n'ait pu apprécier par lui-même l'intelligence de ceux d'Astley et de Franconi.

Mais ce n'est pas sans peine et sans efforts qu'on y parvient ; il est des chevaux d'un caractère intraitable et qui exigent des précautions infinies ; les caresses d'un côté, la privation du sommeil et de nourriture de l'autre, du pain et du sucre, sont en général les moyens de les soumettre, sur-tout pour les chevaux presque sauvages qui n'ont point été habitués dans leur jeunesse à l'homme et à connaître sa puissance.

Les chevaux communs que nous élevons pour les labours et les charrois, ne sont pas très-difficiles à dresser pour leur emploi. Ces travaux, quand ils sont sagement dispensés, ne pouvant pas nuire aux jeunes animaux et aux forces qu'ils doivent acquérir avec l'âge, on les y soumet de très-bonne heure, auparavant, pour ainsi dire, qu'ils aient la connaissance de toutes leurs forces, et qu'ils puissent les employer dans des défenses dangereuses ; ils s'y accoutument ainsi insensiblement, et quand ils sont parvenus à l'âge où ils ont toutes leurs forces, ils ne font pas difficulté de les employer à des travaux accoutumés. D'ailleurs, ces animaux, par leur genre de service, ne mettant point en danger la vie de l'homme, il n'exige pas d'eux la réunion de toutes les connaissances et de toutes les qualités qu'il demande aux chevaux destinés au service de la selle.

Les chevaux d'attelage exigent un peu plus de soin ; mais comme leur genre de service est à-peu-près le même que celui des chevaux de trait, et que, dès leur jeunesse, ils y sont également habitués, leur éducation est fort facile ; il n'y a que les vieux chevaux qui ont toujours été au service de la selle qui exigent quelques soins ; encore avec un peu de patience et de bons traitemens, en vient-on à bout : mais ce n'est quelquefois pas sans beaucoup de peines ; quelques chevaux même s'y refusent constamment.

Le cheval que l'on destine au service de la selle demande beaucoup plus de soins pour son instruction que ceux dont nous venons de parler. Comme ce service exige un grand concours de forces, et que l'on ne peut pas y soumettre de bonne heure les animaux, sans les fatiguer beaucoup, sans nuire au développement de ces mêmes forces, on est obligé d'attendre que l'animal ait toutes celles qu'il doit avoir : par cette raison, il est plus long-temps sans être soumis à la puissance de l'homme ; il a beaucoup plus de forces pour se défendre, et son éducation exige beaucoup plus de soins, et des soins bien mieux entendus. Cet art demande beaucoup plus d'étude que l'on ne pense, et le peu de chevaux agréables à manier que l'on rencontre, est bien une preuve suffisante de ce que j'avance.

L'art de dresser un cheval consiste à lui faire comprendre ce que l'homme lui commande, et ensuite à le rendre obéissant à tous ces commandemens. L'animal, pour être regardé comme bien dressé, doit donc, pour ainsi dire, être toujours aux écoutes de ce que veut le cavalier, et l'exécuter aussitôt le commandement. Je vais donner aussi brièvement que possible la méthode que je crois la plus avantageuse pour faire parvenir le cheval à ce degré d'obéissance.

On habitue d'abord le cheval à souffrir la selle, la bride, le bridon, à se laisser facilement approcher par l'homme, à ne pas le craindre, etc. Tout cela est l'affaire de fort peu de temps quand on emploie les caresses et les bons traitemens ; comme les chevaux de selle, ceux de race, j'entends, ne doivent commencer à être montés qu'à l'âge de cinq ans, si l'on veut en jouir long-temps, on a tout le temps nécessaire pou les accoutumer à tout cela ensuite.

Premières leçons ; exercice à la longe. — On passe un bridon dans la bouche du jeune cheval ; on lui pose un caveçon par-dessus, on y attache une longe assez longue, et l'on fait exercer le cheval autour de soi. Cet exercice se fait dans un manége ou dans une plaine ; mais le manége vaut beaucoup mieux : l'animal ne peut point s'y défendre comme dans une plaine, ni s'échapper de la main de la personne qui le tient. Voici les avantages qui résultent de cet exercice. L'animal a toujours la tête tournée du côté de la personne qui le guide, et la voit toujours, et il s'habitue à ne s'occuper que d'elle seule, à suivre tous ses mouvemens, et à lui obéir au moindre signe de la voix ou de la main armée de la chambrière. De plus, l'animal obligé d'aller toujours en rond, alternativement, sur chaque côté, et autant sur l'un que sur l'autre, acquiert plus de souplesse, plus de facilité à tourner, plus de grâce, plus d'aisance dans ses allures, et par suite plus d'assurance et plus d'aplomb. Quand le cheval commence, qu'il ne sait pas encore ce qu'on lui demande, craignez de le frapper ; les mauvais traitemens le rebutent, et souvent le gâtent pour toujours ; laissez-lui passer son premier feu, en le faisant tourner d'abord à la main, et ensuite éloignez-vous successivement de plus en plus de lui, en ayant soin de prévenir, autant que possible, les écarts qu'il voudrait tenter de faire, par une légère secousse de la corde du caveçon.

Le grand art de l'homme de cheval ne consiste pas tant à corriger l'animal des fautes qu'il fait, qu'à prévenir ces mêmes fautes, en lui ôtant tous les moyens d'en commettre. A-t-il bien trotté, ou marché, ou même galopé : arrêtez-le, faites-le venir au milieu du cercle, flattez-le, donnez-lui un peu de pain ou de sucre, et recommencez à le faire tourner de l'autre côté ; accoutumez-le petit à petit à prendre telle ou telle allure que vous désirerez. S'il va le galop ou le trot, et que vous vouliez qu'il n'aille que le trot ou le pas, en secouant la corde du caveçon, vous ralentirez sa marche, et le ferez changer de pas. Aussitôt qu'il a obéi, lors même que vous voyez qu'il va obéir, cessez, et sitôt qu'il a fait quelques pas à cette nouvelle allure, arrêtez-le et caressez-le ; s'il va trop doucement, montrez-lui la chambrière, et souvent un mouvement seulement de la main qui la porte, ou un léger appel de la bouche, suffit pour le faire partir du pas au trot et du trot au galop.

Les premières leçons doivent être très-courtes, et l'on doit les prolonger à mesure que le cheval entend mieux ce qu'on lui demande : une caresse à propos fait plus d'effet que tous les châtimens ; le cheval ne fait pas ce qu'on lui demande, ou parce qu'il ne le comprend pas, ou parce qu'il ne le peut pas ; et dans l'un et l'autre cas, le châtiment ne lui apprend rien.

Aussitôt qu'il commence à entendre ce que vous lui demandez, mettez-lui la selle, et successivement un bridon, un double bridon, et enfin la bride armée d'un mors très-doux.

Leçons des piliers. — Votre cheval est-il bien docile aux leçons de la longe ; ses épaules et ses hanches sont-elles bien assouplies ; ses allures sont-elles libres et franches dans un cercle raccourci ; s'embarque-t-il franchement du pas au trot, et du trot au galop, et repasse-t-il bien du galop au trot, et du trot au pas, vous avez déjà fait beaucoup : vous avez gagné une obéissance prompte et facile ; il s'agit maintenant d'exiger un peu plus de l'animal. Quand ce premier exercice est fini, on l'attache tout sellé et bridé entre les deux piliers, pris par les deux longes du caveçon. En se plaçant derrière, on lui apprend avec la houssine à fuir ces coups, en le faisant marcher tout doucement d'un côté, puis d'un autre. Il faut aller, dans cette opération, le plus doucement possible : le cheval, dans ce cas, ne pouvant ni reculer, ni avancer, peut facilement prendre de l'humeur, et c'est ce qu'il faut éviter ; quand il commence à comprendre ce que l'on veut de lui, alors on lui donne un peu plus de liberté dans les piliers, afin qu'il puisse agir plus franchement.

Pendant ces leçons, on ne doit pas négliger celles de la longe, et il faut les continuer ensemble jusqu'à une parfaite connaissance, de la part du cheval, de tout ce que l'on exige de lui ; ce qui n'est l'affaire que de quelques jours quand on s'y prend sagement.

Leçons à la longe, avec un homme en selle. — Arrivé à cette époque, il ne faut plus faire difficulté de mettre un homme en selle ; mais il faut choisir une personne sage et solide à cheval, afin que l'animal n'en soit pas tourmenté s'il lui arrive de se défendre, ce cavalier ne doit pour cela avoir ni éperon ni bride ; un double bridon ou un simple bridon même suffit : encore le cavalier ne doit-il pas s'en servir, auparavant que le cheval ne soit bien persuadé que celui qui est dessus ne lui veut aucun mal, et qu'il s'en laisse facilement approcher et monter.

C'est alors que le cavalier commencera à se servir du bridon. Il raccourcira doucement les rênes, afin que le cheval s'accoutume peu-à-peu à sentir la main et à s'y laisser conduire. Mais il faut que le cavalier prenne bien garde d'incommoder l'animal, sur-tout lorsqu'il se servira de la bride. Il doit agir avec beaucoup de prudence et de discernement, suivant le plus ou moins de sensibilité de l'animal ; puis selon l'obéissance qu'il marquera, il le caressera, le flattera, et le renverra à l'écurie.

Toutes espèces de leçons, dans les commencemens, doivent être courtes, et suivies de quelques friandises : il ne faut pas rebuter les chevaux ; ils ne comprennent plus ce qu'on leur demande si on les châtie alors mal à propos, et ils perdent une partie de l'assurance qu'ils doivent avoir, deviennent craintifs, etc.

Quand le cheval souffre la main ; quand il prend un appui ferme et léger, et se laisse conduire facilement au gré du cavalier ; quand celui-ci l'embarque franchement au trot, au galop, et qu'il le remet facilement à l'allure qu'il veut, il est à propos qu'il cherche à le faire obéir à la pression du gras des jambes, et à le faire ranger ainsi d'un côté ou d'un autre. S'il s'y présente facilement, il le lui fera sentir par les caresses, et l'entretiendra dans cette cadence de temps en temps, pour l'y habituer peu-à-peu.

Leçons entre les piliers avec un homme en selle. — Si le cheval ne comprend pas ce qu'on lui demande, il faut le remettre dans les piliers ; et en même temps que le cavalier lui approche la jambe d'un côté, il lui fait légèrement sentir la houssine de ce côté ; s'il en est même besoin, l'homme qui tient la chambrière peut l'aider en même temps de cet instrument : au moyen de ces leçons, l'animal s'habituera vite à obéir à la pression du gras de l'une et de l'autre jambe, et en même temps à fuir la gaule avec promptitude et facilité. Ces leçons doivent être continuées jusqu'à ce que le cheval y obéisse, pour ainsi dire, sans s'en douter.

Leçons pour apprendre à obéir aux talons. — C'est alors que pour l'embarquer au galop on lui fait sentir pour la première fois les talons. Si cette nouveauté l'oblige de se défendre, il ne faut pas redoubler des éperons, mais bien lui faire peur de la chambrière. Voici ce qu'il faut faire : on laisse le cheval se remettre, et en cheminant au pas, au moment où le cavalier fera un appui ferme de la main et lui fera sentir les éperons pour l'embarquer au galop, un mouvement de la chambrière, ou même un léger coup, le forcera à partir auparavant qu'il ait fait une défense. Si on pratique cette leçon avec intelligence, le cheval connaîtra bientôt qu'il faut qu'il parte à la pression des talons, et il le fera franchement : le plus souvent même il n'attendra pas que les éperons le touchent, quand il se sentira serrer entre les deux gras des jambes, en répétant cette leçon de temps en temps et approchant alternativement l'un ou l'autre talon, et en même temps la gaule du même côté, il s'accoutumera peu-à-peu à obéir et à se ranger d'un côté ou d'un autre, selon qu'il se sentira serrer à droite ou à gauche. Bientôt même il fuira les talons avec liberté et grâce, lorsqu'en lui approchant le talon d'un côté, on lui tiendra la tête ferme et un peu tournée de l'autre côté. Il ne faut jamais serrer brusquement les talons à un cheval : on approche graduellement la jambe, et le plus ordinairement un cheval bien dressé obéit auparavant d'avoir senti l'éperon ; si l'on agit différemment, le cheval perd sa finesse et n'obéit plus. Les éperons sont un châtiment dont il faut être le plus avare possible, qu'il faut ménager pour le retrouver au besoin. En général, l'animal qui obéit par douceur obéit mieux et avec beaucoup plus de grâce, que celui qui n'obéit que par crainte et par châtiment.

Quand le cheval est parvenu à ce point, on le fait monter dans un manége ou dans un enclos en liberté, et à chaque leçon, le cavalier doit exiger de lui tout ce qu'il sait faire ; et s'il se refuse à quelque chose, il doit recommencer les leçons que nous venons d'indiquer, jusqu'à ce que l'animal n'en ait plus aucun besoin.

La meilleure méthode, à ce que je pense, de dresser les chevaux de selle, est celle que je viens d'indiquer ; c'est à l'homme instruit à en faire un sage et prudent usage : il parviendra, sans danger pour sa vie, sans risque de tarer en aucune manière l'animal, à dresser les plus sauvages au service le plus agréable qu'ils puissent rendre à l'homme : c'est encore à lui, dès les premières leçons, à juger ce que peut faire l'animal qui lui est confié, et à n'en exiger que ce qu'il peut en attendre.

L'art du manége s'étend beaucoup plus loin ; il exige des animaux l'emploi de toutes leurs forces pour différens exercices dans lesquels on voit leur vigueur et leur obéissance dans tout leur jour, et l'adresse du cavalier dans tout son éclat ; mais cet article est déjà long : nous avons indiqué tout ce qu'il est indispensable d'apprendre à un cheval de selle pour en faire un animal utile et même agréable, nous nous arrêterons là.

Soins que l'on doit avoir des chevaux. — On a déjà vu les soins que quelques peuples ont de leurs chevaux, et on les a sans doute trouvés exagérés ; mais si on peut en blâmer l'excès, il ne faut pas croire pour cela que ces animaux doivent être abandonnés à la nature, lorsque nous exigeons d'eux un genre de vie et des travaux auxquels elle ne les a pas astreints.

L'homme civilisé a besoin que ses chevaux soient constamment auprès de lui ; ainsi il ne peut que rarement les laisser en liberté paître dans les champs et dans les bois. Il a donc fallu qu'il les logeât dans des enceintes, ou même dans des bâtimens où il pût les prendre à chaque instant, et où ils fussent en sûreté ; il a donc fallu qu'il se chargeât de les nourrir et de les servir pendant toute l'année.

La plupart des peuples de l'Europe les placent dans des bâtimens construits exprès pour eux, bâtimens qu'on appelle ÉCURIES en français. *Voyez* ce mot.

La position et la construction d'une écurie ne dépendent pas toujours du propriétaire, sur-tout dans les villes ; mais lorsqu'il y a possibilité de choisir, il est bon de faire attention aux considérations propres à assurer la santé des chevaux. Il n'est personne qui ne sente qu'un air humide, froid, et jamais renouvelé ; le voisinage d'eaux croupissantes ou de matières en décomposition ; une disposition intérieure non calculée sur le nombre et les besoins journaliers des chevaux, ne soient des circonstances défavorables. On doit donc chercher à bâtir son écurie sur un sol élevé et sec, l'orienter à l'est, la percer d'un assez grand nombre de fenêtres, opposées aux têtes des chevaux, pour que l'air y circule librement. Sa largeur dépendra du nombre de chevaux qu'elle doit contenir, et sa hauteur lui sera proportionnée, mais ni trop grande, ni trop petite. Les voûtes sont préférables aux planchers, parce qu'elles entretiennent une température plus égale, et que d'ailleurs elles craignent moins le feu. Le sol peut être pavé, ou simplement battu. Ce dernier moyen, qui est le moins coûteux, est encore le meilleur, lorsqu'on a de bons matériaux à sa disposition, et qu'on a soin de surveiller les réparations.

On met ou un seul ou deux rangs de chevaux dans la même écurie. Dans ce dernier cas, il faut qu'elle soit d'une largeur telle, que les deux chevaux opposés ne puissent pas se donner de coups de pied, ni à l'homme qui passe derrière eux. Dans l'un et l'autre cas, les murs vis-à-vis desquels sont tournées les têtes des chevaux, seront meublés d'une auge et d'un râtelier, c'est-à-dire, d'un canal en bois ou en pierre, d'environ un pied de large et de profondeur, élevé d'un peu plus de 3 pieds, dans lequel on met l'avoine et les autres graines dont se nourrit le cheval, et d'une espèce de grille ou d'échelle de 2 pieds de hauteur, dont les fuseaux, distans de 3 à 4 pouces, tournent dans les trous qui les contiennent, afin que le fourrage que ces râteliers sont destinés à supporter, puisse en être tiré sans efforts par les chevaux. Il est bon de disposer ces râteliers de manière que la poussière de ce foin tombe hors de l'auge et loin de la tête du cheval, afin d'éviter les graves inconvéniens qui sont la suite de la construction contraire, malheureusement presque par-tout en usage.

Chaque cheval doit être séparé de ses voisins par des barres ou des cloisons, afin qu'il jouisse de tout l'espace nécessaire à ses mouvemens et au besoin qu'il a de se coucher, sans être dans la nécessité de se battre avec eux; ces séparations auront au moins 4 pieds de large. Les barres qui les forment sont de gros morceaux de bois bien ronds et bien unis, attachés par une courroie à 3 pieds de terre, d'un côté au bord de l'auge, et de l'autre à une console ou pieu également rond, de 4 à 5 pieds de haut, solidement enfoncé dans le sol. Quant aux cloisons, elles sont faites de planches très-épaisses, solidement fixées, soit dans le sol, soit à des colonnes qui y sont implantées; leur bord supérieur doit être bien arrondi, et leur hauteur moyenne de 5 pieds; on dit moyenne, parce que quelquefois on élève davantage l'extrémité qui pose sur l'auge, afin que les chevaux ne puissent se mordre, ou même se disputer le foin. Ces cloisons doivent être plus espacées que les barres; la règle générale à cet égard est qu'elles doivent avoir en largeur un peu plus que la hauteur du cheval, pour qu'il puisse s'y coucher à l'aise.

Depuis quelque temps, dans les écuries à double rang, on place les chevaux tête contre tête; c'est-à-dire qu'on établit une cloison longitudinale en planches, contre laquelle sont fixés l'auge, le râtelier et les cloisons de séparation. Cette méthode, qui nuit un peu au coup d'œil, a l'avantage de per-

mettre de pratiquer un plus grand nombre de jours sans fatiguer la vue des chevaux, et de fournir les moyens de ranger,
à des crochets insérés dans les murs, les harnois et autres objets de service.

Il est bon qu'il y ait, si cela est possible, en dehors, peu
loin de la porte de l'écurie, une ou plusieurs auges de pierre,
dans lesquelles on puisse faire boire les chevaux et puiser l'eau
nécessaire pour les laver, lorsqu'on n'a pas une rivière ou un
étang à sa portée, et, à la plus grande distance possible, un
trou où l'on puisse déposer les fumiers.

Les écuries doivent être tenues dans un état constant de
propreté : en conséquence, tous les jours on leur donnera de
l'air, on les garnira de litière nouvelle, on les débarrassera de
celle de la veille, on balayera les endroits de passage, etc., etc.
C'est par suite de préjugés, repoussés aujourd'hui par les
hommes éclairés, qu'on a long-temps cru qu'il fallait laisser
pourrir la litière sous les chevaux, se garder de détruire les
araignées, etc. , etc.

Mais des écuries bien saines ne suffisent pas encore pour
conserver les chevaux en santé, il faut aussi les entretenir eux-
mêmes en état de propreté : c'est l'objet de ce qu'on appelle
le PANSEMENT A LA MAIN. *Voyez* ce mot.

Les instrumens nécessaires à cette opération, sont l'étrille
la brosse, l'époussette, l'éponge, le peigne, le bouchon de
paille, le cure-pied, les pinces à poil, le couteau de chaleur,
les ciseaux, etc. Les quatre premiers de ces instrumens sont
successivement employés pour débarrasser la peau du cheval
de la crasse, qui est le résultat de la transpiration insensible,
ou qu'il a ramassée dans le travail ou sur le sol de l'écurie :
cette opération est aussi avantageuse à la santé qu'à la beauté
de l'animal. Ensuite, avec l'éponge, on lave ses pieds, sa tête
et ses crins, avec le peigne on les démêle ; le cure-pied sert
à ôter toutes les immondices qui se sont accumulées entre le
fer ou le pied, ou dans la cavité de la fourchette ; les pinces
à poils s'emploient pour arracher tous les poils qui dépassent
les autres, sur-tout aux pieds et à la tête ; le couteau de chaleur, à abattre la sueur au retour d'une course ; les ciseaux,
à leur couper le poil des oreilles, du paturon, etc., ainsi que
le crin de la crinière et de la queue, lorsqu'il devient trop
grand.

Toutes les fois que les chevaux rentrent après le travail, on
doit leur enlever la boue dont ils sont chargés. Les bains de
rivière sont toujours excellens, à moins que ces animaux ne
soient en sueur, et on ne doit pas les leur épargner lorsqu'on
est à portée ; mais il faut avoir soin de leur abattre l'eau à leur
retour, et de les bien bouchonner.

Les soins qu'exige le cheval en voyage sont en grand nombre; cependant on ne doit pas les négliger. Il est bon de le mettre en train plusieurs jours à l'avance, en lui faisant faire de petites promenades ; de n'exiger d'abord que de courtes journées, et pendant lesquelles on ne lui prodiguera pas la nourriture. Si on fait sa journée tout d'une traite, ce qui est préférable, on la commence en été de bonne heure, et en hiver un peu tard, pour qu'il ne soit pas affecté par la trop grande chaleur ou par le froid du matin. A mesure qu'on approche du lieu où on projette de s'arrêter, il faut diminuer la vitesse de son allure, pour qu'il ne soit pas, en arrivant, saisi d'un refroidissement subit. Dans beaucoup d'endroits, les garçons d'auberge ont soin, aussitôt qu'un cheval leur a été remis, de le faire promener jusqu'à ce que sa grande chaleur soit apaisée ; ensuite ils le dessellent, abattent la sueur avec le couteau, le bouchonnent, le couvrent d'une couverture, lui lavent les jambes avec de l'eau fraîche, les sèchent bien ; ensuite, en le frottant avec de la paille, ils lui soufflent quelques gorgées de vin dans les naseaux. Cette pratique est excellente, et contraste beaucoup avec celle qu'on emploie le plus communément, et qui ne tend qu'à répercuter les humeurs et occasionner de graves maladies.

Après que le cheval s'est reposé une heure et plus, on lui donne le foin ; ensuite on le fait boire, et on lui donne l'avoine. Il n'est pas nécessaire de dire qu'on doit rigoureusement inspecter et la quantité et la qualité des alimens.

Le soir, il faut que le cheval soit attaché de manière qu'il puisse se coucher aisément.

Le mors de la bride doit être lavé chaque fois, afin d'ôter la fétidité qu'occasionne le séjour de la salive.

On est divisé sur la question de savoir s'il vaut mieux laisser boire le cheval sur le chemin, que d'attendre qu'il soit arrivé à l'écurie; mais il semble que la masse des raisons pour ou contre doit engager à ne le faire boire qu'après qu'il a mangé.

Enfin, le repos, la bonne nourriture, la litière fraîche, l'extraction des deux clous postérieurs de la ferrure, la terre glaise appliquée deux fois par jour sur la sole, de fréquentes lotions d'eau fraîche acidulée sur les jambes, de l'eau blanchie avec la farine au lieu d'avoine, quelque lavemens d'eau simple, légèrement dégourdie, sont les moyens de rétablir promptement un cheval fatigué d'une trop longue course.

Nourriture. — Le cheval est essentiellement herbivore ; mais il est plus difficile sur le choix de sa nourriture que les autres animaux domestiques qui le sont également. Dans les prairies, il rejette beaucoup de plantes dont le bœuf se contente. Linnæus a trouvé qu'en Suède il en mange deux cent soixante-deux espèces, et en rejette deux cent douze. Il est probable qu'en France la même proportion a lieu; mais il n'a pas été fait d'observations rigoureuses à cet égard.

En général, ce sont les plantes des plaines que le cheval préfère; il maigrit, et quelquefois même péri en peu de temps dans les pâturages marécageux.

L'herbe verte suffit au cheval qui n'est point condamné à des travaux pénibles; mais elle ne nourrit pas assez celui qui y est obligé : ce dernier demande une nourrirure plus substantielle sous un plus petit volume; c'est ce qu'il trouve dans les diverses espèces de graines qu'on est dans l'usage de lui donner.

Le cheval nourri à l'écurie mange presque exclusivement du fourrage sec, c'est-à-dire du foin ou de la paille; mais il est bon, au printemps sur-tout, de le mettre quelque temps au vert, soit en l'envoyant à la pâture, soit en lui fournissant de l'herbe nouvellement coupée. On trouvera, au mot Foin, les qualités qu'on doit désirer dans cette espèce d'aliment.

Outre les prairies naturelles, qui sont formées du mélange d'une grande quantité d'espèces d'herbes, sur-tout de graminées, il y a encore les prairies artificielles qui n'en contiennent qu'une ou deux espèces. C'est ici le cas de considérer particulièrement les effets des plantes qu'on y cultive le plus généralement.

La Luzerne (*voyez* ce mot) est une des principales. Donnée en vert, sans mélange, sans discrétion, avant l'épanouissement des fleurs, elle occasionne souvent des tranchées, des indigestions, des météorisations, etc. Le mélange qu'on fait de cette plante avec de la paille ne fait que diminuer ces accidens lorsqu'on n'en règle pas la quantité. Il faut donc habituer petit à petit les chevaux à cette nourriture, qu'ils aiment avec fureur, et ne jamais outre-passer la dose de 24 livres par jour : il en est de même de ce fourrage donné après sa dessiccation; il produit des effets funestes lorsqu'on le donne en trop grande abondance. On a observé que 30 livres suffisent pour le plus fort cheval de travail pendant vingt-quatre heures.

Le Sainfoin (*voyez* ce mot) n'est pas d'un usage aussi périlleux que la luzerne; mais il est bon de le mélanger avec des pailles, et de ne le donner, soit en vert, soit en sec, qu'à des animaux qui travaillent. C'est un aliment très-nourrissant, très-appétissant et très-échauffant.

Les diverses espèces de Trèfle (*voyez* ce mot) produisent à-peu-près les mêmes effets que la luzerne; le cheval en est si friand, qu'il en mange toujours avec excès quand il est libre. Cette plante, dont l'usage modéré le rafraîchit lorsqu'elle est verte, et l'engraisse lorsqu'elle est sèche, doit lui être ménagée, et toujours donnée mélangée ; elle convient sur-tout aux jumens poulinières, dont elle augmente le lait.

Quant à la paille, on en distingue en France de quatre espèces ; savoir, celle de FROMENT, celle d'AVOINE, celle d'ORGE et celle de SEIGLE. *Voyez* ces différens mots.

La paille de froment est un excellent aliment lorsqu'elle est blanche et qu'elle se trouve réunie avec les plantes qui croissent ordinairement dans les champs. Si le foin convient mieux aux chevaux qui fatiguent beaucoup, la paille est plus propre à entretenir en bonne santé ceux de selle, de carrosse, etc. ; mais il faut qu'elle ne soit pas altérée par la moisissure, la pourriture, etc. Il faut aussi qu'elle ne soit pas trop nouvelle, car dans ce cas elle cause des tranchées aux animaux qui en mangent.

Il est prouvé, par l'exemple des Allemands et des Anglais, qu'il y a infiniment plus d'avantage à donner aux chevaux la paille hachée menue et mouillée, que de la donner entière ; mais quelques efforts que les agronomes français aient faits pour engager leurs compatriotes à suivre cet exemple, ils n'ont pas encore pu parvenir à les y amener. La cause de cet entêtement est, dans les départemens, l'attachement à la routine, et à Paris l'intérêt des palefreniers, qui vendent aux nourrisseurs de bestiaux la paille que perdent chaque jour les chevaux confiés à leurs soins, ce qu'ils ne pourraient plus faire si elle était hachée. Il faut aussi que les animaux y soient accoutumés dès leur jeune âge ; sans quoi elle les incommode quelquefois. On a inventé, pour accélérer la coupe de la paille, des machines fort ingénieuses, dont plusieurs ont été décrites et figurées dans les *Mémoires de l'ancienne Société d'agriculture*, dans le *Journal de physique*, dans le *Bulletin* de la Société d'encouragement, etc.

Quoique la paille de froment soit presque la seule dont on on se serve, c'est cependant un abus grossier que de rejeter celles d'orge et d'avoine, que les chevaux mangent très-bien quand elles n'ont pas de mauvais goût, et sur-tout lorsqu'elles ont été stratifiées avec le foin dès le moment de la récolte de ce dernier. Ces pailles, ainsi que celle de froment, s'imprègnent fortement, par cette opération, de l'odeur et du goût du foin.

Il y a trois manières d'employer la paille d'avoine pour la nourriture des chevaux. On la leur fait manger en vert, ou coupée aussitôt que le grain est formé, et séchée ensuite, ou enfin après qu'elle est mûre et qu'on a retiré le grain.

Le temps de couper l'avoine en vert est marqué par la floraison. On la donne chaque jour aux chevaux, qui l'aiment beaucoup, dont elle tient le ventre libre et qu'elle rafraîchit ;

mais il faut la leur ménager; car l'excès leur occasionne des météorisations, et autres maladies.

La seconde espèce ne diffère de celle-ci que parce qu'elle est coupée un peu plus tard et séchée; elle offre une ressource très-précieuse aux pays secs et chauds, qui manquent de prairies. C'est également un excellent fourrage, que les bestiaux aiment aussi beaucoup.

La troisième, dont on a déjà parlé plus haut, n'est pas aussi nourrissante, mais elle est de même mangée avec plaisir, et entretient en bon état le corps des animaux qui en font usage.

Quant aux pailles d'orge et de seigle, elles sont peu en usage, sur-tout la dernière, pour la nourriture des chevaux. En vert, l'une et l'autre purgent et rétablissent souvent ceux qui sont malades.

Dans les pays où on cultive le maïs, on en donne aux chevaux les feuilles cueillies avant leur dessèchement, soit en vert, soit en sec. Ils les aiment avec fureur, à raison de leur saveur sucrée, et rebutent, tant qu'ils en ont, toute autre espèce d'aliment.

En France et dans tout le nord de l'Europe, l'avoine est le grain que l'on donne le plus fréquemment au cheval; elle lui procure de la force, de la vigueur, le tient en haleine et dispos pour le travail. (*Voyez* au mot Avoine.) Mais quelque ordinaires que soient les bons effets de ce grain, la quantité en serait préjudiciable à des chevaux trop jeunes, à des chevaux trop ardens, etc. Il est convenable de ne leur en point donner, ou de leur en donner peu, lorsqu'ils ne travaillent point, parce qu'alors elle peut provoquer à la fourbure.

Toutes les fois qu'on donne de l'avoine aux chevaux, il faut la cribler et la vanner pour la débarrasser des corps étrangers et de la poussière qu'elle contient.

L'avoine étant recouverte de sa balle intérieure lorsqu'on la donne aux chevaux selon la méthode ordinaire, il arrive souvent, lorsqu'elle n'est pas bien mâchée, ou que les sucs digestifs ont peu d'énergie, qu'il en passe un certain nombre de grains entiers et sans utilité pour l'animal. Cet inconvénient, sans doute grave, a donné lieu à la publication de plusieurs procédés propres à l'éviter, tels que de faire ramollir l'avoine dans l'eau, de la réduire en poudre grossière sous la meule d'un moulin, même d'en faire du pain; mais tous ces procédés sont coûteux, et ont produit d'autres inconvéniens encore plus graves : on y a, en conséquence, renoncé.

L'orge est préférée à l'avoine dans toutes les parties méridionales de l'Europe, en Asie et en Afrique, pour la nourriture des chevaux. Ce grain, sans doute plus nutritif que l'avoine, ne paraît pas cependant procurer en France autant de

vigueur aux chevaux; il est, malgré cela, très-avantageux de
de leur en donner de temps en temps.

Le froment est très-nourrissant, mais il échauffe beaucoup
les chevaux, et donnerait lieu à la fourbure s'il était employé
seul On en fait manger une ou deux poignées tous les jours
aux étalons pendant la monte, et aux vieux chevaux dont
l'estomac est affaibli.

En France, on donne rarement du seigle aux chevaux; mais
en Italie, en Allemagne et sur-tout en Danemarck, on en
fait usage, pour cet objet, très-fréquemment. On a remarqué
que les chevaux nourris avec ce grain étaient plus gras, mais
aussi plus mous et bien moins vigoureux que les autres.

Le son a été employé de toute ancienneté pour nourrir et
rafraîchir les chevaux; on le trouve mentionné dans les vétérinaires grecs et romains : on en fait encore un très-fréquent
usage, soit comme aliment, soit comme remède. Il est plusieurs espèces de son qui sont plus ou moins nutritives, selon
la quantité de farine qui y reste adhérente. On les nomme *gros
son, recoupe, recoupette, son gras, tressiot,* etc.

Les artistes vétérinaires qui ont suivi les effets du son
comme aliment, ont remarqué qu'il est presque entièrement
indigestible pour les chevaux, qu'il donne lieu à des tranchées, à des météorisations, qu'il retardait la cure de plusieurs
maladies chroniques, etc., etc. On doit donc ne le donner
que modérément, et seulement comme remède. C'est avec lui
qu'on fait l'eau blanche, très-employée dans la médecine vétérinaire, et reellement très-bonne; elle se fait en agitant du
son dans de l'eau, qui se charge de la farine qui lui est adhérente; mais, d'après les données précédentes, il faut la dé-
canter de dessus le son, lorsqu'on veut la donner aux chevaux
malades ou aux poulains.

Dans les pays où l'on cultive le maïs, on en donne le grain
aux chevaux en place d'avoine, et on s'en trouve fort bien.
Il leur en faut très-peu pour les bien nourrir; mais peut-être
peut-on l'accuser, comme le seigle, de les rendre mous.

L'unique but qu'on doive se proposer dans la dispensation
des alimens, c'est de maintenir les animaux en chair et en
état de travail. Ils ne doivent être ni trop gras ni trop maigres,
si on veut en tirer tout le service, et même conserver leurs
belles formes. On devrait donc les entretenir toujours dans
cet état moyen; mais il est difficile de juger ce qu'il convient
de faire pour y parvenir. Tel animal mange beaucoup, et se
nourrit cependant moins que celui qui mange peu. Tout ce
qu'on peut dire, c'est qu'il faut avoir égard, dans la dispensation de la quantité et de la qualité des alimens, à l'âge, au
tempérament et à la taille de l'animal. Le cheval dans la

force de l'âge et qui travaille journellement, doit être plus fortement nourri que le jeune ou que le vieux. Dans ce dernier, les alimens doivent être plus substantiels et de plus facile digestion. Le cheval ardent, vif et sanguin, doit être nourri modérément; il faut lui ménager sur-tout l'avoine et le foin. On préférera pour celui qui est flegmatique et mou, les alimens secs et peu nutritifs. Quant à la taille, si, par exemple, on accorde à un cheval de carrosse de 5 pieds, assujetti à un travail continu, mais modéré, une botte de foin de dix livres, deux bottes de paille de même poids, et trois quarts de boisseau d'avoine, on doit en donner davantage au fort cheval de charrette, et moins au bidet. On l'augmentera en général à proportion de l'augmentation du travail, mais en considérant cependant que la surabondance des alimens les plus convenables est plus nuisible que leur manque ou leur mauvaise qualité. Toute fixation précise ne peut être établie, parce qu'elle résulte du climat, du sol, des saisons, de la nature et de la qualité plus ou moins nutritive du fourrage, de la graine, etc., etc.

L'eau est la boisson ordinaire des chevaux. Dès le temps d'Aristote, on croyait et on croit encore qu'ils aiment mieux l'eau trouble que l'eau claire, et on en a conclu qu'ils troublaient l'eau claire avant de la boire. Le fait est qu'ils boivent l'eau telle qu'ils la trouvent, et qu'ensuite ils l'agitent pour en faire jaillir des gouttes sur leur corps; que même ils s'y couchent si on le leur permet. C'est sans doute ce même instinct qui engage les chevaux à plonger plus ou moins profondément leur tête dans le seau ou dans l'auge qui contient la boisson, lorsqu'ils n'ont pas très-soif. Pline même assure que plus le cheval a de feu, et plus il plonge profondément ses naseaux. Cette conclusion est très-évidemment erronnée; car le cheval hume en buvant, et il ne peut humer si l'air n'entre dans sa poitrine par ses naseaux, ainsi qu'on peut s'en assurer sur soi-même.

Tout doit déterminer à donner aux chevaux une boisson claire et pure; mais il faut leur faire éviter les eaux trop vives ou trop fraîches, parce qu'elles peuvent susciter, sur-tout lorsque l'animal est échauffé, de fortes tranchées, et, de plus, ne désaltèrent pas, à raison du peu d'air qu'elles tiennent en dissolution. Celles des puits sont souvent chargées de sélénite, de terre calcaire, dont l'effet est nuisible. En général il faut éviter de donner aux chevaux des eaux de puits qui n'aient point été exposées au soleil ou à l'air au moins pendant vingt-quatre heures. Il faut, lorsqu'on ne peut faire autrement, les corriger par l'addition du vinaigre, etc.

Le temps et la manière d'abreuver les chevaux sont des

points qui intéressent essentiellement leur conservation. Ainsi on ne doit jamais les faire boire lorsqu'ils sont échauffés par un exercice violent. L'économie animale en est troublée, l'action progressive du sang est arrêtée sur-le-champ, toutes les sécrétions sont suspendues. Il survient des inflammations mortelles dans les viscères vasculeux, comme le poumon, le foie, la rate, des pleurésies, des fluxions catarrhales inflammatoires, que suit fréquemment la morve ou une fourbure indomptable. Ces tristes effets sont quelquefois analogues à ceux des poisons, tant ils sont rapides.

L'heure la plus convenable pour abreuver les chevaux, est celle de huit à neuf heures du matin, et de sept à huit heures du soir ; cependant il ne faut pas s'astreindre à des époques rigoureusement les mêmes. Il est bon, lorsque l'on est à portée d'une rivière, et qu'on est sûr des personnes qui les soignent, de les y envoyer de préférence, excepté dans les temps de gelée. En général, comme on l'a déjà dit, l'eau froide est nuisible aux chevaux, et il faut, autant que possible, la leur donner toujours à la même température.

Il est des chevaux qui boivent peu, d'autres qui boivent beaucoup ; cela dépend chez eux comme chez l'homme de leur tempérament et de la nature de leurs alimens. En général il est mieux de leur laisser la plus grande liberté à cet égard, que de les gêner ; mais lorsqu'ils ne veulent pas boire, il est bon de réveiller en eux le désir de le faire, par quelques poignées de foin, ou du sel mis dans l'eau qu'on leur présente.

Le cheval abandonné à lui-même est toujours en mouvement ; aussi, dans l'état de domesticité, l'exercice lui est plus nécessaire qu'aux autres animaux. Le repos absolu a pour lui des inconvéniens bien plus graves lorsqu'il est prolongé, qu'un travail forcé. Il faut donc, lorsqu'on ne peut l'employer utilement, lui faire faire des promenades journalières. Ceux qui ne font absolument rien, qui sont abandonnés dans les écuries, sont affectés de plusieurs maux, tels que l'enflure des jambes, l'obésité, le gras-fondu, la fourbure, et diverses maladies cutanées.

Mais si le repos absolu lui est nuisible lorsqu'il est trop prolongé, il lui est indispensable après le travail, un homme sage doit toujours proportionner l'un à l'autre. Cette vérité est si évidente, si triviale même, qu'il semble inutile de la mentionner. Cependant la quantité des chevaux qui périssent annuellement par la privation du repos après l'excès de la fatigue, est réellement incroyable. Il semble que beaucoup d'hommes sont affectés de vertiges ; car, dans l'espoir d'une très-petite augmentation de gain, ils risquent journellement des pertes considérables.

Le sommeil est encore plus propre à la réparation des forces
que le repos. Il rend au cheval, comme à tous les autres animaux, sa vigueur, son agilité. Il dispose de nouveau toutes
ses parties à l'exercice de leurs fonctions, favorise la digestion,
la transpiration et la nutrition.

Le cheval, par sa nature, ne dort pas si long-temps que
l'homme; quatre à six heures de sommeil suffisent à la plupart:
les uns dorment couchés, les autres constamment debout.

Queue à l'anglaise, castration, marques, etc. — Tout est
bien en sortant des mains de la Nature, a dit J.-J. Rousseau,
tout dégénère entre les mains de l'homme; il mutile son cheval, etc.; et en effet, la queue du cheval lui sert non-seulement d'ornement, mais encore de moyen de défense. Il n'est
personne qui n'ait observé mille et mille fois combien elle lui
est utile pour chasser les mouches qui cherchent à vivre aux
dépens de son sang, et le font souvent cruellement souffrir.
La plupart des peuples laissent la queue à leurs chevaux. Les
Arabes en font si grand cas, qu'ils sont dans l'usage de la
tondre jusqu'à l'âge de trois ans, pour que les crins en deviennent plus beaux et plus touffus; et l'amputation de celle
des chevaux qu'on leur achète, est le seul moyen qu'on ait
pu imaginer pour les empêcher de les voler; cependant on la
coupe généralement en Europe. On a cherché à justifier cette
opération; mais toutes les raisons alléguées sont plus frivoles
les unes que les autres. Si une longue queue est quelquefois
gênante pour un cavalier ou un cocher, il doit la relever, et
non outrager la nature en l'amputant, sur-tout en l'amputant
à la manière anglaise, qui est un raffinement de barbarie et
d'absurdité.

Quoi qu'il en soit, l'opération à l'anglaise a non-seulement
pour but de raccourcir la queue des chevaux, mais encore de
la faire relever; pour cela, avant de l'amputer, on fait, en
dessous de la partie qu'on veut conserver, quatre à six incisions transversales, dont l'objet est de couper les muscles
abaisseurs, afin de donner tout le pouvoir à leurs antagonistes.
Elle a rarement des suites dangereuses, mais elle fait cruellement souffrir l'animal, attendu que non-seulement il supporte les incisions, mais qu'encore le tronçon de sa queue
doit rester suspendu à une corde qui roule sur une poulie
jusqu'à parfaite guérison, c'est-à-dire au moins pendant quinze
jours. Autrefois on employait un grand appareil de ban-
dages, d'onguens et de baumes; aujourd'hui l'expérience a
appris que l'hémorrhagie était peu à craindre, et on se contente de bassiner les plaies récentes avec de l'eau-de-vie saturée de sel marin. On appelle *catogan* les chevaux dont la
queue est coupée très-courte.

Les oreilles du cheval sont naturellement bien faites et d'une juste grandeur, sans être courtes et larges comme dans quelques animaux, ou longues comme dans d'autres. Elles indiquent par leurs mouvemens les impressions qu'il éprouve, les desseins qu'il médite, et qu'il est si souvent important de connaître pour les prévenir; cependant on ne les respecte pas plus que la queue, on les coupe, on les taille sans aucun objet réel, on martyrise et on déforme l'animal, pour le seul plaisir de suivre la mode, de contrarier la nature.

Cette opération, au reste, n'est pas aussi douloureuse que celle de l'amputation de la queue; elle a rarement des suites graves. On la fait tantôt à nu, c'est-à-dire qu'on coupe la totalité de l'oreille à ras de la tête, tantôt à l'oreille garnie, c'est-à-dire qu'on la taille dans la forme, ou à-peu-près dans la forme naturelle; on ne fait que la raccourcir.

Cette ridicule manière de mutiler nos chevaux nous vient de l'Angleterre, où elle existe depuis long-temps, et où elle a même été proscrite, il y a plusieurs siècles, par un concile, comme antinaturelle et barbare. Nous l'avons adoptée uniquement par imitation, comme tant d'autres modes anglaises relatives aux chevaux; modes qui ont ruiné et abâtardi l'espèce en France, qui se sont opposées aux progrès de l'art vétérinaire, à notre commerce et à nos arts.

C'est à-peu-près vers le milieu du siècle dernier, que l'anglomanie s'est introduite en France. On a voulu des chevaux anglais, qui, sous la plupart des rapports, sont inférieurs aux nôtres; on a voulu les monter à l'anglaise, manière aussi ridicule pour le cavalier que fatigante pour le cheval; on a voulu des palefreniers anglais, des jockeis anglais, des étalons anglais, des selles et des brides anglaises, etc., etc. Que de folies ont été faites pour les chevaux anglais! Cependant on sait que c'est aux chevaux arabes que l'Angleterre doit l'amélioration de sa race, et que le premier étalon qui y a été employé, a été acheté à Paris, par le lord Godolphin, comme cheval de réforme, pour dix-huit louis, et que nous avons acheté ses descendans à des prix effroyables. Il est bon de citer, par exemple, le *roi Pépin*, acheté dix-sept cents louis, et revendu au Marché aux chevaux pour trois louis, les premières années de la révolution. D'un autre côté, si on réfléchit que c'est avec nos chevaux que les Anglais montent leurs manéges; que la plupart des écuyers anglais ne se servent pas des leurs, on ne peut qu'être étonné de notre blâmable manie pour ceux de ce pays.

Le sabot croît pendant toute la vie de l'animal; celui des chevaux qui sont dans l'état sauvage, ne s'use pas plus vite qu'il ne croît; mais dans l'état de domesticité, il est exposé à des frottemens violens sur les pavés, et il est indispensable de les garnir d'une lame de fer, sans quoi il serait bientôt hors de service. Cette nécessité de garantir l'ongle des chevaux, a donné naissance à l'art de la maréchallerie, c'est-à-dire à celui qui a pour but de forger les fers propres aux chevaux, et de les fixer par des clous.

On ne devrait ferrer les poulains que lorsqu'ils ont quatre ans accomplis ; mais on les ferre communément beaucoup plus tôt. La première fois, on ne les ferre que des pieds de devant, et six mois après des pieds de derrière. Cette ferrure est une affaire de grande importance ; car c'est d'elle que dépendent, pour l'ordinaire, la bonté ou les défauts des pieds ; il faut bien se garder de confier les jeunes chevaux à des maréchaux ignorans ou maladroits.

Cet art a des règles nombreuses et dont l'exécution est assez difficile pour qu'il soit rare de trouver un bon maréchal ; mais il sort de l'objet de cet article : il suffira de dire qu'on ne doit employer un fer ni trop mou ni trop cassant, que la forme doit être différente pour les pieds de devant et pour les pieds de derrière, ainsi que pour certains services et certaines allures, et qu'il est de la plus grande importance qu'ils soient assujettis avec solidité, et de manière à ne pas blesser le cheval ; c'est dans le *Guide du maréchal, par Lafosse*, et sur-tout dans l'*Essai sur la ferrure, par Bourgelat*, qu'on pourra trouver la théorie et la pratique de la ferrure.

Les maréchaux ayant chaque jour occasion de voir les chevaux, en sont naturellement devenus les médecins ; mais comme, en général, ils n'ont que fort peu d'instruction, leurs méthodes de traitement sont sans principes, souvent même diamétralement opposées au but qu'ils se proposent ; des recettes plus absurdes les unes que les autres en sont, la plupart du temps, la base ; aussi des milliers de chevaux sont-ils chaque année victimes de leur ignorance, quoique l'établissement des écoles vétérinaires, en formant des hommes véritablement instruits, ait mis les propriétaires de chevaux en position de n'être plus involontairement leurs dupes. Quant à la description des différentes maladies du cheval, et des moyens les plus propres pour les combattre et les prévenir, *voyez* Médecine vétérinaire.

Le cheval, quelque doux qu'il soit ordinairement, devient quelquefois dangereux lorsqu'il ressent les impressions de l'amour : alors rien ne l'arrête, si on veut s'opposer au violent besoin qui l'attire vers une femelle en chaleur : il résiste au mors et aux coups. Les inconvéniens qui sont la suite de cette disposition obligent de châtrer, ou hongrer, pour se servir de l'expression usitée, tous les chevaux qui sont destinés à être montés, à être attelés aux carrosses, ou qu'on destine à quelques espèces d'autres services. Cette opération adoucit son caractère, mais elle diminue considérablement ses forces : en conséquence on ne l'emploie point pour les chevaux destinés à de rudes travaux, tels que ceux du roulage, des messageries, etc., et qui en même temps sont constamment surveillés.

Ceux qui sont assez malheureux pour être destinés à subir, doivent être opérés à deux ans et demi ou trois ans au plus tard. C'est toujours aux dépens des bonnes qualités du cheval qu'on la retarde; le printemps et l'automne sont les saisons les plus convenables, le froid et le chaud lui étant également contraires.

On exécute la castration des chevaux de cinq manières, savoir : par les billots, par la ligature, par le feu, en froissant les testicules et en les bistournant.

Dans la première manière, qui est appelée par les billots, et qui est, sans contredit, la meilleure de toutes, on jette l'animal par terre, après l'avoir garrotté pour qu'il ne puisse pas se défendre; on incise le scrotum, on en tire les testicules; on applique sur les côtés de chaque cordon, deux moitiés d'un bâton de 5 pouces de long et d'un pouce de diamètre, et on les lie bien fermes par les deux bouts, où il y a des coches destinées à recevoir la ficelle ou le fil. Cette opération faite sur les deux testicules, on les coupe.

Dans la seconde manière, on fait entrer une aiguille courbe, garnie de gros fil ou de petite ficelle cirée, à travers le cordon spermatique, à un travers de doigt du testicule, en faisant attention de ne pas blesser le nerf spermatique; et on coupe le testicule à un pouce au-dessous de la ligature.

Dans la troisième manière, on coupe sans précaution le testicule, et on applique un bouton de feu sur l'orifice de l'artère. Les deux autres manières sont trop vicieuses pour mériter d'être mentionnées ici.

Après cette cruelle opération, il faut bassiner la plaie avec du vin chaud, donner à l'animal une nourriture choisie, et le promener chaque jour, jusqu'à ce que la cicatrice soit parfaitement consolidée.

Beaucoup de propriétaires de haras veulent que leurs chevaux soient marqués pour distinguer les familles, et empêcher qu'on ne vende des productions défectueuses sous leur nom. Beaucoup d'administrations publiques et particulières les font également marquer pour pouvoir les reconnaître partout, au cas qu'ils soient volés. Il y a trois manières de les marquer, par une incision, avec un corrosif, ou avec un feu

chaud; mais la plus prompte, la plus sûre et la moins douloureuse des marques, est celle avec un fer chaud. Il ne s'agit
que d'avoir un fer où les lettres ou les figures seront gravées
en relief d'environ une ligne de largeur, et qui sera attaché
au bout d'un manche de 2 à 3 pieds. On le fait rougir et
on l'applique sur la peau de l'animal, en le pressant ni trop ni
trop peu. Il se forme une escarre, qui tombe en peu de jours,
et il reste une marque qui est ineffaçable. Les endroits du corps
où l'on marque les chevaux, sont la ganache, les faces latérales de l'encolure, le garrot, les cuisses et les fesses. (Huz.)

CHEVALET. C'est le GOULT COMMUN. (B.)

CHEVALET. Partie de la charrue qui sert d'appui à l'age.
(*Voyez* au mot CHARRUE.) On donne encore le même nom à
la partie inférieure de la BROIE, dont on se sert pour retirer la
filasse des tiges de CHANVRE. (B.)

CHEVALON ou CHEVALOT. Dans quelques endroits, on
donne ce nom au BLUET des blés. (B.)

CHEVASSINE. Aux environs de Genève, on donne ce nom
aux TERRES que la charrue, ou les eaux pluviales, ont transportées aux extrémités et sur les bords des champs; terres
qu'il est d'une bonne économie de reporter sur les champs d'où
elles proviennent. Cette opération, principalement comman-
dée dans les pays de montagnes et dans les terres legères, n'est
pas assez généralement pratiquée; aussi, que de lieux jadis
fertiles sont en ce moment dénués de toute verdure, parce qu'il
ne s'y trouve plus de terre! *Voyez* MONTAGNE et LABOUR. (B.)

CHEVAUCHÉES. Nom commun à toutes les plantes nuisibles aux moissons, employé dans quelques cantons.

CHEVAUX DE BOIS. Échalas élevés aboutissant par le
bas à des ceps placés à la même distance, croisés deux à deux
par le haut et contenus par une perche, qui domine par conséquent sur deux rangs; ce qui forme des rangs doubles.

Cette méthode d'ACCOLER LA VIGNE (*voyez* ce mot), est principalement employée dans le département du Doubs pour les
vignes situées dans les endroits bas, où les brouillards froids
endommagent souvent les bourgeons. Elle paraît devoir être
inférieure à celle en LIGOULOT. *Voyez* ce mot, usité dans le
même département; mais comme je n'en ai pas observé les
effets, je n'en parlerai pas plus au long. *Voyez* VIGNE. (B.)

CHEVAUX LANDEUX. Nom d'une mauvaise race de chevaux des landes de Jonsac, près Saint-Jean-d'Angely; ils sont
faibles et très-mal conformés. (B.)

CHEVELÉE, CHEVELU. Petites racines des arbres et des
plantes, et qui probablement servent exclusivement à leur
nourriture. *Voyez* au mot RACINE.

On doit à la Quintinie l'observation que le chevelu qui ne

devient pas racine meurt, et que tous les ans il s'en forme du nouveau soit à l'extrémité des racines, soit sur leur contour.

Tout porte à croire, mais cela n'est cependant pas rigoureusement démontré, que l'extrémité du chevelu est exclusivement l'organe de l'absorption des élémens de la nutrition des végétaux, et qu'il faut que cette extrémité s'allonge sans cesse pour qu'elle puisse remplir cette fonction si importante.

La conservation du chevelu devrait faire le principal objet des soins de ceux qui arrachent des arbres pour les replanter; et cependant ils négligent généralement d'y faire attention. Il est des arbres et des plantes qui l'ont si délicat, qu'il ne peut être exposé à l'air un seul instant sans danger. Les arbres verts sont principalement dans ce cas, ainsi que tous ceux qui sont en état actuel de végétation. Lorsque le desséchement du chevelu est peu avancé, on peut rétablir la circulation de la sève en le faisant tremper quelques heures dans l'eau; mais lorsqu'il l'est davantage, il faut le couper, parce qu'il est dans cet état sujet à chancir dans la terre, et par suite à faire chancir les mères racines.

C'est pour conserver le chevelu qu'on recommande d'arracher avec la motte les arbres délicats ou précieux. C'est pour l'empêcher de se dessécher qu'on entoure les racines de mousse, de paille, qu'on les couvre d'un torchis de bouse de vache et de terre franche.

Lorsqu'on met en terre, soit un arbre, soit une plante herbacée, il faut étendre le chevelu de ses racines, lui donner à-peu-près la position qu'il avait auparavant. Le manque de réussite de beaucoup de plantations provient du peu de valeur que la plupart des jardiniers mettent à cette circonstance. *Voyez* PLANTATION, RACINE, PIVOT et HABILLER. (B.)

CHEVELÉE. Dans quelques cantons, on donne ce nom aux marcottes de vigne, parce qu'elles sont garnies de chevelée. *Voyez* MARCOTTE et VIGNE. (B.)

CHEVELURE. On appelle ainsi les touffes de feuilles qui surmontent l'ananas. (B.)

CHEVEUX D'EVÊQUE. C'est la RAPONCULE ORBICULAIRE.

CHEVEUX DE VÉNUS. Nom vulgaire de la NIGELLE DE DAMAS et de quelques DORADILLES. (B.)

CHEVILLE. Morceau de bois plus ou moins long, et terminé en pointe d'un côté, qui sert à fixer les assemblages de menuiserie, de charpente, de tonnellerie, etc.

Ordinairement on fortifie les fonds des tonneaux par une traverse, et cette traverse est fixée par quatre, six et huit chevilles à chaque bout. (B.)

CHEVOLI. Synonyme de CHEVELU, en parlant de plants de VIGNE provenant de BOUTURE. (B.)

CHÈVRE. Femelle du bouc. Quadrupède domestique, qui a beaucoup de rapport avec la brebis. L'organisation intérieure de ces deux genres d'animaux est presque entièrement semblable. Ils se nourrissent, croissent et se multiplient de la même manière. Ils se ressemblent encore par le caractère de la plupart de leurs maladies. Dans beaucoup d'endroits, la chèvre s'appelle *bique* ou *bigue*, et le chevreau *biquet*; dans d'autres, les chèvres sont nommées *cabres*, et leurs petits *cabris*.

Comme le bouc n'est utile que pour la reproduction de l'espèce, et qu'on n'en conserve que le nombre strictement nécessaire à cette reproduction, c'est de la chèvre dont il est principalement important d'entretenir ici le lecteur.

Ce quadrupède, qui fait partie d'un genre composé de huit espèces, paraît être originaire des montagnes de la haute Asie. Il se reconnaît à ses cornes carénées et recourbées en arc, et à la barbe qu'il porte au menton. La forme de sa tête, la longueur de ses pattes, la petitesse de sa queue, la disposition de son poil, le distinguent fort bien de la brebis. Nous avons essayé bien des fois d'allier des chèvres avec des brebis, jamais il n'est rien résulté de ces alliances.

Quoiqu'on n'ait aucun document sur l'époque où la chèvre a été réduite en domesticité, les écrits les plus anciens que nous possédions font supposer qu'elle l'était bien avant les temps historiques. Sa faiblesse, la douceur de son caractère, sa facilité à s'accoutumer à vivre familièrement avec l'homme, favorisent cette opinion.

La chèvre est d'un naturel vif, même pétulant; elle aime à s'écarter, à grimper les montagnes, à sauter de rocher en rocher; la brebis vit facilement dans les plaines. La chèvre est sensible et capricieuse; la brebis est froide, timide et toujours paisible. La chèvre aime les changemens, au point que lorsqu'elle est en liberté, elle mange rarement au-delà de quelques bouchées de la même espèce d'arbre ou de plante. Non-seulement les mâles se battent perpétuellement pour les femelles, mais quelquefois les femelles même entre elles. Elle vit dix à douze ans, terme moyen; donne naissance à un ou deux petits, quelquefois, mais rarement, à trois et même à quatre.

Comme tous les animaux domestiques, les chèvres sont divisées en un certain nombre de races, qui chacune présente beaucoup de variétés. *Voyez* le mot RACE.

La chèvre commune est, comparativement aux autres races, de taille moyenne. Son mâle, ou le bouc, est plus gros, plus robuste, plus garni de poil. Il répand, sur-tout quand il est en rut, une odeur extrêmement désagréable, et à laquelle on donne son nom, odeur dont la femelle n'est pas toujours exempte : cette odeur dépend de sa peau, et non de sa chair. Il se fait remarquer par la grandeur de ses cornes, la longueur de sa barbe et sa puissance reproductive.

Les autres races sont,

La Chèvre d'Angora, qui a les oreilles pendantes, les cornes en spirale, le poil très-long, très-fourni et très-fin. C'est principalement pour ce poil, qui se file comme la laine, et dont on fait des étoffes, qu'on la multiplie. Elle est la richesse des cultivateurs de l'Asie mineure, comme je le dirai plus bas.

La Chèvre de Barbarie, ou de l'Inde, est plus petite et a le poil moins long que celui de la précédente, mais cependant également susceptible d'être filé. Les Anglais et les Hollandais l'ont beaucoup multipliée. On en voit aussi dans les parties méridionales de la France. Elle donne trois fois plus de lait que l'espèce commune. Ces deux circonstances devraient lui faire donner par-tout la préférence.

La Chèvre mambique a les oreilles pendantes et très-longues ; les cornes petites, à peine recourbées en arrière, et le corps un peu plus gros que celui de la race commune. On l'appelle aussi *chèvre de Syrie, chèvre du Levant.* C'est mal à propos qu'on l'a regardée comme formant une espèce particulière. On la voit aussi quelquefois dans les parties méridionales de la France.

La Chèvre des Pyrénées est plus haute et plus grosse que la commune. Son poil est plus court, et sa couleur presque toujours blanche avec de larges taches fauves, ou fauve avec de larges taches blanches. On la voit fort communément sur les montagnes du midi de l'Europe. Ses produits en lait sont beaucoup supérieurs à ceux de la commune.

La Chèvre cabri est plus petite et plus allongée que la commune. Son poil est ras. Elle donne aussi beaucoup de lait, et ce lait a très-peu d'odeur et la saveur ordinaire. C'est elle qu'on préfère dans nos colonies de l'Amérique. Elle est répandue dans toute la France, principalement dans le midi, mais nulle part elle n'est abondante.

Chèvre asiatique, chèvre cachemire, *Pl. VIII*, ou à duvet de Cachemire. Je dois donner sur cette race de chèvres, très-nouvellement importée, plus de renseignemens que sur les autres. Sa taille est de 27 pouces de hauteur, de terre au garrot, et de 39 pouces de longueur, du sommet de la tête à la naissance de la queue : même dimension en grosseur, prise sur le ventre. Les mâles ont un peu plus de barbe que les femelles, qui en ont toutes. On avait assuré qu'ils n'avaient pas d'odeur, étant en rut : c'est une erreur. Quelques femelles ont des toupets qui tombent en frison sur leur front ; il y en a peu qui n'aient des cornes ; pour la plupart elles sont droites et pointues dans les jeunes sujets, et se croisent vers l'extrémité, circonstance plus ordinaire chez les boucs. Les oreilles sont longues, larges, plates et pendantes, à quelques exceptions près. De longs poils durs couvrent toute la surface du corps, jusque vers le bas des jambes; il est ou blanc, ou gris, ou mêlé de gris et de blanc. Il se forme tous les ans à l'endroit où il est implanté dans la peau un duvet fin, élastique, extensible, qui se disperse dans la toison en se floconnant, et si on ne le recueille, il s'attache aux buissons et se perd. Le pis de la femelle est large et non pendant. Cette race de chèvre est douce et familière. Ce qui la rend plus intéressante, c'est le duvet qu'elle fournit, matière employée dans les fabriques pour faire de beaux schalls, qui sont, en Europe, la parure des femmes riches. On a long-temps douté si cette substance était produite par un chameau à bosse, ou par un mouton, ou par un autre animal. Aujourd'hui on sait qu'elle est la dépouille de la chèvre asiatique, répandue depuis Cachemire, ou le Thibet, jusqu'aux environs d'Astracan. Un de nos habiles manufacturiers (M. Ternaux) forma le projet d'enrichir son pays de cette espèce de chèvres, en la tirant du Levant. Il engagea M. Amédée Jaubert, professeur de langue turque à la Bibliothèque du roi, à se charger de l'exécution, lui qui avait voyagé dans l'Asie. M. le duc de Richelieu, alors premier ministre, favorisa cette entreprise de tout son crédit auprès de l'empereur de Russie, par les états duquel il fallait passer, et promit au nom du gouvernement français de prendre, en cas de succès, cent bêtes, à raison de 3000 fr. chacune. M. Amédée Jaubert n'eut pas besoin de traverser le vaste pays qui sépare Astracan du Thibet, où il avait tenté de se rendre : il trouva du côté d'Orembourg, chez les Kirghiz, peuple nomade, ce qu'il cherchait, c'est-à-dire, des chèvres à duvet propre à faire des cachemires. Là, il en acheta 1287, qu'il amena avec beaucoup de peine à Théodosie, ou Cuffa, où il les embarqua sur deux bâtimens, qui arrivèrent l'un à Marseille et l'autre à Toulon, où je suis allé les recevoir et leur faire donner des soins. Il en était mort beaucoup dans les traversées et dans les lazarets; environ quatre cents échappèrent à la mortalité, guérirent des maladies qu'elles avaient contractées dans les vaisseaux et s'acclimatèrent.

Le gouvernement avait fait venir d'Angleterre d'autres chèvres à duvet fin, conformes en tout à celles de l'importation Ternaux-Jaubert, avec cette différence que la taille est plus petite et le poil brun. Elles se sont aussi bien acclimatées. Il est probable que celles-ci, qui viennent de l'Inde, sont la race de Cachemire ; la comparaison des duvets des uns et des autres prouve que c'est la race et non le pays qui procure cette matière.

Assurés de l'acclimatation des chèvres asiatiques du gouvernement, puisque les petits qu'elles donnent sont de la même force et fournissent un aussi beau duvet que leurs pères et mères, il nous reste à savoir si ces animaux placés dans les montagnes sous un climat froid, ne se vêtiront pas d'un duvet plus abondant, et si les boucs de cette race alliés avec des femelles connues ne produiront pas une amélioration avantageuse ; c'est ce qu'une expérience que j'ai conseillée de faire, et qui se fait, pourra apprendre.

Les chèvres asiatiques venues par Marseille étaient toutes atteintes d'une gale difficile à détruire ; je les fis tondre entièrement pour qu'on put les traiter ; on les frotta ensuite fortement avec un mélange, composé de graisse de porc, de fleur de soufre et de cantharides, triturés et mêlés ensemble dans la proportion de 4 livres de graisse de porc, d'une livre de fleur de soufre et de 2 onces de cantharides, pour 25 à 30 chèvres. Ce remède joint à des bains de mer les a parfaitement guéris.

On a cru que, pour obtenir le duvet de ces chèvres, il fallait les tondre ; mais je ne suis pas de cet avis, car le duvet n'étant pas mûr en même temps sur le même animal, à quelle époque conviendrait-il de faire cette opération ? D'ailleurs il y aurait un grand inconvénient : le long poil ne pouvant être séparé du duvet qu'avec les doigts, le travail deviendrait trop coûteux. J'ai fait employer un peigne ordinaire ; à mesure que le duvet paraissait et pouvait se détacher, le berger l'enlevait ; il se trouvait ainsi presque épuré, de manière à ne présenter que quelques longs poils faciles à ôter.

Nous avons vu des schalls travaillés à Paris avec le duvet des chèvres de l'importation ; ils ne sont point inférieurs à ceux qu'on a jusqu'ici fabriqués en employant la même matière apportée d'Asie.

Lorsque j'examinai l'état des chèvres indigènes qu'on entretient dans le mont Dore, près Lyon, j'aperçus sur quelques-unes du duvet que je ramassai avec un peigne ordinaire. Il me parut fin, mais il était court et peu abondant ; déjà dans mon voyage je m'étais arrêté à des troupes d'animaux de ce genre, où j'en avais trouvé seulement des parcelles. Cette observation, que je communiquai, rappela qu'un préfet de Lyon (M. d'Herbouville) avait songé à tirer parti de ce duvet ; son projet ne fut pas suivi. Le ministre de l'intérieur (M. Decaze) ne laissa pas tomber la remarque dont je lui avais fait part. Des questions furent faites dans tous les départemens pour savoir s'il y avait des chèvres indigènes, ayant du duvet, avec invitation d'envoyer de ce duvet. Il fut prouvé que dans beaucoup de pays certains individus en avaient ; on livra à des fabricans ce qu'on en avait recueilli. Suivant leur rapport, quoique ce duvet, d'ailleurs plus fin que celui de Cachemire, pût être employé à des fabrications, cependant il n'avait ni l'extensibilité, ni la longueur, ni l'élasticité de celui de Cachemire; et par conséquent, fût-il aussi abondant qu'il l'est peu, il ne saurait être également utile employé seul. La découverte de ce duvet, auquel on faisait peu d'attention, a inspiré l'idée de métiser les chèvres indigènes, sur-tout celles qui en sont pourvues, par le moyen des boucs asiatiques : un premier essai a déjà réussi; des expériences en grand, que j'ai conseillées, sont entreprises; en cas de succès probable, nos chèvres seront améliorées, et celles d'Asie se multiplieront et remplaceront un grand nombre des nôtres.

CHÈVRE DE LA HAUTE EGYPTE. Sa taille est plus petite qu'élevée; sa tête est busquée; elle a les oreilles pendantes, minces et repliées au bout dans quelques individus. Le poil est long, de couleur roussâtre, n'ayant près de la peau que très-peu d'un duvet court. Ce qui la distingue le plus des autres espèces, c'est qu'elle a la mâchoire inférieure plus avancée que la supérieure : au-dessous de celle-ci est une bosse qui rend sa figure désagréable. Le son de sa voix n'est pas le même que celui des autres. Les mamelles de la femelle descendent presque jusqu'à terre. J'ai trouvé, il y a deux ans, un individu mâle et un individu femelle de cette race, chez un particulier, à Marseille; il les avait amenés de la haute Egypte : la femelle nourrissait trois chevreaux bien vivans; elle avait plus de lait qu'il ne leur en fallait. Invité par moi, il a fait conduire et a accompagné lui-même à Paris le père, la mère et une jeune femelle, laissant chez lui un jeune mâle et une jeune femelle. Ces animaux sont au Jardin du Roi, où ils se multiplient. L'abondance du lait de la femelle doit engager à propager la race.

Dans chaque race, il y a des chèvres et même des boucs qui n'ont pas de cornes. Cette circonstance se propage pendant plusieurs générations. Y a-t-il des races absolument sans cornes ? Cela me paraît possible.

L'odeur du bouc de la race commune a fait croire que cet animal, élevé et tenu dans une écurie ou une étable, en prenait tout le mauvais air. On sait le peu de cas qu'on doit faire de cette opinion. A un an, il peut engendrer; mais il vaut mieux attendre qu'il en ait deux, pour ne pas donner des fruits trop faibles par leur précocité. Le bouc est lascif, et en état de couvrir cent cinquante chèvres en deux ou trois mois; il ne faut pas lui en laisser couvrir autant, pour le conserver plus long-temps. Sa lascivité l'énerve bientôt, de manière qu'il est déjà vieux à cinq ou six ans. Un bouc est beau dans son espèce quand il a la taille élevée, le cou court et charnu, la tête légère, les oreilles pendantes, les cuisses grosses, les jambes fermes, le poil épais et doux, la barbe bien garnie.

On estime les chèvres qui n'ont point de cornes, parce qu'on prétend qu'elles ont plus de lait; prétention dont la raison sait apprécier la valeur. Celles qui en ont, les ont, comme le bouc, creuses, resserrées en arrière et noueuses. On assure qu'à sept mois elles pourraient concevoir, ce qui me paraît bien prématuré; mais elles porteraient des chevreaux bien plus gros, si on ne leur donnait pas le mâle avant l'âge de dix-huit mois. Quelque ardeur que le bouc et la chèvre aient l'un pour l'autre, il arrive fréquemment que celles-ci ne retiennent pas. Il y en a souvent qui sont infécondes. On n'en connaît pas la cause, qui dépend sans doute de leur organisation particulière. Ce qu'on désire dans une chèvre, c'est qu'elle ait le corps grand, la croupe large, les cuisses fournies, la démarche leste, le pis gros et pendant, et les mamelons longs. La chèvre se laisse teter facilement; elle est capable d'attachement; car on en a vu venir de plus d'une lieue pour allaiter les enfans de leurs maîtres, se placer sur leur berceau, et présenter le bout de leurs mamelles.

La couleur la plus ordinaire du bouc et de la chèvre commune est le noir et le blanc; il y en a qui sont pies de blanc et de noir, ou de brun et de fauve. Leur poil n'est pas également long sur toutes les parties du corps; il est ferme, mais moins dur que du crin.

On connaît l'âge des chèvres et des boucs à leurs dents et aux anneaux de leurs cornes. Elles n'ont point de dents incisives à la mâchoire supérieure; celles de la mâchoire inférieure tombent et se renouvellent, comme dans les brebis. (*Voyez* le mot Brebis.) La chèvre vit de dix à douze ans, et peut aller jusqu'à dix-huit et vingt ans.

La saison marquée par la nature pour la chaleur des chèvres est l'automne. Si elles sont habituellement avec les boucs, elles peuvent y entrer toute l'année, et faire des petits en toute saison. Elles retiennent plus sûrement quand elles sont couvertes en automne. Les mois les plus favorables sont octobre et novembre, parce qu'elles mettent bas au printemps; les chèvres, couvertes à cette époque, en ont plus de lait, et les chevreaux trouvent, quand ils sont sevrés, à brouter une herbe tendre qui leur convient. Les chèvres portent cinq mois, et chevrotent au commencement du sixième. On recommande de ne point les laisser souffrir de la soif pendant leur gestation. Si elles ne vont pas au pâturage, on leur donne de bon foin quelques jours avant et après le chevrotage. Il est essentiel de les aider, quand elles mettent bas, parce qu'elles ont toujours beaucoup de peine. Plusieurs même en périssent, si on ne les

secourt pas. Dans ces animaux, la matrice est très-irritable. On
leur fait boire de l'eau blanche, on les tient chaudement, et
on bassine la vulve avec du beurre ou une décoction d'herbes
émollientes.

Elles allaitent pendant un mois ou six semaines, selon l'état
de leurs chevreaux. On ne sèvre ces jeunes animaux que par
degrés ; c'est-à-dire qu'on leur laisse prendre moins de lait, à
mesure qu'ils mangent. Dans cette circonstance, il faut leur procurer des bourgeons d'arbres, de bonne herbe ou de bon foin.
On commence à traire les chèvres quinze jours ou trois semaines après le chevrotage. Il y en a qui ne veulent pas donner
leur lait, d'autres ne le donnent que lorsque leur chevreau
tette une de leurs mamelles, ou seulement en présence de leur
chevreau. Il faut s'en défaire.

A six ou sept mois, les mâles commencent quelquefois à
entrer en rut ; on les châtre alors, à moins qu'ils ne soient
destinés à la propagation de l'espèce ; on les châtre comme les
jeunes béliers. On ne laisse de boucs entiers dans les troupeaux que ce qu'il en faut ; on châtre tous les autres, étant
châtrés, ils grossissent bien davantage. *Voyez* CASTRATION.

M. Vaillant dit avoir vu dans son voyage en Afrique des
chèvres qui mettent bas deux fois par an. Quand une chèvre a
plusieurs chevreaux, on ne lui en laisse qu'un et on tue les autres aussitôt qu'ils peuvent être mangés. La chèvre est féconde
jusqu'à sept ans. Le bouc produirait jusqu'à cet âge, si on le
lui permettait. A cinq ans, on le réforme pour l'engraisser avec
les vieilles chèvres et les chevreaux mâles coupés. Quelque soin
que l'on prenne, leur chair est toujours fade et de mauvais goût.

Les chèvres sont incommodées de la très-grande chaleur et
du froid. Les brebis souffrent beaucoup du chaud, et point du
froid ; le tempérament de celles-ci étant lâche et disposé à
l'épanchement, on doit leur éviter toute nourriture aqueuse.
Voilà pourquoi on ne les mène pas paître par la rosée. Au contraire, l'herbe chargée de rosée est très-bonne pour les chèvres, qui ont la fibre tendue et sèche. Néanmoins les pays
marécageux ne leur conviennent pas, parce qu'elles aiment à
monter sur des lieux élevés, même les plus escarpés, où se
trouvent les alimens que la nature leur indique, c'est-à-dire
des feuilles ou des herbes fines, qui ne croissent pas dans les
marais.

Elles préfèrent à tout les bourgeons et feuilles des arbres et
des arbustes : c'est par cette raison qu'elles se plaisent aussi
dans les bruyères, les friches et les terres de peu de rapport,
au milieu des ronces, des épines et des buissons. Il arrive quelquefois que leur grande avidité pour les feuilles est punie par
une forte indigestion ; ce qui a lieu quand elles vont dans les

bois, et sur-tout dans les jeunes taillies de chênes, au temps de la pousse. On a donné à cette indigestion le nom de *mal de bois*, de *bois chaud*, de *brou*, etc. J'ai vu un troupeau de chèvres qui en pensa périr. (*Voyez* le mot Bois (MALADIE DE.) On doit écarter les chèvres des terres cultivées, des vignes et des bois, où elles causeraient de grands dommages; car les arbres qu'elles ont brouté ne croissent plus d'une manière convenable.

Il y a en France beaucoup de troupeaux de brebis, parmi lesquelles on mêle des chèvres. Elles sont toujours à la tête, faisant bande à part. Elles mourraient dans nos climats si on ne les mettait pas à l'abri dans l'hiver. Il faut même les laisser à l'étable pendant les neiges et les frimas. Il est nécessaire, dans cette saison sur-tout, de leur donner de la litière renouvelée souvent, afin qu'elles ne soient pas dans une humidité, qui leur déplaît. Lorsqu'on a assez de chèvres pour en faire un petit troupeau, il vaut mieux les mener aux champs séparées des brebis, à cause de l'inégalité de la marche et du penchant des chèvres à s'écarter toujours.

Le proverbe qui dit que *jamais chèvre ne mourut de faim* prouve que cet animal n'est pas difficile à nourrir. En été, les chèvres vivent des herbes et des feuilles qu'elles trouvent aux champs. En hiver, on peut leur donner du foin ou autre fourrage fané à part, et des feuilles cueillies pendant que les arbres étaient encore en sève, et qu'on a fait dessécher. Elles mangent celles de la plupart des arbres. On leur donne aussi des raves, des navets, des pommes de terre, des topinambours, des choux, et autres alimens dont on nourrit les brebis, du marc de *piquette*, de *petit vin*, délayés dans l'eau, des *marcs d'huile de noix*, de *navette*, d'*olives*, de *pavots*, *etc.*, jusqu'à des chardons, même des bruyères. On les fait boire soir et matin.

Telle est en général la nourriture des chèvres. Je vais décrire plus particulièrement la manière dont on les soigne au mont Dore, près de Lyon, où ces animaux forment une branche de produit assez considérable, en fournissant tous les fromages qui se consomment dans cette ville et dans les environs. Voici comment je me suis procuré sur cet objet tous les renseignemens possibles.

Lorsque, au mois d'avril 1810, je fus chargé de me rendre à Marseille pour prendre connaissance des chèvres asiatiques, à leur arrivée je cherchai les moyens d'étudier ce qui concerne ce genre d'animaux, afin d'être moins embarrassé pour acclimater ceux que j'allais choisir pour le gouvernement. Je savais depuis long-temps qu'auprès de Lyon on élevait et on entretenait dans la domesticité un grand nombre de chèvres: j'entrai dans le pays pour y interroger quelques propriétaires;

je ne pus prendre que des notions superficielles, n'ayant pas
le temps de m'arrêter. Mais je pensai qu'en m'adressant à
M. Grognier, professeur à l'École vétérinaire de Lyon, j'ac-
querrais des connaissances très-étendues et certaines. Je lui
fis donc une série de questions, dont les réponses ne m'ont
rien laissé à désirer.

Dans douze communes du canton du mont Dore, qui dans
son plus grand diamètre n'a pas 2 lieues d'étendue, on possède onze mille deux cent cinquante chèvres, réparties entre
des particuliers. Il y en a qui en ont jusqu'à soixante et plus;
ce genre d'industrie remonte à des temps très-éloignés. Leur
taille n'est pas élevée; elles ont 2 pieds 8 pouces de hauteur
sur 4 pieds de longueur et une grosseur égale. Les unes sont
à poil ras, les autres à poil long; ces dernières sont les plus
nombreuses. La plupart ont des cornes; on préfère celles qui
n'en ont point, parce qu'elles ne dégradent pas les murs des
étables et qu'elles sont plus douces. On ne coupe jamais les
mâles, mais on les vend jeunes pour la boucherie; il suffit
d'en garder quelques-uns d'entiers pour étalons; car un bon
suffit dans un été pour quatre cents chèvres, si l'on en croit
M. Grognier, qui assure aussi que cet animal couvre fréquemment en un jour quarante femelles. C'est pour cela sans doute
que M. Amédée Jaubert n'a amené de l'Asie qu'un très-petit
nombre de boucs; il m'a assuré qu'il n'en avait trouvé que
fort peu dans le pays.

La nourriture des chèvres du mont Dore pendant l'hiver se
compose en très-grande partie de feuillages de vigne que l'on
cueille après la vendange; on les jette dans des fosses blétonnées, situées pour l'ordinaire dans le cellier ou sous un
hangar, et toujours dans un lieu couvert. Ces fosses ont
quelquefois des dimensions considérables : j'en ai vu de
10 pieds (3 mètres 33 centimètres) de longueur, 8 pieds
(2 mètres 66 centimètres) de largeur, et 7 pieds (2 mètres
33 centimètres) de profondeur. Ceux qui élèvent beaucoup
de chèvres ont plusieurs fosses; ceux qui ne peuvent en
nourrir qu'un très-petit nombre, conservent les feuilles dans
des tonneaux défoncés, où les feuilles sont foulées et pressées
avec la plus grande force. Vingt individus descendent dans les
citernes blétonnées, et trépignent sans cesse tandis qu'on y
jette cette provision d'hiver; on y verse de l'eau en petite
quantité, et lorsque la fosse est remplie, on la recouvre de
planches, sur lesquelles on place des pierres énormes. Au
bout d'environ deux mois, on découvre la fosse pour en tirer
les feuilles, qui alors ont contracté un goût acide comme du
petit-lait aigri, sans aucune apparence de putridité; leur
texture a conservé toute son intégrité; leur couleur est d'un

vert plus foncé que quand elles étaient fraîches; elles sont
fortement agglutinées entre elles; l'eau qui les surnage est
roussâtre, d'une odeur désagréable, d'une saveur acide : les
chèvres la boivent avec plaisir. Cette nourriture singulière
est, pendant l'hiver, presque la seule qu'on donne à ces animaux : elle se prolonge dans le printemps; j'ai vu en effet
dans le mois d'avril plusieurs chevreries dans lesquelles cette
provision n'était pas encore épuisée. Depuis quelque temps,
on vient prendre, dans les brasseries de Lyon, les résidus de la
fabrication de la bière, parce qu'on s'est aperçu que cette
substance convenait parfaitement aux chèvres.

Ces animaux consomment beaucoup : ils font pendant l'été
neuf repas par jour. Madame de Saint-Romain a calculé que,
pour nourrir en herbe verte trente-cinq chèvres, il fallait
employer trois femmes pour ramasser des plantes dans les
vignes et le long des haies, et chacune de ces femmes devait
faire six voyages et apporter chaque fois 50 livres d'herbe;
ce qui revient, sauf erreur de calcul, à 25 ou 26 livres de
fourrage vert par chèvre. Quant à la feuille de vigne et à celle
du chou-cavalier, personne n'a su me dire quelle était la
quantité qu'on en donnait journellement à chaque individu.
Hors de la monte, les boucs ne consomment pas plus que les
chèvres, et même, dans ce temps, ils absorbent moins de
nourriture solide; mais on leur donne du vin et de l'avoine.
Les mères nourrices ne mangent pas plus que les laitières;
c'est pendant la gestation que les chèvres mangent le moins.
Les chevreaux consomment, jusqu'à l'âge d'un an, le quart
de la nourriture qu'on donne aux mères.

En général ces animaux passent leur vie dans l'étable, et
ils n'en sortent guère qu'au moment de la monte. Dans quelques communes néanmoins, on les fait sortir pendant quelques
jours dans les champs après la moisson, pourvu qu'on les
garde avec le plus grand soin, et M. le maire de Saint-Didier
n'a donné cette permission qu'à la condition expresse qu'on
les conduirait muselées depuis la bergerie jusqu'au pâturage.
Ces chèvres ainsi renfermées jouissent d'une santé robuste.
L'École vétérinaire n'a point connaissance qu'elles aient été
affectées de maladies épizootiques; les maladies les plus communes parmi elles ont un caractère nerveux et sont rarement
mortelles; leur gestation et leur mise bas ne sont presque
jamais accompagnées d'accidens. Autrefois leurs ongles s'al-
longeaient dans l'étable au point de les priver de la faculté
de marcher, on est actuellement dans l'usage de leur faire
la corne de temps en temps. La plus grande propreté règne
dans leur habitation, et les femmes qui en ont soin les
traitent avec beaucoup de douceur; elles les peignent fré-

quemment, et cette manœuvre doit concourir à les maintenir en santé.

Quelques personnes prescrivent de jeter un peu de sel dans l'eau dont on les abreuve, ou de leur en faire prendre en nature. Je ne sais jusqu'à quel point le sel peut être utile à ces animaux; en général, cette substance est bienfaisante : mais il faut que la dose en soit faible, et n'excède pas 3 gros par semaine pour chaque chèvre.

M. Thorel (Cours complet d'Agriculture) croit devoir évaluer à cinq cents le nombre des plantes que mangent les chèvres. Il n'explique pas d'après quelle base il établit cette opinion. A moins d'avoir eu en sa possession toutes les plantes connues des pays où il y a des chèvres et d'avoir essayé de leur en donner, il est difficile de décider au juste quelles sont toutes celles qu'elles refusent, et toutes celles qu'elles ne refusent pas. M. Thorel assure encore que la *sabine*, l'*herbe aux puces*, les feuilles et les fruits du *fusain*, et les espèces de *napel* tuent les chèvres; mais il aurait dû dire par qui ces faits, dont je ne nie pas l'existence, ont été vérifiés.

Les chèvres donnent un produit considérable relativement à leur taille. D'abord elles font du fumier, qui est chaud comme celui des moutons. On trait les femelles deux fois par jour, et on en obtient un lait abondant pendant quatre ou cinq mois. Ce lait est plus sain et meilleur que celui des brebis. On l'ordonne en médecine pour rétablir les estomacs délabrés. Il tient le milieu entre le lait d'ânesse et celui de vache. En Languedoc et en Provence, on fait beaucoup de fromages avec le lait de chèvre : il n'est pas assez gras pour donner du beurre ; ce qu'il en donne est toujours blanc, et a le goût de suif; ce fromage ne paraît pas avoir la qualité de celui du mont Dore, près Lyon. Le fromage de chèvre sert d'appât pour prendre le poisson. On assure que des chèvres bien nourries peuvent fournir jusqu'à 4 pintes de lait par jour. Beaucoup de vaches en donnent à peine cette quantité. *Voyez* le mot LAIT.

On mange la chair des jeunes chevreaux comme celle des agneaux. Aux environs des villes où l'on en a le débit, on fait couvrir les chèvres de bonne heure, afin que les jeunes chevreaux soient bons à manger peu de temps après Noël. Pour être bons, il ne faut pas qu'ils aient plus de trois semaines. Si on veut les vendre plus tard, et quand ils ne tettent plus, il faut couper les mâles, dont la chair prend un mauvais goût. En général, dans les provinces du nord de la France, la chair du chevreau ne vaut pas celle de l'agneau; peut-être en est-il autrement dans les provinces du midi. Au reste, on soigne et on nourrit les jeunes chevreaux comme les agneaux; on engraisse les boucs et les chèvres à la manière des moutons et des brebis. *Voyez* le mot MOUTON.

Le *poil* de chèvre non filé est employé par les teinturiers à la composition de ce qu'ils nomment *rouge de bourre*; il entre dans la fabrication des chapeaux : lorsqu'il est filé, on en fait diverses étoffes, telles que camelot, bouracan, etc.; couvertures de boutons, ganses, et autres ouvrages de mercerie. Les Russes, qui connaissent la valeur du poil, pour lui donner de la qualité, peignent leurs chèvres tous les mois : ne pourrait-on pas soupçonner que c'est dans la partie de la Russie où sont les chèvres à duvet fin? Le poil de la chèvre est plus fin que celui du bouc entier.

Le *suif* ou la *graisse* du bouc et de la chèvre est employé, comme celui du mouton et du bœuf, pour faire des chandelles. Les corroyeurs s'en servent pour l'apprêt des cuirs.

Leur chair est d'un goût médiocre, sur-tout dans les provinces septentrionales; mais les pauvres gens ou ceux qui ne sont pas difficiles la mangent comme celle du mouton. La saveur qui lui est particulière s'affaiblit si on la conserve salée quelque temps. L'Italie et l'Espagne sont les contrées de l'Europe où l'on mange le plus de chèvres; les anciens Grecs en mangeaient encore davantage.

Avec la peau de chèvre on fait du marroquin, du parchemin, des souliers, des outres ou vases pour transporter les vins et les huiles de Provence et du Languedoc. On assure qu'en Orient on traverse les rivières, et qu'on navigue sur l'Euphrate avec des radeaux portés sur des outres. On imite avec la peau de chèvre celle du chamois; les peaux de chèvre de Corse égalent en beauté celles du Levant pour former des marroquins.

Les produits que donne la chèvre d'Angora dans le pays où elle est indigène, sont d'un grand intérêt pour la partie de l'Asie mineure où est Angora; aussi l'élève-t-on avec grand soin, aussi son poil est-il la seule matière commerciale pour laquelle les Turcs aient fait des réglemens qui défendent de la vendre brute aux étrangers. En 1786, temps de la plus grande splendeur de la fabrique d'Amiens, cette ville tirait chaque année du Levant quatre à cinq mille balles de poil de chèvre filé, ce qui était un objet considérable. Leur chair sert de nourriture aux habitans, et leur peau est convertie en marroquin.

La tonte de ces chèvres se fait en mars, et la toison est sur-le-champ filée, de manière qu'à la fin de l'été elle est déjà entre les mains des négocians européens, qui tiennent des comptoirs sur les lieux pour l'acheter.

Il y a vingt ans qu'on portait à Paris beaucoup de manchons

faits avec des peaux de chèvres d'Angora. A différentes époques, on a importé de ces chèvres en Europe, et elles y ont parfaitement réussi, même en Suède.

M. Ginori, en Toscane; M. de la Tour d'Aigues, en Provence, en ont eu des troupeaux. Ils ont prouvé, par une expérience de plusieurs années, non-seulement qu'elles pouvaient vivre dans nos climats, et y donner des bénéfices égaux à ceux qu'elles produisent dans leur pays natal, mais encore qu'elles étaient moins délicates que la race commune : M. de Messlay en a tenu pendant long-temps dans une terre près Chartres. On en a fait venir pour la ferme de Rambouillet, où elles se sont toujours bien portées; les bergers ne les aimaient pas, et les soignaient mal. Les officiers des eaux et forêts ont forcé l'établissement à s'en défaire; cependant on en a cédé à différens amateurs. Il n'y a pas de doute pour moi que, sans les événemens de la révolution, elles seraient aujourd'hui fort multipliées en France.

Les avantages de cette race sur la race commune ont paru considérables. On a prétendu qu'elle donnait moins de lait; mais cela n'est pas constaté.

Le poil de ces chèvres est composé de trois sortes comme celui des communes; mais ces sortes y sont mieux caractérisées. Le premier est le plus long; c'est celui qu'on met dans le commerce. Le second, de couleur fauve, est court, mais extrêmement fin; c'est un véritable duvet. On avait prétendu que c'est avec lui que se fabriquent ces schalls de Cachemire si recherchés de tout temps en Asie et aujourd'hui en Europe; mais il est prouvé maintenant que c'est la race d'Asie, dite Cachemire. Le troisième est un poil également court, mais gros et raide, un véritable jarre dont on ne peut rien faire.

On trouvera dans les Mémoires de la Société d'agriculture de Paris, année 1787, des détails intéressans donnés par M. le président de la Tour d'Aigues, sur tout ce qui concerne les chèvres d'Angora et les avantages qu'elles peuvent procurer.

Les chèvres d'Angora qui étaient à Rambouillet allaient aux champs avec les béliers. On les nourrissait comme eux en hiver : on avait soin de leur éviter les grands froids. En été, elles parquaient avec les bêtes à laine dans la même enceinte; elles étoient la plupart blanches, et quelques-unes seulement avaient le poil d'un gris violet. J'ai fait filer de leur toison, qui m'a produit un fil très-fin et très-soyeux. Des fabricans d'Amiens en ont fait l'essai, et sont convenus que le poil des chèvres d'Angora élevées en France était aussi avantageux que celui qui venait du Levant.

Les chèvres sont sujettes aux mêmes maladies que les bêtes à laine, et en outre à l'hydropisie, à l'enflure et au mal sec.

Les brebis en sont bien aussi attaquées, mais plus rarement.
L'hydropisie des chèvres est attribuée à la trop grande quantité
d'eau qu'elles boivent. On est dans l'usage de leur faire la
ponction, et de fermer la plaie avec un emplâtre de poix de
Bourgogne. Les difficultés qu'elles éprouvent pour chevroter,
et l'arrière-faix retenu dans la matrice, causent l'enflure de
cet organe. On parvient quelquefois à la détruire, c'est-à-dire
à provoquer la sortie du délivre, en faisant boire à l'animal
un verre de vin. Dans les grandes chaleurs, leurs mamelles
se dessèchent tellement, qu'il n'y a pas une goutte de lait.
Dans ce cas, on les mène paître à la rosée : on leur frotte les
mamelles avec du lait, ou de la crème; ou, ce qui est encore
mieux, on les nourrit de bonne herbe et de bonnes feuilles.

Si l'on fait attention aux dégâts que peuvent causer les
chèvres, on proscrira ces animaux dans un royaume comme
la France, où une grande partie des terres est cultivée, et où
le bois devient de plus en plus rare. En effet, pour peu qu'on
les laisse échapper, elles ravagent des champs ensemencés,
des vignes, des arbres utiles, qui repoussent mal. La vache,
le mouton, quoiqu'ils soient à craindre pour les bois, n'ont
pas la dent si destructive. On est allé jusqu'à dire que l'haleine
des chèvres gâtait les vaisseaux propres à mettre du vin, assertion qu'on peut regarder comme un préjugé.

Différentes coutumes contiennent des dispositions relatives
aux chèvres. Celle du Nivernais défend d'en nourrir dans les
villes, ch. 10, art. 18. Celle du Berri, titre des Servitudes,
art. 18, permet d'en tenir en ville close, pour la nécessité de
maladie d'aucuns particuliers. Coquille voudrait qu'on admît
cette limitation dans la coutume; mais il dit aussi qu'il faudrait ajouter que ce serait à condition de tenir les chèvres toujours attachées ou enfermées dans la ville, et aux champs attachées à une longue corde. La Coutume de Normandie, art.
84, dit que les chèvres sont en tout temps en défens; c'est-à-
dire qu'on ne les peut mener paître dans l'héritage d'autrui
sans le consentement du propriétaire. Celle d'Orléans, art. 152,
défend de les mener dans les vignes, gagnages, clouseaux,
vergers, plants d'arbres fruitiers, chênayes, ormoyes, saul-
sayes, aulnayes, à peine d'amende. Celle de Poitou, art. 196,
dit que les bois taillis sont défensables pour le regard des
chèvres, jusqu'à ce qu'ils aient cinq ans accomplis.

Je crois que postérieurement à la rédaction des coutumes,
il y a eu des lois plus sévères contre les chèvres, et elles ne
pouvaient l'être trop. La négligence des propriétaires de bestiaux est souvent telle, que rien ne les détermine à les veiller
d'assez près pour qu'ils ne gâtent rien. La chèvre est si vive,

si active , si adroite, qu'un moment d'oubli est bientôt suivi d'un dégât irréparable.

Le projet de Code rural, présenté au gouvernement en 1808, condamne à une amende de trois francs au moins , sans préjudice des dommages , ceux dont les chèvres seront trouvées sur le terrain d'autrui , et leurs gardiens à vingt-quatre heures au moins de détention et à trois jours au plus. Si la chèvre ne peut être saisie , ou que le propriétaire en soit inconnu , les gardes communaux et ceux des particuliers sont autorisés à la tuer. Dans les pays où l'usage est de conduire les chèvres en troupeaux, les propriétaires sont solidairement responsables des dégâts qu'elles commettent, et les gardiens punis d'une détention proportionnée aux dégâts. C'est aux préfets à faire, suivant les localités, des réglemens pour les communes auxquelles ils accorderont la permission de faire conduire leurs chèvres en troupeaux. J'observe que le Code rural dont il s'agit, n'est qu'un projet soumis à l'examen du gouvernement ; il est le résultat de l'avis le plus général des propriétaires de terres ; mais il n'est point encore adopté par le gouvernement.

En avouant le mal que fait la chèvre, et en approuvant les actes de rigueur employés ou conseillés pour les réprimer, on ne peut se dissimuler que cet animal est d'une très-grande utilité. Ce n'est pas d'un troupeau de chèvres appartenant à un propriétaire riche et aisé, que je parlerai ici; je ne dois point sans doute être indifférent sur les intérêts de qui que ce soit : mais je considérerai plus particulièrement la chèvre de la pauvre femme; cette chèvre qui fait toute sa ressource et tout son avoir; la nourrice de ses enfans quand elle ne peut les allaiter elle-même; cet animal doux, familier, attaché, qui fournit de quoi alimenter tout ce qui respire dans la chaumière. Une modique somme en procure la propriété; elle occupe peu de place pour son logement; il ne lui faut qu'une petite quantité de vivres. Pour les soins qu'elle exige , elle donne chaque année un ou deux chevreaux, du lait très-bon pendant plusieurs mois , et quand l'âge force de la tuer ou de s'en défaire, on tire parti de sa dépouille. Quel sera l'homme assez cruel pour ne pas pardonner à la chèvre le tort qu'elle fait, en faveur de tant d'avantages ? Qui osera prononcer que la France doit renoncer à la possession d'un si précieux animal? Qui osera condamner les pauvres, hors d'état de nourrir une vache, faute de propriétés, à ne pas y suppléer par l'usage des chèvres qu'ils peuvent alimenter en les conduisant le long des chemins, dans des terres vagues, et dans les endroits tapissés d'une herbe trop courte pour suffire à la nourriture de la vache? Si on croyait nécessaire de bannir les chèvres des pays où tout est cultivé, au moins faudrait-il en excepter ceux où beaucoup de terres ne le sont pas ; je ne suis donc pas d'avis que l'on détruise les chèvres. Un conseiller au parlement d'Aix, dont les terres étaient entre la haute Provence et le haut Dauphiné, touché de la juste menace de faire assommer les chèvres qui iraient dans lès bois, a imaginé une espèce de harnais ou bricole, composé de trois pièces.

La première est formée de deux rubans de fil retors, bâtis ou faufilés à plat l'un sur l'autre, formant aux deux tiers environ de chaque bout une anse assez large pour laisser passer un ruban semblable aux premiers, servant d'entravon ; elle embrasse le corps de l'animal transversalement, et lui sert de ceinture, au moyen des deux bouts noués ensemble sur le dos.

La seconde et la troisième pièce, absolument semblables, sont formées d'un seul ruban de fil, dont les bouts entourent les membres, soit antérieurs, soit postérieurs, et leur servent d'entravon par le replis de l'extrémité, arrêté par un nœud double.

M. Chabert, directeur de l'Ecole vétérinaire d'Alfort, chargé d'examiner cette bricole, en convenant qu'elle empêchait les chèvres de grimper aux arbres sans gêner sensiblement leur marche, lui a trouvé cependant plusieurs inconvéniens qu'il a tâché de corriger; on peut en lire les détails dans les Mémoires de la Société d'agriculture de Paris, année 1788.

Avant la révolution, on comptait environ deux cent mille chèvres dans les départemens de la Côte-d'Or, de la Creuse, du Haut-Rhin, du Cher, de l'Ain, du Mont-Blanc et de la Meuse ; le seul département du Mont-Blanc en avait quarante-cinq mille ; en six ans, le nombre s'est accru, dans ce dernier département, d'environ vingt-deux mille.

Si cet accroissement s'était fait seulement par les combinaisons d'une amélioration qui profite au propriétaire sans nuire à personne, elle serait un bien, on devrait la proposer pour exemple ; mais elle reconnaît une autre cause : elle n'a été que l'effet des désordres autorisés par la licence et l'impunité ; et c'est à elle que les pays où elle a eu lieu attribuent en partie la dégradation des bois et des arbres fruitiers, tant de ceux qui appartiennent à la nation, que de ceux qui appartiennent à des particuliers. Cette multiplication a donc été regardée comme un mal réel.

Puisque d'une part on peut tirer un grand parti des chèvres, et que de l'autre elles causent de grands dégâts, il me semble que pour les conserver et les multiplier sans rien en craindre, tout l'art consisterait à les élever et les entretenir de manière qu'elles ne fissent point de mal, ou que le peu qu'elles en feraient fût infiniment au-dessous des avantages qu'elles procureraient. Je vais essayer de présenter quelques vues à cet égard; ceux qui en auront de meilleures voudront bien aussi les présenter.

Je pense d'abord que, bien que dans les pays septentrionaux de la France on ait la facilité d'avoir des vaches pour donner du laitage, il serait bon cependant d'avoir quelques chèvres. Il y a des circonstances où elles seraient utiles, soit pour procurer à des malades un lait médicamenteux, soit pour allaiter des enfans ou de jeunes animaux privés de leurs mères, etc. ; à plus forte raison les chèvres sont-elles utiles dans les pays méridionaux, qui ont peu de pacages propres à entretenir des vaches. Presque par-tout il y a des troupeaux de brebis. Je suppose qu'il y ait en France cent mille troupeaux de brebis. Dans cette hypothèse, qu'à chaque troupeau de brebis on joigne deux chèvres qui, conduites de la même manière que les brebis, pourraient, sous un bon régime de police rurale, ne commettre aucun dégât, et donner de grands produits en chevreaux, lait, poil, etc. : comme les troupeaux de brebis ne doivent jamais aller dans les endroits où il y a des arbres à conserver, on n'aurait pas à craindre que les chèvres les endommageassent, puisqu'elles ne s'écarteraient pas des brebis. La seule attention, lorsqu'on conduirait un troupeau sous des arbres fruitiers, serait de mettre à chaque chèvre une bricole analogue à celle qui, en Normandie, empêche les vaches d'atteindre les branches des pommiers, en leur permettant de paître l'herbe qui croît dessous, ou semblable à celle que M. Chabert a décrite.

Je ne parlerai point ici de la facilité que doivent avoir d'entretenir des troupeaux entiers de chèvres les riverains des montagnes. Cette facilité n'est point contestée. Les endroits élevés de ces montagnes leur offrent pour l'été de grandes ressources : on y conduit les chèvres, qui, plus agiles et plus adroites que les brebis, cherchent leur nourriture au milieu des rochers et des précipices, où les brebis n'osent se risquer et dont l'herbe serait sans cela perdue. Seulement je voudrais que, pour la saison rigoureuse, les propriétaires de ces chèvres se procurassent, par quelques prairies artificielles, des fourrages abondans, qui les mettraient en état de retenir pendant tout ce temps les chèvres à l'étable sans exposer à leurs dents les plantations du pays.

Mais je m'arrêterai à un moyen qui, combiné avec quelques-uns des moyens ordinaires, pourrait faire établir, même loin des montagnes, des troupeaux uniquement composés de chèvres. Il consisterait à former, pour ces animaux, des pacages d'ar-

bustes comme on en forme de plantes, et pour les bêtes à
cornes et pour les bêtes à laine. On choisirait ceux qui lèvent,
croissent et repoussent promptement. Après quelque préparation donnée au sol, on y semerait des graines de ces arbustes;
on respecterait le jeune plant jusqu'à l'époque où il serait susceptible d'être récepé : c'est alors, et non auparavant, qu'on y
introduiruit les chèvres. Le cultivateur aurait autant de champs
d'arbustes qu'il croirait en avoir besoin, pour que son troupeau de chèvres en eût un chaque année à sa disposition en
bon état de végétation.

Le champ brouté en été serait récepé l'automne suivant,
pour ne plus recevoir le troupeau de chèvres que quelques
années après. Rien n'empêcherait que de temps en temps ces
plantations ne fussent retournées à la charrue, pour être rem-
placées par des semis de plantes; ce qui donnerait une manière
d'alterner. Par un aménagement bien conduit, les chèvres auraient toujours dans la belle saison une pâture de leur goût,
laquelle, aidée en hiver de fourrages de prairies naturelles ou
artificielles, ou de feuilles d'arbres ou de vignes, suffirait à les
entretenir en bon état. On trouvera, aux mots GENET D'ES-
PAGNE et SAULE MARCEAU, des exemples très-bons à suivre
de ce mode d'aménagement.

Ce nouveau genre d'économie, sans doute, ne peut entrer
dans tous les calculs. Il ne peut convenir à toutes les positions;
aussi n'est-il présenté ici que pour celles auxquelles il conviendrait.

Sur tant de terrains qui ne portent que des bruyères, des
ajoncs, des fougères, ne pourrait-on pas en consacrer des portions à des pacages d'arbustes, qui les rendraient plus profita-
bles cent fois par la nourriture de troupeaux de chèvres?

Jusqu'ici j'ai supposé qu'il s'agissait des chèvres communes,
de celles dont le poil est grossier et n'a pas une grande valeur.
Les résultats deviendraient plus avantageux sous le rapport du
poil, si, à la place des chèvres du pays, on substituait les chè-
vres-cachemires, qui s'élèvent avec tant de facilité.

Cette considération doit rendre reservé sur la proscription
qu'on est toujours tenté de prononcer contre ces animaux,
quand on ne fait attention qu'à leurs dégâts.

Ces dégâts deviendraient rares, 1°. si tout dégât commis par
une chèvre était sévèrement puni d'une forte amende;

2°. Si chaque propriétaire d'un troupeau de bêtes à laine,
ayant des chèvres, était forcé de ne les envoyer aux champs
qu'avec le troupeau de bêtes à laine;

3°. Si les propriétaires de troupeaux de chèvres, voisins des
montagnes, ne devaient en avoir qu'un nombre proportionné
à ce qu'ils peuvent nourrir en hiver;

4°. Enfin, si les troupeaux de chèvres, placés loin des montagnes, ne pouvaient jamais paître dans d'autres plantations que dans celles qui seraient faites pour elles, et si les propriétaires avaient des ressources connues pour les faire vivre à l'étable, quand elles ne trouvent rien aux champs.

La société d'agriculture de la Seine, pénétrée des avantages de la multiplication des chèvres, et frappée des inconvéniens qui en résulteraient, a proposé un prix pour celui qui indiquerait les moyens de favoriser cette multiplication et d'en empêcher les inconvéniens. Le concours a déjà donné quelques résultats; il est à croire qu'étant prolongé, il en donnera de plus complets. (TES.)

CHÈVRE (BARBE DE). Nom spécifique d'une SPIRÉE.

CHEVREAU. Petit de la CHÈVRE.

CHÈVRE-FEUILLE. *Lonicera.* Genre de plantes de la pentandrie monogynie et de la famille des caprifoliacées.

Linnæus avait réuni à ce genre des espèces que tous les anciens botanistes avaient regardées comme devant en être séparées; aussi Jussieu a-t-il formé trois autres genres; savoir, CAMERISIER, SYMPHORICARPE et DIERVILLE, avec ces espèces. Je suivrai ici son opinion; et en conséquence, celles qui vont être mentionnées sont de véritables chèvre-feuilles, c'est-à-dire sont des arbrisseaux sarmenteux, grimpans, à tiges grêles, à feuilles opposées, plus ou moins perfoliées, et à fleurs disposées en tète à l'extrémité des rameaux.

Le CHÈVRE-FEUILLE DES JARDINS, *Lonicera caprifolium*, Lin., a les rameaux glabres, les feuilles ovales, glabres, glauques en dessous, les supérieures perfeuillées; les fleurs d'un rouge pâle. Il est originaire des parties méridionales de l'Europe. Ses fleurs sont très-odorantes, sur-tout le soir, et présentent trois variétés de couleur, la rouge foncée, la jaune et la blanche. Cette dernière est très-hâtive, ou pousse ses feuilles dès que les gelées ont cessé. Après quoi vient la jaune, puis la commune, et enfin la rouge foncée, qui dure le plus long-temps de toutes. C'est cette dernière qu'on appelle aussi, mais mal-à-propos, CHÈVRE-FEUILLE TOUJOURS VERT, parce qu'il conserve ses feuilles pendant l'hiver.

Cet arbuste est depuis long-temps cultivé dans les jardins, dont il fait l'agrément pendant une partie de l'été. On en forme des palissades, des berceaux, des guirlandes; on en garnit des murs, on le fait monter sur les arbres et arbustes; on le taille en buisson, en haie, etc., etc. Qui n'a pas souvent admiré l'élégance qu'il donne à des allées de tilleuls, autour du pied desquels il est planté, et dont il lie les intervalles par des festons aussi élégans à la vue que flatteurs à l'odorat? Certainement c'est la manière la plus avantageuse de l'employer.

Il produit aussi de brillans effets lorsqu'on le laisse naturellement monter sur les arbustes des jardins paysagers, et que ses rameaux chargés de fleurs retombent en pampres, en festons, sur leurs branches inférieures. La pire de toutes les manières, c'est sa taille, soit en boule, soit en haie. Il est presque toujours hideux sous cette forme. En effet, il est du nombre des arbustes qu'on doit plutôt guider que contraindre. Une branche relevée et dirigée vers un tel point remplit mieux l'objet de la culture en général qu'une branche amputée ; mais cela ne remplit pas celui des jardiniers, qui pensent n'avoir de mérite qu'autant qu'ils vont toujours coupant.

Cependant la disposition en boule se supporte lorsque les chèvre-feuilles sont plantés dans des pots, et ont pour objet d'être placés sur une fenêtre, sur une cheminée. On en vend souvent de tels chez les fleuristes des environs de Paris. Pour cela on les met sur une tige unique de 2 pieds environ de haut, et on les taille à la serpette. Les fleurs qu'ils produisent sont petites, mais nombreuses.

Toute exposition et toute espèce de terre conviennent au chèvre-feuille ; cependant il est plus odorant et plus garni de fleurs dans une terre légère et à une exposition chaude qu'à toute autre. En conséquence, on doit le placer de préférence au midi lorsqu'on veut jouir de tous ses avantages.

On multiplie le chèvre-feuille de graines, de marcottes et de boutures. La première de ces manières est lente, la dernière est incertaine : c'est donc la voie des marcottes qu'on emploie le plus généralement. Ses rameaux ont tant de disposition à prendre racines, que ceux qui rampent en offrent toujours. Il suffit de les mettre en terre, à quelque époque de l'été que ce soit, pour qu'on puisse être certain d'avoir des pieds propres à être transplantés en automne. C'est en général cette saison qui convient pour faire les plantations de chèvre-feuilles ; cependant on peut les entreprendre au printemps, au risque de n'avoir pas de fleurs la première année.

Si on voulait semer des graines de chèvre-feuille, il faudrait les mettre en terre, dans une situation abritée, aussitôt après qu'elles auraient été cueillies. Le plant levé devrait rester en place au moins deux ans, parce qu'il pousse d'abord lentement, pendant lequel temps on le sarclerait au besoin. Ensuite on le mettrait en pépinière, à la distance d'un pied, pendant encore deux années.

Le CHÈVRE-FEUILLE DES BOIS, *Lonicera peryclymenum*, Lin., a les rameaux velus ; les feuilles ovales, pointues, pubescentes en dessous, les supérieures non perfoliées ; les fleurs d'un blanc jaunâtre. Il croît dans les bois, sur-tout dans ceux qui sont marécageux et est quelquefois si abondant, qu'il empêche le passage. Il s'élève au-dessus des plus grands arbres, et acquiert presque la grosseur du bras. Il se rapproche infiniment du précédent sous tous les rapports. Ses fleurs sont également odorantes, leur odeur est seulement plus faible. Il fournit plusieurs variétés, dont l'une, que quelques botanistes regardent comme une espèce, et qu'ils appellent le *chèvre-feuille d'Allemagne,* a les feuilles et les rameaux glabres, de sorte qu'il ne diffère de celui des jardins que parce que ses feuilles supérieures ne sont pas perfoliées; une autre a les fleurs très-tardives, une troisième a les feuilles dentées à-peu-près comme celles du chêne, d'où son nom de *chèvre-feuille à feuilles de chéne.* L'espèce principale et ses variétés se cultivent dans les jardins, positivement comme la précédente. Cette espèce orne nos forêts pendant presque tout l'été. Il n'y a ordinairement que deux ou trois fleurs d'épanouies à-la-fois sur chaque tête, et celles dont la fécondation est terminée prennent une odeur désagréable qui nuit à la suavité des autres.

Le Chèvre-feuille a petites fleurs, *Lonicera bracteata,* Mich., a les feuilles supérieures perfoliées, glauques en dessous; les fleurs petites, jaunes ou violâtres, renflées à leur base, et accompagnées de bractées. Il est originaire de l'Amérique septentrionale et s'élève peu. Ses fleurs avortent quelquefois. Il porte encore les noms de *lonicera dioica* et *media.* On le multiplie de graines qui mûrissent fort bien dans nos jardins, et par marcottes. Cette espèce est bien inférieure aux précédentes en agrément.

Le Chèvre-feuille de Minorque, *Caprifolium balearicum,* Dum.-Cours., a les feuilles oblongues, glabres, les supérieures connées et perfoliées; les fleurs accompagnées de bractées. Il croît à Minorque. Ses fleurs sont odorantes. Il est plus petit dans toutes ses parties que le premier, avec lequel il a cependant plusieurs points de ressemblance.

Le Chèvre-feuille de Virginie, *Lonicera sempervirens,* Lin., a les feuilles sessiles, les supérieures perfoliées, d'un vert luisant et persistantes; les fleurs tubuleuses, jaunes en dedans et rouges en dehors, à limbe presque régulier, sans bractées. On le trouve dans les parties méridionales de l'Amérique septentrionale, sur le bord des eaux. Il fleurit pendant une partie de l'été, et se fait remarquer par l'éclat de ses fleurs : c'est dommage qu'elles n'aient aucune odeur. Les oiseaux-mouches, ainsi que je l'ai fréquemment remarqué, aiment à sucer le miel qu'elles distillent. On le multiplie comme les précédens. Il demande une situation abritée, et une couverture pendant l'hiver dans le climat de Paris. Il fournit deux variétés, une à grandes et l'autre à petites feuilles.

Le Chèvre-feuille toujours vert, *Lonicera grata,* Hort.

Kew., a les feuilles ovales, glauques en dessous, les supérieures connées, presque perfoliées, luisantes et persistantes; les fleurs jaunes en dedans, rouges en dehors, irrégulières. Il est originaire de l'Amérique septentrionale. Je ne l'ai point trouvé dans ce pays, et je ne le connais pas dans les jardins de Paris : je ne le cite que sur l'autorité de Dumont-Courset. Peut-être l'aurai-je confondu avec le précédent dont il paraît différer fort peu. (B.)

CHEVREUIL, *Cervus capreolus*, Lin. Quadrupède du genre des CERFS, plus petit que ce dernier: et qui s'en distingue de plus par ses cornes plus droites, moins longues, n'ayant que deux branches (andouillères), et par son pelage d'un brun fauve.

Cet animal qui n'a guère que 2 pieds et demi de hauteur, ne diffère presque pas du cerf par les mœurs. Tout ce que j'ai dit du tort que ce dernier fait aux forêts et aux moissons s'applique également à lui, mais à un moindre degré. Sa chasse est moins brillante et plus facile, cependant, malgré cela, n'est point dans le cas d'être l'objet des désirs d'un cultivateur qui veut faire prospérer ses affaires. *Voyez* l'article CERF. (B.)

CHEVREUSE. Variété de PÊCHE. (B.)

CHEVRIER. On donne ce nom, dans les pays où on élève beaucoup de chèvres, à l'homme qui est chargé de les conduire aux pâturages. *Voyez* aux mots BERGER et CHÈVRE. (B.)

CHEVROTER. Chèvre qui met bas.

CHEVROTIN. Petit de la chèvre dans certains cantons; fromages faits avec du lait de CHÈVRE dans d'autres.

CHEVROTINE. On appelle ainsi dans quelques lieux celles des ERINACES qui se mangent. (B.)

CHEVROTTE. On donne ce nom, dans le département de la Meurthe, aux petits tas de FOIN qu'on forme dans les prés. (B.)

CHIBOULE. C'est la CIBOULE. *Voyez* ce mot.

CHICHE, *Cicer*. Plante de la diadelphie décandrie et de la famille des légumineuses, qui a tant de rapport avec les pois qu'elle est généralement appelée *pois chiche*, mais qui possède cependant des caractères suffisans pour former un genre particulier.

Le chiche a des racines pivotantes et annuelles, des tiges flexueuses ou en zigzags et velues; des feuilles alternes, ailées avec impaire et ordinairement composées de onze folioles ovales, velues, dentées et accompagnées de stipules également dentées. C'est une plante d'environ un pied de haut, qu'on cultive de toute ancienneté, pour son fruit, dans les parties méridionales de l'Europe, en Asie et en Afrique, et qu'on a introduite depuis quelques années dans les parties septentrionales de la France, pour sa fane très-aimée par les bestiaux, et très-propre à servir à l'amélioration des terres dans lesquelles on l'enterre. *Voyez* RÉCOLTES ENTERRÉES.

Les pois chiches sont un très-bon manger, mais les estomacs délicats ne peuvent en faire usage qu'en purée. On en voit rarement en nature sur les tables de Paris; mais les excellentes soupes qu'on mange chez les traiteurs de cette ville, sous le nom de *croutons à la purée*, l'ont pour base. C'est dans les départemens méridionaux, où on les appelle *garvance*, qu'il faut aller pour apprécier toute l'importance dont ils sont pour la nourriture de l'homme.

Encore aujourd'hui on vend journellement le chiche rôti et encore chaud dans toutes les villes de Barbarie, comme on vend les châtaignes à Paris.

Il y a un grand nombre de variétés de chiches qui ne me sont pas suffisamment connues pour en parler. Le petit pois chiche des Espagnols n'est pas une de ces variétés, comme on le croit généralement, c'est la graine de la GESSE CHICHE.

Dans les pays chauds les feuilles et les tiges du chiche laissent transsuder, pendant sa floraison, une liqueur acide assez intense pour corroder les bas et les souliers des personnes qui marchent dans les champs où il s'en trouve.

Hall et Rozier ont confondu cette plante, qui ne peut être cultivée en grand en Angleterre, à raison de ce qu'elle est très-sensible aux gelées et à l'humidité permanente, avec une variété de pois cultivée, qu'on y recherche beaucoup pour la nourriture des moutons, sous le nom de *pois de bélier*, de *brebis*, de *mouton*, d'*agneau*.

C'est après la récolte des céréales, qu'on sème le pois chiche dans les pays chauds, sur un seul labour. Lorsqu'on ne le met en terre qu'au printemps, son produit est extrèmement peu considérable. Le plus souvent on répand la graine à la volée, et clair; mais il vaut mieux la mettre en rayons pour pouvoir donner des binages avec la charrue : opération qui concourt puissamment à l'augmentation des produits *Voyez* BINAGE.

Le plant du chiche pousse rapidement et parvient presque toujours à se mettre en état de résister aux gelées et aux pluies de l'hiver. On le récolte plus ou moins tard, l'année suivante, selon que la saison est favorable. On reconnaît qu'il est arrivé au degré de maturité convenable pour être arraché, car il est rare qu'on le coupe, à la couleur fauve que prennent ses gousses.

Comme le chiche a des tiges très-grêles, des feuilles très-petites et des fruits très-gros, il épuise considérablement la terre ; aussi ne doit-il entrer que de loin en loin dans la série des assolemens. (B.)

CHICON. Variété de LAITUE : c'est celle qu'on appelle romaine à Paris.

CHICORACÉES. Famille de plantes qui a la chicorée pour type.

Ses caractères consistent en un calice commun entourant un réceptacle couvert de fleurs à languette et hermaphrodites.

Les plantes de cette famille sont lactescentes, ont des feuilles alternes et des fleurs jaunes ou bleues disposées en épis, en corymbe, ou réunies, ou solitaires dans les aisselles des feuilles.

La LAMPSANE, le LAITRON, la LAITUE, l'ÉPERVIÈRE, la CRÉPIDE, le PISSENLIT, la SCORSONÈRE, le SALSIFIS, et enfin la CHICORÉE appartiennent à cette famille.

Tous les animaux pâturans, les cochons et les volailles aiment beaucoup les feuilles des plantes de cette famille; l'homme même les mange, soit crues, soit cuites. C'est sur leurs fleurs que les abeilles récoltent le PROPOLIS. *Voyez* ce mot.

Il y a des chicoracées dans toutes les parties du monde. L'Europe en offre sur-tout une grande quantité d'espèces dont quelques-unes sont immensément multipliées. (B.)

CHICORÉE, *Chicorium*. Genre de plantes de la syngénésie égale et de la famille des chicoracées, qui ne renferme que cinq espèces, dont deux sont généralement cultivées, soit pour la nourriture de l'homme et des animaux, soit pour l'usage de la médecine.

La CHICORÉE SAUVAGE, *Chicorium intibus*, Lin., qu'on appelle aussi *chicorée amère*, est une plante vivace qui rend du lait lorsqu'on l'entame, et qui s'élève depuis un jusqu'à 3 ou 4 pieds, suivant le local. Sa racine est pivotante et fusiforme. Sa tige est dure, flexueuse, rameuse; ses feuilles sont alternes, sessiles, un peu velues, plus ou moins profondément dentées, découpées ou rongées, souvent longues d'un pied, et larges de 3 à 4 pouces; ses fleurs, ordinairement bleues, mais quelquefois rouges ou blanches, sont sessiles et géminées dans les aisselles des feuilles supérieures.

Elle croît naturellement le long des chemins, dans les pâturages, les champs en friche, etc. Elle fleurit depuis le milieu de l'été jusqu'aux gelées. Son goût est amer, comme l'indique son nom, mais d'une amertume qui n'est pas désagréable. On en fait un fréquent usage en médecine pour rétablir les estomacs délabrés, pour faire couler la bile et les urines dans la jaunisse, l'hydropisie, les obstructions, etc. On l'ordonne principalement au printemps, soit en nature, soit en décoction.

On cultive la chicorée sauvage dans les jardins pour l'usage de la table et de la pharmacie; elle y augmente dans toutes ses parties au point de monter jusqu'à 7 à 8 pieds, ce qui forme la *chicorée sauvage à larges feuilles*. Ses feuilles y varient en blanc et en violet, ce qui produit la *chicorée sauvage panachée.*

Toute terre convient à la chicorée sauvage, mais elle est plus belle et plus douce dans un sol frais et ombragé que dans un lieu sec èt brûlé des rayons du soleil. On la sème au commencement du printemps, soit à la volée, soit en rayons, dans des planches, au préalable bien labourées. On la sème aussi, et même le plus fréquemment, en bordure. La graine demande à être peu enterrée; on l'arrose si le printemps est trop sec. Le plant n'a besoin que des sarclages ordinaires à tous jardins bien entretenus; rarement on le transplante.

Beaucoup de personnes consomment la chicorée sauvage toute verte, et c'est toujours ainsi qu'on en fait usage pour les bouillons ou les tisanes amères : alors il n'y a d'autre soin à avoir que de couper de temps en temps ses feuilles pour en faire repousser de plus tendres, et de retarder, autant que possible, en coupant aussi ses tiges, l'époque de sa floraison; car dès que cette époque est arrivée les feuilles ne sont plus mangeables.

A Paris et dans toutes les autres grandes villes, on la trouve toujours trop dure et trop amère dans son état naturel, et on ne la mange en conséquence que blanchie, c'es-à-dire ÉTIOLÉE. *Voyez* ce mot.

Pour l'amener à cet état, on l'arrache avant les gelées, on coupe ses feuilles, on la réunit par bottes de 5 à 6 pouces de diamètre, et on l'enterre dans une cave, ou bien on la met dans une boîte percé de trous, qu'on place dans un lieu chaud. La température douce qu'elle retrouve la fait pousser de nouveau; mais comme elle est privée de lumière, ses feuilles deviennent presque linéaires, très-longues, et d'un blanc un peu jaunâtre; on l'appelle alors la *barbe du père éternel,* la *barbe de capucin.* A Paris ce n'est jamais que la chicorée semée au printemps qu'on consacre ainsi à l'étiolement, mais elle peut y être assujettie à tous les âges. Si on n'avait pas de cave ou de chambre dont la température fût de plus de 8 à 10 degrés, on pourrait enterrer la chicorée sauvage dans une couche de fumier qu'on recouvrirait de caisses pour intercepter les rayons de la lumière; mais cette méthode a l'inconvénient de donner souvent aux feuilles un goût désagréable. On peut couper plusieurs fois la chicorée étiolée dans le courant d'un hiver, et il vaut mieux le faire trop souvent que trop rarement, parce que la partie aqueuse dominant dans ses feuilles, elles sont exposées à pourrir.

Mais ce n'est pas comme plante de jardin que la chicorée sauvage est principalement utile; c'est comme plante fourrageuse. En effet la plupart des bestiaux l'aiment, et si quelques-uns y répugnent d'abord, ils ne tardent pas à s'y faire, et finissent par la préférer aux autres fourrages. Cela se remarque souvent, sur-tout pour les chevaux nourris dans les villes et au sec. A ces avantages il faut joindre ceux d'être vivace, de s'élever de 3 à 4 pieds dans les terres de moyenne qualité, de pouvoir être coupée plusieurs fois dans l'année, de croître dans toute espèce de sol, et de n'être affectée, lorsqu'elle a acquis toute sa croissance, ni des grands froids, ni des grandes sécheresses.

C'est à Cretté de Palluel qu'on doit d'avoir le premier cultivé la chicorée sauvage en grand pour fourrage aux environs de Paris. Il la semait au printemps avec de l'avoine, sur deux labours dans les terres fortes, et sur un seul dans les terres légères : la première année il ne la coupait que deux fois, mais les suivantes il en tirait quatre et même cinq récoltes. J'ai été témoin d'une de ces récoltes, la même qu'il cite dans son mémoire, imprimé parmi ceux de l'ancienne Société d'agriculture de Paris, et j'ai été, comme tout le monde, enthousiasmé de son produit, c'est-à-dire des 56 milliers qu'il leva sur un arpent de terre médiocre, mais favorable à la croissance de cette plante, attendu que cette terre était profonde et un peu fraîche.

Il résulte, des observations de Cretté de Palluel, que la chicorée doit être donnée aux bestiaux en vert, car sa dessiccation est d'autant plus difficile, et donne lieu à des pertes d'autant plus grandes, que plus on la coupe jeune, et meilleure elle est. Je crois qu'il y a tout à gagner à suivre son avis ; cette plante poussant une des premières et une des dernières quand on sait la ménager, on peut être assuré d'en avoir tous les jours de fraîche pendant huit mois de l'année.

Une prairie de chicorée sauvage fournit pendant cinq à six ans sans diminution sensible, après quoi il convient de la labourer pour y semer autre chose. Les racines, si on les laisse dans la terre, l'amanderont plus qu'une quantité de fumier donnée, sur-tout si le sol est argileux. Elle doit donc être regardée comme très-propre à entrer dans un système d'Assolement bien coordonné. *Voyez* ce mot.

En Angleterre, on sème la chicorée par rangées écartées de 12 pouces ; elle vient beaucoup plus belle que lorsqu'elle est semée à la volée. On emploie environ 6 livres de graine par acre. Il faut la couper avant que ses tiges soient endurcies ; car tous les bestiaux, qui la mangent avec avidité quand elle est tendre, la rebutent lorsqu'elle est devenue ligneuse. On la coupe quatre à cinq fois dans le courant d'un été. Lorsqu'elle a donné des graines elle repousse si faiblement, qu'il vaut mieux la labourer que de la conserver. En général trois ans sont le le terme de sa vigueur, et celui où il faut la remplacer par une autre culture.

C'est sur les vieux champs qu'on est dans l'intention de détruire, ou sur des champs à cela exclusivement destinés, qu'on doit récolter la graine de la chicorée. Il est très-désavantageux d'y faire une ou deux coupes, comme quelques écrivains l'ont conseillé, avant de laisser fleurir cette plante. Ce n'est pas trop de quatre mois pour amener à maturité toutes les fleurs qui se développent successivement, mais en petit nombre chaque jour, et les premières mûres, ou mieux celles qui mûrissent pendant les chaleurs de l'été, sont les meilleures. On coupe les tiges lorsqu'elles ont perdu leur couleur verte, qu'elles sont devenues blanchâtres, que plusieurs de leurs parties sont déjà desséchées, quoiqu'elles offrent encore quelques fleurs, et on les transporte dans un grenier, où la maturité des graines s'achève. Ce n'est qu'à la fin de l'hiver qu'on les bat au fléau, opération difficile et longue, à raison de l'adhérence de ces graines. On a indiqué, comme moyen pour la faciliter, de mouiller le tout la veille et de battre mouillé. Ces graines se conservent bonnes pendant plusieurs années lorsqu'on les tient dans un lieu sec et aéré.

La culture de la chicorée ne doit pas être aussi étendue que quelques agronomes le prétendent. Il est bien constaté que, donnée en petite quantité ou de loin en loin aux vaches, elle augmente la quantité et la qualité de leur lait; mais il est également prouvé par des expériences positives, faites à la ferme de Rambouillet, que lorsqu'on la donne seule et long-temps à ces derniers, elle diminue leur lait d'environ un sixième, et que ce lait donne un beurre blanc de fort mauvais goût et des fromages amers.

En général on a remarqué que le changement de nourriture était toujours un bien pour les bestiaux, comme elle en est un pour l'homme; et, ainsi que l'observe Tessier, les animaux qui mangent de la chicorée sauvage prennent en même temps un aliment et un médicament capables d'augmenter leur appétit en donnant du ton à leur estomac, de désobstruer leurs vaisseaux en donnant plus de fluidité à leurs humeurs, de faire cesser les maladies de peau, auxquelles ils sont si sujets, en diminuant l'âcreté de leur lymphe. Il faut donc conclure avec ce savant agronome que la chicorée sauvage ne doit pas être le seul fourrage à cultiver dans une ferme, mais qu'il est utile à la santé des bestiaux qu'il y en ait toujours quelques quartiers, ou quelques arpens (suivant le nombre des bestiaux), pour leur en donner la fane en vert, ou seule, ou mêlée avec d'autres fourrages, quelques jours seulement pendant le printemps, l'été et l'automne.

Les difficultés de la dessiccation de la chicorée indiquent qu'un des moyens de la conserver sans trop d'embarras, c'est de la stratifier en couches minces, avec la paille de froment ou d'avoine destinée à la nourriture des bestiaux, paille à laquelle elle communique sa saveur, et non ses propriétés médicinales.

Ses tiges s'emploient aux environs d'Angers, au rapport de Décandolle, pour faire des balais, avec lesquels on nettoie les aires sur lesquelles on a battu le blé. On préfère ces balais à tous autres, parce qu'étant peu touffus ils n'emportent que la paille.

Les racines de chicorée sont très-recherchées par les cochons, et paraissent leur faire le même bien que les feuilles aux autres bestiaux; ils en mangent aussi volontiers les feuilles, sur-tout quand elles sont à moitié cuites.

C'est avec ces mêmes racines que l'on fabrique *le café de chicorée*, boisson qui n'a du café que le nom et la couleur; mais qui a considérablement fait étendre la culture de cette plante en Europe.

En Allemagne et dans le nord de la France, on cultive pour cet objet une variété à feuilles plus larges et à racines plus grosses (un pouce de diamètre), plus longues, plus douces. C'est faute de n'avoir pas connu cette variété, que ceux qui ont voulu les premiers spéculer sur cette culture aux environs de Paris n'ont pu soutenir la concurrence avec les cultivateurs étrangers.

La culture de cette chicorée à café ne diffère pas de celle indiquée plus haut, excepté qu'on lui donne deux binages dans le courant de l'été. Les racines s'arrachent pendant l'hiver suivant, se lavent rigoureusement après avoir été dépouillées de leurs feuilles et de leur chevelu, se coupent en rouelles, se dessèchent à l'étuve, se torréfient dans de grandes chaudières ou sur des plaques de fonte, et se réduisent en poudre dans de grands moulins à café.

La décoction de ces racines est saine; ainsi il ne faut pas s'opposer à ce que ceux qui veulent en faire usage se satisfassent; mais on doit veiller sur les épiciers, afin qu'ils n'en vendent pas en poudre, soit seule, soit mêlée avec du véritable café, sous le nom de ce dernier, parce qu'à raison de la différence des prix c'est un véritable vol.

Quelques personnes du Nord ont fait de brillantes fortunes par cette culture lors du blocus continental; en ce moment il y a peu de profit à la continuer.

La chicorée sauvage est, dit-on, le type de l'ESCAROLE ou SCARIOLE, plante dont les feuilles et les fleurs ressemblent en effet aux siennes, mais qu'on peut supposer cependant appartenir à une espèce distincte, et qu'on cultive très-abondamment dans les jardins pour manger en salade ou cuite. J'ai cru devoir la rendre l'objet d'un article particulier, pour ne pas trop allonger celui-ci. *Voyez* ESCAROLE.

La CHICORÉE DES JARDINS, ou *endive*, *Chicorium indivia*, Lin., se distingue de la précédente par ses racines, qui sont annuelles, par ses tiges, qui ne s'élèvent pas au-delà de deux pieds, par ses feuilles, élargies vers leur extrémité, un peu dentelées et parfaitement glabres, par ses fleurs solitaires dans les aisselles des feuilles supérieures. On en distingue plusieurs variétés. *Voyez* ENDIVE. (B.)

CHICOT. Reste d'un arbre qui sort de terre et que les vents ont coupé ou abattu. Ce mot a une autre acception en fait de jardinage : on désigne par lui une branche morte, sèche, vieille ou mourante, défectueuse en tout genre, remplie de chancres, etc., ou une partie considérable d'une telle branche, que par négligence on n'a pas ôtée.

Le chicot diffère donc de l'*argot*, en ce que celui-ci n'est qu'un morceau de bois oublié d'être coupé sur une branche ou sur un tronc. Cependant ces deux mots prennent souvent la même acception, ou mieux le dernier a passé d'usage.

Ceux qui *pincent* souvent leurs arbres sont sujets à avoir beaucoup d'argots qui échappent à la vigilance de celui qui les taille : alors on dit qu'il *chicote*. Tout bois mort, tout chicot, tout argot, qui empêchent que l'écorce ne recouvre la plaie, nuisent essentiellement à l'arbre. (R.)

CHICOT, *Gymnocladus*. Arbre de 30 pieds de haut, formant un genre dans la dioécie décandrie et dans la famille des légumineuses, qui croît naturellement dans le Canada, et qu'on cultive dans les jardins paysagers, où il produit un assez bel effet par ses grandes feuilles alternes, deux fois ailées, et à folioles ovales, pointues, glabres, d'un vert glauque, longues d'un pouce et demi, placées à l'extrémité de rameaux gros comme le doigt et obtus.

Le chicot a été ainsi appelé, parce que lorsqu'il a perdu ses feuilles, et il les perd de bonne heure, ses rameaux, toujours en petit nombre, semblent morts. Il supporte fort bien les rigueurs des hivers du climat de Paris. Ses fleurs ont peu d'apparence, quoique leur réunion en grappes relevées semble annoncer le contraire. Ses fruits, longs de 4 à 5 pouces et larges de deux, sont plus remarquables.

Cet arbre s'accommode de toute espèce de terre, et se plaît principalement dans celles qui sont meubles et fraîches; toutes les expositions lui sont bonnes. En conséquence, on peut le mettre où on le juge à propos. Son seul inconvénient est de pousser ses feuilles fort tard au printemps, et de les perdre de bonne heure.

On est rarement dans le cas de multiplier le chicot du Canada par ses graines, qu'il faut faire venir de ce pays, ne connaissant en France qu'un seul pied qui en donne, celui du Jardin de l'école botanique de Strasbourg ; mais on y parvient facilement par le moyen des marcottes et des racines.

Les marcottes, à moins que ce ne soient celles en pots en l'air, manière qui déforme les arbres, sont peu souvent pratiquées, à raison de la grosseur des branches et de leur peu de flexibilité ; restent donc les racines, qui fournissent trois moyens de parvenir au but qu'on se propose.

Le premier consiste à couper une des racines superficielles à quelque distance du tronc, et d'élever son gros bout d'un à 2 pouces au - dessus du sol sans toucher au reste. Cette opération doit être faite au premier printemps.

Le second est de lever à la même époque quelques-unes des racines de cet arbre, de les couper en tronçons de 6 pouces, et de les planter dans de grands pots, qu'on place sur une couche tiède au levant. Leur grosseur doit être de 4 à 5 lignes, terme moyen.

Le troisième est d'arracher avec précaution un vieux pied et de laisser la fosse ouverte. Il pousse autant de pieds qu'il y a de racines restées en terre, et on peut, en élargissant la fosse tous les ans, renouveler ce moyen de multiplication pendant plusieurs années consécutives.

L'hiver qui suit ces opérations, on a de jeunes pieds qui sont dans le cas d'être déjà plantés en pépinière à 18 ou 20 pouces de distance. Ils doivent y rester trois ou quatre ans, pendant lesquels ils ne demandent que les soins ordinaires à toute pépinière, c'est-à-dire deux ou trois sarclages et binages par saison ; après quoi, ils peuvent être mis en place au commencement du printemps.

Le bois du chicot a l'apparence de celui du sapin. Il est fort dur, prend bien le poli, reçoit toutes les couleurs, excepté le noir. Ses parcelles, lorsqu'on le scie, font éternuer sans cesse l'ouvrier. (B.)

CHICOT, BLÉ CHICOT. Sorte de FROMENT cultivé aux environs de Caen. (B.)

CHIEN. Quadrupède du genre de son nom, dont on croit le type originel perdu, mais qui se conserve de temps immémorial en domesticité, où il rend d'importans et nombreux services aux hommes et sur-tout aux cultivateurs.

Dans le genre chien se trouvent le LOUP et le RENARD, animaux qui en sont si voisins, qu'on a de la peine à caractériser

leurs différences , et qui cependant sont ses plus dangereux et
ses plus implacables ennemis.

La longue suite de siècles qui se sont écoulés depuis que le
chien est devenu le compagnon de l'homme , et l'intimité de
la société qu'il a contractée avec lui , ont tellement altéré sa
forme et sa couleur originelles, qu'on ne les reconnaît plus.
Les variétés qu'il offre sont si nombreuses , qu'il est impossible de les énumérer, et si tranchantes, qu'elles semblent appartenir à des espèces distinctes. Non-seulement ces variétés
portent sur l'extérieur , mais encore sur l'intérieur, chacune
ayant des qualités , on peut dire morales , et un instinct qui
lui est propre. Toutes ces variétés se mêlent perpétuellement ,
et par conséquent s'augmentent; mais on a remarqué que l'accouplement des races très-opposées réussissait difficilement ,
et que souvent les mères refusaient de reconnaître leur progéniture.

C'est cette circonstance qui fait qu'en Europe on distingue
encore parmi ce chaos quelques races assez caractérisées par
leurs formes et leurs habitudes pour être indiquées par une
dénomination générale.

1°. Le *chien de berger*, regardé comme le moins éloigné du
type de la nature. Il est généralement petit, noir, couvert de
longs poils , principalement sous la queue ; ses oreilles sont
droites. Il est peu sociable ; mais il remplit ses fonctions avec
une intelligence et une activité très-remarquables. Son peu de
force ne permet de l'employer qu'à la garde des brebis et dans
les pays de plaines. J'ai vu avec peine qu'il n'était pas aussi
répandu qu'il mérite de l'être , en France et dans les pays voisins. Son odorat est peu sensible.

2°. Le *chien-loup* est de la même grandeur que le précédent;
mais son corps est plus ramassé, sa tête plus ronde , son museau plus court et plus pointu, sa robe plus souvent fauve,
brune ou blanche , que noire ; son poil est aussi moins long ;
ses oreilles sont droites et courtes. Il ressemble véritablement
au loup ; mais il faut le distinguer des mulets de ce dernier
animal. Son caractère est sauvage , et son attachement pour
son maître médiocre; il garde cependant assez bien ce qu'on
lui indique. L'odorat est obtus en lui.

3°. Le *mâtin*, remarquable par sa grosseur, sa force , est
principalement employé à la garde de la maison, à celle du
gros bétail, et même à celle des moutons dans les pays où il
y a beaucoup de loups. Sa couleur varie prodigieusement dans
les nuances du brun, du fauve, du gris, du blanc; mais elle
est rarement noire et rarement toute blanche. Ses poils sont
courts ; sa tête est grosse, presque cubique ; ses lèvres supérieures et ses oreilles pendantes, ses jambes hautes. Il se dis-

tingue par son intelligence, son courage et son attachement pour son maître. Il a un odorat assez fin pour être employé à la chasse.

4°. Le *dogue*, aussi gros, mais moins élevé sur jambes que le précédent. Sa couleur varie peu ; c'est-à-dire qu'elle se rapproche du fauve mêlé de noir et de gris, sur-tout au museau. Sa tête est presque ronde, son nez écrasé, ses lèvres et ses oreilles pendantes. C'est le plus gros, le plus fort et le plus courageux de tous les chiens. Sa fidélité pour son maître est extrême, mais non expressive. Son intelligence est très-bornée. On le dresse fréquemment au combat, et il devient alors d'une férocité extrême. Il a peu de nez.

5°. Le *chien courant*, le *braque* et le *basset* ne servent qu'à la chasse et à la course. On les reconnaît à leur grosse tête, à leurs lèvres, à leurs oreilles pendantes, et à leurs jambes plus ou moins courtes. Leurs couleurs varient dans toutes les nuances possibles du brun, du fauve, du noir, du blanc, du gris, etc. Leur taille varie également. Leur intelligence est bornée à l'objet pour lequel ils sont destinés ; rarement s'attachent-ils beaucoup à leur maître. Leur nez est excellent.

6°. Le *chien couchant* ou *d'arrêt* diffère des précédens par des jambes plus longues, une tête plus fine, un corps plus mince ; ses oreilles sont également pendantes, et ses couleurs varient autant. Il est principalement remarquable par l'éducation dont il est susceptible ; car son attachement pour son maître est ordinairement très-faible. On lui apprend à suivre le gibier à la piste, et à s'arrêter lorsqu'il le voit, pour, en l'inquiétant par sa présence, l'empêcher de s'éloigner, afin d'indiquer à son maître le lieu où il est caché, et de lui donner le temps d'approcher. On lui apprend aussi à rapporter. Son odorat est très-fin.

7°. Le *barbet* se distingue de tous les autres chiens par la nature de son poil, qui est long et frisé comme la laine des brebis. Son corps est gros et court ; ses jambes médiocrement longues, sa tête ronde, son museau court et épais, ses oreilles larges et pendantes. Il varie beaucoup ; mais le noir et le blanc dominent souvent en lui. De tous les chiens il est le plus intelligent et le plus susceptible d'un attachement vif et durable. On peut le dresser à tous les services possibles, bien sûr qu'il s'y emploiera. Une qualité qui lui est propre, c'est sa disposition à se jeter à l'eau ; aussi est-il recherché pour la chasse des oiseaux aquatiques, qu'il rapporte fort bien lorsqu'ils sont tués. Son odorat est très-bon.

8°. L'*épagneul*. Il se rapproche du chien de berger par la disposition de son poil ; mais il s'en distingue par la tête petite, arrondie et à oreilles pendantes ; par des jambes sèches et courtes. La couleur fauve et la couleur blanche dominent chez lui. Sa taille est petite, son intelligence et son attachement pour son maître médiocre. Il est un gardien assez vigilant et un assez bon chasseur ; car il a le nez fin.

9°. Le *levrier* se fait remarquer par ses jambes hautes, son museau effilé, son corps mince et son poil extrèmement court. Sa course est des plus rapides ; mais il ne suit sa proie que des yeux, car il manque d'odorat. Son intelligence est fort bornée ; son attachement pour son maître presque nul. Il ne sert qu'à la chasse en plaine ou au luxe des gens riches. Sa robe est le plus souvent ou blanche ou fauve, ou tachée de ces deux couleurs. Sa physionomie est douce et son naturel pacifique.

Les chiens, en général, et sur-tout le barbet, le mâtin, le chien couchant et l'épagneul aiment leur maître et cherchent à être aimés de lui. Ce n'est pas par intérêt qu'ils agissent, puisqu'un meilleur traitement, une nourriture plus abondante ou plus délicate ne le leur font pas abandonner. Un regard, un sourire, une caresse les comblent de joie, et ils le témoignent par mille voies non équivoques. Sont-ils coupables volontairement, ils s'approchent humblement, reçoivent avec résignation la punition, souvent barbare, qu'on leur inflige, redoublent de docilité et de caresses. Se pliant à tous les caractères, se conformant à tous les ordres qu'ils reçoivent, ils semblent même entrer dans ses chagrins et les partager.

Mais assez d'autres ont fait l'histoire morale du chien. On la trouve tracée de main de maître dans l'ouvrage de Buffon. Ici je ne dois en parler que sous les rapports d'utilité agricole, et je me renferme dans cet objet.

Le chien de berger est de première nécessité dans une ferme qui possède un troupeau de bêtes à laine. Instruit des intentions de son maître, il veille à ce que le troupeau ne dévaste pas les récoltes ; il le rassemble, le dirige vers tel ou tel point. Que de soins fatigans, que d'allées et de venues, que de cris ils lui évitent ! Il est impossible de suivre pendant une heure la marche d'un troupeau en Brie, pays où la race de ces chiens est plus pure et mieux stylée qu'ailleurs, sans être disposé en leur faveur. Malheureusement ils sont faibles et deviennent les premières victimes des loups dans les pays où ces derniers sont nombreux. Là il faut nécessairement leur substituer des mâtins de forte race qui, s'ils ne sont pas si propres à garder le troupeau, peuvent au moins le défendre avec succès, surtout lorsqu'on a armé leur cou d'un collier de cuir garni de pointes de clous.

Ces deux chiens et le dogue, quelquefois le barbet, sont les seuls qui servent utilement aux cultivateurs. On les appelle *chiens de basse-cour.* Ils doivent être choisis forts et vigoureux, d'un caractère actif et courageux, mais non méchant; car cette dernière qualité n'est jamais nécessaire, comme on le croit communément.

Le chien de basse-cour veille comme s'il devait jouir de tout ce qu'il garde. Lorsque tout le monde se repose sûr sa vigilance, il ne se repose sur personne. L'oreille perpétuellement au guet, le moindre bruit excite ses soupçons. Entend-il, sent-il, aperçoit-il des étrangers, il les signale par ses aboiemens. Veulent-ils forcer le passage, il s'élance sur eux, les combat avec intrépidité, en quelque nombre et quelque bien armés qu'ils soient. Il semble qu'il se trouvera heureux de mourir en défendant les intérêts de son maître.

Il est des cantons où les chiens de basse-cour sont libres le jour et la nuit. Il en est d'autres où on les attache le jour à la porte d'une loge, où ils peuvent se retirer pendant le mauvais temps. D'autres enfin où on les enferme, également pendant le jour, dans cette même loge, qui alors est pourvue d'une porte grillée. Les avantages et les inconvéniens de ces méthodes se compensent assez également. Cependant dans les maisons où il entre habituellement beaucoup de monde, il vaut mieux les enchaîner ou les renfermer, parce que s'habituant aux étrangers, ils deviennent doux pour eux, et ne remplissent plus par conséquent l'objet pour lequel on les entretient.

Dans le Népaule, le Thibet et autres parties montagneuses de l'Inde, les portes n'ont point de serrures et s'ouvrent au moyen d'une corde, qui d'un côté lève un loquet, et de l'autre est attachée au collier d'un gros chien, de sorte qu'on ne peut les ouvrir qu'en excitant ce dernier.

Au Kamchatka, on attelle les chiens aux traîneaux, et on leur fait transporter ainsi des poids fort considérables. Ils sont les seules bêtes de charge de cette péninsule.

En France et dans d'autres parties de l'Europe, ils servent aussi quelquefois à traîner de petites charrettes, à tourner la broche ou les meules de différens artisans. Ce sont eux qui, en Flandre principalement, font tous les petits charrois de l'intérieur des villes.

Quoique les chiens préfèrent la viande à toute autre nourriture, il est reconnu qu'il vaut mieux, pour les entretenir en bonne santé et adoucir leur caractère, les tenir au pain ou à la soupe, dans laquelle entrent quelques restes de cuisine, quelques os inutiles. On leur donne ce pain ou cette soupe, alternativement l'un et l'autre, le matin et le soir. La quantité doit être proportionnée à la grosseur ou à la faculté digestive de chaque individu; ce qui varie considérablement. Une livre et demie est une faible portion pour un chien de moyenne

taille ; mais on s'y tient ordinairement, et par motif d'économie, et parce qu'il n'est pas bon qu'ils soient trop gras. Ceux
qui vaguent continuellement et qui par conséquent prennent
plus d'exercice, mangent davantage , ce qui est un motif de
plus pour les attacher.

Il faut toujours donner abondamment à boire aux chiens
qui sont à l'attache, ou renfermés dans leur loge ; car c'est,
dit-on, le plus souvent par défaut de boisson qu'ils deviennent
spontanément enragés.

La loge des chiens doit être assez spacieuse pour qu'ils n'y
soient pas gênés, qu'ils puissent même se retourner avec une
grande facilité. On la garnit de paille qu'on renouvelle souvent.

On appelle chenil un bâtiment destiné à renfermer les chiens
de chasse. Il doit être placé dans un endroit sec et aéré, composé de plusieurs pièces à rez-de-chaussée, pour pouvoir séparer les malades des sains , et toujours tenu très-propre. C'est à
tort qu'on le bâtit dans la basse-cour, parce que les aboiemens
continuels des chiens fatiguent les bestiaux et les volailles.

La voix du chien se nomme aboiement ; mais il a plusieurs
sortes de cris fort différens les uns des autres, qui ne sont pas
des aboiemens. C'est , après le chat, l'animal qui, à ce que je
crois, possède le plus de manières d'indiquer les affections qu'il
éprouve.

La durée de la vie du chien est de douze à quinze ans ; cependant il en est qui arrivent jusqu'à vingt ; mais cela est très-rare.
On reconnaît son âge à ses dents, qui naissent et tombent successivement. A cinq ans, les lobes des dents incisives ont complétement disparu. A six ans, les dents deviennent jaunes, et
après on ne connaît plus l'âge qu'aux poils blancs de son museau, et au son rauque de sa voix.

C'est à neuf à dix mois que les chiens commencent à devenir aptes à la génération. Les mâles y sont propres ensuite en
tout temps ; mais les femelles ont des momens fixes qui ne
durent que quinze jours. Ces momens, qu'on nomme *chaleur,*
ont lieu deux fois par an , mais plus fréquemment en hiver
qu'en été. On a observé qu'elle recevait plus volontiers les
gros mâles que les petits, et qu'elle se laissait couvrir tant que
durait son état de chaleur. L'accouplement dure long-temps, à
raison du renflement d'une portion de la verge, qui s'oppose à sa
sortie du vagin tant qu'il existe.

Pour avoir de beaux et bons chiens, il faut choisir les mâles
et les femelles parmi les individus les plus parfaits de leur
race tant au physique qu'au moral ; mais il est peu d'endroits
où on s'occupe de ce soin. Excepté les chiens de chasse, pour
qui on met encore quelque importance à la conservation des
qualités reconnues dans un mâle et dans une femelle, on aban-

donne par-tout cette opération au hasard ; aussi, comme je l'ai déjà observé, les races s'abâtardissent-elles chaque jour de plus en plus, sur-tout dans les villes.

La chienne porte soixante-trois jours. Pendant sa gestation il faut la traiter avec beaucoup de douceur et la nourrir plus abondamment. Elle fait jusqu'à huit petits, qui ne voient clair que neuf jours après leur naissance. On dispose pour son accouchement un lit de foin dans un lieu obscur où elle puisse être tranquille. Sa nourriture doit être encore augmentée lorsqu'elle allaite.

L'attachement des chiennes pour leurs petits est très-vif. Souvent même elles ne reconnaissent plus leur maître, et deviennent furieuses à l'approche de tous les hommes et de tous les animaux. Cependant quelques-unes les mangent en naissant, principalement celles qui ont reçu un mâle d'une variété fort éloignée de la leur : par exemple, une levrette qui met au monde des demi-barbets, ou une barbette qui met au monde des demi-chiens-loups.

L'allaitement dure deux à trois mois, mais peut être suspendu plus tôt sans inconvéniens en donnant de la soupe aux petits.

Lorsqu'on veut avoir des chiens de forte stature, il est nécessaire de donner une nourriture surabondante à la mère et de ne lui laisser qu'un ou deux petits. Il est encore plus indispensable de nourrir ces petits largement pendant tout le temps de leur croissance, c'est-à-dire pendant la première année presque entière, parce que c'est de là, autant que de leur constitution originelle, que dépend leur grosseur. Un traitement doux et la société des hommes influent beaucoup sur leur caractère : ainsi il faut veiller à ce qu'on ne les tourmente pas.

On empêche, dit-on, les jeunes chiens de parvenir à toute la grosseur de leur race en les frottant journellement d'alcool, qui durcit leur peau et ne lui permet pas de se distendre.

Un absurde préjugé a fait croire que les chiens avaient au bout de leur queue un ver qui la rongeait ; en conséquence tous les livres recommandent de couper ce bout quinze jours après leur naissance. D'autres préjugés, fondés sur de fausses idées du vrai beau, ont de plus condamné ces pauvres chiens à avoir encore la queue et les oreilles coupées rez du corps. Je suis toujours étonné, quand je vois passer des chiens ainsi défigurés, qu'il y ait en France des hommes assez barbares et assez dénués de goût pour avoir commandé leur martyre et leur dégradation. Quand donc serons-nous raisonnables ?

La castration des chiens n'ayant d'autre avantage que d'adoucir leur caractère lorsqu'ils sont méchans, je préférerai toujours faire tuer de tels chiens, que de leur faire subir une opération qui les rend lourds et incapables d'attachement.

Lorsque les chiens se sentent indisposés de l'estomac, ils mangent des feuilles de chiendent, ce qui les fait vomir et les guérit. Ils sont sujets à la plupart des maladies des animaux domestiques, mais ils en ont deux qui leur sont particulièrement propres, et qui toutes les deux sont nerveuses. La première et la plus dangereuse c'est la Rage (*voyez* ce mot). La seconde, c'est la maladie des chiens, qu'on reconnaît à des contractions presque continuelles dans les muscles de l'abdomen et des cuisses, à la faiblesse des jambes, et qu'on guérit quelquefois à force de violens vomitifs ou de purgations répétées. Ils sont aussi extrêmement sujets à la gale dans leur vieillesse. Les remèdes sont le plus souvent insuffisans ; cependant l'eau dans laquelle on a fait bouillir du soufre, les frictions mercurielles, un brossement fréquent de la partie malade, parviennent quelquefois à la faire disparaître, au moins pour un temps. *Voyez* Gale.

On reconnaît qu'un chien est enragé à sa démarche triste et lente, à son refus de manger, à son horreur pour l'eau, à sa disposition à mordre les animaux et même les hommes qu'il rencontre. Il porte la tête basse, la queue serrée entre les jambes ; ses yeux sont hagards. Le tuer est la seule chose à laquelle on doit tendre, car il n'y a pas d'exemple qu'un chien véritablement enragé ait été guéri ; mais un chien mordu par un autre peut être empêché de le devenir lorsqu'on brûle les morsures qu'il a reçues avec un fer rouge, ou de la potasse caustique, ou par toute autre manière. Il faut seulement que l'opération ne tarde pas, afin que le venin n'ait pas le temps de passer dans le sang.

La rage n'est pas connue en Amérique, ainsi que je m'en suis assuré pendant mon séjour dans ce pays ; preuve que cette maladie ne se propage que par communication.

Les Romains estimaient beaucoup la chair du chien, au témoignage de Plaute. Aujourd'hui on n'en mange plus en Europe ; mais beaucoup de peuples de l'Asie, de l'Afrique et de l'Amérique s'en nourrissent encore.

La peau des chiens est fort recherchée par les chamoiseurs, on en fait des gants, des bas, même des culottes. Les fourreurs font souvent usage de celle des barbets et des épagneuls.

Les dents de chien sont employées pour polir le bois et les métaux.

Quant aux vertus médicinales des diverses parties des chiens, elles sont aujourd'hui regardées comme nulles. (B.)

CHIENDENT. Plusieurs plantes graminées, dont les chiens mangent les feuilles pour se purger, portent indifféremment ce nom, et deux plus fréquemment que les autres; savoir, le FROMENT RAMPANT et le PANIC PIED DE POULE. *Voyez* ces mots.

Ces plantes sont le fléau des cultivateurs. Par-tout où elles dominent il n'y a pas de belles récoltes à espérer. Leurs racines traçantes végètent avec tant de force, qu'un seul pied dans un sol favorable peut couvrir une toise de terrain dans le courant d'une année ; elles sont si vivaces, que chaque nœud de leurs racines, resté en terre, produit un nouveau pied : ainsi plus on les divise par les labours et plus on les multiplie, si on n'a pas l'attention d'enlever exactement leurs racines ou portions de racines avec la herse à dents de fer, ou avec une fourche, ou avec la main.

Par-tout l'abondance des chiendents est le signe certain d'une mauvaise culture, et cependant rien n'est plus commun que d'en voir les champs et les vignes infestés. Il est même des lieux où on ne désire pas leur destruction, parce que les feuilles fournissent une pâture aux bestiaux après la récolte, témoin les environs de la Flèche.

Les jardins où il semble plus facile de les détruire en sont souvent encore plus garnis. Je dois faire des exceptions et des exceptions nombreuses ; car il est beaucoup de cultivateurs qui mettent une grande importance à la destruction des chiendents, qui emploient pour y parvenir tous les moyens qui sont en leur pouvoir ou qu'ils connaissent ; mais ces moyens sont tous insuffisans ; ils diminuent le mal, mais n'en détruisent pas la cause.

Il n'y a qu'un seul moyen de détruire radicalement le chiendent, c'est le système des assolemens. Lorsqu'après avoir été très-tourmenté, pendant une année, par une culture qui demande de fréquens binages, celle des pommes de terre, par exemple, on sème des plantes étouffantes comme de la vesce, des pois gris, etc., et qu'on fait succéder ensuite une prairie artificielle, telle que la luzerne ou le sainfoin, on peut être certain que le chiendent disparaîtra du sol pour bien des années ; car ses graines ne sont point emportées par les vents à de grandes distances, et la perpétuité des retours de cultures qui lui sont contraires s'oppose à ce qu'il fasse de nouveau de grands progrès. Aussi ne voit-on pas de chiendent dans les champs des environs de Lille, dans ceux de la plupart de l'Angleterre et autres pays où la culture par ASSOLEMENT est en faveur.

Mais, dira-t-on, voyez le champ de Lucas qui était semé l'année dernière en vesce, et qui est rempli celle-ci de chiendent ; voyez la luzerne de Mathieu qui est détériorée par lui. Ces deux cultures ne détruisent donc pas le chiendent? Non, elles ne le détruisent pas lorsqu'il est dans le sol en si grande abondance qu'il puisse s'en rendre maître avant que les plantes qu'on y a semées aient pris assez de force pour le dominer, car il pousse et plus tôt et plus rapidement qu'elles. C'est pourquoi je veux qu'il soit déjà en partie détruit par des binages répétés, ou par tout autre moyen, avant de semer les graines des plantes en question. D'ailleurs le complément doit toujours être une prairie bien garnie et d'une existence de plusieurs années. On voit du chiendent dans les pâturages, il est vrai ; mais on en voit bien moins que dans les champs, et presque toujours c'est dans les pâturages épuisés, c'est-à-dire dont le sol est fatigué de porter la même espèce de plantes. Enfin j'en appelle à l'expérience, et à l'expérience faite en grand.

Si, malgré la variété des cultures qu'on pratique dans les jardins, il y a si souvent du chiendent, c'est principalement parce qu'on n'y sème que des plantes annuelles ou au plus bisannuelles, et que les racines de cette plante, qui ont souffert dans un carré de carottes pendant telle année, se fortifient de nouveau la suivante, qu'elles ne sont point gênées, et que leur fane n'est pas étouffée par l'oignon qu'on a mis dans le même carré.

Dans beaucoup de cantons, on fait des labours d'été uniquement dans l'intention d'amener les racines du chiendent à la surface du sol et de les dessécher par la chaleur du soleil ; mais comme presque toujours on néglige d'enlever ces racines, loin d'avoir rempli son but on a travaillé directement en sens contraire : car, comme je l'ai déjà dit, une racine partagée en dix morceaux peut former neufs pieds nouveaux, et de ces dix morceaux il n'y en a souvent qu'un ou deux qui périssent, et souvent, sur-tout lorsqu'il survient une pluie peu de jours après les labours, il n'en meurt pas un. Il n'y a réellement qu'un moyen de rendre ces labours effectivement utiles à la destruction du chiendent, c'est de faire *fourcher* le sol immédiatement après ; car les enlèvemens à la main et à la herse sont toujours, quelque soin qu'on y mette, extrêmement incomplets. On appelle FOURCHER (*voyez* ce mot), fouiller la terre avec une fourche à trois ou quatre dents, au plus écartées de 2 pouces, la soulever et même la faire sauter en l'air pour mettre au jour toutes les racines de chiendent qui s'y trouvent cachées. Ces racines sont ensuite réunies avec des râteaux et brûlées, ou mieux, données aux bestiaux après avoir été lavées. Cette opération coûteuse, je le sais, doit être faite sous les yeux du maître ; mais elle remplit son objet mieux qu'aucune autre, et si après elle on suit la série des cultures indiquées plus haut, on est certain d'être débarrassé de chiendent pour long-temps, j'ose même dire pour toujours.

Il est des jardins long-temps abandonnés, où pour détruire promptement le chiendent on a recours à la claie, c'est-à-dire qu'on défonce le sol de 15 à 18 pouces et qu'on en passe la terre à travers un assemblage de baguettes perpendiculaires, écartées de 4 à 5 lignes. Ce moyen est meilleur, mais encore plus coûteux que le précédent. *Voyez* CLAIE.

Les chiendents poussent de très-bonne heure et fournissent un assez bon pâturage au printemps; mais lorsqu'ils commencent à monter en graines, leur fane devient dure et est rebutée par les bestiaux. Leur racine contient un principe sucré et une substance amilacée qui les rend propres à la nourriture de l'homme. On en a fréquemment fait du pain en les réduisant en poudre dans les contrées du Nord, où les disettes sont plus fréquentes que chez nous, à raison de la rigueur du climat. On en fabrique dans quelques pharmacies une gelée très-agréable et très-saine. Les cochons les recherchent avec ardeur; aussi dans les pays où on est dans l'usage de mener ces animaux paître, y a-t-il moins de chiendent que dans les autres.

Il est même des cultivateurs qui recommandent de semer le chiendent comme prairie dans les lieux sujets aux inondations, auxquelles il résiste fort bien.

Mais l'usage le plus général des racines de chiendent est pour les tisanes. Elles passent pour rafraîchissantes, adoucissantes et apéritives. On en fait une grande consommation dans les villes sous ce rapport. (B.)

CHIENDENT AQUATIQUE. *Voyez* FÉTUQUE FLOTTANTE.

CHIENDENT A BOSSETTE. C'est le DACTYLE PELOTONNÉ.

CHIENDENT QUEUE DE RENARD. On donne quelquefois ce nom au VULPIN DES CHAMPS. (B.)

CHIENDENT RUBAN. C'est la variété du CALAMAGROSTIS COLORÉ, dont les feuilles sont panachées de blanc et de rose. *Voyez* ROSEAU. (B.)

CHIENDENT A VERGETTES. Nom du BARBON DIGITÉ.

CHIFFONE. On appelle ainsi des branches grêles, contournées, surchargées de bourgeons à leur extrémité ou dans un point de leur étendue, et qui ne portent jamais de fruit. Ces branches doivent être coupées, à moins qu'on ne puisse espérer, en les taillant à un ou deux yeux, pouvoir les transformer en bonnes branches à bois, et qu'on ait besoin de ces dernières. (B.)

CHIFFONS DE LAINE. Les peaux, les plumes, les cornes, les ongles, les poils des animaux étant d'excellens engrais, on ne devrait pas perdre, comme on le fait par-tout en France, les chiffons de laine.

Il serait donc à désirer qu'à l'imitation des Anglais, qui en font un fréquent usage, ils fussent par-tout ramassés, hachés, et répandus sur les terres, où leur effet, d'après Cullen, dure six ans, lorsqu'on en met 6 quintaux sur un arpent. *Voyez* au mot Corne, *voyez* aussi Loque. (B.)

CHIFFONS DE LINGE. Ils sont généralement perdus dans les campagnes, comme les précédens ; cependant, le grand emploi qu'on en fait pour la fabrication du papier leur donne une valeur. J'invite donc les ménagères à rassembler tous ceux qu'elles font, et de les déposer dans un coin du grenier, pour les vendre lorsque le tas sera de quelque grosseur. Il est aujourd'hui peu de villes où il n'y ait pas quelques personnes qui font le commerce de ces chiffons. (B.)

CHINCAPIN. Espèce de chataignier d'Amérique. (B.)

CHINOIS. Variété d'oranger à petites feuilles. (B.)

CHINTRE. Sillon plus large et plus profond que les autres, tracé irrégulièrement selon la pente du terrain, pour donner écoulement aux eaux. Il ne diffère pas des Maitres, des Égouts, *voyez* ces mots et ceux Labour, Desséchement. (B.)

CHIONANTHE, *Chionanthus*. Petit arbre de l'Amérique septentrionale, qu'on cultive en pleine terre dans les jardins paysagers de France, où il produit un agréable effet, principalement quand il est en fleur. Il est de la diandrie monogynie, et de la famille des jasminées.

La tige du Chionanthe de Virginie s'élève à 8 ou 10 pieds dans son pays natal, où j'en ai observé de grandes quantités dans les lieux frais et ombragés. Ses rameaux sont opposés et bruns. Ses feuilles sont opposées, à peine pétiolées, ovales, aiguës, longues de 3 pouces, larges d'un et demi, et d'un beau vert foncé. Ses fleurs, d'un beau blanc, sont disposées en grappes lâches, pendantes sur des pédoncules divisés et subdivisés en trois. Ces fleurs, qui se développent avant les feuilles et de très-bonne heure au printemps, sont si abondantes, que la cime paraît couverte de neige à qui la regarde de loin ; aussi l'appelle-t-on l'*arbre de neige* (*snaudrap*) dans le pays ; mais en France, je ne les ai jamais vues assez nombreuses pour produire cette illusion.

C'est au second rang des massifs que le chionanthe doit être placé, au nord ou au couchant, et en opposition avec quelque arbre à feuillage étroit. Il ressort beaucoup devant un groupe d'arbres verts. Il m'a paru qu'il ne faisait pas bien isolé. Il lui faut une terre forte et humide. On le multiplie de ses semences, qu'on fait venir d'Amérique, car il en produit rarement en Europe, ou de rejetons, ou de marcottes, ou par la greffe sur le frêne ordinaire, ou mieux sur le frêne à fleur, qui vient moins gros, et est plus en rapport avec lui. Il craint les fortes gelées dans sa jeunesse ; mais ensuite il les brave presque toujours. Je dis presque toujours, parce que Dumont-Courset a perdu les branches d'un très-vieux pied par l'effet d'un frimas survenu après l'hiver.

Les graines du chionanthe doivent se semer dans des terrines sur couche et sous châssis. Elles sont ordinairement deux ans avant de lever. Le plant se repique la seconde année de son âge, ordinairement dans des pots qu'on rentre dans l'orangerie, ou qu'on couvre de fougère ou de litière pendant les grands froids. On peut le mettre en place au printemps de la cinquième année.

Les rejetons se produisent assez fréquemment autour des vieux pieds qui sont en terre de bruyère bien fraîche. On les lève également au printemps, soit pour les mettre en place sur-le-champ lorsqu'ils sont assez forts, soit pour les déposer pendant un ou deux ans en pépinière quand ils sont faibles.

Les marcottes prennent rarement racine la première année, même pas toujours la seconde; mais quand le pied qui les fournit est dans un sol humide, ou qu'il est arrosé dans les chaleurs de l'été, elles réussissent toujours. On doit les couvrir de fougère ou de litière pendant l'hiver, la première année de leur transplantation.

La greffe sur le frêne, soit en écusson, soit en fente, réussit assez bien. Elle doit être faite assez basse pour pouvoir enterrer le bourrelet, qui, poussant des racines, rend le chionanthe franc de pied, et fait mourir la racine du frêne à l'époque où cette dernière, s'emportant trop, à raison de sa nature plus forte, l'eût fait périr. Cette précaution est moins nécessaire lorsqu'on le greffe sur le frêne à fleur. J'en ai vu un pied âgé de dix ans qui paraissait vouloir se conserver encore long-temps.

Il y a une variété de chionanthe à feuilles plus étroites qui fleurit plus abondamment que l'autre. (B.)

CHIRANÇOIR. Synonyme de BROIE et de SERANÇOIR.

CHIRON. Nom donné, aux environs de Nice, à une larve qui mange les OLIVES. C'est celle d'une MOUCHE ou mieux d'un OSCINIS de Latreille. *Voyez* OLIVIER.

C'est aussi, dans plusieurs cantons de la France, un tas de pierre élevé dans les champs et en provenant. *Voyez* MERGER. (B.)

CHIRONE, *Chironia*. Genre de plantes de la pentandrie monogynie et de la famille des gentianées, qui renferme une vingtaine d'espèces, la plupart exotiques, et dont une, propre à la France, est trop commune et trop employée en médecine pour n'être pas citée ici.

Cette espèce est la CHIRONE CENTAURÉE, plus connue sous le nom de *petite centaurée*, plante annuelle, d'un aspect agréable , qui croît dans les terres sèches et incultes , et qui fleurit au milieu de l'été. On la reconnaît à ses feuilles opposées, elliptiques, à trois nervures et glabres, à ses fleurs rouges et disposées en corymbe dichotome à l'extrémité des tiges et des rameaux. Toutes ses parties sont fort amères et passent pour fébrifuges , et pour très-propres à rétablir les estomacs délabrés. Elles purgent quand on en prend de fortes doses.

On en trouve une variété plus petite et plus rameuse dans les lieux aquatiques. (B.)

CHIVEL. Nom des OEILLETONS des plantes vivaces dans quelques parties de la France. (B.)

CHOIN , *Schœnus*. Genre de plantes de la triandrie monogynie et de la famille des cypéroïdes, qui renferme une quarantaine d'espèces, dont quelques-unes , propres à l'Europe, font souvent partie de ce que les cultivateurs appellent *herbe de bas prés* , et doivent par conséquent être connues d'eux. Toutes viennent dans les endroits marécageux, et sont rarement mangées par les bestiaux; mais on les fauche pour faire de la litière et pour augmenter la masse des fumiers. Ce sont des plantes à tiges dures, à feuilles linéaires et coriaces, et à fructification disposée en panicules.

Le CHOIN MARISQUE a la tige cylindrique, terminée par une panicule à épillets rapprochés, les feuilles garnies de poils piquans sur leurs bords et sur leur carène. Il est vivace, s'élève à 2 ou 3 pieds de haut, croît sur le bord des étangs, et fleurit pendant l'été. On peut l'employer à orner les pièces d'eau des jardins paysagers , car il a de l'élégance dans son port.

Le CHOIN NOIRATRE a la tige cylindrique, nue, les têtes ovales et terminales avec une involucre de deux feuilles. Il est vivace et se trouve dans les marais qui se dessèchent pendant l'été , époque de sa floraison. J'ai vu des espaces considérables qui en étaient presque exclusivement remplis. Il forme des touffes saillantes , souvent de plus d'un pied de diamètre , au moyen desquelles on peut quelquefois traverser, sans se mouiller les pieds , des marais d'une grande étendue.

Le CHOIN MARITIME, *Schœnus mucronatus* , Lin. , a la tige cylindrique et nue, les épis ovales réunis en tête terminale et accompagnée d'une involucre de six folioles; les feuilles canaliculées. Il est vivace et croît dans les sables, sur le bord de la mer des parties méridionales de l'Europe. C'est une des plantes que l'on peut employer le plus avantageusement pour fixer les sables mouvans, faire des digues naturelles qui augmentent le domaine de l'homme presque sans frais et d'une manière plus durable que ces digues si vantées de la Hollande.

En effet, en la semant de proche en proche, on augmente chaque année l'épaisseur et la hauteur du banc, et par con-

séquent on gagne du terrain, et on le fortifie toujours dà-
vantage. L'important est de rencontrer une année où les
orages, plus rares, permettent à la graine de germer, et au
plant qui en est provenu de s'affermir. Une fois bien fixée
dans une certaine étendue, cette plante brave la fureur des
flots et des vents. Les uns ou les autres lui donnent, dans le
courant d'une année, toujours plus qu'ils ne lui ôtent, parce
qu'elle s'élève d'autant plus qu'elle est plus souvent recouverte
de sable, et qu'elle augmente par conséquent chaque jour ses
moyens de résistance.

Le CHOIN BLANC a la tige presque triangulaire, feuillée; les
fleurs fasciculées et les feuilles sétacées. Il est vivace et se
trouve dans les marais tourbeux, dont il fait quelquefois paraître le sol tout blanc, tant il est abondant. Il ne s'élève ordinairement que de quelques pouces, cependant il parvient
souvent à plus d'un pied. C'est celui que les bestiaux mangent
avec le plus de plaisir.

Les choins sont nombreux dans les pays chauds. Ils forment
le fond des prairies basses de la Caroline, d'où j'en ai rapporté
six espèces nouvelles. (B.)

CHOPINE. Ancienne mesure des liquides, qui équivalait à
une demi-bouteille. *Voyez* MESURE. (B.)

CHOPPE. Expression usitée aux environs de Saumur pour
indiquer l'époque où l'état de maturité du raisin commande
la vendange : elle est donc à-peu-près synonyme de MATURITÉ.
Je dis à-peu-près, parce que cet état précède de quelques
jours la maturité complète. (B.)

CHOTTE. On donne ce nom, aux environs de la Châtre,
aux terres à froment de seconde qualité. (B.)

CHOTTÉ. Altération du mot CHAULÉ. (B.)

CHOU. *Brassica.* Genre de plantes de la tétradynamie si-
liqueuse et de la famille des crucifères, qui renferme une trentaine d'espèces, dont trois sont l'objet de cultures de première
importance, et qui doivent en conséquence être bien connues
des agriculteurs.

Des trois espèces ci-dessus indiquées, je ne parlerai ici que
du CHOU proprement dit (*Brassica oleracea,* Lin.). Il sera question des deux autres, la RAVE et la NAVETTE, à leurs noms
respectifs.

Le chou, dont les variétés sont si nombreuses (j'en ai vu cultiver simultanément plus de cinquante), et si différentes les
unes des autres, qu'il est impossible de leur assigner un caractère
commun, est une plante annuelle originaire des bords de la
mer On ignore l'époque où on a commencé à en faire usage
comme aliment; mais cette époque remonte à une très-haute
antiquité. C'est de tous les végétaux propres à l'Europe celui

dont on tire le parti le plus avantageux tant sous le rapport de la nourriture de l'homme et des animaux domestiques, que de l'huile qu'on retire de ses semences. Il fait la richesse des jardins comme celle des champs où on le cultive; mais pour qu'il produise tous les avantages qui lui sont propres, il faut qu'il soit planté dans un bon sol, et qu'on soigne sa culture d'une manière convenable.

Afin de mettre un peu d'ordre dans la rédaction de ce que j'ai à dire sur les diverses variétés du chou, je les diviserai en six races, d'après l'indication de M. Duchesne de Versailles, à qui on doit un excellent travail qui les a pour objet.

1°. Le Chou colza, qui se cultive en grand pour l'huile que fournit sa graine. On doit le regarder comme la variété qui s'éloigne le moins de l'espèce. Je devrais, en conséquence, en parler ici de préférence; mais comme les autres variétés jardinières demandent de grands développemens, et que sa culture est fort différente de la leur, je préfère lui consacrer un article particulier. *Voyez* au mot Colza.

2°. Les Choux verts, qui s'élèvent le plus et ne pomment pas.

3°. Les Choux cabus ou pommés, dont les feuilles larges et épaisses se recouvrent les unes par les autres, et forment une sphère ou un ovale plus ou moins solide.

4°. Les Choux-fleurs, dont les rameaux et les fleurs naissantes prennent un accroissement contre nature, et offrent une masse plus ou moins droite et mamelonnée.

5°. Les Choux-raves, dont la partie inférieure de la tige se distend de manière à présenter un renflement considérable, arrondi ou ovale, contenant une pulpe tendre.

6°. Les Choux-navets, dont la racine est tubéreuse et d'une forme analogue au navet.

Les choux verts se subdivisent en deux; *choux verts qu'on cultive dans les jardins pour la nourriture de l'homme, et choux verts qu'on cultive dans les champs pour la nourriture des bestiaux.*

Parmi les premiers, il faut distinguer principalement le *chou vert à larges côtes*. Sa tige est basse, ses feuilles rondes, unies, épaisses, d'un vert foncé et pourvues d'une large côte blanche. Il donne quelquefois une petite pomme; c'est le *chou de Beauvais* des Parisiens.

Cette variété donne une sous-variété que j'ai vue en Espagne, dont les côtes sont de la largeur de la main et de 2 pouces d'épaisseur, quelquefois même plus. On mange ces côtes comme la carde et la poirée après en avoir enlevé l'écorce. C'est un aliment que je voudrais voir introduire sur nos tables.

Le *chou blond à grosses côtes* ne diffère du précédent que par la couleur de ses feuilles, qui est d'un vert jaunâtre, et parce qu'il est plus tendre et plus délicat que lui. Il est quelquefois frappé par la gelée pendant que l'autre y résiste.

Le *chou pancalier* ou *chou vert frisé*. *Chou de Savoie*, *chou de Hollande*, *chou d'Espagne*; sa feuille est verte et foncée ou frisée sur les bords. Il ne fait presque pas de pomme.

Le *chou frisé panaché*, *chou tricolor*, *chou frisé rouge d'hiver*, *chou frangé à aigrettes rouges*, variétés qui peuvent être considérées comme des nuances de la même, et que leurs noms caractérisent assez. Ils peuvent servir et servent en effet quelquefois d'ornement dans les jardins. Ils sont très-tendres et se mangent crus ou cuits.

Le *chou crépu d'Ecosse* diffère de l'avant-dernier, parce que ses feuilles sont plus petites, plus frisées, et que sa tige s'élève jusqu'à 4 pieds.

Le *chou à jet et rejet*, ou *chou à petites pommes*, s'élève à la même hauteur que le précédent, et fournit, tout le long de sa tige, de petits choux à feuilles frisées, extrêmement tendres et très-bons, qui se reproduisent à mesure qu'on les coupe. On le cultive fréquemment dans les Cévennes et autres montagnes des parties méridionales de la France. Je crois qu'il diffère du *chou frisé d'Allemagne*, ou *chou du Brabant*, ou *chou de Bruxelles*, qui a la même forme, mais qui a besoin de ressentir les effets de la gelée pour être mangeable. Ce dernier, qui s'élève naturellement moins, est amené par art à la même hauteur. Pour cela on lui ôte successivement, une ou deux fois par semaine, ses feuilles inférieures; c'est des plaies que sortent les petits choux, de sorte que plus il y a de ces plaies, et plus la récolte est abondante. La tête ne se coupe qu'au printemps. Van Mons a donné une notice sur sa culture dans les *Annales générales des sciences*. Le chou de Bruxelles est un délicieux manger.

Toutes ces variétés demandent la même culture. Certains cantons préfèrent l'une, certains l'autre. Elles ne sont point communes dans les jardins des environs de Paris. Lorsqu'on les plante dans le voisinage les unes des autres, elles se fécondent réciproquement, et le produit de leurs graines forme de nouvelles variétés intermédiaires qu'il est impossible de bien caractériser. Cette observation s'applique à toutes les variétés de choux, et doit être prise en grande considération par les cultivateurs. Elles sont une ressource bien précieuse, pendant l'hiver, pour les habitans des campagnes de quelques parties de la France et contrées voisines. On ne saurait trop en provoquer la multiplication. Elles se sèment dans une planche dont la terre a été bien ameublie et fumée, à une bonne exposition, depuis le mois de février jusqu'en juillet. Le plant levé est sarclé et arrosé au besoin. Lorsqu'il a cinq ou sept feuilles, on le repique en quinconce et au plantoir dans le local qui lui est destiné et qu'au préalable on a labouré et fumé. La distance à lui donner varie suivant la nature du sol et la grandeur à laquelle il doit parvenir, mais doit être rarement moindre de 20 pouces et plus grande que 3o.

Le repiquage de ces choux doit se faire autant que possible par un temps couvert et même pluvieux, afin d'assurer la reprise. Dans le cas contraire, on arrose matin et soir pendant quelques jours. Il est toujours avantageux de planter profondément, parce que ce qu'on appelle la tige du chou n'est que le prolongement du collet de la racine, et que cette tige pousse des fibrilles dans toute sa longueur. Le plant repris se bine une ou deux fois dans le courant de l'été. Vers la fin de cette saison on commence à enlever les plus grandes feuilles, mais une ou deux au plus à-la-fois sur chaque pied, pour les donner aux vaches ou aux cochons. En octobre, on leur coupe la tête pour la manger. Il pousse alors une grande quantité de jets latéraux, qu'on coupe successivement pendant tout l'hiver : ces jets sont très-délicats et se renouvellent même sous la neige. Au printemps, ils montent en graine.

Les choux verts, qu'on cultive en grand pour la nourriture des bestiaux, peuvent tous être rapportés aux suivans, quoique offrant quelques légères différences dans chaque canton.

Le Chou vert commun a une grosse tige haute de 2 ou 3 pieds. Ses feuilles sont amples, ailées à leur base, ondulées en leurs bords, à côtes saillantes. On le cultive dans quelques parties de la France, tant pour la nourriture de l'homme que pour celle des bestiaux, mais principalement pour ces derniers ; car il est de beaucoup inférieur au chou vert à larges côtes. C'est après le chou colza la variété la moins altérée.

Le Chou cavalier, ou chou en arbre, ou chou chèvre, ou grand chou vert, s'élève à la hauteur de 6 pieds, et pousse rarement des jets latéraux. Ses feuilles sont grandes, peu épaisses, soutenues par de longs et larges pétioles. C'est celui qui se cultive si abondamment en Bretagne. Il subsiste quatre ans.

Le Chou cavalier branchu ou Chou mille têtes s'élève moins et jette des tiges latérales, mais du reste est semblable au précédent. C'est celui qu'on voit dans les plaines de la Normandie et de la Flandre. On prétend qu'il est plus productif.

Dans le département de la Vendée, on cultive généralement ces deux choux, et on estime qu'un hectare qui contient 20,000 pieds, produit 100,000 kilogrammes de feuilles vertes, produit immense et qui doit ouvrir les yeux des cultivateurs des autres parties de la France.

Le Chou a faucher s'éloigne du précédent en ce qu'il ne s'élève pas et que ses jets sortent du collet de la racine.

Le Chou frisé d'Ecosse, dont il a déjà été fait mention.

Toutes ces variétés sont des acquisitions précieuses pour l'agriculture. En effet il suffit de voir le parti avantageux qu'en retirent les cultivateurs dans le ci-devant Anjou, la ci-devant Bretagne, la ci-devant Normandie, la ci-devant Flandre, pour être convaincu que leur culture, en s'étendant, augmenterait beaucoup la quantité de nos bestiaux, par conséquent élèverait le capital de notre richesse territoriale, directement par cela seul, indirectement par une plus grande abondance de fumier, par un Assolement (*voyez* ce mot) plus favorable aux produits du sol. C'est principalement dans les pays froids et dans les hivers longs qu'on est le plus dans le cas d'apprécier toutes les ressources qu'ils peuvent fournir. Quelque bien soignée que soit cette culture dans les cantons précités et autres de la France, c'est en Angleterre qu'on peut le mieux juger de l'amplitude dont elle est susceptible. Arthur Young, dans ses voyages agronomiques, offre tant d'exemples du succès dont elle a été couronnée, que je suis embarrassé du choix. L'expérience a prouvé aux fermiers de ce pays qu'on peut, par une bonne culture, les faire profiter dans presque toutes les espèces de terrain, et qu'ils peuvent suppléer tous les autres fourrages aqueux.

Les terres dans lesquelles les choux pour fourrage réussissent le mieux, sont les argiles fortes, c'est-à-dire justement celles qui, ne fournissant point de nourriture aux bestiaux pendant l'hiver et le commencement du printemps, obligent de les tenir plus long-temps au sec. On peut aussi cependant en tirer profit dans les terres calcaires sèches, par des engrais abondans et une culture soignée.

Un cultivateur anglais, M. Badders, a prouvé, par l'expérience, que les choux sont de beaucoup préférables aux turneps pour engraisser le bétail. Il y a, selon lui, soixante-quinze pour cent à gagner relativement à la quantité, et il faut trois fois moins de temps. L'effet des choux est de distribuer la graisse plus également. La méthode la plus avantageuse qu'il ait reconnue, c'est de suspendre l'engrais au milieu de l'été pour le reprendre en octobre, parce qu'à cette époque les choux sont dans toute leur grandeur et qu'il en faut moins.

M. Whanton, autre cultivateur, est du même avis; il estime que deux acres de choux suffisent pour engraisser trois gros bœufs.

Les animaux de la ferme de M. Scroop ont extraordinairement prospéré depuis qu'il leur donne des choux. Aujourd'hui il n'engraisse plus ses bœufs et ses moutons que par leur moyen. Les avantages qu'il a retirés de leur culture dans les années de sécheresse sont incalculables. Il leur doit la plus grande partie de sa fortune; aussi les soigne-t-il avec une attention toute particulière. Voici les principes qu'il s'est faits relativement à cette culture. Je le copie.

« Le sol le plus riche est toujours le plus avantageux. S'il est médiocre il ne peut être trop fumé. Aucune autre récolte ne peut mieux payer les frais d'un copieux engrais. Les fumiers composés et ceux de cheval bien pourris sont les meilleurs.

» Il faut labourer pour la première fois en octobre, et pour la seconde fois en mars. On labourera encore deux fois, et on hersera si le temps est fort sec. Au dernier, la terre sera relevée en billons de 4 pieds de large.

» La graine doit être semée de bonne heure. Une livre de graine suffit pour six acres.

» On plantera les jeunes pieds, à la fin de mai ou au commencement de juin, sur le sommet des billons, à 2 pieds de distance les uns des autres. Il n'est jamais nécessaire de les repiquer, car cette opération est plus dispendieuse qu'utile.

» Il ne faut biner que par un temps sec. Le premier binage se fera avec la charrue à biner aussitôt que les mauvaises herbes se montreront, et sera terminé à la houe pour ramener de la nouvelle terre au pied de chaque plant. Le second binage aura lieu un mois après et en sens contraire du premier. Il sera suivi d'un nouveau buttage. En suivant ce procédé, on pourra employer les choux depuis novembre ou décembre jusqu'à la fin d'avril ou commencement de mai. La meilleure manière de les employer, c'est d'en transporter les feuilles sur un gazon sec. Les animaux de toute espèce s'en nourrissent à merveille. Ils favorisent l'accroissement du bétail et l'entretiennent en bonne santé; ils engraissent parfaitement les bœufs et les moutons. On gagne six pour un à en nourrir les vaches laitières plutôt qu'avec tout autre fourrage. Leur lait est parfaitement doux et leur beurre excellent, pourvu qu'on ait l'attention de ne pas leur donner les feuilles gâtées. »

Plusieurs autres agriculteurs anglais tirent de grands bénéfices de leurs choux en nourrissant des vaches laitières pendant l'hiver. On a dit que le lait et le beurre de ces vaches prenaient un goût âcre et une odeur désagréable, mais cela n'est point généralement vrai; et toujours en mêlant cette nourriture avec de la paille ou du foin, on peut éviter cet inconvénient, qui, d'après le rapport de plusieurs personnes, n'a lieu que lorsque ces vaches mangent des feuilles pourries.

Les avantages des choux pour la nourriture des jeunes animaux sont si marqués, que dans les grandes fermes d'éducation il faudrait en cultiver uniquement pour cet objet. Les voyages d'Arthur Young en offent des exemples irrécusables; et en effet une nourriture fraîche pendant l'hiver doit être préférable pour eux à des herbes dures et sans suc. Les jeunes veaux sur-tout profitent singulièrement par suite de leur usage. Il en est de même des agneaux, des petits cochons, etc.

Il paraît qu'on cultive plus souvent en Angleterre les variétés de choux susceptibles de pommer que celles dont il est question en ce moment; mais cette pratique est évidemment vicieuse, 1º. parce que ces choux, quelque pesans qu'ils soient, ne peuvent fournir autant de feuilles que ceux à qui on les arrache journellement pendant six mois; 2º. parce qu'ils ne vivent qu'une année, et obligent par conséquent à une augmentation de frais de culture; 3º. parce qu'arrivés à leur maximum de croissance, ils se crèvent, et qu'une fois crevés ils ne tardent pas à se pourrir; 4º. enfin parce qu'étant plus aqueux, ils fournissent moins de nourriture sous le même poids ou le même volume.

Au reste, toutes les expériences citées dans les voyages ci-dessus, et qui prouvent d'une manière si positive les immenses profits qu'on peut faire dans une exploitation par la culture des choux, peuvent s'appliquer aux choux verts, qui, à raison de leur durée, fournissent autant de nourriture et coûtent moins de frais.

Les préceptes donnés par M. Scroope pour la culture des choux en Angleterre s'appliquent complétement à celle de France. Ainsi je n'entrerai pas dans de plus grands détails à cet égard.

Si on voulait cultiver les choux sans les replanter, il faudrait les semer de fort bonne heure et leur donner un ou deux binages. Cette méthode n'est guère employée, et avec raison. Dans quelques endroits on sème en juin des choux sur les blés pour les faire paître en automne par les moutons.

On donne en général aux bestiaux les feuilles de choux en nature; cependant il est reconnu qu'elles leur portent plus de profit lorsqu'ils les mangent cuites. Dans quelques cantons de la France, où il y a toujours du feu à la cheminée des cultivateurs et un chaudron sur ce feu, on leur fait essuyer un bouillon. Il serait à désirer que par des constructions économiques, ou par la multiplication des plantations d'arbres, on pût employer par-tout le même procédé.

Quelques personnes ont proposé de conserver des feuilles de choux pour la nourriture des bestiaux en les faisant confire dans leur eau même, c'est-à-dire en faisant de la chou-croûte. Elles ne savaient pas, ces personnes, qu'un bœuf mange 393 livres de feuilles de chou par jour, et par conséquent le nombre ou la grandeur des vaisseaux qu'il faudrait pour les contenir ne permettra jamais aux agriculteurs d'y penser. Au reste, ils s'accoutument promptement à la saveur acide de cette préparation qui leur est très-salutaire en état de maladie.

Les choux cabus ou pommés offrent un bien plus grand nombre de variétés que les précédens. Toutes sont regardées comme appartenant à la culture des jardins, quoiqu'on en voie très-fréquemment dans les champs, et que souvent en France, comme en Angleterre, on les emploie à la nourriture des bestiaux. En effet, les façons qu'on leur donne dans les plaines ne diffèrent pas de celles qu'elles reçoivent dans les enclos.

Ces variétés se divisent en deux sections :

Les *choux cabus* proprement dits, qui ont les feuilles entières et les fleurs jaunes.

Les *choux cabus frisés*, ou *choux de Milan*, dont les feuilles sont crépues, très-bullées, et les fleurs blanches.

Celle des variétés de la première section qu'on cultive le plus habituellement aux environs de Paris sont dans l'ordre de leur consommation.

Le CHOU CABBAGE. Il est très-petit et très-précoce. On peut le manger dès le milieu d'avril, c'est-à-dire lorsque les choux verts finissent. Il pèse rarement plus d'une livre. On le plante à une bonne exposition et à 8 à 10 pouces de distance.

Le CHOU HATIF D'YOUCK est un peu plus gros que le précédent, et se mange quinze jours plus tard.

Le CHOU HATIF EN PAIN DE SUCRE, encore plus gros et à-peu-près aussi hâtif. Sa pomme est allongée.

Le CHOU CŒUR DE BOEUF est plus gros et de même forme que le précédent.

Le CHOU HATIF DE BONNEUIL. Sa tête est ronde et assez grosse; c'est une très-bonne variété. Sa tige est basse et sa couleur bleuâtre.

Ces cinq variétés ne se trouvent que dans les jardins des riches ou autour des grandes villes, parce que leur culture est coûteuse et leurs produits peu abondans. Les deux dernières se conduisent comme la première.

Le CHOU POMMÉ DE SAINT-DENIS ou D'AUBERVILLERS a la tête presque ronde, grosse, très-serrée, d'un vert foncé, d'une odeur très-forte. C'est la plus commune de celles qui se voient sur les marchés de Paris. Il est d'une bonne nature lorsqu'il est cultivé dans un sol convenable, mais ne se ressent que trop souvent des matières qui ont servi à fumer la plaine de Saint-Denis.

Le PETIT CHOU ROUGE est de la même grosseur que le précédent, mais n'a presque point d'odeur, et sa couleur est d'un violet sale. On le mange en salade et on le confit au vinaigre.

Le Chou pommé blanc d'Alsace a la tête plate et fort serrée, le pied court et épais.

Le Chou pommé blanc de Hollande a la tête plus grosse, mais moins serrée que le précédent et sa tige est plus haute.

Le Chou pommé rouge se reconnaît à sa couleur lie de vin, et à sa tête extrêmement serrée ; il a ordinairement 10 pouces de diamètre.

Le Chou pommé ordinaire ou chou cabus a une tête large d'un pied, aplatie, ferme, d'un vert blanchâtre, avec des nervures ou blanches ou violettes. Sa tige est grosse et courte. On le confond, aux environs de Paris, avec le chou pommé blanc d'Alsace et avec le chou quintal. C'est celui qu'on cultive le plus communément dans les départemens. Il parvient à une grosseur très-remarquable. Rarement il est aussi tendre qu'il serait à désirer.

Le Chou quintal, ou chou d'Allemagne, ou chou de Strasbourg, ou chou d'automne, se rapproche beaucoup du précédent, mais est plus gros. On en cite qui pesaient 80 livres. Sa pomme est peu serrée, parce que ses nervures sont saillantes ; ses feuilles sont d'un vert foncé et volumineuses à l'excès. C'est avec lui que se fabrique la plus grande partie de la chou-croûte (sauer-kraut) qui se trouve dans le commerce. Transporté dans les États-Unis, il a y pris encore plus de grosseur, et est revenu sous le nom de *chou d'Amérique*, par lequel il est connu en Angleterre.

Celles des variétés de la seconde section qui sont dans le même cas se réduisent aux suivantes :

Le Petit Chou de Milan hatif. Sa tige est courte, et sa tête d'un beau vert. Il vient immédiatement après le chou d'Yorck.

Le Chou frisé court, ou Milan tapus, est plus bas sur tige, mais aussi gros que le précédent. Ses feuilles, d'un vert bleu et très-frisées, forment une tête plate et très-serrée.

Le Chou Milan doré a la tête ovale, d'un vert jaunâtre, et de la grosseur de celle du précédent.

Le Chou Milan d'été. Tête de grosseur moyenne et aplatie.

Le Chou Milan tardif, ou gros chou Milan, ou gros chou frisé d'Allemagne. Sa tige est haute ; sa tête grosse et ferme et d'un vert foncé. C'est une excellente variété, dont le goût est relevé, même musqué. On lui donne quelquefois le nom de *pancalier*, qui appartient à une variété non pommée.

Chacune de ces variétés de choux offre, dans sa culture, quelques particularités, mais je me contenterai de développer ici les principes généraux qui appartiennent à tous ; car le détail de ces particularités, qui au reste ne s'acquièrent bien que dans la pratique, allongerait cet article plus qu'il n'est convenable.

Il est trois époques pour le semis de la graine des choux cabus : au commencement de l'automne, en pleine terre, au nord; en février et mars, sur couche; en mars et avril, en pleine terre, au midi.

On sème, l'automne ou au printemps, sur couche toutes les variétés hâtives et au printemps toutes les autres.

Dans les départemens méridionaux, et même quelquefois dans les septentrionaux, on laisse le plant de chou dans le lieu où il a levé, jusqu'à sa transplantation, ayant soin de le couvrir de litière, de paillassons et de fougère si les gelées s'annoncent pour devoir être fortes; mais dans les jardins bien conduits des environs de Paris on le repique toujours avant l'hiver dans une bonne exposition, à 6 pouces de distance. On gagne à cela et plus de précocité et plus de grosseur, car les choux aiment beaucoup une exposition chaude et humide, et en même temps une terre meuble.

Les choux se replantent en mars, avril ou mai, suivant les climat et la nature du sol; je dis la nature du sol, peuvent être plantés plus tard dans un terrain argileux dans un terrain sablonneux et chaud.

On sème beaucoup moins de choux sur couche qu'autrefois, parce qu'on s'est aperçu qu'ils étaient plus délicats que les autres, et que leur reprise était en conséquence plus incertaine. Les causes de ce fait sont trop faciles à saisir pour que je doive les indiquer.

Les choux en pleine terre en mars et avril se repiquent en juin ou juillet, quelquefois cependant plus tôt, quelquefois aussi plus tard.

En général il est bon de planter les choux tous les mois, ou même tous les quinze jours, afin d'en avoir de bons à manger à des époques successivement correspondantes, sur-tout quand on s'attache aux variétés précoces, qui manquent quelquefois par suite de l'intempérie des saisons, ou par défaut de soins.

Lorsqu'un plant de chou est frappé de la gelée, il ne faut point y toucher; souvent il ne périt pas, ou il s'en sauve plus ou moins. Il paraît qu'en général les gelées sèches sont moins dangereuses pour eux que les gelées humides.

Une terre naturellement meuble, ou rendue telle par beaucoup de labours, une terre bien engraissée avec des fumiers très-consommés, enfin une terre fraîche ou fréquémment arrosée, est celle qui convient le mieux aux choux; peu de plantes sont plus susceptibles qu'eux de s'approprier le mauvais goût et même la mauvaise odeur des fumiers : il faut donc les choisir avec grand soin. L'exposition est moins importante; cependant, pour les choux de primeur, celle du midi est indispensable. Un pré défriché, un marais desséché, les bords d'un étang quelquefois curé, sont les lieux où les choux végètent avec le plus de vigueur.

Toujours il est bon de planter les choux sur le sommet d'un ados, de ne couper ni leurs racines ni leurs feuilles, d'employer la pioche plutôt que le plantoir pour faire le trou où chacun doit être planté. (*Voyez* au mot PLANTOIR) La distance qu'il convient de mettre entre les grosses variétés est au moins de 2 pieds. On gagne à augmenter leur ecartement, sauf à placer dans les intervalles des salades, des haricots nains et autres légumes qui s'élèvent peu et se consomment avant le milieu de septembre.

Une plantation de choux doit se faire, autant que possible, par un temps sombre et même pluvieux, sinon il faudra l'ombrager ou l'arroser pendant quelques jours, c'est-à-dire tant que ces choux ne seront pas repris.

Une condition essentielle à la complète réussite d'une plantation de choux, c'est de la biner au moins trois fois dans le cours de l'été, et à chaque binage de butter la base de chaque pied, c'est-à-dire d'élever d'un ou 2 pouces la terre autour d'elle.

Si la sécheresse se prolongeait trop long-temps pendant l'été, il faudrait arroser largement. Cette précaution est presque toujours de rigueur dans les pays méridionaux.

Ce n'est jamais que lorsque la pomme des choux est entièrement formée qu'on doit se permettre l'enlèvement des feuilles extérieures pour la nourriture des bestiaux, parce que plus tôt cet enlèvement nuirait à leur croissance; à cette époque même, il faut n'arracher ces feuilles que petit à petit, c'est-à-dire une ou deux à la fois sur chaque pied.

Dans certains lieux, on coupe les choux au-dessus de la tige lorsqu'on désire les employer, et les tiges, qu'on appelle *tronçons,* ou *trognons,* repoussent des rejets qu'on mange à la fin de l'hiver; dans d'autres on les arrache. Cette dernière méthode est préférable, parce que ces rejets ne valent jamais, pour la quantité et la qualité, ceux produits par les variétés de choux verts, et qu'ils emploient cependant plus de terrain. Ces tronçons, privés de leur écorce demi-ligneuse, peuvent être mangés cuits comme les raves lorsqu'ils sont sains, ou bien donnés aux vaches, aux moutons, aux cochons, aux lapins, qui tous les aiment beaucoup. Ils forment aussi un excellent fumier lorsqu'ils sont pourris. Dans une exploitation bien réglée il ne faut rien laisser perdre.

La plupart des choux pommés craignent les suites des fortes

gelées : ainsi il est toujours bon d'arracher ceux qui sont les plus beaux, pour les en préserver, en les plantant dans du sable renfermé dans une orangerie, une serre à légumes, un cellier ou autre lieu de même nature; l'humidité d'une cave et son air non renouvelé, leur sont très-contraires. J'en ai vu conserver assez bien en les enterrant de 3 pieds dans un terrain sec, avec de la paille longue dessus et dessous. Dans tous ces cas, les feuilles supérieures pourrissent toujours, et souvent infectent toutes les autres au point que les bestiaux mêmes n'en veulent point. Ceux qu'on isole dans les greniers ou dans des appartemens secs, ou se fanent, ou poussent des tiges. En général c'est chose fort difficile que d'en conserver de sains jusqu'après l'hiver; il est donc bon de ne le tenter que sur de petites parties, et de varier les chances en employant tous les moyens précités. Les amateurs pourront plus certainement se contenter en cultivant des choux verts pour la fin de l'hiver, et des choux précoces pour le commencement du printemps.

La culture du plant des choux, sur-tout du plant des variétés précoces, est un objet important pour les maraîchers de Paris; plus tôt ils le rendent propre à être transplanté à demeure, et mieux ils le vendent : aussi dès le mois de février voit-on les couches de ces maraîchers couvertes de ces plants très-épais, dont ils enlèvent successivement les plus forts pour être portés au marché et servir à garnir les jardins particuliers. Cependant, je dois le dire, ce plant, dont la végétation est forcée, et qui croît dans une terre substantielle, ne remplit pas toujours l'objet qui le fait acheter, parce qu'il ne s'accoutume pas aisément à la mauvaise terre et au manque d'arrosement. *Voyez* Pépinière.

La beauté des choux dépend beaucoup de la beauté de la graine dont ils proviennent : en conséquence il faut toujours réserver les plus belles têtes pour s'en fournir. Beaucoup de jardiniers laissent les choux destinés pour la graine dans la planche même, d'autres les transplantent pendant l'hiver, ou après l'hiver, dans un local particulier; il y a des avantages et des inconvéniens qui se compensent dans ces deux méthodes. Quelle que soit celle que l'on préfère, il faut laisser les choux se crever naturellement, et non les fendre comme on le fait souvent, et ne les arracher que quand la graine commence à se disperser. A cette époque, on les transporte en entier dans un lieu sec et aéré, pour n'en tirer la graine qu'au moment du semis, car elle se conserve mieux dans sa silique. Celle qui tombe naturellement est toujours la meilleure.

Comme les oiseaux du genre linotte (*fringilla*, Lin.) sont très-friands de la graine du chou, il est souvent nécessaire de couvrir d'un filet, immédiatement après que leur floraison est terminée, les pieds destinés à en fournir.

La consommation des choux est extrêmement considérable en France, mais bien moindre encore cependant que dans les pays du Nord ; les Allemands, chez qui la culture de luxe (les primeurs) est moins commune, ont cherché les moyens de conserver ces choux non-seulement d'une année sur l'autre, mais même pendant plusieurs années, en leur faisant subir la fermentation vineuse. C'est la *chou-croûte (sauer-kraut), chou aigre* dont j'ai déjà parlé. *Voyez* à la fin de cet article.

Quoiqu'on ne fasse la chou-croûte du commerce qu'avec le chou quintal, cependant on peut y employer toutes les variétés sans exception. Lorsque Broussonnet remplissait la chaire d'économie rurale à Alfort, il réunit dans les vastes jardins de cet établissement une collection de plus de cinquante variétés de choux venus de France, d'Allemagne et d'Angleterre, et fit fabriquer, moi présent, de la chou-croûte avec beaucoup de ces variétés, seules ou mélangées, même avec des raves, et plusieurs en fournirent de supérieure à celle du commerce, et c'étaient ceux de primeur, c'est-à-dire les plus tendres. Je ne me rappelle pas si Broussonnet a publié le résultat de cette expérience.

J'ai déjà dit qu'on faisait confire dans le vinaigre une variété de choux pour la mettre dans des salades ou la manger en guise de cornichon. J'ajouterai que les habitans du Forez conservent les choux, en grand, pour leur usage de la même manière. C'est évidemment une mauvaise pratique, puisque la chou-croûte donne le même résultat avec moins de dépense.

Les choux frais font l'assaisonnement de la soupe de la plus grande partie des cultivateurs pendant la moitié de l'année. Ils corrigent les mauvais effets du lard rance qu'on fait si souvent cuire avec eux. Leur usage est toujours sain ; mais les estomacs délicats ne les digèrent pas facilement.

Nos pères faisaient très-peu cuire les choux, afin de leur conserver la couleur et le goût, et ils les mangeaient en salade.

La quatrième race des choux est celle des *choux-fleurs*, singulière altération où la surabondance des sucs se porte sur les pédoncules et sur les fleurs, et transforme leur réunion en une masse plus ou moins dense, tendre et d'un excellent goût.

Les diverses variétés des choux-fleurs se rangent dans deux subdivisions : les *choux-fleurs proprement dits* et les *brocolis*.

Les plus remarquables des premiers sont le *chou-fleur dur commun*. Il élève peu sa tige, et se garnit de feuilles allongées, d'un vert bleuâtre, avec des nervures blanches. Sa tête est grosse, bien garnie, et devient verdâtre en cuisant.

Le *chou-fleur dur d'Angleterre* a la tête plus blanche, plus serrée. La cuisson n'en altère pas la blancheur.

Le *chou-fleur tendre* est moins gros que le précédent, et bien plus prompt à monter en graine; mais il est plus tendre et plus délicat. On distingue avec peine les sous-variétés appelées de *Hollande*, de *Malte* et *d'Italie*.

Les premiers de ces choux-fleurs, observe Duchesne, étant d'un bien plus grand produit que le dernier, on les cultiverait exclusivement s'ils réussissaient également par-tout et toujours.

Les plus communs des seconds sont:

Le *brocolis commun*. Sa tige s'élève à un pied et demi, ses feuilles sont bleuâtres et fort allongées. Sa tête est un faisceau de rameaux tendres, verts, terminés par un groupe de boutons encore plus verts. C'est l'extrémité de ces rameaux qu'on mange.

Il ne faut pas confondre cette variété avec les pousses que font les choux pommés coupés avant l'hiver, et auxquels les jardiniers donnent quelquefois le même nom.

Le *brocolis de Malte* s'élève moins que le précédent. Ses feuilles sont souvent ailées et frangées. Son faisceau de rameaux est plus serré, plus gros, plus court, et ses groupes de boutons plus petits, plus nombreux, et d'un beau violet. Il est plus délicat.

Le *brocolis blanc* ne diffère du précédent que par sa couleur blanche. On peut le regarder comme métis des deux.

M. Hugh Bonalds a donné, dans les Transactions de la Société horticurale de Londres, un Mémoire sur les variétés de brocolis qui se cultivent aux environs de cette ville, et en porte la liste à treize. J'ai inséré la traduction de ce mémoire dans le onzième volume de la seconde série des Annales d'agriculture.

Plus les choux-fleurs et les brocolis s'éloignent des pays méridionaux, plus ils diminuent en qualité, et plus ils sont sujets à dégénérer. Il leur faut une excellente terre et beaucoup d'eau. Comme les autres choux, on peut les semer au commencement de l'automne, dans un lieu bien labouré, bien fumé et bien abrité, ou sur couche et sous châssis pendant l'hiver.

Les semis en pleine terre doivent être couverts de litière, de fougère ou de paillassons lorsque les gelées commencent à se faire sentir, car ils y sont plus sensibles que les autres choux.

Dès qu'on ne craint plus les rigueurs de la saison, c'est-à-dire à la fin d'avril, on replante les jeunes choux-fleurs, qui ont alors sept à huit feuilles, dans la planche où ils doivent définitivement rester. Cette planche doit, au préalable, être bien labourée et fumée avec du fumier bien consommé. La distance qu'il convient de mettre entre eux est de 2 pieds. Chacun sera placé dans un trou (fait à la pioche plutôt qu'au plantoir), au fond duquel on aura mis une poignée de terreau. Un arrosement léger, qu'on renouvellera au moins tous les deux ou trois jours, en augmentant sa force à mesure que les choux grossiront, est indispensablement nécessaire. Une couche de long fumier mis sur la terre conserve son humidité, et épargne par conséquent quelques arrosemens. Un binage tous les mois est de rigueur, et chaque fois on aura soin de ramener de la terre nouvelle autour de chaque pied, c'est-à-dire de les butter. Les pieds morts, les pieds faibles, ceux qui ont été mutilés par une cause quelconque, seront remplacés au premier binage; car le terrain où on cultive les choux-fleurs est généralement trop précieux pour ne pas éviter la perte de son emploi.

Dans le climat de Paris, on commence à manger les choux-fleurs hâtifs au mois de juin: aussi presse-t-on leur végétation par tous les moyens connus; car ceux qui viennent ensuite, se confondant avec les tardifs, se vendent moins cher, et ne payent pas le plus souvent les frais de leur culture.

Dans les départemens méridionaux, en Italie et en Espagne, où les arrosemens doivent être beaucoup plus copieux qu'à Paris, et le débit des choux-fleurs moins avantageux, on les plante le plus souvent des deux côtés d'une petite rigole, qu'on peut remplir à volonté de l'eau d'un ruisseau, d'un puits, etc.

Lorsqu'on craint qu'un pied de chou-fleur ne monte en graine, et qu'on ne veut ou ne peut pas le manger, il faut l'arracher et le replanter dans un lieu frais la tête penchée. Cette opération retarde le développement de ses fleurs, et ne les empêche pas de grossir.

Quand, dans le même cas, on n'a que quelques jours à attendre pour le cueillir, on le recouvre d'une large feuille, maintenue par une pierre. Cette dernière pratique, la plus usitée à Paris, augmente de plus sa blancheur, et diminue son odeur souvent trop exaltée.

A Paris, où la consommation des choux-fleurs est très-considérable, on en sème jusqu'à la fin de mai, et même au commencement de juin. Ceux de cette dernière époque sont toujours des tardifs, et destinés à être conservés pour l'hiver. Leur culture est la même que celle ci-dessus, mais ils doivent être arrosés au double pendant les chaleurs de juillet et d'août. On les arrache lorsqu'il y a lieu de craindre les fortes gelées, c'est-à-dire en novembre ou décembre, pour les mettre à l'abri dans une orangerie ou autre bâtiment qu'on décore du nom de *serre*.

Les précautions à prendre pour s'assurer leur bonne conservation dans ce local, sont de choisir un beau jour pour les arracher, et de les laisser, dans un lieu fort aéré, perdre leur humidité surabondante ; puis de leur enlever la plus grande partie de leurs feuilles, et de les enterrer près à près dans le sable. Là, en leur donnant de l'air aussi souvent que possible, et de légers arrosemens lorsqu'on voit qu'ils se fanent, on peut les conserver jusqu'au printemps. Ceux dont la tête n'est pas bien formée l'y terminent même.

Quelques jardiniers n'enterrent pas leurs choux-fleurs, mais, après leur avoir coupé le pied et enlevé les feuilles, ils les déposent sur des tablettes, où ils se conservent sains deux ou trois mois, pourvu qu'ils soient dans un air sec et fréquemment renouvelé.

Les brocolis se conservent plus rarement et plus difficilement de cette manière que le chou-fleur. On préfère les laisser sur place, et les butter et empailler comme les artichauts.

Les choux-fleurs et les brocolis sont un aliment aussi agréable que sain. Il est fâcheux que la dépense de leur culture et leur nature peu substantielle en éloignent les classes pauvres de la société. On les mange toujours avec plaisir, quoique leurs assaisonnemens soient peu variés. Les habitans du Nord, qui peuvent plus difficilement que nous les conserver, pendant l'hiver, en état de végétation, les dessèchent au four ou les confisent au vinaigre ; on en fait de la chou-croûte très-délicate, mais, à ce qu'il paraît, de peu de garde.

M. Appert conserve les choux-fleurs, bons à manger, pendant plusieurs années, en les enfermant, après qu'ils ont pris un bouillon à grande eau, dans des bocaux hermétiquement fermés, qu'il place pendant une demi-heure dans de l'eau bouillante.

La graine des choux-fleurs et des brocolis se récolte, comme celle des choux pommés, sur des pieds de choix réservés à cet effet. Elle demande à être renouvelée souvent, c'est-à-dire tirée du midi. L'expérience a prouvé que celle de deux ou trois ans devait être préférée, parce que le plant qu'elle donne monte moins vite et a moins de tendance à dégénérer. Cette graine est plus petite que celle d'aucune autre variété.

En général les choux des diverses variétés destinés pour graine, doivent être très-éloignés les uns des autres, pour que, ainsi que je l'ai déjà observé, ils ne se fécondent pas mutuellement, et que le plant provenant de leurs graines conserve les caractères propres à chacune.

Les *choux-raves* sont la cinquième des races dont il a été parlé au commencement de cet article. Chez eux la surabondance de la nourriture s'est portée sur la tige, et y a produit un renflement considérable, dont l'intérieur est succulent et bon à manger. On en distingue trois variétés principales.

Le *chou-rave commun*, ou *chou de Siam*, a d'abord une tige semblable à celle des autres choux; mais lorsqu'elle est arrivée à toute sa hauteur, c'est-à-dire à 6 ou 8 pouces, ses feuilles, qui sont médiocres, sihuées, dentées, et même ailées à leur base, tombent; et cette tige s'enfle, devient une tubérosité arrondie de 3 ou 4 pouces de diamètre. Il ne reste plus alors qu'un bouquet de feuilles à son sommet.

Le *chou-rave violet* est un peu plus gros et plus tendre que le précédent. Il s'en distingue aisément par la couleur violette dont toutes ses parties sont imprégnées.

Le *chou-rave jaune*. Il est préféré aux précédens dans les environs de Clèves.

Ces variétés de chou se cultivent peu dans les environs de Paris, je ne sais pourquoi, car ils offrent un manger aussi délicat que les choux-fleurs, et bien plus nourrissant. Ils sont plus recherchés à Lyon et contrées voisines. On les sème depuis mars jusqu'en juillet. Leur culture ne diffère pas de celle des choux-fleurs; en conséquence, je ne la rapporterai pas ici. Je dirai seulement que l'eau leur est encore plus nécessaire pour les empêcher de se *corder*, c'est-à-dire d'offrir des ganglions coriaces et même ligneux. Pour les manger tendres, on ne les laisse pas parvenir à toute leur grosseur.

Ces choux craignent peu les gelées; mais pour retarder leur croissance on les arrache en septembre ou novembre, et on les amoncelle avec du sable dans un lieu fermé.

Dans le Frioul, où on cultive une grande quantité de choux-raves uniquement pour la nourriture de l'homme, on est dans l'usage, pendant l'été et l'automne, de couper leurs feuilles (et leurs tiges lorsqu'ils montent) pour les piler et en faire des potages qu'on dit excellens. Il semble qu'on pourrait procéder de même pour toutes les espèces de choux dont les feuilles sont souvent si difficiles à faire cuire.

Dans le même pays, on conserve les racines de ce chou, qui devient molasse et âcre dès le mois de décembre, en le stratifiant dans des cuves avec du marc de raisin, et en noyant le tout d'eau. Par cette opération on en fait une véritable choucroûte, qui ne diffère de celle fabriquée avec le chou quintal que parce qu'elle est colorée en rouge.

Enfin, la cinquième et dernière race des choux sont les *choux-navets*, dont l'exubérance se trouve à la racine.

Cette variété se rapproche des navets, ou raves, ou turneps, et par ce caractère et par ses feuilles peu amples, presque ailées, sortant à fleur de terre; mais elle s'en distingue fort bien par ces mêmes feuilles, douces au toucher, et d'un vert glauque ; par ses racines à peau plus ligneuse, et à pulpe plus ferme. Ces racines ont communément 3 ou 4 pouces de diamètre. On ne lui connaît qu'une seule sous-variété, nouvellement introduite dans notre culture, et qui en effet mérite des éloges sous les rapports de l'utilité dont elle peut être pour la nourriture des bestiaux pendant l'hiver. C'est le *chou-navet de Laponie*, confondu par quelques agriculteurs avec le *rutabaga* ou *navet de Suède*, mais bien distinct, puisqu'il appartient à l'espèce dont il est ici question, et que l'autre dérive de la RAVE. *Voyez* ce mot.

On cultive aussi peu le chou-navet commun pour ses racines, que le chou-rave pour sa tige; mais il est des pays où on en plante beaucoup pour la nourriture des bestiaux.

Comme le *chou-navet de Laponie* a une supériorité marquée sur le chou-navet commun, c'est lui que les agriculteurs doivent préférer.

Le résultat des observations publiées par Arthur Young sur la culture de cette plante en Angleterre, comme fourrage, prouve évidemment qu'elle a sur les choux verts et les choux pommés l'avantage de croître dans des terrains de médiocre fertilité, de ne pas craindre les gelées les plus rigoureuses, de fournir pendant tout l'automne et une partie de l'hiver une immense récolte de feuilles pour la nourriture des bestiaux ; et au premier printemps, lorsque les fourrages verts manquent généralement, des racines extrèmement succulentes et très-saines pour ces mêmes bestiaux.

Sous ce dernier rapport seul, le *chou-navet de Laponie* est digne d'être pris en considération par les propriétaires des troupeaux de moutons ; car ils savent combien il y a d'inconvénient à faire passer subitement ces animaux d'une nourriture sèche à une nourriture fraîche.

Quant à la quantité des produits, je ne vois pas bien positivement s'ils sont plus ou moins considérables que ceux des choux verts ou des choux pommés cultivés en plein champ ; et il y a tout lieu de croire que leurs effets sur les animaux qui s'en nourrissent, ne doivent pas être fort différens, puisque leurs principes nutritifs (au moins leurs feuilles) sont les mêmes. Je ne dirai donc pas aux agriculteurs français qui sont dans le bon usage de cultiver telle ou telle variété : abandonnez cette variété pour le chou-navet de Laponie ; mais semez-en simultanément, et jugez vous-mêmes lequel mérite la préférence.

La culture du chou-navet de Laponie ne diffère pas essentiellement de celle des variétés dont il a été question ci-devant. Il faut en semer la graine en pépinière, au mois de septembre, au levant, ou au mois de mars au midi. Je ne parle pas du semis sur couche, comme plus coûteux, plus embarrassant et inutile. Le résultat du premier semis se repiquera à la fin de mai, ou en juin (dans le climat de Paris), et celui du second, en juillet ou août. La distance entre chaque pied sera de deux pieds. Les binages et buttages ordinaires seront exécutés. Aussitôt que les racines se seront assez affermies pour n'être pas ébranlées par les secousses, on commencera à cueillir les feuilles, deux ou trois au plus à la fois à chaque pied lorsqu'il sera très-fort, et une seule lorsqu'il sera faible. On n'y reviendra que lorsque le premier enlèvement sera réparé. On a calculé que chaque pied pouvait fournir trois fois, mais petit à petit, la totalité de ses feuilles pendant l'été et l'automne, et cependant en fournir encore en hiver et au printemps. Qu'on juge du produit total !

En février ou mars, on a recours aux racines : ou on les arrache et on les apporte à l'écurie, ou on les fait manger sur place. Cette dernière méthode a l'avantage de procurer aux champs un abondant engrais; mais aussi elle fait perdre beaucoup de nourriture. Tous les animaux domestiques les mangent avec plaisir, la volaille même. Elles donnent aux vaches un lait abondant, et qui n'a aucun mauvais goût; les hommes s'en nourrissent aussi. Apprêtées par des mains exercées, elles peuvent paraître sur les meilleures tables.

Non-seulement le chou-navet de Laponie peut être considéré sous le rapport de ses feuilles et de sa racine, mais encore sous celui de ses graines; je dois cependant faire remarquer qu'il est difficile d'espérer pouvoir en tirer parti de ces deux manières en même temps. En effet, la suppression des feuilles doit nécessairement diminuer la vigueur de la plante, et par suite la production des fleurs. Au reste, il faudrait, pour prononcer, comparer les produits en huile d'un arpent de cette variété avec ceux d'un arpent cultivé en colza ; et c'est ce qui n'a pas encore été fait que je sache.

A présent que la culture du chou-navet de Laponie est appréciée à sa juste valeur, qu'elle a été provoquée par plusieurs agronomes dignes d'estime, il y a lieu de croire qu'elle s'étendra généralement en France dans tous les lieux qui en sont susceptibles.

Uu grand nombre d'insectes vivent dans l'état parfait, ou dans l'état de larves, aux dépens des choux, et causent souvent de grands dommages aux semis et plantations. Les plus communs, et par conséquent les plus dangereux de ces espèces, sont,

1°. Diverses espèces d'ALTISES, principalement celles qui portent le nom d'*altise bleu* et d'*altise du chou* : c'est le *puceron*, le *tiquet* des jardiniers. Elles mangent les tiges et les feuilles des choux qui sortent de terre, et détruisent souvent un semis en un jour. Plus tard, elles percent les mêmes feuilles d'un si grand nombre de trous, que ces feuilles ne remplissent plus qu'une partie de leurs fonctions, et même se dessèchent. *Voyez* au mot ALTISE.

2°. Le CHARANÇON CHLORE. Sa larve vit dans la tige des choux, la perfore dans tous les sens, ce qui la rend cassante, et empêche la sève de monter aux feuilles. J'ai le premier fait connaître ses ravages dans un Mémoire lu à la Société d'agriculture de Versailles, et imprimé dans le Journal des propriétaires ruraux. *Voyez* au mot CHARANÇON.

3°. Le PUCERON DU CHOU, mais le véritable, c'est-à-dire l'*aphis brassicæ*, qui couvre quelquefois les feuilles de cette plante, sur-tout celles des variétés pommées peu dures. Leur grand nombre prive les choux de la sève destinée à leur accroissement, et les fait même périr. *Voyez* au mot PUCERON.

4°. Le PAPILLON DU CHOU et le PAPILLON DE LA RAVE, ou mieux leurs chenilles. La chenille du premier est longue de 2 pouces, grise, ponctuée de noir, avec 3 lignes longitudinales jaunes; celle du second est de moitié plus petite et entièrement verte. Toutes deux causent de grands dégâts dans les plantations de choux. Il n'est pas rare d'en voir dont elles ont entièrement rongé les feuilles. Elles sont le plus grand fléau des cultivateurs de cette plante. *Voyez* aux mots PAPILLON et CHENILLE.

5°. La NOCTUELLE DU CHOU, ou mieux sa chenille, est moins dangereuse que celle des papillons ci-dessus; mais elle détruit beaucoup de choux dans leur jeunesse, parce que vivant tout le long du jour cachée dans la terre, elle mange leur racine. *Voyez* au mot NOCTUELLE.

6°. La MOUCHE BRASSICAIRE dépose ses œufs dans le collet de la racine des choux, et sa larve y fait naître des tubercules rugueux et irréguliers, qui dérangent la circulation de la sève. Souvent, lorsqu'il y a beaucoup de ces larves dans la même tige, elles la rendent cassante. *Voyez* au mot MOUCHE.

Les LIMACES sont, dans les lieux frais et ombragés, des ennemis fort dangereux pour les jeunes choux. Un seul de ces reptiles peut, en une nuit, détruire tout un semis. Il en est de même des ESCARGOTS. *Voyez* ces deux mots. (B.)

CHOU AIGRE. (SAUER-KRAUT.) De toutes les préparations indiquées pour conserver les choux, il n'en est pas de plus commode, de plus certaine, de plus économique, et qui donne en même temps un résultat plus agréable, que celle qui consiste à les soumettre à la fermentation. Voici le procédé : A l'aide d'un instrument fait exprès, on découpe des têtes de choux dits de Strasbourg, en rubans menus et fins, que l'on ramasse, et que l'on essore à l'ombre sur un drap. Ces découpures, auxquelles on mêle des graines de carvi ou de genièvre (le carvi est préférable), sont disposées, de la manière qui va être indiquée, dans un tonneau ordinaire, défoncé par un bout. Si ce tonneau a contenu du vin, de l'eau-de-vie ou du vinaigre, il n'en sera que plus propre à l'opération, parce qu'il favorisera davantage la fermentation, et qu'il donnera à la *sauer-kraut* un goût plus vineux. Avant de le remplir, on en frotte quelquefois l'intérieur avec le levain du sauer-kraut. Le fond du bout qui reste ouvert doit être assemblé solidement, et avoir une poignée au milieu, afin qu'on puisse à volonté ou le déplacer, ou le charger de gros poids.

On a une certaine quantité de sel de mer bien fin, destiné à former des couches entre les lits de choux : il en faut un kilogramme (deux livres) par vingt choux. On met d'abord une bonne couche de sel au fond du tonneau, et l'on étend pardessus bien également les rubans de choux, à la hauteur de 17 centimètres (6 pouces) ; un homme en bottes fortes, bien lavées, bien nettes, entre dans le tonneau, foule ces rubans, et les comprime jusqu'à ce que les 17 centimètres (6 pouces) soient réduits à moitié. On fait une seconde couche de sel et de rubans, on la foule de même, et de couche en couche on remplit le tonneau. On finit par une couche de sel ; sur ce sel on place de grandes feuilles vertes, qu'on a séparées avant de rubaner les choux ; sur ces feuilles, une toile mouillée et tordue ; sur la toile, le couvercle ou fond du tonneau ; enfin, sur le fond, de grosses pierres, qui assujettissent toute la masse et l'empêchent de se soulever pendant la fermentation. On entremêle les assaisonnemens, en les plaçant parmi les choux, et non dans les couches de sel, et on laisse toujours un vide de 6 centimètres (2 pouces) au haut du tonneau.

Les couches s'affaissent et se resserrent ; les choux en rubans, se trouvant comprimés, lâchent leur eau végétale. Cette eau, qui surnage est verte, bourbeuse et fétide ; on l'ôte aisément, en plaçant un robinet à 6 ou 9 centimètres (2 ou 3 pouces) audessous : on la remplace par une nouvelle saumure. On continue ces soins jusqu'à ce que la saumure sorte nette ; ce qui dure à-peu-près douze à quinze jours, suivant la température du lieu où est le tonneau.

Le point essentiel pour conserver la bonne qualité de la sauer-kraut, même en consommation, est d'avoir soin qu'elle soit toujours couverte par 3 centimètres (un pouce) au moins de saumure, et qu'il n'y ait jamais de vide entre la masse et le bois du tonneau. Celle qui est négligée a une odeur de chou pourri. Bien faite et bien entretenue, elle a une acidité très-agréable, sur-tout si, après l'avoir lavée au sortir du tonneau, on y mêle, avant de la servir, un peu de vinaigre de sureau. On ne fait jamais sur terre de provision que pour l'année, et on renouvelle ordinairement la saumure à l'entrée du printemps et au solstice d'été. Lorsqu'on veut embarquer de la sauer-kraut pour des voyages de long cours, on la transvase dans d'autres tonneaux, on la foule exactement, on y remet une nouvelle saumure, et on bouche hermétiquement les tonneaux après qu'ils ont été remplis. Cette préparation, très-recherchée en Allemagne, est à peine connue en France dans quelques départemens : elle forme cependant non-seulement un mets fort sain, même pour les personnes auxquelles les choux ordinaires ne conviennent pas ; mais c'est encore l'un des meilleurs antiscorbutiques : aussi les Anglais en font-ils un grand usage en mer et dans les voyages de long cours. On sait qu'avec cet aliment, donné deux à trois fois par semaine à ses équipages, le célèbre capitaine Cook les a conservés en santé sous tous les climats, sans avoir perdu un seul homme pendant une navigation de plus de trois ans : il avait aussi une provision de carottes, de navets et de raiforts, coupés par tranches, et préparés de cette manière ; aussi les cultivateurs exposés aux fièvres par suite du voisinage des marais, par suite de leurs travaux à la grande ardeur du soleil de l'été, devraient-ils en manger tous les jours pendant cette saison.

On peut commencer à faire usage de sauer-kraut deux mois après sa fabrication. Pour cet effet, on enlève avec précaution la pierre et la planche qui recouvrent les choux. On a l'attention de voir s'il n'y a pas eu de moisissure, soit aux parois du tonneau, soit à la surface des choux ; car, dans ce cas, il faudrait l'enlever sur-le-champ, et les laver dans de l'eau très-propre. On prend la quantité qu'on désire de choux ainsi aigris à l'aide d'une écumoire ; on les fait cuire à l'ordinaire avec des saucissons, des cervelas, du lard, etc. : et comme ces choux sont destinés à servir de supplément aux choux verts quand ils sont rares, ils deviennent avec le temps de plus en plus aigres ; alors il faut les tremper légèrement dans l'eau en les sortant du tonneau, et les faire ensuite égoutter (1).

Les habitans des départemens des Haut et Bas-Rhin, qui sont en possession de produire les plus gros et les plus beaux choux cabus, en font une immense consommation. C'est une ressource à l'approche du printemps, où nous sommes privés

---

(1) Les Chinois préparent avec les feuilles de choux salées et fermentées, c'est-à-dire avec l'eau qui sort de la chou-croûte, en la faisant bouillir jusqu'à ce qu'elle se soit épaissie, une liqueur enivrante qu'ils appellent *misom*. Je ne sache pas qu'on ait essayé de faire cette liqueur en Europe, et cependant il est possible qu'elle soit pourvue d'avantages dignes de considérations.   (*Note de M. Boc.*)

pendant quelque temps de plantes potagères fraîches. (Par.)

CHOU-CROUTE. *Voyez* l'article précédent.

CHOU MARIN. Nom vulgaire du CRAMBÉ MARITIME.

CHOU DU PALMIER. Espèce de bourgeon composé de l'assemblage des jeunes feuilles de certains palmiers, bourgeons qu'on mange dans quelques palmiers, en guise de choux. *Voyez* PALMIER. (B.)

CHOU POIVRÉ. On donne quelquefois ce nom au GOUET COMMUN. (B.)

CHOUBE. On appelle ainsi, dans le vignoble de Metz, la PAILLE DE SEIGLE avec laquelle on lie les *vignes*. (B.)

CHOUETTE. Dans la plus grande partie de la France, les cultivateurs regardent les chouettes, et en général tous les oiseaux de nuit, comme des animaux de mauvais augure, ou dont la présence dans une ferme pronostique des malheurs de toute espèce. Cet absurde préjugé, qui au reste existe de toute ancienneté, est la cause qu'on leur fait une guerre continuelle, qu'on les tue, et qu'on les cloue, en forme d'expiation, aux portes des granges et autres bâtimens, ainsi que tout le monde a pu le remarquer.

Cependant ces oiseaux, qui ne font aucune espèce de mal, sont extrêmement utiles aux cultivateurs en détruisant les mulots, les campagnols, les souris, les taupes et autres animaux qui vivent aux dépens de leurs récoltes, soit dans la campagne, soit dans leurs granges. Une chouette, sur-tout quand elle a des petits, prend autant de ces animaux en une nuit que le meilleur chat en huit jours. J'ai une fois compté jusqu'à douze souris ou taupes qu'un couple avait apportées et déposées pendant cet espace de temps auprès de son nid, et à ce nombre il faut ajouter au moins la moitié qui avaient été probablement mangées par leurs trois petits; et généralement il y en avait, chaque nuit, de mises en réserve, dans le voisinage du même nid, à l'époque même où les petits, devenus plus grands, devraient en consommer davantage.

Loin de poursuivre les chouettes avec acharnement, les cultivateurs devraient donc défendre à leurs domestiques de les inquiéter en aucune manière, et employer tous les moyens possibles pour les attirer dans leurs granges. Le meilleur de ces moyens, c'est d'y apporter les petits. J'ai plusieurs fois pris de ces petits dans leur nid; et en les approchant successivement de la maison, j'ai déterminé le père et la mère à les suivre et à continuer de les nourrir sous mes yeux. Des individus ainsi accoutumés à la vue de l'homme n'abandonnent plus le voisinage de leur demeure, et chassent avec bien plus de sécurité. Je préfère de beaucoup ce moyen à celui employé dans quelques endroits, de leur casser le fouet de l'aile pour les empêcher de s'envoler ; car cette mutilation s'oppose à ce qu'ils remplissent complétement leur destination. *Voyez* au mot Chat-huant. (B.)

CHRYSALIDE. État intermédiaire entre celui de Chenille et celui de Papillon. *Voyez* ces deux mots.

CHRYSANTHÈME ou CRYSÈNE. *Voy.* Marguerite. (B.)

CHRYSÈNE. *Voyez* Chrysanthème.

CHRYSOCOME, *Chrysocoma. Voyez* Crisocome.

CHRYSOMÈLE, *Chrysomela.* Genre d'insectes de l'ordre des coléoptères, dont toutes les espèces, ainsi que leurs larves, vivent aux dépens des feuilles des plantes, et qui, quoiqu'en général peu nuisibles aux productions de la culture ordinaire, doivent être connues des cultivateurs.

Toutes les chrysomèles ont le corps ras, et plusieurs sont parées des plus brillantes couleurs. Elles ont les plus grands rapports avec les galeruques, les altises, les criocères et les gribouris, tous genres composés d'espèces redoutables pour les cultivateurs. Leurs larves sont oblongues, pourvues de six pattes écailleuses et d'un mamelon à l'extrémité du corps, qui leur sert de septième : leur tête est ronde et écailleuse. Elles se transforment en s'attachant avec leur mamelon sur les corps qui se trouvent à leur portée.

Les espèces les plus communes ou les plus remarquables de ce genre sont :

La Chrysomèle ténébrion qui est sans ailes, noire avec les antennes et les pieds violets ; elle est presque globuleuse et longue de 6 lignes. On la trouve fréquemment, au printemps et en automne, sur la terre, dans les bois et les prairies. Lorsqu'on la touche elle fait sortir de toutes ses articulations et de sa bouche une liqueur rougeâtre très-âcre. On ignore son influence sur les animaux qui en avalent en pâturant. Sa larve vit sur le caillle-lait.

La Chrysomèle des graminées est d'un vert doré très-brillant. Sa longueur est de 4 lignes. Sa larve vit sur les graminées et sur la menthe.

La Chrysomèle du peuplier est d'un vert doré avec les élytres rouges, et leur pointe noire. Sa longueur est de 4 à 5 lignes. Sa larve vit sur le peuplier blanc, dont elle dévore souvent toutes les feuilles.

La Chrysomèle a dix points est noire, avec le corcelet et les élytres rouges, et trois, quatre ou cinq points noirs sur chacun. Sa longueur est de 3 lignes. Sa larve vit sur le peuplier blanc, et encore plus souvent sur le saule marceau. J'ai vu quelquefois ce dernier entièrement dépouillé de feuilles par elle.

La Chrysomèle de la renouée est bleue, avec le corcelet, les cuisses et l'anus rouges. Sa longueur est à peine de 2 lignes.

Sa larve vit sur la RENOUÉE et sur la PERSICAIRE, quelquefois en très-grand nombre.

La CHRYSOMÈLE CÉRÉALE est dorée, avec 3 lignes sur le corcelet et 5 sur les élytres d'un bleu très-vif. Sa longueur est de 4 lignes. C'est un des plus brillans insectes qui existent en France. Sa larve vit sur le GENET A BALAI.

La CHRYSOMÈLE FASTUEUSE est dorée, avec trois lignes bleues sur les élytres. Sa longueur surpasse rarement 2 lignes. Sa larve vit sur les diverses espèces de LAMIERS et sur le GALEOPE DES CHAMPS.

La CHRYSOMÈLE SANGUINOLENTE est noire, avec les élytres parsemés de points enfoncés, et le bord extérieur rouge. Sa longueur est de 3 lignes. On la trouve fréquemment dans les blés ; mais on ignore positivement sur quelle plante vit sa larve.

Les CHRYSOMÈLES DES CRUCIFÈRES sont bleues en dessus et noires en dessous. Il y en a deux qui se ressemblent, excepté que l'une, la plus grosse, a les élytres très-unis, et l'autre les a striés. La longueur de la première est rarement de 2 lignes. Leurs larves vivent aux dépens des feuilles des crucifères ou tétradynames, qu'elles dévorent en concurrence avec les ALTISES, dont elles ne diffèrent réellement que par la petitesse de leurs cuisses.

Je pourrais encore citer plusieurs autres espèces de ce genre, qui en contient cent soixante connues ; mais cela serait peu utile aux cultivateurs. (B.)

CHRYSTE MARINE. Nom vulgaire de la BACCILE.

CHUGNA. Les Péruviens donnent ce nom à la fécule de POMME DE TERRE, retirée par le moyen de la gelée et réunie en boules de la grosseur du pouce.

Avec une provision fort petite de chugna, les habitans des Cordilières entreprennent de fort longs voyages, puisqu'il leur suffit d'en délayer quelques boules dans de l'eau chaude pour faire un repas capable de les nourrir pendant toute une journée. *Voyez* FÉCULE. (B.)

CHUQUETTE. On donne ce nom à la VALÉRIANE-MACHE dans quelques cantons. *Voyez* au mot MACHE. (B.)

CHURLEAU. C'est, aux environs de Saint-Quentin, la racine du PANAIS SAUVAGE. (B.)

CHURLES. *Voyez* ORNITHOGALE PYRAMIDAL.

CHUTE. VÉTÉRINAIRE. Les animaux domestiques embarrassés dans leur harnois, contrariés dans leurs mouvemens, dirigés dans des lieux dangereux, sont plus exposés aux chutes que les animaux sauvages. Les accidens qui en sont souvent la suite se rangent parmi les ECCHYMOSES, les CONTUSIONS, les DISLOCATIONS et les FRACTURES. *Voyez* ces mots.

On conseille ordinairement de faire prendre des breuvages vulnéraires aux animaux qui sont tombés, quelque peu de mal qu'ils se soient fait ; mais je crois que le repos est ce qui leur convient le mieux. Quant à ceux dont la chute est suivie d'abattement, de difficulté dans la respiration, de fièvre et d'épanchement de sang par les naseaux ou par la bouche, on doit les saigner promptement, et même réitérer la saignée. Il faut aussi les mettre à un régime rafraîchissant et à un repos absolu. (B.)

Il arrive qu'il y a quelquefois plaie aux genoux ou à l'un des deux, et aux boulets ; ces parties peuvent être toutes blessées dans une chute, comme il peut se faire qu'il n'y en ait qu'une ou deux. Le cheval en qui cet accident laisse des traces est dit CHEVAL COURONNÉ. *Voyez* ce mot. (DESP.)

CHUTE DES CRINS. C'est un symptôme qui a lieu dans beaucoup de maladies ; il annonce la faiblesse ; il est plus remarquable dans les maladies de poitrine, lorsqu'elles sont parvenues à leur dernier degré, et à la suite de fortes inflammations. (DESP.)

CHUTE DES DENTS. *Voyez* DENTITION. Les dents tombent à des époques fixées par la nature.

CHUTE DE LA MATRICE. C'est le renversement de ce viscère. Ce renversement est souvent l'effet de l'avortement ou de manœuvres maladroites lors du part ; il peut aussi être produit par de fortes inflammations ou par une mauvaise position lors de l'accouchement, tel que le devant très-élevé et le train de derrière bas. Il est plus fréquent dans les vaches que dans les autres gros animaux domestiques. *Voyez* RENVERSEMENT DE LA MATRICE et PART. (DESP.)

CHUTE DU MEMBRE. C'est lorsque le membre ne peut se replacer dans sa gaîne : c'est le PARAPHIMOSIS. *Voyez* ce mot.

CHUTE DU NOMBRIL. C'est le plus ordinairement la sortie d'une portion de l'intestin grêle par le trou ombilical. Cet accident a reçu différens noms, suivant la nature des parties qui forment la tumeur. (*Voyez* EXOMPHALE.) Les jeunes chiens sont plus sujets à cette maladie que les autres animaux domestiques. *Voyez* HERNIE. (DESP.)

CHUTE DU POIL. C'est la MUE. *Voyez* ce mot.

CHUTE DU RECTUM. C'est la sortie contre nature de l'extrémité postérieure de cet intestin avec le sphincter. Cet accident a lieu à la suite des grandes inflammations, après des efforts violens ; ou il est causé par des coups ou par l'intromission de corps étrangers dans l'anus.

Le traitement est relatif aux diverses causes qui l'ont produit. *Voyez* le mot RECTUM. (DESP.)

CHUTE D'EAU. Dans la nature, une chute d'eau est une très-grande cascade, c'est-à-dire une rivière entière qui tombe du haut d'un rocher. Dans les jardins, c'est une très-petite cascade. *Voyez* au mot CASCADE. (B.)

CHYPRE. Variété de pomme.

CIBOULE, CIBOULETTE. Espèce du genre de l'AIL, (*voy.* ce mot) *Allium schœnoprasum,* Lin., originaire des montagnes froides de l'Europe et de l'Asie, et qui par conséquent ne craint pas les plus fortes gelées du climat de Paris. Elle se cultive dans tous les jardins pour l'usage de la table, et offre des feuilles et des tiges cylindriques et creuses, hautes de 3 à 6 pouces, sortant d'une bulbe de la grosseur du doigt.

Les jardiniers reconnaissent quatre variétés de la ciboule, qui ont probablement deux espèces pour type. Ce sont la GROSSE CIBOULE ANNUELLE et la PETITE CIBOULE ANNUELLE, qu'on ne multiplie ordinairement que de graines, quoiqu'elles soient vivaces; la CIBOULETTE, CIVE, CIVETTE OU APPÉTIT et la CIBOULE VIVACE, qu'on ne multiplie que par la séparation de ses racines.

Les deux premières se sèment tous les quinze jours, depuis le printemps jusqu'au milieu de l'été, dans une terre bien ameublie par les labours. La graine se répand ou à la volée ou en rayons, et s'enterre au plus d'un demi-pouce. Les plants levés s'arrosent fréquemment. On les consomme dès qu'ils ont 3 ou 4 pouces de haut. Ceux destinés pour la reproduction se repiquent à part, avant l'hiver, et peuvent fournir des graines pendant trois ou quatre ans sans être renouvelés. Ces deux variétés passent pour être plus douces que les autres, ce qu'elles doivent probablement à la jeunesse de leurs feuilles et aux arrosemens. Quelquefois on les repique pour en jouir plus long-temps ou en semer moins souvent.

Les deux dernières variétés se plantent ordinairement en bordure, à la distance de 6 pouces. Elles fournissent tant de cayeux, qu'on est forcé de les relever tous les deux ou trois ans pour diminuer la largeur de leurs touffes, et leur donner une terre nouvelle. Plus on coupe souvent leurs feuilles et plus elles sont bonnes. Il est utile sur-tout de ne pas laisser fleurir les pieds, car cette opération de la nature est toujours suivie de la mort de beaucoup de bulbes.

Les jardiniers des environs de Paris lèvent les vieilles touffes de ciboule avant les gelées, et les placent dans des serres à légumes ou dans des orangeries, de manière à avoir de belles feuilles pendant tout l'hiver.

Du reste, peu de plantes exigent moins de culture.

Les maraîchers de Paris vendent souvent de jeunes oignons

sous le nom de ciboule ; mais il est facile de les distinguer à leur odeur et à leur saveur. *Voyez* OIGNON. (B.)

CICATRICE. Nom de la marque qui reste après la guérison d'une plaie ou d'un ulcère, soit dans les animaux domestiques, soit dans les arbres fruitiers. On ne les considère pas ordinairement dans les animaux sauvages et dans les arbres des forêts.

Toutes les fois qu'une cicatrice n'est pas accompagnée d'altération dans une fonction, elle ne diminue pas la valeur des animaux, le cheval de luxe seul excepté. Il n'y a pas de moyen de faire disparaître une cicatrice dans les animaux, quoique les charlatans prétendent tous en connaître. Celles des arbres cessent d'être visibles à l'extérieur par l'effet de la régénération de l'écorce ; mais elles subsistent toujours dans l'intérieur. Un vétérinaire qui est appelé à faire le signalement d'un animal, ne doit jamais manquer de mentionner les cicatrices qu'il trouve sur lui, parce que c'est le plus sûr moyen de le reconnaître pendant toute sa vie. Les marques qu'on imprime sur la peau des chevaux et autres bestiaux, au moyen du feu, ne sont plus que des cicatrices lorsque leur escarre est tombé. (B.)

CICUTAIRE, *Cicutaria*. Genre de plantes de la pentandrie digynie et de la famille des ombellifères, qui renferme trois plantes, à l'une desquelles on a donné le nom de *ciguë*, à raison de ses grands rapports de caractères et de qualités avec la véritable ciguë des anciens, que Linnæus a appelée *coninum*. *Voyez* le mot CIGUE.

L'espèce en question, *Cicuta virosa*, Lin , est une plante vivace qui rend un suc jaunâtre quand on la blesse, dont les tiges, hautes de 2 à 3 pieds, sont creuses et chambrées dans leur intérieur, dont les feuilles sont alternes, deux fois pinnées, et à folioles ovales et dentées, dont les fleurs sont blanchâtres, disposées en ombelles, privées de collerette universelle, et pourvues de collerettes partielles de trois ou quatre folioles.

La CICUTAIRE AQUATIQUE, qu'il ne faut pas confondre avec le PHELLANDRE AQUATIQUE, qu'on appelle aussi souvent *ciguë aquatique*, se trouve en Europe, sur le bord des étangs, des fossés pleins d'eau, des marais, etc. Elle fleurit au milieu de l'été. C'est un violent poison pour l'homme et pour les animaux ; cependant Linnæus dit que les chèvres en mangent. Quelques personnes prétendent même que l'eau dans laquelle elle croît est dangereuse pour les bestiaux qui en boivent, ce qui est assez difficile à croire, puisque ses qualités délétères ne résident que dans son suc jaunâtre. Quoi qu'il en soit, les cultivateurs prudens doivent arracher cette plante toutes les fois qu'ils la rencontrent, et même la faire chercher, à cette intention, lorsqu'elle est en fleur.

Les remèdes à employer contre les effets de son poison sont d'abord les vomitifs, ensuite le vinaigre mêlé avec l'eau et à grande dose. (B.)

CIDRE. Boisson faite avec le jus des pommes qui a fermenté.

Si l'on en croit Olivier de Serres, elle est originaire du Cotentin, contrée qui maintenant fait partie des départemens de la Manche et du Calvados. Les recherches faites postérieurement à celles de ce patriarche de l'agriculture, font passer le cidre d'Afrique en Espagne, d'Espagne en Normandie, et font remonter cette dernière époque au douzième ou treizième siècle.

Suivant les mêmes recherches, la Biscaye, d'où les premières greffes ont été apportées en Normandie, aurait sur cette dernière l'avantage qu'il lui suffit de semer des pepins de pommes pour avoir les meilleures espèces de pommiers à cidre, ce qu'en Normandie l'on obtient rarement par ce procédé, auquel on substitue, avec beaucoup de succès, celui de la greffe, moyen qui est reconnu par les meilleurs cultivateurs comme le plus efficace pour conserver et améliorer les variétés.

Quoi qu'il en soit, il faut convenir que la ci-devant province de Normandie était bien digne de posséder cet arbre précieux. Il y croît spontanément, et quoique sa culture soit souvent négligée, il n'en est pas moins une des principales branches de l'industrie agricole de cette contrée.

Différence des pommes. Trois saveurs différentes caractérisent toutes les espèces de pommes destinées à faire du cidre. Elles sont aigres, douces ou amères. Les premières sont aussi rarement employées que cultivées pour faire du cidre. Naturellement petites, elles n'acquièrent un plus gros volume que par la culture. Elles deviennent alors des fruits à couteau, et font l'ornement et les délices de nos tables ; mais le jus que l'on voudrait tenter d'en extraire serait toujours en petite quantité, et son acidité le rendrait aussi difficile à conserver que désagréable à boire. La nécessité seule et la disette de meilleures espèces peuvent déterminer à s'en servir.

Les pommes douces fournissent au contraire une liqueur douce, abondante, agréable, claire, et qui ne laisserait rien à désirer si l'on pouvait compter sur sa durée.

Quant aux pommes amères, elles donnent une liqueur abondante, grasse, ayant presque la consistance d'un sirop, qui, par cette raison, serait très-difficile à extraire, si on ne réunissait ensemble les pommes douces et les amères. Par cet heureux amalgame on obtient à-la-fois le cidre le plus agréable à l'œil et au goût, et de la qualité la plus durable.

Saisons où l'on cueille les pommes. Trois époques sont connues pour la maturité des pommes et pour les piler : celle des pommes tendres ou précoces, celle des pommes sages ou moyennes, et enfin celle des pommes dures ou tardives.

Les pommes tendres ou précoces sont rarement abondantes, parce que les pommiers qui les produisent, fleurissant plus tôt que les autres, ont souvent beaucoup à souffrir des gelées du premier printemps et des vents arides et délétères de cette saison. On sent aisément que les sucs de ces fruits précoces, n'étant pas élaborés par les dernières chaleurs de l'été, doivent être d'une qualité inférieure. On y joint aussi celles des pommes moyennes et dures qui, abattues par la violence des vents, ont été prématurées par cet accident ou par la piqûre de quelques insectes, dont les larves, après avoir dévoré la substance pulpeuse de ces mêmes fruits, l'ont remplacée par leurs propres excrémens. Il en résulte que ce cidre n'est agréable à boire qu'autant qu'il est nouveau. Vainement on voudrait le conserver, il durerait à peine l'année. Le mois de septembre est l'époque où l'on fait ces premiers cidres, que leur prompte fermentation rend bientôt bons à boire.

Personne, à ma connaissance, n'a vu, ainsi que quelques auteurs l'ont annoncé, boire du cidre nouveau à la foire de Guibrai. La fin de septembre est pour l'ordinaire le temps où l'on commence à en boire.

Les pommes sages, demi-tendres ou moyennes, se cueillent en octobre. Pendant le cours de ce mois et le suivant, on en fait du cidre qui a toutes les bonnes qualités de celui que l'on fait avec les pommes dures, et a sur lui l'avantage de se fabriquer à une époque où cette manipulation est beaucoup plus facile.

Quant aux pommes dures ou tardives, elles sont presque toujours aussi abondantes que celles des deux époques précédentes réunies. Les arbres qui les produisent, fleurissant très-tard, n'ont rien à redouter des fléaux qui très-souvent en peu d'heures détruisent un espoir fondé sur les plus belles apparences. Cet avantage des pommes tardives est contre-balancé d'une manière fâcheuse, par le temps où l'on en fait la récolte (en novembre et décembre), et plus encore par l'âpreté de la saison où l'on fait le cidre. L'intensité du froid rend presque toujours cette opération difficile et même souvent impossible. Un autre inconvénient est la difficulté de mettre ces pommes à l'abri de la gelée, qui leur ferait le plus grand tort, et rendrait leur jus de la plus mauvaise qualité, sous le rapport du goût et de la conservation.

Influence du sol sur le cidre. Dans les pays à cidre, et notamment en Normandie, on attribue au sol la plus grande influence sur la qualité du cidre. On y connaît trois espèces de crus.

Le premier est un sol gras, profond, et dont toutes les productions annoncent la richesse. On peut citer pour exemple la contrée connue sous le nom de pays d'Auge. Les pommiers ont le double avantage d'y être plus féconds, et de donner un cidre beaucoup plus fort que par-tout ailleurs. Distillé, il donne une plus grande quantité d'alcool. Sa couleur est très-rembrunie. Il serait impossible de boire ce cidre pur. Pour l'usage habituel, il faut qu'il soit étendu dans beaucoup d'eau. Pur, il se conserve quatre ou cinq ans.

Le second est également un sol très-gras et très-riche, mais cependant inférieur au précédent. Il est voisin des bords de la mer. Une partie du département d'Isle-et-Vilaine, l'Avranchin, le Cotentin, le Bessin, le pays de Bray, le Roumois, une partie du pays de Caux, nous fournissent un exemple du second cru. Le cidre de ces contrées se ressemble beaucoup. Il faut cependant mettre en première ligne celui du Bessin et du Cotentin, et excepter de toutes ces contrées la partie la plus voisine de la mer, dont le cidre est en général d'une qualité inférieure à celui qui croît un peu plus au milieu des terres. Ce dernier est très-bon, et a le double avantage d'être aussi flatteur à l'œil qu'au goût. Sa couleur est celle de l'ambre jaune ou succin; mais il n'est pas susceptible de s'étendre dans une aussi grande quantité d'eau que celui du pays d'Auge. Il donne moins d'alcool. Il ne se conserve pas plus de deux ou trois ans.

Le troisième est pauvre, maigre, pierreux, etc., et est propre à la contrée de la Normandie connue sous le nom de Bocage, à une grande partie de la ci-devant Bretagne, etc. Il fournit une liqueur qui se ressent de la pénurie de son sol. Elle est claire, assez agréable au goût, mais elle donne peu d'alcool, se conserve mal, et a toujours une grande tendance à devenir aigre. Cette espèce de cidre, que l'on peut boire pur, se garde un an, rarement deux.

Les pommes, ainsi qu'il a été dit, se cueillent à différentes époques qui sont relatives à leurs espèces et au temps où chacune est mûre. L'indication la plus sûre est la chute spontanée de ces mêmes fruits, que l'on accélère en agitant les arbres, et enfin en les battant avec des gaules.

Cette opération se fait, autant que possible, par un temps sec, la pluie et la rosée y étant très-préjudiciables. Les pommes cueillies en temps humide et mises en tas ne manqueraient pas de pourrir avant leur maturité. Quand elles sont abattues, on transporte au pressoir ce qu'il en peut contenir de plus mûres; les autres se mettent dans un appartement placé au-dessus du pressoir, d'où on les fait tomber dans ce dernier, à mesure que l'on se propose de les piler.

Il est fort à propos de les laisser suer pendant quelque temps, et se débarrasser du superflu de la partie aqueuse qu'elles contiennent. Elles acquièrent alors une odeur agréable qui caractérise leur parfaite maturité.

Le soin de tenir les pommes à l'abri des intempéries de l'air, et aussi peu amoncelées que possible, est sûrement bien préférable à l'usage plus général où l'on est, sur-tout dans les grandes exploitations, de les tenir dehors et en monceaux plus ou moins considérables. Il résulte du premier procédé que, recevant également les influences de l'air, leur degré de maturité est plus uniforme, et qu'il est plus facile au propriétaire de déterminer le moment où l'on doit les piler.

Quelques écrivains célèbres prétendent que cette époque doit précéder immédiatement celle où il se trouverait des pommes pourries, et que ce dernier état des pommes est très-préjudiciable à la qualité du cidre. Il y a bien quelques apparences, même quelques probabilités qui semblent venir à l'appui de cette assertion. Il semblerait encore que l'on ne peut la révoquer en doute, puisque quelques-uns assurent qu'elle est le résultat d'expériences réitérées et suivies avec le plus grand soin. Cependant comment croire aussi que les mêmes essais n'ont pas été faits dans le pays d'Auge, dans le Bessin, le Cotentin, l'Avranchin, une partie de la Bretagne, le Bocage, le pays de Caux, le pays de Bray, le Roumois, la Picardie, etc., où l'on est dans l'usage de ne faire écraser les pommes que lorsqu'il y en a au moins un dixième, un quart, et souvent la moitié de pourries. En effet, outre ma propre expérience, je pourrais citer celle de plus de trente propriétaires riches et instruits des différentes contrées que je viens de nommer, qui regardent comme indispensable, lorsqu'ils font piler leurs pommes, qu'il y en ait une quantité de pourries, laquelle est relative à la différence des crus et à l'espèce des pommes. Celles d'un mauvais cru, ainsi que les tendres, exigent presque moitié de pommes pourries; les moyennes un peu moins. Quant aux bons crus, et sur-tout les pommes dures, il suffira qu'il y en ait un quart, et même souvent un peu moins, qui soient pourries.

L'appareil, nommé PRESSOIR, devant être décrit à ce mot, nous nous bornons à en raconter les effets.

Les pommes ayant acquis le degré de maturité convenable, on les soumet à l'action de la meule, que l'on ne cesse de faire tourner dessus que lorsqu'elles sont écrasées. (Cette opération se fait sans eau si la liqueur à extraire est destinée à faire de l'alcool ou à être conservée long-temps. Si l'on ne veut faire que du cidre, mal à propos nommé cidre pur, mais tel qu'il se trouve dans le commerce, on ajoute, en faisant cette première opération, environ une vingtième partie d'eau: sur un myriagramme 9,0 de pommes, on met environ un litre d'eau, ce qui fait à-peu-près 0,12 de la liqueur extraite, un kilogramme de pommes rendant environ six décilitres de cidre pur.) Ce travail se fait ordinairement avec un cheval, qui fait tourner deux meules de bois, mais mieux, une meule de pierre non calcaire, dans une auge circulaire contenant les pommes. Quand elles sont bien écrasées, on se sert d'une grande pelle pour les placer sur une espèce de parquet en bois, nommé la *maye*, qui est de forme carrée et entourée d'un rebord. Un homme, placé sur la maye, reçoit les pommes écrasées à mesure qu'on les lui donne, et les y arrange de manière à former une couche de pommes d'environ un décimètre d'épaisseur, sur laquelle il place un lit très-mince de glui. On fait dépasser ce dernier d'environ huit centimètres, ensuite un second lit de pommes, puis un second lit de glui, etc. (en Angleterre, le glui est remplacé par un tissu de crin semblable à ceux dont on couvre l'orge convertie en drèche), jusqu'à ce que le tout forme à-peu-près un cube, que l'on couvre avec une grande table de bois, dont les pièces sont assujetties les unes aux autres avec de petits madriers. Le tout est soumis à l'action du pressoir, et l'on tire le plus de suc qu'il est possible.

Nous ne conseillerons à personne l'usage de la méthode indiquée par quelques auteurs, de laisser pendant quelque temps les pommes écrasées dans une cuve, avant de les presser, pour colorer davantage le cidre. Nous croyons, au contraire, que plus on met de célérité dans cette opération, mieux on réussit à avoir un cidre généreux et de bonne sève; par la méthode indiquée, l'évaporation le priverait des esprits très-fugaces si nécessaires pour le conserver bon et agréable.

La liqueur extraite par le procédé ci-dessus est ce qu'on appelle du gros cidre, qui, passé à travers un gros filtre comme un tamis de crin mis dans un tonneau, y subit la fermentation nécessaire. (*Voyez* l'article FERMENTATION.) Il est fort, extrêmement capiteux, et l'on ne pourrait en boire sans courir les risques de s'enivrer.

Cette première opération est toujours suivie d'une seconde et même quelquefois d'une troisième. Le jus des pommes n'étant pas entièrement extrait par la première, on a recours à la seconde.

Le produit de la première opération étant destiné à faire du cidre que l'on veut conserver, vendre ou convertir en alcool, celui de la seconde et de la troisième est destiné à faire ce que l'on appelle cidre de ménage ou petit cidre. C'est celui que l'on donne aux ouvriers occupés de la récolte et des travaux journaliers ou habituels. Ce serait une maladresse que de leur donner du gros cidre, qui ne manquerait pas de les

27 *

enivrer. (Voyez ci-après comment l'on procède à la seconde et troisième opération.)

Veut-on avoir un tonneau de bon cidre, dont le goût soit agréable, et qui puisse désaltérer et rafraîchir sans enivrer, on emploiera une quantité de pommes proportionnée à la quantité de cidre que l'on se propose d'avoir, en observant qu'environ 130 myriagrammes de pommes, auxquelles on ajoute 25 décalitres d'eau, mises à piler en une ou plusieurs fois, suivant la capacité de l'auge, ensuite pressées suivant la marche ci-dessus indiquée, fourniront 5 ou 6 hectolitres de liqueur en raison de ce que l'on pressera plus ou moins.

Viendra ensuite la seconde opération, que nous avons annoncée et qui s'appelle le *rémiage*. Elle consiste à enlever le résidu de la première, dont on ôte le glui, que l'on met en réserve pour servir, autant que possible, à la seconde et troisième opération projetée ; on met le résidu dans l'auge, on y ajoute environ 3 hectolitres d'eau, et l'on fait agir la meule, qui, en lavant les différentes parties du résidu, achève d'écraser les quartiers de pommes et les pepins qui lui avaient précédemment échappé. Le tout, mis de nouveau en presse, donne 4 ou 5 hectolitres de liqueur que l'on met avec la première.

Reste la troisième et dernière opération, dont le produit est ordinairement si peu intéressant, que dans les années abondantes on en fait rarement usage. Elle se traite comme la seconde. Seulement on n'y emploie que 2 hectolitres d'eau et on retire tout au plus 3 hectolitres de liqueur en pressant le résidu jusqu'à siccité (1).

Le produit de ces trois opérations est d'environ un kilolitre 0,3, dans lequel il se trouvera à-peu-près 7 hectolitres de lie, dont il serait bien possible de purifier le tonneau en transvasant la liqueur au bout de quelque temps (lorsque la fermentation sera cessée) ; mais je crois plus prudent de n'en rien faire, cette mesure ayant presque toujours l'inconvénient d'altérer la qualité du cidre, en lui donnant plus de tendance à s'éventer et à devenir acide.

Il est d'expérience que le cidre n'est jamais meilleur que lorsque, mis dans un tonneau, en ne l'en tire que pour le boire, toute agitation lui étant plus ou mois préjudiciable lorsqu'il a cessé de fermenter.

Il est aussi d'expérience que plus le tonneau qui le contient

---

(1) Il semble qu'en réduisant les pommes en pulpe, comme on réduit les betteraves dont on veut obtenir le sucre, on serait dispensé de deux de ces opérations, mais on prétend que dans ce cas le jus fermenterait mal, et que ce cidre ne serait ni bon ni de garde.

(*Note de M. Bosc.*)

est grand, mieux et meilleur il s'y conserve. Il réussit mal en barriques.

Le cidre obtenu par la réunion de ces trois opérations se nomme dans le pays cidre mitoyen. Aussi bienfaisant qu'agréable au goût, il plaît encore à l'œil. C'est la boisson ordinaire des propriétaires et riches cultivateurs des pays à cidre ; c'est en même temps la liqueur la plus économique dont on puisse faire usage. De tel cidre coûte rarement un décime le pot, et se conserve un an, même dix-huit mois (1).

Lorsqu'il a fermenté et qu'il est clarifié, s'il est mis en bouteilles, il y devient plus spiritueux, plus agréable, et susceptible de se conserver long-temps. J'en ai bu qui avait huit ans : c'était du gros cidre, mais qui n'était plus spiritueux ; il était généreux et bienfaisant. C'est ordinairement au mois de mars ou d'avril que l'on met le cidre en bouteilles. Celles de terre sont préférables aux bouteilles de verre.

Le cidre est une liqueur rafraîchissante, pectorale, balsamique, favorable à la voix et aux belles carnations. On peut indiquer, comme preuve de cette dernière assertion, la fraîcheur, le beau teint et la robuste santé des habitans du Bessin, du Cotentin et du pays de Caux (2).

Le résidu, dans l'état où nous l'avons laissé, n'est pas un objet à dédaigner : on l'emploie avantageusement pour suppléer aux fourrages ; mêlé avec un peu de farine ou de son, il sert en hiver à nourrir les vaches et les cochons. Cet aliment ne les engraisse pas, mais il les soutient. On le coupe aussi en gâteaux carrés d'environ 5 décimètres, on en ôte le glui et on place ces gâteaux dans un local bien aéré, où ils puissent sécher. La meilleure manière est de les entasser comme comme le tan que les tanneurs destinent à brûler. L'année suivante ces mêmes gâteaux sont très-secs, brûlent avantageusement, et leurs cendres sont de la meilleure qualité. Ce même résidu, mis à pourrir et mêlé avec partie égale de terre végétale, est un fort bon engrais pour les terrains secs et arides. Des cultivateurs des environs de Rouen vantent également ses bonnes qualités pour l'amélioration des prairies et l'engrais des pommiers.

Parmi les insectes nuisibles au pommier et à ses fruits, je

---

(1) En assignant une époque à la durée des différentes espèces de cidre mentionnées ci-dessus, celle que j'ai indiquée serait plutôt faible qu'exagérée.

(2) La qualité du cidre dans lequel on a mis de l'eau en le pilant, est toujours infiniment supérieure à celui dans lequel on en mettrait, même en moindre quantité, après qu'il a fermenté. Ce dernier moyen n'est employé que lorsqu'une année de disette succède à celle où l'on avait mis du cidre pur en réserve.

crois que les suivans sont ceux qui lui font le plus de tort, soit dans leur état de larve, soit dans celui d'insecte parfait.

Embarrassé sur le choix d'une nomenclature, j'ai choisi celle de Latreille, qui est une des plus modernes, et dont l'auteur a, je crois, le plus contribué au perfectionnement de l'entomologie.

Le hanneton vulgaire,
—————— solsticial,
—————— horticole.
La cétoine dorée,
————— stictique.
La trichie noble,
————— hémiptère.

} Leurs larves, sur-tout celles des hannetons, font le plus grand tort aux racines de tous les végétaux. L'insecte parfait dévore les feuilles et les fleurs.

Le lucane cerf,
————— chèvre.
Le platycère parallélipipède.
Le synodendron cylindrique.
Le scolyte destructeur.
Le cossus gâte-bois.

} Les larves vivent dans l'intérieur des arbres qu'elles rongent et font périr en grand nombre.

La bombice procesionnaire,
————— à livrée,
————— chrysorrhée.
La pyrale des pommes.
La teigne padelle.

} Leurs larves, très-nombreuses, dévorent tout-à-la-fois les feuilles, les fleurs et les fruits.

Le charançon du poirier.
————— du pommier.

} Les larves dévorent les fruits; l'insecte parfait ronge les feuilles et les fleurs (1).

Nous croyons ne pouvoir mieux terminer cet article que par l'énumération d'une partie des auteurs qui ont écrit sur le cidre, les pommes, les pommiers, le poiré, les poiriers, les poires, etc.

Dany fit imprimer, en 1560, la manière de semer et faire pépinières de sauvageons, enter toutes sortes d'arbres, etc. Paris, Corrozet, in-8°. Orléans, Giliès, 1572, in-12.

Vers le même temps parut l'ouvrage d'Olivier de Serres, dont une nouvelle édition, enrichie des notes de M. François (de Neufchâteau) et autres, a paru dernièrement chez madame Huzard, rue de l'Eperon, à Paris.

Paulmier a publié un traité *de Vino et Pomaceo*, Paris, 1588, in-8°., traduit en français par Cahagnes, Caen, 1589, in-8°.

Droyn a donné, en 1615, Paris, in-8°., un ouvrage intitulé : le Royal Sirop des pommes, etc.

On trouve une lettre d'un anonyme anglais à Samuel Hartlib,

Le PUCERON LANUGINEUX nuit aujourd'hui aux pommiers plus que tous ces autres insectes ensemble. *Voyez* son article.

(*Note de M. Doc.*)

en date du 19 mai 1656, consignée à la fin des observations de Bradley sur le jardinage.

J.-H. Meibomius fit imprimer à Helmstadt, en 1668, ouvrage sur les boissons enivrantes autres que le vin.

Wordlige a donné, en anglais, le Vignoble britannique, Londres, 1976, in-8°. Méthode de fabriquer le cidre, Londres 1617, in-4°. Nouvelles expériences sur les liqueurs qu'on peut tirer de plusieurs espèces de fruits, Londres, 1684, in-folio.

Evelyn, anglais, publia, en 1679, l'Histoire des Forêts, etc., sous le titre *de Sylva et Pomona*.

Philips, anglais, auteur du poëme en deux chants intitulé : Pomone.

Thompson, anglais, auteur du poëme des Saisons.

Deux thèses soutenues en l'université de Paris : la première par J.-B. Dubois, en 1725; la seconde, par Poissonnier, en 1745, sur les bons effets du cidre.

Les nos. 23, 24, 25 et 26 de la Société de Dublin, publiés en juin 1736, parlent des avantages et des améliorations dont le cidre paraît être susceptible.

Arthur Young, auteur du Cultivateur anglais.

Hugues Stafford a fait imprimer un traité sur la manière de faire le cidre, etc. Londres, 1753, in-4°.

Guillaume Ellis a donné, en 1757, un in-8°., imprimé à Londres, et intitulé : le Parfait cultivateur, etc.

C.-G. Porée, auteur d'un Avis économique sur le cidre, imprimé dans le recueil des Mémoires de l'Académie de Caen, 1760, in-8°.

Mémoire d'un anonyme sur le cidre, etc., présenté à l'Académie de Caen en 1760.

Observations sur la culture des pommiers, etc., par Thièrriat, imprimé en 1760.

Hall, anglais, auteur du Gentilhomme cultivateur, traduit en français, 1764.

M. le marquis de Chambray publia, en 1765, l'Art de cultiver les pommiers et les poiriers, et de faire les cidres, etc.

Mémoires de la Société d'agriculture de Rouen, rédigés par M. d'Ambourney.

Affiches de Rouen, ouvrage périodique qui contient beaucoup d'articles intéressans sur le pommier, le poirier, le cidre, le poiré, etc.

Expériences sur les cidres, etc., par M. Hardy, in-4°. 96 pages, Rouen, 1781.

Mémoires sur la sophistication des cidres, par MM. de La Folie, Mésaise, Descroisilles, Le Pecq de La Clôture et Hardy de Rouen.

Mémoire sur la falsification des cidres, par M. Lecomte, médecin à Evreux.

Rapport fait à la Société de médecine sur le mémoire précédent, par M. Bucquet, médecin.

Rapport concernant les cidres de Normandie, par Lavoisier, 1786.

Mémoire sur la culture des pommiers, etc., par M. Renaut, an 3 de la république, Rouen.

Description du comté d'Hereford et de Glocester, par M. Marshall, extrait de la Bibliothèque britannique.

Annales de l'agriculture française, par M. Tessier.

Mémoire sur la manière de faire le cidre dans le département de l'Orne, par M. Louis Dubois.

Mémoire adressé à la Société d'agriculture du département de la Seine, sur la meilleure manière de faire le cidre, par M. de Brébisson.

Traité de la grande culture des terres, par M. Isoré.

Cours d'agriculture de l'abbé Rozier, articles *pommier*, *poirier*, *pomme*, *poire*, *cidre*, *poiré*, etc.

Voyez les mêmes articles dans Chomel, l'Encyclopédie, le nouveau Dictionnaire des Sciences naturelles, 36 vol., etc., chez Deterville, à Paris. (Brébisson.)

CIERGE. *Voyez* Cactier.

CIERGE MAUDIT. Nom de la Molène noire. (B.)

CIERGE DE NOTRE-DAME. *Voyez* Molène ailée. (B.)

CIGALE, *Cicada*. Genre d'insectes de l'ordre des hémiptères, qui renferme plus de soixante espèces, dont trois ou quatre se trouvent dans les parties méridionales de l'Europe, et sont très-connues des cultivateurs, qu'elles fatiguent de leur cri continuel pendant tout l'été. Je le mentionne ici, principalement à cause de ce fait : car, quoique ces espèces vivent, ainsi que leurs larves, aux dépens des plantes, je n'ai jamais entendu se plaindre qu'elles leur fissent un tort sensible.

Les mâles des cigales ont à la base de leur abdomen deux grandes plaques ou opercules couvrant les organes du chant, lesquels sont composés de deux petites lames minces et transparentes, renfermées dans une cavité qui, en se tendant alternativement en sens contraire, produisent le bruit qu'on appelle chant ou cri, et qui est d'une monotonie assommante.

Les femelles n'ont que des rudimens de cet organe : aussi ne font-elles entendre qu'un bruit très-faible ; mais elles ont, en récompense, à l'extrémité de l'abdomen une longue tarière de deux pièces pointues et dentées, qui leur servent à entamer l'écorce des arbres, écorce où elles déposent leurs œufs à la file les uns des autres.

Les larves des cigales sont blanches et descendent des branches où elles sont nées, pour s'enfermer dans la terre, où elles vivent aux dépens des racines des plantes, mais sans leur faire beaucoup de tort, parce qu'elles ne font que les sucer, et qu'elles ne sont jamais ou presque jamais très-abondantes. Au bout de la première année, dit-on, ces larves se changent en nymphes, remarquables par leurs pattes antérieures, dentées en scie à peu près comme celles des courtilières, et par conséquent très-propres à creuser la terre. Ce n'est qu'à la fin du printemps de la seconde année que ces nymphes sortent de terre, montent sur les arbres, et s'y transforment en insectes parfaits.

Les cigales, comme je l'ai déjà dit, vivent du suc des arbres, qu'elles sucent en enfonçant leur trompe dans l'écorce. Là, sans se remuer, elles font entendre leur ennuyeux chant pendant toute la chaleur du jour. En général, elles sont très-défiantes, et s'envolent dès qu'on s'approche d'elles. A la fin de l'été, on n'en voit plus, parce que les mâles meurent dès qu'ils se sont accouplés, et les femelles dès qu'elles ont déposé leurs œufs.

Les deux espèces de cigales qui se trouvent le plus fréquemment dans les parties méridionales de la France, sont :

La Cigale hématode, qui est noire avec des taches jaunes ou rouges, et dont les nervures sont jaunes ou rouges à la base de l'élytre. Elle a 2 pouces et demi de longueur.

La Cigale du frêne a la partie postérieure du corcelet marquée de lignes rouges, les élytres avec une tache blanche et une rangée de points bruns.

Fabricius a appelé ce genre tettigone, et cigale ce que j'appellerai tettigone avec Latreille. *Voyez* ce mot. (B.)

CIGNE. *Voyez* Cygne. (B.)

CIGUE, *Conium*. Plante bisannuelle, à racine fusiforme, jaunâtre, à tige de trois à quatre pieds, parsemée de taches brunes, et rameuse à son sommet, à feuilles alternes, trois fois ailées et à folioles très-petites; à fleurs blanches disposées en ombelles, et accompagnées d'involucres universelles et partielles polyphylles.

Cette plante forme un genre dans la pentandrie digynie et dans la famille des ombellifères. Elle croît en Europe sur le bord des eaux, dans les lieux frais et humides, et fleurit au milieu du printemps. C'est la véritable ciguë des anciens, du suc de laquelle les Athéniens se servirent pour faire mourir Socrate. Son odeur désagréable et repoussante indique seule que c'est un poison; cependant tous les bestiaux la mangent, au rapport de Linnæus, et les vaches en sont même friandes. Il arrive souvent que des cuisinières ignorantes la prennent pour du persil, quoique la couleur obscure de ses feuilles et leur odeur dussent suffire pour empêcher la méprise, et causent ainsi à ceux qui mangent de leurs ragoûts l'engourdissement, les vertiges, l'obscurcissement de la vue, et, si la dose est très-forte, le délire, les convulsions et la mort. Les remèdes sont le vomissement et l'eau acidulée avec du vinaigre.

Les graves inconvéniens qui peuvent résulter des erreurs de ce genre, doivent engager les cultivateurs à détruire la ciguë par-tout où ils la rencontrent. Comme la plante est bisannuelle, il suffit d'en couper la racine entre deux terres pour anéantir les reproductions futures.

Cependant, cette plante si dangereuse est devenue entre les mains de Storck un excellent remède contre la goutte et les cancers, à raison de ses propriétés éminemment sudorifiques et narcotiques. On en fait usage en pilules ; mais cet usage doit être dirigé par un habile médecin, sans quoi on risque de se perdre l'estomac, et d'éprouver les accidens énumérés plus haut. L'emploi de ce remède, qui a été en vogue pendant quelques années, avait déterminé quelques personnes à cultiver en grand la ciguë, pour satisfaire aux besoins de la pharmacie ; mais aujourd'hui que ce remède est tombé de mode, je ne sache pas qu'on la cultive nulle part aux environs de Paris. Je me crois donc dispensé de donner aucun détail sur les procédés à suivre dans ce cas.

CIGUE AQUATIQUE. *Voyez* PHELLANDRE, OENANTHE et CICUTAIRE.

CIGUE PETITE. *Voyez* AETHUSE. (B.)

CIMBALAIRE. Espèce de MUFLIER. *Voyez* ce mot.

CIMENT. Dans son acception la plus rigoureuse, ce mot signifie des briques ou des tuiles réduites en très-petits fragmens destinés à entrer dans la composition des mortiers ; mais on l'étend souvent à la pouzzolane, aux fragmens de pierre calcaire et même au sable. L'emploi du ciment est très-recommandable dans toutes les constructions, et principalement dans celles qui se font sous l'eau. *Voyez* CHAUX et MORTIER.

Les cultivateurs, en mêlant des cimens fins avec un peu d'huile siccative, peuvent faire des mastics d'un emploi fréquent pour boucher les trous ou les fentes de leurs instrumens aratoires ; et en les mêlant avec beaucoup de cette même huile, s'en servir pour peindre, avec un grand avantage pour leur durée, et ces mêmes instrumens, et les murs de leur maison, toujours si altérables par le SALPÊTRAGE. *Voyez* ce mot et celui MASTIC. (B.)

CINAMOME. Espèce de LAURIER. *Voyez* ce mot. (B.)

CINAROCÉPHALES. *Voyez* CYNAROCÉPHALES.

CINÉRAIRE, *Cineraria*. Genre de plantes de la syngénésie superflue et de la famille des corymbifères, dont on connaît une soixantaine d'espèces, la plus grande partie propre au cap de Bonne-Espérance, dont deux ou trois se trouvent en Europe, et peuvent être cultivées dans les jardins, qu'elles contribuent à embellir.

La Cinéraire des marais a les feuilles larges, lancéolées, dentées, sinuées; la tige velue; les fleurs en corymbes et jaunes. C'est une plante d'un à 2 pieds de haut, qu'on trouve dans les marais et dans les bois aquatiques.

La Cinéraire maritime a les feuilles velues, très-profondément découpées et à découpures sinueuses, très-blanches en dessous; ses fleurs sont jaunes et disposées en corymbes terminaux.

Cette plante, qui est vivace, croît naturellement sur les bords de la mer dans les parties méridionales de l'Europe. Elle s'élève rarement à plus d'un pied, mais forme des touffes très-denses qui sont en fleur pendant tout l'été. On la cultive dans quelques jardins, où elle produit un agréable effet par ses feuilles et par ses fleurs. On la multiplie par ses branches, qui s'enracinent d'elles-mêmes, ou qui reprennent facilement de bouture. Comme les fortes gelées la tuent, dans le climat de Paris, il faut avoir attention d'en mettre en pots pendant l'été pour rentrer dans l'orangerie à l'époque des froids. Ces pieds, remis en pleine terre au printemps, croîtront de manière à faire supposer qu'ils ont passé l'hiver en pleine terre.

La Cinéraire a fleurs bleues, qu'on appelle aussi *astère d'Afrique*, est une plante d'orangerie. (B.)

CINÉRATION. Synonyme d'Écobuage. *Voyez* ce mot.

CINIPS. *Cynips.* Geoffroi a donné ce nom à de très-petits insectes fort rapprochés des ichneumons par leurs mœurs, mais très-différens par leur forme, qui déposent leurs œufs dans le corps des chenilles et des larves des autres insectes, de manière que les larves qui en naissent vivent, sans pour cela les faire mourir, aux dépens des premières, jusqu'à l'époque où les dernières, ayant acquis toute leur croissance, ces premières meurent. Linnæus les a appelées *ichneumons petits.*

Le même Linnæus a transporté ce nom de cinips à des insectes que Geoffroi a appelés diplolèpes (*voyez* ce mot), qui, déposant leurs œufs dans l'écorce des diverses parties des plantes, font naître ces excroissances que l'on appelle communément galles.

Les cultivateurs doivent connaître ces deux genres d'insectes: le premier, à raison des services que lui rendent les espèces qui le composent; le second, parce qu'ils ont occasion de voir souvent les galles qu'ils produisent, et qu'une de ces galles, celle qu'on appelle la *noix de galle*, est l'objet d'un commerce de quelque importance; mais comme les naturalistes leur ont indifféremment donné le même nom, il faut faire attention en lisant leurs ouvrages, si ce sont des cinips de Geoffroi ou de ceux de Linnæus dont ils ont entendu parler. Je traiterai des DIPLOLÈPES à ce mot et au mot GALLE. Ici donc il ne doit être question que des *cinips* de Geoffroi.

Souvent les cinips ont le corps orné des couleurs les plus brillantes : l'or et l'azur les recouvrent entièrement, souvent aussi elles sont d'un noir ou d'un brun uniforme.

Ces insectes sont, dans l'ordre de la nature, une de ces barrières qu'elle a établies pour s'opposer à la trop grande multiplication des autres. Lorsque, comme on ne le voit que trop souvent, plusieurs années sont successivement favorables à la multiplication d'une espèce de chenille, cette espèce couvrirait la terre, détruirait les plantes si des millions de cinips, naissant en même temps, ne l'arrêtaient. Leur petitesse entre même dans les desseins de cette sage nature, puisqu'elle les sauve des recherches de leurs ennemis, et leur nombre supplée à leur grandeur ; la plupart ont à peine une ligne de long.

Je ne ferai point l'histoire des mœurs des cinips, quelque intéressante qu'elle puisse être, parce qu'elle ne serait d'aucune utilité aux cultivateurs. En effet il est impossible à l'homme de diriger l'action de ces insectes vers tel ou tel objet ; il profite du bien qu'ils lui font en détruisant ses ennemis, et c'est tout.

Le CINIPS DES MOUCHES est doré, avec les pieds jaunes ; il a une ligne de long. Il dépose ses œufs dans le corps de la larve des mouches.

Le CINIPS DU BÉDÉGUAR est d'un vert bronzé avec l'abdomen doré. Il a une ligne et demie de long. Il dépose ses œufs dans le corps de la larve du DIPLOLÈPE DU ROSIER. C'est principalement lui qui a donné lieu à la confusion annoncée au commencement de cet article, les bédéguars gardés dans des bocaux le donnant, ainsi que leur véritable auteur.

Le CINIPS DES CHRYSALIDES est d'un bleu doré, avec l'abdomen d'un vert brillant et les pieds pâles.

Le CINIPS GLOMÉRULE est noir, avec les pattes jaunes. Sa longueur est d'une ligne et demie.

Ces deux espèces déposent leurs œufs dans la chrysalide du papillon du chou, et en font tant périr, que je me suis quelquefois amusé à les compter, et souvent je n'en ai trouvé qu'une sur dix à douze qui fût intacte. C'est, je crois, les espèces qui sont les plus intéressantes pour les cultivateurs, à raison du bien qu'elles leur font.

Le CINIPS DES COCHENILLES est d'un noir bronzé, a l'abdomen bleuâtre et les pattes blanchâtres. Il dépose ses œufs dans la cochenille de l'orme ; il est extrêmement petit.

Le CINIPS DU PUCERON est noir, avec la base de l'abdomen, les pattes antérieures et les genoux postérieurs jaunes. Il est très-petit, et dépose ses œufs dans le corps des pucerons.

Le Cinips des œufs est noir, avec les pieds roux et les antennes filiformes. Il dépose ses œufs dans ceux des papillons et autres insectes de leur famille.

On voit, par ce petit nombre d'exemples, le genre d'action et l'importance dont les cinips peuvent avoir et ont en effet dans l'ordonnance générale des êtres. (B.)

CINQ-FEUILLES. *Voyez* Potentille.

CIOTAT ou CIOUTAT. Variété de raisin dont les feuilles sont excessivement découpées. Il est de la famille des chasselas. *Voyez* Vigne. (B.)

CIRCEE, *Circea*. Plante vivace à racine traçante, à tige droite, velue, rameuse, haute d'environ un pied; à feuilles opposées, pétiolées, cordiformes, dentées, velues, longues de 2 pouces sur 15 ou 16 lignes de diamètre; à fleurs couleur de chair, disposées en grappes au sommet des tiges et des rameaux, qu'on trouve dans les bois humides, qui forme un genre dans la diandrie monogynie et dans la famille des épilobiennes, et qui fleurit au milieu de l'été.

La Circée pubescente, *Circea lutetiana*, Lin., est aussi connue sous le nom d'*herbe aux magiciennes*, parce qu'anciennement on l'employait beaucoup dans les enchantemens; on l'appelle encore l'*herbe de Saint-Étienne*. Aujourd'hui elle est quelquefois employée en médecine comme vulnéraire et résolutive. Sa propriété de croître et même de ne bien croître qu'à l'ombre, la rend précieuse pour couvrir le sol des massifs dans les jardins paysagers, sol qui, comme on sait, est souvent d'un aspect fort désagréable. Il suffit d'en planter çà et là quelques pieds enlevés dans les forêts, où elle est quelquefois extrêmement commune, pour remplir cet objet, tant ses racines tracent avec facilité.

Les moutons aiment beaucoup cette plante, qui mal-à-propos passe pour suspecte aux yeux de quelques personnes. (B.)

CIRCONCISION. On a donné ce nom aux incisions annulaires qu'on pratique quelquefois sur les branches des arbres pour leur faire porter une plus grande quantité de fruits, accélérer la maturité de leurs fruits, pour arrêter leur végétation, leur faire pousser des racines lorsqu'on les marcotte, etc. *Voyez* Incision. (B.)

CIRCULATION DE LA SÈVE. *Voyez* Sève.

CIRE. Substance produite par les abeilles et dont elles composent les alvéoles dans lesquelles elles élèvent leur progéniture ou déposent leur provision de miel.

Cette substance inflammable, dont les principes constituans ne sont pas encore parfaitement connus, paraît différer essentiellement des huiles et des résines avec lesquelles on l'a comparée. Elle est employée à un grand nombre d'usages et principalement à éclairer pendant la nuit lorsqu'elle a été fabriquée en bougie; aussi en fait-on un commerce d'une certaine importance.

Jusqu'à ces derniers temps, on a cru que la cire était le pollen des étamines des fleurs altéré dans le corps des abeilles; mais aujourd'hui il est prouvé, par des expériences directes et positives, expériences répétées par moi en présence de la Société d'agriculture de Versailles, que c'est un des principes constituans du sucre; c'est-à-dire que les abeilles transforment le miel en cire en le faisant passer par leur estomac. Cette belle découverte, qui a changé toutes les théories reçues, est due à Huber, fils de celui qui a le mieux fait connaître les mœurs de ces précieux insectes.

On trouvera, au mot ABEILLE, le résumé de tout ce qu'il est bon que les cultivateurs sachent sur la production et la préparation de la cire jusqu'à l'époque où elle passe entre les mains des marchands ou des fabricans. J'y renvoie le lecteur.

La France ne fournit, d'après les tableaux de sa Statistique, qu'environ le tiers de la cire qu'elle consomme; aussi est-elle toujours à un taux élevé. Comment est-il possible que les regards des cultivateurs ne se portent pas sur les moyens d'en étendre la production, puisqu'il n'y a qu'à vouloir pour y parvenir. (B.)

CIRIER ou ARBRE A CIRE. *Voyez* GALÉ.

CIRON. C'est, dans le département du Var, la larve du BOSTRICHE OLÉIPERDE, qui vit dans le bois des oliviers mourans. (B.)

CISEAUX DE JARDIN. Ce sont de longs et larges ciseaux dont les bras sont emmanchés dans des cylindres de bois, et qu'on emploie à tondre les petites palissades, les buis, les arbrisseaux des plates-bandes, les bordures de gazon, etc. L'usage des ciseaux était bien plus général autrefois qu'aujourd'hui, où l'observation et le bon goût ont prouvé qu'il n'y avait que des désavantages à mutiler régulièrement les plantes, et à changer la forme que leur a donnée la nature. Il n'y a plus que les bordures de buis pour lesquelles ils soient nécessaires; encore si, comme il est bon de le faire, on les relève tous les quatre à cinq ans pour renouveler leur terre, et les débarrasser de leurs rejetons, peut-on s'en passer pour cet objet?

Les palissades, supposant qu'on en veuille avoir, se tondent fort bien avec le croissant, et les gazons avec la faux; quant aux arbustes des parterres, la serpette seule doit y toucher, encore est-ce avec ménagement.

Il est beaucoup de jardins très-bien entretenus où il ne se trouve pas de ciseaux; ainsi je puis me dispenser de m'étendre davantage à leur égard.

Les autres sortes de ciseaux propres à l'agriculture sont ceux qui servent à tondre les moutons et à faire le poil aux mulets : la forme de ceux adoptés en Espagne pour ces deux objets remplit mieux le but qu'aucun autre, parce qu'ils ne peuvent jamais couper la peau, quoiqu'ils coupent le poil plus bas que les nôtres ; mais cette forme est très-difficile à décrire, même à représenter, à raison de la courbure des lames. On en peut voir un modèle dans le cabinet de l'Ecole vétérinaire d'Alfort. (B.)

CISTE, *Cistus*. Genre de plantes de la polyandrie monogynie et de la famille des cistoïdes, qui renferme un grand nombre d'espèces (près de cent), dont la plus grande partie sont de très - petits arbrisseaux des parties méridionales de l'Europe.

On ne cultive point les cistes dans les jardins d'agrément, quoique la plupart soient de forme élégante et pourvus de belles fleurs, parce qu'ils sont fort difficiles à conserver, et que leurs fleurs sont si fugaces, que la même matinée les voit naître et tomber. Le cultivateur n'en tire d'autre avantage que de se servir des plus grandes espèces pour chauffer le four, et voir manger les petites par ses bestiaux dans les pâturages. En conséquence, cet article sera fort court, les seules espèces dans le cas d'être citées étant,

Le Ciste de Crète, qui est frutescent, sans stipules, dont les feuilles sont opposées, ovales, rugueuses, hérissées de poils et onduleuses en leurs bords ; les pédoncules courts et portant de grandes fleurs rouges. Il croît dans l'île de Crète, et s'élève à 2 ou 3 pieds. C'est lui qui fournit le *laudanum*, c'est-à-dire cette résine gluante, noirâtre, d'une odeur agréable, qu'on emploie fréquemment en médecine comme émolliente, atténuante et calmante. Pour la récolter, on promène sur ses feuilles, pendant les jours les plus chauds, des lanières de cuir attachées à un long bâton, auxquelles elle s'attache, et dont ensuite on l'enlève avec un couteau. Il serait très-facile d'introduire ce genre d'industrie dans les environs de Marseille et de Toulon, où il y a des terrains extrêmement propres à recevoir cette espèce de ciste, qui ne croît que dans les sols les plus arides et les plus impropres aux cultures ordinaires.

Le Ciste ladanifère est frutescent, sans stipules ; a les feuilles presque sessiles, opposées, connées, lancéolées, linéaires, glabres en dessus ; les fleurs grandes, rouges et accompagnées de bractées. Il croît en Espagne, sur les collines les plus arides, et s'élève à la même hauteur que le précédent. J'ai vu des cantons fort étendus du royaume de Léon et de la Vieille-Castille qui en étaient entièrement couverts. Il laisse fluer, dans la chaleur, une résine fort analogue à la précédente, et dont l'odeur se fait sentir de fort loin, résine qu'on

retire en faisant bouillir ses sommités dans de l'eau, à la surface de laquelle elle monte. La plante est employée à brûler;
je me suis assuré que les bestiaux n'y touchaient pas.

Le Ciste hélianthème, qui a les rameaux couchés, les
feuilles opposées, oblongues, repliées sur leurs côtés, blanches en dessous; le calice très-velu; les fleurs solitaires et
jaunes. Il se trouve dans la plus grande partie de la France, sur
les pelouses sèches, dans les pâturages calcaires, où il domine
quelquefois, et qu'il embellit pendant deux ou trois heures,
chaque jour d'été, par ses brillantes et nombreuses fleurs, qui
se tournent toujours vers le soleil : d'où le nom de *fleur du soleil* qu'il porte. Tous les bestiaux le mangent avec plaisir. Il
serait peut-être possible d'en faire des prairies sur les montagnes
du midi de la France, où il ne croît presque rien faute de terre;
car il a extrêmement peu besoin d'en avoir, ses racines pénétrant dans les interstices des rochers, et s'étendant sur la
pierre dans une longueur souvent de plus d'un pied.

Il y a une autre espèce qui ne diffère presque de celui-ci que
parce qu'elle a les fleurs blanches, c'est le ciste des Apennins.
Il n'est, dans certains cantons de la France, guère moins commun que le précédent, et ce que je viens de dire lui convient
parfaitement. (B.)

CISTOIDES. Famille de plantes qui ne renferme que le
genre ciste; car celui hélianthème n'en diffère que très-
peu, et le genre violette s'en écarte extrêmement. *Voyez*
ces mots. (B.)

CISTRE. Nom vulgaire de l'Aéthuse a feuilles capil-
laires (*Athamanta meum*, Lin.) sur le Mézin. (B.)

CITERNE. Architecture rurale. On appelle ainsi un réservoir souterrain, voûté et destiné à recevoir et à conserver
les eaux de pluie pour en faire usage dans les besoins du ménage. On ne construit de citerne que dans les lieux qui n'ont
point de sources ou d'eaux salubres, et dont le sol se refuse
absolument à la construction des puits.

L'établissement des citernes exige beaucoup de soins, de
précautions et sur-tout de dépenses ; c'est pourquoi l'on
trouve encore tant de localités qui n'en ont point, et que la
privation d'eau, ou l'usage d'eaux malsaines exposent à des
maladies périodiques.

Une citerne doit être enfoncée en terre comme une cave,
tenir parfaitement l'eau, et la conserver potable au moins autant de temps que peuvent durer localement les plus longues
sécheresses de l'année.

L'eau de citerne est d'ailleurs regardée comme la boisson la
plus saine pour l'homme et les animaux, lorsqu'on a l'attention de n'y pas introduire celles des premières pluies qui tom-

bent après une longue sécheresse, ou pendant un orage, parce qu'en traversant l'atmosphère, elles entraînent et s'imprégnent des exhalaisons de la terre, élevées et suspendues dans cette atmosphère.

Les meilleures sont celles que l'on recueille des toits au printemps et à l'automne ; et dans l'été, celles des pluies qui succèdent aux orages, parce qu'alors l'atmosphère est épurée, les toits des maisons sont lavés, et toutes les ordures accumulées dans les tuyaux, et les chanées sont entraînées.

Les détails relatifs à l'établissement d'une citerne consistent : 1°. dans la construction de la citerne proprement dite, ou de son réservoir principal ; 2°. dans celle du *citerneau*, ou petit réservoir ouvert, dans lequel les eaux pluviales déposent le sable et les graviers dont elles peuvent être chargées avant de parvenir à la citerne ; 3°. dans la disposition des couvertures, au bas desquelles on place des chanées pour en recevoir l'égoût ; dans celle des tuyaux de descentes et des conduits en pierres de taille pour amener les eaux au citerneau, et de là dans la citerne ; 4°. dans d'autres travaux accessoires destinés à assurer le jeu et l'usage de ces eaux, à les refuser lorsqu'elles ne sont pas de bonne qualité, à écouler le trop-plein de la citerne ; enfin à préserver les bâtimens des infiltrations nuisibles que le voisinage des eaux pourrait y occasionner.

Ces différens travaux doivent être exécutés avec les meilleurs matériaux disponibles, tant pour les pierres que pour les cimens, et par les meilleurs ouvriers. *Voyez* le mot Mortier.

L'économie, dans cette espèce de construction, consiste particulièrement à ne rien épargner pour lui procurer toutes les qualités qu'elle doit avoir, afin de ne pas s'exposer, ou à recommencer l'ouvrage, ou à des réparations fréquentes, qui équivaudraient souvent pour la dépense à une seconde construction.

Rozier prétend que, de toutes les manières de construire les citernes, *la meilleure*, c'est-à-dire *la plus économique, la plus expéditive et la plus sûre, est en* Béton. (*Voyez* ce mot.) Mais, malgré sa prédilection pour cette espèce de maçonnerie, dont l'exécution exige une main très-exercée, nous pensons que partout où l'on trouvera de bons matériaux, et où l'on pourra fabriquer d'excellent ciment à des prix modérés, on fera mieux d'adopter la méthode ordinaire. D'après toutes ces réflexions, nous n'entrerons pas dans de grands détails sur la construction des citernes, nous nous contenterons de donner les renseignemens généraux que les propriétaires qui veulent s'en procurer ne doivent point ignorer.

Les dimensions d'une citerne doivent être calculées sur la consommation présumée du ménage. Il vaut mieux cependant que la citerne soit de beaucoup trop grande que trop juste pour ses besoins.

Voici le point de fait d'où on peut partir pour calculer la quantité d'eau qu'une citerne doit contenir.

Il est reconnu que le terme moyen de l'eau qui tombe du ciel annuellement en France est de 20 pouces de hauteur. (De la Hire, Mémoires de l'Académie royale des sciences, 1703, et M. Cotte, Mémoires de physique, tome 51, page 224.)

Cela posé, toute maison de 40 toises de superficie pourra réunir chaque année un volume d'eau de 2,160 pieds cubes au moins, en prenant seulement 18 pouces pour la hauteur de ce qu'il en tombe; et ces 2,160 pieds cubes équivalent à 75,600 pintes d'eau, à raison de 35 pintes par pied.

Maintenant, si l'on divise 75,600 par 365, nombre des jours de l'année, le quotient 207 indiquera la quantité de pintes d'eau que les habitans de la maison auraient à consommer journellement; et si cet approvisionnement était en proportion avec leurs besoins, il ne s'agirait plus que de donner à la citerne les dimensions nécessaires pour pouvoir contenir les 2,160 pieds cubes d'eau, ou 15 pieds de longueur, 12 pieds de largeur, et 12 pieds de profondeur au niveau de la gargouille du trop-plein.

On pourrait à la rigueur réduire les dimensions d'une citerne; car les eaux du ciel ne tombent pas simultanément sur la terre. Il y a des saisons pluvieuses et des temps de sécheresse, et pourvu que la citerne contienne assez d'eau pour les besoins du ménage pendant les plus longues sécheresses, elle remplira sa destination aussi complétement que si on lui donnait une capacité suffisante pour réunir en une seule fois l'eau nécessaire à sa consommation de toute l'année.

On voûte les citernes, afin d'éviter que l'eau n'y gèle en hiver, et ne s'échauffe trop en été. En général il faut avoir l'attention de leur donner le plus de profondeur qu'il sera possible, l'eau s'y conservera beaucoup mieux.

Il est fâcheux que cette espèce de construction ne soit pas à la portée du pauvre; car une boisson saine est indispensable dans tout ménage; mais si la dépense est trop forte pour chacun en particulier, il serait encore possible d'établir une citerne commune dans chaque village qui aurait une église couverte en tuile ou en ardoise, ou tout autre bâtiment public; et son eau serait exclusivement consacrée à la boisson des habitans.

Enfin l'homme le moins fortuné ne devrait pas ignorer les moyens simples que l'on emploie pour ôter aux eaux les plus crues ou les plus malsaines leurs qualités nuisibles. On y parvient en la faisant filtrer à travers un lit de charbon. *Voyez ce* mot. (DE P'ERTH.)

On a, à différentes époques, tenté de mettre le vin, et surtout celui du midi de la France, destiné à la distillation, dans
des citernes en BÉTON, ou en PIERRES DE TAILLE, jointes
avec du MORTIER de pouzzolane ou recrépies en MASTIC; mais
on a été obligé d'y renoncer, 1°. parce que, quelque soin qu'on
en prît, il y avait toujours une grande infiltration; 2°. que le
vin s'y affaiblissait constamment par la réaction de son acide
sur la chaux; 3°. qu'elles prenaient, dès qu'elles étaient vidées,
un goût de moisi, qui se communiquait au vin qu'on y introduisait ensuite, etc. Je ne crois pas qu'il y ait en ce moment
en France une seule de ces citernes en activité de service.

Des tonneaux défoncés par un bout, qu'on place souvent sous
les gouttières, forment une sorte de citerne temporaire dont
on doit encourager l'emploi, ne fût-ce que pour arroser, l'eau
de puits étant, sous ce rapport, constamment inférieure à
celle de la pluie.

Il est une autre sorte de citerne également usitée, souvent
très en grand, et dont on ne peut trop encourager la multiplication dans les plaines argileuses, fort communes dans le
nord de la France, où il n'y a ni fontaines ni puits, et où les
maisons des cultivateurs sont construites en TORCHIS, et couvertes de CHAUME. J'en ai parlé au mot MARE, parce que ce
sont en effet des dépôts d'eau de ce nom plus ou moins profonds, plus ou moins larges, quelquefois fort allongés, sur lesquels on a construit une voûte. Au moyen d'une de ces citernes, placée dans une dépression du sol, et dans laquelle les
eaux pluviales de tout un canton peuvent être dirigées à l'aide
de rigoles, il est possible de fournir à un village toute l'eau
nécessaire à sa consommation, y compris l'irrigation des jardins. A ces citernes, encore plus qu'à celles alimentées par
l'eau qui tombe des bâtimens, il est convenable de joindre
un ou plusieurs citerneaux, ou mieux de retenir, par des barrages, pendant un jour ou deux, l'eau qui est amenée près de
leur embouchure, afin qu'elle dépose la terre dont elle est
chargée et qu'elle y entre claire. Ces barrages seront nettoyés
tous les étés, et la terre qui y est accumulée sera répandue
sur les parties les moins fertiles des champs voisins, qu'elle
améliorera souvent autant que du fumier.

Depuis long-temps les Suisses font des citernes uniquement
destinées à conserver les ENGRAIS liquides, dont ils font un si
grand emploi sous le nom de LIZÉ. Elles sont généralement
d'une capacité médiocre, et construites le plus économiquement possible. Le plus souvent ce n'est qu'un PUITS, dont
l'ouverture est couverte de planches. Il est à désirer que leur
emploi, à l'exemple des environs de Lyon, s'étende par toute
la France. Lasteyrie en a figuré une, *Pl.* 5 de sa Collection des
constructions rurales. (B.)   28 *

CITRON. C'est le fruit du CITRONNIER. (B.)

CITRON DES CARMES ou **MAGDELEINE.** Variété de poire. *Voyez* POIRIER. (B.)

CITRONNELLE. On a donné ce nom à plusieurs plantes qui ont une odeur analogue à celle des citrons, telles que la MÉLISSE OFFICINALE, l'ARMOISE CITRONNELLE, le THYM VULGAIRE et une de ses variétés. (B.)

CITRONNIER. Espèce du genre des orangers, dont on distingue plusieurs variétés. *Voyez* au mot ORANGER. (B.)

CITROUILLE. Espèce ou variété de COURGE. (B.)

CITROUILLE. *Voyez* PÉPON. Ce nom a été donné aussi à la PASTÈQUE.

CITROUILLE IROQUOISE. *Voyez* GIRAUMON.

CITROUILLE MELONNÉE MUSQUÉE. *V.* MELONNÉE.

CIVADE. Variété de l'AVOINE, qu'on cultive près de Brignoles.

CIVAYER. Ancienne mesure de terre en usage à Mont-Dauphin. *Voyez* MESURE.

CIVE, CIVETTE, ou **CIBOULETTE,** ou **APPÉTIT.** Selon quelques botanistes et quelques cultivateurs, c'est une espèce différente; selon d'autres, c'est une variété de la CIBOULE, *alium chœnoprasum*, Lin. (*Voyez* au mot AIL.) Je me range à l'avis du plus grand nombre, qui ne les distinguent que comme variété. *Voyez* au mot CIBOULE.

La CIBOULE DE PORTUGAL est, selon Lamarck, une espèce bien distincte (*Allium lusitanicum*); mais celle qu'on cultive dans les jardins sous ce nom est-elle bien la même que celle du Jardin des plantes? Est-elle bien distincte de la GROSSE CIVE D'ANGLETERRE? C'est ce que je ne puis décider. Au reste, ces espèces ou variétés diffèrent peu pour les usages et la culture. (B.)

CIVIÈRE. Sorte de brancard sur lequel deux hommes portent à bras différens fardeaux, du fumier, de la terre, des pierres, etc. C'est une économie très-mal entendue que de se servir de la civière. Elle emploie deux hommes; et une femme menerait en un seul voyage autant de terre, de sable, de pierrailles dans une BROUETTE (*voyez* ce mot), que les deux hommes avec leur civière. Il y a donc deux tiers de perte, l'emploi d'un homme de plus, et la différence du prix des journées des hommes et de celles de femmes. (R.)

Cependant il est des cas où une civière est indispensable, comme lorsqu'il s'agit de transporter des objets casuels, tels que des cloches, lorsqu'il faut monter un escalier, parcourir un terrain très-inégal ou mouvant, etc. Il faut donc avoir une ou plusieurs civières dans chaque ferme et dans chaque jardin.

Il est une sorte de civière qu'on appelle Barre. *Voyez* ce mot. (B.)

CLAIE ou CLAYE Treillage fait en bois ou en fer, et qui a diverses destinations en agriculture.

La claie la plus rustique est celle dont on fait usage dans une grande partie de la France pour établir le parc des moutons, pour faire des clôtures provisoires, pour fabriquer les bannes ou bennes, dans lesquelles on transporte le charbon, pour faire sécher les fruits au soleil ou au four, etc. etc.

Cette sorte de claie est une véritable étoffe de bois, c'est-à-dire qu'on la fabrique avec les gaulettes les plus droites possible, au plus de la grosseur du pouce (formant le chaîne), entrelacées alternativement en sens contraire avec des bâtons un peu plus gros et écartés d'un pied, quelquefois plus ou moins (formant la trame). Leur longueur et leur largeur varient selon leur besoin. Souvent on y emploie plusieurs espèces de bois; mais comme chaque espèce a un degré de desséchement et de durée différent, il est beaucoup mieux de n'y faire entrer qu'une seule espèce. Celles de chêne sont les meilleures, après viennent celles du charme, puis celles de coudrier, qui sont les plus communes et au meilleur marché. Rarement on en fait avec les autres espèces d'arbres, du moins dans la ci-devant Bourgogne, où j'ai suivi leur fabrication.

Cette fabrication, lorsqu'on veut qu'elle soit bonne, ne laisse pas que d'être difficile et sur-tout pénible. D'abord il faut que le bois soit sec, afin que la retraite ne rende pas lâches les diverses parties de la claie. On est donc obligé d'attendre deux ou trois mois après la coupe des gaulettes, et de les faire ensuite tremper pendant quelques jours dans l'eau avant d'en faire usage; ensuite il faut les tordre au point où elles doivent être recourbées (pour que la claie soit solide, elles doivent l'être toujours), c'est-à-dire sur les bâtons des deux extrémités.

Ce sont les bûcherons, lorsque la coupe des bois est terminée, ou les charbonniers pendant les momens de repos que leur donne l'opération de la carbonisation, qui se livrent à cette fabrication, qui ne laisse pas d'être considérable dans le pays que j'ai cité plus haut. Aux environs de Paris, on y procède peu. Cette sorte de claie y est même assez rare, quoiqu'il en arrive beaucoup sur les bâteaux de charbon, de blé, de pommes et autres, parce qu'on les détruit pour les brûler aussitôt que ces bâteaux sont déchargés.

Ces claies durent seulement quelques années, parce qu'elles sont de jeune bois encore peu solidifié; mais leur bon marché compense cet inconvénient. J'en ai vu cependant servir de clôture de jardin pendant dix ans, mais c'est parce qu'elles étaient, par leur position, défendues de toute autre dégradation que de celle du temps.

On en construit souvent des maisons entières, mais dans ce cas on les garnit de MOUSSE et on les revêt de BAUGE. J'ai couché dans de telles maisons, et j'y ai aussi bien dormi que dans mon appartement du château de Versailles.

Des claies de cette sorte ayant 6 pieds de long sur 4 de large, entourées d'un rebord de 6 pouces de hauteur, que l'on peut par conséquent superposer au nombre de cinq à six, sont un excellent moyen, mais trop peu usité, de conserver les grains dans les greniers. En effet, 1°. l'air peut circuler entre les bois de la claie et compléter la dessiccation des grains; 2°. il est facile, au moyen de deux personnes, de remuer rapidement le grain en le transvasant sur d'autres claies. De telles claies, dans les pays de bois, ne doivent pas coûter plus de 3 francs, et elles peuvent durer douze à quinze ans.

Les claies dont on fait usage dans les jardins des environs de Paris sont construites sur d'autres principes : ce sont des gaulettes simplement attachées sur d'autres gaulettes très-écartées les unes des autres, soit avec de l'osier, soit avec du fil de fer. Ces gaulettes ne sont jamais repliées sur elles-mêmes. Leur fabrication est plus facile et cependant plus coûteuse; c'est aussi du bois sec qu'on y emploie, mais il n'est pas nécessaire de le mouiller pour le mettre en œuvre. Elles durent, surtout lorsque c'est du fil de fer qui sert de moyen de réunion, aussi long-temps que les précédentes. Comme il n'est pas nécessaire que les gaulettes soient très-longues, on peut y employer plus d'espèces de bois, principalement du châtaignier, préférable à tous les autres pour la durée et sa disposition toujours droite.

Il est une modification de cette sorte de claies; ce sont celles faites uniquement en osier. Leur fabrication diffère, 1°. en ce que les brins d'osier n'ont pas plus de 3 ou 4 lignes de diamètre; 2°. que leurs deux extrémités sont un tissu de vannerie qui les fortifie beaucoup; 3°. que les baguettes transversales sont liées avec les longitudinales par une double tresse d'osier fin; la distance entre ces dernières baguettes est de 3 à 6 lignes : elles sont très-régulières, mais durent peu de temps.

Enfin on fabrique des claies en fil de fer, positivement d'après les principes des précédentes, excepté que le tissu de vannerie est remplacé par un cadre de bois. L'écartement des fils longitudinaux n'est ordinairement que de 2 à 3 lignes. Ces claies durent long-temps lorsqu'on les nettoie et qu'on les met à l'abri de la rouille après s'en être servi. *Voyez Pl. IX, fig. 6.*

Outre les usages indiqués au commencement de cet article, les claies des deux premières sortes peuvent être très-utilement employées dans les jardins ou pépinières pour couvrir les plantes ou les semis qui veulent de la chaleur, de l'air et de l'eau, et qui craignent cependant l'action directe des rayons du soleil et des gouttes de pluie. Par leur moyen, je suis parvenu à des résultats très-satisfaisans dans les pépinières de Versailles. Placées verticalement, elles tiennent lieu de murs et d'abris d'arbres vivans pour les plantes et les semis qui craignent trop le froid et l'humidité. Placées horizontalement sur quatre piquets, à quelques pouces de terre, elles empêchent l'effet des gelées du printemps. Je les préfère sous tous les rapports aux paillassons, même devant les pêchers et abricotiers en espalier. Pendant l'hiver, elles servent à supporter la fougère, les feuilles sèches, la litière, avec lesquelles on garantit les plantes délicates des fortes gelées. Dans beaucoup de cas, on peut les employer dans une position plus ou moins inclinée : par exemple, pour remplacer, après le mois d'avril (dans le climat de Paris), les panneaux vitrés des châssis qui renferment des plantes peu délicates. Je crois donc qu'on ne peut trop les multiplier dans les jardins des amateurs ou des cultivateurs de plantes étrangères, comme dans ceux des amateurs et cultivateurs de fleurs, et dans les jardins potagers où on recherche les primeurs. Les avantages qu'on en peut retirer, et dont je n'ai indiqué que les principaux, compenseront de beaucoup les dépenses de leur première acquisition.

Les deux dernières sortes de claies servent principalement à passer ou tamiser grossièrement les terres des jardins pour en séparer les pierres et autres corps étrangers, quelquefois pour faciliter le mélange des parties de celles qui sont composées.

Pour cela, on les incline légèrement sur deux fourchettes enfoncées dans la terre, à quelques pieds de distance du tas de terre, et deux hommes placés de chaque côté jettent avec force des pelletées de cette terre contre la claie. Les petites parties passent à travers, et les grosses tombent au pied : on ôte les unes et les autres lorsqu'elles commencent à gêner. Une heure de pratique en apprend plus à l'égard de cette opération, d'ailleurs très-facile, que des volumes de discours.

Comme le succès des cultures délicates dépend principalement de l'ameublissement de la terrre où on les fait, on doit avoir une claie dans tous les jardins où on s'y livre. On doit aussi en avoir une, mais à gaulettes très-écartées, dans tous les jardins qu'on établit dans une terre neuve, pour ôter, par une seule opération, toutes les pierres qui s'y trouvent. Ce travail, quoique coûteux, est réellement économique quand on considère tout le temps qu'on emploiera pendant quinze à vingt ans, chaque fois qu'on laboure, pour ôter les pierres que la bêche ramène à la surface.

Dans le département de l'Ardèche, on appelle spécialement claie, ou claye, un petit bâtiment dans lequel il y a deux ou trois étages de claies de la première sorte, et qui sert à la dessiccation des châtaignes. *Voyez* CHATAIGNIER. (B.)

CLAIR. Mauvaise expression par laquelle on désigne un semis dont les grains ou les plants sont très-écartés : Ce blé est semé clair : Les raves sont clair-semées dans cette planche. *Voyez* SEMIS. (B.)

CLAIRETTE. Maladie des vers à soie, dans laquelle ils deviennent demi-transparens, sur-tout du côté de la tête. M. Nysten croit qu'elle est due à une altération des sucs digestifs, produite par l'abstinence; aussi l'a-t-il souvent guérie en mettant à part et en nourrissant bien les individus qui en étaient affectés. *Voyez* VER A SOIE. (B.)

CLAIRE-VOIE. Sorte de clôture faite en échalas ou en pieux plus ou moins écartés. Son objet est de défendre les récoltes des atteintes des hommes et des bestiaux sans faire beaucoup de dépense. On construit aussi des claires-voies dans les jardins pour abriter les plantes de la trop forte action des rayons du soleil; mais alors les échalas ou les pieux sont très-rapprochés. *Voyez* aux mots CLAIE et CLÔTURE. (B.)

CLAIRIÈRE. Espace vide qui se trouve au milieu d'un BOIS.

Lorsqu'une clairière est fort étendue, elle peut servir au pâturage et recevoir certaines cultures; mais quand elle est petite, que l'ombre des arbres la couvre complétement, elle devient impropre à des produits utiles, et le propriétaire soigneux de ses intérêts et de ceux de ses enfans doit chercher à la garnir d'arbres.

Plusieurs moyens peuvent être employés pour arriver à ce but : 1°. le marcottage des branches des arbres voisins; 2°. la mise au jour des extrémités coupées d'une partie de leurs racines; 3°. les boutures; 4°. les plantations; 5°. enfin les semis. *Voyez* au mot FORÊT.

Une considération à avoir quand on veut regarnir une clairière, c'est de faire les opérations précédentes un an ou deux avant la coupe du bois qui l'entoure, afin que cette coupe donne moyen aux arbres qui ont alors pris racine de profiter de l'influence du soleil pour acquérir du corps. La plupart de ces regarnis, dans le cas contraire, manquant d'air et de lumière, s'étiolent et finissent par périr.

On ménage souvent dans l'épaisseur des bosquets des jardins paysagers des clairières, dans lesquelles on place un banc, un monument; on plante un arbre isolé, un massif d'arbrisseaux, de petites corbeilles de fleurs, etc., etc. Beaucoup d'espèces étrangères, principalement des montagnes de l'Asie mineure et de l'Amérique septentrionale, se plaisent ainsi dans des lieux ombragés. (B.)

CLAPIER. Lieu où on nourrit des lapins en domesticité. *Voyez* Lapin. (B.)

CLAPON. Sorte d'engrais. Je crois que c'est la fiente des volailles. *Voyez* Pouline et Colombine. (B.)

CLARIFICATION. Je ne puis mieux faire connaître ce qu'il est important que les cultivateurs sachent sur l'objet que ce mot indique, qu'en présentant ici l'extrait des écrits publiés par le savant et estimable Parmentier.

Le but de toute clarification est de rendre transparent un fluide opaque par suite de l'interposition de molécules solides. On l'effectue par plusieurs moyens.

1°. La *résidence* ou le *repos*. C'est la clarification la plus simple et la plus communément employée. Tantôt la partie qui troublait la transparence est plus pesante et se précipite, comme dans l'eau qui charrie de l'argile, de la terre végétale, etc. Tantôt elle est plus légère et monte à la surface, comme dans l'opération de la fonte du beurre. C'est elle dont on fait usage en tous pays pour rendre potables les eaux boueuses. Les cultivateurs ne doivent pas seulement s'en servir pour celle qu'ils boivent, mais encore pour celle qu'ils donnent à leurs bestiaux; car c'est un absurde préjugé que celui qui fait croire que les eaux troubles leur sont plus avantageuses.

Le seul inconvénient de cette sorte de clarification c'est qu'elle est lente. Dans quelques cas, c'est lorsqu'elle sert pour des sucs de végétaux : elle donne lieu, par le temps qu'elle exige, à des altérations dans ces sucs ; c'est pourquoi il faut alors faire usage pour eux, de préférence, des moyens suivans.

2°. La *filtration*. Par ce procédé on arrête sur un corps poreux les impuretés contenues dans un fluide qui passe à travers ce corps.

Beaucoup de substances servent de filtres, et on doit les préférer les unes aux autres, suivant la nature des fluides à filtrer. Il faut donc connaître cette nature.

Les plus employées de ces substances sont, en grand, le sable ou le sablon, le charbon, les étoffes de laine, de fil ou de coton, et en petit le papier non collé, le coton cardé, l'éponge, le verre pilé.

C'est de sable ou de sablon dont on se sert le plus communément pour filtrer l'eau destinée à la boisson. Le charbon grossièrement pilé devrait toujours être préféré, à raison de ce qu'il produit mieux le même effet, et qu'en même temps il rend les eaux plus saines en absorbant toutes les matières animales ou végétales qu'elles tiennent **en** dissolution. *Voyez* Charbon.

Tous les filtres de laine, de toile ou de coton doivent être blancs, et au préalable lavés à différentes reprises. Il en devrait être de même du papier, dont on emploie de deux sortes : le *papier joseph* qui est demi-blanc, et le *papier gris*. Ce dernier communique souvent aux liqueurs, au petit-lait par exemple, une odeur et une saveur désagréables.

Presque toujours c'est dans des entonnoirs de verre ou de fer-blanc qu'on place les filtres de papier. Leur forme et leur position, en conséquence, n'est pas indifférente. Il faut donc les construire en cornet et leur donner des plis, ou les entourer de bûchettes ou de brins de paille pour les empêcher d'adhérer à l'entonnoir par la plus grande partie de leur surface. Ces deux derniers moyens sont préférables. C'est ainsi que les cultivateurs doivent filtrer le petit-lait, les baissières de leur vin, les liqueurs fines qu'ils fabriquent pour leur boisson.

Les filtres faits avec des étoffes peuvent avoir la forme d'un cône renversé, c'est la *chausse d'Hippocrate*, ou être simplement suspendus par les quatre angles, c'est le *cadre*. Leur contexture est plus ou moins claire. Ils servent principalement pour les sirops. Ce sont eux que les cultivateurs doivent employer pour purifier le miel de leur récolte et les sirops qu'ils sont dans le cas de fabriquer pour leur usage.

Les acides, excepté le vinaigre, ne peuvent être filtrés qu'à travers le verre.

La filtration de beaucoup de liqueurs assure leur conservation, en les débarrassant des matières qui peuvent les altérer. Le petit-lait déjà cité en offre un exemple.

Il y a aussi des pierres poreuses qu'on emploie, en les creusant et en ne donnant qu'une petite épaisseur à la cavité qu'on y pratique, pour filtrer les eaux destinées à la boisson ; mais leurs pores se bouchent bientôt, et elles ne rendent plus de service c'est pourquoi on les recherche si peu. En général, tant ces pierres que les sables qu'on met dans les fontaines dites filtrantes, demandent à être lavés souvent pour qu'ils conservent leur faculté et ne donnent pas de mauvais goût à l'eau.

3°. La *précipitation*. La clarification des fluides qui sont rendus opaques par des substances animales ou végétales à demi dissoutes peut s'opérer par des agens physiques ou des agens chimiques. Les deux matières qu'on préfère dans l'économie domestique, l'ALBUMINE ou le BLANC D'ŒUF, la GÉLATINE ou la COLLE FORTE (la colle de poisson principalement) sont au nombre des agens physiques. Les ACIDES, les ALCALIS, l'ALCOOL, sont au nombre des agens chimiques La chaleur, qui produit souvent le même effet, peut être placée dans l'une ou l'autre catégorie. D'autres substances en usage dans certains cas y rentrent également, telles que la chaux, la marne, la gomme arabique, l'amidon, le riz, le sang, la crême.

Pour employer l'albumine et la gélatine à la clarification des vins par exemple, il suffit de les faire dissoudre à froid dans une petite quantité d'eau, et de jeter cette dissolution dans le tonneau, puis remuer. Peu de temps après on voit se former un réseau, qui en se contractant sur lui-même rassemble toutes les parties étrangères au vin, et les entraîne au fond du tonneau.

La colle de poisson n'est préférée à la colle forte ordinaire que parce qu'elle est plus pure, toujours sans mauvais goût, et qu'une petite quantité produit un grand effet.

Il est important de ne pas tarder, sur-tout s'il fait chaud, de soutirer les vins qui ont été clarifiés avec l'albumine ou la gélatine, parce que ces matières passent facilement à la putridité. Au reste les procédés à suivre seront développés en détail au mot VIN.

Les huiles se clarifient en y introduisant deux centièmes d'acide sulfurique concentré, et en les agitant ensuite pendant quelque temps, puis en y ajoutant deux parties d'eau. Au bout de quelques jours, les matières étrangères et l'acide se précipitent au fond du vase. (B.)

CLARSSINE. Nom qu'on donne, sur les montagnes de l'Auvergne, à la race de MOUTONS qui vient du Berri. (B.)

CLASSE DES PLANTES. Pour se retrouver dans l'immense quantité d'objets qui existent dans la nature, on a été obligé de les diviser par groupes ayant un caractère commun, pour ensuite les subdiviser de manière à soulager la mémoire et à arriver des généralités aux individus.

Ainsi il y a trois règnes dans la nature. Les plantes constituent le règne végétal, divisé en classes qui, dans la méthode de Tournefort, sont fondées sur la forme de la corolle, le nombre des pétales, etc., qui, dans le système de Linnæus, sont établies sur le nombre des étamines, leur insertion, leur grandeur relative, etc. Depuis ces deux célèbres botanistes, on a adopté d'autres subdivisions du règne végétal, auxquelles Bernard de Jussieu a donné le nom de familles. On trouvera, au mot BOTANIQUE, une idée des classes des plantes, et au mot PLANTE quelques détails sur les bases physiologiques d'après lesquelles on les a fondées. (B.)

CLAUDICATION, BOITERIE. C'est l'effet de la douleur que ressent un animal qui a éprouvé quelque accident en posant un ou plusieurs de ses pieds à terre.

On reconnaît trois degrés de claudication : la *feinte*, qui est à peine apparente ; la *boiterie basse*, qui vient ensuite ; puis la *marche à trois jambes*, dans laquelle l'animal ne peut appuyer la jambe malade sans de grandes douleurs.

Les chevaux et les mulets sont les plus sujets à la claudication, et c'est eux qu'il est le plus important d'en guérir promptement, puisque dans cet état ils sont plus ou moins impropres aux différens services qu'on en exige.

Le siége de la claudication se reconnaît à la vue, lorsque c'est une maladie locale extérieure qui la cause; souvent à la position que prend l'animal pendant son repos ou sa marche, lorsque la maladie locale est interne; d'autres fois, dans ce dernier cas, en appuyant le pouce successivement sur toutes les parties du membre. Souvent il est occulte, par exemple, lorsqu'il est occasionné par un rhumatisme.

Le plus communément c'est dans le pied qu'on doit soupçonner la cause de la claudication; et il faut l'y chercher, après l'avoir déferré, soit en reconnaissant le trou, si c'est un clou de rue, une pierre, une épine; soit en pinçant les bords du sabot avec la tricoise; soit en appuyant sur les parois et sur la sole le bout du manche du même instrument.

Les causes les plus fréquentes de l'espèce de claudication qui a son siége dans le sabot sont la BLEIME, les PIQURES de toutes espèces, la SOLE BRULÉE, l'ÉTONNEMENT DU SABOT, le CRAPAUD, la SEIME, l'AVALURE, la FOURBURE, la CRAPAUDINE, la FRACTURE DE L'OS.

Non-seulement un, mais deux, trois, et même les quatre membres peuvent être affectés en même temps de claudication. Elle est plus douloureuse et a des suites plus graves dans les membres postérieurs que dans les antérieurs.

La perte de l'appétit, l'abattement, la fièvre, sont les suites assez ordinaires des claudications très-douloureuses. Souvent les digestions deviennent difficiles, et l'animal maigrit.

Il est des claudications incurables. Les unes sont dues à l'organisation originelle de l'animal, d'autres à des accidens ou à des maladies mal suivies dès leur origine. On appelle BOITERIE DE VIEUX MAL celles qui disparaissent quand l'animal est ÉCHAUFFÉ.

Chaque espèce de claudication exigeant un traitement différent, je renvoie le lecteur aux articles des maladies ci-dessus, et aux mots EXOSTOSE, ÉPARVIN, COURBE, JARDE, FORME, OSSELET, SUROS, MOLETTE, VESSIGON, RHUMATISME, CHEVILLE, ATTEINTE, JAVART, EFFORT DE BOULET, ENTORSE, CONTUSION, PLAIE, FARCIN, EAUX, ÉCART.

En terme de maquignonnerie, on dit qu'*un cheval fait des armes*, ou *montre le chemin de Saint-Jacques*, lorsqu'il porte son corps en avant pour soulager le membre boiteux. On dit encore qu'*il boite de l'oreille*, lorsqu'il relève la tête au moment où il pose le pied malade par terre.

Ordinairement, lorsque c'est un membre de devant qui est affecté, le cheval porte la tête haute, et il la porte basse si c'est un membre de derrière.

Lorsque la cause de la claudication n'est pas apparente, des maquignons trompent les acheteurs en faisant aux chevaux qu'ils mettent en vente une légère blessure, à laquelle ils l'attribuent. Cette friponnerie devrait être punie par des peines corporelles.

Les chevaux qui sont devenus boiteux par accident, et qui ne peuvent plus être employés au travail, peuvent encore, s'ils sont beaux, bons et d'âge compétent, servir à la reproduction. Il n'en est pas de même de ceux qui boitent, parce qu'ils ont les pieds *trop petits, encastellés* ou *les talons serrés*, qu'ils sont *pris des épaules*, qu'ils ont les *épaules chevillées*, parce que ces vices de conformation se transmettent à leurs productions et les rendent incapables de tout long ou fort travail. (B.)

CLAUJOT. Nom vulgaire du GOUET dans quelques départemens. (B.)

CLAVALIER, *Zanthoxylum*. Genre de plantes de la dioécie pentandrie et de la famille des térébinthacées, qui renferme cinq à six arbres ou arbrisseaux, dont les tiges et les branches sont garnies d'épines robustes; dont les feuilles sont ailées avec impaire, parsemées de points transparens, et exhalent une odeur aromatique agréable; et dont les fleurs, peu remarquables, sont disposées en faisceaux ou en grappes dans les aiselles des feuilles.

On ne cultive en pleine terre, dans les jardins des environs de Paris, qu'une seule espèce de ce genre, c'est le CLAVALIER A FEUILLES DE FRÊNE, *Zanthoxylum cauliflorum*, Mich., qui a ses folioles ovales, lancéolées, très-entières, légèrement velues, et ses fleurs sur les grosses branches. Il est originaire de la partie septentrionale de l'Amérique, et s'élève à 8 à 10 pieds. On l'appelle vulgairement le *frêne épineux*. Il passe, dans le Canada, pour un puissant sudorifique et un bon diurétique. C'est moins pour sa beauté que pour faire variété qu'il se cultive dans les jardins paysagers; cependant, en automne, les pieds femelles se rendent remarquables lorsqu'ils sont couverts de fruits. Il résiste aux plus grands froids, se plaît dans les terrains sablonneux sans être arides, et fleurit au commencement du printemps, avant la pousse des feuilles.

On multiplie cet arbuste de graines qui mûrissent fort bien dans le climat de Paris, et qu'on sème, aussitôt leur récolte, dans un terrain bien ameubli et à l'exposition du levant. Le plant fait peu de progrès la première année; mais, à la fin de la seconde, il peut être levé pour être mis en pépinière à la même exposition. Ce n'est qu'à la quatrième ou cinquième année qu'il est assez fort pour être mis en place.

Cette lenteur dans la croissance des pieds venus de graines fait qu'on emploie rarement cette voie, on préfère celle des marcottes, des rejetons et des racines; et comme la seconde, c'est-à-dire celle des rejetons, suffit aux besoins du commerce, c'est à elle qu'on s'en tient le plus souvent dans les pépinières ordinaires.

En effet, il se forme toujours, par le seul effet des blessures faites aux racines en labourant, des drageons qui peuvent être levés pour être mis directement en place dès la seconde année, et on peut les multiplier autant qu'on le juge à propos, en faisant volontairement de ces blessures.

Quand on veut faire des marcottes, on coupe le vieux pied, on incise toutes les nouvelles pousses l'année suivante, on les couche en terre; et au bout de la même année, c'est-à-dire après l'hiver, elles ont assez de racines pour être levées et mises en pépinière.

Lorsqu'on désire employer les racines, on coupe celles de la grosseur du doigt en tronçons de 6 pouces de long, et on les place dans des terrines de manière qu'il y en ait un pouce hors de terre. Ces terrines se mettent sur couche et sous châssis, et s'arrosent souvent. Ordinairement il naît des bourgeons dès la première année, et à la fin de la seconde le plant qui en provient peut être mis en pépinière. (B.)

CLAVE. On appelle ainsi le TRÈFLE aux environs de Calais.

CLAVEAU, CLAVELÉE. MALADIE DES BÊTES A LAINE. C'est une de celles qu'on doit le plus craindre pour les bêtes à laine. Elle a des noms différens, selon les pays; ceux que j'ai pu rassembler sont les suivans : *claveau, clavelée, clavilière, clavin, picotte, vérole, petite vérole, verette, caraque, gramadure, gamise, liarre, peste, bête,* etc. Ses ravages, calculés en somme, sont plus considérables que les pertes occasionnées par la *pourriture* et la maladie du *sang.* La première de celles-ci attaque seulement les animaux qui fréquentent les pâturages frais et humides. La deuxième n'enlève que ceux qui sont nourris trop long-temps au sec, ou étouffés dans leurs bergeries, ou souvent conduits sur des terrains remplis de plantes sèches et aromatiques : encore n'y a-t-il que les bêtes à laine d'une constitution molle et lâche qui soient exposées à la pourriture, et, par la raison contraire, que celles dont la constitution est forte et vigoureuse qui le soient à la maladie du sang. En général elles ne sont pas si meurtrières que le claveau, qui quelquefois tue la moitié d'une bergerie. Il ne ménage rien; on le voit dans les troupeaux qui paissent dans toutes sortes de terrains, et qui sont nourris, dirigés et conduits de diverses manières. Il ne distingue ni le tempérament, ni l'âge des individus : béliers, moutons, brebis, agneaux, forts ou faibles, tout y est sujet, tout peut en être la victime. S'il se complique avec la pourriture et la maladie du sang, il en aggrave les dangers, et dans ces cas il n'a jamais qu'une fin funeste.

Le claveau est aussi contagieux que la petite vérole l'est dans l'homme; un rien le communique. Pour le gagner, il suffit qu'un troupeau passe dans un champ où en a passé un qui en était atteint ; cependant au milieu d'une épizootie, il y a des animaux qui en sont exempts, comme cela a lieu dans les épidémies. On assure qu'un agneau qui naît avant que le claveau dont sa mère est attaquée ne soit dans l'etat de suppuration, n'en est point infecté, et qu'on n'a trouvé aucun fœtus qui portât les marques de cette maladie.

C'est une opinion générale que la bête à laine n'a le claveau qu'une fois en sa vie. Ce que je sais, c'est que cette maladie ayant régné deux fois en trois ans dans un troupeau, les animaux qui l'avaient eue la première fois ne l'eurent pas la seconde. Le fait, à la vérité, ne prouve pas qu'ils ne puissent l'avoir qu'une fois, mais au moins que les récidives sont rares; au reste, les exceptions, s'il y en a, ne détruisent pas la règle.

Il ne me paraît pas utile de chercher si le claveau a une origine très-ancienne, ni à quelle époque il a commencé à se manifester, et si les animaux le contractent quelquefois spontanément. Je n'ai pas connaissance qu'il se soit déclaré par cette dernière voie, il suffit de savoir que le moyen le plus ordinaire et le plus rapide par lequel il se communique est la contagion, et d'exposer la conduite que doivent tenir les propriétaires de bêtes à laine, et sur-tout les bergers pour l'éviter, et pour prendre les mesures convenables quand il se manifeste parmi les animaux confiés à leurs soins.

On a prétendu que les lapins étaient sujets à cette maladie, les dindons en éprouvent une qui a rapport avec elle; mais je ne prononcerai pas sur leur analogie parfaite avec le véritable claveau. En la supposant, est-il bien vrai que le claveau des lapins et des dindons se communique aux bêtes à laine *et vice versâ?* Je ne le crois pas, quoique quelques personnes l'aient assuré. En trente-six ans, le troupeau de Rambouillet l'a eu deux fois; savoir, à son arrivée en 1785 et cette année (1821). En 1785, il n'y a pas de doute qu'il l'avait gagné en chemin. Cette maladie a été soignée sous mes yeux et par mes conseils. Cette année (1821), il est certain que c'est par la communication, je ne dis pas immédiate, mais médiate de quelques troupeaux des environs qui en étaient infectés. On n'a pas dit que c'était par des lapins, dont presque toujours a été rempli le parc de Rambouillet, où le troupeau paît exclusivement et dont il ne sort jamais. Si c'en était là une cause, le claveau y eût régné bien des fois.

La même observation peut s'appliquer à la prétendue communication du claveau par la voie des dindons : il y a tant de cours de fermes où l'on élève de cette sorte de volailles, qui souvent éprouvent la maladie regardée comme le claveau, que les troupeaux de ces fermes y seraient continuellement exposés.

Je ne vois pas qu'on ait inoculé quelque part le claveau des lapins et des dindons sur des bêtes à laine *et vice versâ*. Si ces inoculations avaient été faites avec succès, ce serait une très-forte induction en faveur de l'identité du claveau de ces différens animaux et de la possibilité d'une communication. Jusque-là je ne le reconnaîtrai pas.

La petite vérole de l'homme ne donne point au mouton le claveau ni naturellement ni par inoculation : on l'a essayé à l'École de médecine de Paris. Les rapports si grands que ces maladies ont entre elles, devraient plutôt les faire passer de l'un à l'autre, que du lapin et du dindon au mouton.

Je pense que c'est en voulant faire adopter cette idée, que les gens préposés à la garde et à la conduite des troupeaux colorent et cherchent à excuser leur négligence : les bergers savent si bien tromper leurs maîtres, qui ne peuvent s'en défier et les suivre par-tout!

Dès qu'un berger est informé que le claveau est dans un troupeau voisin, il ne doit pas en approcher le sien. Il est prudent de ne faire voyager les bêtes à laine que de grand matin dans les pays suspects, afin que le virus déposé sur les herbes se trouvant émoussé par l'humidité de la nuit ne puisse plus avoir d'action. Il ne faut pas que le berger d'un troupeau sain ait des rapports, soit directs, soit indirects, avec ceux de troupeaux qui sont malades ; ses chiens, s'il ne les en écartait pas soigneusement, transmettraient la contagion : car les habits, les poils, les ustensiles mêmes, sont, autant que les herbes et les fourrages, des voies de communication.

Voilà pour les précautions que chacun doit prendre pour ce qui le regarde, et à l'avantage de son maître ; mais il en est d'autres qui intéressent ceux dont les troupeaux sont situés dans les environs. Elles sont contenues dans les articles du projet du Code rural ; il me suffira de les rapporter.

Lorsque le claveau sera reconnu exister dans un troupeau, celui auquel il appartient sera tenu d'en faire sur-le-champ sa déclaration au maire de la commune, qui assemblera les autres propriétaires de troupeaux de la même commune.

Ces propriétaires fixeront le cantonnement que doit occuper le troupeau malade et ceux que doivent occuper les troupeaux sains, de manière que dans aucun cas, et pendant toute la durée de la maladie, les uns et les autres ne puissent passer sur la même route.

Lorsqu'un propriétaire aura un enclos assez étendu pour y mettre son troupeau, il sera obligé de l'y retenir pendant toute la durée de la maladie.

Le parc de son troupeau malade ne pourra être placé à moins de 100 mètres des grandes routes et 50 mètres des chemins vicinaux.

Le maire de la commune sera tenu de faire connaître sur-le-champ aux maires des communes limitrophes l'existence de la maladie et les cantonnemens prescrits.

Dans le cas où les troupeaux d'une ou de plusieurs communes seraient forcés d'aller aux mêmes abreuvoirs, ceux attaqués de maladie ne pourront y aller qu'après les autres, et seulement aux heures et par les chemins qui seront indiqués.

Les animaux morts du claveau seront enfouis avec leurs peaux et toisons. Les mesures prescrites par les articles précédens auront leur exécution pendant trois mois, temps ordinaire de la durée du claveau dans un troupeau.

Ces dispositions particulières au claveau n'empêchent pas que ce genre d'épizootie ne soit assujetti aux mesures générales de police relatives à toutes.

Quand le claveau se met dans un troupeau, le meilleur moyen de l'arrêter et de l'empêcher de faire des progrès serait d'assommer les premiers animaux qu'il attaque, et de les enterrer profondément avec leur peau. Ce sacrifice, tout cruel qu'il paraisse, devient nécessaire et ne manque pas de réussir. J'ai connu un fermier actif et intelligent, qui en employant ce moyen a sauvé plusieurs fois son troupeau, et éteint pour ainsi dire le mal dans sa source. On a conseillé d'appliquer un séton à chaque bête pour la garantir de la maladie ou la rendre moins dangereuse. On pourrait bien faire usage de ce préservatif, s'il était sûr, quand on n'a que peu d'animaux; mais il est impraticable pour un troupeau nombreux de 400 têtes, par exemple. D'autres pensent qu'il faudrait faire des saignées; mais ce ne serait qu'aux plus vigoureux individus. Des boissons délayantes et adoucissantes, telles qu'une eau de son gras ou de recoupes, me semblent en général convenir dans les pays où les bêtes à laine ont la fibre sèche et les vaisseaux pleins; et dans ceux où elle est lâche et molle, des décoctions de genièvre, ou autres substances toniques, comme l'anis, l'angélique, la coriandre, etc.

La maladie commençant à se répandre parmi les individus du troupeau, d'autres soins sont nécessaires. L'extrême chaleur et le grand froid sont également contraires : si c'est en été, on tient les animaux dans des bergeries ouvertes ; si c'est en hiver, les portes et les fenêtres en seront fermées, excepté plusieurs momens dans la journée, pour en renouveler l'air, de manière que la température y soit toujours moyenne. Ce qu'il y a de plus essentiel, c'est une extrême propreté dans la bergerie et dans les vaisseaux dont on se sert.

J'ai eu plusieurs fois occasion d'examiner le claveau, et particulièrement dans deux circonstances. L'une est lors de l'épizootie qui a régné à Rambouillet, en 1786 et 1787, sur les mérinos que le roi Louis XVI avait fait venir d'Espagne. L'autre est lorsque les troupeaux de Sologne, loués à des fermiers de Beauce pour parquer, se sont trouvés infectés de cette maladie. La première dura pendant les mois de novembre, décembre et janvier ; l'autre, qui avait commencé en plein été, continua jusqu'au commencement de l'automne. Les animaux que le claveau attaqua n'étaient ni de la même constitution ni du même tempérament, puisque les uns venaient des plaines de l'Estramadure ou des montagnes de Léon, et les autres des bruyères humides de la Sologne. A Rambouillet, on a tenu à la bergerie toutes les bêtes malades, suivant le conseil des bergers espagnols qui les avaient amenées, et qui les soignaient ; en Beauce, elles ne quittèrent pas leurs parcs, et par conséquent elles furent toujours en plein air. Ces différences n'en ont établi que très-peu dans les symptômes et dans la mortalité ; tout ce que j'ai observé m'a convaincu que le claveau, comme on le voit depuis long-temps, a les plus grands rapports avec la petite vérole des hommes.

Cette maladie, en effet, suit une marche régulière ; on y distingue trois temps bien marqués : celui de l'invasion ou de l'inflammation, celui de l'éruption, et celui de la dessiccation des boutons. M. Thorel croit qu'il faut distinguer quatre temps : celui de l'invasion, celui de l'éruption, celui de la suppuration et celui de la dessiccation ; mais ces quatre temps peuvent être réduits à trois, l'éruption comprenant la suppuration. Les animaux, dans le premier temps, sont tristes, dégoûtés, languissans, ayant la tête penchée, et les parties postérieures rapprochées des antérieures ; ils ne ruminent pas, ils ont soif, ils éprouvent une grande chaleur, ils ont beaucoup de fièvre. On ne doit pas regarder ces symptômes comme particuliers au claveau ; car ce sont ceux qui, dans le principe de plusieurs maladies, se manifestent les premiers. Dans le second temps, il paraît sur leur corps des boutons, qui grossissent par degrés, et qui, rouges d'abord, deviennent blancs ensuite ; ils sont tantôt bombés, tantôt aplatis ; ceux qui se forment les premiers couvrent les parties dénuées de laine, telles que la face, le dedans des cuisses, les aiseiles, le dessous de la queue, le ventre, les mamelles; il s'en forme ensuite sous la laine; en quatre ou cinq jours, l'éruption est complète. Dans le troisième temps, les boutons se remplissent de pus, se dessèchent, et forment une croûte noire qui tombe dans la suite.

On peut distinguer deux sortes de claveau, comme on distingue deux sortes de petite vérole : l'un est benin et l'autre malin; celui-ci est ordinairement confluent, c'est-à-dire que les boutons sont petits, abondans et serrés les uns contre les autres. Les symptômes en sont plus graves; l'éruption est incomplète; les boutons s'aplatissent, se dessèchent et noircissent sans contenir de pus; une morve épaisse découle des narines; la tête enfle, les yeux se ferment, la respiration devient pénible; rarement les animaux en reviennent. Quelques personnes admettent un claveau cristallin, qu'elles placent entre le benin et le malin; mais il ne me paraît pas assez bien caractérisé pour en faire une troisième espèce.

Lorsque l'eruption étant complète, les bêtes à laine reprennent de l'appétit, on peut espérer qu'elles guériront; mais si elle ne soulage pas, si les boutons sont d'un pourpre foncé, on ne peut porter qu'un pronostic fâcheux. Des abcès et des dépôts extérieurs, et le dépouillement de la laine aux endroits où il y a eu éruption, sont d'un bon augure. Souvent les animaux rachètent leur vie aux dépens de leur vue; ils deviennent borgnes ou aveugles; il y en a qui pèlent jusqu'à perdre toute leur laine; la plupart conservent toute leur vie ou des cicatrices, ou l'empreinte des boutons. Les corps de ceux qui en meurent sont gangrénés et putréfiés en très-peu de temps. Les bêtes jeunes et vigoureuses sont celles qui resistent le mieux au claveau.

Au premier symptôme qui annonce que des bêtes sont attaquées de la maladie, on doit les séparer des autres. Si on avait à sa disposition beaucoup de locaux, on pourrait former plusieurs infirmeries, pour partager les bêtes malades à raison des différens tempéramens et constitutions, et donner aux unes et aux autres des boissons plus appropriées. En général, il faut peu de chose; la nature fait plus que l'art. L'animal qui souffre beaucoup ne mange point : s'il a de la fièvre, il boit plus volontiers. On placera donc dans les infirmeries des baquets pleins d'eau, aiguisée de sel marin et de nitre, et dans laquelle on aura jeté quelques poignées de farine de féveroles ou de recoupes. On mettra dans des auges un mélange d'avoine, de son gras et de soufre, afin de nourrir celles qui auront besoin et la possibilité de manger.

Les Espagnols écrasent ou pilent quelques têtes d'ail sec, qu'ils font cuire dans l'eau, en y mêlant du poivre rouge. Ils donnent de cette boisson à chaque brebis , le matin et le soir, un peu moins d'une demi-quartille, qui équivaut à la quatrième partie d'une bouteille de Bordeaux. Ce remède peut être bon pour des individus qui sont d'un tempérament mou , et non pour les autres.

Si à la suite de la maladie il survient des dépôts, le berger les ouvrira lorsqu'ils seront à maturité , et il pansera avec un mélange de térébenthine et de jaune d'œuf.

Pour donner une idée de la perte que peut causer le claveau dans un troupeau bien soigné, voici l'état de celle du troupeau de Rambouillet en 1786 et 1787. Le claveau s'y déclara trente-huit jours après son arrivée; il n'existait pas dans les environs, ce qui prouve qu'il l'avait gagné en chemin.

Du 25 novembre au 29 de ce mois, il mourut six brebis; du 29 novembre au 25 décembre, quatorze, et de cette époque au 31 janvier, quinze, total trente-cinq brebis ; en tout on perdit soixante agneaux : ainsi la perte des agneaux a été à-peu-près double de celle des brebis. On ne s'est pas rappelé combien il y avait eu d'agneaux malades; j'ai su qu'il y a eu cent quarante brebis : trente-cinq sont justes le quart de cent quarante. Lorsque la maladie a attaqué le troupeau , c'est-à-dire en novembre, temps où les agneaux ne naissaient pas encore , il était composé de trois cent vingt-trois bêtes : la perte a donc été d'environ un neuvième. Elle eût été bien plus considérable, à cause de la rigueur de la saison, sans les attentions qu'on a eues de séparer les animaux malades des animaux sains, de les tenir proprement et dans une douce température, avec renouvellement d'air; d'enterrer les corps entiers de ceux qui mouraient, et d'interdire avec les bêtes saines toute communication aux hommes qui soignaient celles qui étaient malades.

Les rapports du claveau avec la petite vérole ont dû donner, et ont en effet donné, l'idée de l'inoculer. L'auteur du Dictionnaire vétérinaire regarde comme probable le succès de cette opération , et il indique quelques précautions à prendre pour la pratiquer; M. Vitet la croit possible, mais il doute qu'elle soit avantageuse; M. l'abbé Carlier la rejette comme dangereuse. Si on en croit deux lettres imprimées de M. Amoreux, elle est en usage dans le haut Languedoc, aux villages de Mons, l'Appardu, Saint-Hilaire, et dans toute la partie du pays appelé les *Corbières basses,* aux diocèses de Narbonne, Carcassonne et Aleth. M. Thorel, artiste vétérinaire à Lodève, dans un écrit intitulé : *Avis au peuple sur le claveau ou picotte des moutons,* assure que M. Venel, célèbre professeur de Montpellier, a inoculé avec succès un troupeau, et qu'en Saxe on a aussi pratiqué cette opération, Enfin on trouve dans la *Médecine des chevaux,* par M. de Chalette, quelques faits relatifs à l'inoculation du claveau. Quoi qu'il en soit, l'occasion s'étant présentée, il y a environ quarante ans, de l'essayer, j'ai cru devoir en profiter, soit pour ouvrir une nouvelle source d'instruction, soit pour confirmer et assurer les expériences qui avaient été déjà faites et dont je n'avais pas connaissance.

Le 22 septembre, j'ai choisi deux bêtes à laine : un antenois, c'est-à-dire une bête d'un peu plus d'un an, et un agneau d'environ sept à huit mois. L'antenois fut pris dans un troupeau qui, depuis le 1er. juillet, parquait et vivait par conséquent des herbes qui croissent dans les chaumes de froment et d'avoine; l'agneau avait appartenu à une paysanne qui l'avait élevé, et le nourrissait, comme sa vache, d'herbes de jardin et des champs. Ils venaient de deux pays où il n'y avait pas de claveau, et étaient en bon état de santé. Je ne crus pas devoir les préparer, parce que, suivant une réflexion sage de feu M. Girod, médecin, un des plus versés alors dans l'art d'inoculer la petite vérole, la préparation est inutile quand les individus sont bien portans; on ne peut leur donner la maladie dans une circonstance plus favorable. Le claveau régnait dans plusieurs troupeaux des environs du lieu que j'habitais; il avait moissonné beaucoup d'animaux. Je fis porter l'antenois et l'agneau auprès d'un de ces troupeaux, avec l'attention d'empêcher le berger d'en approcher, dans la crainte que ses habits ou ses mains ne leur communiquassent naturellement le claveau.

Pour inoculer l'antenois, je fis, avec une lancette, sous chaque aisselle trois incisions superficielles qui ne tirèrent pas une goutte de sang, et effleurèrent seulement la peau en divisant l'épiderme. La même lancette fut ensuite trempée dans des boutons qu'on ouvrit à une bête attaquée du claveau depuis sept à huit jours, suivant le rapport du berger. La matière qu'ils contenaient n'était pas épaisse et blanche comme du vrai pus, mais fluide et sanguignolente : il ne fut pas possible d'en trouver de meilleure. On l'introduisit dans les six incisions, en passant ensuite le doigt dessus, afin que les vaisseaux en absorbassent davantage.

On prit à une autre bête une matière semblable, pour inoculer l'agneau de la même matière par cinq incisions, dont trois sous une aisselle et deux sous l'autre.

Je désirais d'abord inoculer le claveau benin : le hasard me servit bien; car les deux animaux dont j'ai pris la matière de l'inoculation avaient cette espèce de claveau, à ce qu'il m'a paru; ils avaient un grand nombre de boutons assez gros, et la respiration libre sans jeter de la morve par les narines.

Tous ceux qui l'avaient encore à cette époque étaient à la fin de leur guérison et ne pouvaient remplir mon but.

L'antenois et l'agneau inoculés ont été reportés dans une écurie spacieuse et aérée, où, pendant l'expérience, je les ai fait nourrir d'avoine et de son gras, et dans le commencement de feuilles d'orme et de vigne, en leur laissant de l'eau pure pour boisson.

Dès le second jour, j'aperçus une légère inflammation à une des incisions de chacun des animaux; le troisième, toutes les plaies furent enflammées; le quatrième jour, l'inflammation augmenta d'étendue, et commença à se bomber, le cinquième, outre les boutons des plaies, il s'en forma un à la jambe de l'antenois, et plusieurs sur l'épaule; ils augmentèrent tous par degrés jusqu'au neuvième jour. L'inflammation des plaies de l'agneau suivit la marche de celles de l'antenois : il n'eut des boutons que sur ces parties.

Depuis l'inoculation, le temps avait été doux et pluvieux; le jour même de l'inoculation, il avait fait de l'orage, et le tonnerre avait grondé.

Les deux animaux paraissaient bien altérés, car il fallait souvent leur donner de l'eau, ils avaient cependant conservé de la vivacité et de l'appétit; mais, à l'époque du neuvième jour, ils devinrent tristes, sans force, et ne voulurent plus manger. L'agneau refusa plus long-temps la nourriture que l'antenois; les boutons qu'il avait sur les plaies étaient plus bombés et plus longs, ce qui pouvait dépendre de la longueur des incisions. J'ai remarqué qu'il a découlé du nez de l'un et de l'autre une humeur muqueuse, regardée comme un signe ordinairement mortel; mais cet écoulement n'était pas accompagné d'une respiration gênée ni d'un battement de flancs, comme dans le claveau confluent; ce qui me rassura sur le sort de ces animaux.

Les boutons sont entrés en pleine suppuration le 10; trois jours après, ils formaient déjà des croûtes : alors l'antenois et l'agneau ont repris de la force, de la gaieté et de l'appétit. Depuis ce temps jusqu'au vingtième jour, ils ont été de mieux en mieux; les croûtes ne tombèrent entièrement que long-temps après; la peau de l'antenois est devenue farineuse, comme elle le devient à la suite des maladies éruptives. Ce jour-là, je les ai fait mettre dans un troupeau qui parquait, et dont une partie avait été attaquée du claveau. Quoiqu'il tombât beaucoup d'eau, et que le sol sur lequel ils couchaient fût humide, ils n'en ont pas été incommodés, et se sont bien portés.

Cette expérience prouve que le claveau peut être inoculé;

car on ne doutera pas que l'antenois et l'agneau ne l'aient contracté par cette voie. L'agneau, à la vérité, n'a eu des boutons qu'auprès des incisions; mais, dans l'inoculation de la petite vérole, ce cas n'arrive-t-il pas? Au reste, il a été malade sérieusement, et sa maladie a suivi la marche du claveau; les boutons eux-mêmes ont eu les trois temps très-distincts : celui de l'inflammation, celui de la suppuration et celui de la dessiccation. Le claveau, dont le principal symptôme est l'éruption, a été marqué plus sensiblement encore dans l'antenois, puisqu'il a eu des boutons loin des incisions, puisque sa peau, après la chute des croûtes, est devenue farineuse.

Quand je fis connaître ces faits, je les regardai comme bien insuffisans pour prouver l'avantage de l'inoculation; mais fallait d'abord s'assurer de la possibilité et du moyen. Je ne présentai mon expérience que comme un commencement de recherches qui pouvait servir de base à beaucoup d'observations, dont j'indiquai les principales ainsi qu'il suit :

On a remarqué que le claveau était plus meurtrier dans les grands froids et les grandes chaleurs, et sur-tout dans les grands froids; il serait donc utile de pratiquer l'inoculation dans toutes les saisons.

Suivant le rapport des habitans des provinces du nord et de celles du midi de la France, cette maladie cause moins de ravages dans le midi que dans le nord; ce qu'il faudrait encore vérifier par l'inoculation.

Les brebis pleines, attaquées du claveau, avortent ordinairement et périssent pour la plupart. Sur un troupeau de deux cents brebis pleines, je sais qu'il en est mort quatre-vingts du claveau : on doit donc inoculer les brebis en cet état.

Il faut inoculer des béliers et des moutons à tout âge.

Les jeunes agneaux périssent presque tous lorsqu'ils sont atteints du claveau. A Rambouillet, sur soixante-sept qui l'ont éprouvé, on en a perdu soixante; mais on les a moins perdus, à ce que je crois, de la maladie, que parce que leurs mères, qui l'avaient alors, ne pouvaient plus leur donner de lait, et parce que ces animaux ont des boutons dans la bouche qui les empêchent de sucer les mamelons. Il est bon d'inoculer les agneaux de mères qui ont eu le claveau, et qui continuent à avoir du lait, et ceux des brebis actuellement attaquées de la maladie et n'ayant pas de lait, avec l'attention de faire boire pendant ce temps-là du lait de vache aux agneaux; enfin, ce qu'il ne faut pas oublier, c'est d'inoculer des agneaux quelque temps après le sevrage.

On placera des animaux inoculés dans des endroits où ils seront exposés à toutes les injures de l'air; on en placera aussi sous des hangars, ou dans des bergeries bien closes.

Dans les deux inoculations rapportées, je n'ai employé qu'une matière fluide contenue dans des boutons; mais il faut aussi employer les croûtes, et peut-être le sang et l'humeur qui découlent par le nez.

On ne sera bien convaincu que le claveau n'attaque qu'une fois ordinairement les bêtes à laine, que quand, dans plusieurs expériences, on aura inoculé une seconde fois, sans produire d'effet, les animaux auxquels l'inoculation l'aura déjà donné, ou qui l'auront déjà eu naturellement.

Cette maladie étant tantôt bénigne, tantôt maligne, il est nécessaire d'inoculer des bêtes saines avec du pus ou des croûtes pris à des animaux qui soient dans l'un ou dans l'autre cas.

Enfin on peut encore, en pratiquant l'inoculation du claveau peu de jours après l'insertion, scarifier et brûler les plaies, ou avec le cautère, ou avec le feu, pour voir si on arrêtera par là l'introduction du virus. Dans le cas où cela arriverait, on concevrait bien mieux le traitement de la pustule maligne, improprement appelée *charbon*, dans laquelle nous employons ces moyens, qui réussissent toujours quand la gangrène n'est que locale. On concevra encore pourquoi on les a exécutés avec avantage sur les plaies faites par des animaux enragés, pour prévenir les tristes effets du virus hydrophobique.

J'engage les personnes qui s'intéressent à la conservation des bestiaux à faire avec soin les expériences que je propose; elles sont dignes de leur zèle et de leur attention. Si elles venaient à démontrer que l'inoculation du claveau le rend toujours benin et préserve les animaux du claveau, cette pratique offrirait de grands avantages; car souvent on ne reconnaît la maladie que quand elle a attaqué un grand nombre de bêtes; souvent il y en a beaucoup d'attaquées à la fois. Pour empêcher que le mal ne se communique, on est assujetti à une foule de précautions, dont quelques-unes sont toujours négligées. Il n'y a qu'une sévérité extrême qui puisse ralentir et éteindre le foyer du mal, comme j'ai été forcé de l'employer dans l'épizootie de Rambouillet, où les bergers espagnols, peu accoutumés à une vigilance nécessaire dans nos climats, auraient laissé le claveau dévaster tout le troupeau. L'inoculation, pratiquée par-tout sur les agneaux après le sevrage, préviendrait les soins et les inquiétudes. Alors les troupeaux pourraient impunément voyager des plaines dans les montagnes, et des montagnes dans les plaines; ils seraient conduits de province en province sans craindre qu'ils ne contractassent ou donnassent une maladie toujours redoutée des bergers; on verrait la pensée de Virgile se vérifier : *Nec mala vicini pecoris contagia lædent.* Enfin une considération plus importante encore, les boucheries ne nous fourniraient pas aussi souvent une viande de mauvaise qualité, comme il n'est que trop ordinaire, sur-tout dans les campagnes ; car les bouchers tuent les animaux attaqués du claveau, et en distribuent la viande sans faire attention qu'elle peut être nuisible à la santé de ceux qui en mangent : tant l'avarice étouffe quelquefois dans les cœurs l'amour de l'humanité !

Tels étaient les vœux que j'exprimais il y a plus de trente ans. Depuis cette époque, et sur-tout depuis la propagation des mérinos, on s'est beaucoup occupé de tout ce qui pouvait prévenir le claveau, ou en diminuer les ravages.

La belle découverte de la vaccination, qui fait tant d'honneur à celui qui a su en présager le succès, et qui le premier l'a appliquée au secours de l'humanité, n'a pas plutôt été appréciée à sa véritable valeur, qu'on a pensé qu'elle pourrait être le préservatif du claveau, comme elle l'est de la petite vérole des hommes ; en conséquence de cette idée, qu'une analogie du moins apparente avait fait naître, des essais ont été tentés dans différens pays. Quelques symptômes résultant de l'opération ont induit en erreur des personnes faciles à se prévenir ; elles ont prétendu qu'on parviendrait à éteindre aussi le claveau par la vaccine. Mais des expériences authentiques, faites avec toute la sagesse et toutes les précautions possibles, on pourrait dire des expériences contradictoires, ont malheureusement ôté toute espérance, et n'ont laissé que le regret de ne pouvoir étendre à des animaux un bienfait si grand que notre siècle a procuré aux hommes.

Autant pour voir s'il serait possible de tirer parti du nouvel antidote pour s'opposer au claveau, que pour juger les différentes opinions qui s'étaient formées d'après les premières vaccinations sur les bêtes à laine, la Société d'agriculture du département de Seine-et-Oise, qui n'est occupée, comme la Société centrale, qu'à éclaircir des vérités utiles aux progrès de l'économie rurale, a nommé, dans son sein, une commission pour employer avec suite les procédés les plus propres à porter la conviction dans les esprits : on est convaincu qu'elle n'a rien épargné, rien omis, rien négligé, quand on a lu le rapport qu'a fait de toutes les expériences M. Voisin, l'un des membres distingués de cette société, et chirurgien habile de l'hospice de Versailles, qui les a spécialement dirigées avec une assiduité, un zèle et une intelligence peu ordinaires. Un extrait détaillé de ce rapport est dans les Annales de l'agriculture française, t. 25. Je me bornerai à en donner les résultats.

« La vaccine se développe chez les neuf dixièmes à-peu-près des bêtes à laine sur lesquelles on l'applique ; mais elle a peu d'énergie chez ces animaux.

» On n'a pu la communiquer à ceux qui avaient eu précédemment le claveau.

» Malgré l'analogie apparente de la petite vérole, du claveau et de la vaccine, le virus claveleux présente un caractère distinct et propre aux bêtes à laine.

» De leur organisation paraît dépendre cette modification propre au claveau et particulière à l'insuffisance de la vaccine contre la contagion claveleuse.

» Le claveau, soit naturel, soit inoculé, ne se développe pas deux fois dans le même individu.

» L'inoculation du claveau diminue la production de la laine, au rapport de M. le maréchal duc de Raguse.

» Pour devenir le préservatif d'une maladie contagieuse, il est essentiel qu'un agent ait non-seulement de l'analogie avec elle, mais encore un degré proportionné à celui de la maladie dont on veut garantir le sujet.

» La vaccine ne préserve pas le mouton du claveau.

» Enfin il est démontré que l'inoculation du claveau en atténue tellement l'effet, qu'il est possible en l'employant de ne pas perdre un seul animal. »

Dans l'impossibilité de tirer parti de la vaccine pour préserver du claveau, on est revenu à l'inoculation du claveau lui-même. Plusieurs personnes l'ont pratiquée dans différens pays, notamment M. de Barbançois, qui a de nombreux troupeaux dans le département de l'Indre. M. Huzard, mon collègue, est allé faire lui-même cette opération sur le troupeau de M. Chaptal, à Chanteloup, département d'Indre-et-Loire, et sur celui du gouvernement placé au château de Clermont, près Nantes, département de la Loire-Inférieure. Dans l'un et l'autre cas, il a rendu le service de préserver la majeure partie des bêtes, qui auraient été atteintes de la maladie, et de diminuer la mortalité sur celles qui en avaient déjà le principe.

Je terminerai cet article par quelques principes relatifs à l'inoculation du claveau.

Cette opération n'a pas toujours réussi ; une expérience rapportée par feu M. Picot de la Peyrouse, professeur d'histoire naturelle à Toulouse, en est la preuve : en faisant inoculer un beau troupeau de mérinos qui lui appartenait, il a éprouvé des pertes auxquelles il ne s'attendait pas et qui lui ont paru un effet de l'opération. Quelques autres personnes, qui n'ont pas été à la vérité si mal traitées, ont été aussi peu satisfaites d'avoir eu recours à cette pratique ; mais je suis persuadé que M. Picot de la Peyrouse et autres ont dû attribuer les mortalités qui sont survenues à la suite de l'inoculation, à tout autre cause. Ils étaient dans le foyer de la contagion, leurs animaux pouvaient déjà avoir le principe du claveau : une addition du virus a dû, dans ce cas, causer un tel désordre dans l'économie animale, qu'il en soit résulté une désorganisation, d'abord de ce qui environnait les plaies, et ensuite de toute l'habitude du corps. La saison, choisie forcément par M. Picot, et il en est convenu, n'était pas favorable ; c'était le 24 juillet, saison très-humide aux environs de Toulouse ; l'inoculation a été faite par piqûre sous cuir, c'est-à-dire un peu profondes : voilà plus d'une cause des effets fâcheux qu'a éprouvés M. Picot de la Peyrouse, cultivateur très-distingué, qui, avec beaucoup de franchise, les a fait connaître pour engager à prendre le plus de précautions possible.

Les saisons qui me paraissent les meilleures, sur-tout pour les climats un peu éloignés de la capitale, sont le printemps et l'automne, tels que les mois de mars et d'avril et ceux de septembre et d'octobre : alors il ne fait ni trop chaud ni trop froid, inconvéniens à éviter.

En inoculant une brebis quelque temps après la monte, on court risque de la faire avorter ; si elle est prégnante, ou près de mettre bas, on a à craindre de tuer l'agneau ; lorsque la brebis nourrit, son lait se perd. Il est donc utile de choisir, pour cette classe de bêtes à laine, les intervalles entre ces situations : les béliers, les moutons et les antenoises, qu'on ne fait pas rapporter, donnent plus de facilités.

L'opération se fait ou avec une lancette, ou avec une aiguille crénelée ; il ne faut qu'effleurer la peau : si c'est avec l'aiguille, on doit la relever aussitôt qu'on a percé, au lieu de l'enfoncer ; la bonne manière est de se conduire comme si on vaccinait.

La place où l'on doit faire l'opération n'est point indifférente. Ce doit être à la partie inférieure de l'aisselle, au-dessous du coude, et non plus haut, parce qu'il faut que le virus soit à l'abri du mouvement, et éloigné des lymphatiques du pli de l'aisselle.

Deux piqûres de chaque côtés suffisent.

Le régime ne peut être autre chose que celui qui concerne les bêtes attaquées du claveau, c'est-à-dire eau blanchie par la farine, fourrage de bonne qualité, etc.

On pourrait citer M. Grognier, professeur à l'École vétérinaire de Lyon, et M. Girard, directeur de celle d'Alfort, qui ont inoculé avec succès beaucoup de bêtes à laine, et un grand nombre de propriétaires de troupeaux, qui se sont applaudis d'avoir fait usage de cette pratique. (*Tes.*)

CLAVELÉE. *Voyez* CLAVEAU.

CLAVELIÈRE, CLAVIN. C'est le CLAVEAU.

CLAVELLE. *Voyez* CENDRE GRAVELLÉE.

CLAYE. *Voyez* CLAIE.

CLAYONNAGE. Sorte de construction en bois qui ne diffère de la claie que par une circonstance et par son objet.

On fait du clayonnage, ou pour soutenir des terres en pente que les eaux pluviales sont dans le cas d'entraîner, ou pour défendre les bords des rivières de l'action destructive des eaux. (*Voyez* au mot Torrent.) On en fait aussi pour élever la terre autour du pied d'un arbre déchaussé par une cause quelconque, et dans quelques autres cas.

Pour construire un clayonnage, on fiche solidement en terre des piquets plus ou moins gros, plus ou moins longs, plus ou moins écartés, selon l'objet; et on les entrelace avec des gaulettes d'un pouce de diamètre au plus, alternativement en sens contraire.

Le chêne et le châtaignier sont les arbres qui fournissent le meilleur clayonnage; cependant on les emploie rarement à raison de leur haut prix. On a tort, car quoiqu'en agriculture il faille toujours proportionner la dépense à l'augmentation du revenu qu'elle doit amener, une trop grande économie empêche souvent tout produit. Je fais cette remarque, parce que, pour empêcher un ruisseau de se répandre sur une prairie, j'ai vu construire naguère un clayonnage avec des branches de saule encore en pleine végétation. Ce clayonnage n'a pas duré six mois, et n'a par conséquent pas rempli son objet.

Le bois d'aune est excellent pour faire des clayonnages dans les marais et sous terre. Je dis sous terre, car c'est un moyen fort économique de former un lit à des eaux dont on veut effectuer l'écoulement sous terre.

Il est des pays où on construit des maisons en clayonnage, qu'on revêt de mousse et ensuite de terre mêlée avec de la bouse de vache et de la paille, ou de la terre mêlée avec de la bourre. *Voyez* Claie et Bauge. (B.)

CLÈDE. Parc à mouton dans le département du Var. (B.)

CLÈDE. Synonyme de Claie. (B.)

CLEF DE MONTRE. C'est la lunaire annuelle.

CLÉMATITE, *Clematis.* Genre de plantes de la polyandrie polygynie et de la famille des renonculacées, qui renferme près de trente arbustes à tiges sarmenteuses, à feuilles opposées et ailées, et à fleurs disposées en grappes axillaires, dont quelques-uns croissent naturellement en Europe, et d'autres se cultivent en pleine terre dans les jardins d'agrément du climat de Paris. Quelques clématites cependant ont les tiges droites et herbacées.

Les principales espèces à tiges grimpantes et ligneuses sont,

La Clématite des haies, *Climatis vitalba*, L., qu'on connaît aussi sous le nom d'*herbe aux gueux* et de *viorne des pauvres.* Elle a la tige sarmenteuse, noueuse, les pétioles fort longs,

les feuilles composées ordinairement de cinq folioles cordiformes et dentées ; les fleurs légèrement odorantes et d'un blanc
jaunâtre. On la trouve dans les bois et les haies, sur les branches desquels elle grimpe au moyen de ses pétioles, qui se contournent et font l'office de vrilles. La grosseur de sa tige égale
quelquefois celle du bras, et la longueur de ses rameaux la
hauteur des arbres du second ordre.

Cette espèce décore agréablement les bois et les haies au milieu de l'été, lorsqu'elle est en fleur, et pendant l'automne et
une partie de l'hiver, quand elle est en fruit. En effet, chacune
de ses semences étant terminée par une longue queue torse et
soyeuse, il résulte de leur ensemble des panaches fort singu-
liers et qui ne manquent pas d'élégance. Cependant on la cultive rarement dans les jardins, parce qu'il est très-difficile de
la contenir, et qu'au moyen de ses nombreuses semences elle
s'empare rapidement de tout le terrain qui l'environne. Bien
dirigée, elle fortifie singulièrement les haies, dans la composition desquelles on la fait entrer de distance en distance, tandis qu'elle les détruit lorsqu'elle est abandonnée à la nature.
Voyez HAIE.

Les pauvres emploient ses feuilles, qui sont caustiques et
vésicatoires, pour se faire, en les appliquant sur la peau après
les avoir écrasées, des excoriations qui ont l'apparence d'ulcères, propres à exciter la pitié de ceux aux yeux de qui ils
se présentent et qui ne sont pas au fait de cette manœuvre. Ses
tiges flexibles servent, comme la véritable viorne, à faire des
paniers, des corbeilles, des ruches et autres ouvrages de vannerie d'un grand usage dans les campagnes. C'est pendant l'hiver, lorsque les feuilles sont tombées, qu'il convient de s'occuper de ces petits travaux, parce que les rameaux jouissent
alors de toute leur flexibilité. On peut augmenter cette flexibilité en les approchant du feu au moment de les employer. Si
ces rameaux n'avaient point de nœuds, ils seraient beaucoup
plus précieux que l'osier, la viorne et autres arbustes de ce
genre, à raison de leur longueur, souvent de 2 à 3 toises.

Dans quelques parties de l'Italie, on mange les jeunes pousses
de cette plante cuites dans l'eau en guise d'asperges ; ce qui, au
dire de Décandolle, qui nous a appris ce fait, contrarie moins
les analogies qu'on le peut croire au premier coup d'œil, attendu que leur principe délétère, comme celui de toutes les
renonculacées, réside dans une partie extractive soluble dans
l'eau.

La CLÉMATITE ODORANTE, *Clematis flammula*, Lin., a les
feuilles inférieures multifides, ou deux fois ailées et à folioles
linéaires, et les supérieures entières et lancéolées. Elle croît
dans les parties méridionales de l'Europe. Ses fleurs sont plus
petites et plus odorantes que celles de la précédente : en consé-

quence on la cultive dans les jardins paysagers. On la multiplie de semences, par séparation des vieux pieds, par marcottes
et par boutures.

On peut tirer un parti très-agréable de la clématite odorante
dans les parterres, en la plantant au pied des arbustes qui s'y
taillent en boules et qui fleurissent de bonne heure, tels que
le pêcher à fleurs doubles, le lilas de Perse, le seringat, etc.,
et en la faisant courir sur leur surface au moment de la floraison, qui n'a lieu qu'en juillet et août. Dans ce cas, elle doit
être souvent rabattue, pour que ses rameaux ne s'étendent pas
plus qu'il n'est nécessaire.

M. Dorthes nous a appris que sur les bords de la Méditer-
ranée, depuis Agde jusqu'à Narbonne, on recueille les tiges
de cette plante pendant l'été, c'est-à-dire quand elles sont le
plus garnies de feuilles, et qu'après les avoir fait sécher en
petites bottes d'environ une livre de poids, on les conserve
pour la nourriture des bestiaux pendant l'hiver. Tous aiment
avec passion ce fourrage, qui, loin de leur nuire, comme lorsqu'ils le mangent en vert, les nourrit presque autant que
l'avoine; on en fait même un commerce assez lucratif.

Comme cette espèce, que quelques auteurs ont confondue
avec la clématite maritime, parce qu'elle vient aussi sur les
bords de la mer, croît avec la plus grande rapidité et dans les
sols les plus arides, il serait très-avantageux de la multiplier
par-tout sous ce rapport.

On doit à Braconnot, *Annales de chimie et de physique*,
l'analyse de cette plante, dont le principe âcre disparaît par la
dessiccation, et qui contient du mucoso-sucre, de la gomme,
une matière animalisée, et du malate et du citrate de chaux.

La CLÉMATITE BLEUE, *Clematis viticella*, Lin., a les feuilles
deux ou trois fois ailées, à folioles très-entières et quelquefois
lobées, les fleurs grandes et bleues. Elle est originaire des parties méridionales de l'Europe, et se cultive fréquemment dans
les jardins, où elle produit un bel effet sur-tout lorsqu'elle
est en fleur, et elle y est pendant quatre mois de l'année. On la
place contre les murs, dont elle cache la nudité; on en fait des
berceaux, des tonnelles, etc.; on la multiplie de semences, de
marcottes, de boutures et par séparation de racines. Ses rameaux sont beaucoup plus grêles que ceux des précédentes et
par conséquent plus propres aux petits ouvrages de vannerie.
Ses feuilles sont d'un vert très-obscur; la couleur de ses fleurs
varie du bleu au pourpre et au rouge : ces fleurs doublent
quelquefois.

La CLÉMATITE A VRILLES, *Clematis cirrhosa*, Lin., a les
feuilles simples, et leurs pétioles, qui persistent après la chute
des folioles, forment des vrilles. Ses fleurs sont d'un blanc verdâtre. Elle croît naturellement en Espagne et en Crète. Ses

fleurs ne sont point agréables ; mais comme ses feuilles restent vertes toute l'année, on la cultive dans quelques jardins pour garnir les murs et les treillages. Ses fruits ne mûrissent pas dans le climat de Paris ; en conséquence on ne peut l'y multiplier que par boutures, séparation de vieux pieds, ou en marcottant en automne ses rejetons de l'année.

La CLÉMATITE ORIENTALE a les feuilles composées, les folioles cunéiformes et trilobées, les pétales jaunâtres et velus du côté inférieur. Elle est originaire de la Turquie d'Asie. On la cultive dans quelques jardins, parce que ses feuilles glauques peuvent être mises avec avantage en opposition avec celles des autres arbres. C'est par graines, par marcottes, par séparation des vieux pieds qu'on la multiplie : elle demande une exposition chaude et à être couverte pendant l'hiver, car ses tiges périssent à la suite des fortes gelées. Dans ce cas, il faut les couper rez terre dès les premiers jours du printemps, et ses racines pousseront des rejets vigoureux qui répareront bientôt la perte.

La CLÉMATITE DE VIRGINIE a les feuilles ternées, les folioles en cœur, souvent lobées, les fleurs velues intérieurement et dioïques. Elle vient de l'Amérique septentrionale. Ses fleurs sont blanches et odorantes ; ses feuilles d'un vert foncé. On la cultive comme la précédente, à laquelle elle ressemble beaucoup au premier aspect.

Il n'est pas avantageux de multiplier les clématites par le semis de leurs graines, parce qu'il faut attendre cinq à six ans avant de jouir complétement de leur produit ; mais lorsqu'on est forcé de le faire, on doit mettre la graine, aussitôt qu'elle est récoltée, dans une terre bien travaillée et exposée au levant : le plant levera la première ou la seconde année. Il restera deux ans dans la même planche, après quoi il sera repiqué en pépinière à 6 ou 8 pouces de distance, jusqu'à l'époque de sa mise en place, c'est-à-dire trois ou quatre ans. Pour procéder à cette opération, on coupera ses tiges à 6 pouces du collet des racines.

Les marcottes de clématites ne prennent pas toujours racine la première année, quand on n'a pas employé des pousses de cette même année, ou quand on n'a pas fendu ou au moins blessé les nœuds de ces mêmes pousses ; mais en général elles peuvent être mises en place dès l'hiver suivant.

On doit, pour être assuré de voir réussir les boutures, les placer dans des terrines sur couches et sous châssis ombragé pendant les grandes chaleurs ; cependant il en reprend quelquefois en pleine terre dans une exposition chaude et fraiche.

La manière la plus commune de multiplier les clématites est par section de la racine des vieux pieds. En effet, il suffit d'en partager un avec une bêche ou une petite hache, pour avoir autant de nouveaux pieds qu'il y aura de tiges garnies de fibrilles. Les besoins du commerce ne sont pas fort étendus, attendu qu'il n'y a guère que les deux plus faciles à multiplier, c'est-à-dire la *bleue* et l'*odorante*, dont on demande souvent.

Les principales espèces à tiges droites et herbacées sont,

La CLÉMATITE A TIGE DROITE, *Clematis recta*, Lin., a les feuilles pinnées, les folioles ovales, lancéolées et très-entières; les fleurs blanches, nombreuses, disposées en panicule ombelliforme, et tantôt à quatre, tantôt à cinq pétales. Elle est originaire des montagnes des parties méridionales de l'Europe, fleurit au milieu de l'été, et s'élève à 3 ou 4 pieds. On la multiplie de graine et par séparation des vieux pieds. Elle produit un bel effet dans les jardins par ses grosses touffes et la couleur glauque de ses feuilles.

La CLÉMATITE A FEUILLES SIMPLES, *Clematis integrifolia*, Lin., a les feuilles sessiles, ovales, lancéolées; les fleurs grandes, bleues, recourbées et solitaires à l'extrémité des tiges. Elle est originaire des parties orientales de l'Europe et de l'Asie. On la cultive dans les jardins, où elle se fait remarquer par la grandeur et l'élégance de ses fleurs, qui s'épanouissent au milieu de l'été, et auxquelles succèdent des fruits qui leur cèdent peu en beauté. Elle perd ses tiges tous les hivers.

Ces deux plantes se placent, dans les parterres et dans les jardins paysagers, sur le bord des massifs. Elles ornent beaucoup. On les multiplie de graines qui, semées aussitôt leur maturité, donnent dès l'année suivante du plant propre à être repiqué au bout de deux ans et mis en place à quatre. Leur multiplication a également lieu par division des vieux pieds, et c'est le moyen le plus employé, parce que c'est celui qui donne des jouissances plus promptes. (B.)

CLÉTHRA, *Clethra*. Genre de plantes de la décandrie monogynie et de la famille des bicornes, qui renferme sept espèces d'arbres ou d'arbrisseaux, dont on cultive deux ou trois en pleine terre dans les jardins paysagers, qu'ils ornent par leur feuillage et par leurs fleurs.

L'espèce la plus commune est le CLÉTHRA GLABRE, *Clethra alnifolia*, Lin., qui est un arbrisseau de 5 à 6 pieds de haut, à écorce grise, à feuilles alternes, pétiolées, ovales, dentées, élargies à leur sommet, très-légèrement pubescentes; à fleurs blanches, nombreuses, petites, disposées en épis terminaux, souvent de plus de 6 pouces de long, qui croît dans les lieux humides de la Virginie et de la Caroline, et ne craint point la gelée dans le climat de Paris. Il fleurit au commencement de l'automne. Son aspect est agréable, et il convient très-bien pour orner les devants des bosquets ou le bord des pièces d'eau dans les jardins paysagers; mais il demande un sol très-léger, même rigoureusement la terre de bruyère, et une humidité constante pour faire jouir de tous les avantages qu'il présente. On se le procure par semences; cependant comme ces semences mûrissent très-rarement dans le climat de Paris, et qu'il faut attendre plusieurs années leurs produits, on préfère généralement le multiplier par la voie des marcottes ou par éclats des vieux pieds, deux moyens qui en fournissent plus que les besoins du commerce ne l'exigent.

Les marcottes se font en automne, et peuvent se lever pour être mises définitivement en place au bout de deux ans. Les éclats peuvent s'effectuer à la même époque, mais mieux au printemps, et se placer, soit à demeure, lorsque le pied n'est partagé qu'en deux ou trois morceaux, soit en pépinière, quand on n'en sépare que de faibles portions latérales.

Le Cléthra pubescent, dont les feuilles sont très-pubescentes en dessous, diffère à peine du précédent, et se cultive de même.

Le Cléthra paniculé et le Cléthra acuminé sont trop rares pour être mentionnés particulièrement; ils sont originaires des montagnes de la Caroline.

Le Cléthra en arbre est une charmante espèce, dont les fleurs sont très-odorantes, mais venant des Canaries; il exige l'orangerie pendant l'hiver. (B.)

CLIE, CLION. Barrière tournante avec laquelle on ferme les champs enclos dans le département des Deux-Sèvres. (B.)

CLIMAT. En géographie, on appelle climats les espaces en latitude qui ont le soleil en plus ou en moins pendant une heure. Ainsi il y a douze climats de chaque côté de l'équateur; cependant, dans l'usage ordinaire, on étend souvent cette dénomination, et on dit : Le climat intertropical, le climat tempéré, le climat glacial.

D'un autre côté, pour beaucoup de personnes, le climat n'est que le degré de froid ou de chaud, de sécheresse ou d'humidité, qui est le plus propre à tel ou tel pays. C'est dans ce sens qu'on dit que le climat de la Suède est froid, le climat de l'Angleterre humide, le climat de l'Espagne sec, le climat de l'Italie méridionale chaud. Pris dans ce sens, les climats influent beaucoup sur la santé et par conséquent sur le moral des habitans.

En agriculture, on restreint le mot climat à la portion de pays qui fournit les mêmes productions végétales; ainsi on divise la France en climat des orangers, climat des oliviers, climat du maïs, climat de la vigne : ce dernier se subdivise ensuite en trois autres climats; savoir, du midi qui, s'étend des Pyrénées à Limoges ou à Lyon; climat du centre, de Limoges ou de Lyon jusqu'à Orléans ou Langres; et climat du nord, de Langres à Laon. Ces climats ne sont point parallèles à l'équateur, ainsi qu'on le voit dans la carte qu'Young en a dressée, ni même entre eux. J'en dirai les raisons plus bas.

De même on divise encore la France, relativement à sa grande agriculture, en climat du midi, depuis les Pyrénées jusqu'à Bordeaux, ou depuis Marseille jusqu'à Valence ; en climat du centre, depuis ces deux villes jusqu'à Paris ; et en climat du nord, depuis Paris jusqu'aux frontières de la Hollande. Dans ce cas, on suit des lignes parallèles à l'équateur, c'est-à-dire les lignes des latitudes, quoiqu'elles ne soient pas rigoureusement exactes.

Il y a six villes qui, par leur position ou par le nombre d'écrivains sur l'agriculture qu'elles ont fournis, sont souvent regardées comme centres de climats. Ce sont Marseille, Montpellier, Bordeaux, Lyon, Paris et Lille.

Le climat de Paris, qui est souvent cité dans cet ouvrage, s'étend du côté du midi jusqu'à Orléans, et du côté du nord jusqu'à Amiens, c'est-à-dire qu'il a 5o lieues de large.

Les climats sont modifiés par plusieurs causes :

1°. Les abris. C'est à l'abri produit par les hautes montagnes des environs d'Hières que cette ville doit la faculté d'être la seule en France qui puisse cultiver l'oranger en plein champ avec bénéfice. C'est par le moyen des abris qu'on se procure des primeurs de toutes sortes dans les jardins de Paris. C'est par le moyen des abris que par-tout on est garanti, naturellement ou par art, des vents froids, des vents secs, des vents violens.

2°. La nature du sol. Les plaines sablonneuses et sèches, les montagnes schisteuses sont plus précoces, toutes choses égales d'ailleurs, que les plaines argileuses et humides, que les montagnes granitiques.

3°. Le voisinage. Les forêts ou autres plantations de grands arbres, les lacs, les marais, les rivières retardent la végétation des plantes qu'on cultive dans le rayon de leur activité.

4°. L'exposition. Le nord et l'ouest sont moins favorables à beaucoup de productions que le midi et l'est ; à la vigne, par exemple.

5°. L'élévation. Le climat du sommet des Alpes, des Cordilières, sous l'équateur, est le même que celui de la Laponie. Ce fait est très-remarquable et n'a pas encore été expliqué d'une manière satisfaisante. *Voyez* CHALEUR.

Il y a un grand nombre de causes qui changent en plus ou en moins l'influence des climats. Ainsi, si, comme le prouvent les observations faites dans tout l'univers, et principalement pendant ces derniers temps en Amérique, comme j'ai eu lieu de m'en assurer dans ce pays en conversant avec les cultivateurs, les défrichemens, en diminuant la masse des bois et des eaux, augmentent la chaleur de tel ou tel canton, ces mêmes défrichemens amènent un plus prompt abaissement de la hauteur des montagnes, et affaiblissent par conséquent la puissance des abris qu'elles fournissent.

Indépendamment de ces causes, il en est une générale, qui n'est pas encore bien connue, mais dont les effets sont cependant très-marqués, et qui agit selon la série des siècles. Cette cause, un auteur la trouvait dans le refroidissement graduel de la terre ; un autre, dans la diminution de la masse ou de la densité du soleil ; un troisième, dans l'augmentation de l'obliquité de l'écliptique, etc.

Par exemple, lorsque les forêts de la France étaient peuplées d'éléphans, de rhinocéros et autres grands quadrupèdes, aujourd'hui perdus, les rivières de crocodiles de 30 pieds de long, de tortues de 6 pieds de diamètre, et les mers voisines, de coquillages aujourd'hui propres aux mers intertropicales, et d'autres également perdus, peut-on croire que le climat fût à la température actuelle, et que des causes circonstancielles dépendantes des hommes (qui n'existaient probablement pas alors) aient pu influer sur de si grands effets ? *Voyez* les Mémoires de Cuvier.

Lorsqu'on voit dans Pline, dans Virgile, Ovide et autres écrivains latins, que le climat de Rome était plus âpre de leur temps qu'il ne l'est en ce moment, on doit supposer que cela est dû aux défrichemens des forêts de l'Allemagne ; car alors l'Italie était peut-être plus défrichée et plus cultivée qu'aujourd'hui.

Un grand nombre de faits répandus dans les écrivains du moyen âge et de ces derniers temps, faits des analogues desquels on peut fréquemment s'assurer, comme j'en ai trouvé l'occasion, constatent que la vigne se cultivait autrefois aux environs de Rouen et même en Angleterre ; que les oliviers étaient aussi abondans aux environs de Valence qu'ils le sont aujourd'hui aux environs d'Aix ; qu'on mangeait des cerises à Paris généralement au premier juin, quoique les variétés hâtives soient nouvellement découvertes.

J'ai vu en Bourgogne des pentes de montagnes où la vigne était cultivée il y a un siècle, ainsi que le constatent et le nom de ces pentes et les titres de propriété, et où aujourd'hui le raisin ne peut plus mûrir. On faisait jadis du vin muscat dans les vignes de Lancié près Macon, et actuellement l'espèce de raisin qui le donne ne s'y voit plus qu'en treille. On m'a cité en Suisse bien des champs élevés qui étaient jadis annuellement semés en orge ou en avoine, et qu'on a été obligé de transformer en pâturages par la même cause. Les Chroniques du Groënland assurent qu'on y a cultivé du blé, chose impossible à présent. Bien d'autres faits de la même sorte pourraient être sans doute cités, si je me donnais la peine de les rechercher.

Ne peut-on pas voir dans ces circonstances le résultat d'un refroidissement successif du globe, dont les volcans, jadis si multipliés et aujourd'hui si rares, dont la température des mines les plus profondes, aujourd'hui reconnue au-dessus de 10 degrés, semblent conduire à attribuer la cause à un feu central qui diminue annuellement d'intensité.

Quoi qu'il en soit, c'est le climat qui influe le plus sur l'agriculture, soit parce que telle ou telle espèce de plante ne croît que sous tel climat, soit parce que tel climat donne aux produits de telle ou telle plante des qualités qu'elle n'aurait pas ailleurs. C'est donc lui que les cultivateurs doivent d'abord étudier lorsqu'ils veulent se livrer à quelque nouvelle spéculation. Le maïs est une des meilleures cultures des parties méridionales de la France ; mais il ne peut être réellement utile de le cultiver, malgré l'assertion de quelques écrivains, au-delà des bords de la Saône. Le colza produit de grandes richesses aux habitans du nord de la France, et il serait ruineux à un propriétaire des environs de Montpellier d'entreprendre sa culture.

L'influence du climat ne se fait pas seulement sentir sur les plantes existantes, elle agit même sur le sol. Dans les pays chauds, la végétation est très-active, et la chaleur, ainsi que l'humidité, concourent, pendant toute l'année, à décomposer les êtres organisés qui périssent, et à fournir par conséquent des moyens fort étendus de nourriture aux plantes. Dans les pays du Nord, le froid s'oppose à toute végétation et à toute décomposition pendant la moitié ou les deux tiers de l'année, et l'humidité ne sert qu'à la retarder encore. On peut citer en preuve ces cadavres d'éléphans et de rhinocéros gelés depuis plusieurs milliers d'années, et découverts très-nouvellement au milieu des sables du rivage de la mer Glaciale : fait qui prouve, soit dit en passant, que le refroidissement des pôles actuels, c'est-à-dire le changement des climats, s'est fait instantanément, et qu'il a été indépendant du refroidissement graduel annoncé plus haut.

J'observerai cependant que souvent cette influence a été portée plus loin qu'il ne convenait. On a prétendu, par exemple, que c'était à elle seule que les chevaux arabes, que les moutons d'Espagne devaient leur supériorité ; et les productions de ces chevaux et de ces moutons qu'on voit en ce moment en France montrent qu'on s'était trompé. De même on a prétendu encore que c'était au climat que les vins de Languedoc, de Bordeaux, de Bourgogne, de Champagne devaient leur excellente qualité, et je me crois en état de prouver que c'est encore plus à la variété du raisin avec lequel on les fabrique. Je ne nie point cependant que telle même variété de raisin, prise au milieu des cultures ordinaires, ne soit plus sucrée à Montpellier qu'à

Paris, et que cet avantage ne soit dû à la plus grande chaleur du climat de la première de ces villes. *Voyez* Vigne.

La plupart des plantes qui se cultivent en France pour l'utilité ou l'agrément sont exotiques, et proviennent de climats plus chauds que le nôtre; l'art les a petit à petit acclimatées, mais non naturalisées, ce qu'il faut bien distinguer. *Voyez* aux mots Acclimatation et Naturalisation.

L'acclimatation des plantes, par le moyen de la culture, est une des plus grandes preuves de la supériorité de l'organisation de l'homme sur celle des animaux, et doit avoir, dans la série des siècles, une influence toujours croissante sur la prospérité des sociétés agricoles. Qu'il serait heureux le peuple qui saurait jouir des dons de la nature et des fruits de son travail dans toute leur plénitude!

L'influence du changement du climat sur les végétaux se fait toujours sentir plus ou moins; mais comme elle s'unit à celle de la nature de la terre, on ne peut l'apprécier avec exactitude. Les plantes rampantes, velues et odorantes du sommet des Alpes s'élèvent, deviennent glabres, perdent leur odeur lorsqu'on les transplante dans la plaine. Les plantes des pays chauds qu'on transporte dans les pays froids y perdent une partie de leur grandeur et de leur saveur; il suffit même, à ce qu'il paraît, de changer de pays une plante pour la modifier : ce qui semblerait faire croire que le climat influe moins sur elle que le terrain, la sécheresse ou l'humidité, les vents dominans, les abris, etc. C'est un des moyens que la culture peut employer pour multiplier les variétés. On sait que les cultivateurs des environs de Lille tirent de Riga la graine du lin avec lequel se fabriquent les dentelles et les batistes qui font la richesse de cette partie de la France. On sait que les pommes transportées dans le nord de l'Amérique en sont revenues deux ou trois fois plus grosses (la reinette du Canada).

J'observerai, en passant, que j'ai acquis la preuve, par ma propre expérience, pendant mon séjour dans cette partie du globe, que toutes les variétés de légumes et de fruits importées d'Europe anciennement ou nouvellement, même la viande des bestiaux et de la volaille, avaient perdu de leur saveur par la transportation; cela est trop général pour tenir uniquement à la variété ou à la nature du sol : il n'y a véritablement que le climat qu'on puisse croire être la cause de ce changement.

Une des plus importantes parties de la science agricole a pour objet, 1°. la connaissance des climats, leur influence sur les plantes en général et sur telle ou telle en particulier; 2°. l'étude de l'art de les suppléer, ou mieux de les réunir plus ou moins dans une localité très-circonscrite. Sur les premiers de ces objets il manque encore beaucoup de données mais la théorie et la pratique du second sont arrivées à un degré de perfection très-satisfaisant.

Les moyens qu'on emploie pour se procurer l'équivalent d'un climat froid, dans celui de Paris, sont assez bornés; car ils se réduisent à placer les plantes dans un vallon tourné au nord, ou contre un mur à la même exposition, et à arroser souvent, mais faiblement en été.

Les ressources dont on fait usage pour se procurer, dans le même climat, une température chaude, sont bien plus multipliées et plus puissantes. 1°. La nature du sol. Il est de fait qu'un sol sablonneux et sec, un sol noir sont plus hâtifs qu'un sol argileux et humide, qu'un sol crayeux : or on peut établir ses cultures dans un semblable sol, ou transporter du sable dans son jardin pour en rendre la terre plus sèche, du terreau pour la colorer davantage; 2°. les abris naturels, c'est-à-dire ceux fournis par les montagnes, les bois, etc.; 3°. les abris artificiels, tels que les murs, les contrevents, les haies, les paillassons, les baches simples, les cloches, les orangeries, les serres froides, etc.; 4°. la chaleur artificielle des couches, des baches composées, des serres chaudes, etc.; 5° enfin les labours, la taille, les arrosemens : car ces trois natures de travaux accélèrent la croissance des plantes, et suppléent par conséquent au climat.

Comme les avantages de tous ces moyens seront développés aux articles qui les concernent, je me dispenserai de m'étendre plus au long sur chacun d'eux en particulier. Je me contenterai de faire remarquer qu'ils ont créé, autour des grandes villes, une nouvelle source d'industrie qui fait vivre une nombreuse population et qui multiplie nos jouissances. Des hypocrites, des misantropes et des ignorans peuvent bien crier contre le luxe des primeurs, exagérer la fadeur des petits pois qu'on mange pendant l'hiver à Paris, le prix des superbes et excellentes pêches qu'on cultive avec tant d'art à Montreuil; mais heureusement ils ne peuvent pas empêcher les jardiniers de les faire croître, ni les gens riches de les acheter.

De tous les articles de la grande culture, la vigne est celui que l'art a pu porter le plus loin dans le Nord, au moyen du choix du terrain et des abris naturels; il en sera longuement traité à son article.

Les plantes annuelles, à raison du peu de temps qu'elles restent en terre, sont cultivées dans des climats bien plus froids que celui dont elles sont originaires. Si le chanvre, par exemple, était vivace, il est douteux qu'on pût le conserver, même dans le climat des orangers, le plus chaud de la France, tant il est sensible à la gelée. Il n'est point rare de voir fleurir et se multiplier dans nos jardins, en pleine terre, les plantes annuelles de la zone torride.

Je pourrais encore beaucoup m'étendre sur ce sujet ; mais tout ce que je pourrais dire de plus se trouvera développé sous d'autres titres, et en conséquence je m'arrête ici. (B.)

CLIPONODE, *Clinopodium*. Plante à racine vivace, traçante, à tige quadrangulaire, rameuse, velue, haute d'un à 2 pieds ; à feuilles opposées, ovales, dentées, velues ; à fleurs rougeâtres ou blanches, disposées en têtes terminales et accompagnées de bractées sétacées et velues, qui se trouve dans les lieux secs et pierreux, dans les haies, sur le bord des bois dans presque toute l'Europe, et qui forme un genre dans la didynamie gymnospermie et dans la famille des labiées.

Cette plante, qu'on appelle le CLINOPODE VULGAIRE, est aromatique et passe pour céphalique et tonique. Les vaches, les moutons et les chèvres la mangent quelquefois ; mais elle n'en nuit pas moins aux pâturages des montagnes, lorsqu'elle y est très-abondante. (B.)

CLISSE. Espèce de claie formée avec des demi-cercles de tonneaux un peu redressés, qu'on garnit de roseaux très-rapprochés, et qui sert, dans le département de Lot-et-Garonne, à faire sécher les pruneaux au four. *Voyez* PRUNIER. (B.)

CLOAQUE. Endroit destiné à recevoir les immondices.

Il est étonnant qu'on fasse si peu d'attention au choix du local du cloaque, sur-tout dans les provinces méridionales, où la putréfaction est toujours en raison de la chaleur qu'on y éprouve. Le sens commun apprend qu'on doit l'éloigner le plus qu'il est possible de l'habitation ; et cependant il est rare qu'il ne soit pas placé dans les cours. Qu'arrive-t-il ? Les habitans de la métairie prennent des visages plombés, la fièvre les écrase pendant l'été ; et ils disent que l'air qu'ils respirent est malsain. Mais pourquoi rejeter sur la mauvaise qualité de l'air atmosphérique ce qui est l'effet de la pure négligence ? Supprimez la cause, et le mauvais effet cessera ; écartez le foyer de cet air mortel qui se mêle avec celui que vous respirez, et les maladies n'assiégeront plus votre domicile. (R.)

Dans le cas où le cloaque des immondices de la cuisine ne peut pas avoir un écoulement, il convient de le creuser de 3 à 4 pieds, et d'y apporter toutes les semaines assez de terre pour absorber toute l'eau et pour recouvrir toutes les matières solides qu'il contient, et lorsqu'il sera plein, d'en faire enlever le contenu pour le faire entrer dans un COMPOST, ou pour le jeter sur le FUMIER, ou pour le porter directement sur les champs. (B.)

CLOCHE, CLOCHETTE. On a dit, il y a long-temps pour la première fois, que l'ordre était le moyen le plus certain d'économiser le temps, c'est-à-dire de l'employer le plus utilement|possible. Un homme qui met de l'ordre dans son travail, dans quelque genre que ce soit, fait beaucoup plus de besogne que celui qui n'en suit point. Les opérations qui demandent le concours d'un certain nombre d'hommes sont toujours plus coûteuses lorsqu'elles ne sont pas soumises à une sévère régularité. Je voudrais donc que dans les grandes exploitations rurales tout se fît au son de la cloche, comme dans les manufactures, les pensionnats, etc. Quelque exact que soit l'estomac d'un ouvrier à lui indiquer l'heure des repas, quelque habitué qu'il soit à juger l'époque de la journée par l'inspection du soleil, il est exposé à venir trop tôt ou trop tard, et par conséquent ou à perdre du temps, ou à déranger les dispositions prises pour tous. Je n'ai pas besoin d'en dire plus sur cette matière.

Il est important que l'animal le plus sage d'un troupeau ait une clochette au cou, afin que les autres se réunissant autour de lui, on puisse suivre le troupeau, seulement guidé par le son qu'elle rend, etc. C'est une bien mauvaise économie que de ne le pas faire, à cause de la dépense; car la perte de temps à laquelle expose la nécessité de courir après un troupeau égaré dans des pâturages parsemés de buissons, dans des bois, etc., ou dans quelques autres localités, est cent fois au-dessus. *Voyez* au mot Grelot. (B.)

CLOCHE. Les fleurs en cloche sont celles dont la corolle est monopétale, dont le tube est presque aussi long que large, dont le bord est divisé en quatre, cinq ou six parties peu profondes. *Voyez* au mot Plante. (B.)

CLOCHE. Vase de verre dont on fait usage dans les jardins pour abriter les plantes de la gelée, et concentrer la chaleur du soleil et des couches autour de ces mêmes plantes.

Il y a quatre principales sortes de cloches qui se subdivisent en beaucoup d'autres sortes, relatives à leur forme et à leur usage.

La Cloche commune ou *cloche des maraîchers*. Elle approche de la forme d'un cône tronqué, a un bouton à son sommet, et est faite d'un seul morceau de verre à bouteille. C'est la plus anciennement connue. Sa grandeur la plus ordinaire est de 18 pouces de haut sur autant de largeur à son ouverture. Quelques personnes recommandent de la choisir du verre le plus clair; et en effet ces dernières laissent mieux passer la lumière, ce qui est un avantage; mais les brunes concentrent davantage la chaleur, comme les expériences de mon père, de Ducarla, et comme la pratique journalière l'apprennent.

Les inconvéniens de ces sortes de cloches tiennent à leur fragilité et à la nature de leur verre, qui, étant fort terreux, se décompose facilement à l'air, sur-tout au milieu des émanations d'hydrogène sulfuré et phosphoré des couches. Aussi est-

il rare qu'après un ou deux ans de service elles ne soient pas
dépolies et irisées. 2°. A ce que leur forme ronde laisse beaucoup
de terrain perdu autour d'elles. 3°. En ce que, pour donner de
l'air aux plantes qu'elles recouvrent, on est obligé de les soulever, ce qui détruit tout leur effet. 4°. A ce que, cassées, elles
ne peuvent plus servir à rien. Ces considérations, jointes à l'augmentation successive de leur prix, les font aujourd'hui repousser de beaucoup de jardins. On leur préfère, et avec raison, les
CHASSIS, quoiqu'un peu chers à établir. *Voyez Pl. IX, fig.* 1.

La CLOCHE A FACETTES est composée de carreaux de verre à
vitre, assemblés avec du plomb. Sa forme est ordinairement
celle d'une pyramide hexagone ou octogone très-surbaissée,
pourvue d'un anneau à son sommet; on en fabrique depuis 6
pouces jusqu'à 2 pieds de diamètre. Quelquefois on rend mobile un des carreaux supérieurs, pour pouvoir donner de l'air
aux plantes sur lesquelles on la place. Ses avantages sont,
1°. cette faculté; 2°. la meilleure qualité du verre; 3°. la facilité de remettre un carreau qui se casse; mais elles sont moins
chaudes, tant à cause de la nature plus claire du verre, que
parce que le plomb est un excellent conducteur de la chaleur,
et que leurs diverses parties joignent mal. Cette dernière circonstance les rend aussi moins solides, c'est-à-dire susceptibles d'être détraquées. *Voyez Pl. IX, fig.* 2 et 3.

La CLOCHE ANGLAISE. C'est un entonnoir de verre blanc plus
ou moins large, plus ou moins haut. L'ouverture de son sommet en fait le principal mérite. C'est par son moyen qu'on peut
graduer la chaleur dans laquelle on veut tenir les plantes
qu'elle recouvre. Son prix exorbitant est le seul motif qu'on
puisse alléguer pour ne pas la préférer dans la culture des melons et autres légumes de primeur. A Paris, où on se sert fréquemment de petites cloches de cette sorte pour faire des boutures forcées, on les obtient quelquefois à bon marché, parce
qu'on y trouve à acheter des entonnoirs de verre dont le goulot est cassé, et qui sont par conséquent regardés comme re-
but dans les magasins. Une pépinière d'arbres, d'arbustes et
de plantes des pays chauds, ainsi qu'un jardin de botanique,
ne peuvent pas se passer d'une collection nombreuse de ces
entonnoirs, qu'on emploie dans la serre ou sous des châssis,
ou enfin en plein air, à presque toutes les époques de l'année,
et qu'on ombre dans le besoin. *Voyez Pl. IX, fig.* 4.

Il est d'autres sortes de cloches plus économiques et plus
durables que celles en verre, et qui méritent d'être plus généralement employées qu'elles ne paraissent l'être. Ce sont des
pots de terre, dont le fond est coupé obliquement d'un côté
à plus de la moitié de leur hauteur. On fixe, au moyen du
mastic, un verre à vitre sur l'ouverture. Pour éviter une perte

de terrain, toujours regretable sur les couches, on pourrait donner à ces cloches une forme obtusément carrée, ce qui n'augmenterait que de fort peu le prix de leur fabrication. *Voyez Pl. IX, fig.* 5.

La CLOCHE OBSCURE. Elle sert à couvrir les plantes pendant la nuit, pour les garantir de la gelée, et pendant le jour, pour les garantir de la trop grande vivacité du soleil. On doit la placer sur toutes les fleurs qu'on transplante pendant le fort de l'été, pour favoriser leur reprise. Un pot à fleurs renversé, une caisse de bois également renversée, une petite ruche de paille, etc., sont des cloches obscures. On ne fait pas assez usage en France de cette sorte de cloche dans la grande culture. En Allemagne, on l'emploie pour garantir les pieds de tabac, pendant le premier mois de leur transplantation, du froid des nuits. On le pourrait dans les parties méridionales de la France, dans les mêmes intentions, pour le COTON. *Voyez* ce mot. (B.)

CLOCHE. On donne ce nom, dans quelques lieux, à la POURRITURE DES MOUTONS. (B.)

CLOCHE BLANCHE. *Voyez* NIVÉOLE.

CLOCHETTE. *Voyez* CAMPANULE et ANCOLIE.

CLOISON. C'est, en botanique, la séparation des valves d'une silique, d'une capsule ou autre espèce de fruit. (*Voyez* au mot PLANTE.) C'est, en architecture, un mur mince, ou simplement des planches destinées à faire des divisions dans un appartement, une grange, une écurie, etc. *Voyez* au mot CONSTRUCTION. (B.)

CLOPORTE, *Oniscus.* Genre d'insectes de l'ordre des aptères, qui renferme un petit nombre d'espèces, dont deux sont assez communes; savoir,

Le CLOPORTE ORDINAIRE, *Oniscus asellus*, Lin., qui est d'un cendré noirâtre et inégal en dessus, avec de petites taches jaunâtres le long du dos, et quelques autres sur les côtés. Sa longueur est quelquefois de 6 lignes sur 3 de large.

On trouve fréquemment cet insecte dans les lieux humides, sous les pierres, les pots de fleurs, les trous des murs. Il fuit le soleil; lorsqu'on le touche, il se met en boule en rapprochant sa tête de sa queue, de manière qu'on ne voit ni l'une ni l'autre, et il reste dans cet état jusqu'à ce qu'il croie le danger passé. On doit le mettre au rang des ennemis des agriculteurs, sur-tout des amateurs du jardinage; car s'il mange quelquefois de la chair, il vit habituellement de végétaux, dévore sur-tout le germe des plantes à mesure qu'il se développe, nuit enfin aux semis d'une manière très-marquée, principalement aux semis faits sous châssis ou sur couche.

Comme les cloportes multiplient avec une prodigieuse rapidité, il devient assez difficile de les détruire. Les pots vernissés qu'on enterre quelquefois à cet effet sur les couches, afin qu'ils tombent au fond, en allant d'une place à l'autre, remplissent ce but d'une manière trop lente et trop incertaine; arroser les couches avec des eaux amères, ne sert qu'à les écarter pour quelques jours, et n'en fait mourir qu'un petit nombre : le mieux serait sans doute de savoir quelle est la substance qu'ils aiment le mieux et de l'empoisonner; mais il n'y a pas, à ma connaissance, d'observation qui l'indique. Je crois pouvoir proposer un moyen avoué par l'expérience, et qui vaut mieux que tous ceux ci-dessus, c'est de mettre sur une planche fixée contre et rez la couche un morceau de vieux paillasson, mouillé et soulevé en plusieurs endroits avec de petites pierres. Les cloportes, attirés par l'humidité et l'obscurité, se réfugient sous ce paillasson et on les tue chaque matin.

L'autre espèce de cloporte est le Cloporte des mousses, si commun sous les mousses et les feuilles sèches dans les bois humides. Il est de moitié plus petit que le précédent. Son corps est lisse et rougeâtre, avec le bord plus pâle. Il fait peu de tort aux récoltes.

Les cloportes sont ovipares et vivipares en même temps, c'est-à-dire qu'ils pondent des œufs; mais au lieu de les placer sur un corps étranger, ils les déposent dans une espèce de sac, qui s'étend sous leur corps depuis la tête jusqu'à la cinquième paire de pattes. C'est là qu'ils éclosent, et qu'ils se réfugient dans le danger pendant les premiers jours de leur vie. A cette époque, ils sont tout blancs et extrêmement délicats. (B.)

CLOQUE. Singulière maladie des feuilles qui se fait remarquer principalement sur le pêcher; elle cause l'avortement des fruits, la langueur et quelquefois la mort de l'arbre.

Deux opinions sur la cause de la cloque divisent les cultivateurs : l'une, celle de M. Laville-Hervé, l'attribue aux vents de nord-ouest; l'autre, celle de Rozier, la fait produire par des pucerons.

Comme presque toujours il y a des feuilles saines sur les branches les plus affectées de cloque, et des branches sans cloque au milieu de celles qui en sont surchargées; que la cloque naît pendant d'autres vents que celui du nord-ouest; qu'il est des années où le vent du nord-ouest soufflerait pendant des mois entiers sans produire plus de cloque, l'opinion de M. Laville-Hervé ne peut se soutenir aux yeux des observateurs.

Plusieurs espèces d'insectes des genres PUCERON, CHERMÈS, COCHENILLE, ACANTHIE, PUNAISE, TIPULE, MOUCHE, etc., produisent des monstruosités sur les feuilles, les fleurs et autres parties des plantes en les blessant, soit pour se nourrir de leurs sucs, soit pour y déposer leurs œufs : ainsi on pourrait croire, par analogie, que la cloque est le résultat de la piqûre des insectes, ainsi que le pense Rozier ; cependant, quelques recherches que j'aie faites, je n'ai pu en acquérir la preuve. J'ai bien vu souvent des pucerons et autres insectes sur les feuilles cloquées depuis peu ; mais aussi beaucoup de ces feuilles n'en offrent point, et il y en avait sur celles qui ne l'étaient pas. A cela il faut ajouter que la cloque se développe quelquefois instantanément. J'ai disséqué maintes et maintes feuilles cloquées, en portant toute l'attention convenable sur le pétiole et les principales nervures, et je n'y ai jamais trouvé de larves d'insectes : je crois donc être autorisé à nier que la cloque soit produite par une piqûre d'insectes. Mais il y a une cloque produite par les pucerons, qui est différente de celle-ci. *Voyez* Puceron et Cerisier.

Mais quelle est donc la cause de cette maladie ? M. Dumont-Courset croit qu'elle est interne, qu'elle est produite par une transpiration arrêtée, qu'elle doit être assimilée à certaines obstructions cutanées des animaux ; cela est probable, mais il faudrait des observations long-temps continuées pour le prouver.

Quoi qu'il en soit, voici les caractères de la cloque :

Vers la fin de mars ou en avril, les pêchers les mieux portans en apparence changent d'aspect du soir au matin, ou du matin au soir. Leurs feuilles, jusque alors d'une forme régulière, de minces qu'elles étaient, deviennent épaisses, difformes, raboteuses et changent de couleur. Les bourgeons qui les portent se chargent également de calculs, d'aspérités, augmentent de grosseur par leur partie supérieure, laissent fluer la gomme, etc.

Il est fréquemment des feuilles saines sur des bourgeons cloqués, et des feuilles cloquées sur des bourgeons sains. Dans ce dernier cas, le mal peut n'avoir pas de suites graves ; mais lorsque la plus grande partie des feuilles sont cloquées, il s'ensuit toujours l'avortement des boutons à feuilles et des boutons à fruits de l'année suivante : de sorte que non-seulement la cloque nuit à l'arbre au moment même, mais aussi dans l'avenir.

Quelques jardiniers se pressent d'ôter les feuilles cloquées, dans l'intention de diminuer le coup d'œil désagréable de leurs pêchers, mais par là ils augmentent le mal ; autant vaut couper les branches, ce que quelques-uns au reste font. En effet, l'époque où la cloque paraît étant celle de la plus active végétation des pêchers, la sève s'extravase par les blessures, et par conséquent l'arbre s'affaiblit d'autant plus qu'on en ôte davantage. Les couper à 2 ou 3 lignes au-dessus de leur insertion aurait bien moins d'inconvénient, mais je crois qu'il faut s'en tenir à la méthode de Montreuil, fruit d'une expérience éclairée.

Voici l'exposé de cette méthode d'après M. Laville-Hervé.

A Montreuil, on ne connaît d'autre remède à la cloque que de laisser agir la nature. Les feuilles cloquées tombent d'elles-mêmes, et il pousse de nouveaux bourgeons au-dessous des anciens. Lorsque ces bourgeons sont assez allongés, on les palissade. Ceux qui sont morts par suite de la cloque tombent d'eux-mêmes ou sont enlevés avec la main.

La cloque épuisant les arbres, il faut donner aux racines le temps de les refaire tout doucement ; on doit même favoriser leurs efforts en leur fournissant du terreau, ou au moins de la nouvelle terre, et en les arrosant pendant les chaleurs de l'été.

A la taille suivante, il faudra soulager les arbres de toute surabondance de bois ; si même, comme cela arrive souvent, il s'est produit des gourmands, il faudra en profiter pour rajeunir ces arbres, au risque même de n'avoir pas de fruits pendant deux ans. *Voyez* au mot Pêcher. (B.)

CLOQUE. On donne ce nom à la carie dans quelques endroits. (B.)

CLOS. Ce mot est synonyme d'enclos. On en fait plus fréquemment usage tant dans la langue parlée que dans la langue écrite, tandis que c'est tout le contraire pour le mot *enclos. Voyez* Clôture, Enclos, Mur, Haie, Fossé, Palissade, etc. (B.)

CLOSEAU, CLOSERIE. On appelle ainsi, dans certains départemens, de petites propriétés foncières en tout ou en partie fermées de murs ou de haies, et accompagnées d'une maison.

Les closeries sont presque toutes cultivées à moitié fruit, et comme elles sont d'une étendue inférieure aux métairies, elles ont une influence encore plus nuisible sur le perfectionnement de la culture et sur l'augmentation de la richesse particulière et générale. *Voyez* les mots précités. (B.)

CLOTTER. C'est, dans la ci-devant Bretagne, donner le second labour, celui qui rend meubles les terres simplement retournées. (B.)

CLOTURES, ENCLOTURES. Architecture et économie rurales. Parmi les moyens de garantir les récoltes sur pied du maraudage des hommes et des bestiaux, le plus sûr est une clôture bien faite et bien entretenue.

Dans les pays de métairies, et sur-tout dans ceux où l'éducation et l'engraissement des bestiaux font l'occupation principale du cultivateur, les clôtures facilitent singulièrement la garde des bestiaux ; les haies vives qui les forment fournissent du bois pour le chauffage du métayer, et les terrains enclos ne sont plus assujettis à l'usage destructif du Parcours (*voyez* ce mot). Enfin, dans les localités où les terres sont complantées d'arbres fruitiers, leurs haies de clôture leur servent quelquefois d'abris contre l'impétuosité des vents. Cependant, malgré les grands avantages des clôtures, nous ne dirons pas avec Rozier : *Il est étonnant que l'on ait mis en problème s'il convenait de clore ses champs!* parce que nous n'admettons point de système exclusif en agriculture, et que d'ailleurs il y a des circonstances locales où leur établissement présenterait des inconvéniens assez grands pour en nécessiter la suppression, ou pour en empêcher l'adoption. En effet, *les clôtures*, dit Rozier, *doivent avoir pour objet*, 1°. *d'empêcher les animaux de pénétrer dans les possessions* ; 2°. *de former des paravents aux arbres, aux moissons, etc.* ; 3°. *d'accélérer la maturité des récoltes* ; 4°. *de bonifier les champs.*

1°. *D'empêcher les animaux de pénétrer dans les possessions.* Ce premier avantage des clôtures est incontestable, et nous l'avons placé au premier rang ; mais, sous ce seul point de vue, il faut avouer qu'une bonne police rurale pourrait produire le même effet, si elle était exercée avec l'exactitude et la sévérité convenables ; et ce qui fortifie cette opinion, c'est que, dans les pays de grande culture, où l'on ne voit point de clôtures, les récoltes y sont généralement mieux conservées que dans ceux où leur usage est établi depuis long-temps. Il est vrai que, dans les premières localités, les propriétés sont en grandes masses ; et que les gardes champêtres sont nommés par les fermiers, qui les destituent à la moindre négligence ; tandis que dans les secondes, où les propriétés sont beaucoup plus divisées, souvent il n'y a point de garde champêtre, ou, lorsqu'il en existe, cette fonction est presque toujours *adjugée au rabais* à de pauvres malheureux qui ne prennent aucun intérêt à la conservation des propriétés, et ne pensent qu'à améliorer leur sort en fermant les yeux sur les délits.

Ainsi, sous ce rapport, les clôtures seraient donc inutiles dans les pays de grande culture, tandis qu'elles sont la seule ressource du propriétaire dans ceux de moyenne et de petite culture.

2°. *De former des paravents aux arbres, aux moissons, etc.* Il faut réduire à sa juste valeur cet effet des haies de clôture, d'abord sur les arbres, et ensuite sur les moissons.

A entendre Rozier, il semblerait que les haies de clôture sont de véritables paravents assez élevés pour garantir tout un champ de l'impétuosité des vents ; et cela n'est point ainsi.

Les plus hautes et les plus épaisses que nous ayons vues, sont dans les départemens de l'Eure, de l'Orne et du Calvados, et leur effet, comme paravents, ne se faisait apercevoir que sur les rangées de pommiers les plus voisines de la haie qui se.

trouvaient *à leur vent dominant ;* toutes les autres rangées portaient des marques authentiques des ravages que le vent exerçait quelquefois sur la tête des pommiers, et l'inclinaison régulière de leurs tiges indiquait l'aire de vent qui dominait dans la localité. Ces haies de clôture ne les abritaient donc pas complétement des grands vents, et l'on ne peut donc pas dire qu'elles leur servent de *paravents.* Elles mériteraient davantage cette dénomination à l'égard des moissons ; et encore, en examinant de près l'effet que les haies de clôture produisent sur elles, on trouve, 1°. qu'il se borne à préserver du vent les parties qui en sont voisines, et qu'il est nul sur le reste de l'enclos, s'il a de la largeur ; 2°. que si l'on n'a pas eu l'attention de tondre les haies avant l'ensemencement, de les rapprocher convenablement, d'en arracher soigneusement les drageons et les accrus intérieurs, toute la partie garantie du vent se trouve privée d'air et de lumière, à cause de l'ombrage et du fourré de ces haies ; la végétation de la haie et de ses accrus s'entretient aux dépens de celle des grains, et ces parties ne présentent ordinairement qu'une chétive récolte ; 3°. que les haies, en arrêtant le cours du vent, le font refluer sur lui-même, et produisent souvent des rafales et des tourbillons, qui rompent les branches des arbres et font verser les moissons.

Ainsi, dans la culture des céréales, les haies de clôture, considérées comme abris, présentent beaucoup plus d'inconvéniens que d'avantages.

3°. *D'accélérer la maturité des récoltes.* C'est sans doute parce que la chaleur se trouve concentrée dans les enclos ; mais comme le mal est toujours à côté du bien, il en résulte souvent que l'accélération de la maturité des récoltes y est acquise aux dépens de la qualité des grains ; que le blé en est brûlé, glacé, ou retrait, et qu'alors il contient beaucoup plus de son que de farine (1).

Ces accidens, si communs dans les pays de clôtures, sont connus de tous les cultivateurs et de tous les marchands de

---

(1) Le blé brûlé ou retrait l'est ou par l'excès de l'action des rayons du soleil, ou par celui de la sécheresse : or il est impossible de se refuser à reconnaître que les haies diminuent souvent l'influence de ces deux circonstances.

Cette observation suppose que je ne partage pas complétement l'opinion de mon estimable collaborateur, aussi les articles ENCLOS et HAIE sont-ils rédigés dans un autre sens que celui-ci.

On trouve, dans le quatrième volume de la Bibliothèque britannique, des observations sur les avantages que les permissions d'enclore ont procurés à l'Angleterre, qui doivent être méditées par tout ami de l'agriculture et de la richesse territoriale de son pays.

(*Note de M. Bosc.*)

grains. Tous savent que les blés les mieux nourris, les plus farineux et qui font le pain le plus blanc, viennent sur les plaines élevées et exposées à toutes les influences de l'air et de la lumière; que ceux de la seconde qualité sont récoltés sur les bonnes terres en pentes douces et découvertes; enfin que les blés récoltés dans les plaines basses abritées par des montagnes, et dans des enclos, n'obtiennent que le troisième rang dans les marchés.

4°. *De bonifier les champs.* Les haies de clôture ne produisent de bonification dans les champs que par la valeur du bois qu'elles peuvent fournir; mais, suivant le proverbe trivial *on ne peut tirer d'un sac deux moutures,* c'est toujours aux dépens des produits de la culture. Le tort qu'elles font aux terres par leur végétation est d'autant plus considérable, que le sol a moins de profondeur, parce qu'alors les racines tracent, s'étendent, et finiraient par occuper tout le terrain enclos s'il avait peu d'étendue.

Il résulte de ces faits, que chacun est à portée de vérifier, 1°. que dans les pays de grande culture, où celle des céréales est le but principal et l'occupation la plus lucrative du fermier, les haies de clôture y seraient très-désavantageuses, parce que la valeur du bois qu'elles lui fourniraient ne l'indemniserait pas suffisamment du tort qu'elles feraient à ses récoltes.

C'est par cette raison naturelle que l'on voit aussi peu de haies de clôture dans les anciennes provinces de l'Ile de France, de Picardie, de Beauce, etc.

2°. Que leur adoption dans ces localités serait même préjudiciable à la consommation générale; car les pays de grande culture étant, comme nous l'avons dit à l'article *agriculture,* les manufactures des subsistances des villes, etc., les champs enclos n'y produiraient pas des récoltes aussi abondantes et des grains d'aussi bonne qualité que dans leurs plaines découvertes actuelles.

3°. Que les haies de clôture sont excellentes dans les pays de moyenne culture (lorsque cependant les champs enclos ont une étendue convenable), parce que la culture des céréales n'étant pas le but principal ni l'occupation la plus lucrative des fermiers de cette classe, le tort qu'elles peuvent faire aux récoltes de grains n'est pas à comparer aux avantages qu'ils en retirent, soit par la valeur du bois qu'elles produisent, soit par la facilité de la conservation des arbres fruitiers complantés dans les champs, soit enfin par celle de la garde des bestiaux.

4°. Que par-tout leur adoption doit être motivée par le résultat favorable de la comparaison des avantages avec les inconvéniens qui peuvent résulter de leur établissement, suivant la grandeur des pièces et l'espèce des végétaux soumis à la culture.

Rozier appuie son opinion systématique sur ce que les Gaulois, nos ancêtres, et les Romains, au rapport de Varron et de tous les anciens auteurs agronomes, faisaient grand cas des clôtures; il aurait pu s'autoriser encore de l'exemple des Anglais, des Danois, de l'Allemagne, et même d'un grand nombre de départemens de la France; mais tous les exemples viennent à l'appui de nos conclusions : car ni les Romains, ni les Gaulois ne connaissaient les grandes exploitations rurales, et les autres exemples sont tous pris dans des pays de métairies ou de moyenne culture.

Nous avons cru devoir nous étendre un peu sur ce sujet, parce que la destruction d'une erreur est aussi profitable à l'art que la découverte d'une vérité.

On peut enclore les champs de quatre manières différentes : 1°. par des fossés sans haies; 2°. par des fossés garnis de haies vives; 3°. par des haies sèches, des palis ou des palissades; 4°. par des murs.

On trouvera, aux mots Fossé, Haie et Palissade, les détails de leur construction. Ceux des murs de clôture seront placés au mot Maçonnerie.

La plus profitable de ces manières est celle des fossés avec haies vives.

Les clôtures les mieux entretenues que nous connaissions sont celles de la ci-devant province de Normandie.

Toutes sont fermées avec des barrières solides, plus ou moins parfaites, suivant l'importance du champ, ou les facultés du propriétaire. Chaque enclos est garni d'une barrière assez large pour y passer une voiture, d'une autre plus petite pour le passage des bestiaux, et d'un *échalier* à côté pour celui des hommes. Il est vrai que les bestiaux, et principalement les bêtes à cornes, restent toute l'année dans les enclos : alors on a le plus grand intérêt à les tenir toujours bien fermés.

Mais, dans presque tous les autres départemens, même dans ceux où l'on s'occupe aussi de l'éducation des bestiaux, les haies de clôtures y sont généralement négligées, et dans un état de dégradation tel, qu'elles sont menacées d'une destruction totale par le broutement impuni des chèvres et des moutons, si une police plus sévère et plus active ne parvient pas à en arrêter les progrès.

D'ailleurs, ces clôtures n'ont point de barrières; on y entre par une trouée, que l'on pratique dans la haie lorsque cela est nécessaire; les souches sont écuissées et meurtries par les roues des voitures et le piétinement des chevaux. Lorsqu'on veut ensuite mettre les bestiaux au pâturage dans les enclos, on en bouche les trouées avec des épines sèches, qui sont bientôt détruites par l'humidité, ou brûlées par les gardiens. Alors les bestiaux peuvent vaguer à leur volonté, ou y être impunément attaqués par les animaux carnassiers.

Enfin, lorsque les haies résistent à toutes ces causes de destruction, elles s'élargissent, étendent leurs racines dans le champ, comme nous l'avons déjà observé ; elles y poussent des drageons ; les ronces, les épines, les genêts épineux s'emparent aussi de sa surface ; et tel champ enclos, qui, en nature de pâturage, aurait pu nourrir un troupeau pendant un mois, ne lui présente souvent qu'un faible pâturage pendant huit jours.

Il est donc bien nécessaire que tous les propriétaires connaissent les circonstances dans lesquelles l'adoption des clôtures est utile, et soient convaincus en même temps que, pour en retirer tous les avantages qu'ils ont droit d'en attendre, il est indispensable d'en soigner et entretenir les haies avec la plus scrupuleuse attention. (De Per.) (1).

CLOU ou FURONCLE. Médecine vétérinaire. C'est une tumeur dure, circonscrite, de la grosseur d'une noix, accompagnée de chaleur et de douleur, qui paraît sur les tégumens des bêtes à laine, et qui grossit jusqu'au temps où la suppuration commence à se former.

Il est très-possible, au commencement de la maladie, de la prendre pour le charbon, si l'on ne fait attention à l'intensité des symptômes qui accompagnent ce dernier, et à ses accidens. *Voyez* Charbon des moutons.

Le clou n'est point dangereux, sur-tout s'il est traité de la manière suivante.

Dès qu'il commence à paraître, il faut s'attacher à le conduire à suppuration. Pour cet effet, on doit couper la laine à l'endroit où siége la tumeur, et appliquer sur la partie la plus élevée un plumasseau d'onguent basilicum, et continuer cette application jusqu'à ce que la suppuration soit établie ; à cette époque, on plonge le bout d'un canif dans l'abcès, et ayant soin de presser doucement les parois de l'ulcère pour en faire sortir le bourbillon. L'ulcère étant bien évacué, il faut le panser seulement avec des plumasseaux d'étoupes cardées, jusqu'à parfaite cicatrisation, en observant de laver la plaie, à chaque pansement, avec du vin chaud contenant du sel marin

---

(1) On voit, *Pl.* 4 et 5 de la Collection des modeles relatifs à l'économie rurale, publiée par Lasteyrie, des exemples de clôtures faites avec des roseaux, avec des pieux tressés, avec des traverses à doubles supports, à simples traverses clissées ou non clissées, à baguettes courbées et fichées en terre, en pieux simples et à tresse double.

(*Note de M. Bosc.*)

ou du sel ammoniac. On ne saurait trop s'élever contre les maréchaux qui font usage, dès l'apparition de quelques gros boutons ou clous sur le corps d'un cheval ou d'un mulet, des astringens les plus forts et les plus énergiques, tels que le vitriol, les acides végétaux et minéraux, etc. Une expérience malheureuse ne devrait-elle pas leur apprendre que l'emploi de ces substances est presque toujours dangereux entre leurs mains ? (R.)

CLOU DE RUE. Médecine vétérinaire. C'est un clou que le cheval prend à l'écurie, ou dans la rue, ou à la campagne, qui pénètre dans la sole de la corne, dans la sole charnue, et quelquefois jusqu'à l'os du pied. Nous distinguons, d'après M. Lafosse, trois sortes de clous de rue, le *simple*, le *grave* et l'*incurable*.

1°. *Clou de rue simple.* Le clou de rue simple, ou le premier, ne perce que la sole ou la fourchette charnue.

On connaît qu'un clou de rue est simple lorsqu'il ne sort pas du sang de l'endroit qui a été percé. Dans ce cas, on peut se dispenser d'appliquer aucun remède, parce que la guérison s'opère d'elle-même. Il en est de même de celui qui perce la fourchette, et qui va de biais pour gagner le paturon. La fourchette n'ayant point de sensibilité, il ne peut en résulter aucun danger. Quand même le clou aurait atteint la sole charnue avec légèreté, l'expérience nous apprend que, sur vingt chevaux piqués ainsi, il y en a la moitié qui guérissent sans aucune application. Il est néanmoins prudent de pratiquer une petite ouverture pour y introduire de petits plumasseaux imbibés d'essence de térébenthine : il faut aussi ne pas manquer d'appliquer des cataplasmes émolliens sur la sole, dans la vue de l'humecter.

Mais si le clou a atteint l'os du pied, dans ce cas il est essentiel et même indispensable de faire une bonne ouverture à la sole de corne, ayant préalablement paré le pied bien profondément, parce que c'est là le vrai moyen de donner issue à l'esquille de l'os. L'ouverture faite, il faut mettre sur l'os de petits plumasseaux imbibés d'essence de térébenthine. Le premier appareil ne doit être ôté qu'au bout de cinq à six jours, et le pansement renouvelé de deux jours l'un jusqu'à ce que l'exfoliation soit faite ; ce qui se porte jusqu'au quarantième jour. La dessolure est bien souvent le moyen le plus sûr et le plus efficace pour avancer la guérison.

Clou de rue grave. Celui-ci, ou le second, est appelé *grave* lorsque le tendon fléchisseur du pied a été percé.

Lorsque le tendon a été percé par le clou, il sort quelquefois de la synovie par le trou. Le maréchal, pour s'assurer si le tendon est offensé, doit se munir d'une sonde : s'il sent l'os, c'est une preuve que le tendon a été percé ; le plus court parti à prendre alors est de dessoler l'animal. La dessolure faite, il faut emporter tout ce qui a été piqué à la fourchette, et débrider, au moyen d'un bistouri dirigé sur la rainure d'une sonde cannelée, le tendon dans une direction longitudinale et non transversale. L'opération finie, il convient de garnir la sole, à l'exception de l'endroit de la plaie, avec de petits plumasseaux imbibés d'essence de térébenthine ; de remplir le dedans de la plaie avec ces mêmes plumasseaux, et de couvrir le tout de même. Cet appareil doit rester pendant trois jours sur la plaie : ce temps expiré, il faut la panser une fois tous les jours en hiver et deux fois en été. Les plumasseaux appliqués sur la sole charnue ne seront levés que cinq à six jours après la dessolure, le maréchal ayant eu soin pendant ce temps de les humecter journellement avec de l'essence dont nous avons parlé ci-dessus. *Voyez* Dessolure.

Une autre attention encore de la part du maréchal est de faire lever le pied de l'animal très-doucement à chaque pansement. Si, après dix-huit ou vingt jours de ce traitement, il n'y a point de soulagement ; si le cheval butte toujours de même ; si le paturon s'engorge, il faut en revenir à la première opération, c'est-à-dire à débrider la plaie jusqu'au paturon de la manière ci-dessus indiquée. Il est même avantageux de passer un séton, qui traverse de la plaie au paturon, en imbibant la mèche avec l'essence de térébenthine. Il faut bien se garder de se servir, à l'exemple de certains maréchaux que nous connaissons, des onguens caustiques et corrosifs, qui, attaquant les cartilages de l'os de la noix, causent un plus grand mal, en rendant la maladie incurable.

Le tendon une fois piqué s'exfolie, et l'escarre tombe. « Les tendons piqués, dit M. Lafosse, ne s'exfolient pas de la même manière que les os : ce qui le prouve, c'est qu'après l'exfoliation du tendon lésé, l'animal reste quelquefois long-temps boiteux, tandis qu'après l'exfoliation de l'os blessé, il est parfaitement guéri, et marche sans boiter. »

Il y a un ligament qui unit l'os de la noix avec l'os du pied. Ce ligament peut avoir aussi été piqué : dans ce cas, on doit panser le cheval soir et matin ; sans quoi, ce ligament pourrait se gâter par le séjour de la matière.

Le clou a-t-il pénétré dans la partie concave du pied, il faut pratiquer une ouverture, afin de donner issue à l'esquille ; mais un moyen plus sûr encore est de dessoler l'animal, de couper le bout de la fourchette charnue avec le bistouri de la même manière ci-dessus rapportée, en évitant sur-tout de fendre le tendon, de crainte qu'il ne s'exfolie à l'endroit de son insertion ou de son attache.

L'artère située dans cette même partie concave a-t-elle été piquée, l'hémorrhagie ne tarde pas à paraître; la dessolure convient également. On fait ensuite une ouverture, on prend de petits plumasseaux chargés de térébenthine de Venise, on les applique sur l'artère, en faisant compression pour arrêter le sang. Cet appareil doit être seulement renouvelé au bout de cinq jours, et le pansement fait ensuite, tous les jours, de la manière déjà prescrite.

Le clou a-t-il percé l'arc-boutant, et même le cartilage à sa partie inférieure, le plus court moyen alors est de procéder à l'opération du javart encorné. *Voyez* JAVART.

Clou de rue incurable. Le clou de rue est réputé incurable, 1°. lorsque le tendon fléchisseur du pied a été piqué, et que la matière par son séjour a rongé le cartilage de l'os de la noix; 2°. lorsque le maréchal a appliqué des onguens caustiques et corrosifs, qui à-peu-près opèrent le même effet que la matière sur l'os; 3°. lorsque le clou a touché l'os de la noix ou de la couronne, les os étant revêtus d'une partie cartilagineuse qui se ronge petit à petit sans exfoliation, la plaie ne se cicatrise jamais, et le mal devient incurable.

Le maréchal veut-il s'assurer de la lésion du cartilage ou de la carie de l'os, qu'il prenne une sonde, qu'il l'introduise dans la plaie. S'il sent que la surface de l'os est égale, unie et polie, c'est un signe non équivoque qu'il touche le cartilage, et qu'il n'y a pas carie de l'os; mais s'il sent au contraire qu'elle soit inégale et raboteuse, c'est une preuve que l'os est carié (*voyez* CARIE), et que conséquemment à cet état de l'os il n'y a aucun espoir de guérison. M. Lafosse a cependant devers lui plusieurs exemples d'une guérison parfaite dans de vieux chevaux : il faut l'en croire d'après ses témoignages, et s'empresser toujours de lui rendre le tribut d'hommages qui appartient à un praticien aussi estimable.

Nous avons cru devoir indiquer ici les signes qui caractérisent l'incurabilité du clou de rue dans les jeunes chevaux, dans la vue d'empêcher les cultivateurs de les mettre entre les mains des maréchaux, dont les remèdes et les opérations deviendraient pour eux un objet d'une dépense onéreuse et inutile. (R.)

CLOUQUE. Dans le département de la Haute-Garonne, on appelle ainsi les POULES couveuses. (B.)

CLOUS. L'emploi des clous dans les constructions rurales, les machines et le palissage à la LOQUE (*voyez* ce dernier mot), est fort considérable. Il est donc nécessaire qu'il y en ait toujours une provision de diverses grandeurs chez les cultivateurs pour les réparations journalières; leur nature doit dépendre de celle de leur emploi. Un clou de fer trop doux se plie sous le marteau ; trop aigre, il se casse ; l'état moyen doit être généralement préféré.

Le palissage à la loque offre cependant un cas particulier. Comme les fers cassans à froid le sont, parce qu'ils contiennent une surabondance de carbure de fer, que le carbure s'oppose aux effets de la rouille, et que les clous à palissader sont toute l'année exposés à l'air, il est avantageux qu'ils soient de fer cassant : aussi, à Montreuil, tire-t-on ces clous des plus mauvaises forges, de celles de Charleville principalement. Si on faisait en France, comme en Angleterre, des clous avec de la FONTE DE FER, ils seraient préférables à ceux en usage.

Les clous employés à Montreuil sont de la longueur de 22 à 24 lignes, à pointes très-obtuses et très-grossièrement faites; ils s'enfoncent fort peu dans le mur, de sorte qu'on peut facilement les ôter par le seul effort de la main, ou au plus après un ou deux coups de marteau. (B.)

CLOVER. C'est le TRÈFLE dans quelques cantons. (B.)

CNIQUER. *Voyez* CHICOT, arbre.

COBÉE, *Cobea* Plante vivace, à tiges ligneuses, sarmenteuses, grêles, hautes de 30 à 40 pieds ; à feuilles alternes, ailées, sans impaire, terminées par deux ou trois vrilles, et composées de trois paires de folioles ovales, oblongues, entières, à demi coriaces, vertes ou pourprées, très-glabres; à fleurs grandes, campanulées, pubescentes, d'abord d'un jaune pâle, ensuite violettes. Originaire du Mexique, on la cultive aujourd'hui très-fréquemment dans les orangeries, et elle est susceptible de passer les hivers en pleine terre, même dans le climat de Paris, lorsqu'ils ne sont pas trop rudes, ainsi qu'on en a acquis l'expérience.

Cette plante, qui compose seule un genre dans la pentandrie monogynie et dans la famille des polémoines, forme des guirlandes du plus bel aspect, sur-tout lorsqu'elles sont en fleurs, et elles y sont pendant la plus grande partie de l'année : aussi la recherche-t-on beaucoup, en ce moment, dans les jardins des environs de Paris, où elle commence à devenir commune. Une exposition chaude et un sol léger sont ce qui lui convient; mais il vaut mieux la tenir dans de grands pots, qu'on rentre l'hiver dans l'orangerie, que de la placer en pleine terre. Dans ce cas, on peut couper ses tiges à un ou 2 pieds du collet des racines, pour éviter l'embarras qu'elles occasionneraient; si on les coupait rez terre, c'est-à-dire si on ne leur laissait pas au moins un bouton, elles ne repousseraient pas, ainsi que l'a observé mon estimable ami Gillet Laumont. On la place au pied des murs, contre lesquels on la dispose en festons très-élégans, où en avant desquels on la fait courir sur des ficelles pour en former également.

La multiplication de la cobée est très-facile. Elle a lieu, 1°. par le semis en terre de bruyère, sur couche et sous châssis, de ses graines, qu'elle produit depuis quelques années assez abondamment; 2°. par déchirement des gros pieds en automne ou au printemps; 3°. par marcottes; 4°. par boutures, sur couche et sous châssis.

Je ne puis trop engager les amateurs des parties méridionales de la France à se procurer cette plante, qui croîtra chez eux parfaitement bien en pleine terre. (B.)

COBITE, *Cobitis*. Genre de poissons d'eau douce qui renferme trois espèces intéressant les cultivateurs, en ce que l'une se plaît beaucoup dans les étangs vaseux, et la dernière dans les petits ruisseaux d'eau pure, et qu'ils peuvent facilement en tirer parti pour augmenter leurs revenus ou leurs jouissances.

La Cobite-loche d'étang acquiert jusqu'à un pied de long. Sa tête est pointue; elle offre six barbillons à la lèvre supérieure, et quatre à la lèvre inférieure : chacune de ses mâchoires est armée de douze dents, dont trois se présentent en avant. Son corps est brun avec des taches et des raies jaunes; il est enduit d'une matière visqueuse très-abondante.

Ce poisson a la vie très-dure, et peut rester plusieurs mois sans manger dans la terre, où il s'enfonce lorsque les eaux dans lesquelles il se trouve viennent à se dessécher; il a de grands rapports avec l'anguille. Sa multiplication est très-grande; sa chair est molle et fade.

On doit toujours mettre de ces cobites - loches dans les étangs où il y a des brochets et des perches, parce qu'elles servent à les nourrir; elles s'accommodent des eaux les plus vaseuses : il est peu de fermes en Allemagne dont l'abreuvoir ou la mare n'en soit pas garni.

La Cobite-loche de rivière atteint rarement un demi-pied : deux barbillons à la mâchoire supérieure, et quatre à l'inférieure, la caractérisent; elle n'a point de dents. On la pêche dans les rivières; sa chair est dure.

La Cobite-loche franche n'a jamais plus de 3 à 4 pouces de long, offre six barbillons, tous à la mâchoire supérieure, est privée de dents, a le corps marbré de gris et très-visqueux; elle vit dans les plus petits ruisseaux des pays de montagnes, dont l'eau est vive et le fond sablonneux. C'est un des poissons les plus délicats de l'Europe, mais aussi un des plus petits. On la connaît dans quelques cantons sous les noms de *moutelle, moutcille, barbote, franche barbote.*

J'ai beaucoup pêché ce poisson dans les ruisseaux des montagnes de la ci-devant Bourgogne, où elle est très-commune. En Allemagne, on prend des mesures pour assurer sa multiplication, mesures que je voudrais voir adopter en France. Voici le procédé qu'on emploie :

On fait une fosse de 8 pieds de long, et de moitié de profondeur et de largeur, au milieu d'un ruisseau d'eau vive dont le fond soit caillouteux, et on la garnit latéralement de planches percées ou de claies, de manière qu'il y ait un demi-pied d'intervalle entre ces planches et les côtés, afin de pouvoir y entasser du fumier de mouton. Les cobites trouvent une nourriture abondante dans ce fumier et dans les vers qui s'y engendrent, et multiplient à un point incroyable ; on peut aussi leur donner les restes des purées, des pommes de terre, des raves, des carottes cuites, du pain de chenevi, et autres graines huileuses. (B.)

COCAGNE. Préparation de la feuille du PASTEL. *Voyez* ce mot.

COCARDEAU. *Voyez* GIROFLÉE.

COCASSE. Variété de LAITUE.

COCATRE. On appelle ainsi le chapon qui n'a été châtré qu'à demi. *Voyez* POULE. (B.)

COCCINELLE, *Coccinella*. Genre d'insectes de l'ordre des coléoptères, qui renferme un grand nombre d'espèces (près de deux cents), dont quelques-unes sont si communes pendant la belle saison, que tous les agriculteurs les connaissent sous le nom de *bête à Dieu, vache à Dieu, bête de la vierge*, etc. ; mais peu savent qu'elles sont les ennemis de leurs ennemis et qu'elles doivent être considérées en conséquence comme étant leurs auxiliaires.

En effet, les larves de ces insectes, qui sont des vers coniques, à six pattes, et à corps tantôt lisse, tantôt tuberculeux ou épineux, vivent exclusivement de PUCERONS, qui, comme on le verra à leur article, font beaucoup de tort aux plantes en général et aux jeunes arbres en particulier, en soutirant leur matière sucrée, en faisant extravaser leur sève, etc. On voit chaque jour ces larves, se traînant sur les plantes au moyen de leurs pattes et d'une matière gluante dont elles sont enduites, saisir les pucerons, au milieu desquels elles arrivent, et les porter à leur bouche ; le tout avec une vivacité qu'on ne croirait pas devoir être le partage d'un animal aussi lourd.

Ces larves se transforment en s'attachant par l'anus aux plantes sur lesquelles elles ont exercé leurs massacres, et paraissent sous la forme d'insecte parfait au bout de très-peu de jours, de sorte qu'il y a au moins trois générations par an parmi le plus grand nombre des espèces.

Les espèces les plus communes sont :

La COCCINELLE A DEUX POINTS, qui est rouge pâle, avec deux taches noires.

La Coccinelle a cinq points, qui est d'un rouge de sang, avec cinq taches noires.

La Coccinelle a sept points, qui est rouge, avec sept taches noires.

La Coccinelle a neuf points, qui est rouge, avec neuf taches noires.

La Coccinelle a douze points, qui est jaune, avec douze taches noires dont les postérieures sont linéaires.

La Coccinelle a treize points, qui est jaune, avec treize taches noires.

La Coccinelle conglomérée, qui est jaune, avec un grand nombre de taches noires qui se touchent.

La Coccinelle a quatorze gouttes, qui est fauve, avec quatorze taches blanches.

La Coccinelle a deux pustules, qui est noire, avec deux taches rouges composées de plusieurs points.

La Coccinelle a quatre pustules, qui est noire, avec quatre taches rouges.

La Coccinelle a six pustules, qui est noire, avec six taches rouges.

La Coccinelle a dix pustules, qui est noire, avec dix taches jaunes.

La Coccinelle a quatorze pustules, qui est noire, avec quatorze taches blanches.

Les coccinelles devenues insectes parfaits vivent aux dépens des feuilles des plantes, et peuvent nuire, à raison de leur grand nombre, aux produits des récoltes. On cite parmi elles celles à sept points, à vingt points, comme dévorant les luzernes. J'ai vu en Amérique la boréale ne laisser que les nervures des feuilles de mes melons. (B.)

COCHE. Femelle du cochon.

COCHENE. On appelle ainsi le sorbier des oiseaux dans quelques départemens. (B.)

COCHENILLE, *Coccus*. Genre d'insectes de l'ordre des hémiptères, que les cultivateurs doivent désirer de connaître, et à cause des dommages que leur causent plusieurs des espèces qui le composent, et à cause du profit qu'ils retirent ou peuvent retirer de quelques autres.

Dans ce genre, les mâles sont si différens des femelles, qu'il a fallu une suite d'observations positives pour apprendre à les en rapprocher. Ils sont extrêmement petits, ont le corps allongé et deux ailes transparentes. Leurs larves sont presque en tout semblables aux femelles, qui ont le corps très-gros, ovale, plus ou moins bombé, plus ou moins pourvu d'anneaux, selon l'espèce, et n'ont jamais d'ailes.

Ces femelles sont donc les seules dont j'aie ici à occuper le lecteur, puisque les mâles leur ressemblent dans leur premier état, et qu'alors leurs différences ne sont pas appréciables à raison de leur petitesse.

Quand la femelle des cochenilles a été fécondée, son corps se gonfle par suite du développement des œufs qu'il contient, souvent au nombre de plusieurs milliers. Au bout de quelque temps, elle meurt sans pour cela changer d'apparence. Ses petits éclosent, se répandent dans les environs pendant le jour, et rentrent le soir sous le toit protecteur du cadavre de leur mère. Cela a lieu, pour le plus grand nombre des espèces, à la fin du printemps; mais bientôt l'augmentation de la chaleur de l'atmosphère et la croissance de ces petits rend ce refuge insuffisant, et dans peu ils se répandent sur toute la surface de la plante. C'est alors qu'ils commencent à faire un mal réel à cette plante, en en piquant l'écorce avec leur trompe pour en sucer la sève.

Lorsqu'il y a peu de ces cochenilles sur une plante, le tort qu'elles lui font n'est pas sensible; mais lorsqu'il y en a des milliers, même des millions, l'extravasation de la sève, qui est la suite de leurs nombreuses piqûres affaiblit cette plante, nuit à sa croissance, ou même cause sa mort. Il suffit d'avoir vu, dans les serres du jardin du Muséum de Paris, l'état dans lequel la cochenille sylvestre met les cactiers sur lesquels elle est placée, pour être convaincu de l'étendue et de la rapidité du mal qu'elles peuvent faire, ces cactiers étant, au bout de deux ou trois mois, ridés et même desséchés, malgré l'abondance des sucs qu'ils contiennent et la force vitale dont ils sont pourvus. D'ailleurs il n'est point de jardiniers, et sur-tout de ceux qui cultivent des orangers, qui n'aient des preuves multipliées du dommage que leur causent les cochenilles, qu'ils connaissent sous les noms impropres de *poux,* de *galle,* de *pucerons,* de *punaises,* etc.

Vers le milieu de l'été, plus tôt ou plus tard, selon les espèces, les cochenilles se fixent pour ne plus changer de place pendant le reste de leur vie. Ordinairement elles choisissent les endroits où elles sont à l'abri de la pluie; mais lorsqu'elles sont en grand nombre, et cela arrive souvent, elles se placent par-tout où elles peuvent; elles couvrent quelquefois la totalité des branches de certains arbres, ainsi que j'ai eu souvent occasion de l'observer.

Quelques espèces de cochenilles sont couvertes d'un duvet cotonneux; mais la plupart sont nues. Parmi les unes et les autres il y en a qui conservent toute leur vie leurs anneaux; il en est qui les perdent dès qu'elles sont fixées. Ces dernières n'ont le plus souvent rien qui rappelle une organisation: ainsi il n'est pas surprenant que, jusqu'à ces derniers temps, on ait refusé de les regarder comme appartenant au règne animal. Elles forment le genre KERMÈS de Linnæus et de quelques autres auteurs.

La plupart des cochenilles rendent, lorsqu'on les écrase, un suc rouge plus ou moins brillant, et c'est sous le rapport de ce suc que quelques-unes sont si importantes à l'art de la teinture, et par suite au commerce. Qui ne sait pas que c'est avec elles et avec elles seules que l'on fait l'écarlate et toutes les nuances de couleur qui en dépendent? Qui ne sait pas que la *cochenille proprement dite*, la *cochenille du cactier* procure annuellement à la province du Mexique, qui s'en est réservé l'éducation exclusive, plus de richesses que toutes les mines de ce royaume n'en procurent au roi d'Espagne dans le même espace de temps? La *cochenille kermès*, la *cochenille de Pologne* suppléaient celle-ci avant la découverte de l'Amérique, et n'ont cessé d'être employées que parce que leur récolte est trop difficile, ou trop longue, et par suite trop coûteuse.

Presque toutes les cochenilles passent l'hiver fixées et sans mouvement. Ce n'est qu'au printemps que les mâles, jusqu'alors, comme je l'ai dit, presque semblables aux femelles, se transforment en insectes à deux ailes, et vont féconder ces femelles, souvent alors vingt fois plus grosses qu'eux, et bientôt deux cents fois, c'est-à-dire quand elles seront pleines d'œufs.

Quoique j'aie dit que les femelles se fixaient, il en est cependant quelques-unes qui ne le font point; mais c'est le plus petit nombre. Il y a même apparence que, mieux connues, elles pourront former un genre à part, comme je l'ai indiqué dans le Journal de physique de février 1784, où j'ai décrit et figuré une cochenille de cette division, sous le nom de *dorthésie des characias*.

Dans les pays chauds, les générations des cochenilles sont bien plus rapides que dans le climat de Paris. Thierry de Menonville qui, au péril de sa vie, était allé enlever la vraie cochenille aux Espagnols du Mexique pour la porter à Saint-Domingue, où on l'a laissée périr faute de soin, après la mort de ce colon, et qui a fait un fort bon traité sur la culture du cactier et l'éducation de la cochenille, a remarqué qu'elle faisait six générations par an. Celle qui est dans les serres du Muséum, où elle a toute l'année une température égale, se multiplie sans discontinuer. Il y a donc lieu de croire qu'un grand nombre des espèces propres aux pays chauds se régénèrent sans cesse, et qu'elles sont encore plus nombreuses, encore plus dangereuses que celles des pays froids. Nous n'avons aucune observation à cet égard. Je suis peut-être le seul naturaliste français qui ait apporté de ces insectes d'outre-mer.

Les espèces de cochenilles les plus communes ou les plus importantes à connaître sont,

La Cochenille du cactier, qui se trouve dans toute l'Amérique méridionale et îles qui en dépendent. Elle est oblongue, couverte d'un duvet blanc, et conserve ses anneaux. C'est celle qu'on a appelée *sylvestre*, et qu'on voit dans les serres du Muséum. Celle du *commerce*, qui est deux fois plus grosse et n'a point de duvet, est regardée par la plupart des naturalistes comme une variété de celle-ci, produite par la culture. On trouvera au mot Cactier un court exposé de la manière dont procèdent les habitans du Mexique pour la faire naître et la récolter.

On doit à MM. Pelletier et Caventou une analyse de la cochenille, de laquelle il résulte que sa matière corolante, appelée carmine par les chimistes, est différente de tout ce qui est connu.

On trouve les détails de cette analyse dans le huitième volume des Annales de chimie.

Les voyageurs rapportent que les habitans du Lahor et d'Adonis, contrées de l'Indostan, cultivent de temps immémorial la *cochenille* pour l'employer à la teinture de la soie, et nous savons qu'Anderson en a fait des envois considérables en Angleterre. Il se pourrait cependant que ces voyageurs eussent confondu la laquelaque avec la véritable cochenille.

La Cochenille du kermès, *Kermes ilicis*. Lin., est presque ronde, et perd ses anneaux. Elle vit sur le chène kermès dans les parties méridionales de l'Europe. J'en ai vu en Espagne de grandes quantités qu'on néglige, parce que les frais de sa récolte ne permettent pas de la mettre au taux de celle du Mexique. En effet le chêne kermès est très-touffu, a les feuilles très-piquantes, et il faut ramasser la cochenille grain à grain, ce qui est long et pénible. Cependant la couleur que donne cette cochenille est plus intense et plus durable, et par conséquent elle a des avantages sur celle du Mexique. Il serait peut-être possible, si on voulait diriger les habitans des parties méridionales de la France vers ce moyen d'industrie, de la faire multiplier à volonté, et de cultiver le chêne qui la nourrit de manière à ce que sa récolte fût plus facile. Jamais, à ma connaissance, on n'a cherché qu'à profiter de ce que la nature en produit spontanément. La Société d'agriculture de la Seine, pénétrée des avantages de relever cette branche de notre ancienne industrie, a proposé une prime d'encouragement pour sa récolte.

La Cochenille de Pologne. Elle vit sur les racines, ou mieux, sur le collet des racines du scleranthe vivace, de la pimprenelle, de la piloselle, etc. Long-temps on a fait un commerce de cette cochenille dans la Pologne et la Russie; mais la difficulté de son extraction l'a fait abandonner comme celui de la précédente. En effet il fallait arracher la plante, enlever l'insecte et la remettre en place, pour ne pas perdre l'espoir des récoltes futures. On n'exploitait le même canton que tous les deux ans, pour donner le temps à la cochenille de se multiplier.

La Cochenille de l'oranger, *Coccus hesperidum*, Fab., est ovale, allongée. Elle perd ses anneaux ; on la trouve sur les orangers, qu'elle empêche de croître lorsqu'on ne s'oppose pas à sa multiplication. J'ai vu des orangers négligés en être si couverts, que leurs fleurs n'avaient pas la force de s'épanouir, et que leurs feuilles tombaient à la fin de l'automne. On a proposé un grand nombre de recettes pour les en débarrasser, mais il n'y a d'autre moyen réellement efficace que de frotter toutes les branches de cet arbre avec le dos d'un couteau, un morceau de bois, un linge fort rude, ou de les laver avec de l'eau de lessive.

La Cochenille des serres, *Coccus adonidum*, Fab. Elle perd ses anneaux, mais prend deux rides très-saillantes en place. Elle est originaire du Sénégal, et s'est multipliée dans les serres du Muséum et autres de manière à nuire considérablement à la végétation des arbres et arbustes qu'on y conserve pendant l'hiver. Ce n'est que par des soins continuels qu'on peut, non la détruire, ce qui est presque impossible, mais en diminuer le nombre.

La Cochenille de la vigne. Elle conserve une partie de ses anneaux ; mais du reste ressemble beaucoup à celle des orangers. J'en ai vu des treilles négligées en être si chargées, qu'elles n'amenaient pas leur fruit à maturité. Dans ce cas, le parti le plus court est de couper tout le jeune bois à un ou deux yeux, car ce n'est jamais que sur ce jeune bois, c'est-à-dire celui de l'année précédente, qu'elle se trouve. Il est probable que c'est cette taille, ordinaire à la vigne, qui fait que cet insecte se voit peu communément dans les vignobles.

La Cochenille du figuier. Elle est ovale, convexe, avec une ligne circulaire, d'où partent des rayons qui vont aboutir à la circonférence. Les dommages qu'elle cause aux figuiers dans les parties méridionales de l'Europe sont très-considérables. Bernard rapporte qu'ils produisent moins de fruit, que leur fruit est plus petit, sans saveur et tombe pour la plus grande partie ; que les feuilles tombent également avant le temps et que l'écorce se gerce et s'écaille ; qu'enfin beaucoup de figuiers meurent pendant l'hiver par le seul effet de la faiblesse, qui est la suite de l'extravasation de sève produite par sa piqûre. On a employé des frictions et nombre de recettes pour s'en débarrasser ; mais il n'y a que les procédés indiqués plus haut qui aient produit de véritablement bons effets. Ceux de ces insectes qui s'attachent aux figues croissent plus rapidement que les autres. Ils empêchent de manger ces fruits, à cause de la sanie rougeâtre qui sort de leur corps lorsqu'on les écrase ; mais on les fait sécher, et les insectes tombent par suite des procédés de cette opération.

La Cochenille de l'olivier est oblongue, avec des nervures élevées, irrégulières. Elle fait beaucoup de tort aux oliviers, dont elle empêche le fruit de nouer, ou le fait tomber avant le temps de la maturité. Les propriétaires d'oliviers font ce qu'ils peuvent pour diminuer le nombre de ces insectes, mais ils ne réussissent pas facilement. *Voyez* Olivier.

La Cochenille du pêcher. Il y en a deux espèces sur cet arbre, qui quelquefois en couvrent complétement les branches. Réaumur les a figurées, Pl. 1 et 2 du quatrième vol. de ses Mémoires sur les insectes, volume où se trouvent d'excellentes observations sur les cochenilles. Les jardiniers, pour s'en débarrasser, lavent cet arbre avec de l'eau dans laquelle ils ont fait infuser des feuilles de sureau, de noyer, etc. ; mais il n'y a réellement d'autre moyen que de frotter les branches avec un linge rude ou avec le dos d'un couteau, de les laver avec une forte lessive pendant l'hiver.

La Cochenille de l'orme ne conserve pas ses anneaux. Elle est globuleuse, blanche, avec des bandes transversales brunes. On la trouve fréquemment sur l'orme, à la bifurcation des jeunes rameaux. C'est la plus grosse de ces pays-ci, atteignant 3 lignes de diamètre. Latreille a fait à son sujet des observations précieuses. *Voy.* son Histoire naturelle des fourmis.

La Cochenille du saule. Il y en a plusieurs espèces sur cet arbre. J'en ai observé une qui était si abondante, qu'il n'y avait peut-être pas sur tout le jeune bois une ligne carrée qui en fût exempte. Lorsque je l'écrasais elle donnait une couleur cramoisie fort vive.

Je borne ici le nombre de ces exemples, quoique je puisse dire qu'il est peu de plantes qui ne nourrissent des cochenilles. La nature leur a sans doute donné des ennemis, dont on n'en connaît qu'un : c'est un petit ichneumon qui dépose ses œufs dans leur corps, et dont les larves vivent à leurs dépens. Ce qui les empêche de se multiplier, ce sont les pluies froides, puis les hivers rigoureux. Au reste, on manque d'observations sur cet objet, et il faut attendre du temps quelques notions plus positives.

Voyez aux mots Psylle, Kermès, Trips, Puceron, le complément de cet article. (B.)

COCHLÉARIA. Nom latin du cranson officinal.

COCHON. Ce quadrupède, véritablement remarquable par sa conformation, ses habitudes, sa lasciveté et sa gloutonnerie, appartient à tous les climats, prospère dans toutes les contrées, est, parmi les animaux de basse-cour, le moins difficile dans le choix de la nourriture ; content de tout, pourvu

qu'il soit plein, il s'approprie tous les alimens, même ceux
que rebutent les autres animaux.

L'éducation des cochons est d'une facilité extrême pour quiconque a bien étudié leurs habitudes. Les services qu'ils rendent après leur mort sont incontestables. Qui pourrait être indifférent à l'avantage de trouver toujours dans la métairie une
viande prête à devenir un mets fondamental du repas, ou à
asssaisonner les herbages, les légumes et les racines potagères,
dont l'usage convient si évidemment aux hommes livrés à des
exercices pénibles, par conséquent aux cultivateurs?

Il n'est pas douteux que s'il fallait acheter à un certain taux
ce que généralement les cochons consomment pendant toute
leur vie, on ne dût craindre qu'ils rapportassent moins de profit que les autres animaux mis à l'engrais. Les nations qui ont
le plus fait de recherches pour s'assurer jusqu'à quel point cette
branche de l'économie rurale pouvait devenir profitable n'ont
rien oublié pour l'améliorer; et aujourd'hui il n'y a pas une
seule famille en Angleterre, habitant la campagne, qui n'élève
pour son usage un ou plusieurs cochons.

L'opinion dans laquelle on est assez généralement que le
cochon est d'un entretien dispendieux, paraît être l'ouvrage
de la prévention. M. Mamon-Mallet a fait un calcul bien
simple, d'après une suite d'expériences sur l'éducation de ces
animaux. Ce propriétaire distingué, qui consacre ses délassemens aux détails de l'économie rurale, suppose un particulier habitant d'une ville où le fumier serait compté pour
rien; qui n'aurait ni lavures, ni débris de cuisine à jeter;
qui serait privé de la ressource des racines, des herbages, du
marc de bierre et d'amidon, du pain de suif, des tourteaux ou
marcs de semences huileuses, etc.; et enfin qui se trouverait
réduit à l'absolue nécessité d'acheter aux prix courans la farine, le son et les racines potagères nécessaires pour nourrir
et engraisser ses cochons : la question dans ce cas est de savoir
s'il y trouverait du bénéfice.

Dépense. Achat d'un cochon de six mois, de belle espèce. 20 liv.

De dix à douze mois, il consommera, pour être
très-bien nourri, un demi-boisseau de son, à 10 sous
le boisseau. 45

De douze à dix-huit mois, demi-boisseau de farine
d'orge et deux tiers de son, la farine à 1 liv. le boisseau. 60

Pour achever un engrais parfait, il faudra trente-
six boisseaux de farine pure, à 1 liv. 36

Total de la dépense. . . . . 161 liv.

Un cochon nourri et engraissé de cette manière pesera au moins 400 livres, et la livre évaluée seulement à 10 sous donnera pour les soins, comme on voit, 39 livres de bénéfice, somme qui doit être plus considérable lorsqu'on fait usage, pour la nourriture des cochons, des produits de ses récoltes.

Les cochons paraissent trouver du plaisir à se vautrer dans la fange, et c'est peut-être là une des causes de la médiocre attention qu'on prend au renouvellement de leur litière; mais des expériences multipliées et comparatives prouvent qu'ils n'engraissent jamais bien dans la malpropreté, qu'il est très-avantageux de les laver souvent à grande eau, pour les débarrasser des poux et des ACARES qui les tourmentent. D'ailleurs, le bœuf en liberté couche sur la bouse, les chevaux et les brebis sur leur crottin.

C'est encore un autre préjugé de croire que la truie est portée à dévorer sa progéniture, parce qu'elle montre une disposition très-marquée à manger l'arrière-faix; mais elle partage cette disposition avec toutes les femelles des quadrupèdes des animaux sauvages ou domestiques, carnivores ou herbivores, les plus éloignés d'avoir en aucun temps un caractère vorace, et plusieurs habiles vétérinaires ont eu l'occasion d'observer que celles auxquelles on laisse manger le délivre n'en sont pas incommodées.

Un mérite particulier qu'on ne conteste pas à la femelle du porc, c'est le courage avec lequel elle défend ses petits contre les ennemis qui les menacent; le moindre cri de leur part éveille sa sollicitude, la violence anime sa fureur, et rien ne l'intimide ni ne lui résiste : le danger disparu, elle rassemble sa famille dispersée, en fait le recensement, et s'il lui manque quelqu'un des siens, elle en fait la recherche avec un empressement digne du plus grand intérêt. D'ailleurs il n'y a personne qui, ayant vu naître des cochons, n'ait remarqué que le premier usage que ces jeunes êtres font ordinairement de leur existence, est de se traîner à la tête de leur mère souffrante, et de lui prodiguer des caresses, qui semblent avoir pour objet d'adoucir les douleurs qu'ils lui ont causées; ils viennent ensuite choisir un mamelon, qui est leur domaine : alors chacun reconnaît le sien, le distingue et s'y attache exclusivement; de sorte que si l'un de la troupe vient à manquer, le mamelon qu'il tetait tarit et se dessèche en peu de jours. Ces faits, auxquels il serait possible d'en ajouter une foule d'autres, ne semblent-ils pas prouver que les imperfections de la forme grossière du cochon ont beaucoup contribué à charger le tableau de sa stupidité?

Différentes races de cochons. Les cochons à grandes oreilles sont la première race : elle existe aussi en Allemagne et en

Angleterre; mais comme elle n'est ni robuste ni féconde, que la chaire en est grossière et fibreuse, on a donné la préférence à la race un peu moins forte, parce qu'elle produit le plus de bénéfices au cultivateur, qu'elle s'engraisse plus facilement et plus promptement : c'est la plus multipliée en France. On en distingue, par rapport à la couleur, trois variétés : la première est noire et très-commune vers le midi de la France; la seconde est blanche; enfin la troisième est pie, ou pie noire, ou pie blanche. Les roux paraissent les plus estimés.

Parmi les diverses races de cochons qui existent en France, il y en a trois bien distinctes, et toutes trois bonnes. La première est celle de la vallée d'Auge, dans la ci-devant Normandie, où se trouve la race pure : presque dans tout le nord, l'ouest et au centre de la France, elle est croisée et forme, avec des variétés infinies, ce qu'on appelle le cochon commun. Les caractères de la race pure sont la tête petite et très-pointue, les oreilles étroites, le corps long et épais, le poil blanc et peu abondant, les pattes minces, les os petits; elle se nourrit très-bien avec du trèfle, de la luzerne, du sainfoin et autres herbes; elle prend rapidement la graisse, et parvient au poids de plus de 600 livres.

Le cochon blanc du Poitou forme la seconde race. Il a la tête longue et grosse, le front saillant et coupé droit, l'oreille large et pendante, le corps allongé, le poil rude, les pattes larges et fortes, le corps long et de gros os; son plus grand poids n'excède pas 500 livres.

La troisième race est celle dite du Périgord. Elle a le poil noir et rude, le cou court et gros, le corps large et très-ramassé. On a expérimenté que cette race donnait plus de profit croisée avec celle du Poitou, et c'est de ce croisement qu'est sortie la race pie, qui est maintenant très-répandue dans le midi de la France, et qui est excellente (1).

Quelles sont les différentes races de porcs qui conviennent à chaque département? Quelle est celle qui acquiert le plus grand volume, ou l'engrais le plus complet et le plus rapide? Quel croisement serait-il plus avantageux d'essayer entre ces races ou avec des races étrangères? Telles sont les questions pour la solution desquelles la Société royale et centrale d'agriculture du département de la Seine avait proposé, en l'an 7, un prix de 600 francs, qui devait être décerné sans sa séance

---

(1) Plusieurs cultivateurs, entre autres M. Boulenois, ont cependant remarqué que les cochons des Ardennes à oreilles droites s'engraissaient en moitié moins de temps que ceux de race normande, à oreilles pendantes, et que ceux qui avaient des taches noires étaient plus robustes que ceux qui étaient tout blancs. En effet, ces cochons à oreilles droites et à taches noires se rapprochent de l'espèce, c'est-à-dire du sanglier.

(Note de M. Bosc.)

publique de la fin de l'an 10. Le but de la Société était d'avoir un manuel propre à être mis entre les mains des habitans de la campagne, et qui renfermât sous un petit volume tout ce qu'il leur importe de savoir de plus essentiel à cet égard. Le vœu de la Société n'ayant pas été rempli, elle prorogea ce prix jusqu'à la fin de l'an 13, et accorda à différens mémoires une médaille d'or à titre d'encouragement pour les recherches auxquelles s'étaient livrés leurs auteurs.

La Société a décidé qu'elle ne remettrait plus cet objet au concours; mais elle s'est réservé d'accorder à l'auteur du mémoire qui répondra à la question, sous ses divers rapports, une récompense proportionnée au mérite de son travail. Le manuel qu'elle demande me paraît facile à faire. Il existe plusieurs ouvrages qui peuvent être regardés comme des traités complets sur cette matière. Je citerai entre autres le *Parfait porcher*, écrit en langue allemande; les expériences et les recherches d'Arthur Young; enfin un article inséré dans la partie de l'Agriculture de l'Encyclopédie, où j'ai cherché à rendre communes à la France les connaissances acquises par ses voisins, relativement à cette branche utile de l'économie rurale et domestique.

Nous pensons que de tous les croisemens qu'on doit adopter, il faut donner la préférence à ceux qui ont les plus petits os et qui, dans le temps le plus court et avec le moins de fourrage possible, donnent les plus grands produits en lard ferme, en graisse et en chair fine : en cela, il paraît que le cochon noir à jambes courtes l'emporte; il est le résultat du croisement de la race des cochons d'Asie avec la grande truie originaire de Normandie. Cette race métisse a une teinte noire, interrompue par une bande blanche, de 5 à 6 pouces de longueur, qui ceint la poitrine en arrière du cou. Cette race paraît mieux réussir en plein air dans les pâturages; elle y passe une grande partie de l'année, et il ne reste à la porcherie que les mères qui allaitent, et les cochons qu'on engraisse.

Choix du verrat. Une différence qui caractérise le sanglier et le cochon domestique, c'est que, dans celui-ci, la plus grande quantité de graisse se dépose sous la peau, tandis qu'elle est plus généralement et plus abondamment distribuée entre les muscles, dans les cochons sauvages.

Il faut, pour que le verrat destiné à servir d'étalon réunisse les qualités convenables, qu'il ait les yeux petits et ardens, la tête grosse, le cou grand et gros, les jambes courtes et grosses, le corps long, le dos droit et large; un seul peut suffire à vingt truies; mais il est prudent de le borner à seize, pour avoir constamment une postérité plus robuste. Quoiqu'il soit en chaleur dès l'âge de six mois, quelques écrivains prétendent qu'il n'est de bon service qu'à dix-huit mois ou deux ans, et qu'à la faveur de ce ménagement, il peut continuer à propager son espèce jusqu'à quatre à cinq ans ; mais une pratique générale dépose contre cette assertion. Dans tous les pays où on élève beaucoup de cochons, les verrats ne servent les femelles que depuis l'âge de huit mois jusqu'à celui de dix-huit ; et cependant on ne s'aperçoit pas que les races y dégénèrent. A cette époque, ils commencent à devenir méchans ; et à deux ans, il n'y en a point qui ne soient dangereux et féroces : aussi, lorsque le troupeau de cochons se rend à la glandée, choisit-on exprès un verrat, c'est-à-dire, un gardien sûr contre l'attaque des loups.

Choix de la truie. On doit choisir une truie conformée sur le modèle du verrat, d'un naturel tranquille et d'une race féconde. Il faut qu'elle ait le corps allongé, les reins et les épaules larges, ainsi que les oreilles, le ventre ample, les mamelles longues et nombreuses, les soies naturellement douces.

La fécondité de la truie a donné lieu aux mêmes réflexions que celle dont on a parlé à l'occasion du verrat, et l'on a avancé que la première portée qu'elle donnerait avant deux ans serait faible et imparfaite : cette assertion n'est pas non plus dénuée de fondement ; néanmoins le cochon n'étant utile que par ses résultats, il convient d'en tirer parti le plus tôt possible. Une truie peut devenir mère au bout d'une année, et on en a vu de l'espèce de la Chine donner à dix-huit mois de très-bons produits.

Des cochons aux champs. Comme les cochons sont naturellement gourmands, indociles, et par conséquent difficiles à gouverner en troupeaux, il n'est guère possible à un homme d'en surveiller plus d'une soixantaine environ. Sa principale attention doit consister à ne les conduire que sur les jachères, sur les friches, dans les bois, dans les lieux humides et marécageux, où ils trouvent des vers, ainsi que des racines sauvages en fouillant le sol avec leur boutoir ; à les écarter des voieries et des boucheries ; à empêcher qu'ils ne s'enterrent dans un tas de fumier, parce que leur peau se couvre d'une croûte qui arrête leur transpiration, et préjudicie beaucoup à leur développement (1).

De la truie pleine. Elle porte cent treize jours, et met bas

---

(1) Swinburne rapporte que les conducteurs de cochons, en Calabre, s'en font suivre par le moyen d'une cornemuse, et qu'ils sont si accoutumés à obéir au son de cet instrument, que lorsque plusieurs troupes sont réunies dans le même pacage, il suffit que chaque conducteur souffle dans sa cornemuse pour que les animaux qui lui appartiennent se réunissent autour de lui sans qu'il y ait d'erreur de leur part. Il en était de même en France il y a quelques siècles.

Dans l'est de la France, où ils vont journellement aux champs avec le cent quatorzième, ou, comme on dit vulgairement, trois mois, trois semaines et trois jours : or, c'est parce qu'elle n'exige pas tout-à-fait quatre mois pour la gestation qu'on a prétendu qu'elle pouvait avoir trois portées dans le cercle d'une année ; mais quel en serait le résultat ?

L'époque la plus avantageuse pour faire saillir la truie quand on se propose d'élever les petits, est depuis le milieu de novembre jusqu'en juin ; ils ont alors le temps de se développer, de se fortifier avant l'hiver, et souvent de résister aux rigueurs du froid : si au contraire les cochonnets sont destinés pour la boucherie, on doit s'attacher à les faire naître dans toutes les saisons, et spécialement dans celles où ils se vendent le mieux.

En ne donnant les mâles aux femelles que deux fois l'année, les petits ont le triple avantage de naître plus forts, de teter plus long-temps, d'avoir le lait plus substantiel ; et on ne saurait donc trop blâmer cette cupidité insatiable qui rapproche ainsi les portées.

Il faut interrompre la fécondité du verrat et de la truie vers la sixième année. A cette époque, ils ne doivent plus être gardés pour le soutien de la race ; il convient de les châtrer tous deux, en enlevant à l'un les testicules, et à l'autre les ovaires : sans cette soustraction, ils prendraient mal l'engrais, coûteraient plus de nourriture, fourniraient une chair coriace et de mauvaise qualité.

De la truie après avoir cochonné. Dès qu'on est assuré que la femelle est pleine, il faut en séparer le verrat, augmenter sa nourriture sans cependant l'engraisser ; car alors ce serait l'exposer à perdre la vie en mettant bas, à n'avoir pas suffisamment de lait pour allaiter la famille naissante, et à écraser les nouveau-nés par son poids et sa maladresse.

La portée ordinaire est de dix à douze ; mais l'expérience a démontré qu'au lieu de choisir des truies fécondes à l'excès, il y a du bénéfice à ne pas faire nourrir trop de cochonnets par la même truie. Les portées composées de huit à neuf petits sont beaucoup meilleures que celles de dix à douze, parce qu'ils naissent plus gros, que la mère les nourrit mieux et se fatigue infiniment moins.

---

les chevaux, les vaches, les moutons, les dindons, les oies de la commune, ils suivent assez régulièrement les mouvemens du troupeau, quoiqu'ils s'en isolent toujours un peu.

En Caroline, ils sont toute l'année livrés à eux-mêmes dans les bois ; mais tous les samedis, à 6 heures sonnantes, ils accourent à la maison, chercher une poignée de maïs, se faire compter, se faire marquer s'il ne l'ont pas encore été ; enfin, laisser ceux d'entre eux que leur propriétaire veut tuer et manger dans le courant de la semaine suivante. J'étais émerveillé toutes les fois que j'assistais à leur arrivée. Dans ce pays, on ne les engraisse jamais artificiellement, quoique la consommation qu'on en fait soit immense.   (*Note de M. Bosc.*)

An moment de la délivrance, on fortifie la mère en lui donnant un mélange d'eau tiède, de lait et d'orge ramollie par la cuisson; on met ensuite à sa disposition tout ce qui sort de la cuisine et de la laiterie, en donnant aux résultats un caractère acide au moyen d'un peu de levain délayé ou de pâte fermentée, dont les cochons sont assez avides, sans compter que dans cet état la nourriture devient un préservatif contre nombre de maladies auxquelles cet animal est sujet.

Mais la nourriture la plus ordinaire, après que la femelle a mis bas, consiste, matin et soir, en un picotin d'orge cuite ou moulue, auquel succéde une eau blanche composée de deux bonnes poignées de son sur un seau d'eau tiède. Au bout de quinze jours, si la saison le permet, on envoie la truie aux champs.

Des cochonnets. Lorsqu'on craint que la truie qui vient de mettre bas pour la première fois ne mange ses petits, on fournit à la mère une nourriture surabondante les deux ou trois jours qui précèdent le part, et on frotte le dos des cochonnets avec une éponge trempée dans une décoction de coloquinte ou d'autres substances douées de la même amertume. Les premiers soins qu'on leur donne les accoutument à teter, et bientôt la mère se complaît à les allaiter. La surveillance alors devient moins difficile; mais il faut les visiter de temps en temps, nourrir amplement la truie avec des racines cuites, telles que navets et pommes de terre écrasés et étendus dans du petit-lait avec de la farine d'orge. Quand cette espèce de purée serait devenue aigre, à cause de la chaleur de la saison, il ne faudrait pas en interdire l'usage, puisqu'on a proposé de la faire aigrir exprès pour augmenter ses effets; et on connaît le goût qu'ont les cochons pour tout ce qui est fermenté.

La boisson est de l'eau blanche; mais il faut avoir la précaution de la mettre dans un baquet peu profond, de crainte que les cochonnets ne s'y noient.

Cochons de lait. Dans le cas où la portée serait extrêmement nombreuse, comme de dix à douze, il ne faut pas souffrir que la mère les allaite plus de trois semaines : alors on doit en supprimer un tiers, et ceux-là portent le nom de cochons de lait, dont il est facile de se défaire, parce qu'à cet âge leur chair est plus délicate, plus savoureuse, moins indigeste que quand ils ont à peine quinze jours. C'est en tetant leur mère quand elle est parfaitement bien nourrie, que les cochons de lait acquièrent de la graisse; les veaux et les agneaux s'engraissent de cette manière, au moyen du lait et de substances farineuses délayées dans de l'eau; leur chair est blanche et très-tendre, si, en les tuant, on les laisse saigner le plus possible. Pour opérer sans inconvénient la séparation des petits d'avec la mère, il convient de faire sortir celle-ci du toit, en flattant sa gourmandise par quelques poignées de grains ; les mâles sont gardés de préférence pour élèves , parce qu'ils deviennent ordinairement plus forts et se vendent toujours mieux que les femelles. Six à huit au plus suffisent à la mère , qui, soulagée dans son allaitement , augmente d'autant la force des élus.

Sevrage des cochonnets. A mesure que les cochonnets se développent, on leur donne du petit-lait chaud , dans lequel on délaye du caillé , du son gras, de la farine d'orge, de seigle ou de maïs, selon les ressources du pays. Les habitans dépourvus de laiterie y suppléent par de la farine délayée dans l'eau. Au bout d'un mois, on augmente leur nourriture en y ajoutant des choux , des pommes de terre et autres racines potagères cuites, pendant l'absence de la truie et à part des cochons plus âgés, qui pourraient la leur disputer et les estropier ; et deux mois après leur naissance, ils peuvent se passer de la mère : un plus long espace de temps la fatiguerait et l'épuiserait trop pour la seconde portée. On a soin de les laisser aller aux champs, pour les accoutumer insensiblement au régime ordinaire et à suivre leur mère.

Des expériences faites en dernier lieu ont prouvé que l'usage de la laitue était avantageux pour les truies qui nourrissaient , qu'il accélérait le sevrage de quinze jours , et offrait un moyen d'économiser le lait et le grain.

Quand la truie a fait plusieurs portées et qu'elle a pris graisse, elle se nomme coche.

Les cochonnets ne s'appellent cochons qu'après avoir subi l'opération qui leur enlève la faculté de se reproduire.

Nourriture des cochons. On serait fondé à reprocher à beaucoup de fermiers une sorte d'ingratitude envers les cochons; la plupart ne sèment rien pour leur nourriture , aucune récolte ne leur est assignée : ces animaux semblent destinés à vivre sur le commun, c'est-à-dire à ne manger que les rebuts des autres, jusqu'au moment où l'on a décidé de les mettre à l'engrais. Mais plus éclairés maintenant sur leurs véritables intérêts, les fermiers proportionnent le nombre qu'ils peuvent en élever aux ressources locales; ils profitent à cet égard de tout ce qu'elles peuvent offrir. Ils ne se bornent donc pas à la ressource des fruits sauvages ou des fruits greffés que les vents ont abattus, des débris de la laiterie et de la cuisine, des graines de toute espèce avancées, de ces pains connus sous le nom de tourteaux, qui ne sont que le marc des semences de lin, de navette, de colza, de pavot, de chenevis, de noix, après qu'on en a retiré l'huile , en associant la farine avec les racines potagères, dont ils font une pâte liquide plus délayante que substantielle, et avec laquelle ils entretiennent les cochons jusqu'au moment de les enfermer pour les mettre à l'engrais.

Indépendamment de ces ressources, dont l'effet est connu , les fermiers intelligens, qui ont bien calculé les avantages qu'on retire de l'éducation d'une certaine quantité de cochons, doivent leur abandonner encore exclusivement la luzernière ou la tréflière (pièce de luzerne ou de trèfle), dans le cas où ces prairies artificielles ont déjà été pâturées par les chevaux et les vaches, parce que les cochons mangent l'herbe également par-tout et qu'elle serait perdue sans cet utile emploi (1).

Toutes les racines potagères , sans en excepter aucune, étant recherchées par les cochons, et considérées comme pouvant suppléer les grains, on les leur donne crues ou cuites, avec la précaution de les diviser par tranches.

Mais dans le nombre de ces racines, la pomme de terre, si facile à se procurer par-tout, est celle qui convient le mieux aux vues qu'on a de nourrir à peu de frais les cochons. On peut conduire ces animaux plusieurs jours de suite dans les champs où ces racines ont été récoltées; en fouillant la terre ils y trouvent celles qui ont échappé à la récolte.

En Amérique, où la main d'œuvre est fort chère, on a imaginé de simplifier plusieurs opérations rurales : quand il s'agit de faire servir les pommes de terre à la nourriture des cochons, on divise, à l'époque où elles sont mûres, les champs à quatre perches de distance du commencement; on y met ensuite les cochons, ainsi que l'auge nécessaire pour les abreuver. Ces animaux trouvent facilement ce qu'ils aiment, et quand ils ont consommé tout ce qui était dans la division, elle est replacée à 3 ou 4 perches plus avant , et ainsi de suite : d'où résulte un double avantage , celui d'épargner des soins et des

---

(1) On trouve, dans les Mémoires de l'ancienne Société d'agriculture de Paris , année 1789, une observation qui constate que quelquefois les cochons préfèrent la luzerne aux pommes de terre mêmes.

Dans quelques pays, aux environs de Laval , par exemple , on fait cuire le gui pour le donner aux cochons qu'il engraisse.

La feuille d'orme est généralement employée à leur nourriture dans la ci-devant Bretagne , et ce avec un grand profit.

Sur les bords de la mer, on nourrit fréquemment les cochons avec des poissons et autres animaux marins. Les patelles sont principalement ramassées pour cet objet, aux basses marées, sur les rochers où elles se fixent. Je les voyais, dans la baie de Charleston , briser les co quilles des huîtres pour en dévorer l'animal. A Londres, à Paris, et autres lieux , on en nourrit souvent exclusivement de charogne. On dit, et je n'ai pas de peine à le croire , que dans ces cas leur lard est sans fermeté et sans saveur, mais qu'il reprend sa qualité lorsqu'on les engraisse avec du grain.

En Europe , dans les Etats-Unis d'Amérique , et sans doute par-tout, les cochons font une guerre active aux serpens; ils les entourent pour les empêcher de s'échapper, les tuent et les mangent.

(*Note de M. Bosc.*)

dépenses de récolte, et de préparer la terre pour la culture qui doit succéder (1).

N'oublions pas de compter au nombre des moyens peu dispendieux de nourrir les cochons, mais praticables seulement dans le voisinage des forêts, les glands et les faînes, dont ces animaux se gorgent quand ils en trouvent l'occasion ; ils n'ont besoin à leur retour que d'une eau blanche ou même d'eau pure. Nous ne parlerons pas de l'époque où il faut donner le gland aux cochons, de la quantité qu'ils doivent en manger, du moment où il faut cesser son usage ; mais nous observerons que ce fruit affermit la chair et la graisse de l'animal, en même temps qu'il augmente la saveur de l'un et de l'autre. *Voyez* Chêne.

Il n'en est pas de même de la faîne, quoique très-recommandée comme moyen économique de nourrir les cochons : ceux qui s'en nourrissent ne donnent qu'un lard mou, huileux et de peu de garde ; il fond à la moindre chaleur, et la viande prend mal le sel. Le fruit du hêtre aura une destination plus utile dans l'économie domestique, parce que le marc qui en résultera n'ayant plus que le caractère mucilagineux, comme celui des autres semences émulsives qui auraient subi la même préparation, deviendra une bonne nourriture sans avoir les inconvéniens remarqués (2).

Des cochons à l'engrais. L'âge le plus convenable à l'engrais des animaux est celui où ils ont acquis tout le développement propre à leur espèce. On doit, dans les premiers temps de l'éducation des cochons, se borner à les rationner, c'est-à-dire à leur donner une nourriture modérée, plus délayante que substantielle, capable seulement de les entretenir en bon état, de les empêcher d'être trop voraces, de les rafraîchir et de dé-

---

(1) Dans la ci-devant Normandie, on attache des cochons au pied des pommiers, afin qu'ils le labourent en cherchant leur nourriture dans la terre qui le recouvre. On les appelle petits cultivateurs, à raison de cet usage. (*Note de M. Bosc.*)

(2) MM. Böling et Viberg assurent que les cochons sont sujets à la petite vérole de l'homme et qu'ils ne l'ont qu'une fois. Un régime délayant, une température sèche et chaude, sont les moyens les plus certains de les empêcher d'en être la victime.

Pour éviter la contagion, il convient de séparer les bêtes malades des saines, et de ne pas jeter dans les cours les effets qui ont servi à des hommes affectés de cette maladie.

La Bouche est un Bubon qui perce dans l'intérieur de la bouche des cochons et les fait périr. La Ratelle n'en diffère que parce que ce bubon se forme sur les surfaces des viscères. La Soie est encore un bubon qui naît sous le lard du cou, et qui ne peut le percer. C'est la plus dangereuse des maladies des cochons. La cause de la ladrerie est la présence de vers intestins du genre des Hydatides. Le Fourchet ne diffère pas de celui des moutons. *Voyez* tous ces mots.

(*Note de M. Bosc.*)

tendre leurs viscères ; mais lorsqu'il s'agit de les mettre à l'engrais, il ne faut rien épargner de tout ce qui peut y contribuer le plus promptement possible.

Naturellement gloutons, ils s'engraissent avec toute sorte de nourriture donnée abondamment, à des heures réglées et dans un état approprié : il convient donc de se servir de leur appétit et de toutes les ressources du canton pour parvenir à ce point d'utilité. On peut mettre à l'engrais les cochons destinés au petit-salé lorsqu'ils ont atteint huit à dix mois ; mais il faut qu'ils en aient au moins dix-huit pour fournir le lard : ce n'est pas qu'ils ne croissent encore pendant quatre ou cinq ans ; rarement à la vérité on laisse vivre tout ce temps un animal qui doit payer plus tôt les soins et les dépenses qu'il a coûtés à son maître.

Tous les cochons ne sont pas également disposés à prendre une bonne graisse, les uns exigent plus de temps et consomment davantage de nourriture que les autres. Il faut donc faire choix de bonnes races, et des moyens les plus propres à donner à ces animaux la plus grande valeur : ces moyens peuvent être réduits à cinq principaux ; savoir,

1°. La castration ,

2°. L'état de repos où doit être le cochon ;

3°. L'espèce, la forme et la quantité de nourriture à lui administrer ;

4°. Le choix de la saison ;

5°. L'attention de commencer l'engrais par l'aliment le moins friand et le moins nutritif, et de le terminer par le plus substantiel, celui que l'animal mange le plus volontiers.

C'est le premier moyen d'engrais ; il a évidemment une grande influence sur l'accumulation de la graisse et la perfection des autres résultats (1).

De la castration des cochons. L'opération peut se pratiquer à tout âge ; mais plus l'animal qui la subit est jeune, moins les suites en sont funestes ; encore au régime du lait, il guérit plus vite que s'il était sevré, et la chair en est plus délicate à la vente. Il ne devient pas aussi beau que s'il avait achevé son accroissement. Dans certains endroits, c'est depuis quatre jusqu'à six mois que la castration a lieu : peu importe d'ailleurs dans quelle saison, pourvu que la température soit douce, parce que les chaleurs vives et le grand froid rendraient la plaie également dangereuse et de difficile guérison. *Voyez* CASTRATION.

Mais quelle que soit la manière d'opérer suivant l'âge et le sexe, il faut toujours, quand il s'agit des femelles, prendre

---

(1) Les Thraces, au rapport d'Aristote, laissaient les cochons manquer de boisson le plus possible, afin d'améliorer leur engrais.
(Note de M. Bosc.)

garde, avant de les couper, qu'elles n'aient pas eu de communication avec les mâles, car si elles étaient en gestation elles avorteraient d'abord et courraient des dangers pour la vie; avoir l'attention d'enlever la totalité de l'ovaire, l'expérience ayant appris que s'il en reste une partie, elles conserveraient une disposition à la propagation. Enfin les verrats et les truies mis à la reforme peuvent et doivent être également châtrés, sans quoi leur chair serait dure, coriace et peu économique. Les mâles qui ont été long-temps étalons, et les femelles long-temps nourrices, n'engraissent jamais qu'imparfaitement. Les cochons qu'on doit garder de préférence pour élever sont ceux de la portée du printemps; en hiver ils sont pincés par le froid, ce qui les empêche de se développer. On a remarqué que les meilleurs à garder sont les femelles, parce qu'elles ont plus de lard et rapportent par conséquent plus de profit à la ferme.

De l'état de repos où doit être le cochon pour engraisser. Le repos absolu convient pour hâter la graisse. Placés à l'abri de la lumière, du bruit et de tout autre objet capable d'émouvoir leurs sens, les cochons parviennent d'une manière plus prompte et par conséquent moins dispendieuse à l'engrais : tel doit être le but du propriétaire; mais il faut en même temps leur fournir suffisamment de litière, la renouveler souvent, éloigner des étables les grogneurs qui, empêchant leurs compagnons de dormir, retarderaient l'engrais, quand bien même la nourriture serait surabondante.

Une longue expérience a appris aux Américains que l'usage du soufre mêlé avec l'antimoine, donné de temps en temps aux cochons, leur est extrêmement utile, parce que ces deux ingrédiens les purgent insensiblement, les entretiennent dans un état de perspiration qui les provoque au sommeil et les dispose à engraisser beaucoup mieux que ne pourraient le faire la farine d'ivraie, les semences de jusquiame et de pomme épineuse, proposées dans tous les traités d'économie rurale pour mêler à leur manger.

Il y a des cantons où, pour prévenir les dégâts des cochons et les faire arriver plus tôt au maximum de l'engrais, on leur casse les dents incisives, et dans d'autres on leur fend les narines; enfin une saignée paraît quelquefois à propos pour déterminer la cachexie graisseuse.

Préparation de la nourriture pour l'engrais des cochons. Les semences farineuses sont sans contredit les matières les plus efficaces pour atteindre le but désiré, puisque indépendamment de leur sécheresse, elles renferment beaucoup de principes nutritifs sous peu de volume.

Mais il convient de choisir entre elles les moins chères dans le canton qu'on habite. Au midi et à l'ouest de la France, c'est le maïs; au nord, l'orge, les pois, les fèves, les haricots les suppléent.

L'avidité avec laquelle les cochons se jettent sur les herbages bouillis, sur les grains et sur les racines ramollies, gonflées, sur les résidus chauds des brasseries, des fabriques de sucre de betterave, des distilleries de grains et des amidonneries au sortir de la chaudière, prouvent suffisamment les avantages qu'il y a de leur administrer la nourriture après avoir subi la cuisson ; nous ajouterons que les fruits de la famille des cucurbitacées leur donnent la diarrhée, que la viande crue les échauffe, se digère mal, et rend furieux ces animaux ; que ce n'est qu'en soumettant l'un et l'autre à la cuisson qu'on vient à bout de prévenir de pareils inconvéniens (1).

Mais ce qui paraît convenir davantage à leur engrais, c'est la diversité des alimens cuits et réduits à la consistance requise : le lard, la graisse et la chair ne sont ni aussi fermes, ni aussi abondans quand la nourriture est formée d'une seule substance et de nature délayante. Les cochons entretenus dans les châlets, sur les Alpes, avec du lait pur ou ses produits, ne fournissent que du lard mou, qui ne gonfle pas au pot.

Il faut donc convenir que, si on veut conserver au lard son goût et sa fermeté, on doit empêcher qu'il ne se dénature dans la cuisson ; ajouter toujours à la nourriture, quand elle est composée de matières fluides et relâchantes, quelques substances astringentes et toniques, comme le tan, l'écorce du chêne, le gland, les fruits acerbes et amers pour soutenir l'action de l'estomac, et prévenir les flatuosités ; c'est peut-être pour produire cet effet que, dans certaines contrées, l'usage est de laisser dans l'auge du cochon un boulet, que d'autres remplacent par l'emploi d'un vase de fer pour l'apprêt de la mangeaille.

De la saison la plus favorable à l'engrais des cochons. L'automne est la véritable saison qu'il faut choisir, non-seulement par la raison qu'il y a alors beaucoup de fruits sauvages dont on ne tirerait aucun parti sans cet emploi, mais encore à cause des débris des récoltes, des balayures et criblures de grains qui sont très-communes. Cette époque d'ailleurs est celle que la nature semble avoir plus spécialement affectée au domaine de la graisse. On voit le gibier engraisser en peu d'heures : les chasseurs annoncent d'avance qu'il sera plus gras aujourd'hui qu'il n'était hier : une journée un peu sombre, un brouillard épais rendent souvent les grives, par exemple, qui ne valaient rien la veille, plus délicieuses que celles que les plus illustres gourmands ne sauraient manger. La transpiration arrêtée semble se changer en graisse, et l'air rafraîchi la laisse mieux se dé-

____

(1) On cite un cochon qui a été engraissé en dix jours avec des CAROTTES.   (*Note de M. Bosc.*)

velopper et augmenter que le temps chaud ; cependant, quoiqu'on ne sache pas précisément à quoi tient la disposition à la graisse, il paraît que quand les cochons ont atteint le point d'engrais convenable, il n'y a point de temps à perdre pour les tuer : autrement la cachexie graisseuse, cette pléthore générale, pourrait donner lieu à la maladie connue sous le nom de gras fondu, et la mort en seroit bientôt la catastrophe.

Forme à donner à la nourriture les derniers jours de l'engrais. Un des moyens de disposer les cochons à prendre graisse, c'est de leur dispenser la nourriture, ainsi que la boisson, dans des formes et des quantités convenables et à des heures réglées, en ne les nourrissant d'abord que faiblement les deux ou trois premiers jours qui précèdent leur entrée sous le toit, pour n'en plus sortir. Ce préparatoire excite la faim chez ces animaux, distend leurs viscères, les détermine à manger plus goulument.

A mesure qu'on approche du terme de l'engrais, et que l'animal gorgé d'alimens n'a plus une grande énergie, il faut délayer dans l'eau la farine moulue grossièrement, et la convertir par la cuisson en une bouillie d'abord claire, qu'on réduit ensuite à la consistance d'une pâtée, afin qu'elle ne contienne plus que la quantité d'eau nécessaire pour la détremper.

Pour leur administrer cette nourriture ainsi épaissie, les Anglais se servent d'une machine qui leur a constamment réussi : c'est une espèce de trémie enfoncée, mais dont une des parois est ouverte depuis le fond jusqu'à 4 ou 5 pouces (12 ou 15 centimètres) de hauteur, sur 2 ou 3 pouces (6 à 9 centimètres) de largeur ; elle est suspendue au-dessus d'une auge de la capacité d'un pied et demi cube (5o centimètres cubes) ; on jette la mangeaille dans cette trémie un peu inclinée, et il n'en tombe qu'autant que les cochons peuvent en manger. On se sert encore, avec le même succès, d'un autre instrument à la faveur duquel les cochons, vers les derniers jours de l'engrais, sont pris par les quatre pattes, et n'ont de libre dans leurs mouvemens que la mâchoire, en sorte que tout ce qu'ils avalent jusqu'au dernier moment de leur existence tourne au profit de la graisse ; mais dès qu'ils laissent de leur mangeaille, et que l'appétit diminue sensiblement, ils ne tardent guère à réunir toutes les qualités nécessaires pour entrer dans le saloir : on ne doit pas différer alors de les tuer.

Commerce des cochons. Nos premiers parens ont porté le goût de la cochonnaille par-tout où ils s'établirent ; elle formait autrefois un des principaux articles du commerce de la Gaule.

Il est constant que les fermiers qui proportionneront le nombre de leurs cochons à celui de leurs bestiaux, à l'étendue de leur exploitation, et à la facilité de leurs débouchés, en tireront toujours un parti avantageux pour les besoins du ménage, et même pour en faire un commerce lucratif, s'ils ont surtout le bon esprit de n'adopter et de ne multiplier que la race qui, dans le plus court délai, et avec le moins de dépense possible, parvient à donner les verrats les plus vigoureux, les truies les plus fécondes, et les élèves les plus faciles à prendre l'engrais, à fournir le petit-salé, ainsi que le lard le plus abondant et le plus parfait. *Voyez* SALAISONS.

Le tableau des dépenses qu'il en coûte pour donner aux porcs les qualités qui rendent ordinairement leur commerce praticable ne peut, comme un simple aperçu, être présenté, puisque chaque canton a sa méthode d'engraisser ces animaux, et qu'elle est toujours réglée sur les ressources locales : tantôt ce sont les semences céréales et légumineuses; tantôt les fruits sauvages et les racines potagères ; tantôt enfin les résidus, les marcs des brasseries, des distilleries de grains, des amidonneries, des fonderies de suif, des huileries, denrées qui toutes ont des prix trop variés pour en déterminer la valeur réelle (1).

Quand bien même on ne retirerait de la vente des cochons que les frais qu'ils auront coûtés réellement, on y gagnera toujours le fumier qu'on obtiendra de leur litière et de leurs soies, dont on fait des vergettes et des pinceaux (2), ainsi que l'emploi d'une foule de matières alimentaires incapables, sous toute autre forme, de procurer autant d'utilité et d'argent.

Rarement on tanne en France la peau du cochon; mais il paraît qu'en Angleterre et aux Etats-Unis de l'Amérique on lui fait fréquemment subir cette préparation et qu'on en obtient d'excellentes semelles de souliers: c'est là qu'on peut dire avec vérité que rien n'est perdu de la dépouille du cochon.

Ne nous lassons pas de le répéter, ces animaux seront un foyer de ressources dans les campagnes, dès que leurs habitans emploieront pour les nourrir, les gouverner et les engraisser, des combinaisons plus raisonnées. (PAR.)

COCHONETTE. C'est la RENOUÉE dans le Lyonnais. (B.)

COCO. Fruit du COCOTIER.

COCO. C'est, dans le midi de la France, le PAIN cuit au four. (B.)

COCON. Enveloppe de soie, souvent mêlée avec une espèce de gomme-résine, avec des poils et autres corps étrangers, et dans lequel les chenilles des bombices, de quelques noctuelles

______

(1) Il est d'expérience que les cochons destinés à la vente doivent l'être avant six mois pour donner un bénéfice certain. On n'en trouve jamais à un an le double de la somme qu'on en tire à cette époque, et leur nourriture est plus coûteuse dans cette seconde partie de leur vie.

(2) On arrache environ une livre de soies d'un cochon de moyenne grosseur.　　　　　　　(*Notes de M. Bosc.*)

et autres genres voisins, se transforment en chrysalides, et d'où elles sortent dans l'état d'insectes parfaits. *Voyez* Chenille.

On applique plus particulièrement ce mot, dans l'usage ordinaire, au cocon de la chenille du mûrier, au ver a soie. *Voyez* ce mot. (B.)

COCONNIÈRES. *Voyez* Magnanières.

COCOTIER, *Cocos*, Lin. On donne ce nom à un genre d'arbres étrangers de la famille des palmiers et de la monoécie hexandrie. Ces arbres, qui s'élèvent à différentes hauteurs, croissent naturellement dans les deux Indes et en Afrique, et ils y sont cultivés à cause de l'utilité qu'on retire de toutes leurs parties pour les divers usages ou besoins de la vie.

Il n'existe ou on ne connaît du moins qu'un petit nombre de véritables espèces de cocotiers, parmi lesquelles on distingue le cocotier proprement dit, *cocos nucifera*, Lin. C'est le seul dont il sera ici question. Cette espèce comprend plusieurs variétés constantes, qui diffèrent entre elles principalement par la forme et la grosseur des fruits. Dans les unes, le fruit est ovale ou de forme turbinée; dans d'autres, il est sphérique ou de forme ovoïde.

Le cocotier appartient à la classe des végétaux à un seul cotylédon. Il ne peut se multiplier que par son fruit ou noyau, qui germe ordinairement au bout de dix-huit à vingt jours. En le mettant en terre, on doit le placer dans sa longueur et sur un plan incliné, de manière que sa tige naissante ne soit pas forcée à se courber pour se montrer au dehors. On plante le cocotier à demeure ou en pépinière. On choisit pour cela les noix les plus saines, point fêlées, et recouvertes de leur caire ou enveloppe fibreuse. Le terrain doit être disposé pour faciliter l'irrigation; car cet arbre aime l'eau, et a sur-tout besoin d'être arrosé souvent dans sa jeunesse. On voit aux Indes beaucoup de cocotiers sur les bords de la mer et dans les sables même qu'elle baigne. Les Indiens, dit M. Legoux de Fleix, auquel j'emprunte une partie des choses contenues dans cet article, regardent le sel marin comme si avantageux aux cocotiers, qu'ils en jettent tous les ans à leur pied une certaine quantité pour les rendre plus productifs. Ils ne cultivent ainsi que ceux qui croissent à quelque distance de la mer.

Le cocotier se plaît dans tous les terrains, même les plus sablonneux, pourvu qu'il ne manque point d'eau; il préfère les terres légères aux fortes. Toutes les saisons sont favorables à sa transplantation. On le transplante ordinairement depuis l'âge de huit mois jusqu'à quinze mois. On peut faire sans inconvénient cette opération plus tard, et quand il a deux ou trois ans; mais alors son succès n'est pas aussi assuré. Quand on le transplante, on creuse des fosses de 20 à 22 pouces de

profondeur sur une largeur égale ; on laisse sécher la terre, et
l'on met au fond des fosses une couche de sel, sur laquelle se
place le jeune pied. S'il est transplanté fort jeune, il suffit de
labourer la terre avec la houe autour du plant pour le dégager
de son enveloppe ligneuse, dans laquelle les racines sont encore renfermées. Mais s'il est déjà fort quand la transplantation a lieu, on doit alors le déplanter avec beaucoup de précaution, enlevant soigneusement, avec les racines, toute la
terre qu'elles retiennent. On le place verticalement, afin que
dans sa croissance il ne puisse prendre aucune inclinaison. Les
plants sont alignés. On remplit les fosses de terre, qu'on foule
légèrement d'abord et plus fortement après, pour assujettir le
pied dans la position qui lui a été donnée. Les cocotiers nouvellement transplantés doivent être arrosés après le coucher
du soleil, et garantis pendant les huit ou dix premiers jours
de la trop grande ardeur de ses rayons. Jusqu'à ce que ces
arbres aient acquis une certaine hauteur, on peut cultiver entre
leurs pieds plusieurs plantes utiles, auxquelles leurs racines
ne sauraient nuire, à cause de leur peu d'étendue

Le cocotier croît avec lenteur. Son tronc droit et élancé
s'élève communément à 50 ou 60 pieds, quelquefois à 80 et
90. Il est couronné par un faisceau de douze à vingt feuilles,
dont la dimension ordinaire est de 8 à 10 pieds de long sur 4
à 6 de large. Il y a des cocotiers qui portent des feuilles de
20 pieds sur 10 à 12 : ces feuilles sont composées de deux
rangs de folioles et disposées horizontalement. A leur centre
est un bourgeon droit et pointu, appelé *chou*, et qui est bon à
manger ; et à la base interne des feuilles inférieures, on voit
de grandes spathes ovales qui donnent issue à une panicule,
nommée régime, chargée de fleurs. A ces fleurs succèdent des
fruits qui varient de grosseur, mais qui sont communément
gros comme la tête d'un enfant ou d'un homme. Leur enveloppe est filamenteuse ; c'est une sorte de brou qui porte le
nom de *caire*, et qui a environ l'épaisseur d'un pouce. Il recouvre un noyau à surface lisse, dans lequel est contenue une
liqueur claire, qui acquiert insensiblement de la consistance,
se coagule, se durcit, et forme une espèce d'amande à chair
blanche et ferme comme celle de la noisette. Cette amande,
qui est très-bonne, tapisse, dans une plus grande ou moindre
épaisseur, les parois intérieures du noyau, et entoure la partie
de la liqueur qui ne s'est pas coagulée : cette liqueur est saine
et rafraîchissante.

Le cocotier est un des plus beaux présens que la nature ait
faits aux habitans des pays où il croît. Son tronc, après avoir
été fendu et dépouillé des fibres intérieures, est employé à
divers usages ; il sert à faire des jumelles pour recevoir l'eau,

des palissades pour les habitations et les jardins, etc. Avec ses feuilles on couvre et on entoure les cases. Le duvet qui y est attaché dans quelques espèces, comme dans le cocotier des Séchelles, tient lieu d'ouate pour garnir les matelas et les oreillers. On fait des paniers avec les côtes des feuilles, et les jeunes feuilles, séchées, coupées en lanières et tressées, servent à faire des chapeaux que portent les hommes et les femmes. En coupant l'extrémité des régimes encore jeunes du cocotier, ou en faisant à ces régimes cinq à six ligatures circulaires et ensuite des incisions, on en obtient une liqueur blanche et douce, qui en découle et que l'on recueille dans des vases. Cette liqueur, que les Indiens nomment *calou*, et les Européens *vin de palmier*, est très-agréable à boire ; mais elle fermente et aigrit aisément. En la concentrant par l'ébullition quand elle est fraîche, et en y mêlant un peu de chaux vive, on en tire un sucre impur, que l'on clarifie et convertit en sucre candi. Lorsqu'on la distille, au bout de douze heures, elle fournit une assez bonne eau-de-vie. Avec les filamens de la base des feuilles et des régimes on forme des câbles et des cordages plus légers, plus souples et plus coulans dans les poulies que ceux faits de chanvre, et qui ne pourrissent pas si vite. La coque ligneuse de ce fruit est employée à faire des plats, des tasses et des vases de diverses formes ; ils prennent un beau poli, on peut les orner par la gravure, et ils sont tous fort commodes, parce qu'ils ne sont pas sujets à se casser. L'amande râpée fournit une emulsion très-agréable ; on en tire aussi par expression une huile dont les Indiens font presque exclusivement usage, et qui dans sa fraîcheur égale en bonté l'huile d'amande douce. Quand elle est vieille, elle n'est bonne que pour la peinture. (D.)

On trouve, dans la seconde série du Répertoire des arts, des manufactures et de l'agriculture anglaise, n°. 181, une machine propre à râper les cocos et à extraire l'huile des râpures. C'est une brouette montée sur quatre roues basses. On y remarque, 1°. dans sa partie antérieure un coffre contenant une râpe cylindrique surmontée d'une trémie, laquelle râpe est mue par une manivelle à l'aide d'un volant ; 2°. dans son milieu, une autre caisse plus petite, ouverte dans sa partie supérieure, dans laquelle en est contenue une autre percée de petits trous dans toutes ses parois. C'est dans cette seconde caisse qu'on place les râpures de coco ; on les y presse au moyen d'un fouloir surmonté d'un long lévier, qu'on serre par le moyen d'un cabestan placé à la partie antérieure de la brouette, en avant d'un autre grand coffre destiné à déposer les noix de coco et les vases remplis de l'huile exprimée. (B.).

COCRETE, *Rhinanthus.* Genre de plantes de la didynamie

angiospermie, et de la famille des rhinanthoïdes, qui renferme une douzaine d'espèces, dont une est si commune dans la plupart des prés, qu'il n'est point de cultivateur qui ne la voie tous les jours pendant la durée de son existence : par conséquent elle doit être mentionnée ici.

Une racine annuelle, une tige quadrangulaire ; des feuilles opposées, lancéolées, dentées en crète de coq ; des fleurs jaunes, disposées en épi terminal et accompagnées de larges bractées, distinguent cette plante. Elle fleurit au milieu du printemps, et s'élève à un pied et demi de hauteur. On la connaît vulgairement sous les noms de *crête de coq* et *de pou des prés*. Les bestiaux, et sur-tout les bœufs et les vaches, la mangent volontiers quand elle est verte ; mais ils la repoussent quand elle est sèche, à raison de sa dureté et de son insipidité. Elle est quelquefois si abondante dans les prairies, sur-tout dans celles qui sont humides sans être aquatiques, qu'elle étouffe le bon foin, et comme ses tiges sont à moitié desséchées et ses graines mûres à l'époque de la récolte, il en résulte qu'elle fournit une fane inutile, et qu'elle se reproduit les années suivantes avec autant et plus d'abondance. Un bon agronome doit donc la faire arracher lorsqu'elle commence à monter en fleur, et cela chaque année, jusqu'à ce qu'il ne s'en trouve plus un seul pied dans ses prés.

Cette plante n'est pas sans élégance ; on la dit vulnéraire. Il y a quelques motifs de croire que c'est sa graine que les Hollandais vendent sous le nom de *semen savadillos* pour détruire les poux et les punaises. (B).

CODE RURAL. Un grand nombre de cultivateurs demandent, invoquent un code rural ; d'autres soutiennent qu'il n'en faut point, que rien ne serait plus dangereux. Ici, comme dans beaucoup d'autres questions, ne dispute-t-on que *faute de s'entendre ?*

Si l'on entend par un code rural une suite de préceptes par lesquels on prescrirait le mode de culture, le temps, la profondeur des labours, les plantes, les bois, les prairies à préférer, les instrumens et outils aratoires à employer, l'époque de la semaison, de la moisson, des vendanges, au nord comme au midi de la France, dans les sols fertiles comme dans les sables ou les terres légères, certes il ne faut point d'un tel code rural.

Mais si l'on entend par ce code une série de réglemens pour prévenir, constater et punir les délits ruraux, pour maintenir dans les campagnes la sûreté des personnes et des propriétés ; pour que chacun puisse adopter le genre de culture qui lui convient, et être assuré de jouir des fruits de son travail et de son industrie ; pour que les engagemens respectifs des maîtres et des hommes employés à la culture soient toujours maintenus ; pour que les récoltes ne soient pas dévastées, que les clôtures soient respectées, que les bestiaux ne puissent vaguer impunément, et sous prétexte du droit de vaine pâture, s'opposer à tout progrès, à toute amélioration agricoles, etc., etc. : certes il faut alors que tous les cultivateurs, propriétaires ou non, fermiers ou simples journaliers, se réunissent pour demander au gouvernement un code, qu'il faudrait plutôt appeler *code de police rurale*. Ce code nous manque ; car la loi du 28 septembre 1791 et autres subséquentes, en exagérant des principes philantropiques que je respecte plus que personne, ont plus favorisé la licence et l'impunité que la véritable liberté et le droit de propriété. Cette loi a fait des délits ruraux une spéculation beaucoup trop utile, et plus fatale à l'agriculture que les grèles et les orages qui dévastent nos champs, parce qu'elle est plus générale. C'est dans les départemens éloignés, où une administration forte ne supplée pas à la loi, qu'il faut voir la nécessité d'un code de police rurale.

Je me garderai d'en tracer ici les bases : il suffit aux cultivateurs d'exposer leurs besoins au gouvernement. Si j'osais cependant invoquer ici trente années d'étude et d'expérience en économie rurale, je dirais que le code de police rurale que je demande devrait contenir deux parties très-distinctes : *des réglemens généraux* qui convinssent à tous les temps, à tous les lieux, au nord comme au midi, tels que ceux propres à constater, punir, prévenir les délits, faire respecter les engagemens contractés dans les campagnes ; *des réglemens particuliers* qui seraient propres à chaque localité, à chaque département, et dont les bases seraient présentées par MM. les préfets, qui consulteraient les hommes les plus instruits et les sociétés d'agriculture départementales : encore voudrais-je qu'on pratiquât pendant quelques années ces réglemens avant de les rendre administratifs et de les adopter définitivement. Tels sont ceux relatifs à l'ouverture des bans de vendanges, à la tenue des foires et marchés, aux denrées qu'il sera permis ou défendu d'y exposer, à l'époque des ventes, à la distance à donner au champ voisin, aux plantations, etc. ; ce qui varie suivant la nature, la profondeur du sol, les essences de bois cultivées, etc., etc. Je pourrais énumérer un grand nombre de cas semblables, qu'il est impossible d'improviser de Paris pour tous les départemens du royaume.

Mais au moment où je trace ces lignes, j'apprends qu'un projet de code rural, rédigé par des hommes dont les talens sont connus, va être soumis à la discussion des hommes les plus éclairés dans les tribunaux d'appel, dans les conseils généraux de département, et parmi les cultivateurs les plus éclairés de chaque département. L'agriculture doit tout espérer de la réunion de tant de lumières.

Les événemens politiques ont retardé la discussion et la promulgation de ce code. Faisons des vœux pour qu'il soit possible d'en faire jouir promptement la France. (CHAS.)

CODRE. On donne ce nom, dans le Médoc, aux tiges des CHATAIGNIERS préparées pour faire des CERCLES. (B.)

COEFFE. *Calyptra.* C'est une membrane ordinairement en forme de cornet, qui recouvre les parties de la fructification des mousses dans leur jeunesse. *Voyez* MOUSSE. (B.)

COEUR. On appelle ainsi le muscle qui sert de centre à la circulation du sang dans les animaux, et la partie centrale des végétaux : par exemple, on dit le *cœur d'un arbre, d'une pomme, d'une laitue, d'un chou,* etc.

Ce nom s'applique aussi à une variété du BIGARREAUTIER. *Voyez* CERISIER. (B.)

COEUR DE BOEUF. Variété de POMME et de PRUNE. (B.)

COEUR DE PIGEON. Variété de PRUNE. (B.)

COFFIN. On appelle de ce nom, dans quelques cantons, un petit PANIER propre à mettre des fruits. (B.)

COFFINER. Maladie des œillets qui rend leurs pétales petits et chiffonnés. *Voyez* au mot OEILLET.

COFFRE A AVOINE. Coffre consacré à mettre l'AVOINE destinée à la consommation journalière des chevaux; il doit être solidement construit et bien fermé, pour empêcher les souris d'y entrer. On le place toujours dans ou près l'écurie, et le premier garçon en a seul la clef, pour prévenir les abus. (B.)

COGNASSIER, *Pirus cydonia,* Lin. Petit arbre du genre des POIRIERS (*voyez* ce mot), dont il convient de traiter séparément, parce qu'il est fréquemment cultivé, soit pour son fruit, soit pour servir de sujet à la greffe des autres espèces de poiriers, soit comme objet d'agrément.

Cet arbre, qui est originaire des parties orientales et méridionales de l'Europe, où il croît sur le bord des torrens, a un tronc rarement droit, au plus de 15 ou 20 pieds de haut, revêtu d'une écorce épaisse, cendrée en dehors et rougeâtre en dedans, dont le bois est jaunâtre et assez dur. Ses feuilles sont alternes, pétiolées, lancéolées, couvertes de duvet, sur-tout en dessous; ses fleurs sont blanches, grandes, solitaires, presque sessiles, placées aux extrémités des rameaux; ses fruits, qu'on appelle coings, ont la peau cotonneuse, d'une belle couleur jaune, la chair acide et très-odorante. Leur grosseur varie beaucoup.

On distingue dans les pépinières deux variétés de cognassier, le *commun* et celui de *Portugal.* Le premier se subdivise

33 *

de plus en deux sous-variétés, celle à fruits ronds et à écorce jaunâtre, appelée *coings-pommes* ou *mâle*, et celle à fruits allongés et à écorce grise, nommée *coings-poires* ou *femelle*. Cette dernière se reconnaît de loin à ses feuilles plus velues et plus noires.

Il se trouve en Crimée, au rapport de Pallas, trois variétés de coings : l'une, qui mûrit en été ; l'autre, qui mûrit comme la nôtre en hiver ; la troisième, qui n'est point astringente et mange crue.

La meilleure est le cognassier de Portugal, qui diffère assez de l'autre pour mériter peut-être de faire espèce. Ses feuilles et ses fleurs sont beaucoup plus grandes ; ses fruits, beaucoup plus gros, bien moins cotonneux, sont plus parfumés, plus tendres, moins graveleux : ils ne tombent jamais naturellement, il faut casser leur pédoncule pour les cueillir. C'est la seule qu'on devrait cultiver, car elle a toutes sortes d'avantages sur l'autre, même ceux d'une multiplication plus facile.

On cultive généralement le cognassier en Europe ; mais ce n'est que dans les parties méridionales que son fruit acquiert le parfum qui le fait principalement rechercher. Un sol léger et frais, une exposition chaude, sont ce qui lui convient le mieux, ses fruits n'ayant ni saveur ni couleur lorsqu'il es; planté dans un terrain gras, et ne devenant jamais gros dans un terrain sec ; il vit d'ailleurs moins long-temps dans ces deux dernières sortes de terrains. On le multiplie de graines, de rejetons, de marcottes et de boutures.

Les graines, qui ne doivent se cueillir que dans leur parfaite maturité, se sèment sur-le-champ dans une terre bien ameublie, à l'exposition du levant, s'il est possible. Le plant lève au printemps suivant, et ne demande que les sarclages et binages ordinaires aux pépinières ; mais il a besoin d'être laissé deux ans en semis avant de pouvoir être transplanté en pépinière, où il restera encore deux ans avant de recevoir la greffe, et trois ou quatre si on veut le mettre en place sans ce genre d'amélioration.

Cette lenteur dans la croissance du cognassier venu de graines, et la difficulté d'avoir suffisamment de ses graines, font qu'on n'emploie que très-rarement ce moyen de multiplication, quoique préférable, à raison de la beauté et de la durée des arbres qui en proviennent.

Naturellement, ou par le seul effet des blessures qu'on fait aux racines des cognassiers réservés pour leurs fruits, en labourant la terre où ils se trouvent, il naît une grande quantité de rejetons, qu'on enlève tous les hivers, et qu'on met en pépinière ; mais comme ils ne suffisent pas aux besoins du commerce, on consacre, dans toutes les grandes pépinières, un certain nombre de vieux pieds, dont on coupe le tronc rez terre, uniquement pour s'en procurer. *Voyez* MÈRE.

Les marcottes couchées de cognassier prennent lentement racine, en conséquence on en fait rarement ; cependant en opérant entre les deux sèves, avec les bourgeons de la pousse du printemps, on s'en procure qui peuvent être levées au printemps suivant.

Les boutures réussissent presque toujours quand on les fait dans un sol léger et frais : c'est le moyen le plus généralement employé. On doit constamment préférer, pour en faire, le cognassier de Portugal, et conserver un talon de bois de deux ans à la branche qu'on met en terre. Presque toujours ces boutures, qu'on fait à la fin de l'hiver, sont reprises à la fin du printemps ; mais il en est cependant qui *boudent* jusqu'à la la sève d'automne. On relève les unes et les autres au printemps, pour être mises en pépinière à 15 à 18 pouces de distance, et recevoir la greffe, souvent dès l'automne de la même année, et au plus tard à celle de la suivante. Par ce moyen, on gagne au moins deux ans, et souvent trois, sur les plants provenant de graine ; ce qui est bien déterminant pour les pépiniéristes, qui n'agissent que par intérêt.

La culture des cognassiers, comme arbres à fruits, est très-bornée, excepté autour de quelques villes réputées par la bonne fabrication de leur *marmelade* et sur-tout de leur *cotignac* ; on n'en voit que quelques pieds dans les jardins qui en sont les mieux garnis.

Toujours, je le répète, c'est le cognassier de Portugal qu'on doit préférer. Ordinairement on le laisse franc de pied, mais quelquefois on le greffe sur lui-même ou sur le poirier. Comme il tend naturellement à buissonner, il faut veiller à lui faire une tige dès sa jeunesse. Il est rare qu'on le soumette à la taille, soit en espalier, soit en plein vent ; on se contente de le débarrasser, chaque année pendant l'hiver, de ses branches mortes, de ses branches chiffonnes et de ses gourmans. Il vit long-temps lorsqu'il est provenu de graines.

Au nord de Paris, où les fruits du cognassier parviennent peu souvent à une maturité parfaite, on n'en voit guère que dans les pépinières et dans les jardins paysagers, où ils produisent d'agréables effets pendant tout l'été, soit isolés en arbre ou en buisson, soit placés au second ou au troisième rang des massifs. Celui de Portugal sur-tout, par ses grandes fleurs et ses larges feuilles d'un vert noir, contraste fort bien avec la plupart des autres arbres. On en forme de très-bonnes haies.

La récolte des coings se fait, lorsqu'on ne craint point les gelées, après celle de tous les autres fruits. Ils gagnent à être conservés, après leur cueille, encore quinze jours sur la paille ; mais passé ce temps, on doit les employer, car ils ne tarderaient pas à se gâter. Il faut les éloigner du fruitier, dont ils vicieraient l'air en le chargeant de leur odeur, et les déposer dans un endroit aéré; car on a vu des personnes tomber en syncope en entrant dans un lieu clos qui en contenait.

La désastreuse maladie organique appelée la BRULURE (*voyez* ce mot) s'est introduite dans les cultures des cognassiers, pour la greffe des pépinières des environs de Paris. Elle est plus commune sur la variété à écorce grise, et moins sur la variété de Portugal. C'est encore un motif de plus pour préférer cette dernière; car si on n'apporte pas des soins pour empêcher cette maladie de se propager, on ne pourra bientôt plus greffer le poirier sur l'arbre qui fait le sujet de cet article.

Les coings ont une odeur forte qui porte à la tête et qui est désagréable à beaucoup de personnes. Leur saveur est acide et acerbe en même temps, ce qui fait que, crus, ils déplaisent à presque tout le monde; aussi sont-ils le plus souvent employés à faire des gelées, des compotes, des marmelades, et sur-tout des pâtes sèches appelées *cotignac*, des liqueurs de table, etc. On en fait aussi assez fréquemment usage en médecine, où ils sont regardés comme astringens.

Comme provenant des parties méridionales de l'Europe, le cognassier est quelquefois affecté des fortes gelées du climat de Paris. On fait peu attention au résultat de ces gelées sur les gros pieds, parce qu'il suffit de RAPPROCHER les branches pour les faire disparaître, mais il n'en est pas de même lorsqu'elles atteignent les racines; quelquefois de gros arbres, greffés ou non, périssent par cette cause, et souvent le plan en pépinière est entièrement détruit par elle, ce qui cause de grandes pertes à leurs propriétaires: cette circonstance a eu lieu en 1819. Il m'a mis à portée de reconnaître un fait que je dois consigner ici pour l'instruction des cultivateurs. L'écorce des racines de la majorité des cognassiers, greffés ou non greffés, de la pépinière du Luxembourg fut gelée de 4 à 5 pouces de profondeur : les plus gros périrent à la pousse du printemps; les plus petits ne poussèrent pas moins bien, ce qui me frappa beaucoup; mais en ayant arraché en automne, j'ai vu que la partie intermédiaire de leur racine avait péri, mais qu'il avait poussé de nouvelles racines à leur collet, racines qui les conserveront peut-être.

D'après ce que je viens de dire, le cognassier serait un arbre peu important, si les amateurs n'avaient remarqué que les poiriers qu'on greffait sur lui donnaient plus tôt des fruits, s'élevaient moins haut, et se prêtaient par conséquent avec plus de facilité à la taille que ceux greffés sur franc et encore plus que ceux greffés sur sauvageon. Ces deux considérations ont dû engager et ont en effet engagé à en faire un grand emploi pour cet objet. Aussi, aujourd'hui, la majeure partie des poi-

riers qu'on voit dans les jardins des environs des grandes villes
en ESPALIER, en VASE, ou BUISSON, en QUENOUILLE et en PY-
RAMIDE, sont-ils greffés sur cognassier. Les demi-tiges et
même les pleins-vents, que la raison indique devoir être
greffés exclusivement sur franc ou sauvageon, le sont même
souvent sur lui. C'est une fureur, si je puis employer ce terme,
qui est partagée par les pépiniéristes et les propriétaires, parce
que tous y trouvent ou croient y trouver leur intérêt.

La greffe en fente sur cognassier manque souvent, parce que
son bois se resserre et fait sauter la greffe; en conséquence
c'est celle en écusson qui s'y pratique presque exclusivement.

Certainement, à mes yeux, la greffe des poiriers sur le cognassier a amélioré la culture; mais aussi, à mes yeux, elle
tend à la détériorer. Je vais m'expliquer.

Les poiriers greffés sur sauvageon sont presque toujours
emportés par leur vigueur et peuvent rarement être mis avec
succès en espalier, contr'espalier, etc., c'est-à-dire tenus bas
et taillés. Ceux greffés sur franc sont plus faciles à régler;
mais pour peu que le terrain soit bon et que l'année soit favorable, ils ne poussent également que du bois. Si le plus habile
jardinier ne peut souvent pas mettre à fruit les uns et les
autres, à plus forte raison ceux qui ne suivent dans la taille
qu'une routine aveugle, c'est-à-dire le plus grand nombre. Il
n'en est pas de même de la greffe sur le cognassier, arbre d'une
nature différente, produisant des pieds faibles et par conséquent faciles à arrêter dans leur croissance. On a donc dû la
préférer lorsque la culture des basses tiges a pris le dessus
sur celles des pleins-vents. C'est dans le courant du siècle
dernier, lorsque, sur-tout dans le voisinage des grandes
villes, on a arraché les vergers plantés par nos pères, pour leur
substituer des jardins fruitiers, que cette révolution a eu lieu.

Une loi générale de la nature veut que les individus faibles
soient plutôt propres à la reproduction que ceux qui doivent
parcourir une longue carrière; aussi les poiriers sur cognassier
donnent-ils du fruit dès la troisième ou quatrième année,
tandis que les mêmes espèces greffées sur franc n'en donnent
qu'à la sixième, et sur sauvageon qu'à la douzième ou quin-
zième; mais aussi quelle différence dans la durée de la vie!
Les premiers sont déjà remplacés lorsque les derniers commencent à entrer en produit. En effet il est rare de voir des
poiriers nains de plus de douze à quinze ans, et on rencontre
encore dans les départemens éloignés des pleins-vents sur
sauvageons, qui ont plusieurs siècles.

Plantez, dit Rozier, dans un terrain égal en tous points
deux poiriers à côté l'un de l'autre, l'un greffé sur cognassier
et l'autre sur franc, le premier n'égalera jamais en grandeur

le second ; la couleur des feuilles de celui-là sera presque toujours plus pâle. Si un espalier fixe les regards, on le voit garni dans des endroits et dégarni dans d'autres : on arrache l'arbre qui se meurt et on lui en substitue un autre ; mais qu'arrive-t-il ? Les racines des arbres voisins viennent s'emparer de la terre remuée, et l'empêcher de croître; il languit, il meurt; et c'est toujours à recommencer.

Je répète donc que tout ami de la culture doit désirer qu'on continue à greffer des poiriers sur cognassier, pour jouir plus tôt et profiter des variations que cette greffe apporte à la saveur et aux autres qualités des fruits; mais il doit encore plus désirer qu'on greffe sur franc, au moins toutes les demi-tiges et les pleins-vents des jardins, et sur sauvageon les pleins-vens des vergers et ceux qui sont destinés à être placés en rase campagne ou sur la berge des fossés; car si on continue à ne plus planter que des arbres nains, il n'y aura bientôt que les gens riches qui pourront manger des fruits. Une pyramide sur cognassier donne par an, l'un portant l'autre, cinquante beurrés pendant dix ans, et meurt; cela fait cinq cents poires de la grosseur du poing et très-bonnes. Un plein-vent sur savageon donne, pendant cent cinquante ans, deux mille poires d'Angleterre, l'un portant l'autre, tous les deux ans (cette variété étant sujette aux récoltes alternes); ce qui fait cent cinquante mille poires moitié plus petites, mais presque aussi bonnes. De quel côté est l'avantage? Quel est de ces deux fruits celui qu'on peut donner au meilleur compte, dont un plus grand nombre de personnes peuvent manger? *Voyez* au mot Poirier.

« Tschudy s'exprime ainsi : toutes les variétés de poirier ne s'accommodent pas également du cognassier comme sujet. Il ne convient guère qu'aux fondantes, et ne réussit guère que dans les terres fraîches. Plusieurs poires d'hiver, celles qui ont des dispositions à se crevasser, n'y font que peu de progrès. Il en est qui ne peuvent subsister de sa sève, de ce nombre sont entre autres quelques-unes des bergamottes. Leurs formes arrondies donnent lieu de penser qu'elles tiennent de très-près aux poiriers sauvages et aux néfliers, et qu'elles ont très-peu d'analogie avec les cognassiers. Il est cependant un moyen de tromper leur aversion pour cet arbre, c'est d'y greffer d'abord du beurré ou de la virgouleuse, qui y reprennent très-bien, et ensuite de placer sur le jeune bois de ces greffes celle des espèces susdites. »

Il y a, dit Hervy, beaucoup de poiriers qui ne se greffent pas sur le cognassier, tels que le salviati, le bon-chrétien d'été musqué, la poire d'œuf, le beurré d'Angleterre, la bergamotte sylvange, le betzi d'héri, la bergamotte d'Angleterre, la jalousie, la rousseline, la merveille d'hiver, le betzi de quessois, le français et la poire de livre. L'ognonet et le sanspeau ne réussissent sur cognassier que dans les bons terrains.

La greffe sur cognassier se pratique presque toujours à œil dormant, à six pouces de terre et sur des sujets de la grosseur du petit doigt au plus. J'entrerai dans de plus grands détails à son sujet au mot POIRIER. (B.)

COGNÉE. Instrument de fer plat et tranchant à l'usage des bûcherons ; il est fait en forme de hache et garni d'une douille à laquelle on fixe un manche court de bois dur. C'est une des nombreuses variétés de la HACHE. (B.)

COICHER. C'est, dans le département des Ardennes, labourer avant l'hiver les terres qu'on doit semer en orge au printemps. *Voyez* LABOUR. (B.)

COIFFE. *Voyez* COEFFE.

COIN. Courte pièce de fer ou de bois dur, tranchante et plate à l'une de ses extrémités, et présentant à l'autre une tète arrondie, ou carrée, sur laquelle on frappe.

Le coin sert à fendre du bois ou des pierres. (D.)

COING. Fruit du COGNASSIER. *Voyez* ce mot.

COISSER. Dans le département de la Meurthe, c'est la seconde opération qu'on fait subir au chanvre et au lin rouis qu'on débarrasse de leur tige. *Voyez* CHANVRE et LIN. (B.)

COL. *Voyez* COU.

COLCHIQUE, *Colchicum*. Plante vivace, à bulbe charnue, aplatie d'un côté, d'un pouce de diamètre, à feuilles toutes radicales, lancéolées, entières, glabres, d'un vert foncé, engaînées les unes dans les autres par leur base, longues de 5 à 6 pouces sur un de large, à fleurs radicales, violettes ou blanchâtres, souvent longues de près d'un pied, qui se trouve abondamment dans les prés, dans les pâturages de presque toute l'Europe, et que tout cultivateur connaît ou doit connaître.

Cette plante forme, avec deux autres, un genre dans l'hexandrie trigynie et dans la famille des joncs.

Ce qui rend le colchique, qu'on appelle aussi *safran des prés*, *tue-chien*, *voyeute*, *etc.*, remarquable à tous les yeux, c'est qu'il fleurit en automne, et que ses feuilles et ses fruits ne poussent cependant qu'au printemps. Cette fleur est le dernier présent de la nature près de se reposer. Si elle n'annonçait les frimas, on s'enthousiasmerait à sa vue ; car elle est réellement belle par sa couleur, belle par sa grandeur, belle par sa forme, belle par son abondance (elle couvre quelquefois presque entièrement le sol). Huit jours sont le temps ordinaire de sa durée. Sa bulbe périt tous les ans, et il s'en forme une autre à côté, qui donne naissance aux feuilles et à une nouvelle fleur l'année suivante. Chaque année, donc, la nouvelle fleur sort de terre à environ un pouce de l'endroit où l'ancienne était sortie l'année précédente, et comme c'est toujours du même côté, on peut par conséquent dire que cette plante voyage dans la terre.

A la fin de l'hiver, du sein de la nouvelle bulbe sortent les feuilles et bientôt les fruits, qui sont ordinairement mûrs au commencement de l'été, avant l'époque de la coupe des foins.

Toutes les parties de cette plante ont une odeur forte et nauséabonde. Les bestiaux ne touchent jamais à ses feuilles. Sa racine laisse fluer, lorsqu'on l'entame, une liqueur laiteuse, âcre et amère. Cette racine est un violent poison qu'on emploie pour faire périr les chiens et les loups. Son antidote est d'abord les vomissemens, ensuite le lait et les lavemens émolliens. Prise à petite dose, elle est diurétique et fondante, à plus forte dose, émétique. Le poison réside dans la liqueur laiteuse ; car les vieilles bulbes peuvent être mangées sans danger, et les nouvelles perdent leurs qualités délétères lorsqu'on les a râpées, et qu'on a lavé à grande eau la fécule qui résulte de cette opération. On a même proposé d'en tirer parti sous le point de vue d'augmenter nos moyens de subsistance ; mais je ne crois pas qu'on le puisse jamais, non-seulement parce que cette fécule, toute saine qu'elle puisse être, répugnerait à beaucoup de personnes qui ne savent pas que des peuples entiers vivent de cassave qui est tirée d'une racine dont le suc est également un poison ; mais encore parce qu'il serait trop coûteux de faire arracher ces bulbes, toujours au moins de 5 à 6 pouces en terre, et de leur faire de plus subir les préparations convenables. Il doit, dans l'état ordinaire de la vie sociale, y avoir un rapport dans le prix des denrées : or, la culture des pommes de terre, par exemple, sera toujours moins coûteuse que la simple récolte des bulbes du colchique.

Le docteur Want propose la teinture des racines de cette plante comme un spécifique contre la goute.

Les feuilles du colchique, écrasées ou bouillies dans l'eau, passent pour propres à faire mourir les poux des hommes et du bétail. On les emploie, dans quelques endroits, à teindre les filets des chasseurs et des pêcheurs, les œufs durs, etc. La couleur qu'elles fournissent est un vert sale, peu solide, mais très-propre à remplir les objets ci-dessus.

Ces feuilles, par leur abondance, nuisent très-souvent à la récolte des foins : un bon agronome doit donc extirper, autant que possible, le colchique de ses prés. Pour cela il n'y a d'autre moyen véritablement efficace que de l'arracher en automne, lorsqu'il est en fleur, avec un bêche, c'est-à-dire de soulever un cube de terre avec cet instrument, d'enlever la bulbe et de remettre le cube en place. La prairie au printemps ne se sentira pas de cette opération; mais, comme je l'ai déjà dit, il y a telle de ces prairies où les colchiques sont si abondans, qu'il vaudrait autant la labourer à la bêche. Dans ce cas, pour économiser on doit la labourer à la charrue; y cultiver de l'avoine d'abord, du froment ensuite, puis quelque autre plante qui demande des sarclages, tels que les fèves, les pommes de terre, et remettre du foin à la quatrième année seulement. On est sûr alors de n'avoir plus de colchique de bien des années. Au reste, ses feuilles sèches ne font pas de mal aux bestiaux, qui en mangent journellement sans répugnance avec le foin, dans lequel elles se trouvent mêlées.

Il y a une demi-douzaine de variétés de colchique qui ont été produites par la culture, et qui se voient assez souvent dans les jardins. L'une est à fleurs plus blanches que la sauvage; l'autre à fleurs plus rouges; la troisième à fleurs panachées; une à très-larges feuilles; une autre à feuilles panachées; une à fleurs doubles; une qui fleurit tous les mois. Toutes donnent un plus grand nombre de fleurs (jusqu'à vingt) et ornent réellement un jardin. On les place ou dans des plates-bandes ou au milieu des gazons dans les jardins paysagers; on les cultive aussi dans des pots pour les placer sur les fenêtres, les cheminées; il n'est même pas nécessaire, lorsqu'on veut en jouir dans l'intérieur des appartemens, de les mettre en terre, leurs fleurs se développent fort bien à nu, et lorsqu'elles sont passées, on met la bulbe dans la terre, où elle continue de végéter.

Ces variétés de colchique ont été produites par les semis, qu'on fait ordinairement en automne dans des terrines remplies de terre légère et substantielle, et qu'on place à l'exposition du levant. Elles sont arrosées fréquemment pendant les sécheresses et couvertes de feuilles pendant l'hiver. Les jeunes pieds, qui lèvent au printemps suivant, demandent également des arrosemens et des sarclages au besoin. Ce n'est qu'à la troisième année qu'on doit repiquer ces jeunes pieds en pleine terre dans un sol substantiel et un peu frais. Ils commencent à fleurir la quatrième année ou au plus tard la cinquième.

Le Colchique oriental, *Colchium variegatum*, a les fleurs parsemées de taches carrées. Il croît dans les îles de la Grèce et la Turquie d'Asie. C'est lui, à ce qu'on croit, qui fournit l'*hermodacte des boutiques*, ou mieux un des hermodactes. Ses bulbes purgent par haut et par bas quand elles sont fraîches; mais quand elles sont desséchées et rôties, on les mange sans inconvénient. Les femmes, en Syrie et en Égypte, au rapport d'Olivier, auteur du Voyage dans l'empire ottoman, en font une grande consommation pour s'engraisser.

Le Colchique des montagnes a les feuilles linéaires. Il se

trouve dans les bois des hautes montagnes de l'Europe. (B.)

COLCHIQUE JAUNE. C'est l'AMARYLLIS JAUNE. (B.)

COLETER. C'est attacher le bourgeon de la VIGNE, par le bas, avec l'ÉCHALAS, pour empêcher qu'il soit décollé par le vent. (B.)

COLEUVRÉE. *Voyez* BRYONE. (B.)

COLIBELLE. Nom du CUCUBALE BÉHEN dans les montagnes des environs de Perpignan, pays où on mange ses feuilles, au rapport de Décandolle. (B.)

COLIQUES. *Voyez* TRANCHÉES.

COLLAGE DES VINS. *Voyez* au mot VIN. (B.)

COLLE. Matières qui, humides, s'appliquent entre deux corps solides, et qui, en se desséchant, unissent ces deux corps souvent avec plus de force que leurs parties mêmes le sont.

Les colles les plus employées, à raison de la facilité de se les procurer et de leur bon marché, sont,

1°. La colle de farine, qui se produit en faisant bouillir de la farine de froment dans une certaine quantité d'eau. Elle ne sert qu'à coller le papier, le linge, etc., parce qu'elle a peu de force. C'est la partie amilacée du froment qui agit seule dans cette espèce de colle. *Voyez* aux mots FROMENT et AMIDON.

On fait à Paris un petit commerce de colle de farine toute prête à employer. On la confectionne en grand, au moyen d'une meule tournant dans la chaudière, et on y mêle un vingtième de colle forte, qui prolonge sa durée et augmente sa bonté.

2°. La colle forte, qui n'est que la partie gélatineuse des organes des animaux séparée par l'ébullition ; celle qui est tirée de la peau est la meilleure. On s'en sert pour coller les bois, certaines étoffes, pour servir d'union aux molécules des peintures dites en détrempe, enfin à une infinité d'usages.

Aujourd'hui M. Darcet retire la colle forte en grand des os de la tête des bœufs et des pieds des moutons, en les mettant dans de l'acide muriatique affaibli. Cette colle, qui se vend sous le nom de GÉLATINE (*voyez* ce mot), améliore beaucoup la soupe grasse, favorise la confection des confitures, des crêmes, etc., et se substitue économiquement à la colle de poisson.

M. François (de Neufchâteau), dans ses intéressantes Lettres sur l'agriculture de la sénatorerie de Bruxelles, nous apprend que les dépôts qui proviennent des fabriques de colle ont été employés avec le plus grand succès comme engrais. On devait en être certain, puisqu'ils ne sont qu'un extrait de la partie la plus soluble du corps des animaux. *Voyez* ENGRAIS.

3°. La colle de poisson se fait remarquer par sa blancheur et sa ténacité. On la tire de la vessie aérienne de l'esturgeon et de quelques autres poissons. Ses principaux usages sont pour clarifier le vin, le café, les liqueurs de table, etc. Elle est rare et chère.

Voici une composition de colle forte pour fixer les métaux, les pierres, etc., les unes aux autres ou au bois.

Mastic dissous dans l'alcool,
Colle de poisson dissoute dans de l'eau-de-vie, } parties égales.
Galbanum ou ammoniac en poudre,
Mêlez, chauffez, et gardez dans une fiole bien bouchée. Pour s'en servir on la dissout dans l'eau chaude.

On peut aussi considérer comme colle les blancs d'œufs, qui ne diffèrent de la précédente que par une nuance. *V.* ALBUMINE.

Les gommes, comme celle du cerisier, du prunier, du pêcher, etc. ont aussi la propriété de coller. (B.)

COLLE DE POISSON. C'est sur-tout pour la clarification des vins blancs qu'on fait en France un aussi grand usage de cette matière, qui possède le plus éminemment cette propriété. Elle est préparée avec l'estomac, la peau de la vessie, les nageoires, les intestins nettoyés du grand et petit esturgeon, qu'on met à bouillir dans l'eau et à épaissir jusqu'à ce qu'on puisse la couler en plaques, qu'on roule ensuite et qu'on forme en lyre et en cordes; on la dessèche à l'ombre pour la faire passer dans le commerce. Les Anglais en font une grande consommation; mais c'est seulement dans leurs brasseries de *porter*.

Il n'y a pas de doute qu'on ne puisse très-bien imiter le procédé dont se servent les Russes pour ce genre de fabrication. Il n'est ni dans nos étangs, ni dans nos rivières, ni dans nos mers, presque aucune espèce de poisson dont la vésicule aérienne, les parties minces et membraneuses ne puissent, étant soumises au même procédé, fournir un gluten gélatineux très-tenace, une colle presque aussi bonne que celle que les Hollandais nous apportent, et qu'ils vont chercher au port d'Archangel. (PAR.)

COLLE FORTE. Le commerce en est assez considérable. La meilleure de toutes nous venait autrefois de l'étranger, et elle était désignée sous le nom de colle d'Angleterre; mais nos fabricans sont parvenus, à force de tentatives, à en obtenir d'aussi belle, et c'est celle dont nos ouvriers se servent le plus communément; en sorte qu'on peut dire maintenant la colle forte de France. Elle se prépare avec les nerfs, les cartilages, les rognures de peaux, et les pieds de bœuf et de tous les animaux, qu'on fait macérer, bouillir dans l'eau, jusqu'à ce que tout devienne liquide; après quoi on le passe à travers un gros linge ou tamis, et lorsque ce suc est assez épaissi on le verse sur des pierres plates ou sur des moules, pour le couper ensuite par morceaux, auxquels on donne la forme qu'on juge à propos; ensuite on met ces morceaux sur des réseaux de cordes, afin qu'ils puissent sécher par toutes leurs surfaces.

Dans un rapport sur la colle forte des os, proposée par M. *Grenet*, nous avons prouvé, *Pelletier* et moi, qu'on pouvait, dans une circonstance où l'on emploie une dissolution de colle de poisson, lui substituer une gelée blanche préparée par une courte ébullition de râpure d'os dans le moins d'eau possible.

La nature de la colle de poisson et de la colle forte varie à raison de celle des substances qu'on y emploie, et de l'âge des animaux dont elles résultent. On reconnaît la bonté de la première à sa blancheur, à sa transparence et à son état inodore. Plus la seconde est ancienne, dure, sèche et transparente, de couleur vineuse, sans odeur, plus ses cassures sont unies et luisantes, plus elle a de valeur; mais la manière la plus certaine d'en reconnaître la bonne qualité, c'est d'en mettre un morceau dans l'eau pendant trois ou quatre jours: on est assuré qu'elle est excellente lorsqu'elle y gonfle considérablement sans se fendre, et qu'elle reprend sa première sécheresse quelques jours après qu'on l'a tirée de l'eau.

La colle forte ne sert pas seulement à unir et à joindre, dans les ouvrages de marqueterie, les bois de rapport, elle peut être utile pour clarifier les boissons vineuses, et il est vraisemblable qu'elle est substituée, par les brasseurs, à cause de son bas prix, à la colle de poisson; car celle-ci mérite toujours la préférence pour cet objet. (PAR.)

COLLER. C'est, dans le département des Deux-Sèves, nettoyer le grain dans l'aire avec un balai. *Voyez* BATTAGE. (B.)

COLLERETTE. Nom des bractées propres aux plantes de la famille des OMBELLIFÈRES. *Voyez* ce mot. (B.)

COLLET. Nœud coulant de fil de laiton pour les quadrupèdes, tels que les fouines, belettes, rats, et de crin pour les oiseaux, qu'on place dans les lieux fréquentés par ces animaux, afin de les arrêter au passage.

Je n'ai indiqué que ces deux matières, quoiqu'on puisse faire des collets avec beaucoup d'autres, telles que de fil de fer, de chanvre, de soie, etc., parce qu'à raison de leur poli et du peu d'action de l'humidité sur elles, on doit les préférer par-tout.

On place des collets traînans, c'est-à-dire sur la terre, de manière que le gibier s'y prend par les pattes; on en place de perpendiculaires, mais à une petite distance du sol, pour que le gibier en marchant s'y prenne par le cou; enfin on en suspend en l'air dans les haies, où les oiseaux sont arrêtés en volant.

La chasse aux collets, qui peut être faite par les enfans, ne laisse pas que d'être productive dans certains pays, sur-tout lors du passage des grives et des bécasses.

COLLET. Partie des plantes qui est intermédiaire entre la racine et la tige. Quoique cette partie ne se distingue pas toujours, parce qu'elle se fond avec les deux autres d'une manière insensible, elle n'en a pas moins des effets très-marqués en agriculture. C'est d'elle que sortent la plupart des tiges des plantes vivaces qui les perdent chaque hiver; c'est en elle qu'est placé le point vital des plantes annuelles et bisannuelles; c'est-à-dire que si on coupe ces plantes au-dessous, elles meurent immanquablement. Il est beaucoup de plantes, et même d'arbres qui meurent lorsqu'on expose leur collet à l'air, en enlevant la terre qui l'entoure, ce qu'on appelle DÉCHAUSSER. Il en est beaucoup d'autres qui ne reprennent pas ou qui languissent long-temps, lorsqu'en les transplantant on enterre trop profondément leur collet. *Voyez* au mot PLANTE.

Aubert du Petit-Thouars nie l'existence de ce point vital, et ses raisons sont fondées en théorie; mais en pratique on ne peut se refuser à reconnaître qu'une racine meurt lorsqu'on coupe la tige qu'elle portait au-dessous de ce point, et qu'une tige meurt quand on coupe la racine également à ce point. (B.)

COLLIER DE CHEVAL. Coussinet ovale, fait de basane, rembourré de paille, auquel on attache, en devant, de petites planches demi-circulaires, appelées ételles, qu'on met au cou du cheval attelé à une charrette, et auquel sont fixés (sur les ételles) les traits qui servent essentiellement au tirer, et les différentes courroies qui y concourent secondairement.

Ce n'est pas une chose facile que de décrire les diverses espèces de colliers en usage en France, et encore moins de faire connaître celles qu'on préfère dans les autres parties de l'Europe, car elles sont presque aussi nombreuses que les cantons; mais cela est heureusement peu nécessaire ici, puisque leur fabrique est trop difficile pour que les simples cultivateurs s'y livrent. L'économie de la matière, et sur-tout la perfection de l'ouvrage, exigent tout le talent d'un homme qui s'est livré depuis son enfance à ce genre d'industrie; c'est donc au bourrelier qu'ils doivent s'adresser pour faire faire ceux dont ils ont besoin.

Il y a deux manières d'appuyer le point de tirage des chevaux de trait sur leur poitrine; savoir, le collier et le poitrail. Des expériences comparatives ont prouvé que le collier était beaucoup plus avantageux; aussi n'y a-t-il que les chevaux de carrosse, qui naturellement fatiguent peu, qui tirent avec un poitrail.

Mais de tous les colliers lequel doit être préféré? Je dirai, en général, le moins lourd, le plus solide et le plus approprié à la forme du cou et du poitrail du cheval qui en fait usage.

On ne peut qu'être étonné de voir des colliers d'un volume tel, qu'un seul homme a de la peine à les passer au cou des chevaux. Il semble que c'est par dérision qu'on charge ces pauvres animaux, qui ont de si grands fardeaux à tirer, d'un poids surnuméraire aussi considérable. Sans doute il faut qu'un collier ait de la solidité; mais la solidité consiste-t-elle toujours dans la grosseur? Des ételles à oreilles d'un pied de large contribuent-elles beaucoup à cette solidité? Je ne le crois pas. Voyez les deux peuples qui se sont le plus livrés au perfectionnement de leur agriculture, les Flamands et les Anglais; ils n'ont que de très-petits colliers, et leurs chevaux ne sont jamais blessés, ne tirent pas des charges moins considérables, ne font pas de plus faibles journées que ceux des autres peuples. Ce sont donc les colliers flamands ou anglais, c'est-à-dire petits et rembourrés de crin, qui se conforment bien exactement aux muscles de la poitrine du cheval pour qui ils sont destinés, que je conseillerai à tous les cultivateurs. La forme de ces deux sortes de colliers est un peu différente; mais leur distinction principale se tire de ce que les ételles des premiers sont en bois, mais peu larges et sans oreilles, et que celles des seconds sont en fer.

Une attention que tout cultivateur doit exiger de ses valets, c'est que le même collier ne serve jamais qu'à un cheval, parce que ce collier, se moulant sur les muscles de sa poitrine, muscles qui diffèrent en position et en grosseur dans chaque cheval, est moins exposé à le blesser. Il doit de plus veiller à ce qu'il soit constamment tenu en bon état, et son cuir de temps en temps huilé pour lui rendre de la souplesse.

Il faut avoir dans chaque ferme un local destiné à recevoir les harnois, si on veut les conserver long-temps propres au service. Dans ce local, seront fixées au mur de longues fiches de bois auxquelles on accroche les colliers. (B.)

COLLINE. Petite montagne le plus souvent isolée.

La culture des collines ne diffère pas de celle des côtes et des coteaux des grandes montagnes; ainsi je ne m'étendrai pas beaucoup sur elle. Dans les climats propres à la vigne, elles en sont ordinairement couvertes au levant et au midi. Lorsque leurs pentes sont peu rapides, le nord et le couchant offrent des blés ou autres céréales, et dans le cas contraire, des bois. Une colline est souvent un grand bienfait pour une exploitation rurale, en ce qu'elle lui fournit des eaux de source et un abri contre les vents du nord, ou les feux du midi.

Comme les collines dont on laboure le sommet diminuent chaque année de hauteur par suite des pluies qui entraînent dans la plaine la terre qui les constitue, les avantages précités se sont considérablement affaiblis dans beaucoup de localités. Il est bien important que les propriétaires soient convaincus de l'importance dont il est, pour eux et pour leur postérité, de replanter en bois le sommet des collines. *Voyez* aux mots Montagne et Côte. (B.)

COLMAR. *Voyez* Poire.

COLMATE. On appelle ainsi, dans quelques lieux, les couches de Limon qui élèvent le terrain dans l'opération des acoulis. *Voyez* ce mot et Canal. (B.)

COLOCASE. Nom vulgaire du gouet ombiliqué.

COLOMBIER. Architecture rurale. Un colombier est un lieu fermé de murs, et destiné à loger et à élever des Pigeons. *Voyez* ce mot.

Malgré la guerre cruelle que l'on a faite à ces animaux pendant la révolution, et la quantité de grains qu'on les accuse d'enlever annuellement à la consommation générale, leur bon goût, comme comestible, la destruction qu'ils font de beaucoup de graines parasites et d'insectes nuisibles, et sur-tout l'excellent fumier qu'ils fournissent à l'agriculture, rendent un colombier absolument nécessaire dans une ferme de grande culture.

On connaît deux espèces de colombiers ; savoir, les *colombiers de pied*, ou *colombiers à pied*, et les *colombiers sur piliers*, autrement appelés *volets* ou *fuies*. *Voyez* Volière (1).

Avant la révolution, les seigneurs de fiefs avaient le droit exclusif d'avoir des colombiers de pied, les autres propriétaires ne pouvaient construire que des volets lorsqu'ils possédaient au moins 50 arpens de terres labourables avec leur habitation.

Ce privilége n'existe plus, et aujourd'hui chacun peut avoir un colombier de la forme qui lui plaît, et le peupler d'autant de pigeons qu'il peut en contenir. On sentira bientôt la nécessité de mettre des bornes à cette jouissance, dont on commence à abuser dans quelques localités.

Chaque espèce de colombier a ses avantages et ses inconvéniens, qu'il faut connaître pour pouvoir se déterminer dans le choix de celui que l'on veut adopter.

Au premier coup d'œil, les colombiers de pied, que l'on construit ordinairement en tour, semblent mériter la préférence pour une grande exploitation. Leur isolement et leur forme mettent les pigeons plus à l'abri des rats, des belettes et des fouines, que les autres. Une seule échelle tournante, placée au centre de la tour, suffit pour visiter aisément tous les *boulins* de ce colombier, et le dessous, ou rez-de-chaussée, ordinairement voûté, est une excellente serre pour les légumes d'hiver.

---

(1) On faisait autrefois des colombiers découverts, c'étaient les véritables *fuies;* mais il ne s'en construit plus de tels aujourd'hui, du moins n'en ai-je jamais vu.   (*Note de M. Bosc.*)

Mais sa construction est plus coûteuse que celle des volets, et il est presque toujours impossible de lui trouver dans la cour de la ferme un emplacement qui soit exempt d'inconvéniens.

Les volets, au contraire, présentent effectivement beaucoup moins de facilité pour la visite des boulins ; mais aussi leur construction n'est pas aussi dispendieuse, et on peut les placer dans un coin de cour, ou au-dessus de son entrée, sans interrompre aucune communication intérieure, ni gêner en aucune manière la surveillance du fermier.

D'ailleurs, quelle que soit l'espèce de colombier que l'on adopte, il faut toujours le construire avec le même soin et les mêmes précautions.

La principale attention qu'il faut avoir est d'isoler le colombier des autres bâtimens de la ferme, et d'empêcher que les ennemis des pigeons, qui sont en grand nombre dans les greniers de ces bâtimens, ne puissent y pénétrer.

À cet effet, on recrépit extérieurement tous les murs du colombier avec un mortier de chaux et sable, bien uni, et l'on borde les murs d'une ceinture ou corniche, en pierres de taille, d'environ 2 décimètres de saillie extérieure au niveau de l'appui de la fenêtre qui sert d'entrée aux pigeons, lorsque cette entrée doit être dans le corps des murs, et environ à la moitié de leur hauteur, si l'entrée doit être placée dans le comble du colombier.

Nous donnerons à cette corniche deux destinations : la première, d'empêcher les animaux grimpans d'aller plus avant, sous peine de tomber en se déversant ; et la seconde, de ménager autour du colombier une espèce de galerie sur laquelle les pigeons se promènent et *s'essorillent* (s'échauffent au soleil).

Malgré cette précaution, les rats pourraient encore essayer de monter dans les colombiers de forme carrée, par les angles de leurs murs ; mais, en garnissant ces angles de feuilles de fer-blanc, ou en plaques de terre cuite vernissée, à quelque distance au-dessous de la saillie de la corniche, ils ne pourront monter plus haut.

La fenêtre ou entrée des pigeons doit être placée au plein midi, et garnie d'une large banquette extérieure, afin que ces oiseaux puissent se reposer dessus en revenant des champs. On bouche cette entrée par une planche de bois ou de plâtre, dans laquelle on pratique un trou proportionné à leur volume.

On place quelquefois cette entrée dans le comble du toit du colombier, en forme de lucarne, qui est souvent accompagnée de deux autres plus petites, et cet usage est très-mauvais. Dans les ouragans, on court le risque de voir la charpente ébranlée, et quelquefois emportée par la violence du vent, qui s'engouffre dans le comble du colombier par ces ouvertures, et il s'y forme sans cesse des gouttières qui pourrissent la charpente.

D'ailleurs, la pluie, la neige, pénètrent facilement par les lucarnes, et elles pourrissent le plancher, ou entretiennent sur son carrelage une humidité nuisible.

Enfin, par leur position élevée, l'air extérieur ne peut parvenir jusqu'au plancher du colombier, ni renouveler son air intérieur, en sorte que les pigeons ne font leurs nids que dans les boulins supérieurs, parce que ce sont les seuls qui soient suffisamment aérés.

Pour éviter ces inconvéniens, on supprime les lucarnes du toit, et on remplace les entrées par deux fenêtres, placées à la même exposition, et l'une au-dessus de l'autre. La fenêtre inférieure a son appui au niveau du plancher du colombier, ou à un tiers de mètre au plus au-dessus de ce niveau, et son entablement sert de couverte à l'entrée supérieure.

On donne à la fenêtre inférieure deux mètres de hauteur et un mètre de largeur, et on la bouche avec une planche de bois ou de plâtre, percée de trous, sauf l'ouverture nécessaire pour l'entrée des pigeons.

La fenêtre supérieure est beaucoup plus petite, et peut n'être qu'un œil de bœuf à jour, garni d'une banquette en saillie extérieure pour reposer les pigeons.

Par cet arrangement, il s'établit dans l'intérieur du colombier un courant d'air habituel, qui assainit son air intérieur sans avoir recours à des courans d'air tirés du nord, qui, en refroidissant trop sa température intérieure, diminueraient nécessairement les produits du colombier.

Sa construction intérieure exige autant de précautions que celle de l'extérieur. Les deux parties qui demandent l'exécution la plus soignée sont le plancher et les boulins. Si le plancher est en bois, il est bientôt percé par les rats; il faut donc le carreler le plus solidement possible, sur-tout dans son pourtour, parce que c'est dans cette partie que les rats trouvent le plus de facilités pour fouiller. Pour y consolider le carrelage, on le recouvrira à la rencontre des murs par un rang de carreaux chanfreinés, scellés dans les murs et sur le carrelage avec le meilleur mortier de chaux et de sable, dans lequel on mettra du verre pilé.

A l'égard des boulins, il faudra les placer, le premier rang sur un contre-mur intérieur, déversé et recouvert d'une tablette saillante.

On donnera à ce contre-mur un mètre de hauteur, 2 décimètres de largeur dans le bas, et 4 décimètres à la partie supérieure; sa tablette aura environ un demi-décimètre de saillie;

34 *

et le contre-mur sera recrépi et lissé avec le même soin que les murs extérieurs.

Enfin, pour compléter tous les moyens d'empêcher les ennemis des pigeons de pénétrer dans les nids, on recouvrira les rangs supérieurs avec des tablettes saillantes, et même on fera déraser les baies des ouvertures au-delà du plan des boulins.

La forme de ces boulins ou nids varie suivant les localités, ou plutôt suivant l'espèce des matériaux disponibles.

Dans quelques endroits on les fait avec des planches. On les divise en cases d'environ 2 décimètres (8 pouces) en tout sens. On les garnit quelquefois d'un rebord, le plus souvent ils n'en ont point.

Ailleurs encore on construit exprès des pots de terre. Le pigeon y est à son aise ; mais il est difficile de placer ses échelles sans en casser beaucoup.

Enfin on y emploie des *chanées, côtières* ou *faîtières*, ou mieux encore des briques liées ensemble avec du plâtre. Nous donnons la préférence à cette dernière manière de construire les boulins, parce qu'elle est la plus solide, et la plus exempte d'inconvénient.

On dispose les boulins en échiquier sur chaque face du colombier, s'il est de forme carrée, ou dans son pourtour, si sa forme est ronde. Par ce moyen, leur ensemble acquiert une solidité suffisante pour pouvoir servir d'échelle lorsqu'ils sont construits en brique ; ce qui en facilite singulièrement la visite dans les colombiers de forme carrée. (DE PER.)

COLOMBIER. Il doit être placé sur un terrain élevé, sec plutôt qu'humide, et au centre de la basse-cour, de manière qu'il puisse dominer un vaste horizon, et être éloigné autant qu'il est possible des passages trop fréquentés, afin que les pigeons jouissent du calme et de la liberté, qu'ils aiment au-dessus de toutes choses. Naturellement timides, ces oiseaux prennent l'épouvante au moindre bruit, désertent pour aller s'établir dans un autre colombier, où ils trouvent plus de tranquillité pour eux et plus de sûreté pour leurs petits.

Des soins du colombier. Les pigeons n'étant attirés et retenus dans le colombier que par les avantages qu'ils y trouvent, on ne peut se dissimuler que plus ces endroits leur plairont, plus ils s'y multiplieront.

Une des causes qui contribuent le plus à les faire périr, c'est la mauvaise odeur qu'exhale leur fiente quand on la laisse séjourner trop long-temps dans le colombier, ils ne résistent pas long-temps à ce foyer d'infection. Aussi, pour en éviter les émanations, les pigeons ont soin de ne se nicher que dans la partie supérieure.

Il est donc d'une nécessité indispensable de nettoyer à fond le colombier au moins quatre fois l'année : la première à l'approche de l'hiver, la seconde après l'hiver et avant que ces oiseaux aient commencé leur ponte, la troisième fois après leur volée, la quatrième enfin quand la seconde volée est passée. *Voyez* Colombine.

On doit avoir encore l'attention d'enlever doucement et le plus promptement possible le fumier, de peur que la poussière ne vole en trop grande abondance sur les œufs, et que ceux qui sont en couvaison ne se refroidissent. Il ne faut jamais manquer sur-tout de jeter au dehors tous les pigeons morts ou languissans, parce qu'ils peuvent vicier l'air du colombier ; et chaque fois qu'on prend des pigeonneaux, de nettoyer les nids en les grattant et les frottant avec une brosse rude. Il est également nécessaire, avant d'entrer dans le colombier, de frapper deux ou trois coups à la porte, afin que les pigeons qui se trouveraient dans la partie inférieure ne soient pas effrayés.

Le pigeon fuyard est un oiseau à demi domestique, un esclave libre, qui, pouvant nous quitter, est retenu par les avantages qui lui sont offerts. Ainsi, dès qu'il trouve dans le colombier un gîte commode et spacieux, un abri salutaire, il s'y établit avec sa femelle, pour élever ensemble leurs petits. Il faut donc, pour que l'habitation leur plaise, y entretenir une grande propreté. L'observation qui suit servira à démontrer combien elle a d'influence sur la prospérité d'un colombier.

Lorsque des propriétaires se déterminèrent à venir habiter leur domaine, qui avait été entre les mains d'un fermier pendant un bail de neuf années, ils trouvèrent le colombier, qu'ils avaient laissé amplement garni, abandonné, sale et occupé par tous les ennemis des fugitifs. Leur premier soin fut de faire blanchir le colombier en dehors et en dedans, de réparer les dégradations de l'intérieur, de le nettoyer parfaitement, de le pourvoir d'eau et de sel en abondance : avec ces seules précautions, le colombier se repeupla comme par enchantement, au point que, quand ils quittèrent de nouveau leur domaine, il s'y trouvait plus de cent cinquante paires de pigeons, auxquels on ne donnait presque aucune nourriture. Trois années avaient suffi pour opérer ce changement, et attirer même les déserteurs des colombiers d'une lieue (un demi-myriamètre) à la ronde.

Parmi les moyens proposés pour assainir le colombier, mettre les pigeons à l'abri d'une foule d'accidens et de maladies, le plus efficace consiste à blanchir l'intérieur au lait de chaux, et à y promener de temps en temps une botte de paille enflammée pour détruire l'air pesant et méphitique, les insectes ou leurs œufs; mais comme il paraît que les pigeons aiment singulièrement les odeurs agréables, on suspend le long des murs et près des nids quelques paquets de sauge et de lavande, et comme ils aiment encore plus le salpêtre, on y suspend également, dans un grillage en fer, des masses d'argile sèche grosses comme la tête, dont chacune a été pétrie, mouillée avec une demi-livre de ce sel. (Par.)

COLOMBINE. C'est la fiente de pigeon, et par extension celle des poules et autres oiseaux de basse-cour; celle de ces derniers s'appelle cependant poulenée dans quelques endroits.

On regarde avec raison la colombine comme le plus puissant des engrais : la poudrette, ou les excrémens humains desséchés, peut seule entrer en comparaison avec elle. Cette supériorité, elle la doit à ce que les pigeons ne vivent que de graines et probablement à l'ammoniac, ou hydrure de carbone, qu'elle contient en si grande abondance, que fraîche elle fait périr (brûle, comme on dit vulgairement) toutes les plantes avec lesquelles elle est mise en contact.

Les agriculteurs romains connaissaient les grands avantages de la colombine. Olivier de Serres, un des plus anciens cultivateurs français qui aient écrit sur l'économie rurale, en parle ainsi :

« Le premier et le meilleur de tous les fumiers desquels on puisse faire estat, est celui du colombier, pour sa chaleur qu'il a plus grande que nul autre, dont il est rendu propre à tout usage d'agriculture, de telle sorte que peu profite beaucoup; mais c'est à condition que l'eau intervienne tost après pour corriger sa force, autrement il nuirait plustost qu'il ne profiterait, attendu que seul, sans estre tempéré par l'humidité, brusle ce qu'il touche. C'est pourquoi autre saison n'y a-t-il pour son application que l'automne et l'hiver, le printemps estant suspect pour la proximité de l'été.

» Avec discrétion sera distribuée la fiente du colombier, de peur que, par trop grande quantité, la semence n'en fust bruslée; pourquoi on la sème par la terre à la façon du bled, et presque aussi rarement. »

Dans quelques parties de la France, la colombine est appréciée à toute sa valeur, mais dans beaucoup d'autres on ne sait pas l'employer seule. Il est même des cantons où on n'a aucune idée de sa supériorité, et où on la laisse se perdre dans les cours, et ces cantons sont souvent ceux qui ont le plus besoin d'engrais.

Les cultivateurs péruviens emploient, sous le nom de *guano*, une colombine qu'on va chercher sur des îles désertes, fréquentées par des multitudes d'oiseaux de mer. Elle a les mêmes propriétés que celle de nos basses-cours. *Voyez Annales d'Agriculture*, 27ᶜ. volume.

Mise sur les terres telle qu'elle sort du colombier ou du poulailler, la colombine, comme le dit Olivier de Serres, s'oppose à toute végétation, jusqu'à ce que les pluies et l'évaporation lui aient fait perdre une partie des principes auxquels elle doit son énergie; mais n'est-il pas des moyens de l'employer de manière à utiliser la totalité de ces principes?

On connaît et on pratique deux de ces moyens; mais, malheureusement pour la prospérité de l'agriculture française, ce n'est pas par-tout. Le premier, c'est de la réduire en poudre après sa complète dessiccation dans un lieu abrité; le second, de la mêler avec une assez grande quantité de terre, pour qu'elle puisse lui communiquer toute la surabondance de son activité.

Je ne sache pas qu'il ait été fait des expériences pour savoir exactement ce qui se passe dans la dessiccation de la colombine; mais il y a tout lieu de croire que, quelques précautions qu'on prenne, cette opération l'affaiblit. Plusieurs fois j'ai cassé des mottes de cette substance dans le colombier même, et il m'a paru qu'elle avait une odeur bien plus ammoniacale que lorsqu'elle avait été exposée long-temps à l'air. Davy observe que cent parties de colombine fraîche ont donné à l'analyse vingt-trois parties de matières solubles, et que la même quantité analysée sèche n'en a fourni que huit parties. De plus, les habitans des environs de Lille, qui ont de tout temps su calculer en fait d'engrais, se gardent bien de la dessécher pour en faire usage. C'est donc son mélange avec de la terre que les cultivateurs doivent préférer, comme ne donnant lieu à aucune perte; mais cette pratique a aussi ses inconvéniens, comme je le dirai plus bas. *Voyez* Poudrette.

Dans quelques endroits, on laisse la colombine six mois, un an même, dans le colombier; ensuite on la lève par grands morceaux, qu'on expose quelques jours au soleil, et qu'on réduit ensuite en poudre à coups de masse ou de batte. Dans d'autres, on l'enlève tous les quinze jours ou tous les mois avec une espèce de ratissoire de bois, et on la porte sous un hangar, où elle se dessèche avec lenteur; après quoi on la réduit en poudre par le même moyen. Dans ce dernier état, on la conserve en tas, ou dans des tonneaux défoncés d'un côté, jusqu'à ce qu'on en fasse usage.

On verra aux mots Pigeon et Poule combien il est important de les débarrasser souvent de cette matière pour la conservation de leur santé et pour l'augmentation de leur population : ainsi la dernière méthode doit être proclamée la meilleure.

La poudre de colombine se sème à la main comme le blé, en automne, avant le dernier labour, principalement sur les terres fortes et humides, soit seule, soit mêlée avec de la cendre lessivée comme le pratique M. de Perthuis. C'est avant la pluie ou peu après la pluie qu'il est le plus avantageux d'utiliser la colombine. Quelque peu abondante qu'elle soit, elle paraît toujours nuire aux terres qui sont sablonneuses et sèches. Elle agit puissamment sur la récolte de l'année, et un peu sur celle de la suivante, rarement sur celle de la troisième : c'est donc tous les deux ans qu'il convient de la répandre. Elle améliore singulièrement les prés; mais, pour l'employer dans ce cas, il faut qu'elle ait été passée au crible, pour la débarrasser des plumes qu'elle contient toujours, parce que ces plumes, avalées avec l'herbe par les bestiaux qui paissent, leur causent des toux importunes.

Cependant elle influe défavorablement sur le goût du pain fait avec le blé dont elle a favorisé la végétation : ce qui engage quelques cultivateurs à la répandre de préférence sur les orges.

Ses effets dans les jardins tiennent du miracle. Elle augmente sur-tout la grosseur du choux à un point incroyable.

Dans certains endroits, on porte toutes les semaines une certaine quantité de terre franche dans le colombier ou le poulailler, et on l'étend sur son plancher, de manière que la fiente des pigeons ou des poules se combine entièrement avec elle, et qu'aucune de ses parties, excepté l'eau, ne se perd. Le crottin de cheval et le fumier, qu'on substitue quelquefois à la terre, ne remplissent pas aussi bien cet objet et nuisent à la santé de la volaille. La paille n'a pas ce dernier inconvénient; mais la colombine ne forme aucune union avec elle.

Le mélange de la colombine avec la terre peut rester pendant les quatre mois d'hiver, sans inconvénient, dans le colombier ou le poulailler; mais, pendant le reste de l'année, il faut l'ôter d'autant plus souvent qu'il fait plus chaud, c'est-à-dire au moins une fois par mois, si ce n'est même deux. On le dépose ensuite dans un lieu abrité de la pluie, mais où on l'arrose cependant légèrement de temps en temps pour favoriser encore la combinaison.

Dans d'autres endroits, on enlève la colombine de l'habitation de la volaille toutes les semaines, et on la transporte dans une fosse, sous un hangar, où on la met couche par couche avec de la terre franche, de manière qu'il y ait dix parties de cette dernière contre une de la première.

Cette méthode est préférable, en ce qu'elle exige moins de main d'œuvre, et qu'elle est plus avantageuse à la santé des volailles.

Lorsque, dans les deux cas, on met la colombine à l'air libre, on est exposé à en voir entraîner une partie par les grandes pluies, et par conséquent à éprouver une véritable perte.

La combinaison de la colombine avec la terre ne doit s'employer qu'au bout de l'année. On en fait usage de la même manière que de la poudrette, de sorte que la masse de terre mélangée est tout engrais. Cet avantage doit être déterminant en faveur de ce moyen, malgré le petit embarras qu'il cause de plus.

Je n'ai pas besoin de dire que la dessiccation du mélange doit être presque complète pour pouvoir le réduire en poudre.

La colombine entre en plus ou moins grande quantité dans la terre à oranger, dans la terre à œillet et dans toutes les compositions de terre qui ont pour objet de fournir aux plantes une surabondance de nourriture sous un très-petit volume. Elle sert encore, mêlée avec du fumier dans de l'eau pour diminuer la crudité des eaux de puits et pour donner des bouillons aux arbres fruitiers ou autres qui souffrent ; mais dans ces deux cas il faut la ménager avec prudence, car Th. de Saussure a prouvé que les eaux trop chargées de matières animales ou putrescentes étaient souvent nuisibles à la végétation.

On doit à Vauquelin de très-intéressantes expériences sur les excrémens des coqs et des poules, expériences qui jettent un grand jour sur la manière d'agir de la colombine. Il a constaté que la matière crétacée blanche qui recouvre la fiente du coq est un véritable albumen, ou blanc d'œuf desséché par l'air ; que cette matière ne se trouve sur les excrémens de la poule que lorsqu'elle ne pond pas ; que le résidu de la combustion de ces deux fientes était du carbonate et du phosphate de chaux et une quantité assez considérable de silice.

Je finis en faisant des vœux pour que tous les amis de l'agriculture regardent comme un devoir d'instruire les habitans des campagnes, où l'on n'emploie pas la colombine, des précieux avantages de cette substance, et pour qu'ils leur indiquent les moyens rapportés ci-dessus pour en tirer le meilleur parti possible.

Voyez pour le surplus aux mots ENGRAIS et POUDRETTE. (B.)

COLOMBINE. Quelquefois ce nom s'applique à l'ANCOLIE VULGAIRE, au PIGAMON A FEUILLES D'ANCOLIE, et à une variété d'ANÉMONE. (B.)

COLON. On donne ce nom, dans quelques cantons, au fermier qui loue un bien à moitié fruit. On le donne aussi aux habitans des colonies. *Voyez* MÉTAIRIE. (B.)

COLONAGE. Nom, dans certains endroits, des biens qu'on loue à moitié fruit. *Voyez* aux mots BAIL et MÉTAIRIE. (B.)

COLONNADE DE VERDURE. C'est une suite d'arbres garnis de branches depuis la racine, et qu'on taille en forme de colonne. La charmille et l'orme sont les arbres indigènes qui se prêtent le mieux à cette bizarre taille, qui n'est plus au

reste employée que dans quelques jardins des châteaux go-
tiques, jamais visités par leurs possesseurs actuels. (B.)

COLOPHANE. Espèce de brai sec, qui ne diffère du commun que par son degré de cuisson, qui est moindre. *Voyez*
Brai sec et Résine. (B.)

COLOQUINELLE ou FAUSSE COLOQUINTE. *Voyez*
Pépon.

COLOQUINTE, *Cucumis colocynthis*. C'est le concombre
amer de Lamarck. Petite espèce de concombre à feuilles découpées, à fruit rond de la grosseur du poing, dont la pulpe
blanche et spongieuse est célèbre par son amertume; sèche, elle
se distingue par une très-grande légèreté, le fruit entier se
trouvant réduit au bout d'un an à moins du neuvième de son
poids, suivant l'observation de Guettard. La médecine a long-
temps désigné la coloquinte comme un remède puissant dans
des cas désespérés. On en a cultivé en Europe sur des couches
chaudes, mais elle n'est jamais aussi purgative que lorsqu'elle
croît naturellement sur les côtes sablonneuses et brûlantes
de l'Archipel, de l'Egypte et des Indes. Ces coloquintes
adoucies pourraient peut-être offrir un purgatif moins dangereux. (Duch.)

COLOQUINTE LAITÉE. Variété de courge. (B)

COLORANTES (CULTURE DES PLANTES). Les plantes
propres à fournir des parties colorantes à la teinture, et qui
sont susceptibles d'être cultivées en France, se réduisent à la
gaude, au pastel, à la garance.

D'autres plantes fournissent bien encore chez nous des ingrédiens du même genre, mais on ne les cultive pas. Ce sont
les lichens orseille et parelle, le croton teignant, la
buglose teignante, le caillelait, les nerpruns, le sumach,
le noyer, les genêts, etc.

« Après les grains, les plantes textiles et huileuses, les vignes
et les bois, a dit mon estimable collaborateur Parmentier, les
plantes tinctoriales paraissent être celles qui méritent le plus
d'être prises en considération par les cultivateurs. C'est une
de ces vérités qu'on ne peut trop s'empresser de reproduire au
moment sur-tout où la situation politique de l'Europe rend
plus difficiles les communications avec les autres peuples. »

Comme j'ai beaucoup insisté sur cette vérité aux articles des
plantes citées plus haut, je me dispenserai d'allonger celui-ci.
(B.)

COLORÉ. On applique ce nom aux feuilles, aux tiges et
autres parties des plantes qui doivent être vertes, et qui cependant ont une couleur différente. *Voyez* au mot Plante et
aux articles Panachure, Amaranthe, Arroche. (B.)

COLORIS. C'est une nuance d'expression qui indique qu'une

couleur est brillante, qu'elle reflet vivement les rayons de la lumière. Cette fleur a un beau coloris, c'est-à-dire qu'elle n'est pas terne ; que ses couleurs, si elle en a plusieurs, sont bien tranchées. (B.)

COLOSTRUM. Des médecins ont donné ce nom au fluide qui se sépare des mamelles les premiers instans qui précèdent et suivent le part ; il est demi-transparent, visqueux, gras, d'un blanc sale, d'une saveur fade, filant et ayant la consistance d'un sirop ; le beurre qu'il renferme est abondant, presque orange, plus spongieux, plus adhérent à la crême, et moins agréable que le beurre ordinaire.

Le colostrum nouvellement trait et mis sur le feu se coagule avant d'arriver au degré de l'ébullition et fournit une très-grande quantité de sérum blanchâtre, ce qui le rapproche plutôt de l'état lymphatique que celui du lait ; ce n'est donc que le quatrième jour après le part que ce fluide réunit toutes les conditions du véritable lait ; il ne se coagule plus au feu et n'en diffère absolument qu'en ce qu'il est moins riche en beurre et plus abondant en sérum.

Il n'est pas douteux que cet état onctueux et lymphatique du lait ne soit une modification nécessaire à la composition de l'aliment que la nature destine au nouveau-né ; le colostrum, en sa qualité de corps gras, dissout, liquéfie une matière poisseuse, résineuse, accumulée dans l'estomac et les intestins pendant le temps que le fœtus est resté dans le sein de sa mère ; il la met en état d'être expulsé et empêche que, par son trop long séjour, elle n'occasionne des désordres qui deviendraient tôt ou tard préjudiciables au nouveau-né. On sait que les enfans, dès les premiers jours de leur existence, deviennent quelquefois très-jaunes et meurent, parce qu'alors le *méconium animal*, c'est le nom que porte cette matière, n'est pas entièrement évacué.

Le colostrum ne saurait donc être considéré comme un fluide indifférent dans le cas dont il s'agit ; il est destiné par la nature et les proportions de ses parties constituantes à exercer précisément les fonctions d'un véritable médicament, dont l'effet, en contribuant à l'expulsion du corps étranger à la vie de l'animal, dispose, pour ainsi dire, ses organes à recevoir et à préparer les nouveaux alimens dont il a besoin pour son accroissement et sa conservation.

C'est sans doute à cette qualité dissolvante et relâchante du colostrum, et non aux matières âcres et aux sels ammoniacaux, qu'il ne contient pas, qu'on doit attribuer l'espèce de dévoiement auquel sont exposés les nouveau-nés qui le prennent. Ces évacuations, loin d'être nuisibles à l'enfant, le purgent des matières qui lui occasionnent des tranchées, et le sirop de chicorée , qu'on prescrit souvent pour provoquer la sortie de ces matières, n'a jamais le succès du colostrum , ainsi que l'a très-bien remarqué M. Moore, ami et élève du célèbre Sigault.

Si c'est un malheur pour le nouveau-né de ne pouvoir prendre le téton de sa mère dès qu'il respire, puisqu'il y trouverait la faculté de se débarrasser sur-le-champ et sans douleur de la sécrétion dont nous parlons , c'en est un bien plus grand encore de passer dans les bras d'une mère empruntée, qui , à la place du colostrum , lui donne un lait plus ou moins façonné , et rarement conforme à sa constitution , malgré toutes les combinaisons des accoucheurs dans ces circonstances toujours critiques pour le sort futur de l'enfant.

Loin donc de refuser le colostrum au nouveau-né , d'après l'opinion des anciens, qui regardaient ce fluide comme vénéneux, on doit au contraire le lui administrer en totalité , pour qu'il puisse remplir les indications que la nature a eues en vue en le formant ; et c'est contrarier absolument son vœu que d'en frustrer l'enfant sous quelque prétexte que ce soit , puisque sa propriété légèrement purgative est précisément une des qualités essentielles pour la destination qu'il est chargé de remplir.

Les nourrisseurs des environs de Paris ont coutume de traire les vaches dès l'instant qu'elles ont mis bas et de leur faire boire la première traite, persuadés qu'elles ont besoin d'être purgées ; la seconde traite est pour les veaux , auxquels on ne permet jamais de prendre le trayon , dans la crainte qu'ensuite la mère ne refuse son lait à la trayeuse, et ne contracte pour son nourrisson de l'attachement, qui opère toujours en elle une sorte de révolution , lorsqu'il s'agit de les séparer l'un de l'autre ; mais dans ce cas peu importe le succès de ces veaux ; ils ne sont pas destinés à former des élèves : leur sort en naissant les condamne à la boucherie.

Ainsi , l'homme a toujours la manie de changer l'ordre établi par la nature ; il prive les nouveau-nés d'un fluide exclusivement préparé pour eux , destiné à se combiner à une certaine espèce de matière résineuse qui enduit les intestins, capable enfin de mettre cette matière en état d'être expulsée au dehors sans effort et sans réaction sur l'individu , tandis qu'il fait avaler à la mère un breuvage qui lui est absolument inutile , puisqu'elle n'a pas de méconium à rendre. (Par.)

COLSAT ou COLZA. *Brassica oleracea.* On donne vulgairement ce nom à la variété de chou qui est la moins éloignée du type de l'espèce, et qu'on cultive principalement pour sa graine, qui fournit une huile estimée dans les arts. On la reconnaît à ses feuilles radicales pétiolées, sinuées ou légèrement découpées, même quelquefois pinnées à leur base, et à ses feuilles caulinaires sessiles et cordiformes. Les unes et les autres, lisses et d'un vert glauque, varient souvent en grandeur, mais sont toujours plus petites que celles des autres variétés.

Il existe deux sous-variétés de colsat : le *blanc*, qui a les feuilles blanches, et le *froid*, qui les a jaunes. Ce dernier a les feuilles plus grandes, plus épaisses, et supporte mieux les rigueurs de l'hiver. En conséquence on le cultive de préférence.

Toutes les localités ne sont pas propres à la culture du colsat. En France, on ne s'y livre avec quelque étendue que dans les plaines de la ci-devant Flandre. Inutilement voudrait-on l'entreprendre dans les départemens méridionaux, où les sécheresses se prolongent souvent, et où les eaux susceptibles d'être employées aux irrigatious sont rares. La nature de la terre doit être sur-tout consultée. Dans les sables, sa tige prend peu de consistance et ses graines restent petites ; dans les argiles, il végète avec lenteur, jaunit promptement et fournit peu d'huile. C'est donc une terre intermédiaire, légère et grasse, c'est-à-dire, la meilleure terre à froment, qui seule lui convient. Il faut de plus que cette terre ait une certaine profondeur, qu'elle soit bien labourée et fortement fumée.

Semé en automne et à la volée, il donne au printemps le premier fourrage vert disponible, et est par conséquent très-avantageux sous ce rapport dans beaucoup de circonstances ; mais certaines autres variétés de chou méritent la préférence.

On peut encore le semer de même très-fructueusement pour l'enterrer en vert lorsqu'il entre en fleur.

Dans quelques cantons, on cultive le colsat comme la Navette (*voyez* ce mot) ; c'est-à-dire qu'on le sème à la volée en plein champ ; mais l'expérience a prouvé que la meilleure méthode était de le semer d'abord dans un local particulier, et ensuite de le replanter comme les autres Choux. *Voyez* ce mot.

Le terrain destiné au semis du colsat est ordinairement choisi dans le voisinage de la maison, pour pouvoir surveiller avec plus de régularité les opérations qu'il demande. On le défonce à la bêche plutôt qu'à la charrue, et on le fume d'autant plus, qu'il est plus maigre par sa nature ou plus épuisé par les récoltes précédentes. Sa surface, rendue aussi unie que possible au moyen de la herse et du rouleau, est divisée en planches de 4 à 5 pieds, séparées par des sentiers d'un pied.

Le semis commence généralement en juillet. La graine doit être répandue le plus uniformément possible et en petite quantité, pour que les plants qui en proviendront ne soient pas trop serrés. Ces plants levés sont arrosés si la sécheresse se prolonge, éclaircis et sarclés au besoin.

En Angleterre, où les bons cultivateurs ont généralement

adopté la méthode de semer par rangées ou sillons, on place ainsi la graine de colsat; c'est-à-dire qu'on fait des raies écartées de six à huit pouces avec le bout du manche du râteau, et qu'on répand la graine par pincées dans ces raies, qu'on remplit de terre par un simple coup de râteau.

Pendant que le plant du colsat se fortifie dans les planches du semis, on prépare la terre destinée à le recevoir à demeure.

Cette terre est presque toujours celle qui a porté du blé dans l'année même. Toujours il y a du profit à la fumer de nouveau, quoiqu'on s'en dispense souvent. On lui donne un premier labour après l'avoir largement fumée peu de temps après la récolte, un second au commencement ou au milieu de septembre, et un troisième dans le courant d'octobre. Ces labours seront aussi profonds que possible, et croisés obliquement, afin de rendre la terre plus meuble.

Il est probable que du sel employé dans sa culture accélérait la végétation de cette plante, comme il accélère celle du Lin et du Chanvre.

Un seul labour à la bêche suppléerait ces trois labours; mais sa dépense ne permet de le faire que dans les petites exploitations, dans celles qui sont cultivées par le propriétaire ou le fermier, au moyen de son travail et de celui de sa famille; travail qui est ordinairement compté pour rien heureusement pour l'agriculture, dont beaucoup d'opérations resteraient à faire si on calculait et ce qu'elles coûtent et ce qu'on en retire en argent.

Dans tous les cas, il convient de disposer le terrain en planches bombées, afin de donner de l'écoulement aux eaux surabondantes, même de faire de petits fossés d'écoulement si la nature du sol ou la localité l'exige.

Le mois d'octobre est celui pendant lequel il est le plus avantageux d'exécuter la transplantation du colsat. On choisira un temps couvert, même un peu pluvieux, pour que les plants reprennent plus facilement. Ces plants seront enlevés du lieu du semis, non en les arrachant par le seul effort de la main, mais avec une pioche, et en ménageant leurs racines et leurs feuilles avec tout le soin possible, et transportés dans des corbeilles sur le champ, où ils doivent être plantés à mesure du besoin.

C'est en quinconce et à 15 ou 18 pouces d'écartement, terme moyen, qu'il convient de planter le colsat, avec la pioche plutôt qu'avec le Plantoir (*voyez* ce mot), plutôt profondément que superficiellement, parce que ce qu'on appelle la tige dans les choux n'est que le prolongement du collet de la racine, et que ce prolongement étant susceptible de donner de nouvelles fibrilles, la plante est mieux nourrie.

Pour aller vite en besogne, il faut qu'une personne fasse les trous, et qu'une autre place le plant et remplisse le trou sans trop presser la terre autour des racines; ce qui leur donnerait une position forcée et nuirait à la prolongation de leurs suçoirs.

En novembre, si le temps le permet, on remplace les pieds de colsat qui n'ont pas repris, sinon on réserve cette opération pour les premiers jours du printemps; à l'effet de quoi, on garde toujours dans le semis un nombre de plants proportionné à la plantation.

Planter le colsat à la charrue est une opération si facile et si économique, qu'il est étonnant qu'on ne la pratique pas plus généralement. Le seul inconvénient qu'elle ait, c'est que les pieds ne sont pas toujours droits, mais ils le deviennent; lorsqu'ils sont peu penchés et lorsqu'ils le sont beaucoup, on peut les redresser avec de courts échalas.

On ne touche plus à cette plantation qu'au mois de mars et même d'avril, selon que l'hiver est plus ou moins long. A cette époque, on lui donne un binage et on rechausse ou butte les pieds. On nettoie aussi les fossés, s'il y en a, et on en rejette la terre sur le sommet de l'ados.

Au mois de mai, on fait un second binage semblable.

Dans les départemens septentrionaux de la France, où, comme je l'ai déjà observé, on cultive beaucoup de colsat, sa graine est ordinairement mûre vers la fin de juillet. Plus au midi, elle peut l'être un mois plus tôt. L'état de l'atmosphère concourt aussi à avancer ou retarder l'époque de sa maturité. On reconnaît qu'elle doit être cueillie, à la couleur jaunâtre de la tige et à la chute des feuilles inférieures. Comme c'est de sa complète maturité que résulte la plus grande abondance et la meilleure qualité d'huile, et que lorsqu'on le laisse mûrir sur pied, une grande quantité de graines se perd, le talent du cultivateur est de choisir le moment le plus convenable pour éviter ces deux inconvéniens.

Lorsque par l'effet d'un retard forcé dans la récolte, ou par quelque circonstance extraordinaire la graine du colsat a été disséminée sur la terre, on peut en tirer parti par un hersage, qui l'enterre et la met à même de fournir, comme je l'ai dit plus haut, un pâturage abondant ou un engrais végétal.

Les pieds de colsat, arrivés à maturité, se coupent avec une faucille à peu de distance de terre. On doit choisir le matin pour faire cette opération, afin que les secousses que, quelques précautions qu'on prenne, elle occasionne toujours fassent moins perdre de graines, les siliques, renflées par l'humidité de la nuit, ayant alors moins de disposition à s'ouvrir. Ces pieds sont mis sur une charrette et aussitôt portés sous de vastes hangars, dont le sol est bien uni et bien nettoyé, et ils y sont amoncelés sans être pressés, c'est-à-dire de manière que l'air puisse circuler autour de chacune de leurs branches. Là, la graine achève de mûrir au moyen de la sève qui reste encore dans la tige, sève qui ne s'évapore que très-lentement.

Faute de hangar propre à cet objet, on forme, avec les pieds de colsat et de la paille alternativement, un lit de chaque dans le champ même ou dans le voisinage de la ferme, des meules, qui se recouvrent de paille en dessus et sur les côtés de manière à empêcher l'introduction des eaux de pluie. *Voyez* au mot MEULE les précautions à prendre.

Lorsque les tiges sont parfaitement desséchées ou à peu près, on peut les battre avec le fléau soit dans la grange, soit sur une AIRE en plein champ pour faire sortir la graine des siliques, opération très-facile et très-rapide; puis on vanne cette graine comme le blé; on la passe dans des cribles faits exprès, enfin on la nettoie de tous corps étrangers par tous les moyens possibles : car plus elle est propre, et moins elle attire l'humidité, et mieux par conséquent elle se conserve.

Comme la graine de colsat, quoique provenant de tiges parfaitement desséchées (ce qui n'a pas toujours lieu), conserve une surabondance d'humidité, il est bon de l'étendre pendant quelques jours sur des toiles, et de la remuer souvent pour faciliter l'évaporation de cette humidité. Ensuite on la met dans des sacs isolés, qu'on vide et remplit tous les quinze jours jusqu'au moment où on la porte au moulin.

Au moyen de ces précautions, la graine se conserve sans moisissure, sans goût d'échauffé, et donne une huile abondante et d'excellente qualité.

Lorsqu'on se presse de faire moudre la graine de colsat, on a moins d'huile et de l'huile de moins de garde. Lorsqu'on tarde trop, on en a encore moins, et cette huile est rance. Cet effet est produit dans le premier cas, parce que le principe mucilagineux n'a pas eu le temps de se transformer en huile; dans le second, parce que beaucoup de graines se pourrissent ou s'altèrent d'une autre manière. *Voyez* au mot HUILE.

C'est ordinairement au commencement de l'hiver, avant les fortes gelées, qu'on s'occupe de l'extraction de l'huile des graines de colsat, et c'est en effet l'époque la plus favorable sous tous les rapports.

Je ne parlerai pas ici de la fabrication de l'huile de colsat, attendu qu'elle ne diffère pas de celle des autres huiles de graine, et que j'en traiterai aux mots HUILE et MOULIN A HUILE.

Les restes de la graine dont on a tiré l'huile se nomment *tourteau*, *trouille* ou *pain de trouille*. On les donne aux bestiaux, sur-tout aux vaches ou aux cochons, qui en sont fort avides, et qu'elle engraisse rapidement. On la rend aussi à la terre, qu'elle améliore presque autant que le fumier.

Toutes les fois qu'on enlève une feuille saine à un végétal, sur-tout à un végétal qui les a aussi peu nombreuses et aussi grandes que le colsat, on nuit à sa croissance et par conséquent à la production de ses fleurs et à la grosseur de ses fruits. Je ne conseillerai donc pas de suivre la pratique usitée dans quelques endroits, d'en priver le colsat pour en nourrir les bestiaux, même les hommes. On doit pour cet objet cultiver les choux verts, les choux pommés, le chou navet de Laponie, qui fournissent bien plus de feuilles que lui et à qui on peut les demander sans inconvéniens, puisqu'ils doivent être consommés avant leur montée en graine. *Voyez* un mémoire d'Arthur Young, dans le Recueil de ses expériences, qui prouve le désavantage de la culture du colsat sous ce rapport.

Une variété de colsat, le colsat de printemps, se sème au mois de mai, soit à la volée, soit en rayons, soit pour être transplantée en lignes. Comme toutes les plantes annuelles, dans le même cas, elle fournit et moins de graines et des graines moins grosses ; aussi ne doit-on l'employer que lorsqu'on ne peut faire autrement.

On voit, par ce qui vient d'être dit, que la culture du colsat devient un bénéfice réel dans les lieux où on est encore dans la désastreuse habitude de laisser les terres en jachère, puisqu'on le plante après la récolte du blé et qu'on le recueille avant les semailles. Il doit donc entrer dans l'assolement de toutes les terres des pays gras et humides. Les binages, qu'il est nécessaire de lui donner, nettoient la terre des mauvaises herbes, et la disposent aux récoltes de l'année suivante. Cependant comme, ainsi que toutes les autres plantes qui fournissent de l'huile, il effrite beaucoup la terre, il ne doit reparaître dans le même lieu qu'après un intervalle de cinq à six ans au moins. *Voyez* au mot ASSOLEMENT.

Un des principaux avantages de l'introduction du colsat dans le système des assolemens, c'est qu'en le transplantant immédiatement après la coupe des blés on emploie le terrain avant qu'il soit desséché, et pendant un espace de temps où la plupart du temps il ne porte rien. (B.)

COLOSSES. Ce sont, dans le midi de la France, les ÉPIS cassés, mais non dépouillés de leurs grains, par le DÉPIQUAGE. (B.)

COLUTEA. Nom latin du BAGNAUDIER. *Voyez* ce mot.

COMBE. C'est, dans quelques endroits, une vallée supérieure, c'est-à-dire l'entre-deux des montagnes à leur cime.

Les combes se cultivent ordinairement en prairies, parce que lorsqu'elles sont labourées les orages sont dans le cas d'entraîner toute leur terre dans les vallées inférieures. Elles sont assez généralement bordées de bois ou de rochers, et un ruisseau coule dans leur milieu. Très-souvent les combes ont été anciennement des lacs ou des étangs, suivant leur grandeur; ce qui se reconnaît au niveau de leur sol. *Voyez* VALLÉE. (B.)

COMBLE. On donne ce nom à ce qui, dans le mesurage des grains, ou autre objet, s'élève au-dessus des bords de la mesure, c'est-à-dire à un cône qui a pour base le diamètre de la mesure même et dont la hauteur varie à raison de la nature des objets mesurés. Il est de ces objets qui se vendent dans tel ou tel endroit à la mesure comble, tandis que dans d'autres ils se vendent à la mesure rase. En général on fixe le comble en faisant tomber la graine de quelques pouces, et sans y porter la main et sans tasser le grain; mais dans les gros fruits comme les pommes, les navets, etc., on en remplit les vides à la main lorsque l'acheteur l'exige. Rarement le comble est regardé comme une mesure légale; mais dans les lieux où il est en usage, les jugemens de police le considèrent comme tel. (B.)

COMBLÉE. Ce mot indique la même opération que celle qu'on appelle ACOULIS dans plusieurs parties de la France, et ALLUVION dans d'autres. *Voyez* ces mots et CANAL. (B.)

COMESTIBLE. C'est tout ce que l'homme consomme ou peut consommer pour sa nourriture; le pain, la viande, les légumes sont des comestibles; le vin même et autres liqueurs prennent souvent ce nom. La presque totalité des comestibles est le produit de l'agriculture. Il n'y a guère que le gibier et le poisson que le travail ne puisse pas procurer en plus grande quantité que la nature. Encore même y a-t-il dans ces deux classes de comestibles quelques articles, tels que les lapins et les carpes, qu'on doit regarder comme domestiques. Ce mot pourrait donc servir de texte à un traité qui embrasserait l'agriculture entière. (B.)

COMMANDE. Bestiaux en commande, ce sont des bestiaux mis en cheptel. *Voyez* au mot BAIL. (B.)

COMMISSIONNAIRE. La division du travail produit en agriculture les mêmes avantages que dans les arts, c'est-à-dire qu'elle fait produire et plus et à meilleur marché. Les personnes qui s'offrent pour intermédiaires entre le cultivateur et le consommateur, qui évitent au premier des déplacemens et des pertes de temps, toujours regrettables quand on est bien à ses affaires, sembleraient donc lui rendre un grand service. Cependant ces personnes, qu'on appelle commissionnaires, sont un fléau pour la culture.

Rozier, dans son indignation, a rédigé contre ces commissionnaires un article qui n'a produit aucun effet. Tant qu'il y aura des cultivateurs pauvres, chez qui le besoin de vendre promptement, souvent même avant la récolte, se fera annuellement sentir, il se trouvera des spéculateurs avides qui, par l'appât de l'argent comptant, souvent même d'une faible avance, leur enleveront tout espoir de bénéfice. Plus le mal est ancien et plus il est difficile à déraciner, parce que le besoin d'argent pour payer les impositions, pour réparer les instrumens agricoles, pour renouveler ses bestiaux, pour habiller sa famille, pour faire des provisions, etc., etc., se fait sentir plus vivement chaque année. Un commissionnaire déjà riche, qui ruine un canton, est cependant nécessaire à ce canton, et son départ est souvent une calamité, parce que les fonds manquent alors, et que leur urgence est fréquente.

C'est sur-tout dans les pays de vignobles où les commissionnaires exercent leurs rapines avec le plus de succès, à raison de l'incertitude des récoltes, des variations du prix du vin, des pertes qui sont la suite de sa garde, etc., etc. Là, les petits propriétaires, et souvent même les gros, ne sont que leurs fermiers. Ceux qui payent si chèrement les excellens vins de la ci-devant Bourgogne ne se doutent pas que la plupart de ceux à qui ils ont d'abord appartenu sont réduits à ne boire que de l'eau et à ne manger que du mauvais pain.

Au reste, il est des commissionnaires qui font leur état avec délicatesse. (B.)

COMMUNAUX. On entend généralement par communaux des biens-fonds appartenans à une commune, et dont chaque habitant a la jouissance, quelquefois déterminée par le nombre de *feux* ou de *chefs de famille*, ou la *quotité d'arpens* que *chacun possède*, plus souvent laissée *en commun* et au *premier occupant*.

Il est une autre sorte de communaux qu'on appelle CONSORTS.

Faut-il aliéner les communaux, les affermer à long terme au profit des communes? Faut-il en laisser la jouissance libre? Ce sont trois questions agitées longuement depuis vingt ans, tour à tour adoptées et rejetées, soutenues et repoussées par des argumens très-plausibles de part et d'autre. En parcourant comme agriculteur une grande partie de la France, et causant souvent sur cet usage avec les habitans des campagnes, je suis demeuré convaincu que tout le monde a raison, que chaque système a ses avantages et ses inconvéniens, que tout dépend des localités. Je vais en peu de mots m'expliquer, et cette courte discussion pourra éclairer les communes sur leur véritable intérêt.

Il est des propriétés communales dont on ne peut réellement jouir qu'en commun. Otez aux habitans des montagnes, qu'il faut bien se garder de défricher, le pacage du troupeau commun, quel meilleur parti pourrez-vous en tirer? J'en dis autant de certaines landes et bruyères, dont le sol ne vaudrait pas les frais de culture, mais qui pourtant nourrissent pendant quelques mois des bestiaux, à raison de leur étendue. Que ferez-vous du partage? quel meilleur parti pourrait en tirer un seul propriétaire ou fermier? Il n'est point de motif pour changer les usages locaux; mais aussi, ces deux cas exceptés, toutes les fois que le sol est susceptible d'une bonne culture, même en pacages et prairies, j'ose soutenir qu'il est de l'intérêt de tous de ne pas jouir en commun des communaux; de les aliéner ou de les affermer à long terme; je m'explique :

L'aliénation que je propose n'est pas une vente en argent, mais un échange d'un bien qui, pour être mis valeur, exige des capitaux nombreux que n'ont pas les communes, contre un domaine en toute valeur et d'un produit assuré. Le bail à long terme a le même but; il doit être fait à la charge de mettre en bon produit un sol qui n'y est pas et qui n'y sera jamais, possédé en commun. Il me reste à prouver que dans les deux cas il est de l'avantage de tous, sur-tout des pauvres habitans, que le communal soit aliené ou affermé.

La discussion ne sera pas longue, cependant il faut bien dire ici un mot de l'intérêt de l'état, qui se compose de l'intérêt de tous bien entendu. Si l'on m'accorde que des marais infects, des bois ravagés, dévorés par les bestiaux, des bruyères susceptibles d'être plantées en bois, seraient d'un plus grand produit mis en bonne culture, il est évident que, l'intérêt de l'état est que le même sol donne le plus de produits territoriaux possible. Il en est de même de la commune propriétaire, qui est aussi un petit état. Il est inutile de développer les motifs de cette assertion.

Restent les intérêts particuliers des habitans et je vais commencer par ceux des moins aisés; je vais parler de cette vache du pauvre, de cette nourrice de la famille, qui a tant sollicité d'intérêt depuis dix ans. Est-ce donc bien le pauvre qui jouit, avec quelque avantage, des communaux, si l'usage en est déterminé par le nombre d'arpens possédés? A peine a-t-il quelques ares. Si l'usage est libre, l'homme riche envoie des têtes de gros bétail contre la faible brebis du pauvre. Mal nourrie l'été, il faut la vendre l'hiver, faute de pâture. L'enfant de la maison, au lieu d'apprendre à travailler à côté de son père, s'est accoutumé à ne rien faire, et il en contracte l'habitude. Pendant l'été, on a une vache, quelques brebis, l'hiver, on n'a plus rien que de la misère. Le vieillard impotent, l'orphelin, la femme veuve obligée de soigner ses enfans et sa maison, quel secours ont-ils trouvé dans le communal?

N'en auraient-ils pas eu un plus réel si, le communal affermé, le vieillard, le malade, eussent trouvé des secours dans un bon hospice, les enfans dans des ateliers ou dans une ferme, où ils seraient placés jusqu'au moment où ils gagneraient bien leur subsistance? Où donc est l'intérêt de la conservation des communaux en nature? Je n'ose le dire, mais j'ai grand'peur que ce ne soit l'intérêt de celui qui a le moins de besoins et le plus de moyens de s'en passer. A l'appui de ces raisonnemens, citons un fait que je crois notoire: c'est que les communes les moins riches, celles où il y a le plus de misère, de fainéantise, où il se commet le plus de délits, sont les communes où il y a des communaux, parce que l'oisiveté est la mère de tous les vices. J'invoque ici le témoignage des administrateurs et des juges des campagnes, j'aime trop leurs habitans pour parler contre leurs intérêts; mais j'oserai leur dire qu'il en est de bien et de mal entendus, et je crois avoir assez observé pour leur dire qu'au nombre de ces derniers il faut placer la jouissance en commun et en nature des communaux, quelques cas, quelques localités exceptées (1) (Chas.)

COMMUNICATIONS RURALES. Architecture et économie rurales. Les chemins publics et particuliers sont les moyens de communication d'une ferme avec les terres de son exploitation.

Leur proximité ou leur éloignement de la ferme n'est point une chose indifférente pour le fermier, et cette circonstance entre comme élément dans le calcul des avantages et des inconvéniens de l'emplacement d'un établissement rural.

Les chemins publics sont de deux espèces : les *grandes routes* et les *chemins de traverse, vicinaux* ou *finerots*, c'est-à-dire ceux qui, sans être pavés ni ferrés, conduisent d'un village à un autre.

Ces deux classes de chemins ne servent qu'accidentellement et subsidiairement aux besoins de la culture, et ce sont les chemins particuliers ou de *déblave* qui y sont spécialement affectés.

Nous allons examiner les influences de ces différentes com-

---

(1) Pourquoi, à l'imitation des nourrisseurs des environs de Paris et autres grandes villes, n'y aurait-il pas, dans chaque village, une ou deux personnes qui consacreraient leur temps à nourrir, avec du fourrage acheté aux propriétaires ou fermiers, la quantité de vaches laitières nécessaires à la consommation des habitans? Quand on réfléchit que les soins donnés à une seule vache sont presque aussi étendus que ceux qu'en exige une douzaine, on ne peut s'empêcher de croire qu'il y aurait économie pour la plupart de ces habitans d'acheter leur lait. Je ne parle pas des communes qui spéculent sur la fabrication du beurre et du fromage, car fort peu de celles-là ont des communaux.

(*Note de M. Bosc.*)

munications sur l'agriculture , en déduire l'intérêt que les propriétaires doivent prendre à leur conservation , et exposer les
moyens qu'ils doivent employer pour maintenir en bon état
ceux dont l'entretien leur est personnel , ou confié à la surveillance des administrations municipales.

SECTION PREMIÈRE. *Des grandes routes.* L'administration
de ces chemins est confiée à un corps justement célèbre, celui
des ponts et chaussées : nous aurions donc pu nous dispenser
d'en parler, si les grands chemins n'avaient pas une grande
influence sur les progrès de l'agriculture, et s'il n'était pas
nécessaire de préciser ce que les propriétaires ont à craindre ou
à espérer de leur voisinage.

En calculant le nombre d'arpens de terre que les grandes
routes occupent en France , un soi-disant agronome trouvait
que leur superficie étant perdue pour la production des subsistances, nous étions menacés de famines plus fréquentes si
l'on ne mettait des bornes à la multiplication de ce bienfait.

C'est ainsi que de son cabinet et sans expérience, l'on peut
créer des vices aux institutions les plus utiles; car le calcul
administratif ou l'arithmétique politique ne suit pas les mêmes
règles que l'arithmétique du géomètre.

Mais si cet économiste eût été instruit de la largeur souvent démesurée, des chemins de traverse, de leur nombre sur-
abondant et des difficultés que l'on oppose à la suppression
de ceux qui sont évidemment inutiles; s'il eût observé que les
grandes routes resserrent les chemins publics dans des limites
naturelles et suffisantes pour la facilité et la sûreté des communications, et que, indépendamment des avantages économiques qu'elles procurent au commerce pour le transport des
denrées et des marchandises, elles favorisent aussi la culture
des terres et contribuent singulièrement à son amélioration.

Enfin s'il eût aperçu que la multiplication des grandes
routes a procuré le moyen de développer sur leurs rives ces
plantations d'arbres utiles, et commodes pour le voyageur, si
nécessaires pour la consommation générale, et si admirées par
les étrangers, il aurait été convaincu que, loin de compromettre les subsistances de la France, les grandes routes ont fait
faire des progrès rapides à son agriculture, en ont éloigné les
disettes et vivifié l'industrie.

Peut-être pourrait-on en citer quelques-unes, ainsi que l'a
fait M. *Arthur Young,* dont la largeur excède les bornes raisonnables; mais elles ont été l'œuvre de la surprise, ou de
l'ostentation de quelques provinces privilégiées: du moins il
est impossible d'en douter en lisant les dispositions des différentes ordonnances de nos rois, rendues à ce sujet depuis 1769
jusqu'à l'arrêt du conseil du 6 février 1776.

Il faut convenir cependant que, si les grandes routes procurent de grands avantages à l'agriculture, les propriétés riveraines en souffrent quelques dommages. Elles sont plus exposées que les autres au maraudage des troupeaux et au gaspillage des voyageurs; en second lieu, l'ombrage des arbres, et surtout l'extension de leurs racines, font quelque tort aux récoltes des terres sur lesquelles ils sont plantés, et ce tort devient de plus en plus grand à mesure que les arbres avancent en âge. Suivant les arrêts des 3 mai 1720 et 6 février 1776, les propriétaires riverains avaient le droit de planter à leur profit le long dès grandes routes; mais ils ne pouvaient exercer ce droit que pendant la première année de leur établissement. A la seconde année, le seigneur voyer pouvait se mettre au droit du propriétaire riverain, s'il ne l'avait pas exercé; enfin, la troisième année, et au défaut de deux autres, le gouvernement faisait planter à ses frais et à son profit sur toutes les nouvelles routes.

Il paraît qu'un bien petit nombre de propriétaires riverains et même de seigneurs voyers avaient profité de cette faculté : car, à l'époque de la révolution, presque tous les arbres des grandes routes appartenaient au roi; aujourd'hui tous les propriétaires riverains ont également une année pour planter sur les berges des grandes routes. Cette année se compte à dater de la confection des nouvelles, ou de l'abattage des arbres des anciennes routes. (*Voyez* le Décret.)

SECTION II. *Des chemins de traverse.* Si les chemins de traverse étaient tous entretenus avec le soin et l'intelligence que demande leur conservation, on ne verrait pas tant de communes privées chaque année de communications, souvent pendant six mois. Le mauvais état de ces chemins fait un grand tort à l'agriculture, à cause de la quantité de bestiaux qu'il faut si souvent atteler à une voiture pour transporter les fumiers sur les terres et pour en rapporter la récolte, il en résulte de grands frais de culture, qui diminuent nécessairement la valeur locative des terres.

Mais ce tort n'est pas le seul. Sans débouchés praticables, les cultivateurs de ces communes ne prennent aucun soin de leur culture, et si quelquefois les terres y sont louées un certain prix, il n'est dû, ainsi que nous l'avons observé ailleurs, qu'à une industrie locale agricole dont les produits peuvent supporter avantageusement les frais de transport dans les mauvais chemins.

Il est vrai que leur entretien est à la charge des communes; mais cette charge ne serait pas très-onéreuse si, d'une part, les chemins de traverse, dans chaque commune, y étaient restreints au nombre reconnu suffisant pour pouvoir communiquer avec tous les villages et hameaux environnans, et de l'autre, si leur réparation et leur entretien étaient ordonnés avec l'intelligence et l'économie convenables.

En effet, ce sont les pluies abondantes qui dégradent les chemins. S'ils sont en pente, l'eau les ravine et en approfondit les ornières, et lorsqu'ils sont en terrain plat et sur un sol glaiseux, la stagnation des eaux y occasionne des *fondrières*, des *molières*, des *peux*. Ainsi, pour entretenir les chemins de traverse dans le meilleur état, il faut les garantir, ou du cours rapide des eaux pluviales, ou de leur stagnation.

Pour arriver à ce but, on devrait constamment renfermer ces chemins entre deux fossés, comme les grandes routes, et reverser dans ces fossés toutes les eaux pluviales qui y fluent des hauteurs dominantes. Alors les chemins de traverse ne pourraient plus être ravinés par les eaux, ou effondrés par leur stagnation. Seulement il faudrait en construire les fossés de manière qu'ils ne soient pas eux-mêmes ravinés dans les pentes, et l'on y parviendrait en y établissant des barrages à des distances plus ou moins rapprochées, suivant que la pente du terrain serait plus ou moins rapide; on préviendrait ensuite les affouillemens du chemin à chaque barrage, en le consolidant en avant et en arrière par des talus en gazon et en blocaille.

En pays plat, on n'aurait pas à craindre cet inconvénient pour les fossés; mais il faudrait avoir la précaution de les curer tous les deux ou trois ans, et de procurer un écoulement naturel aux eaux qui y seront réunies. Lorsque, par la pente, les eaux ne pourront être évacuées qu'en traversant le chemin, on fera le passage en forme de cassis, ou de toute autre manière, suivant la nature du sol, afin qu'il soit praticable en tout temps pour les voitures. Ces barrages, que nous conseillons pour empêcher les fossés des chemins en pente d'être ravinés par les eaux, sont d'une construction simple et peu dispendieuse, et l'on peut aussi en faire usage pour remblayer d'une manière solide et économique les chemins les plus ravinés.

On coupe le ravin de plusieurs rangs de barrages. Ils arrêtent le cours des eaux pluviales, les forcent à déposer dans chaque bassin les pierres, les sables et les terres dont elles sont chargées et en exhaussent ainsi le sol. On répète cette opération autant de fois que cela est nécessaire; et lorsque le ravin est totalement remblayé, on y refuse les eaux pour les rejeter ensuite dans les fossés du chemin.

Section III. *Des chemins de déblave.* Ces chemins, que les Romains appelaient *agrarii*, devraient être entretenus aux frais seulement de ceux pour qui ils ont été établis.

Le nombre de ces chemins pourrait être beaucoup diminué dans chaque commune, et leur emplacement serait rendu à l'agriculture; mais pour en effectuer la diminution, il faudrait souvent en changer la position, afin que chaque chemin pût communiquer immédiatement à toutes les pièces de terre d'une division de territoire; et cette opération, qui serait avantageuse pour tous les propriétaires, ne peut être entreprise que par le concours de leur volonté et avec l'assistance du gouvernement, à cause des échanges qu'il faudrait faire pour arriver à ce but.

On voit dans les Voyages agronomiques de M. François (de Neufchâteau) un exposé des avantages que de semblables changemens, exécutés avant la révolution dans quelques communes de la Côte-d'Or, ont procurés à leurs propriétaires.

Au surplus, les chemins de déblave sont annuellement dégradés par les mêmes causes que les chemins de traverse; on doit donc employer les mêmes moyens pour les réparer et les entretenir en bon état. (DE PER.)

COMPAGNON BLANC. Nom vulgaire de la LYCHNIDE DIOIQUE. (B.)

COMPLANT. Espèce de bail qui diffère peu du BORDELAGE. *Voyez* MÉTAIRIE.

On donne le même nom à un lieu qu'on donne à bail emphytéotique à charge de planter. *Voyez* au mot BAIL. (B.)

COMPLÈTE (FLEUR). On appelle ainsi celle qui est composée du calice, de la corolle, des étamines et du pistil.

La fleur incomplète est celle qui est dépourvue de quelques-uns de ces organes. (R.)

COMPOSÉE (FLEUR). Ce nom désigne la réunion de plusieurs petites fleurs dans un calice commun. Ces fleurs sont, ou simplement à fleurons, comme celles des ARTICHAUTS, etc., ou les *flosculeuses*, ou à demi-fleurons, comme l'ÉPERVIÈRE, la CHICORÉE, etc., ou *semi-flosculeuses*, ou composées de fleurons et demi-fleurons tout-à-la-fois comme le TUSSILAGE. *Voyez* ces mots et SYNGÉNÉSIE. (R.)

COMPOSITION DES TERRES POUR LA CULTURE DES PLANTES. *Voyez* TERRES.

COMPOST. C'est le nom générique dont se servent les Anglais pour désigner un mélange qui a pour but de fertiliser la terre. Il est composé ordinairement de substances prises sur les ados, dans les fossés et au fond des ruisseaux, des mares et des étangs : le tan, la suie, la craie, la chaux, la marne, les balayures des rues et des grandes routes, les lies et résidus des matières fermentées, le gazon, le poussier de tourbe, les cendres, les feuilles des arbres, les marcs de fruits, les végétaux qui ont servi de litière. Toutes ces matières opèrent de bons effets, il ne s'agit que de les approprier, de les arranger par couches alternatives : elles se pénètrent réciproquement pendant le temps qu'elles séjournent ensemble avant de les répandre sur les champs, et forment par leur réunion un engrais plus actif que ne produirait chacun des objets, s'ils étaient employés séparément ; mais il faut que ces composts se trouvent placés aussi près de la ferme que les localités le permettent, et prendre garde de les remuer sous le prétexte d'en hâter la *maturation*, parce que la masse augmentant de surface et restant trop long-temps exposée à l'air, s'affaiblit, se dessèche, perd de son volume et de ses propriétés énergiques.

Les fosses à ordures qu'on établit dans beaucoup de jardins pour y jeter les produits des sarclages des tontes, des charmilles ou des buis, les tiges des plantes qui ont porté graine, sont de véritables composts.

Que de substances la nature nous offre et dont on ne songe pas à profiter pour une destination pareille ! On ne peut cependant se dissimuler que le moyen le plus assuré d'obtenir d'abondantes récoltes ne consiste à varier les différentes espèces de grains dans le même sol, à composer des engrais de toutes pièces, et à les employer toujours dans la proportion de la qualité du sol et de celle des plantes qu'on y a ensemencées. Imitons le sage Klyoog, le Socrate rustique de la Suisse : il ne perd absolument rien de ce que les bestiaux fournissent pour améliorer chaque année le fond de ses domaines, en y faisant parquer jusqu'aux cochons. Cet usage, adopté dans le canton qu'il habite, est encore un de ses bienfaits. Mais nous renvoyons au mot ENGRAIS cette intéressante matière, que j'ai déjà considérée dans ses divers rapports avec la végétation. (PAR.)

L'expérience a depuis long-temps prouvé que le fumier et la terre végétale, disposés par couches alternatives, formaient une masse d'engrais d'un effet plus considérable que celui de chacun de ses composans ; que ce résultat était encore plus considérable si on employait de la marne au lieu de terre, ou si on mêle à la terre un peu de chaux ou de cendres. Il semblerait donc qu'on devrait par-tout effectuer ces mélanges ; mais l'ignorance d'une part, la crainte de la dépense de l'autre, ou la nécessité d'épargner le temps des hommes et des animaux de l'exploitation, ne l'ont pas toujours permis. C'est principalement sur les bords de la mer qu'on se livre à cette industrie, au moyen des VARECS, des GOÉMONS et d'autres plantes marines. *Voyez* ces mots.

Il a été reconnu, relativement aux varecs, que s'ils sont enterrés isolés immédiatement après leur sortie de la mer, ils se conservent intacts pendant plusieurs années consécutives, et ne remplissent par conséquent pas leur objet au moment désiré: tandis que lorsqu'ils sont disposés en couches d'un pied d'épaisseur, alternant avec des couches de même dimension de la terre du champ qu'on veut fumer, ils se décomposent dans le courant de la première année, et forment un terreau d'excellente qualité, qui agit immédiatement sur les terres où il est répandu.

J'ai eu lieu d'être extrêmement satisfait de voir les propriétaires de vignes et de champs crayeux de la ci-devant Champagne multiplier actuellement les composts sous le nom de *magasin ;* car c'est véritablement le meilleur moyen de faire produire beaucoup à ces vignes et à ces champs par les motifs que je ferai valoir aux mots VIGNE et CRAIE.

On a cru qu'il était nuisible de former un compost avec le fumier, avant que ce dernier ait terminé isolément sa fermentation. J'ignore si les faits sur lesquels cette opinion est fondée ont été bien constatés ou bien observés, mais la théorie ne lui paraît pas favorable.

En effet, le principal objet du compost est de fixer dans la terre ou la marne les principes volatils qui résultent de la décomposition du fumier, et qui se perdent ordinairement dans l'atmosphère, principes qui sont certainement sa partie la plus active. Or, c'est pendant cette fermentation que la plus grande masse de ces principes se développe : je ne parle pas de la chaleur, quoique je ne doute pas de l'utilité de son action dans ce cas, parce qu'elle est d'autant plus faible, que les couches de fumier sont moins épaisses, et que les couches de terre le sont plus, et qu'il doit être bon que la fermentation s'opère très-lentement, c'est-à-dire sans un trop haut degré de chaleur, pour que les combinaisons nouvelles aient le temps de s'effectuer.

Tous les faits observés semblent se réunir pour constater que, comme les fumiers, les composts dont la surface est recouverte d'une couche impénétrable aux gaz qui en émanent, sont d'un effet bien plus puissant que ceux dont ces gaz sortent à mesure qu'ils se forment.

Je ne sache pas que les phénomènes chimiques qui se passent dans ces cas aient encore été examinés avec l'attention convenable. Ils doivent certainement offrir un champ tout-à-fait nouveau à l'observation, et je fais des vœux pour que quelque ami de l'agriculture entreprenne de l'exploiter.

La chaux, en petite quantité, est très-avantageuse à introduire dans la formation des composts, principalement dans les sols argileux et quartzeux; mais il faut qu'elle soit complétement éteinte, car dans le cas contraire elle charbonnerait le fumier et rendrait nuls ses effets. *Voyez* au mot CHAUX.

La cendre produit le même effet, mais à un moindre degré.

Lorsqu'on construit un compost, on doit éviter de le faire trop ou trop peu étendu en hauteur, en largeur et en longueur. Trop élevé, les couches supérieures pèsent sur les inférieures au point de nuire au dégagement des gaz, et d'empêcher l'introduction de l'air atmosphérique, sans doute nécessaire au dégagement de ces mêmes gaz. Trop petit, il se ressent facilement des variations de la température et se dessèche rapidement; trop gros, il éprouve les inconvéniens contraires. Je n'indiquerai pas cependant de mesures rigoureuses, parce que mille circonstances peuvent les déranger, et qu'il n'y a que l'excès en plus ou en moins qui soit réellement nuisible. Quant à l'épaisseur des couches, il a été reconnu qu'il était bon qu'elle ne fût pas moindre de 6 pouces, ni plus forte que 12 ou 15, celles de terre restant toujours inférieures de quelques pouces à celles de fumier.

De six mois à un an est le temps pendant lequel le compost doit subsister, plus tôt ou plus tard, selon sa grosseur, la température et l'humidité de l'air, le besoin qu'on peut avoir de l'employer, etc. Il est souvent très-utile de l'arroser pendant les longues sécheresses.

Quelques personnes ont proposé de fabriquer, et même on a fabriqué, les composts dans la terre, de manière que leur sommet était au niveau du sol. Quoiqu'il y ait quelques avantages à suivre cette méthode, il semble que l'augmentation de dépense doit la faire rejeter dans la plupart des cas.

La conséquence de ce que j'ai rapporté, est que le but de la formation des composts étant de fixer dans la terre qui y entre les principes volatils du fumier, il est très-important de mélanger rapidement cette terre et les restes du fumier avec la terre du champ qu'on veut fumer, afin d'empêcher l'évaporation de la surabondance de ces principes. En conséquence il ne faut les détruire, n'en transporter les matériaux et les répandre, que peu de jours avant celui où on compte labourer. Il est probable que cette simple considération doit influer beaucoup sur le produit des récoltes.

Dire quelle quantité de matériaux des composts il convient de répandre sur une portion donnée de terrain est chose impossible, puisque cela dépend et de la nature du sol et du plus ou moins grand besoin qu'il a d'engrais et de l'espèce de culture qu'il se propose de faire. C'est à chaque cultivateur à en juger. Il peut se régler sur la quantité de fumier qu'on est dans l'usage de mettre sur les terres de son canton.

On ne doit pas appeler composts les mélanges de différens engrais ou amendemens avec le fumier, parce que les résultats sont d'une nature différente. Ces mélanges sont pratiqués dans beaucoup de lieux, et on s'en trouve bien, quoiqu'en général ils soient faits sans méthode. *Voyez* au mot FUMIER.

Rarement on fait des composts avec des terres et des substances animales seules, cependant ce sont certainement les meilleurs On peut y faire entrer non-seulement les charognes, mais le sang, les cornes, les ongles des bœufs et des moutons tués dans les boucheries; les poils, les plumes, etc.. Les matières fécales humaines, la colombine, l'urine, etc., gagnent également beaucoup à être combinées de cette manière. La suie y produit de bons effets. La chaux vive les active toujours; mais il faut qu'elle en soit seulement saupoudrée, c'est-à-dire en très-petite quantité. *Voyez* URATE. (B.)

COMPOST. L'acception de ce mot varie. Dans quelques endroits, c'est l'ensemble des TERRES destinées à être ensemencées en même nature de grains; dans d'autres, ce sont les terres qu'on a semées en plantes qui ameublissent la terre; dans d'autres enfin, ce sont les terres qui ont eu une année do repos. Au reste, il n'est plus guère employé. (B.)

COMPTE. C'est la quantité de blé qu'un homme peut couper en une journée avec une faucille, c'est-à-dire trente-six GERBES. (B.)

COMPTONIE, *Comptonia*. Arbrisseau de 3 à 4 pieds de haut, qui croît dans les lieux humides et ombragés de l'Amérique septentrionale, et qu'on cultive dans les jardins paysagers de France, à raison de la forme singulière de ses feuilles et des effets de contraste qu'elles produisent vis-à-vis de celles des autres.

Cet arbrisseau faisait partie des LIQUIDAMBARS; il a les rameaux grêles, velus, les feuilles alternes, presque linéaires, pinnatifides, ou découpées des deux côtés en lobes nombreux et alternes, parsemées de points glanduleux, les fleurs réunies en chatons. Il forme, dans la monoécie polyandrie et dans la famille des amentacées, un genre très-voisin des GALÉS.

La COMPTONIE A FEUILLES DE CÉTÉRACH fleurit au printemps avant le développement de ses feuilles; elle porte fort peu de fruit, même dans son pays natal, où j'en ai observé de grandes quantités, eu égard au nombre de ses fleurs. Ses tiges subsistent rarement plusieurs années de suite; elles meurent ordinairement la quatrième année, et il en pousse de nouvelles. En France, elles vivent plus long-temps, mais repoussent rarement. Au reste, elle ne craint point les gelées du climat de Paris.

On pourrait multiplier cet arbrisseau de graines qu'on semerait, aussitôt qu'elles sont récoltées, dans des terrines, qu'au printemps suivant on placerait sur couche et sous châssis. Le plant leverait la même année, et pourrait se repiquer deux ans après en pleine terre; mais, je le répète, on a rarement de ses graines, et encore plus rarement de bonnes: aussi est-ce par rejetons, par marcottes et par section de racines, qu'on le reproduit presque exclusivement.

Lorsque la comptonie est dans un sol et dans une exposition favorables, c'est-à-dire dans une terre de bruyère pure, et au plein nord ou sous de grands arbres, elle pousse assez souvent des rejetons, qu'on lève dès la première année et qu'on met en pépinière pendant une ou deux autres années pour leur donner le temps de se fortifier.

Quand on n'en obtient pas naturellement, on peut couper une des racines, et mettre au jour son gros bout. On doit être assuré qu'il en sortira un nouveau pied, qu'on pourra également ment enlever dès l'hiver suivant; souvent même il en poussera plusieurs.

On peut encore enlever au printemps une des grosses racines, la couper par tronçons de 3 à 4 pouces, qu'on placera, dans des terrines remplies de terre de bruyère, sur une couche à châssis. Chacun de ces tronçons, si la chaleur et les arrosemens sont convenablement ménagés, formera un pied qu'on levera la seconde année pour le mettre en pépinière.

Les marcottes sont fort longues à s'enraciner, souvent ne s'enracinent pas du tout, meurent et souvent font mourir le pied: en conséquence on ne les pratique guère.

Il n'est pas nécessaire d'observer, je le pense, que la multiplication par racines doit avoir des bornes, parce que, quoique cet arbuste en pousse facilement et beaucoup, une trop grande quantité enlevée à la fois le ferait périr. (B.)

FIN DU TOME QUATRIÈME.

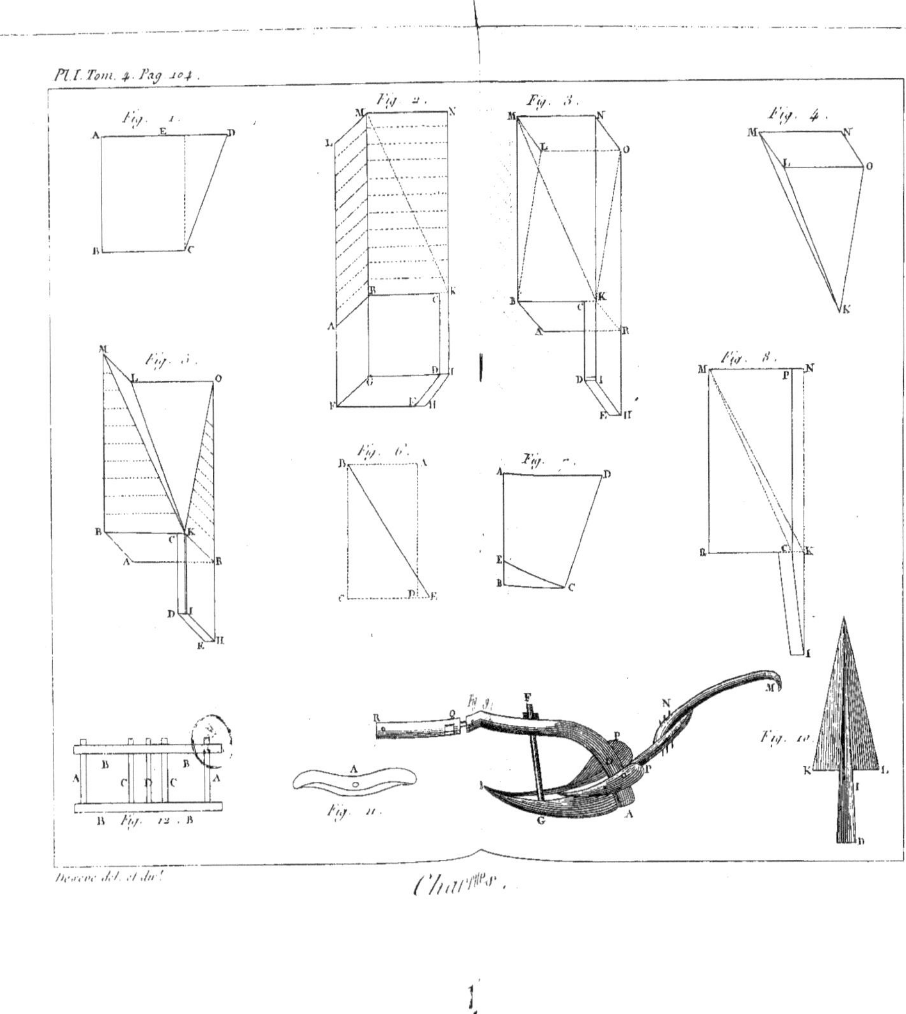

Desève del. et dir.

Charrues.

Fig. 8.
Fig. 7.
Fig. 6.
Fig. 5.
Fig. 4.
Fig. 3.
Fig. 9.
Fig. 1.
Fig. 2.
Fig. 11.
D
Fig. 12.
B.R.
C
A
B
F
D
G
Fig. 10.
E
Fig. 13.
Fig. 14.
Deseve del. et dir.t

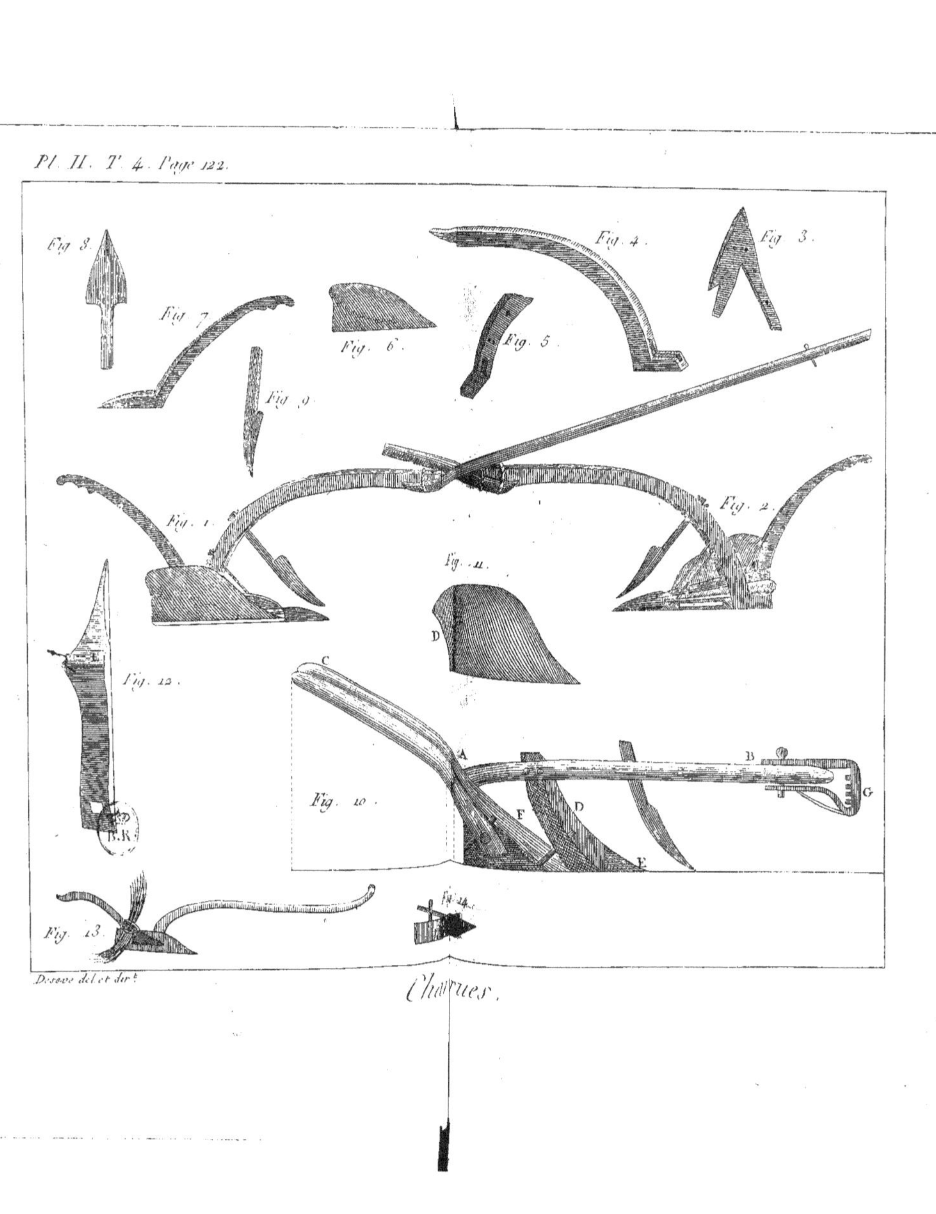

Charrues.

Fig. 3.
Fig. 2.
Fig. 1.
Fig. 11.
Fig. 6.
Fig. 5.
Fig. 7.
Fig. 8.
Fig. 10.
Fig. 9.
Fig. 4.
Deseve del. et dir.t

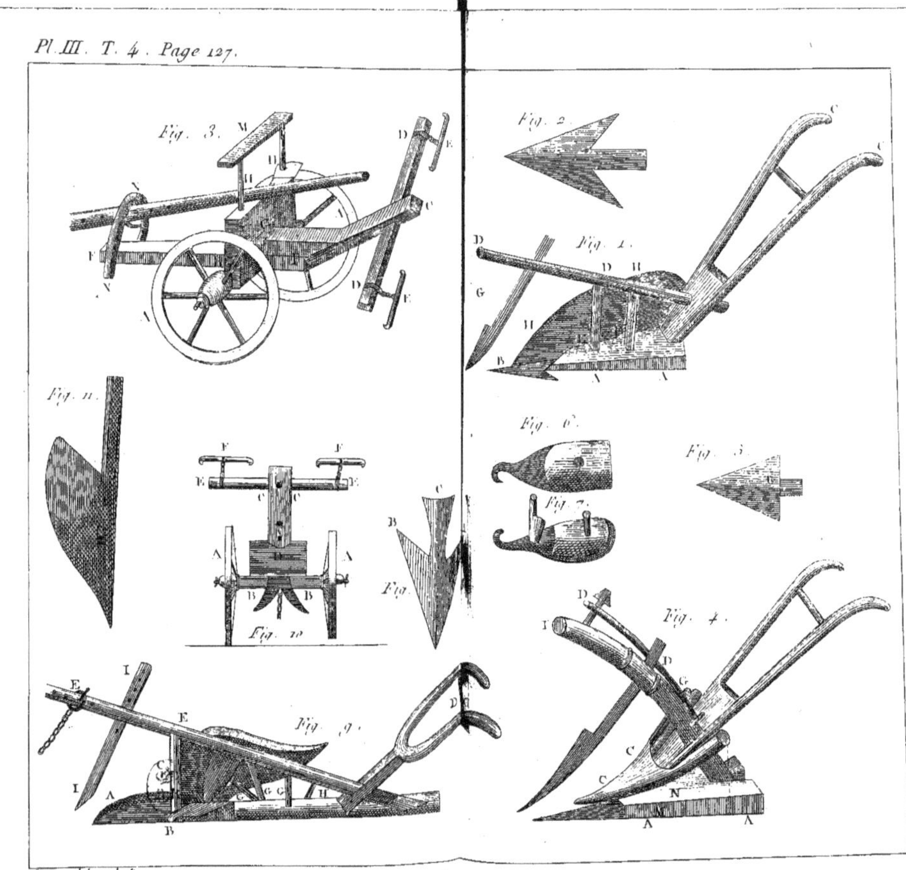

Charrues.

Fig. 1.
Soc de la Fig. 1. vu en dessous.
Fig. 2.
Fig. 3.
Fig. 4.
Allonge versoir de la Fig. 4.
Thierry del. et sculp.

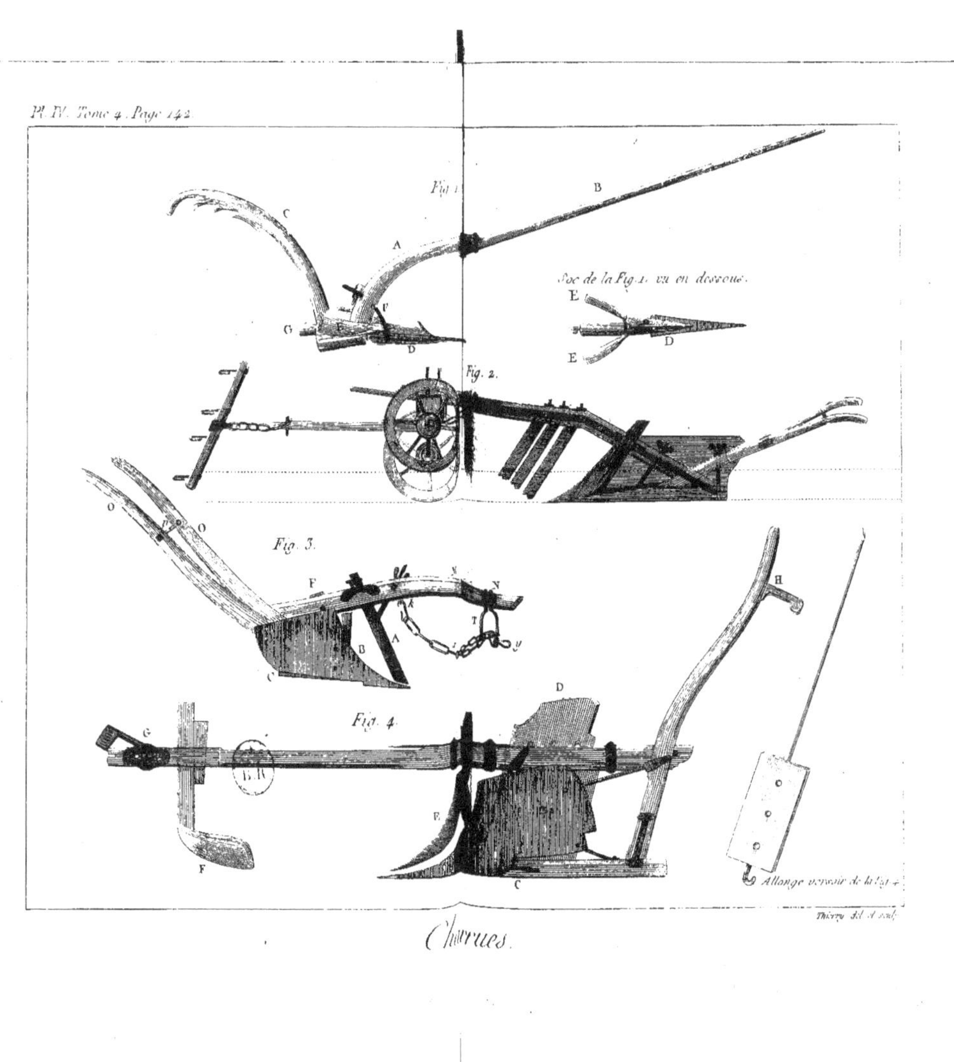

Charrues.

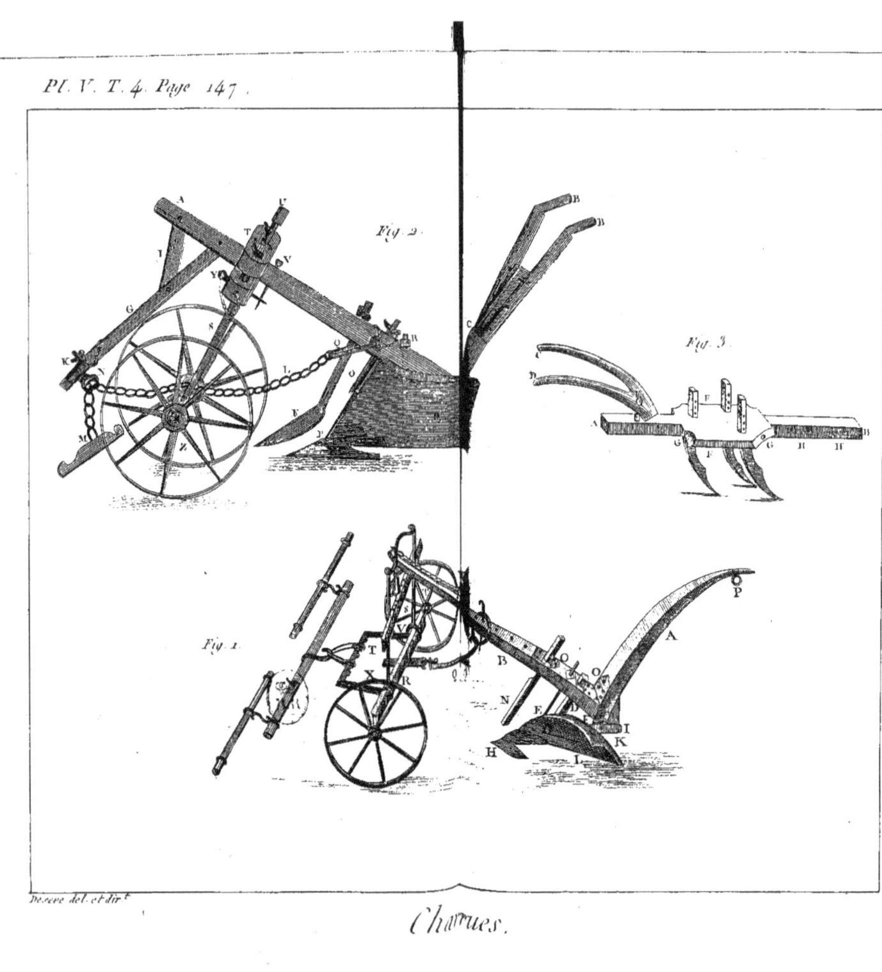

Deseve del. et dir.t

Charrues.

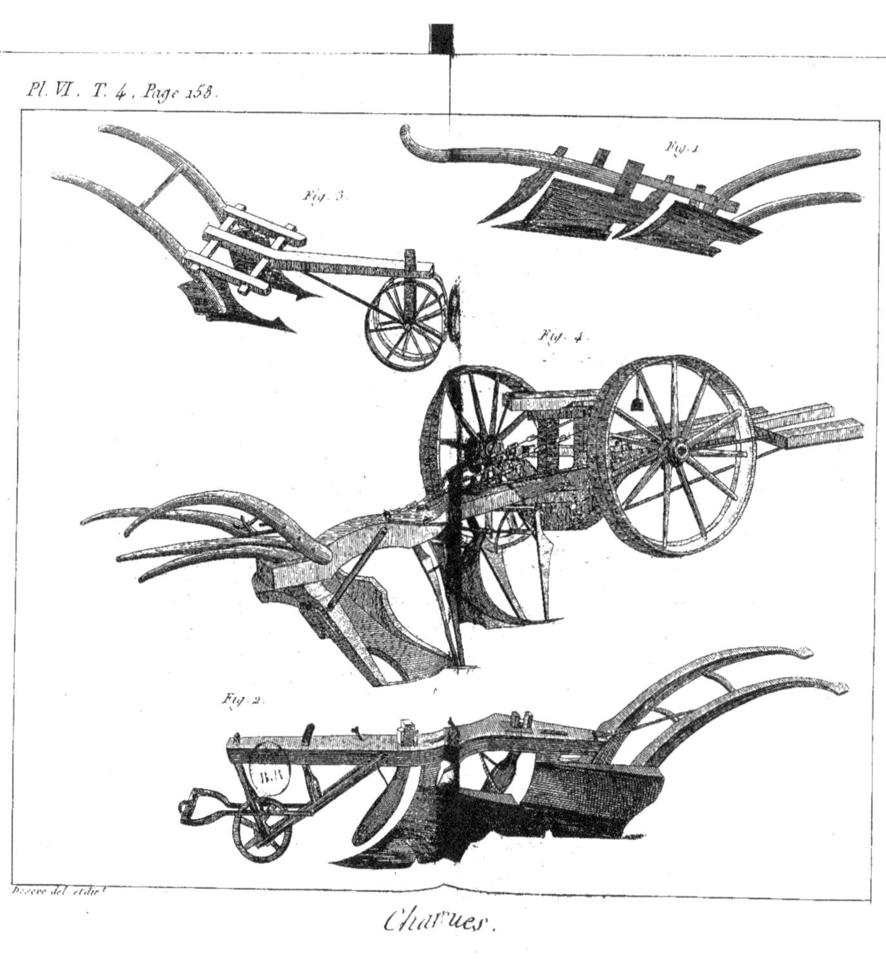

Charrues.

Description des diverses parties du corps du Cheval.
Cheval.
Thierry sculp.

Chèvres Cachemire.

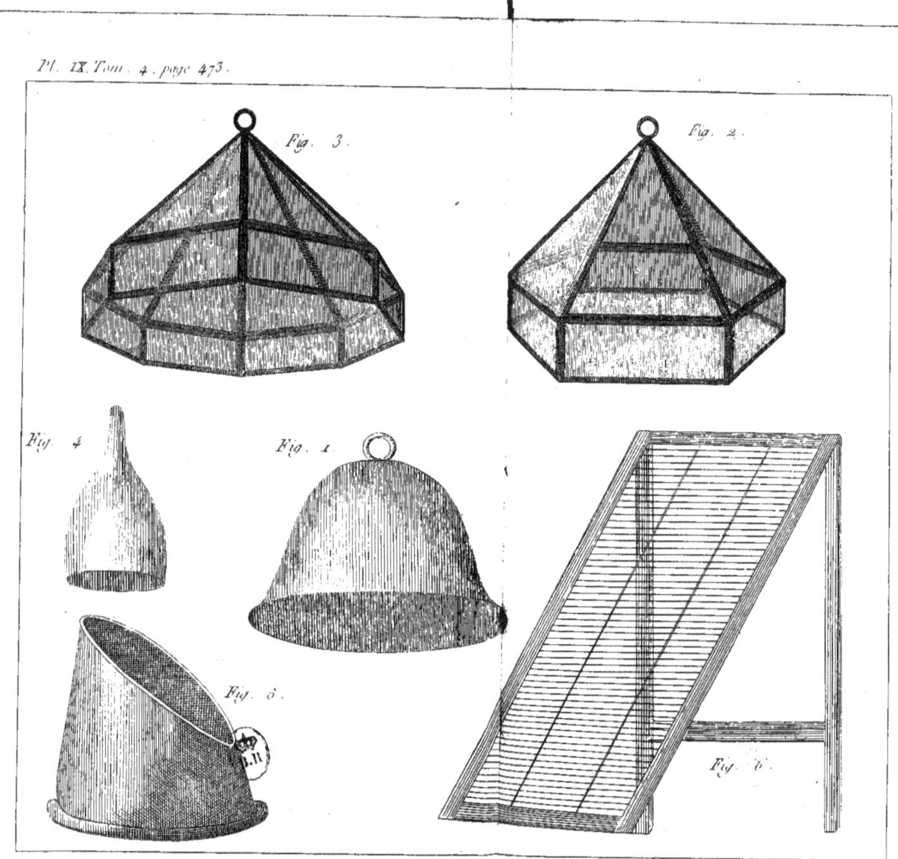

Decve del. et desv.

Fig. 1. 2. 3. 4. et 5. Cloches. Fig. 6. Claie.

www.ingramcontent.com/pod-product-compliance
Lightning Source LLC
LaVergne TN
LVHW010205070726
842528LV00014B/57